水电水利建设工程
项目划分实用手册

SHUIDIAN SHUILI JIANSHE GONGCHENG
XIANGMU HUAFEN SHIYONG SHOUCE

四川大唐国际甘孜水电开发有限公司 组编

中国电力出版社
CHINA ELECTRIC POWER PRESS

内 容 提 要

为进一步提高水电水利工程质量管理水平，强化工程项目划分，建设优良的工程产品，编者在依据水电水利建设工程规范的基础上，结合工程建设实际，编写了《水电水利建设工程项目划分实用手册》一书。内容紧密结合工程质量管理的核心，提出以工程项目划分为纽带，将工程质量检验、合同管理、质量评定、档案管理、工程结算与决算融合在一起的新思路，并就水电水利枢纽工程，机电安装工程、水工金属结构工程，以及公路工程、房屋建筑工程等，详细阐述了各类工程的项目划分方法，为工程质量管理的事前计划、事中控制、事后总结提出了相应措施，促进水电水利工程整体管理水平迈上一个新的台阶。

本书共分十五章，分别是：水电水利工程项目划分与合同的联系、水电水利工程项目划分程序与原则、水电水利枢纽工程项目划分、水电水利机电设备安装工程项目划分、水工金属结构制作及安装工程项目划分、输电线路及变电站工程项目划分、枢纽工程安全监测项目划分、房屋建筑工程项目划分、场内施工道路及公路工程项目划分、水电水利开发环境保护工程项目划分、水土保持工程项目划分、水电站消防工程项目划分、移民工程项目划分和移民安置验收、黄金坪水电站及长河坝水电站建设工程项目划分实例。

本书可供水电水利工程建设技术人员和档案人员参考借鉴。

图书在版编目（CIP）数据

水电水利建设工程项目划分实用手册 / 四川大唐国际甘孜水电开发有限公司组编 .—北京：中国电力出版社，2018.11

ISBN 978-7-5198-1661-2

Ⅰ . ①水⋯ Ⅱ . ①四⋯ Ⅲ . ①水利水电工程－施工管理－手册 Ⅳ . ① TV512-62

中国版本图书馆 CIP 数据核字（2018）第 242104 号

出版发行：中国电力出版社
地　　址：北京市东城区北京站西街 19 号（邮政编码 100005）
网　　址：http://www.cepp.sgcc.com.cn
责任编辑：孙建英（010-63412369）
责任校对：朱丽芳　马　宁
装帧设计：赵姗姗
责任印制：吴　迪

印　　刷：北京天宇星印刷厂
版　　次：2018 年 11 月第一版
印　　次：2018 年 11 月北京第一次印刷
开　　本：787 毫米 ×1092 毫米　16 开本
印　　张：31.75
字　　数：701 千字
印　　数：0001—1000 册
定　　价：120.00 元

编 委 会

序

水电水利是国民经济的基础产业，随着我国西部大开发战略部署的实施，国内水电水利工程技术水平和管理水平进入高速发展期，水电水利工程建设从国内逐步走向世界，为总结经验，进一步提高工程建设管理水平，《水电水利建设工程项目划分实用手册》一书应运问世，这对我国水电水利建设工程事业的规范管理将起到推进作用。

我国水能资源丰富辽阔，虽在近年来水电水利工程得以迅速发展，但仍有巨大的蕴藏量。随着我国国民经济的飞速发展，以及对水力发电、水利供水的需求，水电水利事业仍然具有巨大的发展空间，在水电水利工程建设中依然存在各种各样的工程技术难题和管理中的不足，为此，工程技术人员进行了大量的深入研究，并取得了显著的成绩和进步。

工程质量是工程产品赖以生存的关键，而工程项目划分是工程质量管理的重要手段，曾经由于水电水利工程因项目划分的不合理，造成工程的盲目施工、工程质量检验评定不便、工程资料形成混乱、工程档案归档困难、工程投资的结算和决算难以进行等诸多问题，实践证明，良好的工程产品取决于工程的精细化管理，因此，进行科学的项目划分对水电水利工程建设管理是首要的也是重要的举措。

本书详细阐述了水电水利工程建设的项目划分责任、程序、原则、方法，并提出将项目划分与工程质量评定、合同管理融合在一起的全新观念，以工程项目划分为纽带，将工程项目质量检验、合同管理、质量评定结论、档案归档管理、工程结算及决算联系起来，使项目划分贯穿于工程建设始终。

本书以四川大唐国际甘孜水电开发有限公司下属的长河坝水电站、黄金坪水电站工程项目划分为实例，对水电水利工程的项目划分原则和方法进行了详细的阐述，采取了将工程质量过程管理与质量评定结论相结合的管理模式，为日后对工程建设质量的追溯提供可靠翔实的素材。

四川大唐国际甘孜水电开发有限公司工程技术人员，在依据国家、行业工程技术规范应用的基础上，经过多年的工程建设实际，总结经验，编撰出版了《水电水利建设工程项目划分实用手册》一书，该书的问世将对我国日后水电水利工程建设水平起到促进作用，同时为工程招标设计、施工质量、工程档案的归档、合同管理起到指导作用，供日后各类水电水利工程技术人员参考和借鉴。

总经理、党委书记 熊雄

前　言

随着世界经济的快速发展，能源的消耗亦日益加剧，与日俱增的水电水利工程，对工程的施工质量提出了更高的要求，加强水电水利工程质量管理和提高施工技术水平已成为水电水利行业持续发展的关键。在工程建设过程中，工程项目划分不仅与工程质量检验评定存在着直接的联系，还是工程概预算、合同标段划定、合同结算、工程档案的收集归档的依据。

编者根据多年来水电水利工程建设实践积累的经验，提出了将工程项目划分与工程合同标段相融合的全新观念并依据项目划分形成工程质量评定台账。在依据《水利水电工程施工质量检验与评定规程》（SL 176—2007）规范进行工程项目划分的基础之上，根据水电水利工程建设实际管理需要，结合建设项目签订的合同，通过实践—理论—再实践，提出了工程项目划分的新思路，编写了本书。本书就枢纽工程项目划分表中渗入合同标段，目的是将工程质量评定、合同标段、合同结算、档案资料的形成与收集归档紧密地结合起来；同时对项目划分表中的单位工程、合同、分部工程、单元工程进行统一编码，并将项目编码与工程资料的文件编号相结合，形成了通过项目编码即可查找相应的工程质量评定文件的快捷通道；并将质量检验评定结果融入项目划分，通过项目划分实施了工程质量事前计划、事中控制、事后总结的管理模式。

本书以四川大唐国际甘孜水电开发有限公司属下的大型水电站长河坝水电站、黄金坪水电站的项目划分为例，详细阐述了在项目划分表中将单位工程、合同标段、分部工程、单元工程融合在一起进行项目划分的新方法，并提出将项目划分编号与工程质量评定文件材料编号相结合的新思路，解决了单元工程验收评定资料等文件编号空缺的实际问题，强化了项目划分的作用。

《水电水利建设工程项目划分实用手册》一书共分十五章，分别是：水电水利工程项目划分与合同的联系、水电水利工程项目划分程序与原则、水电水利枢纽工程项目划分、水电水利机电设备安装工程项目划分、水工金属结构制作及安装工程项目划分、输电线路及变电站工程项目划分、枢纽工程安全监测项目划分、房屋建筑工程项目划分、场内施工道路及公路工程项目划分、水电水利开发环境保护工程项目划分、水土保持工程项目划分、水电站消防工程项目划分、移民工程项目划分和移民安置验收、黄金坪水电站及长河坝水电站建设工程项目划分实例，并在文中部分引用了南水北调水利工程和阿海水电站工程的项目划分实例，使本书更具可操作性。

本书在编撰过程中，力求做到依据准确、内容全面、简明实用，但由于编者水平有限，难免有疏漏及不妥之处，敬请读者批评指正。

编　者

目 录

第一章

水电水利工程项目划分与合同的联系

第一节 水电水利工程项目划分目的与级别

一、 工程项目划分概念

工程项目划分是根据功能、用途、结构等要素将建设项目划分为单项工程、单位工程和分部工程的过程。项目实施前，为了便于对项目工程进行质量监控和质量考核，须对建设项目按照分类、分序、分块的原则进行划分，以确定项目其质量评定对象及工程名称，这个确定项目质量评定对象的活动，称为项目划分。

水电水利工程是一个系统工程，其工程建设环节多、内容复杂。一个水电水利工程的建成，从施工准备工作开始到竣工交付使用，要经过若干工序、若干工种的配合施工。而工程质量的形成不仅取决于原材料、配件、产品的质量，同时也取决于各工种、工序的作业质量。因此，为了实现对工程全方位、全过程的质量控制和质量检查评定，按照工程形成的过程，由点滴到局部再到整体的原则，考虑设计布局、施工布置等因素，将水电水利工程依次划分为单元工程、分部工程、单位工程。单元工程是进行日常质量考核和质量评定的基本单位。

二、 工程项目划分目的与意义

（1）项目划分目的。项目划分是确保便于施工质量评定的重要前提，有些在建工程因项目划分不及时或不认真，对施工质量评定产生了不良影响。因此在开工前，建设（或监理）单位应及时组织监理、设计、施工单位进行项目划分。项目划分目的具体如下：

1）工程质量管理。在工程质量管理时将工程项目划分成单位工程、分部工程、单元工程，目的是使工程管理和质量评定有序进行；工程项目划分是使工程建设做到宏观控制、微观管理，从微观到宏观的全面监控。

2）造价分析管理。在工程造价分析时进行项目划分，目的是对具体的建设项目及其总费用进行分解，更便于工程管理以及工程计价，便于细化管理和动态控制。工程建设项目划分是一个从大到小，从总体到最基本单元的分解过程，各个单元工程都有与之对应的工程造价。

综上，建设项目进行划分的目的，一方面是对工程建设质量进行评定，包含单位工程、分部工程、单元工程的质量评定；另一方面是对建设项目总费用进行分解，便于计价，以进行细化管理和动态控制。项目划分是决定项目造价确定的一个逐步组合的过程，其组合顺序是：单元工程造价、分部工程造价、单位工程造价、单项工程造价、工程总造价。其中，单元工程造价是工程总造价的基础，它是可以用定额等技术经济参数测算价格的基本单元。只有将各分部工程、单元工程划分清楚，才能正确地反映工程总造价。

（2）项目划分的意义。要建设一个合格的水电水利工程产品，同时取得一定的经济效益和社会效益，应对工程项目进行规范地、科学地项目划分。水电水利建筑工程质量检验与评定，不仅与工程项目划分密切相关，而且，项目划分还与提高工程基本建设管理水平，统一概预算及计划、统计、合同管理、财务管理口径，以利于技术经济指标的分析和积累，以及工程档案的归档密切联系，因此，应进行科学的项目划分。

三、 项目划分的顺序

通常，水电水利工程一般划分为若干个单位工程，单位工程划分为若干个分部工程，分部工程划分为若干个单元工程，公路工程、房屋建筑工程划分为单位工程、分部工程、分项工程。

工程项目划分时，应按从大到小的顺序进行，这样有利于从宏观上进行评定的规划，不至于在分期实施过程中，从低到高评定时出现层次、级别和归类上的混乱。工程施工却是从低层到高层的顺序依次进行，这样可以从微观上按照施工工序和有关规定，在施工过程中把好施工质量关，由低层到高层逐级进行工程质量控制和质量检验。

四、 项目划分指导原则

质量评定项目划分是依据国家正式颁布的标准、规定，水电水利工程项目划分以水电水利行业标准为主，其他行业标准参考使用。水电水利工程包含的房屋安装工程以建筑行业标准为主，参考使用水电水利标准；对于其他工程，一般以水电水利行业标准为主，参考使用其他行业的标准。

根据中华人民共和国水利行业标准《水利水电工程施工质量检验与评定规程》（SL 176—2007)、《水利水电单元工程施工质量评定标准》（SL 631～637)、《水电水利基本建设工程单元工程质量等评定标准》（DL/T 5113.1～5113.12）规定，对水电水利工程质量检验与评定进行项目划分和项目名称确定；水电水利工程中的永久性房屋，即管理设施用房、专用公路、专用铁路、环境绿化等工程，可按相关行业标准划分和确定项目名称。

五、 项目划分级别与质量控制

（1）水电水利枢纽工程项目划分与质量控制。水电水利工程的类别包括单项工程、单位工程、分部工程、分项工程、单元工程。为实现工程全方位、全过程的质量控制，按照工程的形成过程由局部到整体，考虑设计布局、施工布置等因素，水电水利工程项目按级划分为单位工程、分部工程、单元工程三级，并按三级进行质量控制。

（2）永久性房屋及公路项目划分。永久性房屋（管理设施用房)、专用公路、专用铁路等工程项目，可按相关行业标准划分和确定项目名称。永久性房屋及公路项目划分为单位工程、分部工程、分项工程，并按三级进行质量控制。

六、项目划分注意事项

一个水电水利工程，通常在招投标阶段就进行项目划分，此时，不要一味追求细，应结合工程实际情况合理地进行标段划分，以有利于工程的施工管理为原则，同时也为有利于施工单位保质保量地按期完工，提供合理的管理方法。

第二节　水电水利枢纽工程等级及洪水标准

一、水电水利枢纽工程及其分类

1. 术语及定义

（1）水电水利建设项目。指开发利用河流、湖泊、地下水资源和水能资源的建设项目。水电水利建设项目工程包含枢纽工程、堤防工程、渠道工程、泵站工程，另外还有公路工程、房屋建筑工程等。

（2）水利枢纽。指在河流适当地段集中修建几种不同类型与功能的水工建筑物，以控制水流并便于协调运行和管理，这一多种水工建筑物组成的综合体称为水利枢纽。水利枢纽按工程性质划分为枢纽工程、引水及河道工程两大类。具体如下：

1）枢纽工程。指为满足各项水利工程兴建除害的目标，在河流或渠道的适宜地段修建的不同类型水工建筑物的综合体。水利枢纽建筑工程由主体工程和辅助工程组成，主体工程主要包括挡水工程、泄洪工程、引水工程、发电厂工程、升压变电站工程、航运工程、鱼道工程；辅助工程主要包括交通工程、房屋建筑工程、其他建筑工程。

2）引水及河道工程。主要指供水、灌溉、河湖整治、堤防修建与加固工程。主要包括供水、灌溉渠（管）道、河湖整治与堤防工程；辅助工程主要包括交通工程、房屋建筑工程、供电设施工程、其他建筑工程。

（3）水电枢纽工程。指开发水力资源，能将水能转换为电能的综合设施，即各类水电站以及辅助工程等。水电枢纽工程以水力发电为主要任务，由壅水（挡水）建筑物、泄水建筑物形成的水库和水电站引水系统、发电厂房、机电设备、开关站等组成的综合体。根据水资源综合利用要求，水电枢纽工程有时需要兼顾防洪、灌溉、供水、排沙、通航、过木、过鱼等功能要求。

（4）水工建筑物。修建在水的静力或动力作用下工作，并能与水发生相互影响的各种建筑物。水工建筑物是水利枢纽工程中各种单项工程实体的总称，包括壅（挡）水建筑物、泄水建筑物、输水建筑物、水电站厂房、开关站、通航建筑物、过木建筑物、过鱼建筑等。

（5）壅（挡）水建筑物。在水电枢纽工程中，具有拦截水流、壅高水位功能的水工建筑物，如拦河坝、水闸、河床式水电站厂房等建筑物。

（6）水库总容量。水库最高运用水位以下的静库容。一般情况下，指校核洪水位以下的水库静库容。

（7）防洪工程。指防治洪水危害的工程，即防洪水库工程，如堤防、城市防洪墙工程，排洪泄水通道工程，涵洞、坝及泵站等建筑物工程，河道整治工程，蓄、滞洪建设工程等。

（8）灌溉工程。用于农田灌溉的水利工程。指灌溉水利枢纽工程，灌、排渠道（含隧洞、管道等穿越工程），灌溉闸、坝及泵站等建筑物工程、灌区建设工程等。

（9）供水工程。指供水水利枢纽工程，渠道工程（含隧洞、管道等穿越工程）；涵闸、坝及泵站等建筑物工程；水源与供水管线工程等。供水工程包括流域内和跨流域调水工程。

（10）围堰。在施工期间围护基坑，挡住河道（江、湖）水避免主体构筑物在水体中施工的导流挡水设施。

2. 水工建筑物的分类

水工建筑物可按使用期限和功能进行分类，按使用期限可分为永久性水工建筑物和临时性水工建筑物；按功能可分为通用性水工建筑物和专门性水工建筑物两大类。具体如下：

（1）永久性水工建筑物。指枢纽工程运行期间长期使用的水工建筑物。根据其重要性分为：

1）主要建筑物。在工程中起主要作用，失事后将造成严重灾害或严重影响工程效益的水工建筑物。例如：坝、泄洪建筑物、输水建筑物及电站厂房等。

2）次要建筑物。在工程中作用相对较小，失事后影响不大的水工建筑物。如失事后不影响主要建筑物和设备运行的挡土墙、导流墙、工作桥及护岸等。

（2）临时性水工建筑物。指枢纽工程施工及维修期间所使用的水工建筑物。例如：围堰、导流建筑物等。

（3）通用性与专门性建筑物。

1）通用性水工建筑物。包含几个方面，①挡水建筑物，如坝、堤防等；②泄水建筑物，如溢洪道、泄水孔等；③进水或取水建筑物，如进水闸、进水口等；④输水建筑物，如输水管道、水工隧洞等；⑤河道整治建筑物，如导流堤、丁坝、护坡等。

2）专门性水工建筑物。包含几个方面，①水电站建筑物，如前池、调压室、压力水管、厂房；②渠系建筑物，如节制闸、分水闸、渡槽、沉沙池、冲沙闸；③港口水工建筑物，如防波堤、码头、船坞、船台及滑道；④过坝设施，如船闸、升船机等。

3. 水工建筑物的等别与级别

（1）水工建筑物等别。按水工建筑物的规模、效益及其在经济社会中的重要性所划分的等别。

（2）水工建筑物级别。按水工建筑物所在工程的等别、作用及其重要性所划分的级别。

4. 洪水标准

为维护水工建筑物自身安全所需要防御的洪水大小，一般以某频率或重现期洪水表示，分为设计洪水标准和校核洪水标准。临时性建筑物的洪水标准与永久性建筑物有所不同。

二、水工建筑物的分等

1. 水利水电工程分等指标

水利水电工程的等别，根据其工程规模、效益和在经济社会中的重要性，按表 1-1 确定。对于综合利用的水利水电工程，当按各综合利用项目的分等指标确定的等别不同时，其工程等别应按其中最高等别确定。水利水电工程等别如表 1-1 所示。

表 1-1　　水利水电工程分等指标

工程等别	工程规模	水库总库容（10^8m^3）	防洪			治涝	灌溉	供水		发电
			保护人口（10^4 人）	保护农田面积（10^4 亩）	保护区当量经济规模（10^4 人）	治涝面积（10^4 亩）	灌溉面积（10^4 亩）	供水对象重要性	年引水量（10^8m^3）	发电装机容量（MW）
Ⅰ	大（1）型	≥10	≥150	≥500	≥300	≥200	≥150	特别重要	≥10	≥1200
Ⅱ	大（2）型	<10，≥1.0	<150，≥50	<500，≥100	<300，≥100	<200，≥60	<150，≥50	重要	<10，≥3	<1200，≥300
Ⅲ	中型	<1.0，≥0.10	<50，≥20	<100，≥30	<100，≥40	<60，≥15	<50，≥5	比较重要	<3，≥1	<300，≥50
Ⅳ	小（1）型	<0.1，≥0.01	<20，≥5	<30，≥5	<40，≥10	<15，≥3	<5，≥0.5	一般	<1，≥0.3	<50，≥10
Ⅴ	小（2）型	<0.01，≥0.001	<5	<5	<10	<3	<0.5		<0.3	<10

注：1. 水库总库容指水库最高洪水位以下的静库容；治涝面积和灌溉面积均指设计面积；灌溉面积指设计灌溉面积；年引水量指供水工程渠首设计年均引（取）水量。
2. 保护区当量经济规模指标仅限于城市保护区；防洪、供水中的多项指标满足 1 项即可。
3. 按供水对象的重要性确定工程等别时，该工程应为供水对象的主要水源。

2. 拦河水闸工程分等指标

拦河水闸工程分等指标见表 1-2。

表 1-2　　拦河水闸工程分等指标

工程等别	工程规模	过闸流量（m^3/s）
Ⅰ	大（1）型	≥5000
Ⅱ	大（2）型	5000～1000
Ⅲ	中型	1000～100
Ⅳ	小（1）型	100～20
Ⅴ	小（2）型	<20

3. 灌溉、排水泵站分等指标

灌溉、排水泵站分等指标见表 1-3。

表 1-3　　灌溉、排水泵站分等指标

工程等别	工程规模	分等指标	
		装机流量（m³/s）	装机功率（×10⁴kW）
Ⅰ	大（1）型	≥200	≥3
Ⅱ	大（2）型	200～50	3～1
Ⅲ	中型	50～10	1～0.1
Ⅳ	小（1）型	10～2	0.1～0.01
Ⅴ	小（2）型	<2	<0.01

注：1. 装机流量、装机功率系指包括备用机组在内的单站指标；
2. 当泵站按分等指标分属两个不同等别时，其等别按其中高的等别确定；
3. 由多级或多座泵站联合组成的泵站系统工程等别，可按其系统的指标确定。

4. 引水枢纽工程分等指标

引水枢纽工程分等指标见表 1-4。

表 1-4　　引水枢纽工程分等指标

工程等别	Ⅰ	Ⅱ	Ⅲ	Ⅳ	Ⅴ
Ⅳ	大（1）型	大（2）型	中型	小（1）型	小（2）型
引水流量（m³/s）	>200	200～50	50～10	10～2	5

三、 水工建筑物分等指标

1. 水工建筑物的级别

（1）水利水电工程永久性水工建筑物的级别，根据工程的等别或永久性水工建筑物的分级指标综合分析确定。

（2）综合利用水利水电工程中承担单一功能的单项建筑物的级别，应按其功能、规模确定；承担多项功能的建筑物级别，应按规模指标较高的确定。

（3）失事后损失巨大或影响十分严重的水利水电工程的 2～5 级主要永久性水工建筑物，经论证并报主管部门批准，建筑物级别可提高一级；水头低、失事后造成损失不大的水利水电工程的 1～4 级主要永久性水工建筑物，经论证并报主管部门批准，建筑物级别可降低一级。

（4）对 2～5 级的高填方渠道、大跨度或高排架渡槽、高水头倒虹等永久性水工建筑物，经论证后建筑物级别可提高一级，但洪水标准不予提高。

（5）当永久性水工建筑物采用新型结构或其基础的工程地质条件特别复杂时，对 2～5 级建筑物可提高一级设计，但洪水标准不予提高。

（6）穿越堤防、渠道的永久性水工建筑物的级别，不应低于相应堤防、渠道的级别。

2. 永久性水工建筑物的级别及水库大坝的级别

（1）水库及水电站工程永久性水工建筑物级别。

水工建筑物级别根据其所在工程的等别和永久性建筑物的重要性，按表 1-5 确定。

表 1-5 永久性水工建筑物级别的划分

工程级别	永久性建筑物级别	
	主要建筑物	次要建筑物
Ⅰ	1	3
Ⅱ	2	3
Ⅲ	3	4
Ⅳ	4	5
Ⅴ	5	5

（2）水库大坝的提级指标。

水库大坝按永久性水工建筑物级别规定为 2 级、3 级的永久性建筑物，如表 1-5 规定为 2 级、3 级，如坝高超过表 1-6 规定的水库大坝提级指标时，其级别可提高一级，但洪水标准不提高。水库工程中最大高度超过 200m 的大坝建筑物，其级别应为 1 级，其设计标准专门研究论证，并报上级主管部门审查批准。水库大坝提级按表 1-6 确定。

表 1-6 水库大坝提级指标

级别	坝型	坝高（m）
2	土石坝	90
	混凝土坝、浆砌石坝	130
3	土石坝	70
	混凝土坝、浆砌石坝	100

（3）水电站厂房永久性水工建筑物。

当水电站厂房永久性水工建筑物与水库工程挡水建筑物共同挡水时，其建筑物级别应与挡水建筑物的级别一致按表 1-5 确定。当水电站厂房永久性水工建筑物不承担挡水任务、失事后不影响挡水建筑物安全时，其建筑物级别应根据水电站装机容量按表 1-7 确定。

表 1-7 水电站厂房永久性水工建筑物级别

发电装机容量（MW）	永久性建筑物级别	
	主要建筑物	次要建筑物
≥1200	1	3
<1200，≥300	2	3
<300，≥50	3	4
<50，≥10	4	5
<10	5	5

3. 拦河闸永久性水工建筑物级别

拦河闸永久性水工建筑物的级别，应根据其所属工程的等别按表 1-5 确定。拦河闸永久性水工建筑物按表 1-4 规定为 2 级、3 级，其校核洪水过闸流量分别大于 5000m^3/s、1000m^3/s 时，其建筑物级别可提高一级，但洪水标准不提高。

4. 防洪工程永久性水工建筑物级别

防洪工程中堤防永久性水工建筑物的级别，根据其保护对象的防洪标准按表 1-8 确定。当经批准的流域、区域防洪规划另有规定时，应按其规定执行。防洪工程永久性水工建筑物级别按表 1-8 确定。

表 1-8　　堤防永久性水工建筑物级别

防洪标准［重现期（年）］	≥100	<100，≥50	<50，≥30	<30，≥20	<20，≥10
堤防级别	1	2	3	4	5

5. 治涝、排水工程永久性水工建筑物级别

（1）治涝、排水工程中的排水渠（沟）永久性水工建筑物级别，根据设计流量按表 1-9 确定。

表 1-9　　排水渠（沟）永久性水工建筑物级别

设计流量（m^3/s）	主要建筑物	次要建筑物
≥500	1	3
<500，≥200	2	3
<200，≥50	3	4
<50，≥10	4	5
<10	5	5

（2）治涝、排水工程中的水闸、渡槽、倒虹吸、管道、涵洞、隧洞、跌水与陡坡等永久性水工建筑物级别，根据设计流量按表 1-10 确定。

表 1-10　　排水渠系永久性水工建筑物级别

设计流量（m^3/s）	主要建筑物	次要建筑物
≥300	1	3
<300，≥100	2	3
<100，≥20	3	4
<20，≥5	4	5
<5	5	5

注：设计流量指建筑物所在断面的设计流量。

（3）治涝、排水工程中的泵站永久性水工建筑物级别，根据设计流量及装机功率按表 1-11 确定。

表 1-11　　泵站永久性水工建筑物级别

设计流量（m^3/s）	装机功率（MW）	主要建筑物	次要建筑物
≥200	≥30	1	3
<200，≥50	<30，≥10	2	3
<50，≥10	<10，≥1	3	4
<10，≥2	<1，≥0.1	4	5
<2	<0.1	5	5

注：1. 设计流量指建筑物所在断面的设计流量。
2. 装机功率指泵站包括备用机组在内的单站装机功率。
3. 当泵站按分级指标分属两个不同级别时，按其中高者确定。
4. 由连接多级泵站串联组成的泵站系统，其级别可按系统总装机功率确定。

6. 灌溉工程永久性水工建筑物级别

灌溉工程中的渠道及渠系永久性水工建筑物级别，根据设计灌溉流量按表 1-12 确定。

表 1-12　灌溉工程永久性水工建筑物级别

设计流量（m^3/s）	主要建筑物	次要建筑物
≥300	1	3
<300，≥100	2	3
<100，≥20	3	4
<20，≥5	4	5
<5	5	5

注：设计流量指建筑物所在断面的设计流量。

7. 灌溉工程中泵站永久性水工建筑物级别

灌溉工程中泵站永久性水工建筑物级别按表 1-13 确定。

表 1-13　灌溉工程中的泵站永久性水工建筑物级别

设计流量（m^3/s）	装机功率（MW）	主要建筑物	次要建筑物
≥200	≥30	1	3
<200，≥50	<30，≥10	2	3
<50，≥10	<10，≥1	3	4
<10，≥2	<1，≥0.1	4	5
<2	<0.1	5	5

注：1. 设计流量指建筑物所在断面的设计流量。
2. 装机功率指泵站包括备用机组在内的单站装机容量。
3. 当泵站按分级指标分属两个不同级别时，按其中高者确定。
4. 由连接多级泵站串联组成的泵站系统，其级别可按系统总装机功率确定。

8. 供水工程永久性水工建筑物级别

供水工程永久性水工建筑物级别，根据设计流量及装机功率按表 1-14 确定。供水工程中的泵站永久性水工建筑物级别，根据设计流量及装机功率按表 1-14 确定。

表 1-14　供水工程的永久性水工建筑物级别

设计流量（m^3/s）	装机功率（MW）	主要建筑物	次要建筑物
≥50	≥30	1	3
<50，≥10	<30，≥10	2	3
<10，≥3	<10，≥1	3	4
<3，≥1	<1，≥0.1	4	5
<1	<0.1	5	5

注：1. 设计流量指建筑物所在断面的设计流量。
2. 装机功率指泵站包括备用机组在内的单站装机功率。
3. 泵站建筑物按分级指标分属两个不同级别时，按其中高者确定。
4. 由连接多级泵站串联组成的泵站系统，其级别可按系统总装机功率确定。

9. 临时性水工建筑物

水利水电工程施工期使用的临时性挡水、泄水等水工建筑物的级别，根据保护对象、失事后果、使用年限和临时性挡水建筑物规模，按表 1-15 确定。当临时性水工建筑物根据表 1-15 中指标分属不同级别时，应取其中最高级别。但列为 3 级临时水工建筑物时，符合该级别规定的指标不得小于两项。利用临时性水工建筑物挡水发电、通航时，经技术经济论证，临时性水工建筑物级别可提高一级；失事后造成损失不大的 3 级、4 级临时性水工建筑物，其级别经论证后可适当降低。临时性水工建筑物级别按表 1-15 确定。

表 1-15　　临时性水工建筑物级别

级别	保护对象	失事后果	使用年限（年）	临时性挡水建筑物规模	
				围堰高度（m）	库容（10^8m^3）
3	有特殊要求的 1 级永久性水工建筑物	淹没重要城镇、工矿企业、交通干线或推迟总工期及第一台（批）机组发电，推迟工程发挥效益，造成重大灾害和损失	＞3	＞50	＞1.0
4	1 级、2 级永久性水工建筑物	淹没一般城镇、工矿企业或影响工程总工期和第一台（批）机组发电，推迟工程发挥效益，造成较大经济损失	≤3，≥1.5	≤50，≥15	≤1.0，≥0.1
5	3 级、4 级永久性水工建筑物	淹没基坑，但对总工期及第一台（批）机组发电效益影响不大，对工程发挥效益影响不大，经济损失较小	＜1.5	＜15	＜0.1

四、 水库及水电站工程永久性水工建筑物洪水标准

1. 山区、丘陵区水库工程永久性建筑物洪水标准

山区、丘陵区水库工程永久性水工建筑物洪水标准按表 1-16 确定。挡水建筑物采用土石坝和混凝土坝混合型时，其洪水标准采用土石坝的洪水标准。山区、丘陵区水库工程永久性水工建筑物洪水标准按表 1-16 确定。

表 1-16　　山区、丘陵区水库工程永久性建筑物洪水标准

项目		永久性水工建筑物级别				
		1	2	3	4	5
设计［重现期（年）］		1000～500	500～100	100～50	50～30	30～20
校核洪水标准［重现期（年）］	土石坝	可能最大洪水（PMF）或 10000～5000	5000～2000	2000～1000	1000～300	300～200
	混凝土坝、浆砌石坝	5000～2000	2000～1000	1000～500	500～200	200～100

2. 山区、丘陵区水库工程永久性泄水建筑物消能防冲洪水标准

山区、丘陵区水库工程永久性泄水建筑物消能防冲洪水标准，可低于泄水建筑物的洪水标准，根据永久性泄水建筑物的级别按表 1-17 确定，并考虑在低于消能防冲设计洪水标准时可能出现的不利情况，对超过消能防冲设计标准的洪水，允许消能防冲建筑

物出现局部破坏，但必须不危及挡水建筑物及其他主要建筑物的安全，且易于修复，不致长期影响工程运行。

表 1-17　　山区、丘陵区水库工程的消能防冲建筑物设计洪水标准

永久性泄水建筑物级别	1	2	3	4	5
设计洪水标准/[重现期（年）]	100	50	30	20	10

3. 平原、滨海区水库工程永久性水工建筑物洪水标准

平原、滨海区水库工程永久性水工建筑物洪水标准按表 1-18 确定。平原、滨海区水库工程永久性泄水建筑物消能防冲设计洪水标准，应与相应级别泄水建筑物的洪水标准一致，按表 1-18 确定。

表 1-18　　平原、滨海区水库工程永久性水工建筑物洪水标准

项目	永久性水工建筑物级别				
	1	2	3	4	5
设计［重现期（年）］	300～100	100～50	50～20	20～10	10
校核洪水标准［重现期（年）］	2000～1000	1000～300	300～100	100～50	50～20

4. 水电站厂房永久性水工建筑物洪水标准

水电站厂房永久性水工建筑物洪水标准，根据其级别按表 1-19 确定。河床式水电站厂房挡水部分或水电站厂房进水口作为挡水结构组成部分的洪水标准，应与工程挡水前沿永久性水工建筑物的洪水标准一致，按表 1-19 确定。水电站副厂房、主变压器场、开关站、进厂交通设施等的洪水标准按表 1-19 确定。

表 1-19　　水电站厂房永久性水工建筑物设计洪水标准

水电站厂房级别		1	2	3	4	5
山区、丘陵区［重现期（年）］	设计	200	200～100	100～50	50～30	30～20
	校核	1000	500	200	100	50
平原、滨海区［重现期（年）］	设计	300～100	100～50	50～20	20～10	10
	校核	2000～1000	1000～300	300～100	100～50	50～20

5. 水库大坝施工期洪水标准

（1）当水库大坝施工高程超过临时性挡水建筑物顶部高程时，坝体施工期临时度汛的洪水标准，根据坝型及坝前拦洪库容按表 1-20 确定。根据失事后对下游的影响，其洪水标准可适当提高或降低。水库大坝施工期洪水标准按表 1-20 确定。

表 1-20　　水库工程施工期洪水标准

坝型	拦洪库容（10^8m^3）			
	≥10	＜10，≥1.0	＜1.0，≥0.1	＜0.1
土石坝［重现期（年）］	≥200	200～100	100～50	50～20
混凝土坝、浆砌石坝［重现期（年）］	≥100	100～50	50～20	20～10

（2）水库工程导流泄水建筑物封堵期间，进口临时挡水设施的洪水标准，应与相应时段的大坝施工期洪水标准一致。水库工程导流泄水建筑物封堵后，如永久泄洪建筑物尚未具备设计泄洪能力，坝体洪水标准应分析坝体施工和运行要求按表 1-21 确定。

表 1-21　　坝体施工期导流泄水建筑物封堵后坝体洪水标准

坝型		大坝级别		
		1	2	3
混凝土坝、浆砌石坝［重现期（年）］	设计	200～100	100～50	50～20
	校核	500～200	200～100	100～50
土石坝［重现期（年）］	设计	500～200	200～100	100～50
	校核	1000～500	500～200	200～100

6. 拦河闸永久性水工建筑物洪水标准

拦河闸、挡潮闸挡水建筑物及其消能防冲建筑物设计洪（潮）水标准，根据其建筑物级别按表 1-22 确定。潮汐河口段和滨海区水利水电工程永久性水工建筑物，应根据其级别按表 1-22 确定。对于 1 级、2 级永久性水工建筑物，若确定的设计潮水位低于当地历史最高潮水位时，应按当地历史最高水位校核。拦河闸、挡潮闸永久性水工建筑物洪（潮）水标准按表 1-22 确定。

表 1-22　　拦河闸、挡潮闸永久性水工建筑物洪（潮）水标准

永久性水工建筑物		1	2	3	4	5
洪水标准［重现期（年）］	设计	100～50	50～30	30～20	20～10	10
	校核	300～200	200～100	100～50	50～20	30～20
潮水标准［重现期（年）］		≥100	100～50	50～30	30～20	20～10

注：对具有挡潮工况的永久性水工建筑物按表中潮水标准执行。

7. 防洪工程永久性水工建筑物洪水标准

（1）防洪工程中堤防永久性水工建筑物洪水标准，应根据其保护区内保护对象的防洪标准和经批准的流域、区域防洪规划综合研究确定，并应符合下列规定：

1）保护区仅依靠堤防达到其防洪标准时，堤防永久性水工建筑物的洪水标准应根据保护区内防洪标准较高的保护对象的防洪标准确定。

2）保护区依靠包括堤防在内的多项防洪工程和组成的防洪体系达到其防洪标准时，堤防永久性水工建筑物的洪水标准应按经批准的流域、区域防洪规划中的堤防所承担的防洪任务确定。

（2）防洪工程中河道整治、蓄滞洪区围堤、蓄滞洪区内安全区堤防等永久性水工建筑物洪水标准，应按经批准的流域、区域防洪规划的要求确定。

8. 治涝、排水、灌溉和供水工程永久性建筑物洪水标准

（1）治涝、排水、灌溉和供水工程永久性建筑物洪水标准，应根据其级别按表 1-23 确定。

表 1-23　　治涝、排水、灌溉和供水工程永久性建筑物设计洪水标准

建筑物级别	1	2	3	4	5
设计［重现期（年）］	100～50	50～30	30～20	20～10	10

（2）治涝、排水、灌溉和供水工程的渠（沟）道永久性建筑物洪水标准。治涝、排水、灌溉和供水工程的渠系建筑物的校核洪水标准，根据其级别按表 1-24 确定，也可视工程具体情况和需要研究确定。

表 1-24　　治涝、排水、灌溉和供水工程渠（沟）道永久性建筑物校核洪水标准

建筑物级别	1	2	3	4	5
设计［重现期（年）］	300～200	200～100	100～50	50～30	30～20

（3）治涝、排水、灌溉和供水工程中泵站永久性水工建筑物的洪水标准，应根据其级别按表 1-25 确定。

表 1-25　　治涝、排水、灌溉和供水工程泵站永久性建筑物校核洪水标准

永久性水工建筑物		1	2	3	4	5
洪水标准［重现期（年）］	设计	100	50	30	20	10
	校核	300	200	100	50	20

9. 临时性水工建筑物洪水标准

临时性水工建筑物洪水标准，根据建筑物的结构类型和级别，按表 1-26 规定综合分析确定。临时性水工建筑物失事后果严重时，应考虑发生超标准洪水的应急措施。

表 1-26　　临时性水工建筑物洪水标准

建筑物结构类型	临时性水工建筑物级别		
	3	4	5
土石结构［重现期（年）］	50～20	20～10	10～5
混凝土、浆砌石结构［重现期（年）］	20～10	10～5	5～3

第三节　水电水利工程类别及质量评定

一、水电水利工程主要类别及其释义

1. 水电水利工程的类别

（1）水电水利工程按类别分，主要包含枢纽工程、堤防工程、渠道工程、泵站工程，公路工程、房屋建筑工程等。

（2）水电水利工程按种类分，主要包含新建工程、改建工程、扩建工程，加固工程、应急工程、修复工程。

2. 建设项目与单项工程

（1）建设项目。指经批准具有计划任务书进行总体设计，经济上实行独立核算，行

政上具有独立组织管理模式的建设工程总体。通常把建设项目划分为一个或若干个单项工程。

（2）单项工程。指具有独立设计文件，能够单独施工，并在竣工后能独立发挥设计所确定的生产能力或使用效益的一组配套齐全的工程。单项工程是建设项目的组成部分，将单项工程划分为若干个单位工程。

3．单位工程与单项工程

（1）单位工程。指具有单独设计文件或具备独立施工条件，并能形成独立使用功能的建筑物及构筑物，但不能独立发挥生产能力或使用效益的工程。它是单项工程的组成部分，可分为多个分部工程。

建设项目、单项工程、单位工程都可称之为施工项目，分部工程和分项工程不能称之为施工项目。

（2）主要建筑物及主要单位工程。主要建筑物指其失事后将造成下游灾害或严重影响工程效益的建筑物，如挡水坝、防洪堤、泄洪和输水建筑物工程进水口建筑物、电站厂房及泵站等，属于主要建筑物的单位工程称为主要单位工程。当主要建筑物规模较大时，为有利于施工质量管理，进行项目划分时常将具有独立施工条件的某一部分划分为一个单位工程。

（3）单项工程与单位工程的区别。两者的区别主要是看它竣工后能否成为独立地发挥整体效益或生产能力。

4．分部工程与分项工程

（1）分部工程及主要分部工程。分部工程是指在一个建筑物内能组合发挥一种功能的建筑安装工程，是单位工程的组成部分，它是单位工程中分解出来的结构更小的工程。主要分部工程是对单位工程的安全、功能或效益起决定作用的分部工程，称为主要分部工程。

（2）分项工程。分项工程是分部工程的组成部分，它是施工图概预算中最基本的计算单位，又是概预算定额的基本计量单位。它是根据不同施工方法、不同工种、构件类别、设备类别、材料规格，分部工程进一步划分为若干个分项项目。

5．单元工程与分项工程

（1）单元工程。单元工程是依据建筑物设计结构、施工部署或质量考核要求，将分部工程划分为层、块、区、段，每一层、块、区、段为一个单元工程，单元工程通常由若干工序组成的综合体，是施工质量考核的基本单位。

（2）单元工程与分项工程的区别。单元工程是国家或行业制定有验收标准的项目。分项工程一般按主要工种工程划分，可以由大工序相同的单元工程组成，如：土方工程、混凝土工程、模板工程、钢结构焊接工程等，完成后不一定形成工程实物量；单元工程则是一个工种或几个工种施工完成的最小综合体，是形成工程实物量或安装就位的工程。

6．关键部位单元工程与重要隐蔽单元工程

（1）关键部位单元工程。指对工程安全或效益或使用功能有显著影响的单元工程。

关键部位单元工程包括土建类工程、金属结构及启闭机安装工程中属于关键部位的单元工程。

（2）隐蔽工程及重要隐蔽单元工程。隐蔽工程指地基开挖、地基处理、基础工程、地下防渗工程、地基排水工程、地下建筑工程等所有在完工后被覆盖的工程。

重要隐蔽单元工程指主要建筑物的地基开挖、地下洞室开挖、地基防渗、加固处理和排水等隐蔽工程中，对工程安全或功能有严重影响的单元工程。即指主要建筑物的隐蔽工程中，涉及严重影响建筑物安全或使用功能的单元工程称为重要隐蔽单元工程。如主坝坝基开挖中涉及断层或裂隙密集的单元工程是重要隐蔽单元工程。

7. 单元工程与工序、主控项目和一般项目

（1）单元工程。单元工程是由一个或若干工序组成的综合体，是施工质量考核的基本单位。

（2）工序。按施工的先后顺序将单元工程划分成的具体施工过程或施工步骤。对单元工程质量影响较大的工序称为主要工序。工序可视工程项目的规模及工程量的大小来确定。

（3）主控项目与一般项目。主控项目指对单元工程的功能起决定作用或对安全、卫生、环境保护有重要影响的检验项目。一般项目指除主控项目以外的检验项目。

（4）单元工程类型。单元工程一般有三种类型：有工序的单元工程，不分工序的单元工程和由若干个桩（孔）组成的单元工程。

二、质量评定术语及评定意义

1. 工程质量评定术语

（1）工程质量。指工程建设满足国家和水电水利行业相关的法律、法规、技术标准，以及设计合同、施工合同约定的要求，对工程安全、适用、经济、功能、外观及环境保护等特性的总和要求。

（2）质量检验。指通过检查、量测和试验等方法，对工程建设质量特性进行的符合性评价。

（3）质量评定。将质量检验结果与国家和行业技术标准、设计图纸以及合同约定的质量标准所进行的比较活动。对于工程质量监督而言，主要是检查审核施工单位的自检，监理单位的抽查、复核及检查工程质量情况的过程。

（4）质量缺陷。对工程质量有影响，但小于一般质量事故的隐患质量问题。施工过程中，因特殊原因使得工程个别部位或局部发生达不到技术标准和技术要求（但不影响使用），且未能及时进行处理的工程质量缺陷问题（质量评定仍定为合格），应以工程质量缺陷备案形式记录备案。质量缺陷备案表由监理单位组织填写，内容应真实、准确、完整。参建单位代表应在质量缺陷备案表上签字，若有不同意见应明确记载。

（5）质量事故。在水利水电工程建设过程中，由于建设管理、监理、勘测、设计、咨询、施工、材料、设备等原因造成工程质量寿命和对工程安全运行造成隐患和危害的事件。质量事故处理后，应由项目法人委托具有相应资质等级的工程质量检测单位检测后，按照处理方案确定的质量标准，重新进行工程质量评定。

（6）中间产品。指经过加工生产的各类工程的原材料及半成品。即指工程施工中使用的砂石骨料、石料、混凝土拌和物、砂浆拌和物、混凝土预制构件等土建类工程的成品及半成品。中间产品进场必须经监理工程师检验合格，方可使用并参与分部工程验收。

（7）水灰比及水胶比。水灰比是指单位混凝土中水与水泥的比。水胶比是指单位混凝土中水与胶凝材料之比。普通混凝土就是水泥、砂、碎石、水，特殊的混凝土一般是在混凝土加入其他外加剂，如粉煤灰、矿渣粉、硅粉等。

（8）见证取样。在监理单位或项目法人监督下，由施工单位人员现场取样，并送到具有相应资质等级的工程质量检测单位所进行的检测。

（9）外观检测及外观质量。外观检测是指观察和量测数据反映的工程外表质量。外观质量得分率是指单位工程外观质量实际得分与应得分之比。

（10）验收。在施工单位自检评定的基础上，由参建各方对原材料、工序、单元工程、分部工程、单位工程质量进行确认。

2. 工程质量评定意义

（1）开展质量评定可加强和推动质量管理工作，增加参建各方工程质量意识，提高工程建设质量。

（2）工程质量评定为创优工程和优质工程奠定基础。

（3）质量评定是监理单位和质量监督机构的职责，可变压力为动力，使其工作人员深入细微地工作，严格把控工程质量关。

（4）为建设管理单位和主管部门及验收单位的最终抉择评定质量等级和工程运行的安全度、可靠度提供依据。

三、 水利水电工程质量评定等级及依据

1. 水利水电工程质量等级

根据 SL 176—2007 中 1.0.3 的规定，水利水电工程施工质量等级为“优良”“合格”两级。合格等级是必须达到的等级，政府验收时，只按“合格”确定工程质量等级。优良等级是为工程质量创优或执行合同约定而设置。水利水电工程施工质量单位工程、分部工程、单元工程都有合格与优良两个等级。不合格的单元工程必须处理达到合格等级后方可进行后续施工、交工或验收。

2. 水利水电工程质量评定的依据

（1）根据国家及相关行业技术标准。根据《水利水电基本建设工程单元工程质量评定标准》（SL/T 631—2012 至 SL6 37—2012）；或根据《水电水利基本建设工程单元工程质量等级评定标准》（DL/T 5113.1—2012 至 DL/T 5113.12—2012）。

（2）设计图纸和技术要求。经批准的设计文件、技术要求、施工图纸、金属结构设计图样与技术条件、设计修改通知书、厂家提供的设备安装说明书及有关技术文件。

（3）建设工程项目划分。水电建设工程经监理单位、项目法人确认的工程项目划分表，水利工程经质量监督机构批准的项目划分表。

（4）试验数据。原材料及中间产品、产品的检查、检测、实验及检验结果。

（5）合同约定。工程承发包合同中约定采用的技术标准或技术要求。

（6）工程施工期及试运行期的试验和观测分析成果。

四、水利水电工程质量评定程序及等级

1. 水利水电工程质量评定程序

工程质量验收评定应从低层到高层的顺序依次进行，从微观上按照施工工序的有关规定，在施工过程中把好质量控制关。即质量评定的程序按照：工序—单元工程—分部工程—单位工程（含外观质量评定）—工程项目。质量评定主要指针对单元工程进行质量评定，分部工程、单位工程，以及工程项目的质量评定均以单元工程质量评定为依据进行推演评定。

2. 工程质量评定等级

（1）水利水电工程质量评定等级分为合格和优良两级。

（2）公路工程分为合格和不合格两级。

（3）房屋建筑工程分为合格和不合格两级。

五、单元工程及工序工程质量评定责任及内容

单元工程质量评定是以建筑物实体作为评定对象，单元工程质量评定为优良、合格两级。在单元工程评定之前，首先进行工序质量评定。具体如下：

1. 工序工程质量评定的条件及程序

（1）工序施工质量验收评定应具备的条件。

1）工序中所有的施工项目（或施工内容）已完成，现场具备验收条件。

2）工序中所包含的施工质量检验项目经施工单位自检全部合格。

（2）工序施工质量验收评定程序。程序如下：

1）施工单位应首先对已经完成的工序施工质量按标准进行自检，并做好检验记录。

2）施工单位自检合格后，应填写工序施工质量验收表，质量负责人履行相应的签认手续后，向监理单位申请复核。

3）监理单位收到申请后，应在4小时内进行复核。复核内容为：①核查施工单位报验资料是否真实、齐全；②结合平行检测和跟踪检测结果等，复核工序施工质量检验项目是否符合质量评定标准要求；③在施工单位提交的工序施工质量验收评定表中填写复核记录，并签署工序施工质量评定意见，核定施工质量等级，相关责任人履行签认手续。

2. 单元工程质量评定责任及方法

（1）单元工程质量检验评定责任。单元工程质量检验评定由施工单位自检评定，监理单位检查后确定质量等级。对于重要的单元工程，监理单位应在施工单位自检合格的基础上组织有关单位共同检查评定。

（2）单元工程评定方法。施工单位的质量检查是质量检验评定的基础；单元工程中各施工工序首先进行检验评定，施工单位完成其各工序中“三检制”，即班级初检、施工队复检、质检科终检，并提供原材料、中间产品检验试验资料，自评单元工程质量等级，经监理单位验收复核，监理单位在核定单元工程质量等级时，除应检查工程现场外，还应对该单元（工序）工程的施工原始记录和质量检验记录等资料进行查验，确认

单元工程施工质量评定表所填写的数据，其内容真实和完整，必要时进行抽检，评定质量等级经监理签字确认。

关键部位单元工程和重要隐蔽单元工程，在施工单位自检自评合格、监理单位抽检后，由项目法人（或委托监理）组织监理、设计、施工、运行管理（如果有时）等单位组成联合小组，共同检查其质量等级，除做好记录外，还应填写重要隐蔽（关键部位）单元工程质量等级签证表，由建设、监理和施工单位共同保存。在水利工程中，关键单元工程和重要隐蔽单元工程的质量评定等级还要经过质量监督机构核备。

3. 单元工程质量评定主要检查内容

（1）单元工程质量等级。单元工程质量等级分为优良、合格、不合格三级。不合格单元工程经过处理，达到合格标准，再进行单元工程质量复评。单元工程质量评定分为有工序和不分工序的单元工程评定。

（2）单元工程质量等级评定的条件。单元工程各工序使用的原材料、中间产品及工序验收等均合格；检验资料齐全，检测结果符合要求。

（3）工序和单元工程施工质量控制效果。施工质量需要满足设计和规范要求，质量缺陷处理达到设计要求。

4. 单元工程施工质量验收评定的条件及程序

（1）单元工程施工质量评定的条件。

1）单元工程所含工序工程（或所有施工项目）已完成，施工现场具备验收的条件。

2）已完工序施工质量验收评定全部合格，有关质量缺陷已经处理完毕或有监理单位批准的处理意见。

（2）单元工程施工质量评定程序。程序如下：

1）施工单位首先对已经完成的单元工程施工质量进行自检，并填写检验记录。

2）施工单位自检合格后，应填写单元工程施工质量验收评定表，并向监理单位申请复核。

3）监理单位收到申报后，应在8小时内进行复核。复核包含内容如下：①核查施工单位报验资料是否真实、齐全；②对照施工图纸及施工技术要求，结合平行检测和跟踪检测结果等，复核单元工程质量是否达到标准要求；③检查已完单元遗留问题的处理情况，在施工单位提交的单元工程质量评定表中填写复核记录，并签署单元工程施工质量评定意见，核定单元工程施工质量等级，相关责任人履行相应签认手续；④对验收中发现的问题提出处理意见。

4）重要隐蔽工程和关键部位单元工程施工质量的验收评定，应由建设单位（或委托监理）主持，由建设、设计、监理、施工等单位的代表共同组成联合小组，共同验收评定。水利工程还要求在验收前通知工程质量监督机构参与。

5. 单元工程质量评定不合格的处理

（1）单元工程施工质量合格标准应符合规范或合同约定标准，当未达到合格标准时，应及时进行处理。处理后按下列规定进行验收评定：

1）全部返工重做的，可重新评定质量等级。

2）经加固补强并经设计和监理单位鉴定能达到设计要求时，其质量评为合格。

3）处理后的单元工程部分质量指标仍未达到设计要求时，经原设计单位复核，建设单位及监理单位确认能满足安全和使用功能要求，可不再进行处理；或经加固补强后，改变了建筑物外形尺寸或造成永久性缺陷的，经建设单位、监理单位及设计单位确认能基本满足设计要求，其质量可评定为合格，并按规定进行质量缺陷备案。

（2）单元工程施工质量优良标准按照《单元工程评定标准》或合同约定的优良标准执行。全部返工重做的单元工程，经检验达到优良标准者，可评为优良等级。

六、分部工程验收的条件及程序

1. 分部工程验收

分部工程验收由项目法人（或委托监理单位）主持。验收工作组应由项目法人、勘测、设计、监理、施工、主要设备制造（供应）商等单位的代表组成。运行管理单位可根据具体情况决定是否参加。

2. 分部工程验收的条件

（1）所有单元工程施工已完成。

（2）已完单元工程施工质量经评定全部合格，有关质量缺陷已处理完毕或有监理机构批准的处理意见。

（3）合同约定的其他条件。

3. 分部工程验收的内容

（1）检查工程是否达到设计标准或合同约定标准的要求。

（2）评定工程施工质量等级。

（3）对验收中发现的问题提出处理意见。

4. 分部工程质量验收程序

水电项目分部工程验收由建设管理单位（或委托监理单位）组织分部工程验收；水利项目分部工程质量验收要求经过质量监督机构列席大型水利枢纽工程建筑物的分部工程验收会议，尤其是主要分部工程质量评定结果要经过质量监督机构部门核定。具体验收程序如下：

（1）听取施工单位工程建设和单元工程质量评定情况的汇报。

（2）现场检查工程完成情况和工程质量。

（3）检查单元工程质量评定及相关档案资料。

（4）讨论并通过分部工程验收鉴定书。

七、单位工程验收的条件及程序

1. 单位工程验收

单位工程验收由项目法人主持。验收工作组由项目法人、勘测、设计、监理、施工、主要设备制造（供应）商、运行管理等单位的代表组成。必要时，可邀请上述以外的专家参加。水利工程单位工程验收邀请质量监督机构代表列席单位工程验收会议，验收的质量评定结论及相关资料要报质量监督部门核定，质量监督机构在收到验收质量结论之日起20个工作日内，将核定意见反馈项目法人。

2. 单位工程验收应具备的条件

（1）所有分部工程已完建并验收合格。

（2）分部工程验收遗留问题已处理完毕并通过验收，未处理的遗留问题不影响单位工程质量评定并有处理意见。

（3）合同约定的其他条件。

3. 单位工程质量评定主要检查内容

（1）检查工程是否按照批准的设计内容完成。

（2）评定工程施工质量等级。

（3）检查分部工程验收遗留问题的处理情况及相关记录。

（4）对验收中发现的问题提出处理意见。

4. 单位工程验收的程序

（1）听取工程参建单位工程建设有关情况汇报。

（2）现场检查工程完成情况和工程质量。

（3）检查分部工程验收有关文件及相关档案资料。

（4）讨论并通过单位工程验收鉴定书。

八、 工程项目质量评定程序及检查内容

1. 工程项目质量评定程序

工程项目质量等级评定由监理单位负责对单位工程质量评定结果进行统计，由建设单位认定。如果一个工程项目由一个以上监理单位监理，项目质量等级评定由建设管理单位负责评定。水利工程项目质量评定结果要经过质量监督部门核定。

2. 质量评定资料填写与检查事项要求

（1）质量评定资料填写字迹清晰。

（2）质量评定资料填写内容齐全，表述文理清楚。

（3）质量检验、评定资料签字盖章，手续完备。

（4）质量评定办法符合相关规范规定。

（5）检查质量评定核备、核定资料的真实性和准确性。

（6）质量检验机构资质、资格符合规定，报告符合要求。

3. 质量评定检查内容

（1）单位工程、分部工程验收鉴定书或验收签证。

（2）质量检验资料、质量评定依据和办法及结论的正确性。

4. 工程项目质量评定标准

工程项目质量评定为合格、优良两级，具体标准如下：

（1）合格标准。施工质量同时满足下列标准时评定为合格：

1）单位工程质量全部合格；

2）工程施工期及试运行期间，各单位工程观测资料分析结果均符合国家和行业技术标准以及合同约定的标准要求。

（2）优良标准。施工质量同时满足下列标准时评定为优良：

1）单位工程质量全部合格，其中70%以上单位工程质量优良等级，且主要单位工程质量全部优良；

2）工程施工期及试运行期间，各单位工程观测资料分析结果均符合国家和行业技术标准以及合同约定的标准要求。

5. 工程外观质量评定

工程外观质量评定标准，以及标准分由建设单位组织监理、设计、施工等单位研究确定。水利工程还需报质量监督机构核定及备案。进行外观质量评定时，应有监理、设计、施工等单位参加，必要时，外聘专家及质量监督部门列席验收活动。

九、水利水电工程合同工程完工验收

1. 合同工程验收

施工合同约定的建设内容完成后，应进行合同工程完工验收。当合同工程中包含一个单位工程（分部工程）时，宜将单位工程（分部工程）验收与合同工程完工验收一并进行，但同时满足相应的验收条件。合同工程验收由项目法人主持。验收工程组应由项目法人以及与合同工程有关的勘测、设计、监理、施工、主要设备制造（供应）商等单位的代表组成。

2. 合同工程完工验收的条件

（1）合同范围内的工程项目和工作已按合同约定完成。

（2）工程已按规定进行了有关验收。

（3）观测仪器和设备已测得初始值及施工期的各项观测值。

（4）工程质量缺陷已按要求进行处理。

（5）工程完工结算已完成。

（6）施工现场已经进行清理。

（7）需移交项目法人的档案资料已按要求整理完毕。

（8）合同约定的其他条件。

3. 合同工程完工验收的主要内容

（1）检查合同范围内工程项目和工作完成情况。

（2）检查施工现场清理情况。

（3）检查已投入使用工程运行情况。

（4）检查验收资料整理情况。

（5）鉴定工程施工质量。

（6）检查工程完工结算情况。

（7）检查历次验收遗留问题的处理情况。

（8）对验收中发现的问题提出处理意见。

（9）确定合同工程完工日期。

十、工程移交及遗留问题处理

1. 工程交接

（1）通过合同工程完工验收或投入使用验收后，项目法人与施工单位应在30个工作日内组织专人负责工程的交接工作，交接过程应有完整的文字记录且有双方交接负责人签字。

（2）项目法人与施工单位应在施工合同或验收鉴定书约定的时间内完成工程及其档案资料的交接工作。

（3）工程办理具体交接手续的同时，施工单位应向项目法人递交工程质量保修书，保修书的内容应符合合同约定的条件。

（4）工程质量保修期应从工程通过合同工程完工验收后开始计算，但合同另有约定的除外。

（5）在施工单位递交了工程质量保修书、完成施工场地清理以及提交有关竣工资料后，项目法人应在30个工作日内向施工单位颁发合同工程完工证书。

2. 工程移交

（1）工程通过投入使用验收后，项目法人宜及时将工程移交运行管理单位，并与其签订工程提前启用协议。

（2）在竣工验收鉴定书印发后60个工作日内，项目法人与运行管理单位应完成工程移交手续。

（3）工程移交应包括工程实体，其他固定资产和工程档案资料等，应按照初步设计等有关批准文件进行逐项清点，并办理移交手续等。

（4）办理工程移交，应有完整的文字记录和双方法定代表人签字。

3. 验收遗留问题及尾工处理

（1）有关验收成果性文件应对验收遗留问题有明确的记载。影响工程正常运行的，不应作验收遗留问题处理。

（2）验收遗留问题和尾工处理应由项目法人负责。项目法人应按照竣工验收鉴定书、合同约定等要求，督促有关责任单位完成处理工作。

（3）验收遗留问题和尾工处理完成后，有关单位应组织验收，并形成验收成果性文件。项目法人应参加验收并负责将验收成果性文件报竣工验收主持单位。

（4）工程竣工验收后，应由项目法人负责处理的验收遗留问题，项目法人已撤销的，应由组建或批准组建项目法人的单位或其指定的单位处理完成。

十一、 工程验收证书颁发

1. 工程质量保修责任终止证书颁发

工程质量保修期满后30个工作日内，项目法人应向施工单位颁发工程质量保修责任终止证书，但保修责任范围内的质量缺陷未处理完成的应除外。

2. 竣工证书颁发

（1）申请报告内容。工程质量保修期满以及验收遗留问题和尾工处理完成后，项目法人应向工程竣工验收主持单位申请领取竣工证书。申请报告包括以下内容：

1）工程移交情况；

2）工程运行管理情况；

3）验收遗留问题和尾工处理情况；

4）工程质量保修期有关情况。

（2）颁发竣工证书应符合以下条件。竣工验收主持单位应自收到项目法人申请报告后30个工作日内，决定是否颁发工程竣工证书。颁发竣工证书应符合以下条件：

1）竣工验收鉴定书已印发；

2）工程遗留问题和尾工处理已完成并通过验收；

3）工程已全面移交运行管理单位。

（3）工程竣工证书是项目法人全面完成工程项目建设管理任务的证书，也是工程参建单位完成相应工程建设任务的最终证明文件。

（4）工程竣工证书数量应按正本3份和副本若干份颁发，正本应由项目法人、运行管理单位和档案部门保存，副本应由工程主要参建单位保存。

第四节　建设项目工程合同类型及其作用

一、 建设项目工程合同类型

1. 建设项目工程合同

建设项目工程合同包括工程项目的勘察、设计和施工成果质量，及其在工作管理、任务、要求方面的约定。合同是否公正、可行对建设项目的具体实施及其经济效益都会产生影响，合同一旦订立生效，就产生法律效力，双方必须严格执行合同条款约定的权利和义务。

2. 建设项目合同类型及水电水利工程合同

工程建设项目一经立项、批复，即进入工程筹建阶段，各工程应根据其不同的性质、类型，合理的选择合同类型。具体如下：

（1）按合同签约的对象内容，一般分为勘察设计合同、施工合同、监理合同、设备物资购销合同、建设项目借款合同等。具体如下：

1）建设工程勘察、设计合同。指业主（发包人）与勘察人、设计人为完成一定的勘察、设计任务，明确双方权利、义务的协议。

2）施工合同，又称为工程承包合同。指建设单位（发包方）和施工单位（承包方），为了完成商定的或通过招标投标确定的建筑工程安装任务，明确相互责任、权利、义务关系的书面协议。施工合同是发包人支付价款、控制工程质量、进度、投资，承包人进行工程建设，进而保证工程建设活动顺利进行的重要法律文件。

3）监理合同。指工程建设单位聘请监理单位代其对工程项目进行管理，明确双方权利、义务的协议。

4）设备物资购销合同。由建设单位或承建单位根据工程建设的需要，分别与有关设备物资、供销单位，为执行工程物资（包括设备、建材等）供应协作任务，明确双方权利和义务而签订的书面协议。

5）建设项目借款合同。由建设单位与银行等金融机构，根据国家批准的投资计划、信贷计划，为保证项目贷款资金供应和项目投产后能及时收回贷款签订的明确双方权利、义务关系的书面协议。

除以上合同外，还有运输合同、劳务合同、供电合同、移民合同、试验检测中心合同、第三方检测合同等。

（2）工程建设项目的合同根据付款方式的不同，一般分为总价合同、成本加酬金合同、单价合同三类。具体如下：

1）总价合同。适用于工程量不太大且能精确计算、工期较短、技术难度不大、风险不大的项目，而且设计图纸必须详细而全面。

2）成本加酬金合同。一般适用于需要立即开展工作的项目、新型的工程项目、风险很大的项目。

3）单价合同。按招标文件就分部分项工程所列出的工程量清单确定分部分项工程的费用，据此得出合同总价。单价合同由于使工程风险得到合理的分摊，并能鼓励承包商通过提高工艺等手段来节约成本并从中提高利润，因而得到较为广泛的应用。

（3）水电水利工程合同类型。水电水利工程建设项目，由于规模较大，建设周期长，技术难度大，各类设计变更情况复杂，故一般多采用单价合同形式。业主根据承包所完成的、经监理工程师核定的合格工程量进行支付工程款。

二、 合同在工程管理中的作用

合同管理作为工程项目建设中的基础部分，是约束工程建设施工的依据，合同管理不仅是工程管理的重要手段，也是促进工程管理发展的必要措施，具体来讲，合同的作用主要体现在三个方面：

1. 合同是建设项目管理的核心

任何一个建设项目的实施，都是通过签订一系列的承发包合同来实现的。通过对承包内容、范围、价款、工期和质量标准等合同条款的制订和履行，业主和承包商可以在合同环境下调控建设项目的运行状态。通过对合同管理目标责任的分解，可以规范项目管理机构的内部职能，紧密围绕合同条款开展项目管理工作。因此，无论是对承包商的管理，还是对项目业主本身的内部管理，合同始终是建设项目管理的核心。

2. 合同是双方权利和义务的依据

施工合同是承发包双方履行义务、享有权利的法律基础，为保证建设项目的顺利实施，通过明确承发包双方的职责、权利和义务，可以合理分摊承发包双方的责任风险。建设工程合同通常界定了承发包双方基本的权利义务关系。如发包方必须按时支付工程进度款，及时参加隐蔽工程验收和中间验收，及时组织工程竣工验收和办理竣工结算等。承包方则必须按施工图纸和批准的施工组织设计进行组织施工，向业主提供符合约定质量标准的建筑产品等。合同中明确约定的各项权利和义务是承发包双方的最高行为准则是双方履行义务、享有权利的法律基础。

3. 合同是建设项目处置各种纠纷的依据

合同是处理建设项目实施过程中各种争执和纠纷的法律证据，建设项目由于建设周期长、合同金额大、参建单位众多和项目之间接口复杂等特点。在合同履行过程中，业主与承包商之间、不同承包商之间、承包商与分包商之间以及业主与材料供应商之间，不可避免地会产生各种争执和纠纷。调解这些争执和纠纷的依据是承发包双方在合同中事先作出的各种约定和承诺，如合同的索赔与反索赔条款、不可抗力条款、合同价款调整变更条款等，因此合同是处理建设项目实施过程中各种争执和纠纷的法律依据。

三、 建设项目合同管理的内容

1. 工程招投标阶段的合同管理

为合理有效地控制工程造价，合理地利用投资，水电水利工程建设项目均采用招投标方式。招标投标是工程建设市场的一种交易行为，是通过招投标公开、公平、公正地择优选择施工单位，并通过签订承包合同，把设计概算落到实处。

(1) 合同条款的编写。招投标阶段的主要任务之一就是确定严格而周密的合同条款，并通过双方当事人的谈判，在协商一致的基础上由双方签订一份内容完备、逻辑含义清晰，保证责、权、利关系平衡的合同，从而最大限度地减少合同执行中的漏洞、不确定性和争端，保证合同的顺利实施。合同条款包括通用条款和专用条款的编写。

(2) 工程量清单的编写。工程量清单也以招标文件范本中的支付细目清单为基础，再根据各工程项目的具体情况进行增补和删减，这样有利于合同管理。由于设计文件中的错误直接影响工程造价，因此在清单工程量的填写前要认真复核设计文件图纸的工程量，避免因设计错误而造成工程实施过程中过大的变更量，再根据清单中的细目将图纸工程量细化成清单中的对应细目中。该项工作工作量大，并且直接影响到整个工程造价，因而需认真计算并仔细复核，确保清单工程量的准确性，从而提高合同管理的效率。

(3) 标底的编制。标底是衡量投标报价是否合理的尺度，是确保投标单位能否中标的依据，是招标中的防止盲目报价，抑制低价抢标的重要手段，标底同时又是控制建设项目投资额，核实建设规模的文件。

标底编制前一定要认真研究招标文件和说明、熟悉设计图纸、收集相关资料、调查市场行情、并认真进行现场实地考查、确定地方材料价格，根据工程所在地及工程相关要求确定费率，在所有这些准备工作完成的基础上，进行标底编制。

(4) 中标单位的选择。根据招标投标管理办法，投标单位的报价（评标价）最高不应超出标底的10%，最低不应低于标底价的20%，否则，业主有权作为废标处理。评标小组对合格的投标书从技术、设备、法律、施工管理等方面进行分析评价，评定出一个技术上合理，同时费用又最低的投标书。评标工作完成后，整个工程便有一个总体造价。招标单位随后向中标人发出“中标通知书”，承包人向业主提交履约担保，并在规定的时间、地点与业主签约，工程进入实施阶段。

2. 工程实施中的计量支付管理

工程项目计量与支付的实质是根据承包商完成合格工程量或工作量进行合理计价并办理支付的过程，包括计量、计价、支付等工作内容，是业主、监理工程师、承包商共同参与完成的工作。它不仅包括合同价格内的清单工程细目、计日工、暂定金额等，还包括引起合同价格变化的变更工程、索赔、价格调整等项目费用。具体如下：

(1) 合同清单工程的计量与支付。为便于管理支付项目，有效控制造价，应及时建立工程支付台账，通过台账，将每期的支付数量、支付金额等及时反映出，并与合同数量进行对照，从而可以进一步反映工程量完成的总体情况、总的支付金额，并可对照计划的执行情况及时进行调整，保证工程按质如期完成。

（2）合同外工程变更造价的计量与支付。水电水利工程由于施工周期长，许多因素均可能导致工程变更，影响到工程造价和工期，因此，须根据具体变更情况及合同条款中的相关规定，明确应支付给承包人的变更费用。影响工程造价的变更有设计变更、施工条件变更、技术标准变更、进度计划调整变更等。

（3）工程索赔。索赔是指在合同履行过程中，合同一方因对方不履行或没有完全履行合同所设定的义务而遭受损失时，向对方提出赔偿要求。工程索赔是承包工程企业经常采用追加造价的手段，索赔是合同管理中的重点和难点。

3. 工程结算的合同管理

工程结算是指在工程施工阶段，根据合同约定、工程进度、工程变更与索赔等情况，通过编制工程结算书，对已经完工部分工程的施工价格进行计算的过程，此时计算出来的价格称为工程结算价。它是项目法人（建设单位）按照施工合同和已完工程量向施工单位（参建单位）办理工程价清算的经济文件。由于工程建设周期长，耗用资金量大，为使施工企业在施工中耗用的资金及时得到补偿，需要对工程价款进行中间结算即进度款结算，以及工程完工后合同价款的完工结算，直至全部工程竣工验收后再进行建设项目的竣工决算。

4. 竣工决算阶段的合同管理

竣工决算是一个工程项目投资的最终反映，工程竣工决算是指整个建设项目全部完工并经过验收以后，通过编制竣工决算书，计算整个项目从立项到竣工验收、交付使用全过程中实际支付的全部建设费用、核定新增资产和考核投资效果的过程，此时计算出的价格称为竣工决算价，是整个建设项目最终实际投资价格。

在建设项目竣工后，建设单位以竣工结算等资料为基础编制竣工决算文件，竣工决算包括工程决算和财务决算两大部分。竣工资料的收集和归档是一项重要的基础工作，竣工决算全面反映工程竣工的建设成果和财务支出情况，表示整个建设项目从筹建到工程全部竣工的建设全部费用，它包括项目建设工程费用、安装工程费用，以及设备、工具购置费和其他费用等，其目的是核定新的固定资产的价值，办理交付使用手续，考核建设成本，分析投资效果，同时通过经验总结、资料积累，可以提高建设单位的管理水平，增加经济效益。

四、 合同在工程质量管理中的作用

建设工程质量是指工程满足业主需要的，符合国家法律、法规、技术规范标准、设计文件，以及合同规定的特性综合。包含适用性、耐久性、安全性、可靠性、经济性、环境协调性。

合同是控制工程施工质量的有效措施，工程质量除了应满足国家规范的检验与评定要求外，还应满足合同的要求。因此，对建筑物施工质量的要求应以合同订立的方式、提出高于国家规范施工质量的要求，以合同管理控制工程质量。如要求建筑物工程质量目标为优良工程，需要建立工程质量保证体系，建立施工过程保证体系，提供最优的施工方案、以科技进步保证质量，做好单元工程及隐蔽单元工程验收工作，确保工程质量。要求施工单位认真贯彻建设单位的质量管理要求，建立健全质量体系文件，如：质量控制计划、质量控制方案、质量检查记录等，使工程质量有章可循、有法可依、有据可查，确保施工质量符合质量目标或满足合同要求，通过合同有效控制施工质量。

五、 合同在工程造价中的作用

合同的本质提出了建设单位应加强招标过程中的合同管理，实施过程中的合同管理及施工索赔的合同管理，以实现项目通过投资控制、进度控制和质量控制。在建设项目管理的全过程都应加强合同管理，工程前期的招投标阶段、中期的施工阶段、后期的竣工阶段，合同管理对工程的造价影响都是至关重要的，因此，通过招投标并认真考察施工单位的信誉、工程业绩、管理水平、履约能力、经济实力，为后期合同的履行及造价控制提供保障，实现投资造价目标。

控制造价的目的不仅是要控制项目的投资不超过批准的造价限额，除合同规定的原因外，一般要求项目预算不超过概算、决算不超过预算，确保投资和资源的充分利用，因此，在工程建设全过程中不仅需要技术人员具体操作，同时还应配备专业人员对合同进行全过程管理，使建设项目达到良好的投资效益。加强合同管理，避免违约产生纠纷和索赔导致突破投资造价目标，利用有效的合同管理进行规避风险、降低成本、提高经济效益，将成为建设项目合同管理重中之重。

六、 合同在工程档案中的作用

工程档案的收集归档与工程项目划分和合同管理是密不可分的。一般情况下，工程档案的收集是以分部工程为基本单位进行的，因此，项目档案的归档必须以项目划分为依据；当合同签订工程范围较小时，工程档案收集以合同为单位进行归档。另外，合同标段工程款的结算与支付必须以合同为依据；工程审计也是以合同标段为基础，进行各项合同管理的审查。因此，工程档案的收集归档，不仅要依据项目划分，还与合同标段有着紧密的联系。在工程建设中不仅要进行工程的竣工验收，还需要进行合同验收，这都与工程档案的归档不可分割。

在工程档案归档工作中，合同管理起着不可取代的作用，在合同签订时要体现档案的收集范围、归档套数、归档要求、归档责任等要求，承包方必须按照合同约定的要求完成档案归档工作。

七、 合同在工程结算审计中的作用

工程结算审计工作主要包含三个方面，一是审计合同文件内容的签订，审核企业资质及合同的合规性。二是审计现场签证，审核签证或验收内容是否清晰、真实。三是审核工程量，审核工程量是否重复计算或多算，重点审核投资比较大的分部分项工程，容易出现混淆的工程，如基础工程中的土方工程，材料用量及价差，隐蔽验收记录，工程定额的套用、取费等。

工程结算审计工作是以合同为依据审计工程结算，工程结算审计的目的是通过审核、比对、查证，对发现的送审工程终点不符合施工合同或违反相关政策文件、现行计

价取费标准及工程量计算规则的差错，以及人为高价的情况予以纠正，从而有效地控制工程造价、规范工程造价管理。工程结算审计是以合同为依据，对招投标文件、工程完工结算款的情况进行审查，进而审查工程进度款的支付。

八、 工程管理中的合同验收

承建单位已按施工合同约定的建设内容完成后，应进行合同工程的完工验收。当合同工程仅包含一个单位工程或分部工程时，可将单位工程或分部工程与合同工程一并进行验收。合同工程验收由项目法人主持，验收工作组应由项目法人以及与合同工程有关的勘测、设计、监理、施工、主要制造（供应）商等单位的代表组成。合同工程完工验收应具备以下条件：合同范围内的工程项目和工作已按合同约定完成；工程已经按有关规定进行有关验收；观测仪器和设备已测得初始值及施工期各项观测值；工程质量缺陷已按要求进行处理；工程完工结算已经完成；施工现场已经清理；需移交项目法人的档案资料已按要求整理归档；合同约定的其他条件。合同验收在完成了以上条件后，进行合同验收，并通过合同工程完工验收鉴定书。

第五节　项目划分与工程质量及合同的联系

一、 工程验收与工程质量及工程档案的关系

工程竣工验收是对工程质量的检验，工程竣工验收是政府部门依据国家颁发的施工规范和质量检验标准对建设项目工程竣工验收制度的具体规定，对整个工程的施工是否满足设计要求和工程质量标准等，进行的一系列检查工作。

水电水利工程竣工验收由项目法人组织设计、施工、监理单位进行自检后，向政府部门提出竣工验收申请。工程档案验收是工程竣工验收的重要内容，档案内容与质量达不到要求的工程项目，不得通过档案验收，未通过档案验收或档案验收不合格的工程，不得进行或通过工程竣工验收。

工程档案是工程质量的真实反映，在施工过程中，文件材料的产生与具体施工进程是不可分割的。原材料质量证明书、合格证、检测记录，单元及工序验收评定记录是工程施工质量的证明文件，因此，工程档案是工程建设质量的直接反映。工程建设完成后，对工程质量的认定是依据工程档案。工程质量的优劣要从工程档案中查找依据并追究责任，对工程质量问题的原因分析、事故责任认定及工程整改措施的制定等，以及对工程建设的创优、评优工作，也是以工程档案中反映的关键数据作为评优的支撑材料，包括单元工程质量验收评定记录、工程建设标准强制性条文的执行情况。工程档案是工程建设的重要组成部分，是工程竣工验收、生产运行、维修改造、项目稽查、工程结算审计的重要依据，同时也是工程创优评优的重要检查内容。

二、 工程质量是工程项目划分与合同联系的纽带

水电水利工程项目划分为数个单位工程，每个单位工程包含数个或数十个分部工程，各个单位工程、分部工程又与合同存在必然的联系。一个合同可以包含一个单位工程，也可以包含一个或几个分部工程。

工程进行项目划分，目的是进行工程质量评定，而合同是建设单位控制工程质量进行约定的重要手段，利用合同约定提高工程质量水平，是工程建设项目达到预期目标常常采取的措施。然而，合同标段中包含了哪些工程项目，或包含了某个单位工程或某几个分部工程，这些工程项目的施工质量情况如何要求、如何控制，除满足国家或行业相关的规程规范要求外，还需要按合同的约定执行，而施工质量又是合同结算的依据，因此，建立工程项目划分与合同的联系是必要的。合同是工程管理的纽带，工程质量与合同、工程项目划分存在必然的联系，通过施工合同约定的质量要求，对工程项目划分的质量评定进行核查，以达到合同约定的工程质量水平。

三、工程造价与工程项目划分的关系

建设项目的施工与安装，其工程造价的计算比较复杂，为了能精确地计算出一个建设项目的造价，只有将其分解为若干个易于计算的工程材料消耗量与工程量的基本构成项目，再汇总这些基本项目的办法，来计算总造价。因此，通常把一个建设项目分为若干个单项工程，进而再逐级划分为单位工程、分部工程与分项工程来进行计价。如水电水利工程造价分为：枢纽建筑物、建设征地和移民安置、独立费用三大部分。分别为：①枢纽建筑物费用。枢纽工程、施工辅助工程、建筑工程、环境保护和水土保持工程、机电设备及安装工程、金属结构设备及安装工程。②建设征地和移民补偿。包含农村部分、城市集镇部分、专业项目、库底清理、环境保护和水土保持工程。③独立费用。项目建设管理费、生产准备费、科研勘察设计费、其他税费。

工程质量评定的项目划分应力求与“预算管理制度和规定”的项目划分一致。分项工程的划分应力求与“施工班组定额”中的项目划分一致，以利于预算、计划、验收、统计、结算对口和班组的作业计划、结算、奖励，创造有序的管理环境。

四、工程档案与工程项目划分、合同的联系

工程档案的收集归档，通常以项目划分中的分部工程为单位进行档案资料的收集归档，对于部分没有进入工程项目划分的合同标段如设备采购合同，档案资料的收集是以合同为单位进行的，合同的结算是以合同为依据，合同完工结算时必须要求档案完成归档才能办理，或者说，档案完成归档后才能进行合同完工结算款项的支付。从合同的签订开始，就要明确合同工程档案的归档范围、要求、质量、数量、内容等，因此，工程档案与工程项目划分、合同都有关密不可分的联系。

五、工程结算与合同、工程项目划分的联系

工程结算是以合同为依据审核工程量，工程结算分为进度结算和完工结算。工程结算是成本预算部门以合同为依据，在合同标段工程完工后与施工方结算价款时进行工程成本造价审核，以确定工程成本。

通常，由于受经济利益的驱使，施工单位提交的工程结算都会超出实际造价。工程量是结算的基础，它的准确与否直接影响结算的准确性。计算工程量是整个结算审核中最繁重、花费时间最长的一个环节，因此，工程结算必须在工程量的审核上狠下工夫，才能保证结算的质量，准确地核实分部工程中各单元工程产生的工程量来进行工程量的计算，保证工程量计算的准确性。审查工程量是否出现漏算、重算和错算，就要重点审

查各单元工程产生的工程量，为便于查找各合同标段中包含的哪些分部工程、单元工程，因此，建立合同标段与项目划分的对应关系是必要的。

六、工程结算审计与合同、工程档案的联系

工程结算审计是指审计机构以发包方按照合同提交的竣工档案为依据，对承包方编制的工程结算的真实性及合法性进行全面的审查，工程结算审计是核实工程造价的重要手段。即工程结算审计是以合同为依据，对其招投标文件、完工结算款的情况进行审查，以及对工程进度款的支付，甚至审查该合同所包含的单元工程验收评定资料中产生的工程量是否符合要求，尤其是对于超过设计概算的投资，审查更为细致，如果概算总投资超过原批准投资估算的5%，应进一步审查超估算的原因。而对于建设项目，初步设计概算静态总投资超过可行性研究报告相应估算静态投资15%以上（含15%）时，必须重新编制可行性研究报告并按原程序报批。

对工程进行结算审计是以合同标段为审查依据，需提供相应合同标段工程档案主要有：合同或协议文件、结算文件（包含完工结算和进度结算）、合同索赔及变更文件、工程量文件，以及支撑工程量和材料的技术档案，如：现场签证、竣工验收鉴定书、竣工图、施工图预算或招标工程合同标价文件，设计交底及图纸会审记录、设计变更及现场签证，合同规定的定额、材料预算价格、构件、成品价格等。

工程结算审计是工程造价控制的最后一关，工程造价审核质量的好坏是多种因素综合作用的结果，若不能严格把关将会造成不可挽回的损失。因此，工程结算审计将合同、工程档案紧密的结合起来。

七、工程决算审计与工程完工结算、工程档案的联系

工程竣工决算审计是在工程竣工结算审核的基础上，重点审核工程项目概算执行情况，工程项目资金的来源、支出及结余等财务情况，工程项目合同工期执行情况和合同质量等级控制，交付使用资产等。

工程决算是通过对工程竣工财务决算的真实性、合法性进行审计签证，降低工程造价，提高资金使用率，保证建设工程造价真实、准确、完整，提交客观、真实、全面的审计报告，为最终核定固定资产价值提供依据。建设单位应向审计单位提供必要的文件，主要有可行性研究报告、预可行性研究报告或初步设计，修正总概算及其审批文件，项目总承包合同、工程承包合同、标书，工程结算资料；历年基建工程的投资计划、财务决算及其批复文件，工程项目移交清单，财务、物资移交和盘点清单，银行往来及债权债务对账签证资料，根据竣工验收办法编制的全套竣工决算报表及文字报告等；施工同期国家有关工程造价和工程结算的规定等。另外，需要提供的档案资料有工程验收鉴定书和工程验收单、施工合同、协议及有关规定，经审批和审核的工程预算，经审批的补充修正预算，预算外费用现场签证，材料设备和其他各项费用的调整依据，有关定额费用调整的补充项目及签证资料、工程结算书及相关资料，建设工程计划书等，建设工程总概算书和单项工程综合概预算书，施工图与竣工图，国家和地方主管部门颁发的有关建设工程竣工决算文件，项目法人财务资料，其他与竣工决算相关的资料。

八、投资控制与合同、工程项目划分的关系

一个建设项目的流程主要是：项目建议书和可行性研究阶段，进行投资估算；工程项目的初步设计阶段，进行设计概算；施工图设计阶段，进行预算造价；招投标阶段，进行合同价款的确定；合同实施阶段并进行合同结算，工程竣工验收阶段，进行工程竣工结算和工程项目决算，即实际工程的造价。通常情况下，结算是决算的组成部分，是决算的基础。决算不能超过预算，预算不能超过概算，概算不能超过估算，实现投资控制。投资控制是工程项目管理的重点与难点，在工程的不同阶段，项目投资的估算、概算、预算、结算和决算的依据，都离不开工程项目划分和合同，其准确性渐进明细，一个比一个更为真实地反映项目的实际投资。

合同管理是工程项目建设管理的重要组成部分，控制好合同是工程项目管理成功的首要条件。合同与工程投资概算、竣工结算、工程结算审计、工程决算审计、工程档案都有着环环相扣的联系，同时工程概算、工程质量、工程档案又与工程项目划分密不可分，合同管理是控制工程质量、造价、工程档案的重要措施，它贯穿于建设项目管理全过程，因此，通过工程项目划分将合同标段与工程投资控制紧密结合起来。

第二章

水电水利工程项目划分程序与原则

第一节 项目划分的责任主体与程序

一、 项目划分的责任主体与依据

1. 项目划分的责任主体

在工程建设正式开工前，根据 SL 176—2007 中 3.3.1 的规定，项目法人（建设管理单位）在选定监理、施工单位后，应组织监理单位、设计单位、施工单位共同研究进行工程项目划分。建设单位应根据工程性质和部位确定主要单位工程、主要分部工程、重要隐蔽单元工程和关键部位单元工程。

通常情况下，单位工程由建设单位组织划分，并组织验收和评定；分部工程由监理单位组织划分，并组织分部工程验收和评定；单元工程由施工单位根据实际施工情况进行划分，并核定重要隐蔽单元工程和关键部位单元工程，然后报监理单位审核。

2. 项目划分的依据

根据工程项目的设计文件（包括设计图纸和技术要求）、投资规模，结合工程结构特点、施工部署（包括年度计划、业主要求及施工计划安排等）、合同文件（包括施工合同和监理合同），以及水利水电规程规范［《水利水电工程施工质量检验与评定规程》（SL 176—2007）、《水利水电建设工程验收规程》（SL 223—2008）］等要求进行项目划分，并确定主要单位工程、主要分部工程、重要隐蔽单元工程和关键部位单元工程。项目划分中对单位工程、分部工程、单元工程要明确，对重要分部工程、重要隐蔽单元工程、关键部位单元工程要加以标识。承担项目划分的技术人员应熟悉设计文件、技术规范及规程。

二、 水电工程项目划分程序

1. 水电工程项目划分

项目法人（建设单位）会同监理单位、设计单位、施工单位共同研究具体项目划分方案。根据施工部署和合同签订情况，划分单位工程、分部工程，并确定重要隐蔽单元工程和关键部位单元工程。由监理单位对工程项目划分正式行文，以此作为工程质量控制检查评定的依据。监理单位随后下发统一的单元工程质量检验评定表格式，并要求施工单位建立健全质量保证体系，认真落实“三检制”，从每道工序入手，严格把控单元工程质量关。

2. 工程施工过程调整

在工程建设实施过程中，发现当初的项目划分不符合实际，需要根据实际情况进行调整时，由项目法人组织监理单位、设计单位、施工单位再次进行协商，拟订方案，并再次行文。

三、 水利工程项目划分程序

1. 水利工程项目划分

项目法人（建设单位）会同监理单位、设计单位、施工单位共同研究具体项目划分方案，并确定主要单位工程、主要分部工程、重要隐蔽单元工程和关键部位单元工程。单元工程由施工单位根据工程现场实际情况划分并上报监理单位审核批复，由项目法人以组织要求将项目划分情况报相应的工程质量监督机构审批。

2. 项目法人上报质量监督机构

（1）书面上报项目划分。项目法人在主体工程开工前，将项目划分表及说明，书面报相应的质量监督机构确认。按照 SL 176—2007 中 3.3.2 的规定，工程质量监督机构收到项目法人单位的项目划分申报后进行确认，并将确认结果书面通知项目法人，即质量监督部门下达“工程项目划分申报批复”，并以此作为项目质量控制的依据。

（2）项目划分的调整重新批复。根据 SL 176—2007 中 3.3.3 规定，工程实施过程中，需对单位工程、主要分部工程、重要隐蔽单元工程和关键部位单元工程的项目划分进行调整时，项目法人应重新报送工程质量监督机构确认。

四、 水利工程项目划分申请文件与批复

1. 项目划分申请文件要求

项目法人（建设单位）以组织形式，将《建设项目划分方案》在工程主体开工前 21 天（河道、堤防工程开工后 7 天）前以文件形式报市水利质量监督站审查。项目划分申请文件应提交以下材料：

（1）工程项目说明及工程项目划分预表。其中主要单位工程、分部工程，重要隐蔽单元工程和关键部位单元工程应加标识注明；

（2）施工组织设计报告；

（3）监理规划或监理实施细则；

（4）参建单位主要质量责任人登记表。

2. 项目划分的审批

水利质量监督站在接到书面申请报告后 14 个工作日内，对项目划分进行审查，提出书面审查意见，确定主要单位、分部工程，然后以文件形式通知项目法人（建设单位），并抄送其他参建单位。在项目实施过程中，对项目划分进行调整时，应重新报送质量监督机构确认和备案。附申请表式《工程项目划分审查申请》（见表 2-1～表 2-3）、《参建单位主要质量责任人登记表》（见表 2-4）。

表 2-1 项目划分审查申请

项目划分申报表

编　　　制：<u>（印刷体）（签名）</u>
项目负责人：<u>（印刷体）（签名）</u>

工程建设项目法人名称（盖公章）
日　期：______年____月____日

表 2-2 项目划分审查说明

项目划分说明

一、工程概况（工程范围、主要工程量等）

二、项目划分原则、说明

三、项目划分确认事项

1. 单位工程的名称、数量及主要单位工程

2. 各单位工程中分部工程名称、数量和主要分部工程

3. 单元工程划分原则和重要隐蔽、关键部位单元工程

四、附件：单位、分部、单元工程划分总表

表 2-3　　项目划分申请审查

工程项目划分申请审查（格式）

____单位名称____文件

关于申报(工程名称及阶段)项目划分的报告

______________（质量监督机构）：

______________工程监理、施工招投标工作已经完成，……建设单位已组织设计、施工、监理单位的有关人员，按《水利水电工程施工质量检验与评定规程》（SL 176—2007）中项目划分的有关规定，完成该项目的划分。现将项目划分上报你处，请予以审查。

附件：

1. 工程项目划分说明及细表（主要单位、分部工程，重要隐蔽单元工程和关键部位单元工程应加标识注明）

2. 施工组织设计报告

3. 监理规划（或细则）

4. 参建单位主要质量责任人登记表

项目法人（盖章）

年　月　日

表 2-4　**参建单位质量主要责任登记表（表式）**

单位（项）工程名称：

单位		姓名	专业职称	资格证号码	电话号码
项目法人	法定代表人				
	质量负责人				
建设单位	主要负责人				
	技术负责人				
	质检负责人				
监理单位	法定代表人				
	总监理工程师				
	副总监理工程师				
	分管质量监理工程师				
	分管试验监理工程师				
勘察单位	法定代表人				
	项目负责人				
设计单位	法定代表人				
	项目负责人				
施工单位	法定代表人				
	项目经理				
	技术负责人				
	工程科长				
	质检科长				

填表人：　　　　　　　　　　　　　　　　　　　　　　年　　月　　日

第二节　水电水利工程项目划分依据与原则

一、 项目划分依据的规范

水电水利枢纽工程的项目划分是依据《水利水电工程施工质量检验与评定规程》（SL 176—2007）进行的，除此之外，堤防工程、土石坝工程、混凝土工程等，还有对应的专业性规范、水利工程监理规范等，如 SL 223、SL 260、SL 288（监理规范）等、《建设工程质量管理条例》、水利工程土工试验规程、混凝土试验规程等规范性文件。水利部于 2012 年 9 月颁布的 15 项关于单元工程质量评定的标准，水利工程施工项目质量管理标准常用的有 SL 631—2012 至 SL 637—2012；水电项目还可依据国家发展改革委 2012 年颁布的《水电水利工程质量等级评定标准》DL/T 5113.1—2012 至 DL/T 5113.12—2012。

二、 项目划分的一般原则

（1）原则性。根据批准的设计所列的项目划分。

（2）灵活性。根据设计的施工部署的实际划分。

（3）适用性。项目划分的结果要有利于现场控制、竣工资料的整理、组织验收及资料按规定归档。

（4）易操作性。项目划分对工程质量及进度的控制和考核易于操作。

三、 单位工程的划分原则

项目划分按建筑物功能和施工部署及质量考核的原则进行划分，单位工程应结合工程设计结构特点、施工部署及施工合同要求进行划分，划分结果应有利于保证施工质量评定及施工质量管理。单位工程通常是一座独立的建筑物或构筑物，特殊情况下也可以是独立的建（构）筑物中的一部分或一个构成部分。单位工程划分原则如下：

（1）枢纽工程。按设计结构及施工部署划分，一般以每座独立的建筑物为一个单位工程。当工程规模较大时，可将一个建筑物中具有独立施工条件的一部分划分为一个单位工程。

（2）引水渠道（管道）工程。按设计、招投标的标段或工程结构、或渠道级别（干、支渠）或工程建设期、段（以节、闸为界）及渠段建筑物划分单位工程。以一条干（支）渠管或同一建设期、标段的工程为一个单位工程，投资或工程量大的建筑物以每座独立建筑物为一个单位工程；大、中型引水（渠道）建筑物以每座独立建筑物为一个单位工程。

（3）堤防（坝）工程。按设计、招投标的标段或工程结构（如堤身、堤岸防护、交叉联结建筑物和管理设施等）、或施工部署及便于施工管理的原则划分单位工程。规模较大的交叉联结建筑物及管理设施以每座独立的建筑物为一个单位工程；或以堤坝身、堤坝基础、堤坝岸防护、交叉联结建筑物等分别为单位工程。在仅有单项加高培厚或基础防渗处理等项目时，也可单独划分单位工程。如果堤防穿越不同行政区，按不同行政区组织建设的实际情况划分。规模较大的交叉联结建筑物及管理设施以每座独立的建筑物为一个单位工程。

（4）除险加固工程。按招投标的标段或加固内容、或工程部位，并结合工程量划分单位工程。除险加固工程因险情不同，其除险加固内容和工程量相差较大，应按实际情况进行项目划分。工程量大时以同一招标标段中的每座独立建筑物的加固项目为一个单位工程，当工程量不大时，也可以将一个施工单位承担的几个建筑物的加固项目划分为一个单位工程。

（5）村镇饮水项目单位工程。按枢纽、泵站、管道、区域、施工标段等划分单位工程。

四、分部工程划分原则

分部工程的划分是指在一个建筑物内能组合发挥一种功能的建筑安装工程，是组成单位工程的各个组成部分。在分部工程中，将其对单位工程的安全、功能或效益起主要控制作用的分部工程称为主要分部工程。由于现行的水利水电工程施工质量等级评定标准，是以优良个数占总数的百分率计算的。分部工程的划分主要是依据建筑物工程部位、结构形式、施工特点、工种或专业性质，以及施工质量检验评定的需要来划分的。划分是否恰当，对单位工程质量等级的评定影响很大。分部工程项目应按下列原则确定：

1. 枢纽分部工程

土建部分按设计的主要组成部分、或施工主要组成部分划分分部工程；金属结构及启闭机安装工程、机电设备安装工程按组合发挥功能划分分部工程。

2. 堤防（坝）分部工程

按施工部署、长度或功能划分。堤防工程分部工程划分，应充分考虑项目区的环境实际进行项目划分分部工程。

3. 引水（渠道）分部工程

河（渠）道按施工部署或长度、功能划分。大、中型建筑物按工程结构主要组成部分划分分部工程。

4. 除险加固分部工程

按加固内容或部位划分分部工程。

5. 分部工程划分注意事项

（1）为防止项目划分的随意性，同一单位工程中，同类型的各个分部工程（如数个混凝土分部工程），其工程量不宜相差太大，一般不宜超过50%；不同类型（如混凝土与砌石等分部工程）的各个分部工程的投资不宜相差太大，分部工程之间最大不超过100%。

（2）为使单位工程的质量等级评定更为合理，每个单位工程中的分部工程数量不宜少于5个。

五、单元工程划分原则

1. 单元工程类型及工序

单元工程按工序划分情况，分为有工序单元工程和不划分工序单元工程，以及若干个桩（孔）组成的单元工程，工序是指按某种工艺流程完成工程确定的各项工作组合体。工序一般是指施工操作者利用一定的机械设备和工具，采用一定的技术方法，将投入工程施工中的原材料、半成品或零配件，以完成某一既定部分工程建设内容为条件的作业过程。由若干个桩（孔）组成的单元工程主要指基础处理中的桩基和灌浆工程的造孔灌浆工程。

2. 单元工程划分原则

单元工程是工程施工完成的最小综合体，对不同类型的工程，有各自的划分办法。单元工程划分依据设计结构、施工部署或便于进行质量控制和考核的原则，把建筑物划分为若干个层、块、段来确定单元工程。划分原则如下：

（1）单元工程划分依据。水电水利单元工程根据《水利水电建设工程单元工程施工质量验收评定标准》（SL 631—2012 至 SL 637—2012）、《水电水利基本建设工程单元工程质量等级评定标准》DL/T 5113.1—2012 至 DL/T 5113.12—2012，结合现场实际划分单元工程。

（2）枢纽单元工程。按工程设计结构、施工部署或质量考核要求，以层、块、段为单元工程，安装工程以工种、工序等为单元工程。

（3）河（渠）道单元工程。河（渠）道开挖、填筑及衬砌单元工程划分界限宜设在变形缝或结构缝处，长度一般不大于 100m。具体为：明（暗）渠开挖、填筑按施工部位划分，衬砌防渗（冲）工程按变形缝或结构缝处划分。渠道工程中，当流量 $Q<30m^3/s$ 时，单元工程不宜大于 100m；当流量 $Q>=30m^3/s$ 时，单元工程不宜大于 50m，且须按底板、左边坡衬砌、左边坡垫层或防冻层、右边坡衬砌、右边坡垫层或防冻层、土方开挖、土方回填等划分。建筑物工程可划分为：基础工程、基础开挖或护底工程、土方回填、进口八字墙、边墙或闸墩、机架桥混凝土、胸墙混凝土、出口八字墙或刺墙、设计安装等。

（4）堤防（坝）单元工程。堤防工程宜按照分块、分层、分类的原则划分单元。划分的长度、层间厚度等应结合施工单位的资源配置，施工计划安排等因素；在实际工程建设中，对于堤身填筑断面较大的分层碾压的堤身填筑工程，通常以日常检查验收的每一个施工段的碾压层作为一个单元工程。对于堤身断面较小的堤身填筑工程，一般按长度 200～500m 或工程量 1000～2000m^3 来划分单元工程。

（5）混凝土浇筑、浆砌石建筑物单元工程。按照结构、浇筑混凝土的仓位等因素划分。

（6）管道安装单元工程。按照建筑物区间长度（单元工程划分长度不宜超过 500m）或压水试验段划分，单体建筑物按照施工内容分类划分。

（7）填筑单元工程。按照分层、分段的原则进行划分单元工程。

（8）岩石边坡或边坡地基开挖单元工程。按施工检查验收区段划分，每一个验收区段为一个单元工程。

（9）岩石地基开挖单元工程。可按相应混凝土浇筑仓块划分，每一块为一个单元工程。

（10）岩石地下开挖单元工程。平洞开挖工程，按施工检查验收的区、段或混凝土衬砌的设计分缝确定的块划分，每一个检查验收区、段或一个浇筑块为一个单元工程。竖井（斜井）开挖工程，按施工检查验收段每 5m 至 15m 划分为一个单元工程。

（11）软基和岸坡开挖单元工程。按施工检查验收区、段划分，每一区、段为一个单元工程。

（12）河道疏浚单元工程。按设计或施工控制质量要求的段划分，每一个疏浚河段为一个单元工程。当设计无特殊要求时，河道（包括航道、湖泊和水库内的水道）疏浚工程宜以 200～500m 为一个单元工程。

（13）钢筋混凝土预制构件安装单元工程。按施工检查质量评定的根、套、组划分，每一根、套、组预制构件安装为一个单元工程。

（14）岩石地基灌浆单元工程。帷幕灌浆以一个坝段或隧洞内 1～2 个衬砌段的灌浆帷幕为一个单元工程，一般为同序相邻的 10～20 孔为一个单元工程；固结灌浆按照混凝土浇筑块、段或其他方式划分，一般以每一浇筑块、段的灌浆孔为一个单元工程。

（15）回填灌浆单元工程。按设计或施工形成的灌浆区域或区段划分，每一灌浆区、段为一个单元工程。

（16）基础排水单元工程。以一个坝段内的（或相邻的 20 个）排水孔（槽）为一个单元工程。

（17）锚喷支付工程。按一次锚喷支付施工区、段划分，每一区、段为一个单元工程。

（18）预应力锚固工程。按单根预应力锚索（锚杆）进行划分，每根预应力锚索为一个单元工程。

（19）振冲法地基处理单元工程。按独立建筑物地基或同一建筑物地基范围内不同加固要求的区域划分，每一座独立建筑物地基或不同要求的区域为一个单元工程。

（20）混凝土防渗墙单元工程。以每一槽孔（墙段）为一个单元工程。

（21）钻孔灌注桩单元工程。一般按柱（墩）基础划分，每一柱（墩）下的灌注桩基础为一个单元工程；不同桩径的灌注不宜划分为同一单元工程。

（22）高压喷射灌浆单元工程。根据工程重要性和规模确定，以相邻的 20～40 个高喷孔或连续 400～600m^2 的防渗墙体为一个单元工程。

（23）混凝土单元工程。对混凝土浇筑仓号，按每一仓号为一个单元工程，对排架、梁、板、柱等构件，按一次检查验收部位为一个单元工程。

（24）钢筋混凝土预制构件安装单元工程。按安装检查质量评定的根、组、批，或按安装的桩号、高程、生产班划分，每一根、组、批或某一桩号、高程、生产班划分，每一根、组、批或某一桩号、高程、生产班预制构件安装为一个单元工程。

（25）坝体接缝灌浆单元工程。按设计确定的灌浆区划分，每一个灌浆区作为一个单元工程。

（26）水轮发电机安装单元工程。水轮发电机安装一般依据设备的复杂程度和专业性质，或以一台（套）设备和某一主要部件的制作或安装为一个单元工程。

（27）金属结构、启闭机和机电设备安装单元工程。一般依据设备的复杂程度和专业性质或是每一台（套）设备、或某一主要部件的制作或安装作为一个单元工程。

3. 单元工程划分注意事项

（1）单元工程项目的划分应按日常验收的批（次）和便于质量控制与考核的原则进行。

（2）单元工程的划分要齐全，应全面覆盖项目施工全过程和全部建设内容，不得遗漏。

（3）为防止项目划分的随意性，同一类型的单元工程，其工程量或投资不宜相差太大，工程量一般不超过50％，投资一般不超过一倍。同一分部工程中的单元工程的划分数量要满足质量评定的要求，划分数量偏少或划分偏大都不利于质量评定。同一分部工程的单元工程数量不宜少于3个。各单元工程的质量等级评定结果均应单独参加分部工程的质量等级评定。

（4）有工序的单元工程，应先评定各工序的质量等级，各工序的质量等级应参加单元工程的质量等级评定；由若干个桩（孔）组成的单元工程，应先评定各桩（孔）质量等级，各桩（孔）的质量等级评定结果均应单独参加单元工程质量等级评定。

（5）防止在一个分部工程内，有的按层划分、有的按段划分等不一致的情况，避免混乱，影响分部工程的评定结果。

（6）不论划分任何单元工程，都要有利于质量评定结果的准确，能够取得较完整的技术数据。

第三节　水电水利工程建设项目及其内容

一、 水电水利工程建设项目的组成

水电水利工程建设项目主要由枢纽建筑物、建设征地和移民安置工程两大部分组成。枢纽建筑物包含施工辅助工程、建筑工程、环境保护和水土保持工程、机电设备及安装工程、金属结构设备及安装工程五项。建设征地和移民安置包含农村部分、城市集镇部分、专业项目、库底清理、环境保护与水土保持。具体如下：

1. 施工辅助工程的构成

施工辅助工程指为辅助主体工程施工而修建的临时性工程，主要包含：施工交通工程、施工导流工程、施工期通航工程、施工供电工程、施工供水系统工程、施工供风系统工程、施工通信工程、施工管理信息系统工程、料场覆盖层清除及防护工程、砂石料生产系统工程、混凝土生产及浇筑系统工程、施工导流工程、施工期安全监测工程及水情测报工程、施工及建设管理房屋建筑工程、其他施工辅助工程。

2. 施工辅助工程含义

（1）施工交通工程。包括施工场地内外为工程建设服务的临时交通设施工程。如：公路、铁路、桥梁、施工支洞、架空索道、施工期间的通航和过木设施等。

（2）导流工程。包含导流明渠、导流洞、施工围堰（含截流）及蓄水期下游断流临时供水工程等。

（3）施工期通航工程。包含通航设施、助航设施、货物过坝转运、施工期航道整治

维护、施工期临时通航、断碍航工程等。

（4）施工供电工程。包括从现有的电网向场内施工供电的高压输电线路及施工场内10kV及以上线路工程和出线为10kV及以上的供电设施工程。其中供电设备工程包括变电站的建筑工程、变电设备及安装工程和相应的配套设施等。

（5）施工供水系统工程。包括取水建筑物、水池、输水干管敷设和移设、拆除等工程。

（6）施工供风系统工程。包括施工供风站建筑、供风干管敷设和移设、拆除等工程。

（7）施工通信工程。包括施工所需要场内外通信设施、通信线路工程及相关设施线路的维护管理等。

（8）施工管理信息系统工程。指为工程建设管理需要所建设的管理信息自动化系统工程。

（9）料场覆盖层清除及防护工程。包括料场覆盖层清除、无用层清除及料场开挖之后所需的防护工程。

（10）砂石料生产系统工程。指为建造砂石骨料生产系统所需场地平整、建筑物、钢构架、配套设施等。

（11）混凝土生产及浇筑系统工程。指为建造混凝土拌和（包含混凝土制冷、供热）及浇筑系统所需的场地平整、建筑物、钢构架以及缆机平台等。

（12）施工期安全监测工程。指在施工建设过程中为监测各建筑物的变形与稳定，确保施工安全而埋设的安全监测设备、实施的配套设施及相关设施工程，包括设备、安装以及配套的建筑工程，另外还有安全监测系统（含永久）在施工期内的运行维护、观测资料整理分析等。

（13）施工期水情测报工程。指为满足施工期水情预报而建造的设施或相关设施，包括设备、安装以及配套的建筑工程，还包括水情测报系统（含永久）在施工期内的运行维护、观测资料整理分析与预报等。

（14）施工及建设管理房屋建筑工程。指工程在建设过程中为施工和建设管理需要兴建的临时房屋建筑工程及配套设施。包含施工仓库及辅助加工厂、办公及生活营地、所需的场地平整以及相应的维护与管理。施工仓库及辅助加工厂设备、材料、工器具仓库以及木材、钢筋、金属结构加工厂，机械修理厂、大型设备安装平台、混凝土预制构件厂等。办公及生活营地指为工程建设管理、监理、设施及施工人员的办公和生活而在施工现场兴建的房屋建筑和配套设施工程。

（15）其他辅助工程。指除上述工程之外的其他辅助工程，主要包含施工场地平整、施工临时支撑、地下施工通风，施工排水，大型施工机械安装拆卸，大型施工排架、平台，施工区封闭管理措施，施工场地整理，施工期防汛、防冰工程等，其中，施工排水包括施工期内需要建设的排水工程、经常性的排水措施工程，地下施工通风包括施工期内需要建设的通风设施工程等。

二、水电水利建筑工程

1. 枢纽主体建筑工程的构成及含义

枢纽主体建筑工程主要由挡水工程、泄洪工程、输水工程、发电工程、升压变电工程、航运过坝工程、灌溉渠首工程、近坝岸坡处理工程构成，其含义如下：

（1）挡水工程。指拦河挡水的各类坝（闸）工程，包括混凝土坝（闸）工程和土（石）坝工程。

（2）泄洪工程。指适用于渲泄洪水的各类工程，包括溢洪道、泄洪洞、冲砂孔（洞）、放空洞等工程。

（3）引水（输水）工程。指用于引水的各类工程，包括引水明渠、进（取）水口、引水（输水）隧洞、调压井、高压管道、尾水渠（洞）尾水出口等工程。

（4）发电工程。包含各类发电厂房工程，有地面厂房、地下厂房、交通洞、出线洞（井）、通风洞（井）、尾水洞、尾水调压井、尾水渠等工程。

（5）升压变电工程。指升压变电站工程和开关站工程。包括：升压变电站、母线洞、出线洞、出线场等工程。如有换流站工程，应与升压变电站工程并列划分为单位工程。

（6）航运工程。指用于航运的各类工程，包括上游引航道、船闸、升船机、下游引航道等工程。

（7）鱼坝工程。根据枢纽建筑物布置情况，可以独立列项。与拦河坝相结合的，也可以作为拦河坝的组成部分。

（8）灌溉渠首工程。根据枢纽建筑物布置情况，可独立列项。与拦河坝相结合的，也可作为拦河坝工程的组成部分。

（9）近坝岸坡处理工程。指近坝岸坡防护工程、受汇洪和发电尾水影响下游河段岸坡防护工程。

2. 枢纽工程一般建筑工程的构成及含义

枢纽工程的一般建筑工程：交通工程、房屋建筑工程，安全监测建筑工程，水文、气象、泥沙监测工程，劳动安全与工业卫生工程，移民工程，其他工程。其含义如下：

（1）交通工程。包含新建上坝、进场，对外等场内永久性的公路、铁路、桥涵、隧洞、码头等交通工程，以及对原有的公路、桥梁等的改造加固工程。

（2）房屋建筑工程。包括为现场生产运行服务的辅助生产建筑、仓库、办公室、值班公寓及附属设施等房屋建筑和室外工程。

（3）其他工程。主要包括：内外部观测工程，动力线路工程（厂坝区）。照明线路工程，通信线路工程，厂坝区及生活供水、供热、排水等公用设施，厂坝区环境建设工程，水情自测系统工程等。

3. 其他建筑工程及含义

（1）安全监测建筑工程。包含为完成监测设备埋设、电缆敷设及保护、观测设施修建等必须进行的所有土建工程。

（2）水文、气象、泥沙监测工程。包含为完成工程水情预报、水文观测、工程气象和泥沙监测设施修建等必须进行的所有土建工程。

（3）劳动安全与工业卫生工程。指专项用于生产运行期为避免危险源和有害因素，而建设的永久性劳动安全与工业卫生建筑工程设施等。

（4）移民工程。指水电水利建设项目水库淹没土地、改变生态环境，以及移民安置，因此，要规划一片土地来安置移民而又不会破坏生态环境。

（5）施工临时工程。临时工程指为辅助枢纽工程和引水及河道中的主体施工所必须修建的生产和生活用临时性工程。主要包括施工导流工程，施工交通工程、施工场外供电工程、施工房屋建筑工程、库底清理等工程，其他施工临时工程等。通常把施工临时工程宜划分为一个单位工程。

（6）其他工程。包含动力线路、照明线路、通信线路，厂坝区供水、供热、排水等公用设施工程，地震监测站（台）网工程及其他。

4. 环境保护和水土保持工程

环境保护和水土保持工程是在工程建设区内为减轻或消除项目兴建对环境的不利影响所采取的各种保护工程和措施。具体如下：

（1）环境保护工程。主要包含水环境保护工程、大气环境保护工程、声环境保护工程、固体废物处置工程、地质环境保护工程、土壤环境保护工程、陆生生态保护工程、水生生态保护工程、人群健康保护、景观及文物保护工程、环境监测工程以及其他。主要内容如下：

1）水环境保护工程。包含防治水污染、维护水环境功能，保护和改善水环境等工程。

2）大气环境保护工程。主要针对城镇、集中居民点、学校、医院、自然保护区、风景名胜区等大气环境敏感对象，维护工程地区大气环境功能要求所采取的措施。主要包括：开挖、爆破粉尘的削减与控制，砂石加工与混凝土加工系粉尘削减与控制，交通粉尘和施工生活营地废气消减与控制。

3）声环境保护工程。主要针对医院、学校、疗养及居民区等敏感对象区进行重点保护，以维护工程影响区域声环境功能要求所采取的措施。主要包括：施工机械及辅助企业噪声控制、交通噪声控制、爆破噪声控制。

4）固体废物处置工程。指施工区的固体废物（包含弃渣、生活垃圾及危险废物）的处理。

5）地质环境保护工程。包括库岸及边坡稳定防护、水库渗漏及浸没处理、泥石流防治、触发地震预测预防、河岸的冲淤防护等。

6）土壤环境保护工程。包含工程建设及运行引起的土壤浸没、土壤潜育化、盐碱化、沙化和土壤污染等防治措施。

7）陆生生态保护工程。主要包含保护野生珍稀、濒危、特有生物物种及其栖息地和古树名木，森林、草原、温地等重要生态系统，自然保护区、森林公园、天然林保护工程等。

8）水生生态保护工程。主要包含保护珍稀、濒危和特有水生生物，具有生物多样性保护价值和一定规模的野生鱼类产卵场、索饵场、越冬场、洄游鱼类及洄游通道，以水生生物为主要保护对象的自然保护区，所采取的水生生态，环境保护、物种保护等措施。

9）人群健康保护工程。包含防治工程引起的环境变化带来的传染病、地方病，防止因交叉感染或生活卫生条件引发传染病流行所采取的卫生检疫、疫情监控、疾病防治及管理措施等。

10）景观及文物保护工程。主要指保护具有观赏、旅游、文化价值等特殊地理区域和由地貌、岩石、河流、湖泊、森林等组成的自然、人文景象，风景名胜区、森林公园、地质公园等以及文物保护措施。

11）环境监测工程。主要包含施工期的水环境、大气环境、声环境、生态环境、人群健康等监测内容，以及运行期水环境、生态环境等监测内容。

12）其他。包含除以上工程外的其他措施。

（2）水土保持工程。包含永久工程占地区、施工营地区、弃渣场区、土石料场区、施工公路区、库岸影响区等水土流失防治区内的水土保持工程措施、植物措施、水土保持监测工程及其他。

三、 引水工程及河道工程

指供水、灌溉、河湖整治、堤防修建与加固工程。主要包括：供水、灌溉河道、河湖整治和堤防工程、建筑物工程（水源工程除外）、交通工程、房室建筑工程、供电设施工程和其他建筑工程组成。主要如下：

（1）供水、灌溉、河湖整治、堤防修建与加固工程；

（2）建筑物工程；

（3）交通工程；

（4）房屋建筑工程；

（5）供电设施工程；

（6）其他建筑工程。

四、 机电设备及安装工程

1. 枢纽工程机电设备及安装工程

指构成枢纽工程固定资产的全部机电设备及安装工程。机电工程是指按照一定的工艺，将不同规格、型号、性能、材质的设备、管路、线路等有机组合起来，满足使用功能要求的工程。主要有：

（1）发电设备及安装工程。包含水轮发电机组及其附属设备进水阀、起重机、水力机械辅助设备、电气设备、控制保护设备、通信设备及安装工程。

（2）升压变电设备及安装工程。主要包含主变压器、高压电气设备、一次架线等设备及安装工程。如有换流站的工程，其设备及安装工程与升压变电站设备及安装工程并列。

（3）航运过坝设备及安装工程。包含升船机、过木设备、货物过坝设备及安装工程。

（4）安全监测设备及安装工程。包含结构内部监测设备及埋入，结构表面设备及安装，二次仪表及维护和定期检验，自动化系统及安装调试等。

（5）水文、气象、泥沙监测设备及安装工程。包含为完成工程水情预报、水文观测、工程气象和泥沙监测所需要设备及安装调试等。

（6）消防设备及安装工程。指专项用于生产运行期为避免发生火灾而购置的消防设备、仪器及其安装、率定等。

（7）劳动安全与工业卫生设备安装工程。指专项用于生产运行期为避免危险源和有害因素，而购置的劳动安全与工业卫生设备、仪器及其安装、率定等。

（8）其他设备及安装工程。包含电梯、厂坝区馈电设备，厂坝区供水、排水、供热设备，梯级集控中心设备，地震监测站（台）网设备，通风采暖设备，机修设备、交通设备，全厂接地等设备及安装工程。

2. 引水工程及河道工程的机电设备安装工程

指构成该工程固定资产的全部机电设备及安装工程。主要有：

（1）泵站设备及安装工程；

（2）小水电设备及安装工程；

（3）供变电工程；

（4）公用设备及安装工程。

五、金属结构设备及安装工程

指构成枢纽工程、引水及河道工程固定资产的全部金属结构设备及安装工程。金属结构设备及安装工程主要包含闸门、启闭机、拦污栅、升船机等设备及安装工程，压力钢管制作及安装工程以及其他金属结构及安装工程。

第三章

水电水利枢纽工程项目划分

第一节 水电水利枢纽工程项目划分

一、 水电水利枢纽及大坝类别

1. 水利枢纽及其组成

(1) 水利枢纽。为满足各项水利工程兴利除害的目标，在河流或渠道的适宜地段修建不同类型水工建筑物的综合体。它是在同一河段或地点，共同完成以防治水灾、开发利用水资源为目标的不同类型水工建筑物的综合体。

(2) 水利枢纽的组成。水利枢纽按承担的任务不同，可分为防洪枢纽、灌溉（或供水）枢纽、水力发电枢纽和航运枢纽。在水利枢纽体系中，最重要的就是挡水（壅水）建筑物。水利枢纽的命名通常用水库的坝、或水电站名称来命名。水利枢纽主要由：挡水建筑物、泄水建筑物、进水建筑物以及必要的水电站厂房、通航、过鱼、过木等专门性的水工建筑物组成。

2. 挡水建筑物及其种类

(1) 坝及水坝。坝指截住河流、用以挡水并提高水位的构筑物。水坝是拦截江河渠道水流以抬高水位或调节流量的挡水建筑物，水坝又俗称大坝，其作用是可形成水库，抬高水位、调节径流、集中水头，用于防洪、供水、灌溉、水力发电、改善航运等。

(2) 大坝的种类。大坝分类如下：

1) 按结构与受力特点可分为：重力坝、拱坝、支墩坝、预应力坝。

2) 按泄水条件可分为：非溢流坝、溢流坝。

3) 按筑坝材料的不同可分为：土石坝、砌石坝、混凝土坝、橡胶坝。

4) 按坝体能否活动可分为：固定坝、活动坝。

5) 按坝工技术历史发展的进程可分为：古代坝、近代坝、现代坝。

二、 水电水利枢纽工程类别及质量标准

1. 水电水利枢纽工程类别

水电水利枢纽工程主要类别为：拦河坝工程、泄洪工程、引水工程、发电工程、升压变电工程、水闸工程、过鱼工程、航运工程、交通工程、管理设施。

2. 水电水利枢纽工程单位工程划分原则

水电水利枢纽工程根据设计、结构，在各类工程类别中根据合同文件及实际情况划

分单位工程。

3. 单位工程质量评定标准

单位工程质量等级评定为合格、优良两级，其标准具体如下：

（1）合格标准。单位工程施工质量同时满足下列标准时，其质量评为合格。

1）所含分部工程质量全部合格；

2）质量事故已按要求进行处理；

3）工程外观质量得分率达到70%以上；

4）单位工程施工质量检验与评定资料基本齐全；

5）工程施工期及试运行期间，单位工程外观资料分析结果符合国家和行业技术标准以及合同约定的标准要求。

（2）优良标准。单位工程施工质量同时满足下列标准时，其质量评为优良。

1）所含分部工程质量全部合格，其中70%以上达到优良等级，主要分部工程质量全部优良，且施工中未发生过较大质量事故；

2）质量事故已按要求进行处理；

3）工程外观质量得分率达到85%以上；

4）单位工程施工质量检验与评定资料基本齐全；

5）工程施工期及试运行期间，单位工程外观资料分析结果符合国家和行业技术标准以及合同约定的标准要求。

4. 分部工程质量评定标准

分部工程质量等级评定有合格、优良等级，具体标准如下：

（1）合格标准。分部工程施工质量同时满足下列标准时，其质量评定为合格。

1）所含单元工程的质量全部合格。质量事故及质量缺陷已按要求处理，并经检验合格。

2）原材料、中间产品及混凝土（砂浆）试件质量全部合格，金属结构及启闭机制造质量合格，机电产品质量合格。

（2）优良标准。分部工程施工质量同时满足下列标准时，其质量评定为优良。

1）所含单元工程的质量全部合格。其中70%以上达到优良，重要隐蔽单元工程以及关键部位单元工程质量优良率达90%以上，且未发生过质量事故。

2）中间产品质量全部合格，混凝土（砂浆）试件质量达到优良（当试件组数小于30时，试件质量合格）；原材料质量、金属结构及启闭机制造质量合格，机电产品质量合格。

5. 单元工程质量评定标准

单元工程质量评定分为有工序和不分工序两大类，具体如下：

（1）划分工序的单元工程施工质量评定等级。工序分为主要工序和一般工序。施工质量等级分为优良、合格两级，其标准如下：

1）单元工程合格等级标准。①各工序施工质量验收评定应全部合格；②各项报验资料符合标准要求。

2）单元工程优良等级标准。①各工序施工质量验收评定应全部合格，其中主要工序全部达到优良等级，一般工序有50%及以上达到优良；②各项实体检验项目的检验记录符合标准要求。

（2）不划分工序的单元工程的施工质量验收评定。施工质量检验项目为主控项目和一般项目。不划分工序的单元工程的施工质量评定为优良、合格两级，其标准如下：

1）单元工程合格等级标准。①主控项目检验结果全部符合质量标准；②一般项目逐项应有70%及以上的检验点合格，且不合格点不应集中；③各项报验资料符合标准要求。

2）单元工程优良等级标准。①主控项目检验结果全部符合质量标准要求；②一般项目逐项应有90%以上的检查点合格，且不合格点不应集中；③各项报验资料符合标准要求。

6. 工序施工质量评定标准及应具备的资料

单元工程的工序分为主要工序和一般工序。工序评定如下：

（1）工序工程质量评定标准。

工序质量评定分为合格、优良两级，工序检验项目划分为主控项目和和一般项目。其标准如下：

1）合格标准。①主控项目检验结果全部符合质量标准要求；②一般项目的逐项检验结果应有70%及以上的检验点合格，且不合格点不应集中；③各项报验资料应符合要求。

2）优良标准。①主控项目检验结果全部符合质量标准要求；②一般项目的逐项检验结果应有90%及以上的检验点合格，且不合格点不应集中；③各项报验资料应符合要求。

（2）工序质量评定应提交的资料。

1）施工单位报验时应提交的资料。①各班、组的初检记录、施工队复检记录、施工单位专职质检员终验记录；②工序中各施工单位检验项目的检验资料；③施工单位自检完成后，填写的工序施工质量验收评定表。

2）监理单位应提交的资料。①监理单位对工序中施工质量检验项目的平行检测资料；②监理工程师签署质量复核意见的工序施工质量评定表。

三、 枢纽建筑工程单位工程项目划分方法

枢纽建筑工程指水利枢纽建筑物和其他大型独立建筑物工程。单位工程的项目划分，依据《水利水电工程施工质量检验与评定规程》（SL 176—2007），结合水电水利工程项目合同管理，按建设项目设计结构特点、施工部署、合同进行单位工程的划分，单位工程划分如下：

（1）挡水工程。指各类拦河坝（闸）工程，通常拦河坝工程宜划分为一个单位工程。

（2）泄洪工程。指溢洪道、泄洪洞、冲砂孔（洞）、放空洞等工程。泄洪工程宜划分为一个单位工程。

（3）引水工程。引水工程宜划分为一个单位工程。

（4）发电厂房工程。发电厂房工程宜划分为一个单位工程。

（5）升压变电工程。升压变电站工程宜划分为一个单位工程。

（6）航运工程。航运工程宜划分为一个单位工程。

（7）鱼道工程。鱼道工程可独立列项作为一个单项工程；当与拦河坝相结合的，也可作为拦河坝工程的组成部分，共同划分为一个单位工程。

（8）交通工程。通常交通工程宜划分为一个单位工程。

（9）房屋建筑工程。通常整个电站的房屋建筑工程宜划分为一个单位工程。

（10）其他建筑工程。通常其他建筑工程宜划分为一个单位工程。

（11）环境保护工程与水土保持工程。通常环境保护工程与水土保持工程宜划分为一个单位工程。根据工程项目实际情况，如果环境保护工程、水土保持工程比较多时，也可将环境保护工程、水土保持工程划分为两个单位工程。

（12）安全监测工程。根据合同的签订，通常安全监测工程宜划分为一个单位工程。

（13）消防工程。通常消防工程宜划分为一个单位工程。

（14）移民工程。移民安置工程主要有：房屋修建工程、公路工程等。通常移民工程宜划分为一个单位工程。

（15）施工临时工程。临时工程指为辅助枢纽工程和引水及河道中的主体施工所必须修建的生产和生活用临时性工程。通常施工临时工程宜划分为一个单位工程。

（16）其他工程。通常指动力线路、照明线路、通信线路，厂坝区供水、供热、排水等公用设施工程，地震监测站（台）网工程，以及包含一些工程不能归入以上类别的如监理合同、设计合同、科研项目等合同，列入其他工程。通常其他工程宜划分为一个单位工程。

四、 枢纽建筑分部工程项目划分原则与方法

1. 枢纽建筑分部工程划分原则

分部工程的划分通常按专业性质、工程部位、结构形式确定；当分部工程较大或较复杂时，按其材料总类、施工特点、施工顺序、专业系统及类别等划分；或按主要工种、材料、施工工艺、设备类别等进行划分。

2. 枢纽建筑分部工程划分方法

水电水利枢纽建筑分部工程按设计结构的主要组成部分划分，通常划分为基础工程、大坝坝体、防渗工程、金属结构、电气、坝顶、渠首进水闸、渠首冲砂闸、导流坝等。

五、 枢纽建筑单元工程项目划分方法及其工序

水电水利枢纽单元工程分为三大类，分别是土石方单元工程、混凝土单元工程、地基处理与基础单元工程。其划分方法如下：

1. 土石方单元工程划分

（1）明挖单元工程。明挖工程施工应自上而下进行，并分层检查或检测，同时做好施工记录。开挖坡面应稳定，无松动，且应不陡于设计坡度。明挖有以下三种情况：

1）土方开挖单元工程。宜以工程设计结构或施工检查验收的区、段划分，每一区、段划分为一个单元工程。土方开挖施工单元工程宜分为表土及土质岸坡清理、软基和土

质岸坡开挖两个工序，其中，软基和土质岸坡开挖为主要工序。

2）岩石岸坡开挖单元工程。宜以设计或施工检查验收的区、段划分，每一个区、段为一个单元工程。岩石岸坡开挖施工单元工程宜分为：岩石岸坡开挖、地质缺陷处理两个工序，其中，岩石岸坡开挖工序为主要工序。设计边坡轮廓面（含马道、平台）应采用预裂爆破或光面爆破方法。保护层开挖应采用浅孔、密孔、少药量的分段控制爆破。在开挖轮廓面上，残留炮孔痕迹应均匀分布。

3）岩石地基开挖工程。边坡地基开挖宜以施工检查验收的区、段划分，每一区、段为一个单元工程；单元工程可按相应混凝土浇筑仓块划分，每一块为一个单元工程。岩石地基开挖单元工程宜分为岩石地基开挖、地质缺陷处理两个工序，其中，岩石地基开挖为主要工序。开挖爆破不得损害岩体的完整性，基础面应无明显爆破裂隙，必要时用声波检测。

（2）洞室开挖单元工程。洞室开挖又称岩石地下开挖工程。洞室开挖方法与地下建筑物的规模和地质条件密切相关，开挖期间应对揭露的各种地质现象进行编录，预测预报可能出现的地质问题，修正围岩工程地质分段分类以研究改进围岩支护方案。洞室开挖壁（坡）面应稳定，无松动岩块，且满足设计要求。洞室开挖有以下两种情况：

1）岩石洞室开挖单元工程。有以下三种情况：①平洞开挖单元工程。宜以施工检查验收的区、段或混凝土衬砌的设计分缝确定的块划分，每一个施工检查验收的区、段或一个浇筑块为一个单元工程。②竖井（斜井）开挖工程宜以施工检查验收段，每5～15m划分为一个单元工程。③洞室开挖工程可参照平洞或竖井划分单元工程。岩石地下开挖工程宜采用光面爆破或预爆破方法施工，岩石地下开挖工程残留炮孔痕迹应分布均匀。

2）土质洞室开挖。宜以施工检查验收的区、段、块划分，每一个施工检查验收的区、段、块（仓）划分为一个单元工程。土洞室开挖适用于土质洞室、砂砾石洞室开挖，对岩土过渡段洞室，岩石洞室的软弱岩层、断层及构造破碎带段洞室等可参照执行。

（3）软基和岸坡开挖工程。单元工程按施工检查验收区、段划分，每一区、段划分为一个单元工程。建基面和岸坡处理，应将树木、草皮、树根、乱石、腐殖土、淤混软土、坟墓及各种建筑物等全部清除，并按设计要求对水井、泉水、渗水、地质探孔（洞、井）、洞穴、有害裂隙等进行处理。

（4）土石方填筑单元工程。土石方填筑施工应分层进行，分层检查和检测，并做好施工记录。土石方填筑料如土料、砂砾料、堆石料、反滤料等材料，土石方填筑料在铺填前，应进行碾压试验，以确定碾压方式及碾压质量控制参数。土石方填筑料如土料、砂砾料、反滤料等质量指标应符合设计要求。土石方填筑有以下情况：

1）土料填筑单元工程。宜以工程设计结构或施工检查验收的区、段、层划分，通常每一区、段的每一层即为一个单元工程。土料填筑施工单元工程宜分为结合面处理、卸料及铺填、土料压实、接缝处理四个工序，其中，土料压实工序为主要工序。土料填筑适用于土石坝防渗土料铺填施工，其他土料铺填可参照执行。

2）砂砾料填筑单元工程。宜以设计或施工铺填区段划分，每一区、段的每一铺填层划分为一个单元工程。砂砾料填筑单元工程宜分为砂砾料铺填、压实两个工序，其中砂砾料压实工序为主要工序。砂砾料填筑适用于坝体（壳）砂砾料填筑工程。

3）堆石料填筑单元工程。宜以设计或施工铺填区段划分；每一区、段的每一铺填层划分为一个单元工程。堆石料填筑施工单元宜分为堆石料铺填、压实两个工序，其中，堆石料压实工序为主要工序。

4）反滤（过滤）料填筑单元工程。宜以反滤层、过渡层工程施工的区、段、层划分，每一区、段的每一层划分为一个单元工程。反滤（过滤）料填筑单元工程施工宜分为反滤（过滤）料铺填、压实两个工序，其中，反滤（过滤）料压实工序为主要工序。

5）垫层工程单元工程。宜以垫层工程施工的区、段划分，每一区、段划分为一个单元工程。垫层料铺填单元工程施工宜分为垫层料铺填、压实两个工序，其中垫层料压实工序为主要工序。垫层填筑适用于面板堆石坝的垫层工程。

6）排水工程单元工程。宜以排水工程施工的区、段划分，每一区、段划分为一个单元工程。排水工程适用于以砂砾料、石料作为排水体的工程，如坝体贴排水、棱体排水和褥垫排水等。

（5）砌石工程单元工程。砌石工程施工应自下而上分层进行，分层检查和检测，并做好施工记录。砌石工程采用的石料和胶结材料如水泥砂浆、混凝土等质量指标应符合设计要求。砌石工程有以下四种情况：

1）干砌石单元工程。宜以施工检查验收的区、段划分，每一区、段为一个单元工程。

2）水泥砂浆砌石体单元工程。宜以施工检查的区、段、块划分，每一个（道）墩、墙划分为一个单元工程，或每一施工段、块的一次连续砌筑层（砌筑高度一般为3～5m）为一个单元工程。水泥砂浆砌石体施工工程宜分为浆砌石层面处理、砌筑、伸缩缝三个工序，其中，砌筑工序为主要工序。

3）混凝土砌石体单元工程。宜以施工检查验收的区、段、块划分，每一个（道）墩、墙或每一施工段、块的一次连续砌筑层（砌筑高度一般为3～5m）为一个单元工程。混凝土砌石体单元工程施工宜分为砌石体层面处理、砌筑、伸缩缝三个工序，其中，砌石体砌筑工序为主要工序。

4）水泥砂浆勾缝单元工程。宜以水泥砂浆勾缝的砌体面积或相应的砌体分段、分块划分。勾缝采用的水泥砂浆应单独拌制，不应与砌筑砂浆混用。水泥砂浆勾缝适用于浆砌石体迎水面水泥砂浆防渗砌体勾缝，其他部位的水泥砂浆勾缝可参照执行。

（6）土工合成材料滤层、排水、防渗单元工程。适用于土工织物滤层、排水工程或土工膜防渗体工程。土工合成材料的结构型式应满足设计要求，铺设土工合成材料的基面应经验收合格后方可铺设。土工合成材料滤层、排水、防渗工程有以下两种情况：

1）土工织物滤层与排水单元工程。宜以设计和施工铺设的区、段划分。平面形式每500～1000m^{2}划分为一个单元工程。圆形、菱形或梯形断面（包括盲沟）形式每

50～100 延米划分为一个单元工程。土工织物施工单元工程宜分为场地清理与垫层料铺设、织物备料、土工织物铺设、回填和表面防护四个工序，其中土工织物铺设工序为主要工序。

2）土工膜防渗单元工程。宜以施工铺设的区、段划分，每一次连续铺填的区、段或每 500～1000m^2 划分为一个单元工程。土工膜防渗体与刚性建筑物或周边连接部位，应按其连续施工段（一般 30～50m）划分为一个单元工程。土工膜防渗单元工程施工宜分为下垫层和支持层、土工膜备料、土工膜铺设、土工膜与刚性建筑物或周边连接处理、上垫层和防护层五个工序，其中，土工膜铺设工序为主要工序。

（7）土石方单元工程质量评定应提交的资料。

1）施工单位申请验收评定时应提交的资料。①单元工程中所含工序（或检验项目）验收评定的检验资料；②各项实体检验项目的检验记录资料；③施工单位自检完成后，填写的单元工程施工质量评定表。

2）监理单位应提交的资料。①监理单位对单元工程施工质量的平行检测资料；②监理工程师签署质量复核意见的单元工程施工质量评定表。

2. 混凝土单元工程

（1）普通混凝土单元工程。宜以混凝土浇筑仓号或一次检查验收范围划分。对混凝土浇筑仓号，应按每一仓号分为一个单元工程；对排架、梁、板、柱等构件，应按一次检查验收部位划分为一个单元工程。

普通混凝土单元工程的工序有：基础面或施工缝处理、模板安装、钢筋制作及安装、预埋件（包括止水、伸缩缝填充材料、坝体排水系统、冷却及灌浆管路、铁件、安全监测仪器设施等）制作及安装、混凝土浇筑（含养护、脱模）、外观质量检查六个工序，其中钢筋制作及安装、混凝土浇筑（含养护、脱模）工序宜为主要工序。

单元工程中对所有预埋件必须全部检查，且止水片（带）、伸缩缝材料、坝体排水设施、冷却及接缝灌浆管路、铁件、内部观测仪器等每一单项的检查中，主控项目必须全面检查，一般项目检查点数不宜小于 10 个。混凝土施工的资源配备应与浇筑强度相适应，确保混凝土施工的连接；如因故中止，且超过允许间隙时间，则应按施工缝处理。混凝土拆模后，应检查其外观质量，当发现混凝土有裂缝、蜂窝、麻面、错台和变形等质量缺陷时，应及时处理。混凝土外观质量评定分为拆模后和消除缺陷后两个时段。单元工程质量最终评定结果以消除缺陷后的评定结果为准，但凡拆模后评定不合格、经处理后满足标准要求的，只能评为合格。

（2）碾压混凝土单元工程。宜以一次连续填筑的段、块划分，每一段、块为一单元工程。碾压混凝土单元工程分为基础面及层面处理、模板安装、预埋件制作及安装、混凝土浇筑（包括垫混凝土浇筑、混凝铺筑碾压、变态混凝土施工）、成缝、外观质量检查六个工序，其中基础面及层面处理、模板安装、混凝土浇筑宜为主要工序。

（3）混凝土面板单元工程。宜以每块面板或每块趾板划分为一个单元工程。混凝土面板单元工程分为基面清理、模板安装、钢筋制作及安装、预埋件（止水片、伸缩缝）制作及安装、混凝土浇筑（包括混凝土面板和趾板混凝土浇筑）（含养护）、外观质量检查六个工序，其中钢筋制作及安装、混凝土浇筑（含养护）工序宜为主要工序。混凝土面板工程适用于混凝土面板堆石坝（含砂砾石填筑的坝）中面板及趾板混凝土工程。

（4）沥青混凝土单元工程。宜以每块铺筑区、段、层划分，每一区、段的每一铺筑层划分为一个单元工程。沥青混凝土工程分为沥青混凝土心墙工程和沥青混凝土面板工程两类。分别如下：

1）沥青混凝土心墙单元工程。施工分为基座结合面处理及沥青混凝土结合层面处理、模板制作及安装（心墙底部及两岸接坡扩宽部分采用人工铺筑时有模板制作及安装）、沥青混凝土铺筑三个工序，其中，沥青混凝土铺筑工序为主要工序。

2）沥青混凝土面板单元工程。施工分为整平胶结层（含排水层）、防渗层、封闭层、面板与刚性建筑物连接四个工序，其中整平胶结层（含排水层）、防渗层工序为主要工序。

（5）预应力混凝土单元工程。宜以混凝土浇筑段或预制件的一个制作批，划分为一个单元工程。预应力混凝土单元工程分为基础面或施工缝处理、模板安装、钢筋制作及安装、预埋件（止水、伸缩缝等设置）制作及安装、混凝土浇筑（含养护、脱模）、预应力筋孔道预留、预应力筋制作及安装、预应力筋张拉、灌浆、外观质量检查十个工序，其中混凝土浇筑、预应力筋张拉工序宜为主要工序。

预应力混凝土工程适用于水工建筑物中闸墩、板梁、隧洞衬砌锚固等预应力混凝土后张法施工（包括有黏结、无黏结两种工艺）质量验收评定。

（6）混凝土预制构件安装单元工程。又称钢筋混凝土预制构件安装工程，宜按每一次安装检查质量评定的根、组、批划分，或者按安装的桩号、高程、生产班划分，每一根、组、批或某一桩号、高程、生产班预制构件安装为一个单元工程。混凝土预制构件安装单元工程分为构件外观质量检查、吊装、接缝及接头处理三个工序，其中吊装工序宜为主要工序。

（7）混凝土坝坝体接缝灌浆单元工程。混凝土坝坝体接缝灌浆宜以设计、施工确定的灌浆区（段）划分，每一灌浆区（段）为一个单元工程。混凝土坝坝体接缝灌浆单元工程分为灌浆前检查、灌浆两个工序，其中，灌浆工序宜为主要工序。灌浆前混凝土的龄期、灌区两侧及压重混凝土的温度、接缝张开度均应满足设计要求。每个灌浆区逐项进行检查。

（8）安全监测设施安装单元工程。宜按每一支仪器或按建筑物结构、监测仪器分类划分为一个单元工程。适用于水工建筑物工程安全监测主要仪器设备安装。安全监测设施安装工程主要有监测仪器设备安装埋设、观测孔（井）工程、外部变形观测设施等。分别如下：

1）安全监测仪器设备安装单元工程。安全监测仪器设备安装埋设分为仪器设备检验、仪器安装埋设、观测电缆敷设三个工序，其中监测仪器安装埋设宜为主要工序。

2）观测孔（井）单元工程。观测孔（井）工程施工包括造孔、测压管制作与安装、率定等三个工序，其中，率定为主要工序。

3）水工建筑物外部变形观测设施单元工程。水工建筑物外部变形观测设施安装主要包括垂线、引张线、视准线、激光准直系统等安装。各项监测设施应按设计要求的埋设时间及时安装，在施工中应进行全过程检查和保护，防止移位、变形、损坏或堵塞。

（9）混凝土单元工程质量评定应提交的资料。

1）施工单位申请验收评定时应提交的资料。①单元工程中所含工序（或检验项目）验收评定的检验资料；②原材料、拌和物与各项实体检验项目的检验记录资料；③施工单位自检完成后，填写的单元工程施工质量评定表。

2）监理单位应提交的资料。①监理单位对单元工程施工质量的平行检测资料；②监理工程师签署质量复核意见的单元工程施工质量评定表。

3. 地基处理与基础工程

灌浆工程主要为水泥灌浆、化学灌浆两大类。水泥灌浆分为回填灌浆、固结灌浆、帷幕灌浆、接缝灌浆、接触灌浆。水泥灌浆工程又称为灌浆工程。化学灌浆分为基岩化学灌浆、砂层化学灌浆、混凝土裂缝化学灌浆、混凝土结构缝化学灌浆、混凝土与钢结构接触化学灌浆。分别如下：

（1）灌浆工程。灌浆工程的各类钻孔应分类统一编号，灌浆工程宜使用测记灌浆压力、注入率等施工参数的自动记录仪。灌浆工程施工质量评定，应在单孔施工质量验收评定合格的基础上进行；单孔施工质量验收评定应在工序施工质量验收评定合格的基础上进行。

1）岩石地基帷幕灌浆单元工程。宜按一个坝段（块）或相邻的10～20个孔划分为一个单元工程，或隧洞内1～2个衬砌段的帷幕灌浆（一般邻的10～20个孔）为一个单元工程；对于3排以上的帷幕，宜沿轴线相邻不超过30个孔划分为一个单元工程。岩石地基帷幕灌浆单孔施工工序宜分为钻孔（包括冲洗和压水试验）、灌浆（包括封孔）两个工序，其中灌浆工序为主要工序。

2）岩石地基固结灌浆单元工程。宜按混凝土浇筑块（段）划分，或按施工分区划分为一个单元工程，一般以一个浇筑块、段内或一个施工分区的若干个外灌浆孔为一个单元工程。岩石地基固结灌浆单孔施工工序分为钻孔（包括冲洗）、灌浆（包括封孔）两个工序，其中灌浆工序为主要工序。

3）覆盖层地基灌浆单元工程。宜按一个坝段（块）或相邻的20～30个灌浆孔划分为一个单元工程。覆盖层地基灌浆分为覆盖层循环钻灌法和覆盖层预埋花管法两种。①循环钻灌法单孔施工工序宜分为钻孔（包括冲洗）、灌浆（包括灌浆准备、封孔）两个工序，其中灌浆为主要工序。②预埋花管法灌浆单孔施工工序宜分为钻孔（包括清孔）、花管下设（包括花管加工、花管下设及填料）、灌浆（包括注入填料、冲洗钻孔、封孔）三个工序，其中灌浆工序为主要工序。

4）回填灌浆及隧洞回填灌浆单元工程。以施工形成的区域或区段（隧洞一般长度为50m）划分，每一个灌浆区域或区段划分为一个单元工程。隧洞回填灌浆单孔施工工序宜分为灌浆区（段）封堵与钻孔（或对预埋管进行扫孔）、灌浆（包括封孔）两个工序，其中灌浆工序为主要工序。

5）钢衬接触灌浆单元工程。宜按50m一段钢管划分为一个单元工程。钢衬接触灌浆单孔施工工序宜分为钻（扫）孔（包括清孔）、灌浆两个工序，其中灌浆工序为主要工序。

6）劈裂灌浆单元工程。宜按沿坝（堤）轴线相邻的10～20个灌浆孔划分为一个单元工程。劈裂灌浆单孔施工工序宜分为钻孔、灌浆（包括多次复灌、封孔）两个工序，其中灌浆工序为主要工序。劈裂灌浆主要用于土坝与土堤的灌浆。

7）高压喷射灌浆工程。应根据工程重要性和规模确定，以相邻20～40个高喷孔或连续400～600m^2的防渗墙体为一个单元工程。高压喷射灌浆工程的质量评定适用于高压喷射灌浆防渗工程，其他用途的高压喷射灌浆工程可参照执行。

（2）化学灌浆单元工程。化学灌浆是利用压力，通过钻孔、埋管、贴嘴等设施，将化学浆液注入基岩、覆盖层（砂层）、混凝土裂缝、结构缝等需处理的工程部位，使其充填、扩散、胶凝、固结、达到防渗堵漏、补强加固目的的工程措施。化学灌浆方法主要有：单液灌浆法、双液灌浆法、循环钻灌法、预埋花管法、贴嘴灌浆法。化学灌浆单元工程根据结构、部位，按施工形成的灌浆区域或区段划分，每一个灌浆区域或区段为一个单元工程；化学灌浆后对裂缝处理情况进行质量检测。具体如下：

1）基岩化学灌浆质量检测。基岩化学灌浆宜在水泥灌浆之后和有盖重的条件下进行。帷幕化学灌浆先导孔应自上而下分段进行压水试验，试验可采用单点法。固结化学灌浆孔各孔段灌浆前采用压力水进行裂缝冲洗，冲洗时间宜为20min，压力为最大灌浆压力的80%，并不大于1MPa。灌浆前的压水试验应在裂缝冲洗后进行，试验孔数不宜少于总孔数的5%，试验可采用单点法。帷幕化学灌浆检查孔的数量不宜少于灌浆孔总数的10%，固结化学灌浆检查孔的数量不宜少于灌浆孔总数的5%。一个坝段或一个单元工程内，至少应布置一个检查孔，检查孔压水试验宜采用单点法，也可采用五点法。

2）砂层化学灌浆质量检测。化学灌浆宜在有盖重的情况下进行。化学灌浆施工开始前，宜在现场进行灌浆试验以确定施工参数。砂层化学灌浆可采用循环钻灌法或预埋花管法。射浆管宜采用花管，射浆管至孔底距离不得大于灌浆长度的1/3，且不得超过0.5m。检查孔的数量宜为灌浆孔总数的5%～10%，一个单元工程至少应布置一个检查孔。检查孔钻孔应采用清水钻进，钻进中遇到难以成孔的情况时，可采用缩短长、套管钻进等措施，不宜使用泥浆固壁钻进。

3）混凝土裂缝化学灌浆质量检测。混凝土裂缝化学灌浆可采用钻孔灌浆法、贴嘴灌浆法、钻孔加贴嘴灌浆法或其他适宜的灌浆法。贯穿性裂缝、深层裂缝和对结构整体性影响较大的裂缝，每条缝至少布置一个检查孔；其他裂缝每100m布置不少于3个检查孔，当处理总长度小于100m时，亦布置3个检查孔。检查孔压水试验其压力宜采用0.3MPa，并稳定压10～20min后结束。若设计无明确规定时，每条缝至少布置一个检查孔，检查孔压水压力宜采用最高蓄水位至裂缝最低端水位的压力差值。

4）混凝土结构缝化学灌浆质量检查。混凝土结构缝化学灌浆应在混凝土体达到稳定温度后进行，并宜选择低温季节施工；化学灌浆宜利用预设的管（孔）进行，若无预设管（孔）可采用钻孔灌浆法、贴嘴灌浆法或钻孔加贴嘴灌浆法施工。化学灌浆前应对结构缝用洁净水进行压水检查，并做好记录。检查孔宜在有代表性的结构缝和重要部位的结构缝，检测采用钻孔压水的方法进行，压水压力可按被检查部位实际运行最大水头压力的0.8～1.5倍取值。

5）混凝土与钢结构接触化学灌浆质量检测。若接触缝直接采用化学灌浆，应先敲击检查混凝土与钢结构脱空区范围并标识、记录。每一个独立的脱空区布孔不宜少于2个，最低和最高部位均应布孔。若接触缝在水泥灌浆后再采用化学灌浆，在布置灌浆孔时，应充分利用原水泥灌浆孔（嘴）。质量检测宜在灌浆结束浆液凝固后采用敲击法进行。残留脱空面积应不小于设计规定值。混凝土与钢结构接触化学灌浆质量检测率应为100%。

（3）防渗墙工程。适用松散透水地基或土石坝坝体内以泥浆护壁连续造孔成槽和浇筑混凝土形成的混凝土地下连续墙，其他成槽方法形成的混凝土防渗墙可参照执行。有以下三种情况：

1）混凝土防渗墙单元工程。宜以每一个槽孔（墙段）划分为一个单元工程。混凝土防渗墙施工工序宜分为造孔、清孔（包括接头处理）、混凝土浇筑（包括钢筋笼、预埋件、观测仪器安装埋设）3个工序，其中混凝土浇筑工序为主要工序。

造孔质量检查应逐孔进行，孔斜检查在垂直方向的测点间距得大于5m。清孔质量检查有：孔底淤积厚度检查每个单孔位置，泥浆性能指标至少检查2个单孔位置。其他检查项目按有关标准逐项检查，对于重要工程或经资料分析有必要对混凝土墙体进行钻孔取芯及注（压）水试验检查时，其检查数量由设计、监理和施工单位商定。

2）高压喷射灌浆防渗墙单元工程。宜以相邻的30～50个高喷孔或连续600～1000m^2防渗墙体划分为一个单元工程。高压喷射灌浆防渗墙单元工程施工质量验收评定，应在单孔施工质量验收评定合格的基础上进行。

3）水泥土搅拌防渗墙单元工程。宜按沿轴线每20m划分为一个单元工程。水泥土搅拌防渗墙施工质量验收评定，应在单桩施工质量评定合格的基础上进行。

（4）地基排水工程。有以下两种情况：

1）基础排水孔排水单元工程。宜按排水工程的施工区（段）划分，每一个坝段内或区（段）内或相邻的20个排水孔（槽）左右划分为一个单元工程。排水孔单孔施工工序宜分为钻孔（包括清孔）、孔内及孔口装置安装（需设置孔内、孔口保护和需孔口测试时）、孔口测试（需孔口测试时）3个工序，其中钻孔工序为主要工序。

排水孔排水单元工程质量施工质量验收评定，应在单孔施工质量验收评定合格的基础上进行，单孔施工质量评定应在工序施工质量合格的基础上进行。排水孔排水工程主要用于坝肩、坝基、隧洞及需要降低渗透水压力工程部位的岩体排水。

2）管（槽）网排水单元工程。宜按每一施工区（段）划分为一个单元工程。管（槽）网排水施工工序宜按分为铺设基面处理、管（槽）铺设及保护2个工序，其中管（槽）网铺设及保护工序为主要工序。管（槽）网排水单元工程质量验收评定，应在工序施工质量验收合格的基础上进行。管（槽）网排水主要用于透水性较好的覆盖层地基、岩石地基的排水工程。

（5）锚喷支护和预应力锚索加固单元工程。有以下两种情况：

1）锚喷支护单元工程。宜以每一次锚喷支护工程的施工区（段）划分为一个单元工程，每一区、段划分为一个单元工程。锚喷支护单元工程施工工序宜分为锚杆（包括钻孔）、喷混凝土（包括钢筋网制安）2 个工序，其中锚杆工序为主要工序。

锚喷支护单元工程质量验收评定，应在工序施工质量验收评定合格的基础上进行。锚喷支护主要用于锚杆、喷射混凝土以及锚杆与喷射混凝土组合的支护工程。

2）预应力锚固单元工程。按单根预应力锚索（锚杆）进行划分，当设计张拉力大于或等于 500kN 的，应每根锚索划分为一个单元工程；单根预应力锚索设计张拉力小于 500kN 的，宜以 3～5 根锚索划分为一个单元工程。

预应力锚索加固单元工程质量验收评定，应在单根锚索施工质量验收评定合格的基础上进行，单根锚索施工质量验收评定应在工序验收合格的基础上进行。每根锚索（锚杆）应逐项检查，其中，钻孔、编索、内锚段注浆、封孔注浆、张拉、锚墩施工等应当进行专项检查和质量评定。预应力锚索加固适用于岩土边坡或洞室围岩，加固混凝土结构工程可参照使用。

（6）钻孔灌浆桩单元工程。宜按柱（墩）基础划分，每一柱（墩）下的灌注桩基础划分为一个单元工程。不同桩径的灌注桩不宜划分为同一单元。单孔灌注桩单桩施工工序宜分为钻孔（包括清孔和检查）、钢筋笼制造安装、混凝土浇筑 3 个工序，其中混凝土浇筑工序为主要工序。每根钻孔灌注桩逐项进行检查，其中孔径和孔斜率的测点间距宜为 2～4m。

钻孔灌注桩单元工程施工质量验收评定，应要在单桩施工质量验收评定合格的基础上进行；单桩施工质量验收评定应在工序验收合格的基础上进行。

（7）其他地基加固单元工程。有以下两种情况：

1）振冲法地基加固单元工程。宜按一个独立建筑物地基的基础或同一建筑地基范围内，或一个坝段地基（段）内不同加固要求的区域划分，每一独立建筑物地基或不同要求的区域划分为一个单元工程。振冲法地基加固单元工程施工质量验收评定，应在单桩施工质量验收评定合格的基础上进行。

对单元工程内的振冲桩主控项目进行全数或抽样检查；桩数检测数量为 100%；桩体密实度抽样检测数量为总桩数的 1%～3%，并不少于 3 根桩；填料质量按规定的验收批进行抽样检查，桩间土密度按设计规定的数量进行检查。对单元工程内的振冲桩，一般项目进行全数或抽样检查，主控项目按规范指定的检测数量，柱基础、条形基础的桩中心偏差检测数量为 100%；其他一般项目的检测数量为本单元工程总桩数的 20%以上，并不小于 10 根。

2）强夯法地基加固单元工程。宜按 1000～2000m^2 加固面积划分为一个单元工程。强夯法地基加固单元工程施工质量按主控项目和一般项目施工质量进行验收。

（8）地基处理与基础单元工程施工质量验收评定。

地基处理与基础单元工程施工质量验收评定分为以下几种情况：

一是一个单元工程中包含一定数量的单孔（桩、槽），应先进行单孔（桩、槽）的施工质量评定，而单孔（桩、槽）的施工质量又是在工序验收评定合格的基础上进行。

二是单元工程直接在工序验收评定合格的基础上进行。三是单元工程未划分工序。按检验项目直接验收评定。因此，在进行验收评定工作时要注意区分不同对象，采用相应的验收评下程序。单孔（桩、槽）的施工质量评定是地基与基础工程中所持有的一个验收评定内容，其验收评定与单元工程类似。

六、 水工碾压混凝土工程项目划分

1. 碾压混凝土单元工程划分及质量评定

单元工程划分原则及质量检查评定。单元工程依据设计、施工和质量评定要求进行划分。单元工程质量检查项目分为主控项目和一般项目两类。单元工程质量等级分为优良和合格两级。不合格单元工程应经处理合格后，再进行单元工程质量复评。

2. 坝基及岸坡处理单元工程划分及质量评定

（1）坝基及岸坡处理单元工程划分。坝基及岸坡处理划分为一个单元工程（坝基及岸坡处理也可划分为分部工程，由坝基及岸坡开挖、地质缺陷处理、基础处理、坝基垫层混凝土浇筑等四个分项工程组成）。坝基及岸坡处理单元工程质量，由坝基及岸坡开挖、地质缺陷处理、基础处理、坝基垫层混凝土浇筑等四个工序的质量标准组成。

（2）坝基垫层混凝土浇筑与处理质量评定。标准如下：

1）合格标准。主控项目和一般项目均符合质量标准。

2）优良标准。主控项目和一般项目符合质量标准，混凝土无贯穿裂缝。

（3）坝基及岸坡处理单元工程质量评定。合格和优良标准如下：

1）合格标准。坝基及岸坡处理单元质量，由坝基及岸坡开挖、地质缺陷处理、基础处理、坝基垫层混凝土浇筑质量合格。

2）优良标准。地质缺陷处理、基础处理、坝基垫层混凝土浇筑质量优良，坝基及岸坡开挖合格。

3. 坝体碾压混凝土铺筑工程划分及质量评定

（1）坝体碾压混凝土铺筑工程划分。坝体铺筑工程的单元工程可按浇筑层高度或验收区、段划分，每一浇筑层高度或验收区、段为一单元工程。坝体碾压混凝土铺筑单元工程质量标准，由砂浆与灰浆，混凝土拌和物，混凝土运输铺筑，层间及缝面处理与防护，变态混凝土浇筑等五项工序质量标准组成。

（2）坝体碾压混凝土铺筑单元工程质量评定。标准如下：

1）合格标准。砂浆与灰浆，混凝土拌和物，混凝土运输铺筑，层间及缝面处理与防护，变态混凝土浇筑等五个工序质量合格。

2）优良标准。混凝土拌和物，混凝土运输铺筑，层间及缝面处理与防护，变态混凝土浇筑达到优良，砂浆与灰浆质量合格。

4. 碾压混凝土质量评定

碾压混凝土质量按：混凝土机口及现场取样质量、芯样质量、混凝土外观质量三项进行评定。具体如下：

（1）合格标准。混凝土机口及现场取样质量、芯样质量、混凝土外观质量三项都达到合格质量标准。

（2）优良标准。混凝土机口及现场取样质量、芯样质量、混凝土外观质量三项都达到优良质量标准。

七、沥青混凝土单元工程划分

1. 单元工程划分原则与质量考核

（1）单元工程划分原则。依据设计结构、施工部署或质量考核标注，将建筑物划分为若干层、块、条、带，每一层、块、条、带划分为一个单元工程。单元工程通常由若干工序完成，单元工程是工程质量评定的基本单位。

（2）单元工程质量检验项目分为主控项目和一般项目。

（3）单元工程质量等级划分为优良和合格，不合格单元工程应经过处理，达到合格标准后，再进行单元工程质量复评。

（4）原材料及沥青混合料制备。水工沥青混凝土使用的材料包括沥青、骨料、填料等。原材料及沥青混合料质量评定应按沥青混凝土分部工程统一评定。

2. 沥青混凝土面板施工单元工程

（1）乳化沥青喷层面板施工。乳化沥青喷层施工按每一次的撒布范围划分为一个单元，应按分部工程进行统计评定。乳化沥青喷层单元工程质量评定标准如下：

1）合格标准。原材料应合格，主控项目应符合质量标准，一般项目有70%测次符合质量标准。

2）优良标准。原材料应合格，主控项目应符合质量标准，一般项目有90%测次符合质量标准。

（2）沥青混凝土面板防渗层、整平胶结层铺筑施工。按条带进行单元划分，每层每一施工条带划为一个单元。沥青混凝土面板防渗层和整平胶结层铺筑单元工程质量评定标准如下：

1）合格标准。原材料、沥青混合料应合格，主控项目应符合质量标准，一般项目有70%测次符合质量标准。

2）优良标准。原材料、沥青混合料应合格，主控项目应符合质量标准，一般项目有90%测次符合质量标准。

（3）沥青混凝土面板排水层铺筑施工。按条带进行单元划分，每层每一施工条带划为一个单元。沥青混凝土面板排水层铺筑单元工程的质量评定标准如下：

1）合格标准。原材料、沥青混合料应合格，主控项目应符合质量标准，一般项目有70%测次符合质量标准。

2）优良标准。原材料、沥青混合料应合格，主控项目应符合质量标准，一般项目有90%测次符合质量标准。

3. 沥青混凝土心墙施工

（1）基座结合面处理施工单元划分。以每次或每个结合面施工划分为一个单元，其质量评定应按分部工程统计评定。基座结合面处理单元工程质量评定标准如下：

1）合格标准。原材料应合格，主控项目应符合质量标准，一般项目有70%测次符合质量标准。

2）优良标准。原材料应合格，主控项目应符合质量标准，一般项目有 90％测次符合质量标准。

（2）沥青混凝土心墙施工单元划分。可按每个连续铺筑施工区域为一个单元，也可按每个铺筑层为一个单元；当一个铺筑层施工发生中断停歇，应进行接缝处理，继续施工时应按重新铺筑划分为不同的单元。沥青混凝土心墙铺筑单元工程由：沥青混凝土结合层面、沥青混合料摊铺和碾压等工序组成。单元工程质量评定标准如下：

1）合格标准。原材料、沥青混合料应合格，主控项目应符合质量标准，一般项目应有 70％测次符合质量标准。

2）优良标准。原材料、沥青混合料应合格，主控项目应符合质量标准，一般项目应有 90％测次符合质量标准。

八、 碾压式土石坝工程项目划分

1. 坝基处理单元工程划分

坝基处理单元工程划分原则。按设计或施工检查验收的区、段划分，每一区、段为一个单元工程。坝基处理单元工程质量评定包括坝基清理、坝基开挖、坝基不良地质处理、坝基渗水处理四个工序。坝基处理单元工程质量评定标准如下：

（1）合格标准。工序质量等级评定均达到合格质量标准。

（2）优良标准。坝基清理、坝基不良地质处理、坝基渗水处理必须达到优良质量标准，其余项达到合格标准。

2. 坝体填筑单元工程划分

（1）坝体填筑单元工程划分。堆石料、过渡料、反滤料填筑单元工程按设计和施工确定的填筑区、段划分，每一区、段的每一填筑层为一个单元工程。堆石料、过渡料、反滤料填筑单元工程质量评定。标准如下：

1）合格标准。主控项目符合质量标准，一般项目每项应有不少于 70％的测点符合质量标准。

2）优良标准。主控项目符合质量标准，一般项目每项应有不少于 90％的测点符合质量标准。

（2）护坡与排水单元工程划分。护坡工程、排水工程单元划分按施工检查验收区、段划分，每一区、段为一个单元工程；减压（排水）井每一井为一个单元工程。护坡工程、排水工程单元工程质量等级评定标准如下：

1）合格标准。主控项目符合质量标准，一般项目每项应有不少于 70％的测点符合质量标准。

2）优良标准。主控项目符合质量标准，一般项目每项应有不少于 90％的测点符合质量标准。

3. 防渗体工程

（1）砾石土心墙单元工程。按设计或施工检查验收区、段、层划分；通常每一区、段的每一层即为一个单元工程。砾石土心墙单元工程的质量标准由结合面处理、卸料及铺筑、压实、接缝处理四个工序的质量标准组成。砾石土心墙单元工程质量评定标准如下：

1）合格标准。各工序的质量评定均应符合合格质量标准。

2）优良标准。四项工序中，卸料及铺筑和压实工序质量等级评定必须优良，另外两项合格或优良。

（2）黏土心墙单元工程。按设计或施工检查验收区、段、层划分；通常每一区、段的每一层即为一个单元工程。黏土心墙单元工程质量标准由结合面处理、卸料及铺筑、压实、接缝处理四个工序的质量标准组成。黏土心墙单元工程质量评定标准如下：

1）合格标准。各工序的质量等级评定均应符合合格质量标准。

2）优良标准。四项工序中，结合面处理与压实两项工序质量等级评定应优良，其余两项合格。

（3）土工膜心墙单元工程划分。按设计或施工检查验收区、段划分；通常每一区、段即为一个单元工程。土工膜心墙单元工程划分质量标准由：基础及结合面处理、铺设及锚固、拼接、回填保护四个工序的质量标准组成。土工膜心墙单元工程质量评定标准如下：

1）合格标准。各工序的质量等级评定均应符合合格质量标准。

2）优良标准。四项工序中，铺设及锚固、拼接两项工序质量等级评定必须优良，其余两项合格。

（4）垫层混凝土工程单元工程划分。按垫层混凝土工程施工区、段划分；每一区、段即为一个单元工程。

九、水利水电枢纽工程单位—分部工程项目划分

根据《水利水电建设工程施工质量检验与评定规程》（SL 176—2007），结合工程建设管理实际需要，在水利水电枢纽工程项目划分的单位工程与分部工程之间增加合同，水利水电枢纽工程单位工程—合同—分部工程项目划分如表3-1所示。

表3-1　水利水电枢纽工程项目划分表

工程类别	单位工程	合同工程	分部工程	说明
一、拦河坝工程	（一）土质心（斜）墙土石坝	1. 合同标段Ⅰ	1. 坝基开挖与处理	
			▲2. 坝基及坝肩防渗	视工程量可划分为数个分部工程
			▲3. 防渗心（斜）墙	视工程量可划分为数个分部工程
			*4. 坝体填筑	视工程量可划分为数个分部工程
			5. 坝体排水	视工程量可划分为数个分部工程
			6. 坝脚排水棱体（或贴坡排水）	视工程量可划分为数个分部工程
			7. 上游坝面护坡	
			8. 下游坝面护坡	（1）含马道、梯步、排水沟 （2）如为混凝土面板（或预制块）和浆砌石护坡时，应含排水孔及反滤层
			9. 坝顶	含防浪墙、栏杆、路面、灯饰等
			10. 护岸及其他	
			11. 高边坡处理	视工程量可划分为数个分部工程，当工程量很大时，可单列为单位工程
			12. 观测设施	含监测仪器埋设、管理房等。单独招标时，可单列为单位工程

续表

工程类别	单位工程	合同工程	分部工程	说明
一、拦河坝工程	（二）均质土坝	1. 合同标段Ⅰ	1. 坝基开挖与处理	
			▲2. 坝基及坝肩防渗	视工程量可划分为数个分部工程
			*3. 坝体填筑	视工程量可划分为数个分部工程
			4. 坝体排水	视工程量可划分为数个分部工程
			5. 坝脚排水棱体（或贴坡排水）	视工程量可划分为数个分部工程
			6. 上游坝面护坡	
			7. 下游坝面护坡	（1）含马道、梯步、排水沟 （2）如为混凝土面板（或预制块）和浆砌石护坡时，应含排水孔及反滤层
			8. 坝顶	含防浪墙、栏杆、路面、灯饰等
			9. 护岸及其他	
			10. 高边坡处理	视工程量可划分为数个分部工程
			11. 观测设施	含监测仪器埋设、管理房等。单独招标时，可单列为单位工程
	（三）混凝土面板堆石坝		1. 坝基开挖与处理	（三）混凝土面板堆石坝
			▲2. 趾板及周边缝止水	视工程量可划分为数个分部工程
			▲3. 坝基及坝肩防渗	视工程量可划分为数个分部工程
			▲4. 混凝土面板及接缝止水	视工程量可划分为数个分部工程
			5. 垫层与过渡层	
			6. 堆石体	视工程量可划分为数个分部工程
			7. 上游铺盖和盖重	
			8. 下游坝面护坡	含马道、梯步、排水沟
			9. 坝顶	含防浪墙、栏杆、路面、灯饰等
			10. 护岸及其他	
			11. 高边坡处理	视工程量可划分为数个分部工程，当工程量很大时，可单列为单位工程
			12. 观测设施	含监测仪器埋设、管理房等。单独招标时，可单列为单位工程
	（四）沥青混凝土面板（心墙）堆石坝		1. 坝基开挖与处理	视工程量可划分为数个分部工程
			▲2. 坝基及坝肩防渗	视工程量可划分为数个分部工程
			▲3. 沥青混凝土面板（心墙）	视工程量可划分为数个分部工程
			*4. 坝体填筑	视工程量可划分为数个分部工程
			5. 坝体排水	
			6. 上游坝面护坡	沥青混凝土心墙土石坝有此分部
			7. 下游坝面护坡	含马道、梯步、排水沟
			8. 坝顶	含防浪墙、栏杆、路面、灯饰等
			9. 护岸及其他	
			10. 高边坡处理	视工程量可划分为数个分部工程，当工程量很大时，可单列为单位工程
			11. 观测设施	含监测仪器埋设、管理房等，单独招标时，可单列为单位工程

续表

工程类别	单位工程	合同工程	分部工程	说明
一、拦河坝工程	（五）复合土工膜斜（心）墙土石坝	1. 合同标段Ⅰ	1. 坝基开挖与处理	
			▲2. 坝基及坝肩防渗	
			▲3. 土工膜斜（心）墙	
			*4. 坝体填筑	视工程量可划分为数个分部工程
			5. 坝体排水	
			6. 上游坝面护坡	
			7. 下游坝面护坡	含马道、梯步、排水沟
			8. 坝顶	含防浪墙、栏杆、路面、灯饰
			9. 护岸及其他	
			10. 高边坡处理	视工程量可划分为数个分部工程
			11. 观测设施	含监测仪器埋设、管理房等。单独招标时，可单列为单位工程
	（六）混凝土（碾压混凝土）重力坝		1. 坝基开挖与处理	
			▲2. 坝基及坝肩防渗与排水	
			3. 非溢流坝段	视工程量可划分为数个分部工程
			▲4. 溢流坝段	视工程量可划分为数个分部工程
			*5. 引水坝段	
			6. 厂坝联结段	
			▲7. 底孔（中孔）坝段	视工程量可划分为数个分部工程
			8. 坝体接缝灌浆	
			9. 廊道及坝内交通	含灯饰、路面、梯步、排水沟等。如为无灌浆（排水）廊道，本分部应为主要分部工程
			10. 坝顶	含路面、灯饰、栏杆等
			11. 消能防冲工程	视工程量可划分为数个分部工程
			12. 高边坡处理	视工程量可划分为数个分部工程，当工程量很大时，可单列为单位工程
			13. 金属结构及启闭机安装	视工程量可划分为数个分部工程
			14. 观测设施	含监测仪器埋设、管理房等。单独招标时，可单列为单位工程
	（七）混凝土（碾压混凝土）拱坝		1. 坝基开挖与处理	
			▲2. 坝基及坝肩防渗排水	视工程量可划分为数个分部工程
			3. 非溢流坝段	视工程量可划分为数个分部工程
			▲4. 溢流坝段	
			▲5. 底孔（中孔）坝段	
			6. 坝体接缝灌浆	视工程量可划分为数个分部工程
			7. 廊道	含梯步、排水沟、灯饰等。如为无灌浆（排水）廊道，本分部应为主要分部工程
			8. 消能防冲	视工程量可划分为数个分部工程
			9. 坝顶	含路面、栏杆、灯饰等
			▲10. 推力墩（重力墩、翼坝）	

续表

工程类别	单位工程	合同工程	分部工程	说明
一、拦河坝工程	（七）混凝土（碾压混凝土）拱坝	1. 合同标段Ⅰ	11. 周边缝	仅限于有周边缝拱坝
			12. 铰座	仅限于铰拱坝
			13. 高边坡处理	视工程量可划分为数个分部工程
			14. 金属结构及启闭机安装	视工程量可划分为数个分部工程
			15. 观测设施	含监测仪器埋设、管理房等。单独招标时，可单列为单位工程
	（八）浆砌石重力坝		1. 坝基开挖与处理	
			▲2. 坝基及坝肩防渗排水	视工程量可划分为数个分部工程
			3. 非溢流坝段	视工程量可划分为数个分部工程
			▲4. 溢流坝段	
			*5. 引水坝段	
			6. 厂坝联结段	
			▲7. 底孔（中孔）坝段	
			▲8. 坝面（心墙）防渗	
			9. 廊道及坝内交通	含灯饰、路面、梯步、排水沟等。如为无灌浆（排水）廊道，本分部应为主要分部工程
			10. 坝顶	含路面、栏杆、灯饰等
			11. 消能防冲工程	视工程量可划分为数个分部工程
			12. 高边坡处理	视工程量可划分为数个分部工程
			13. 金属结构及启闭机安装	
			14. 观测设施	含监测仪器埋设、管理房等。单独招标时，可单列为单位工程
	（九）浆砌石拱坝		1. 坝基开挖与处理	
			▲2. 坝基及坝肩防渗排水	
			3. 非溢流坝段	视工程量可划分为数个分部工程
			▲4. 溢流坝段	
			▲5. 底孔（中孔）坝段	
			▲6. 坝面防渗	
			7. 廊道	含灯饰、路面、梯步、排水沟等
			8. 消能防冲	
			9. 坝顶	含路面、栏杆、灯饰等
			▲10. 推力墩（重力墩、翼坝）	视工程量可划分为数个分部工程
			11. 高边坡处理	视工程量可划分为数个分部工程
			12. 金属结构及启闭机安装	
			13. 观测设施	含监测仪器埋设、管理房等。单独招标时，可单列为单位工程
	（十）橡胶坝		1. 坝基开挖与处理	
			2. 基础底板	
			3. 边墩（岸墙）、中墩	
			4. 铺盖或截渗墙、上游翼墙及护坡	

续表

工程类别	单位工程	合同工程	分部工程	说明
一、拦河坝工程	（十）橡胶坝	1. 合同标段Ⅰ	5. 消能防冲	
			▲6. 坝袋安装	
			▲7. 控制系统	含管路安装、水泵安装、空压机安装
			8. 安全与观测系统	含充水坝安全溢流设备安装、排气阀安装；充气坝安全阀安装、水封管（或U形管）安装；自动塌坝装置安装；坝袋内压力观测设施安装，上下游水位观测设施安装
			9. 管理房	房建按《建筑工程施工质量验收统一标准》(GB 50300—2001) 附录B划分分项工程
二、泄洪工程	（一）溢洪道工程（含陡槽溢洪道、侧堰溢洪道、竖井溢洪道）	2. 合同标段Ⅱ	▲1. 地基防渗及排水	
			2. 进水渠段	
			▲3. 控制段	
			4. 泄槽段	
			5. 消能防冲段	视工程量可划分为数个分部工程
			6. 尾水段	
			7. 护坡及其他	
			8. 高边坡处理	视工程量可划分为数个分部工程
			9. 金属结构及启闭机安装	视工程量可划分为数个分部工程
	（二）泄洪隧洞（放空洞、排砂洞）		▲1. 进水口或竖井（土建）	
			2. 有压洞身段	视工程量可划分为数个分部工程
			3. 无压洞身段	
			▲4. 工作闸门段（土建）	
			5. 出口消能段	
			6. 尾水段	
			▲7. 导流洞堵体段	
			8. 金属结构及启闭机安装	
三、枢纽工程中的引水工程	（一）坝体引水工程（含发电、灌溉、工业及生活取水口工程）	3. 合同标段Ⅲ	▲1. 进水闸室段（土建）	
			2. 引水渠段	
			3. 厂坝联结段	
			4. 金属结构及启闭机安装	
	（二）引水隧洞及压力管道工程		▲1. 进水闸室段（土建）	
			2. 洞身段	视工程量可划分为数个分部工程
			3. 调压井	
			▲4. 压力管道段	
			5. 灌浆工程	含回填灌浆、固结灌浆、接缝灌浆
			6. 封堵体	长隧洞临时支洞
			7. 封堵闸	长隧洞永久支洞
			8. 金属结构及启闭机安装	

续表

工程类别	单位工程	合同工程	分部工程	说明
四、发电工程	（一）地面发电厂房工程	4. 合同标段Ⅳ	1. 进口段（指闸坝式）	
			2. 安装间	
			3. 主机段	土建，每台机组段为一分部工程
			4. 尾水段	
			5. 尾水渠	
			6. 副厂房、中控室	安装工作量大时，可单列控制盘柜安装分部工程。房建工程按《建筑工程施工质量验收统一标准》（GB 50300—2001）附录B划分分项工程
			▲7. 水轮发电机组安装	以每台机组安装工程为一个分部工程
			8. 辅助设备安装	
			9. 电气设备安装	电气一次、电气二次可分列分部工程
			10. 通信系统	通信设备安装，单独招标时，可单列为单位工程
			11. 金属结构及启闭（起重）设备安装	拦污栅、进口及尾水闸门启闭机、桥式起重机可单列分部工程
			▲12. 主厂房房建工程	按《建筑工程施工质量验收统一标准》（GB 50300—2001）附录B序号2、3、4、5、6、8划分分项工程
			13. 厂区交通、排水及绿化	含道路、建筑小品、亭台、花坛、场坪绿化、排水沟渠等
	（二）地下发电厂房工程		1. 安装间	
			2. 主机段	土建，每台机组段为一分部工程
			3. 尾水段	
			4. 尾水洞	
			5. 副厂房、中控室	在安装工作量大时，可单列控制盘柜安装分部工程。房建工程按《建筑工程施工质量验收统一标准》（GB 50300—2001）附录B划分分项工程
			6. 交通隧洞	视工程量可划分为数个分部工程
			7. 出线洞	
			8. 通风洞	
			▲9. 水轮发电机组安装	每台机组为一个分部工程
			10. 辅助设备安装	
			11. 电气设备安装	电气一次、电气二次可分列分部工程
			12. 金属结构及启闭（起重）设备安装	尾水闸门启闭机、桥式起重机可单列分部工程
			13. 通信系统	通信设备安装，单独招标时，可单列为单位工程
			14. 砌体及装修工程	按《建筑工程施工质量验收统一标准》（GB 50300—2001）附录B序号2、3、4、5、6、8划分分项工程

续表

工程类别	单位工程	合同工程	分部工程	说明
四、发电工程	（三）坝内式发电厂房工程	4. 合同标段Ⅳ	▲1. 进水口闸室段（土建）	
			2. 压力管道	
			3. 安装间	
			4. 主机段	土建，每台机组段为一分部工程
			5. 尾水段	
			6. 副厂房及中控室	在安装工作量大时，可单列控制盘柜安装分部工程。房建工程按《建筑工程施工质量验收统一标准》（GB 50300—2001）附录B划分分项工程
			▲7. 水轮发电机组安装	每台机组为一个分部工程
			8. 辅助设备安装	
			9. 电气设备安装	电气一次、电气二次可分列分部工程
			10. 通信系统	通信设备安装，单独招标时，可单列为单位工程
			11. 交通廊道	含梯步、路面、灯饰工程。电梯按《建筑工程施工质量验收统一标准》（GB 50300—2001）附录B序号9划分分项工程
			12. 金属结构及启闭（起重）设备安装	视工程量可划分为数个分部工程
			13. 砌体及装修工程	按《建筑工程施工质量验收统一标准》（GB 50300—2001）附录B序号2、3、4、5、6、8划分分项工程
五、升压变电工程	地面升压变电站或地下升压变电站	5. 合同标段Ⅴ	1. 变电站（土建）	
			2. 开关站（土建）	
			3. 操作控制室	房建工程按《建筑工程施工质量验收统一标准》（GB 50300—2001）附录B划分分项工程
			▲4. 主变压器安装	
			5. 其他电气设备安装	按设备类型划分
			6. 交通洞	仅限于地下升压站
六、水闸工程	泄洪闸、冲砂闸、进水闸	6. 合同标段Ⅵ	1. 上游联结段	
			2. 地基防渗及排水	
			▲3. 闸室段（土建）	
			4. 消能防冲段	
			5. 下游联结段	
			6. 交通桥（工作桥）	含栏杆、灯饰等
			7. 金属结构及启闭机安装	视工程量可划分为数个分部工程
			8. 闸房	按《建筑工程施工质量验收统一标准》（GB 50300—2001）附录B划分分项工程

续表

工程类别	单位工程	合同工程	分部工程	说明
七、过鱼工程	（一）鱼闸工程	7. 合同标段Ⅶ	1. 上鱼室	
			2. 井或闸室	
			3. 下鱼室	
			4. 金属结构及启闭机安装	
	（二）鱼道工程		1. 进口段	
			2. 槽身段	
			3. 出口段	
			4. 金属结构及启闭机安装	
八、航运工程	（一）船闸工程	8. 合同标段Ⅷ	按交通部《船闸工程质量检验评定标准》（JTJ 288—93）表 2.0.2-1、表 2.0.2-2 和表 2.0.2-3 划分分部工程和分项工程	
	（二）升船机工程		1. 上引航道及导航建筑物	按交通部《船闸工程质量检验评定标准》（JTJ 288—93）表 2.0.2-1、表 2.0.2-2 和表 2.0.2-3 划分分项工程
			2. 上闸首	按交通部《船闸工程质量检验评定标准》（JTJ 288—93）表 2.0.2-1、表 2.0.2-2 和表 2.0.2-3 划分分项工程
			3. 升船机主体	含普通混凝土、混凝土预制构件制作、混凝土预制构件安装、钢构件安装、承船厢制作、承船厢安装、升船机制作、升船机安装、机电设备安装等
			4. 下闸首	按交通部《船闸工程质量检验评定标准》（JTJ 288—93）表 2.0.2-1、表 2.0.2-2 和表 2.0.2-3 划分分项工程
			5. 下引航道	按交通部《船闸工程质量检验评定标准》（JTJ 288—93）表 2.0.2-1、表 2.0.2-2 和表 2.0.2-3 划分分项工程
			6. 金属结构及启闭机安装	按交通部《船闸工程质量检验评定标准》（JTJ 288—93）表 2.0.2-1、表 2.0.2-2 和表 2.0.2-3 划分分项工程
			7. 附属设施	按交通部《船闸工程质量检验评定标准》（JTJ 288—93）表 2.0.2-1、表 2.0.2-2 和表 2.0.2-3 划分分项工程
九、交通工程	（一）永久性专用公路工程	9. 合同标段Ⅸ	按交通部《公路工程质量检验评定标准》（JTG F80/1～2—2004）进行项目划分	
	（二）永久性专用铁路工程		按铁道部发布的铁路工程有关规定进行项目划分	
十、管理设施	永久性辅助性生产房屋及生活用房按《建筑工程施工质量验收统一标准》（GB 50300—2001）附录 B 及附录 C 进行项目划分			

注： 分部工程名称前加“▲”者为主要分部工程。加“*”者可定为主要分部工程，也可定为一般分部工程，视实际情况决定。

第二节 项目划分编码规则及其作用

一、 项目划分编号规则及其作用

1. 项目划分编码

（1）项目划分编码内容。在建设工程项目划分表中进行编码时，工程类别不进行编码。项目划分表编码内容包含从单位工程、合同、分部工程、分项工程、单元工程，按各自均按顺序从01、02、03……进行编号。

（2）项目划分编码形式。单位工程编码—合同顺序编码—分部工程编码—分项工程编码—单元工程编码。

2. 项目划分编码规则

编号的内容包含：单位工程—合同工程—分部工程—分项工程—单元工程，各段编码至少采用两位及以上，编码说明如下：

（1）单位工程编码。单位工程采用2位数编码表示，从00～99。

（2）合同工程编码。合同工程编码，按照合同在单位工程与分部工程之间的顺序排列，采用2位数编码表示，从00～99。当同一个合同包含不同的分部工程时，合同重复出现在对应的分部工程项目划分表中。

（3）分部工程编码。分部工程编码按照对单位工程划分后的分部工程数量，依次为01、02、03……，采用2位数编码表示，从00～99。

（4）分项工程编码。在同一个分部工程中，按顺序排列分项工程的编号，依次为01、02、03……，采用2位数编码表示，从00～99。分项工程编码表示该分部工程内分项的排列顺序。

（5）单元工程的编码。按照分部工程中，对应的不同的分项工程，标识单元工程的数量，依次为001、002、003……，可采用3位数编码表；当单元工程数量大于3位数时，可统一采用4位数进行标识单元工程，即依次为0001、0002、0003……，采用4位数进行编码。

二、 项目划分编码说明及作用

1. 项目划分编码说明

项目划分编码：01010101-0001～0020，第一段编号01，表示第1个单位工程；第二段01，表示第1个合同；第三段01，表示第1个分部工程；第四段01，表示分部工程的第1个分项工程；第五段0001～0020，表示该分项工程中，共有20个单元工程，分别从0001至0020。

2. 项目划分编码的作用

项目划分编码填入相应的文件材料中，可作为文件材料的编号，目的是便于工程档案资料的收集、整理、归档以及查找。具体如下：

（1）单位工程编码的作用。单位工程的编码01，填入单位工程验收鉴定书的封面，作为该份文件材料的编号，表示水电水利工程第1个单位工程的验收文件。

（2）分部工程编码的作用。分部工程的编码010101（表示第1个单位工程、第1个合同、第1个分部工程），填入分部工程验收鉴定书的封面，作为文件材料的编号，表示水电水利工程第1个单位工程下第1个合同内第1个分部工程的验收文件。

（3）分项工程编码的作用。用于区分该分部工程中的分项工程的排列顺序，分项工程编码01010101，表示第1个单位工程下、第1个合同内、第1个分部工程中的第1个分项。分项工程不作质量检验评定。

（4）单元工程编码的作用。表示单元工程的数量，单元工程编码用于填入各单元工程质量评定文件及其工序验收评定文件材料中，作为该单元工程的文件编号。如：01010101-0001，表示第1个单位工程下、第1个合同内、第1个分部工程中的第1个分项工程下的第1个单元工程；01010102-0001，表示第1个单位工程下、第1个合同内、第1个分部工程中的第2个分项工程下的第1个单元工程。

（5）标识说明。项目划分表中，在分部工程名称前加“△”者为主要分部工程；在分项工程中加“*”者为主要工程；在单元工程名称前加“▲”者为隐蔽单元工程，加“*”者为主要工程。

第三节　堤防（坝）工程项目划分

一、堤防（坝）工程种类及项目划分级别

1. 堤防工程及其项目划分级别

（1）堤防（坝）工程。堤防（坝）是指沿河流、湖泊、海洋的岸边或蓄滞洪区、水库库区的周边修筑的挡水建筑物。筑堤工程是指为防御洪水，保护居民和工农业生产而修筑的工程。

（2）堤防（坝）的种类。分类如下：

1）堤防（坝）按其修筑的位置不同分为河堤、江堤、湖堤、海堤以及水库、蓄滞洪区低洼地区有围堤等。

2）堤防（坝）按其功能分为干堤、支堤、子堤、遥堤、隔堤、行洪堤、防洪堤、围堤、防浪堤等。

3）堤防（坝）按建筑材料可分为土堤、石堤、土石混合堤和混凝土防洪堤等。

2. 堤防工程项目划分级别

堤防工程划分为单位工程、分部工程、单元工程三级，并按三级进行施工质量评定。

二、堤防（坝）工程质量评定

1. 单元工程质量评定

（1）堤基清理单元工程质量标准。有合格、优良两级：

1）合格标准。检查项目达到标准，清理范围检测合格率不小于70%、压实质量检测合格率不小于80%。

2）优良标准。检查项目达到标准，清理范围与压实质量检测合格率不小于90%。

（2）土料碾压筑堤筑（堤身上体填筑）单元工程质量标准。有合格、优良两级：

1）合格标准。检查项目达到标准，铺料厚度和铺填边线偏差合格率不小于70%、检测土体压实干密度质量检测合格率达到规范要求。

2）优良标准。检查项目达到标准，铺料厚度和铺填边线偏差合格率不小于90%，检测土体压实干密度质量检测合格率达到规范要求。

（3）土料吹填筑堤单元工程质量标准。有合格、优良两级：

1）合格标准。检查项目达到标准，土料吹填筑堤高程、宽度、平整度合格率不小于70%。

2）优良标准。检查项目达到标准，土料吹填筑堤高程、宽度、平整度合格率不小于90%。

（4）黏土防渗体单元工程质量标准。有合格、优良两级：

1）合格标准。检查项目达到标准，铺料厚度及铺填宽度合格率不小于70%，土体压实干密度合格率符合规定要求。

2）优良标准。检查项目达到标准，铺料厚度及铺填宽度合格率不小于90%，土体压实干密度合格率符合规定要求。

（5）砂质土堤堤坡堤顶填筑（包边盖项）单元工程质量标准。有合格、优良两级：

1）合格标准。检查项目达到标准，铺筑厚度宽度合格率不小于70%，压实干密度合格率符合规定要求。

2）优良标准。检查项目达到标准，铺料厚度宽度合格率不小于90%，压实干密度合格率符合规定要求。

（6）护坡垫层单元工程质量标准。有合格、优良两级：

1）合格标准。检查项目达到标准，检测项目合格率不小于70%。

2）优良标准。检查项目达到标准，检测项目合格率不小于90%。

（7）毛石粗排护坡单元工程质量标准。有合格、优良两级：

1）合格标准。检查项目达到标准，检测项目合格率不小于70%。

2）优良标准。检查项目达到标准，检测项目合格率不小于90%。

（8）干砌石护坡单元工程质量标准。有合格、优良两级：

1）合格标准。检查项目达到标准，检测项目合格率不小于70%。

2）优良标准。检查项目达到标准，检测项目合格率不小于90%。

（9）浆砌石护坡单元工程质量标准。有合格、优良两级：

1）合格标准。质量检查项目达到标准，且水泥砂浆的28d抗压强度不小于设计强度的80%。

2）优良标准。质量检查项目达到标准，且水泥砂浆的28d抗压强度不小于设计强度的90%。

（10）混凝土预制块护坡单元工程质量标准。有合格、优良两级：

1）合格标准。检查项目达到标准，坡面平整度合格率不小于70%。

2）优良标准。检查项目达到标准，坡面平整度合格率不小于90%。

（11）堤脚防护单元工程质量标准。有合格、优良两级：

1）合格标准。检查项目达到标准，检测项目合格率不小于70%。

2）优良标准。检查项目达到标准，检测项目合格率不小于90%。

（12）单元工程（或工序）质量达不到合格标准时，必须及时处理。

1）全部返工重作的，可重新评定质量等级。

2）经加固补强并经鉴定能达到设计要求的，其质量只能评定为合格。

3）经鉴定达不到设计要求，但项目法人认为能基本满足安全和使用功能要求的，可不加固补强；或经加固衬强后，造成外形尺寸改变或永久性缺陷的，经项目法人认为基本满足设计要求，其质量可按合格处理。

2. 分部工程质量评定标准

（1）合格标准：①单元工程质量全部合格；②原材料及中间中品质量全部合格。

（2）优良标准：①单元工程质量全部合格，其中有50%以上达到优良，主要单元工程、重要隐蔽工程及关键部位单元工程质量优良，且未发生过质量事故；②原材料及中间中品质量全部合格。

3. 单位工程质量评定标准

（1）合格标准：①分部工程质量全部合格；②原材料及中间产品质量全部合格；③外观质量得分率达到70%以上；④施工质量检验资料齐全。

（2）优良标准：①分部工程质量全部合格，其中有50%以上达到优良，主要分部工程质量优良，且未发生过较大及其以上质量事故；②原材料及中间产品质量全部合格，其中混凝土拌和物质量必须优良；③外观质量得分率达到85%以上；④施工质量检验资料齐全。

三、堤防（坝）工程单位工程划分

1. 单位工程划分原则

（1）依据设计和施工部署和便于质量管理等原则进行划分。

（2）根据实际情况按下列原则划分单位工程：

1）一个工程项目由若干项目法人负责组织建设时，每一个项目法人所负责的工程可划分为一个单位工程。

2）一个项目法人所负责组织建设的工程，可视规模按照堤段划分为若干个单位工程。

3）较大交叉联结建筑物可以每一独立建筑物划为一个单位工程。

4）堤岸防护和管理设施工程可以每一独立发挥作用的项目划为一个单位工程。

2. 单位工程划分

堤防（坝）工程单位工程一般划分为堤身工程、堤岸防护工程、交叉联结建筑物工程、管理设施等单位工程。

四、堤防（坝）工程分部工程划分

1. 堤防（坝）工程分部工程划分原则

堤防（坝）工程分部工程按功能划分。同一单位工程中，同类型的各个分部工程的工程量不宜相差太大，不同类型的各个分部工程的投资也不宜相差太大。

2. 堤防（坝）工程分部工程的划分方法

堤防（坝）工程单位工程划分为分部工程，方法如下：

（1）堤身工程。堤身单位工程可划分为堤基处理、堤身填（浇、砌）筑、堤身防渗、压浸平台、填塘固基、堤身防护、堤脚防护等分部工程。

（2）堤岸防护工程。堤岸防护单位工程可划分为护脚和护坡工程。

（3）交叉联结建筑物单位工程。按《水利水电工程质量评定规程》（SL 176—2007）划分分部工程。

（4）管理设施工程。管理设施工程可划分为观测设施、生产生活设施、交通、通信等分部工程。当交通、通信工程投资规模较大并单独列项时也可将其划分为一个单位工程。

五、堤防（坝）工程单元工程划分

1. 单元工程划分原则

（1）按施工方法、施工部署、工程量，以及便于进行质量控制和考核的原则划分。对于堤身断面较小的堤身填筑工程，一般按长度（200～500m）或工程量（1000～2000m^3）来划分单元工程。

（2）不同工程按下列原则划分单元工程：

1）土方填筑按层、段划分。

2）吹填工程按围堰仓、段划分。

3）防护工程按施工段划分。

4）混凝土工程按浇筑仓划分。

5）砌石堤、交叉联结物和管理设施等工程按相关标准划分。

2. 单元工程划分方法

（1）堤基清理单元工程。堤基清理宜沿轴线方向将施工段长100～500m划分为一个单元工程。堤基清理单元工程宜分为基面清理和基面整压实两个工序，其中基面平整压实工序为主要工序。

（2）土料碾压筑堤单元工程。宜按施工的层、段来划分。新堤填筑宜按堤轴线施工段长100～500m划分为一个单元工程；老堤加高、培厚宜按填筑工程量500～2000m^3划分为一个单元工程。土料碾压筑堤单元工程宜分为土料摊铺和土料碾压两个工序，其中土料碾压工序为主要工序。

（3）土料吹填筑堤单元工程。土料吹填筑堤宜按一个吹填围堰区段（仓）或按堤轴线施工段长100～500m划分为一个单元工程。土料吹填筑堤单元工程宜分为围堰修筑和土料吹填两个工序，其中土料吹填工序为主要工序。

（4）堤身与建筑物结合部填筑单元工程。宜按填筑工程量相近的原则，可将5个以下填筑层划分为一个单元工程。堤身与建筑物结合部填筑单元工程宜分为建筑物表面涂浆和结合部填筑两个工序，其中结合部填筑工序为主要工序。

（5）防冲体护脚单元工程。宜按平顺护岸的施工段长60～80m或以每个丁坝、垛的护脚工程为一个单元工程。防冲体护脚单元工程宜分为防冲体制备和防冲抛投两个工序，其中防冲抛投工序为主要工序。

(6) 沉排护脚单元工程。宜按平顺护岸的施工段长60～80m或以每个丁坝、垛的护脚工程为一个单元工程。沉排护脚单元工程宜分为沉排锚定和沉排铺设两个工序，其中沉排铺设工序为主要工序。

(7) 护坡单元工程。平顺护岸的护坡单元工程宜按施工段长60～100m划分为一个单元工程，现浇混凝土护坡宜按施工段长30～50m划分为一个单元工程；丁坝、垛的护坡工程宜按每个坝、垛划分为一个单元工程。

护坡单元工程根据材料不同分为砂（石）垫层单元工程、土工织物铺设单元工程、毛石粗排护坡单元工程、石笼坡单元工程、干砌石护坡单元工程、浆砌石护坡单元工程、混凝土预制块护坡单元工程、现浇混凝土护坡单元工程、模袋混凝土护坡单元工程、灌砌石护坡单元工程、植草护坡单元工程、防浪堤林单元工程。

六、堤防（坝）工程单位—合同—分部工程项目划分表

根据《水利水电工程施工质量评定规程》(SL 176—2007)，在堤防（坝）工程项目划分单位工程与分部工程之间，增加合同标段的名称及合同编号，如表3-2所示。

表3-2　堤防（坝）工程单位—合同—分部工程项目划分表

工程类别	单位工程	合同	分部工程	说明
一、防洪堤（1、2、3、4级堤防）	(一) ▲堤身工程	1. 标段Ⅰ	▲1. 堤基处理	
			2. 堤基防渗	
			3. 堤身防渗	
			▲4. 堤身填（浇、砌）筑工程	包括碾压式土堤填筑、土料吹填筑堤、混凝土防洪墙、砌石堤等
			5. 填塘固基	
			6. 压浸平台	
			7. 堤身防护	
			8. 堤脚防护	
			9. 小型穿堤建筑物	视工程量，以一个或同类数个小型穿堤建筑物为1个分部工程
	(二) 堤岸防护	2. 标段Ⅱ	1. 护脚工程	
			▲2. 护坡工程	
二、交叉联结建筑物（仅限于较大建筑物）	(一) 涵洞	3. 标段Ⅲ	1. 地基与基础工程	
			2. 进口段	
			▲3. 洞身	视工程量可划分为1个或数个分部工程
			4. 出口段	
	(二) 水闸	4. 标段Ⅳ	1. 上游联结段	
			2. 地基与基础	
			▲3. 闸室（土建）	

续表

<table>
<tr><th>工程类别</th><th>单位工程</th><th>合同</th><th>分部工程</th><th>说明</th></tr>
<tr><td rowspan="6">二、交叉联结建筑物（仅限于较大建筑物）</td><td rowspan="4">（二）水闸</td><td rowspan="4">4. 标段Ⅳ</td><td>4. 交通桥</td><td></td></tr>
<tr><td>5. 消能防冲段</td><td></td></tr>
<tr><td>6. 下游联结段</td><td></td></tr>
<tr><td>7. 金属结构及启闭机安装</td><td></td></tr>
<tr><td>（三）公路桥</td><td>5. 标段Ⅴ</td><td colspan="2" rowspan="2">按照《公路工程质量检验评定标准》（土建工程）（JTG F80/1—2004）附录A进行项目划分</td></tr>
<tr><td>（四）公路</td><td>6. 标段Ⅵ</td></tr>
<tr><td rowspan="4">三、管理设施</td><td rowspan="4">（一）管理设施</td><td rowspan="4">7. 标段Ⅶ</td><td>▲1. 观测设施</td><td>单独招标时，可单列为单位工程</td></tr>
<tr><td>2. 生产生活设施</td><td>房建工程按《建筑工程施工质量验收统一标准》（GB 50300—2001）附录B划分分项工程</td></tr>
<tr><td>3. 交通工程</td><td>公路按《公路工程质量检验评定标准》（JTG F80/1～2—2004）划分分项工程</td></tr>
<tr><td>4. 通信工程</td><td>通信设备安装，单独招标时，可单列为单位工程</td></tr>
</table>

注：1. 单位工程名称前加“▲”者为主要单位工程，分部工程名称前加“▲”者为主要分部工程。
2. 交叉联结建筑物中的“较大建筑物”指该建筑物的工程量（投资）与防洪堤中所划分的其他单位工程的工程量（投资）接近的建筑物。

七、堤防（坝）工程单位—合同—分部—单元工程项目划分标准

表 3-3　　堤防工程单位—合同—分部—单元工程项目划分标准

<table>
<tr><th>单位工程</th><th>合同</th><th>分部工程</th><th>单元工程</th></tr>
<tr><td rowspan="6">（一）堤身工程</td><td rowspan="6">标段Ⅰ</td><td>1. 堤基处理工程</td><td>与相应堤身单元工程划分一致。每一个单元工程长度不宜超过100m，一般为60～80m</td></tr>
<tr><td>▲2. 堤基防渗工程（宜按施工方法划分分部工程）</td><td>对于采用各种工法建造的垂直防渗墙：深层搅拌防渗沿渗墙轴线每6～8m为一个单元工程；薄形抓斗成槽、射水法成槽和锯槽机成槽的每一个浇筑槽段为一个单元工程；高压喷射灌浆、振动切槽成墙每9～11m成墙段划分为一个单元工程</td></tr>
<tr><td>*3. 堤身防渗工程（宜按施工方法划分分部工程）</td><td>对于采用各种工法建造的垂直防渗墙：深层搅拌防渗沿渗墙轴线每6～8m为一个单元工程；薄形抓斗成槽、射水法成槽和锯槽机成槽的每一个浇筑槽段为一个单元工程；高压喷射灌浆、振动切槽成墙段每9～11m成墙段划分为一个单元工程；锥探灌浆沿堤轴线每50m划分为一个单元工程</td></tr>
<tr><td>▲4. 堤身填（浇、砌）筑工程（包括碾压式土堤工程、分区土质堤工程、土料吹填筑工程、混凝土防洪墙工程、砌石堤工程）</td><td rowspan="3">碾压式土堤按层、段划分单元工程，新筑堤按堤轴线200～500m、老堤加高培厚按堤段填筑量1000～2000m³为一个单元工程；
吹填工程按一个吹填堰区段（仓）或按堤轴线长100～500m划分一个单元工程；
混凝土防洪墙按结构缝划分单元工程。两结构缝之间的浇筑段为一个单元工程（一般沿堤线长7～15m为一个单元工程）；
砌石堤工程根据施工安排，按砌筑段、块划分，每段沿堤线长7～15m为一个单元工程</td></tr>
<tr><td>5. 填塘固基</td></tr>
<tr><td>6. 压浸平台</td></tr>
</table>

续表

<table>
<tr><th>单位工程</th><th>合同</th><th>分部工程</th><th>单元工程</th></tr>
<tr><td rowspan="2">（一）堤身工程</td><td rowspan="2">标段Ⅰ</td><td>*7. 堤身防护</td><td>包括各种形式的护坡。护坡内各个单元工程（如垫层、干砌石、混凝土预制块护坡、枯水平台、脚槽等）按施工段划分单元工程，每个单元工程长度不宜超过 100m，一般为 60～80m</td></tr>
<tr><td>8. 堤基防护</td><td rowspan="2">一般采用水下抛石。水下抛石按施工段划分单元工程，每个单元工程长度不宜超过 100m，一般为 60～80m</td></tr>
<tr><td rowspan="2">（二）堤岸工程</td><td rowspan="2">标段Ⅱ</td><td>1. 护脚工程</td></tr>
<tr><td>▲2. 护坡工程</td><td>包括各种形式的护坡。护坡内各个单元工程（如垫层、干砌石、混凝土预制块护坡、枯水平台、脚槽等）按施工段划分单元工程，每个单元工程长度不宜超过 100m，一般为 60～80m</td></tr>
<tr><td>（三）交叉、联结建筑程（包括涵闸、公路桥及其他跨河工程）</td><td>标段Ⅲ</td><td>根据各建筑物的设计特点并参照相关规程划分分部工程</td><td>按《水利水电工程施工质量评定规程》（SL 176—2007）附录的规定划分各建筑物的单元工程</td></tr>
<tr><td rowspan="4">（四）管理设施工程</td><td rowspan="4">标段Ⅳ</td><td>▲1. 观测设施</td><td>每个观测孔为一个单元工程</td></tr>
<tr><td>2. 生产生活设施工程</td><td rowspan="3">各分部工程按《水利水电工程施工质量评定规程》（SL 176—2007）附录的规定划分各建筑物的单元工程</td></tr>
<tr><td>3. 交通工程</td></tr>
<tr><td>4. 通信工程</td></tr>
</table>

注： 表中“▲”者为主要单位工程或主要分部工程；“*”者视实际情况可定为主要分部工程，也可定为一般分部工程。

第四节　引水渠道工程项目划分

一、 引水渠道工程项目划分

1. 渠道工程项目划分级别

渠道工程项目划分为单位工程、分部工程、单元工程三级，按三级进行工程质量评定。

2. 渠道工程项目划分原则

（1）渠道工程按渠道级别（干、支渠）或工程建设期、段划分，以一条干（支）渠或同一建设期、段的渠道工程划分为一个单位工程。大型渠道建筑物也可按每座独立的建筑物划为一个单位工程。渠道工程由于规模不同，大型渠道常根据实际情况进行分期建设。大型渠道可与同一建设期（段）的渠道为一个单位工程。中、小型渠道则确定一条干渠（或支渠）为一个单位工程。规模较大的渠道建筑物如：渡槽、倒虹、水闸、公路桥等建筑物，也可划分为一个单位工程。

（2）分部工程划分原则。渠道工程依据设计及施工部署划分分部工程。同一单位工程中，同类型的各个分部工程的工程量不宜相差太大。同种类分部工程（如几个混凝土分部工程）的工程量差值不超过 50%；不同种类分部工程（如混凝土与砌石分部工程）的投资差值不超过 50%，这样才能使质量评定结果能正确反映工程整体施工质量。每个工单位工程中的分部工程数量不宜少于5个。

(3) 单元工程划分原则。渠道工程明渠（暗渠）、衬砌单元段按渠道变形缝或结构缝划分。当渠道设计流量小于$30m^3/s$时，单元段长度不宜大于50m。渠道建筑物应视其规模大小划分单元工程，大型渠道的建筑物可按评定标准划分单元工程；中型渠道建筑物按设计的组成部分划分；小型建筑物，以一座或几座建筑物为一个单元工程。

3. 渠道工程项目划分方法

(1) 单位工程划分方法。可根据签订的合同、招标标段或施工标段划分，长度宜控制在5km，超过8km时，可分为两个单位工程。

(2) 分部工程划分方法。可根据施工部署、渠段长度划分分部工程，长度宜控制在1km，并符合单元工程长度的整数倍，各标段分部工程长度宜保持一致。

(3) 单元工程划分方法。依据不同的设计结构、材料、施工方法、施工部署及长度划分。衬砌单元工程划分界限设在分缝处。

(4) 在分部工程、单位工程长度划分时，尾部不足一个单位长度时，可采用如下办法处理：长度超过或等于单位长度一半的可作为独立分部（或单元）工程，长度不超过单位长度一半的，就近划分相邻分部（或单元）工程。

二、引水（渠道）工程质量评定标准

引水渠道工程施工质量等级分为合格、优良两级。

1. 单元工程施工质量等级标准

(1) 合格标准。主控项目的检查结果全部符合质量标准，检查点合格率不小于90%；一般项目的检查结果基本符合质量标准，检测点合格率不小于70%。

(2) 优良标准。主控项目和一般项目的检查结果全部符合质量标准，主控项目和一般项目的检测点合格率不小于90%。

(3) 单元工程质量达不到合格标准时，应按要求处理合格后，才能进行验收和后续工程施工。

1) 经返工全部重做的单元工程，可重新评定质量等级。

2) 经加固补强并经鉴定能满足设计要求的，其质量评定为合格。

3) 经鉴定和验算，施工质量达不到设计要求，但设计单位认为能够满足安全要求，项目法人认为能够满足使用功能要求，可不加固补强；或经加固补强后，改变外形尺寸或造成永久性缺陷的，项目法人认为能基本满足要求，其质量可按合格处理，但质量缺陷应备案。

2. 分部工程施工质量等级标准

(1) 合格标准：①所含单元工程的质量全部合格。质量事故（或质量缺陷）已按要求处理，处理后质量经检验合格；②原材料、中间产品质量全部合格。

(2) 优良标准：①所含单元工程质量全部合格，其中，50%及以上单元工程达到优良，没有结构性缺陷，且过完发生过质量事故；②原材料、中间产品质量全部合格，其中混凝土拌和质量达到优良。

3. 单位工程施工质量等标准

（1）合格标准：①所含分部工程质量全部合格；②质量事故（或质量缺陷）已按要求处理，处理后质量经检验合格；③外观质量得分率达到70%及以上；④单位工程施工质量检验资料基本齐全。

（2）优良标准：①所含分部工程质量全部合格，其中50%及以上达到优良，主要分部工程质量全部优良，且施工中未发生过较大质量事故；②质量事故（或质量缺陷）已按要求进行处理，处理后果质量经检验合格；③外观质量得分率达到85%及以上；④单位工程施工质量检验资齐全。

三、 引水渠道工程单元工程项目划分方法

（1）渠道清基单元工程。渠道清基宜按每100m划分为一个单元工程。

（2）土方开挖单元工程。土方开挖宜按施工验收长度100m划分为一个单元工程。

（3）土方填筑（改性土填筑）单元工程。土方填筑（改性土填筑）宜按施工验收长度100m一段每层为一个单元工程。

（4）岩质渠段开挖单元工程。岩石地基开挖宜按施工验收长度100m为一个单元工程。

（5）挖方段改性土换填单元工程。挖方段改性土按换填按100m为一个单元工程。

（6）渠基排水单元工程。渠基排水设施宜按施工验收长度100m为一个单元工程；分左坡、渠底、右坡。

（7）渠床砂砾料（粗砂）垫层填筑单元工程。垫层填筑宜按施工验收长度100m为一个单元工程。

（8）渠床整理单元工程。渠床整理按100m为一个单元工程。分左坡、右坡、渠底。

（9）粗砂垫层铺设单元工程。粗砂垫层铺设按100m为一个单元工程；分渠底。

（10）排水板铺设单元工程。排水板铺设按100m为一个单元工程，分左坡、右坡。

（11）土工膜、聚苯乙烯板铺设单元工程。土工膜、聚苯乙烯板铺设宜按施工验收长度100m为一个单元工程。

（12）复合土工膜铺设单元工程。复合土工膜铺设按100m为一个单元工程；分左坡、右坡、渠底。

（13）机械化混凝土衬砌单元工程。机械化混凝土衬砌宜施验收长度100m为一个单元工程。

（14）预制混凝土板衬砌单元工程。预制混凝土板衬砌按施工验收长度100m为一个单元工程。

（15）常规现浇混凝土衬砌单元工程。现浇混凝土衬砌宜按施工验收长度100m或一个联结段为一个单元工程。

（16）混凝土衬砌单元工程。混凝土衬砌按100m为一个单元工程；分左坡、右坡、渠底。

（17）浆砌块石单元工程。浆砌块石宜按施工长度100m为一个单元工程。

（18）伸缩（沉降）缝处理单元工程。伸缩缝、沉降缝处理宜按施工验收长度500m为一个单元工程。

（19）土方路基和石方路基填筑单元工程。土方路基和石方路基筑宜按施工验收长度1000m为一个单元工程。

（20）路基、截流沟、封顶板铺设、路缘石警示柱埋设、路缘石警示柱、防护林带、隔离网，按1000m为一个单元工程。

（21）石灰土基层和底基层填筑单元工程。石灰土基层和底基层填筑按施工验收长度200m为一个单元工程。

（22）碎石路面铺设单元工程。碎石路面铺设按施工验收长度200m为一个单元工程。

（23）沥青路面铺设单元工程。沥青路面铺设宜按施工验收长度200m为一个单元工程。

（24）混凝土路面铺设单元工程。水泥路面铺设宜按施工验收长度200m为一个单元工程。

（25）沥青混凝土路面铺设单元工程。沥青混凝土路面铺设宜按施工验收长度200m为一个单元工程。

（26）泥结碎（砾）石路面铺设单元工程。泥结碎（砾）石路面铺设宜按施工验收长度200m为一个单元工程。

（27）泥结石路面、沥青混凝土路面、石灰土基层和底基层按200m为一个单元工程，排水沟、草皮防护按500m为一个单元工程。

（28）封顶板铺筑、路缘石（警示柱）埋设单元工程。封顶板铺筑、路缘石（警示柱）埋设宜按施工验收长度1000m为一个单元工程。

（29）混凝土框格防护单元工程。混凝土框格防护宜按施工验收长度500m为一个单元工程。

（30）防护（洪）堤填筑单元工程。防护（洪）堤填筑宜按施工验收长度500m为一个单元工程。

（31）截水沟衬砌单元工程。截水沟衬砌宜按施工验收长度1000m为一个单元工程。

（32）混凝土浇筑单元工程。混凝土浇筑按浇柱的仓号、部位、块分别划分为一个单元工程。

（33）隔离网带单元工程。隔离网带宜按施工验收长度1000m为一个单元工程。

（34）草皮坡单元工程。草皮护坡宜按施工验收长度500m为一个单元工程。

（35）建筑物按混凝土浇注仓号、部位、块分别划分一个单元工程。

四、引水（渠道）工程项目划分表

1. 引水（渠道）工程项目划分

在引水（渠道）工程项目划分单位工程与分部工程之间，增加合同名称及编号，如表3-4所示。

表 3-4　　　　引水（渠道）工程项目划分表

工程类别	单位工程	合同	分部工程	说明
一、引（输）水河（渠）道	（一）明渠、暗渠	1. 标段Ⅰ	1. 渠基开挖工程	以开挖为主。视工程量划分为数个分部工程
			2. 渠基填筑工程	以填筑为主。视工程量划分为数个分部工程
			▲3. 渠道衬砌工程	视工程量划分为数个分部工程
			4. 渠顶工程	含路面、排水沟、绿化工程、桩号及界桩埋设等
			5. 高边坡处理	指渠顶以上边坡处理，视工程量划分为数个分部工程
			6. 小型渠系建筑物	以同类数座建筑物为一个分部工程
二、建筑物（*指1、2、3级建筑物）	（一）水闸	2. 标段Ⅱ	1. 上游引河段	视工程量划分为数个分部工程
			2. 上游联结段	
			3. 闸基开挖与处理	
			4. 地基防渗及排水	
			▲5. 闸室段（土建）	
			6. 消能防冲段	
			7. 下游联结段	
			8. 下游引河段	视工程量划分为数个分部工程
			9. 桥梁工程	
			10. 金属结构及启闭机安装	
			11. 闸房	按《建筑工程施工质量验收统一标准》（GB 50300—2001）附录B中划分分项工程
	（二）渡槽	3. 标段Ⅲ	1. 基础工程	
			2. 进出口段	
			▲3. 支承结构	视工程量划分为数个分部工程
			▲4. 槽身	视工程量划分为数个分部工程
	（三）隧洞		1. 进口段	
			2. 洞身　▲1）洞身段	围岩软弱或裂隙发育时，按长度将洞身划分为数个分部工程，每个分部工程中有开挖单元及衬砌单元。洞身分部工程中对安全、功能或效益起控制作用的分部工程为主要分部工程
			2. 洞身　2）洞身开挖	围岩质地条件较好时，按施工顺序将洞身划分为数个洞身开挖分部工程和数个洞身衬砌分部工程。洞身衬砌分部工程中对安全、功能或效益起控制作用的分部工程为主要分部工程
			2. 洞身　▲3）洞身衬砌	
			3. 隧洞固结灌浆	
			▲4. 隧洞回填灌浆	
			5. 堵头段（或封堵闸）	临时支洞为堵头段，永久支洞为封堵闸
			6. 出口段	
	（四）倒虹吸工程	4. 标段Ⅳ	1. 进口段	含开挖、砌（浇）筑及回填工程
			▲2. 管道段	含管床、管道安装、镇墩、支墩、阀井及设备安装等。视工程量可按管道长度划分为数个分部工程

续表

<table>
<tr><th>工程类别</th><th>单位工程</th><th>合同</th><th>分部工程</th><th>说明</th></tr>
<tr><td rowspan="24">二、建筑物（*指1、2、3级建筑物）</td><td rowspan="2">（四）倒虹吸工程</td><td rowspan="2">4. 标段Ⅳ</td><td>3. 出口段</td><td>含开挖、砌（浇）筑及回填工程</td></tr>
<tr><td>4. 金属结构及启闭机安装</td><td></td></tr>
<tr><td rowspan="4">（五）涵洞</td><td rowspan="4">5. 标段Ⅴ</td><td>1. 基础与地基工程</td><td></td></tr>
<tr><td>2. 进口段</td><td></td></tr>
<tr><td>▲3. 洞身</td><td>视工程量可划分为数个分部工程</td></tr>
<tr><td>4. 出口段</td><td></td></tr>
<tr><td rowspan="15">（六）泵站</td><td rowspan="15">6. 标段Ⅵ</td><td>1. 引渠</td><td>视工程量划分为数个分部工程</td></tr>
<tr><td>2. 前池及进水池</td><td></td></tr>
<tr><td>3. 地基与基础处理</td><td></td></tr>
<tr><td>4. 主机段（土建，电机层地面以下）</td><td>以每台机组为一个分部工程</td></tr>
<tr><td>5. 检修间</td><td rowspan="3">按《建筑工程施工质量验收统一标准》（GB 50300—2001）附录B中划分分项工程</td></tr>
<tr><td>6. 配电间</td></tr>
<tr><td>▲7. 泵房房建工程（电机层地面至屋顶）</td></tr>
<tr><td>▲8. 主机泵设备安装</td><td>以每台机组安装为一个分部工程</td></tr>
<tr><td>9. 辅助设备安装</td><td></td></tr>
<tr><td>10. 金属结构及启闭机安装</td><td>视工程量可划分为数个分部工程</td></tr>
<tr><td>11. 输水管道工程</td><td>视工程量可划分为数个分部工程</td></tr>
<tr><td>12. 变电站</td><td></td></tr>
<tr><td>13. 出水池</td><td></td></tr>
<tr><td>14. 观测设施</td><td></td></tr>
<tr><td>15. 桥梁（检修桥、清污机桥等）</td><td></td></tr>
<tr><td>（七）公路桥涵（含引道）</td><td rowspan="2">7. 标段Ⅶ</td><td colspan="2">按照《公路工程质量检验评定标准》（土建工程）（JTG F80/1—2004）附录A进行项目划分</td></tr>
<tr><td>（八）铁路桥涵</td><td colspan="2">按照铁道部发布的规定进行项目划分</td></tr>
<tr><td>（九）防冰设施（拦冰索、排冰闸等）</td><td>8. 合同标段Ⅷ</td><td colspan="2">按设计及施工部署进行项目划分</td></tr>
<tr><td>三、船闸工程</td><td colspan="4">按交通部《船闸工程质量检验评定标准》（JTJ 288—93）表2.0.2-1、表2.0.2-2和表2.0.2-3划分分部工程和分项工程</td></tr>
<tr><td>四、管理设施</td><td>管理处（站、点）的生产及生活用房</td><td colspan="3">按《建筑工程施工质量验收统一标准》（GB 50300—2001）附录B及附录C进行项目划分。观测设施及通讯设施单独招标时，单列为单位工程</td></tr>
</table>

注： 1. 分部工程名称前加“▲”者为主要分部工程。

2. 建筑物级别按《灌溉与排水工程设计规范》（GB 50288）规定执行。

3. *工程量较大的4级建筑物，也可划分为单位工程。

2. 南水北调中线一期总干渠漳河北至古运河南段高邑赞皇段工程项目划分

(1) 工程概况。高邑赞皇段位于高邑县和赞皇县境内，起点为邢石界，总干渠桩号172+000，终点在槐（一）倒虹吸进口上游，总干渠桩号为186+900。总干渠设计流量为220m^3/s，加大流量为240m^3/s，起点设计水位为80.649m，终点设计水位为79.911m，总水头差为0.738m。渠道、各类交叉建筑物及控制建筑物等主要建筑物为1级建筑物，附属建筑物、河道防护工程及河穿渠工程的上下游连接段等次要建筑物为3级建筑物。

高邑赞皇段共布置各类交叉建筑物10座，包括渡槽1座、排洪涵洞1座，左岸排水4座，分水口门2座，渠渠交叉2座。

主要工程量：土石方开挖618.37m^3，土石方回填204.24万m^3，混凝土18.1877万m^3，钢筋制作安装8521t、砌石10.9263万m^3。

(2) 项目划分原则。

1) 本工程项目划分结合工程结构特点、设计、施工部署、施工方法和工程量，并有利于施工质量管理和工程验收进行划分。

2) 单位工程的划分按招标标段或工程结构划分，以输水干线干渠上规模较大的渡槽、涵洞中具有独立施工条件的一部分划分为一个单位工程；渠道长度超过8km，划分为2个单位工程。

(3) 本工程项目划分为左排及小型建筑物、南焦河排洪涵洞、泲河渡槽、渠道工程1、渠道工程2共5个单位工程，泲河渡槽为主要单位工程。本工程项目共划分为38个分部工程，4547个单元工程；其中主要分部工程3个（分别为：渠道分部工程4175+000～175+710、渡槽段、渠道分部工程5176+150～177+000)，△重要隐蔽单元472个，▲关键部位26个。

(4) 渠道共划分为5个单位工程，划分结果如下：

1) 左排及小型建筑物。包括部位为控制建筑物（泲河分水口、北马分水口）、渠渠交叉建筑物（南邢郭一支倒虹吸、西高二支管式倒虹吸）、左岸排水建筑物（南焦沟排水涵洞、孙庄坡水区排水渡槽、西高沟排水倒虹吸、北马坡水区排水倒虹吸）。

2) 南焦河排洪涵洞。包括部位为南焦河排洪涵洞及北渎水库加固（173+653)。

3) 泲河渡槽。包括部位为泲河渡槽（175+710～176+150)。

4) 渠道工程1（172+000～180+000)。包括部位为172+000～180+000桩号以内的所有渠道建筑，包括渠道建筑、左岸公路工程及附属、右岸公路工程及附属、观测房、房屋建筑。

5) 渠道工程2（180+000～186+900)。包括部位为180+000～186+900桩号以内的所有渠道建筑，包括渠道建筑、左岸公路工程及附属、右岸公路工程及附属、观测房、房屋建筑。

(5) 分部工程的划分。按施工部署或长度划分，建筑物分别按主要组成部分和类别划分为进口段分部、渡槽段（洞身段）分部、出口段分部、同类建筑物（左岸排水建筑物和渠渠交叉建筑物）等分部工程。渠道单位中按1000m左右划分渠道分部工程，将左、右岸堤外设施各划分为两个分部工程。划分结果如下：

1）左排及小型建筑物划分为3个分部工程：控制建筑物、渠渠交叉建筑物、左岸排水建筑物。

2）南焦河排洪涵洞划分为4个分部工程：北渎水库加固、引渠进口段、洞身段、出口及尾渠段。

3）沛河渡槽划分为7个分部工程：进口段、房屋建筑、出口段、渡槽段基础工程、渡槽段支撑结构、渡槽段、金属结构与机电设备。

4）渠道工程（172＋000～180＋000）划分为12个分部工程：渠道分部工程1（172＋000～173＋000）、渠道分部工程2（173＋000～174＋000）、渠道分部工程3（174＋000～175＋000）、渠道分部工程4（175＋000～175＋710）、渠道分部工程5（176＋000～177＋000）、渠道分部工程6（177＋000～178＋000）、渠道分部工程7（178＋000～179＋000）、渠道分部工程8（179＋000～180＋000）、左岸公路工程及附属、右岸公路工程及附属、观测房、房屋建筑。

5）渠道工程2（180＋000～186＋900）划分为12个分部工程：渠道分部工程1（180＋000～181＋000）、渠道分部工程2（181＋000～182＋000）、渠道分部工程3（182＋000～183＋000）、渠道分部工程4（183＋000～184＋000）、渠道分部工程5（184＋000～185＋000）、渠道分部工程6（185＋000～186＋000）、渠道分部工程7（186＋000～186＋900）、左岸公路工程及附属、右岸公路工程及附属、观测房、通信及安全监测管道工程（整个渠段）、房屋建筑。

（6）单元工程的划分：

1）左排及小型建筑物。①基础开挖：按每一建筑结构基础为一单元。②土方回填：按每一部位为一单元。③垫层：按每一结构基础为一单元。④底板混凝土：按每一基础为一单元。⑤墙体混凝土：按每一部位为一单元。⑥浆砌石：按每一部位一伸缩缝为一单元。⑦锚喷支护：每一部位为一单元。⑧回填灌浆：每一部位为一单元。⑨灌注桩：一个墩子为一单元。⑩预应力钢绞线：每一部位为一单元。

2）南焦河排洪涵洞。①基础开挖：按每一建筑结构基础为一单元。②土方回填：按每一部位为一单元。③垫层：按每一结构基础为一单元。④底板混凝土：按每一基础为一单元。⑤墙体混凝土：按每一部位为一单元。⑥浆砌石：按每一部位一伸缩缝为一单元。

3）沛河渡槽。①基础处理：按每一部位为一个单元。②基础开挖：按每一建筑结构基础为一单元。③土方回填：按每一部位为一单元。④垫层：按每一结构基础为一单元。⑤底板混凝土：按每一基础为一单元。⑥墙体混凝土：按每一部位为一单元。⑦浆砌石：按每一部位伸缩缝为一单元。⑧栏杆：按每一部位为一单元。⑨预应力精扎螺纹钢张拉：每跨为一单元；⑩预应力钢绞线张拉：每跨为一单元。

4）渠道工程1（172＋000～180＋000），包含渠道、建筑物、道路三个部分，具体如下：

a. 渠道部分：①土方开挖（渠基清理）：按段划分，每 100m 为一个单元工程。②渠基排水：每 100m 为一个单元工程。③土方填筑：按每 100m 渠长为一个单元，分左、右、渠底 3 个单元。④渠道底板混凝土：每 100m 为一个单元。⑤渠坡混凝土衬砌：每 100m 为一个单元，分左、右坡 2 个单元工程。⑥保温板铺设：每 100m 为一个单元，分左、右、渠底 3 个单元。⑦土工膜铺设：每 100m 为一个单元，分左、右、渠底 3 个单元，为重要隐蔽工程。⑧伸缩缝处理：每 500m 为一个单元，分左、右、渠底 3 个单元。

b. 建筑物结构：①基础开挖：每一建筑结构基础为一单元。②土方回填：每一部位为一单元。③垫层：每一结构基础为一单元。④护底混凝土：每一基础为一单元。⑤墙体混凝土：按部位每分一层为一单元。⑥浆砌石：每一部位一伸缩缝为一单元。⑦干砌石：每一部位为一单元。

c. 道路部分：①路基层：每 200m 为一单元。②泥结碎石路面、沥青混凝土路面：每 200m 为一单元。③路缘石、警示柱埋设：每 1000m 为一个单元，分左、右坡 2 个单元。④排水沟、截流沟：每 500m 为一个单元，分左坡、右坡 2 个单元。⑤干砌石砌筑：每 500m 为一个单元，分左坡、右坡 2 个单元。⑥路基排水管埋设：每 1000m 为一个单元，分左、右坡 2 个单元。⑦混凝土护肩：每 500m 为一个单元。⑧绿化：按部位每 1000m 为一单元。

5）渠道工程 2（180＋000～186＋900）。划分方法同渠道工程 1。

6）房建部分。房屋建筑下设单元工程，土建单元按部位划分单元，消防设备安装独立划分 1 单元。

7）金属结构机电部分。金属结构及机电设备下设单元工程，金属结构、机电设备及通信按每一独立安装为一单元。

（7）重要隐蔽单元的划分包括主要建筑物的地基开挖、建基面验收、地基防渗、加固处理等；主要单元的划分主要是指对工程安全、或效益、或功能有显著影响的单元。

（8）工程编码。按照《南水北调东中线第一期工程档案分类编号及保管期限对照表》有关规定，该项目编码为：ZG7.10，表示中线工程第 7 个单项工程，第 10 个设计单元。

第五节　水闸工程及河道治理工程项目划分

一、 水闸工程的分类及等别

（1）水闸及其功能。水闸是一种利用闸门挡水和泄水的低水头水工建筑物。水闸是调节水位、控制流量的低水头水工建筑物，主要依靠闸门控制水流，具有挡水和泄水（引水）的双重功能。关闭闸门，可以拦洪、挡潮、抬高水位，以满足上游取水或通航的需要；开启闸门，可以泄洪、排涝、冲沙、取水或根据下游用水需要调节流量。水闸多用于河道、渠系及水库、湖泊岸边。

（2）水闸工程分类。主要为以下四类：

1）按水闸承担的任务分为节制闸（拦河闸）、进水闸（渠首闸）、分洪闸、排水闸、挡潮闸、冲沙闸（排沙闸），此外还有为排除冰块、漂浮物等而设置的排冰闸、排污闸等。

2）按闸室结构形式可分为：①开敞式水闸（上面没有填土，开敞露天）；②孔流式：胸墙式水闸、涵洞式水闸等；③双层式。

3）按过闸流量大小分为大、中、小型三种形式：①过闸流量在 $1000m^3/s$ 以上的为大型水闸；②过水流量在 $100\sim1000m^3/s$ 的为中型水闸；③过水流量小于 $100m^3/s$ 的为小型水闸。

4）其他类型的水闸。水力自控翻板闸、机械操作闸门的水闸、橡胶水闸、灌注桩水闸、装配式水闸、浮运式水闸、浇筑式水闸等。

二、 水闸工程项目划分

1. 水闸工程项目划分原则

（1）单位工程划分原则。按设计及施工部署工，以便于施工质量管理为原则，把每个水闸划分为一个单位工程。

（2）分部工程划分原则，按设计的主要组成部分划分分部工程。注意事项：①同类型的分部工程的工程量不宜相差太大；②每个单位工程的分部工程数目，便于质量监督管理具体确定。

（3）单元工程划分原则。按设计或施工检查验收的区、段划分，每区、段为一个单元工程。

2. 水闸工程分部工程划分方法

（1）上游河段工程。每个水闸工程划分为一个分部工程。

（2）下游河段工程。每个水闸工程划分为一个分部工程。

（3）闸墩工程。每个水闸工程划分为一个分部工程。

（4）启闭房工程。每个水闸工程划分为一个分部工程。

（5）闸门设备安装工程。每个水闸工程划分为一个分部工程，本分部工程为主要分部工程。

（6）电气设备安装工程。每个水闸工程划分为一个分部工程。

3. 水闸工程单元工程划分方法

（1）上游河段工程单元工程划分。

1）拆除、恢复左右防洪堤、人行道、绿化等工程。每个水闸上游河段工程的拆除、恢复左右防洪堤、人行道、绿化等工程各划分为一个单元工程。

2）围堰工程。每个水闸的上游河段围堰工程划分为左、右各一个单元工程，共分二个单元工程。

3）抽水。每个水闸工程划分为一个单元工程，也可按时长划分。

4）去淤基础挖土、石方工程。每个水闸工程划分为左右各一个单元工程，共分二个单元工程。

5）回填砂卵石工程。每个水闸工程划分为一个单元工程。

6）浇筑C20混凝土铺盖工程。每个水闸工程按施工块划分单元工程。

7）浇筑C10素混凝土回填层。每个水闸工程按施工板块划分。

（2）下游河段工程单元工程划分。

1）拆除、恢复左右防洪堤、人行道、绿化等工程。每个水闸工程划分为一个单元工程。

2）围堰工程。每个水闸的上游河段围堰工程划分为一个单元，若围堰工程为左右两个，则划分为左右各一个单元工程。

3）抽水。每个水闸工程划分为一个单元工程，也可按时长划分。

4）去淤基础挖土、石方工程。每个水闸工程划分为一个单元工程。

5）浇筑消力池底板垫层。每个水闸工程按施工板块划分。

6）浇筑消力池底板。每个水闸工程按施工板块划分。

7）设置排水管（及反滤层）：每个水闸工程按施工板块划分。

8）抛石回填防冲槽。每个水闸工程划分为一个单元工程。

9）浇筑C10素混凝土回填层。每个水闸工程按施工板块划分。

（3）闸墩工程单元工程划分。

1）水闸垫层混凝土工程。按浇筑仓号划分，每一仓号为一个单元工程。

2）水闸结构混凝土（包括底板混凝土、闸墩混凝土）工程。按浇筑仓号划分，每一仓号为一个单元工程。

3）水闸结构混凝土（二次浇筑）工程。按闸墩划分，每个闸墩划分为一个单元工程。

（4）启闭房工程单元工程划分。

1）基础土方开挖工程。每间启闭房工程划分为一个单元工程。

2）混凝土基础工程。每间启闭房工程划分为一个单元工程。

3）主体结构工程。每间启闭房工程划分为一个单元工程。

4）砌体结构工程。每间启闭房工程划分为一个单元工程。

5）建筑地面工程。每间启闭房工程划分为一个单元工程。

6）抹灰工程。每间启闭房工程划分为一个单元工程。

7）门窗工程。每间启闭房工程划分为一个单元工程。

8）屋面工程。每间启闭房工程划分为一个单元工程。

9）电气设备安装工程。每间启闭房工程划分为一个单元工程。

10）建筑防雷工程。每间启闭房工程划分为一个单元工程。

（5）闸门设备安装单元工程划分原则。

1）闸门埋件安装工程。按 1 扇闸门埋件划分为一个单元工程。

2）止水片安装工程。按 1 扇闸门止水片划分为一个单元工程。

3）闸门门体安装工程。按 1 扇闸门门体划分为一个单元工程。

4）启闭机构安装（机械、液压）工程。按 1 扇启闭机构划分为一个单元工程。

（6）电气设备安装工程单元工程划分。

1）配电箱安装工程。按 1 组划分为一个单元工程。

2）电动液压设备安装工程。按 1 扇划分为一个单元工程。

3）电气接地装置单元工程。每个水闸工程划分为一个单元工程。

三、 水闸工程项目划分表

1. 水闸工程项目划分方法

水闸工程分部—单元工程项目划分如表 3-5 所示。

表 3-5　　水闸工程分部—单元工程项目划分表

分部工程	单元工程	备注
1. 闸室段土建工程	▲基坑开挖及处理、闸底板（每孔或分缝）钢筋混凝土浇筑；各闸墩、岸墙混凝土浇筑；闸门（孔）门槽埋件与二期混凝土；回填土（单侧）	1. 闸基开挖必须隐蔽工程验收；2. 混凝土工程中有止水要求的，必须填表检测
2. 上部结构（塬顶以上）	左右排架混凝土浇筑；活动闸门槽（孔）制作、安装；工作桥；栏杆预制、安装；人梯制作安装；闸牌名	多孔闸，排架，工作桥可按孔分单元工程
3. 上、下游联结段	上游铺盖（块）基坑开挖处理与浇筑；上、下游翼墙基坑开挖与混凝土底板；翼墙砌石；翼墙压顶；下游消力池（段、块）混凝土，护坦	混凝土有止水、排水要求的需填检测表
4. 交通桥	每桥墩、台；每一拱片（或预应力桥梁）预制；每孔拱片（或板梁）安装，每孔（或全）桥面铺张；单张栏杆制作安装；每头引道工程	公路桥梁按照《公路质量检验评定标准》（JTGF80/1—2004）执行
5. 金属结构及机电安装	闸门（扇）的制作，安装；启闭机安装（台、套）；自动（手动）搁门器（套）安装；高、低压线安装；控制、般（块）安装；照明灯具安装；变压器（台套）安装	
6. 闸房	地基基础；主体工程楼、地面；门窗工程；屋面工和一；装饰工程	

2. 水闸工程项目划分实例

以一个水闸工程为一个单位工程，分部工程—单元工程项目划分如表 3-6 所示。

表 3-6　　水闸工程项目划分实例

单位工程	合同	分部工程	单元工程	备注
水闸工程	合同标段 1	1. 上游连接段	土方开挖	每座闸为一个单元
			C10 素混凝土垫层	每座闸为一个单元
			土工布	每座闸为一个单元
			C20 灌砌石护坦	每座闸为一个单元
			▲松木桩	每座闸为一个单元
			碎石垫层	每座闸为一个单元
			C20 混凝土挡墙底板	每座闸为一个单元
			▲C20 灌砌块石挡墙	每座闸为一个单元
			土石方回填	每座闸为一个单元
			C20 压顶	每座闸为一个单元
	合同标段 2	2. 闸室	▲松木桩	每座闸为一个单元
			土方开挖	每座闸为一个单元
			土石方回填	每座闸为一个单元
			土工布	每座闸为一个单元
			C10 素混凝土垫层	每座闸为一个单元
			▲C20 钢筋混凝土闸底板	每座闸为一个单元
			▲C20 钢筋混凝土闸墩	每座闸为一个单元
			C20 混凝土门槽	每座闸为一个单元
			▲C20 钢筋混凝土梁	每座闸为一个单元
			▲C20 钢筋混凝土检修平台	每座闸为一个单元
	合同标段 1	3. 下游连接段	土方开挖	每座闸为一个单元
			C10 素混凝土垫层	每座闸为一个单元
			土工布	每座闸为一个单元
			C20 灌砌石护坦	每座闸为一个单元
			▲松木桩	每座闸为一个单元
			碎石垫层	每座闸为一个单元
			C20 混凝土挡墙底板	每座闸为一个单元
			▲C20 灌砌块石挡墙	每座闸为一个单元
			土石方回填	每座闸为一个单元
			C20 压顶	每座闸为一个单元
	合同标段 3	4. 交通桥	▲C20 钢筋混凝土梁	每座闸为一个单元
			▲C30 钢筋混凝土桥面铺装	每座闸为一个单元
			护栏	每座闸为一个单元
	合同标段 2	5. 金属结构及启闭机安装	平板闸门埋件安装	每座闸为一个单元
			平板闸门门体制作和安装	每座闸为一个单元
			固定卷扬式启闭机安装	每座闸为一个单元

四、 河道治理工程项目划分

1. 河道治理工程项目划分

（1）河道治理工程项目划分级别。工程开工前，施工单位会同建设单位、监理单位，确认建设项目的划分。河道治理项目划分，根据河道实际情况，划分为单位工程

（子单位）、分部工程（子分部）、分项工程、检验批四级，作为施工质量检验、验收的基础。当为小型河道治理工程时也可按分部工程、单元工程划分。

（2）河道治理工程项目划分原则。各级工程项目划分原则如下：

1）单位工程的划分。按建设单位招标文件确定的每一个独立合同划分为一个单位工程；当合同包含的工程内涵较多，或工程规模较大时，或由若干独立设计组成时，宜按工程部位或工程量、每一独立设计将单位工程划分面若干个子单位工程。

2）分部工程的划分。按工程的结构部位或特点、功能、工程量划分分部工程。当分部工程的规模较大或工程复杂时，宜按材料种类、工艺特点、施工方法等，将分部工程划分为若干个子分部工程。

3）分项工程的划分。按主要工种、材料、施工工艺等划分分项工程。

4）检验批。根据施工、质量控制和专业验收需要划定。各地区应根据城镇道路建设实际需要，划定适应的检验批。

2. 河道治理工程项目划分

（1）河道治理工程按单位—分部—分项—检验批工程项目划分（如表 3-7 所示）。

表 3-7　　河道治理工程单位—分部—分项—检验批工程项目划分

单位工程	分部工程	子分部工程	分项工程	检验批
河道治理工程	1. 地基与基础工程	土石方	基坑开挖、岸坡开挖、基坑支护、土方回填	按施工段划分
		地基基础	地基处理、混凝土基础、桩基础、堆（砌）石基础、石笼基础	按施工段划分
	2. 河床		河道清淤、抛石挤淤、河堤处理、防渗或反滤层、泄水孔	按 500m² 或 100m 划分
	3. 主体结构工程	砌石结构	浆砌块石挡墙、干砌块石挡墙、浆砌块石护坡、干砌石护坡、干砌条石护面、帽石砌筑、镶面石砌筑、防渗或反滤层、变形缝、泄水孔	按施工段划分
		混凝土结构	底板（模板、钢筋、混凝土）、墙体（模板、钢筋、混凝土）、护壁桩（护壁、钢筋、混凝土）、护坡（模板、钢筋、混凝土）、防渗或反滤层、变形缝、泄水孔	按施工段划分
		生态河堤结构	格宾网箱、雷诺护垫、生态混凝土、反滤层	按施工段划分
	4. 附属构筑物工程		栏杆	每 100m 划分

注：河道治理工程中的绿化工程，管道工程等参考相关规范。

（2）小型河道治理工程按分部—单元工程项目划分。

小型河道治理工程也可划分为分部、单元工程，河道治理工程分部—单元工程项目划分如表 3-8 所示。

表 3-8　　河道治理工程分部—单元工程项目划分

分部工程	单元工程	备注
堤基处理工程	土方开挖	根据实际情况，每 100m 宜划分为一个单元工程
	堤基清理	根据实际情况，每 100m 宜划分为一个单元工程
堤身工程	填土压实	根据实际情况，每 100m 宜划分为一个单元工程
	C15 混凝土挡土墙底板	根据实际情况，每 15m 宜划分为一个单元工程
	M7.5 浆砌石挡土墙	根据实际情况，每 15m 宜划分为一个单元工程
	C15 混凝土防浪墙	根据实际情况，每 15m 宜划分为一个单元工程
	排水沟沟槽开挖	根据实际情况，每 100m 宜划分为一个单元工程
	排水沟砖砌体	根据实际情况，每 15m 宜划分为一个单元工程
	排水沟 C15 混凝土底板	根据实际情况，每 15m 宜划分为一个单元工程
	排水沟 M10 混凝土批挡	根据实际情况，每 100m 宜划分为一个单元工程
	草皮护坡	根据实际情况，每 100m 宜划分为一个单元工程
河道疏浚工程	河道疏浚	根据实际情况，每 100m 宜划分为一个单元工程

五、河道疏浚工程分部工程—单元工程项目划分

1. 河道疏浚分部工程划分

河道开挖疏浚工程应根据河道断面及施工部署划分，通常一个断面开挖划分为一个分部工程。

2. 河道疏浚单元工程划分

河道开挖疏浚按设计、施工控制质量要求，每一疏浚河段划分为一个单元工程。当设计无特殊要求时，河道疏浚施工宜以 200～500m 疏浚河段划分为一单元工程。当遇到下列情形时可按实际需要划分：

（1）河道挖槽尺度、规格不一或工期要求不同。

（2）设计河段各疏浚区相互独立。

（3）疏浚区为一曲线段，施工时需分成若干直线段施工。

（4）河道纵向土层厚薄悬殊或土质出现较大变化。

3. 河道疏浚工程项目划分表

河道疏浚工程分部—单元工程项目划分如表 3-9 所示。

表 3-9　　河道开挖疏浚工程分部—单元工程项目划分

分部工程	单元工程	备注
按河道断面变化或施工部署可分若干个分部工程	实土开挖（水力冲挖、机械开挖）按每 50～100m 划分单元工程；水下疏浚按 200m 划分单元工程	1. 根据实际情况，可按水上土方、水下土方划分分部工程； 2. 弃土区、排泥场等作为检查项目

六、河道护岸、护坡工程项目划分

河道护岸、护坡工程分部—单元工程项目划分如表 3-10 所示。

表 3-10 河道护岸、护坡工程分部—单元工程项目划分

分部工程	单元工程	备注
按每 300～400m 延长米段划分，可分若干个分部工程	1. 砌石护岸（或砌块）：按每 50～60m 划延长米段的岸坡地基开挖及处理、混凝土底板浇筑（含齿沟）、砌石墙身及勾缝（含沉降缝制作）、混凝土压顶浇筑、回填土	1. 齿沟沉必须手探钩检查其深度。 2. 混凝土护坡分缝土工布埋置必须要在混凝土护坡浇筑中说明。 3. 排水管必须在回填土表中说明，或在混凝土护面工程用表中说明，保持联系畅通
	2. 混凝土现浇护坡：按每 50～60m 延长段岸坡地基开挖（填筑）、混凝土阻滑板及齿沟浇筑；混凝土护坡垫层铺设、混凝土护坡浇筑，混凝土护坡结顶	
	3. 护坡护岸工程中的河埠工程需单列单元工程	
	4. 浆（干）砌石护坡按堤防单元工程质量评定与验收规程划分单元工程	

七、 堤防 （标准海塘） 工程项目划分

海塘指人工修建的挡浪潮堤坝，又称为海堤。堤防工程分部—单元工程项目划分如表 3-11 所示。

表 3-11 堤防工程分部—单元工程项目划分

分部工程	单元工程	备注
1. 堤基处理	堤基清理；堤基防渗；排水版插打等	堤基处理与相应堤身单元工程划分应协调一致
▲2. 堤身填筑	按填筑方式（吹填筑堤、碾压筑堤等），按堤轴线 100～500m 或吹填围堰区段划分单元工程	
3. 堤脚防护	沉井（板桩）预制及插打；钢筋混凝土护坦；镇压平台抛石加固、理砌等	
4. 护坡工程	混凝土护坡按浇筑仓位划分，可分为土工布铺设、垫层、混凝土浇筑等单元；浆（干）砌石护坡按施工长度可分为土工布铺设、垫层、浆砌石砌筑等单元；预制块制作及安装	按设计结构形式可分为上护坡、下护坡、平台马道等分部工程
5. 防洪墙（挡浪墙）	按施工长度划分混凝土单元工程	
6. 堤顶道路	混凝土路面、沥青路面按有关规程划分单元工程	
7. 后坡	后坡预制构件制作及安装；植草、植树、排水等单元工程	

八、 田间工程项目划分

田间工程是指斗渠口以下（流量小于 $1m^3/s$）固定渠道控制范围修建的临时性或永久性灌溉与排水工程设施以及平整土地的总称。田间工程分部—单元工程项目划分如表 3-12 所示。

表 3-12 田间工程分部—单元工程项目划分

分部工程	单元工程	备注
1. 渠道铺设	每 100m 段沟槽土方开挖、铺管、接头勾缝处理、放水口、复土	小型渠道，不划分分部工程
2. 田间道路	混凝土路面按混凝土单元工程评定标准执行；砂石路面根据设计指标结合实际情况制定	
3. 机埠	按泵站摘录相应单元工程	

第六节 渠系工程及灌溉工程项目划分

一、 渠系工程及项目划分

1. 渠系工程及农村水利工程

渠系工程主要指农村水利工程，农村水利工程是为增强抗御干旱洪涝、改善农业生产条件和农民生活条件、提高农业综合生产组织力、保护与改善农村生态环境服务的水利工程措施。

2. 渠系工程项目划分原则

农村水利工程工程项目一般划分为单位工程、分部工程、单元工程三级。单元工程可分为分工序单元工程和不分工序单元工程。

（1）单位工程划分原则。单位工程应结合工程布置、施工布置及施工合同要求进行划分。

（2）分部工程划分原则。分部工程按主要组成部分和功能进行划分。同一单位工程中，同类型的分部工程的工程量（或投资）不宜相差太大。

（3）单元工程划分原则。单元工程依据结构和施工组织要求划分。建筑工程可按层、块、段划分单元工程，金属结构、水力机械、电气设备、自动化等工程可按孔、台、类划分单元工程。同一分部工程中，同类单元工程的工程量（或投资）不宜相差太大。

二、 渠系工程单元工程划分

渠系工程包括渠道工程、泵站工程、小型建筑物工程，其单元工程划分如下：

1. 渠道工程单元工程划分

（1）渠道开挖。渠道开挖宜以长度100～500m为一个单元工程，开挖标准相同及平顺的渠段可取大值。建筑物上下游引渠开挖宜以长度50～100m为一个单元工程。独立的施工段、渐变段和地形复杂段也可作为一个单元工程。

（2）土方填筑。土方填筑宜以施工长度100～500m为一个单元工程。

（3）砂砾石垫层。砂砾石垫层填筑宜以施工长度100～500m为一个单元工程。

（4）混凝土衬砌。混凝土衬砌单元工程宜以施工长度100～500m为一个单元工程。

（5）预制混凝土构件安装。预制混凝土衬砌宜以施工长度100～500m为一个单元工程。

（6）土工织物铺设。单元工程宜以设计和施工铺设的区、段划分。土工织物的下垫面几何形状为平面形式时，以每一次连续铺设500～1000m^2的区、段划分为一个单元工程；下垫面几何形状为圆形、菱形或梯形断面形式时，以每50～100延米划分为一个单元工程。

（7）土工膜铺设。土工膜铺设单元工程宜以设计和施工铺设的区、段划分，土工膜下垫面几何形状为平面形式时，以每一次连续铺设500～1000m^2的区、段划分为一个单元工程；土工膜防渗体与刚性建筑物或周边连接部位，以其连接施工段30～50延米划分为一个单元工程。

2. 泵站工程

（1）基础开挖工程。基础开挖工程宜以工程设计结构或施工区、段划分，每一区、段为一个单元工程。

（2）干砌石砌筑工程。干砌石砌筑工程宜以设计结构或施工区、段划分，每一区、段为一个单元工程。

（3）浆砌石砌筑工程。浆砌石砌筑工程宜以施工区、段或沿长度方向50～100m划分为一个单元工程。

（4）石笼（格宾石笼）工程。石笼（格宾石笼）工程以施工段长度50～100m划分为一个单元工程。

（5）泵房工程。泵房土建工程宜以每座泵房为一个单元工程。

（6）混凝土工程。混凝土工程宜以浇筑区、块、段为一个单元工程。护坡、护底、挡墙沿长度方向宜以50～100m划分为一个单元工程。

3. 小型建筑物工程

（1）农桥（涵）。田间小型农桥（涵）宜以一座桥（涵）为一个单元工程，其中基础开挖、浆砌石砌筑、模板、钢筋、止水片（带）及伸缩缝、混凝土浇筑、农桥（涵）体各为一个工序。

（2）渠系水闸。每座小型水闸的土建部分宜划分为一个单元工程，其中基础开挖、浆砌石砌筑、模板、钢筋、止水片（带）及伸缩缝、混凝土浇筑等各为一个工序。

（3）生产道路（机耕路、田间路）。生产道路宜沿长度方向100～300m划分为一个单元工程，其中土质路基填筑、基层和底层铺填、面层铺筑等各为一个工序。

三、灌溉工程

灌溉工程包括灌溉水源工程、灌溉管道工程、灌溉器械具安装工程，其单元工程划分分别如下：

1. 灌溉水源工程

（1）机井。每眼机井宜划分为一个单元工程。

（2）大口井。每个大口井宜划分为一个单元工程。

（3）水源井泵房。每座灌溉水源井泵房宜划分为一个单元工程。

（4）井室。每座或数座井室（包括阀门井、检查井、泄水井）宜划分为一个单元工程。

（5）装配式活动板。每个装配式活动板房安装宜划分为一个单元工程。

（6）方塘、蓄水池。每个方塘、蓄水池的基础开挖、主体结构和土方填筑宜划分为一个单元工程。

2. 灌溉管道工程

（1）沟槽开挖。沟槽开挖宜以管线每段长100～500m或以上下级控制阀门管件等为界划分为一个单元工程。

（2）管道安装。管道安装宜以管线每段长 100～500m 或以上下级控制阀门管件等为界划分为一个单元工程。

（3）沟槽回填。沟槽回填宜沿管线每段长 100～500m 或以上下级控制阀门管件等为界划分为一个单元工程。

3. 灌溉器具安装

（1）灌水器、施肥器、过滤器安装。灌水器、施肥器、过滤器安装宜以一座井控制的范围或一个地块划分为一个单元工程。

（2）阀门及计量设备安装。阀门、计量设备安装宜以一套或数台划分为一个单元工程。

四、饮水工程

饮水工程包括水源工程、调节构筑物工程、给水管道工程，单元工程划分如下：

1. 水源工程

（1）机井。每一座机井工程宜划分为一个单元工程。

（2）大口井。每一座大口井工程宜划分为一个单元工程。

（3）辐射井。每一座辐射井宜工程划分为一个单元工程。

（4）渗渠。每座渗渠工程宜划分为一个单元工程。

（5）引泉。每座引泉工程宜划分为一个单元工程。

（6）井房。每一座井房工程宜划分为一个单元工程。

2. 调节构筑物

（1）水池。每座水池工程宜划分为一个单元工程。

（2）水塔。每座水塔工程宜划分为一个单元工程。

3. 给水管道工程

（1）沟槽开挖。宜以每一沟槽开挖划分为一个单元工程。

（2）管道安装。混凝土管道安装宜以每 20 节管道划分为一个单元工程。

（3）沟槽回填。宜以每一沟槽回填划分为一个单元工程。

（4）井室。以每一井室划分为一个单元工程。

五、金属结构、机电及电气设备安装工程

（1）钢管、铸铁管安装。钢管、铸铁管安装宜以一个安装单元或一个混凝土浇筑段划分为一个单元工程。

（2）闸门安装。闸门门体宜以每扇门体的安装为一个单元工程。

（3）拦污栅安装。拦污栅宜以每孔埋件和栅体的安装划分为一个单元工程。

（4）螺杆式启闭机安装。螺杆式启闭机宜以每一台的安装划分为一个单元工程。

（5）水泵机组安装。水泵机组安装宜以一台或数台同型号的泵装置安装为一个单元工程。进出口管路安装宜以一台或数台机组系统管路安装划分为一个单元工程。

（6）水处理及消毒设备安装。对于交流 50Hz 额定电压 500V 及以下的低压配电柜或盘（包括动力配电箱）及低压电器工程质量验收，宜以一套水处理和消毒设备划分为一个单元工程。

（7）开关柜和配电柜（箱）安装。一排或一个区域的低压配电柜或盘及低压电器安装工程宜划分为一个单元工程。

六、渠系工程项目划分表

渠系工程单位—分部—单元工程项目划分表如表 3-13 所示。

表 3-13　　渠系工程项目划分

<table>
<tr><th>工程类别</th><th>单位工程</th><th>分部工程</th><th>单元工程</th><th>说明</th></tr>
<tr><td rowspan="20">渠系工程</td><td rowspan="20">渠系工程</td><td rowspan="7">1. 渠道工程</td><td>1. 渠道开挖</td><td rowspan="7">视工程量划分为数个分部工程</td></tr>
<tr><td>2. 土方填筑</td></tr>
<tr><td>3. 砂砾石垫层</td></tr>
<tr><td>4. 混凝土衬砌</td></tr>
<tr><td>5. 预制混凝土构件安装</td></tr>
<tr><td>6. 土工织物铺设</td></tr>
<tr><td>7. 土工膜铺设</td></tr>
<tr><td rowspan="6">2. △泵站工程</td><td>1. 基础开挖</td><td rowspan="6">视工程量划分为数个分部工程</td></tr>
<tr><td>2. 干砌石砌体</td></tr>
<tr><td>3. 浆砌石砌筑</td></tr>
<tr><td>4. 石笼（格宾石笼）</td></tr>
<tr><td>5. 泵房土建</td></tr>
<tr><td>6. 混凝土</td></tr>
<tr><td rowspan="4">3. 小型建筑物工程</td><td>1. 农桥</td><td rowspan="4">视工程量划分为数个分部工程</td></tr>
<tr><td>2. 农涵</td></tr>
<tr><td>3. 渠系水闸部工程</td></tr>
<tr><td>4. 生产道路（机耕路、田间路）</td></tr>
<tr><td rowspan="3">△4. 金属结构、机电及电气设备安装工程</td><td>1. 金属结构及启闭机</td><td rowspan="3"></td></tr>
<tr><td>2. 机电设备安装</td></tr>
<tr><td>3. 电气设备安装</td></tr>
<tr><td rowspan="16">灌溉工程</td><td rowspan="16">灌溉工程</td><td rowspan="8">1. 灌溉水源工程</td><td>1. 机井</td><td rowspan="4">视工程量划分为数个分部工程</td></tr>
<tr><td>2. 大口井</td></tr>
<tr><td>3. 水源井泵房</td></tr>
<tr><td>4. 井室</td></tr>
<tr><td>5. 装配式活动板房</td><td rowspan="4">视工程量划分为数个分部工程</td></tr>
<tr><td>6. 方塘、蓄水池基础开挖</td></tr>
<tr><td>7. 方塘、蓄水池主体结构</td></tr>
<tr><td>8. 土方填筑</td></tr>
<tr><td rowspan="3">2. 灌溉管道工程</td><td>1. 沟槽开挖</td><td rowspan="5">视工程量划分为数个分部工程</td></tr>
<tr><td>2. 管道安装</td></tr>
<tr><td>3. 沟槽回填</td></tr>
<tr><td rowspan="2">3. 灌溉器具安装工程</td><td>1. 灌水器、施肥器、过滤器安装</td></tr>
<tr><td>2. 阀门及计量设备安装</td></tr>
<tr><td rowspan="3">△4. 金属结构、机电及电气设备安装工程</td><td>1. 金属结构及启闭机</td><td rowspan="3"></td></tr>
<tr><td>2. 机电设备安装</td></tr>
<tr><td>3. 电气设备安装</td></tr>
</table>

续表

工程类别	单位工程	分部工程	单元工程	说明
饮水工程	饮水工程	1. 水源工程	1. 机井	视工程量数眼井划分为数个分部工程
			2. 大口井	
			3. 辐射井	
			4. 渗渠	
			5. 引泉	
			6. 井房	
		2. 调节建筑物	1. 水池	
			2. 水塔	
		△3. 给水管道工程	1. 沟槽开挖	视工程量划分为数个分部工程
			2. 管道安装	
			3. 混凝土管管道安装	
			4. 沟槽回填	
			5. 井室	
		△4. 金属结构、机电及电气设备安装工程	1. 金属结构及启闭机	
			2. 机电设备安装	
			3. 电气设备安装	

注：1. “△”表示主要分部工程。
2. 单元工程划分仅供参考。

七、 泵站土建及设备安装工程项目划分

泵站土建及设备安装分部工程—单元工程项目划分如表 3-14 所示。

表 3-14　　泵站土建及设备安装工程项目划分

分部工程	单元工程	备注
▲1. 泵室	泵室基础开挖及地基处理；▲泵室底板混凝土浇筑（块）；泵室墙混凝土浇筑；水泵梁（台）预制安装；隔墩混凝土（砖墙）浇筑；电机梁预制与安装	1. 泵室墙一垛为一个单元工程，包括进水孔和出水孔。 2. 混流泵应加机泵混凝土基础浇筑
2. 进水段	进水段铺盖（块）基坑开挖处理与浇筑；翼墙基坑开挖与混凝土底板、翼墙砌石、翼墙压顶；拦污栅的制作与安装（一扇）	多孔闸，排架，工作桥可按孔划分单元工程
3. 出水段	出水段铺盖（块）基坑开挖处理与浇筑；翼墙基坑开挖与混凝土底板、翼墙砌石、翼墙压顶；拦污栅的制作与安装（一扇）	多孔闸，排架，工作桥可按孔划分单元工程
▲4. 机电安装	▲水泵安装（台）；电机安装（台）；进出水管路安装（台）；出水阀（拍门）安装；启重设备安装；真空泵（台套）安装（或充水装置安装）；油漆	
5. 电控制设备安装	配电柜安装；高低压线安装；控制台安装；自动化设备安装；照明灯具（以一只开关系统）安装；红绿灯安装；变压器安装	
6. 泵站站房	地基基础；主体工程楼、地面；门窗工程；屋面工程；装饰工程；行车梁（吊；车梁）	

注：小型泵站可以不划分分部工程，摘录以上有关分部中的单元工程即可。

第七节　微灌工程及排水工程项目划分

一、微灌系统及微灌工程项目划分

1. 微灌系统术语

（1）微灌及微灌系统。微灌是利用专门设备，将有压水流变成细小水流或水滴，湿润植物根区土壤的灌水方法，包括滴灌、微喷灌、涌泉灌（或小管出流灌）等。微灌系统是由水源、首部枢纽、输配水管道和微灌灌水型等组成的灌溉系统。

（2）首部工程。微灌系统中集中布置的加压设备、过滤器、施肥（药）装置、量测和控制设备的总称。

（3）灌水器与滴头。灌水器是微灌系统末级出流装置，包括滴头、滴灌管（带）、微喷头、微喷带等。滴头是将压力水流变成滴状或细流状，流量不大于 12L/h 的灌水器。

（4）压力补偿灌水器及滴灌管。压力补偿灌水器指在一定压力范围内保持出水流量基本不变的灌水器。滴灌管是微灌系统中兼有输水和滴水功能的末级管（带）。

（5）微喷头及微喷带。微喷头是将压力水流喷出并粉碎或散开，实现喷洒灌溉的灌水器，其流量不超过 250L/h。微喷带是微灌系统中兼有输水和喷水功能的末级管（带）。

（6）压力调节器及流量调节器。压力调节器是在一定的进口压力范围内，能保持出口压力基本不变的设备。流量调节器是在一定的进口压力范围内，能保持出口流量最基本不变的设备。

2. 微灌工程规划

（1）微灌工程规划应符合当地水资源开发利用、农村水利、农业发展及园林绿地等规划要求，并与灌溉设施、道路、林带、供电等系统建设和土地整理规划、农业结构调整及环境保护等规划相协调。

（2）微灌工程规划应收集水源、气象、地形、土壤、植物、灌溉试验、能源与设备、社会经济状况和发展规划等方面的基本资料。

（3）平原区灌溉面积大于 100hm^2（万平方米）、山丘区灌溉面积大于 50hm^2（万平方米）的微灌工程。

（4）微灌工程规划包括水源工程、系统选型、首部枢纽和管网规划。

3. 微灌工程项目划分

（1）微灌工程划分级别。微灌工程划分为单位工程、分部工程和单元工程三级，并按三级进行质量评定。

（2）微灌工程划分原则。

1）微灌工程单位工程划分原则。按照微灌系统划分，一个独立运行的微灌系统划分为一个单位工程。

2）微灌工程分部工程划分原则。分部工程按照微灌系统组成进行划分，一般包括水源工程、首部工程、田间管网、灌水器、送配电、管理房（检查井）等设施。

3）微灌工程单元工程划分原则。微灌工程单元工程按照施工部署、主要结构、设备组成以及便于进行质量控制和考核的原则划分。

4. 微灌工程单元工程方法

（1）水源工程。根据水源不同可分为地下水和地表水。具体如下：

1）地下水的水源工程。地下水按水井施工顺序划分为凿井、抽水设备安装、井房、送配电单元工程。

2）地表水的水源工程。按引水渠道和沉淀池的结构划分为土方开挖、土方回填、混凝土、砌石、预制混凝土铺设等单元工程。

（2）首部枢纽工程。按设备组成以台、套划分。主要划分为水泵、过滤器、施肥罐、控制装置、量测仪表和自动化控制设备等单元工程。

（3）田间管网工程。按管道布置可分为地埋管和地表管，地埋管按管道试压段或范围的总长度（不宜超过1000m）划分为单元工程，地表管按干管或分干管控制的所有支管、辅管划分单元工程。

（4）灌水器。按干管或分干管控制面积划分单元工程。

（5）送配电工程。可分为变压器安装、配电线路及配电箱单元工程。

（6）管理房（检查井）设施。管理房按座、检查井按分干管控制农机上的总个数划分单元工程。

二、 微灌工程项目划分表

微灌工程项目划分表如表3-15所示。

表3-15　　微灌工程分部—单元工程项目划分表

序号	分部工程	单元工程	单元工程划分说明
1	水源工程	凿井单元	一个水源、井评定一个单元。分别评定渠道和沉淀池单元，输水管道按水压试验段的长度划分单元
		水泵安装单元	
		变压器安装单元	
		配电线路及配电箱安装单元	
		井、泵房单元	
		土方开挖单元	
		土方回填单元	
		渠道……衬砌单元	
		混凝土单元	
		▲……输水管道安装单元	
2	首部枢纽	水泵安装单元	按设备组成以台、套划分单元
		▲过滤安装单元	
		施肥罐安装单元	
		控制装置安装单元	
		量测仪表安装单元	
		自动化控制设备安装单元	

续表

序号	分部工程	单元工程	单元工程划分说明
3	田间管网	土方开挖单元	地埋管按管道试压段或范围的总长度（不宜超过 1000m）划分单元工程，地表管按干管或分干管控制的所有支管、辅管划分单元工程
		土方回填单元	
		▲PVC 硬聚氯乙烯给水管安装单元	
		PE 硬聚乙烯给水管安装单元	
4	灌水器	灌水器单元	按干管或分干管控制面积划分单元工程
5	送配电	变压器安装	不含电力部门投资建设的工程
		配电线路及配电箱安装单元	
6	管理房、检查井单元	井、泵房单元	管理房按座、检查井按分干管控制农机上和总个数划分单元工程
		检查井单元	

注：▲为主要单元和主要分部工程。

三、灌溉与排水工程项目划分

1. 灌溉与排水工程项目划分

(1) 项目划分级别。灌溉与排水工程按级划分为单位工程、分部工程、单元工程等三级。

(2) 项目划分应结合灌溉与排水工程特点、施工部署及施工合同要求进行，划分结果应有利于保证施工质量及施工质量管理。

2. 灌溉与排水工程单位工程划分

(1) 大、中型渠（沟）道应按招标段或工程结构划分单位工程；大、中型渠（沟）系建筑物可以一个建筑物为一个单位工程。当规模较小时，可以同类型的数个相邻建筑物为一个单位工程；大、中型灌区（排水区）田间工程应按招标段或按灌溉（排水）区域划分单位工程。

(2) 小型灌溉排水工程以每处独立的灌区（排水区）作为一个单位工程，当工程项目投资较大时，应按项目类型或招标标段划分单位工程。

(3) 分散的小型灌溉与排水工程或小型小源工程可按项目区合理划分单位工程。

(4) 续建配套与更新改造工程应按招标标段或续建、配套、改造内容，并结合工程量划分单位工程。

(5) 规模较大的管理设施或专项信息化工程以每一处独立发挥作用的项目划分为一个单位工程。

3. 分部工程划分

(1) 分部工程应按功能进行划分。同一单位工程中，各个分部工程的工程量（或投资）不宜相差太大，每个单位工程中的分部工程数目，不宜小于 3 个。

(2) 大、中渠（沟）道分部工程可按渠（沟）道开挖、渠（沟）堤（浇、砌）筑、渠道防渗衬砌（沟道护砌）等划分，也可按渠（沟）道长度划分。

(3) 大、中型渠（沟）系建筑物单位工程按 SL 176 规定划分分部工程。

(4) 大、中型灌区（排水区）田间工程单位工程可划分为田间渠（沟）系、渠

（沟）系建筑物、土地平整、道路等分部工程。

（5）管理设施单位工程可划分为观测、生产生活设施、信息化等分部工程。

（6）小型灌溉排水工程的单位工程可分为小型水源工程（首部工程）、输配水工程、田间灌水工程、土地平整、道路等分部工程。

（7）续建配套与更新改造单位工程可按续建、配套、改造内容或部位划分分部工程。

4. 单元工程及其划分

（1）重要隐蔽单元工程。灌溉与排水工程中基础开挖、倒虹吸、地下涵管、隧洞、地下灌溉管道和排水管道等对工程建设和安全运行有显著影响的单元工程。

（2）关键部位单元工程。灌溉与排水工程中水闸、渡槽、倒虹吸、地下涵管、灌溉管道含有止水的对工程建设和安全运行有显著影响的单元工程。

（3）单元工程的划分。灌溉与排水工程划分原则如下：

1）大、中型灌溉排水工程项目单元工程应按 SL 631～SL 635、SL 637 规定划分。

2）小型灌溉与排水工程的单元工程按标准规定的划分。

3）渠道（管道）工程宜按施工检查验收的段或条划分，建筑物宜以一座独立或多座进行划分；设备宜以一台（套、组）进行划分。

（4）其他单元工程可依据工程结构、施工部署或质量考核要求，应按层、块、段划分。

5. 灌溉与排水工程单元工程划分方法

（1）渠（沟）基清理。单元工程宜以施工检验验收的段或条划分，每一段或条划分为一个单元工程。

（2）渠（沟、管）道土方开挖。单元工程宜以施工检查验收的段或条划分，每一段或条划分为一个单元工程。

（3）渠（沟）道石方开挖。单元工程宜以施工检查验收的区、段或条划分，每一段或条划分为一个单元工程。

（4）渠（沟）道土方填筑。单元工程宜以施工检查验收的区、段、层划分，每一区、段、层划分为一个单元工程。

（5）管（沟）道土方填筑。单元工程宜以施工检查验收的段或条划分，每一段或条划分为一个单元工程。

（6）管道土方回填。单元工程宜以施工检查验收的段或条划分，每一段或条划分为一个单元工程。

（7）渠道衬砌垫层。单元工程宜以施工检查验收的段或条划分，每一段或条划分为一个单元工程。

（8）渠道防渗膜料铺设。单元工程宜以每一次连续施工的段或条划分，每一段或条划分为一个单元工程。

（9）渠道保温板铺设。单元工程宜以每一次连续施工的段或条划分，每一段或条划分为一个单元工程。

（10）渠道浆砌石衬砌。单元工程宜以施工检查验收的段或条划分，每一段或条划分为一个单元工程。

（11）渠道现浇混凝土衬砌。单元工程宜以施工检查验收的段或条划分，每一段或条划分为一个单元工程。

（12）渠道混凝土预制板（槽）衬砌。单元工程宜以施工检查验收的段或条划分，每一段或条划分为一个单元工程。

（13）渠道沥青混凝土衬砌。单元工程宜以施工检查验收的段或条划分，每一段或条划分为一个单元工程。

（14）渠（沟）系建筑物。单元工程宜以1条渠道的斗门或数个农门划分，1处斗门或数个农门为一个单元工程。

（15）雨水集蓄工程。单元工程宜以1处集流工程或1座蓄水池（窖）划分，1处集流工程或1座蓄水池（窖）划分为一个单元工程。

（16）泵房建筑。单元工程宜以1座泵房建筑划分为1个单元工程。

（17）阀门井、检查井。单元工程宜以1个轮灌组内的阀门井或检查井划分为一个单元工程。

（18）田间道路。单元工程宜以施工检查验收的段或条划分，每一段或条划分为一个单元工程。

（19）机井。单元工程宜以每眼井划分为一个单元工程。

（20）水泵安装。单元工程宜以1台水泵机组划分为一个单元工程。

（21）微灌首部工程设备仪表安装。单元工程宜以1套（处）首部工程设备仪表划分为一个单元工程。

（22）管道安装。单元工程宜以每一次检查验收的段或条划分，每一段或条划分为一个单元工程。

（23）微灌灌水器安装。单元工程宜以1个轮灌组的灌水器划分，1个轮灌组的灌水器为一个单元工程。

（24）喷灌设备（机组）安装。单元工程宜以1台（套）喷灌设备（机组）划分为一个单元工程。

第四章

水电水利机电设备安装工程项目划分

第一节　机电设备组成及其安装工程质量评定

一、 机电设备安装工程及水电站类型

1. 机电设备安装工程

指发电设备及安装工程，升压变电设备及安装工程，开关柜及配电柜（箱）以及电力电缆管线等共用设备及安装工程。

2. 引水工程及河道机电专业工程

泵站设备及安装工程，小型水电站设备及安装工程，供变电工程，共用设备及安装工程。

3. 水电站种类

根据分类方式不同，主要分为以下几类：

（1）水电站通常按水头集中方式和工程布置方式分类，可分为坝式水电站、引水式水电站、混合式水电站。

（2）按径流调节程度分类，可分为调节水电站、无调节水电站。

（3）根据装机容量分类，可分为大型水电站（75 万 kW 以上大 1 型，25 万～75 万 kW 大 2 型）、中型水电站（2.5 万～25 万 kW）、小型水电站（2.5 万 kW 以下）。

二、 水电站机电设备组成及安装

1. 水电站机械设备

水电站机械设备主要有水轮机、调速系统、技术供水系统、高低压气系统、油系统、排水系统、主轴桥机、电梯等组成。

（1）水轮机。水轮机按转轮内水流运动的特征和转轮转换水流能量形式的不同，水轮机分为反击式和冲击式两大类，具体如下：

1）反击式。有混流式、轴流式、斜流式、贯流式四类。混流式水轮机应用范围最广（50～600m）。

2）冲击式。有切击式、斜击式、双击式三类。冲击式水轮机应用水头最高（400～1800m）。水头应用范围受设计水平、加工精度、材料性能影响，将随着科学技术的发展逐步气势扩大。以轴流转桨式水轮机为例，水轮机主要由引水部件（蜗壳和座球）、导水部分（导叶和导叶传动机构）、转轮（叶片、转毂和转轮接力器）、尾水管组成。

（2）调速系统。调速系统作用是保证机组稳定运行。主要有调速器、油压装置、漏

油装置等。工作环节是：测速—信号综合及放大—反馈。

1）调速器。调速器按工作原理分为机械液压、电气液压。按执行机构分为单调节、双调节。按调节规律分为比例积分、比例积分微分。

2）油压装置。作用是向水轮发电机调速系统供给压力油的能源设备。

3）漏油装置。作用是收集调速系统各处的漏油及液压操作元件的排油和漏油，并借助油泵将漏油箱中的油送回到油压装置的回油箱中。

（3）油系统。油系统是指用管网将油设备、油泵、储油罐、油处理设备、油化验设备和监测控制元件等连接起来组成的系统。油系统的任务主要是接受新油、储备净油、给设备充油或添油、从设备中排出污油、油的净化处理、油的监督维护取样化验及废油收集与处理。水电站的主要用油分为润滑油和绝缘油两大类，其中，润滑油中以透平油（又称汽轮机油）最为重要，绝缘油中以变压器油最为重要。

（4）气系统。压缩空气系统简称为气系统。由空气压缩装置、供气管网、用气设备和监测控制元件等四部分组成。一般分为高压和低压两大系统。

（5）技术供水系统。技术供水是水轮发电机组及辅助设备的生产用水，如冷却、润滑用水以及某些电站的水压操作用水。技术供水的对象有：机组轴承冷却器、发电机空气冷却器、水冷式空压机、水冷却的空压器和油压装置，以及某些水轮机的水润滑导轴承、水压操作的进水阀等是水电站中技术供水的对象。

（6）桥机。水电站桥机一般采用桥式起重机和门式起重机两种。其中，桥式起重机分为单小车和双小车。起重机的型式和台数取决于厂房类型、最大起重量（一般为发电机转子＋吊具）和机组台数等条件。

（7）水轮机进水阀。水轮机进水阀在压力管道末端、水轮机蜗壳之前所设的阀门称为水轮机进水阀，简称为进水阀或主阀。水电站常用的进水阀有蝴蝶阀、闸阀和球阀三种。其作用是为机组检修提供安全工作条件，停机时减少机组漏水量、开机时缩短起动所需要的时间，防止机组飞逸事故扩大。

2. 水电站电气设备

电气设备主要有：发电机、励磁系统、发电机出口断路器、主变压器、GIS、高压电缆、低压配电系统、辅助变压器、柴油发电机组、UPS、电气保护系统、监控系统、通信系统、安防系统、接地和避雷器、中低压电缆、照明等。其组成如下：

（1）水轮发电机的组成。水轮发电机由定子、转子、机架、推力轴承、导轴承等组成。具体如下：

1）水轮发电机型式。按布置方式分为：卧式和立式；卧式水轮发电机适合中小型、贯流及冲击式水轮机，一般低、中速的大中型机组多采用立式发电机；按发电机推力轴承的位置，立式发电机分为悬式和伞式，在转子上部为伞式，中高速大容量适用于悬式结构；下部为伞式，中低速大容量水轮发电机多采用伞式结构；按冷却方式分为：空气冷却和水冷却。

2）定子。水轮发电机定子主要由机座、铁芯和三相绕组等组成。

3）转子。水轮发电机转子是转换能量和传递转矩的主要部件，一般由主轴、转子支架、磁轭、磁极等部件组成。

4）机架。推力轴承机架是立轴水轮发电机安置推力轴承、导轴承、制动器等的支撑部件。机架由中心体和支臂组成，按其所处的位置分为上、下机架。

5）推力轴承。作用是承受立轴水轮发电机转动部分全部重量及水推力等负荷，并将这些负荷传给负荷机架。

6）导轴承。作用是承受水轮发电机组转动部分的径向机械不平衡力和电磁不平衡力，并约束轴线径向位移和防止轴的摆动。

（2）励磁系统。励磁系统就是产生发电机磁场的控制系统。其基本功能就是通过产生可以任意控制大小的直流电流（励磁电流）来维持发电机的稳定。其作用是：发电机并网前，调节发电机输出的端电压；发电机并网后，合理分配发电机无功功率；提高同步发电机并列的静、动态稳定；发电机事故时，对转子绕组迅速灭磁，以保护发电机安全。

（3）变压器。变压器是为了调整所需要的电压，变压器的绕组要具有分接抽头以改变电压比。

（4）GIS设备。GIS元件主要包括：断路器、电流互感器和电压互感器、隔离开关、避雷器、气隔、负荷开关、接地开关、电缆终端与引线套管、伸缩节、母线。GIS的优点是：占地面积小、设备运行安全可靠、无触电危险及电晕干扰、动热稳定性好，可听噪声水平低、抗震性能好、安装工期短、维护工作量小、检修间隔周期长。SF_6气体主要作用是绝缘和灭弧，同时也作为传热介质。

（5）暖通消防设备。主要由消防、暖通、生活用水、污水处理系统等组成。消防系统分为水、电、风三个部分。具体如下：

1）消防水系统。主要有自动喷淋灭火系统、消火栓给水系统、系统内的水泵房及水箱，以及气体灭火等。

2）消防电系统。火灾自动报警系统（各个系统的联动）、消防广播通讯系统、应急疏散指示照明系统、消防通信报警电话等。

3）消防风系统。通风防排烟系统（正压送风系统）。

3. 水电站机电设备安装

（1）水电站机电设备安装及试运行。水电站机电设备安装包括水轮发电机组安装、电气设备安装、水电站辅助设备安装和水轮发电机组试运行。在全部安装、试验、调试完成之后，并入电力系统带额定负荷运行72h，以检验各项机电设备的技术性能和制造、安装质量，以及机组和各系统的运行情况，经过72h试运行正常后，交付投产进入商业运行发电。

（2）水电站机电设备安装过程。水轮发电机安装由主阀、水轮机、发电机、励磁装置和调速器等组成。通常配合厂房基础混凝土浇筑时进行埋入部件的安装，同时利用厂房桥机在安装间及其他场地进行大件组装或预装，待机坑及基础混凝土浇筑完成并清理干净后，再按安装程序把已经预组装的大件逐一吊入机坑进行总装。

（3）电气设备安装。水电站电气设备分为一次系统设备、二次系统设备、辅助系统设备。一次系统设备是指完成发电—输电—配电功能的生产过程的高压电气设备。它包括发电机、变电器、断路器、母线、隔离开关、输电线路、电力电缆、电抗器、互感器、避雷器、消弧线圈等。二次系统设备是指对一次设备的工作进行监测、控制、调节、保护以及为运行、维护人员提供运行工况或生产指挥信号所需的低压电气设备。它包括自动化元件、自动装置、继电器、测量仪表熔断器、控制开关等所组成的盘、柜、屏、台，以及通信、照明、直流电源系统设备。辅助系统设备是保证水轮发电机组和电气配套设备正常运行而设置的公用系统设备，它包括5个系统，分别是油系统、压缩空气系统、供水系统、排水系统、通风系统。

三、水轮发电机组安装工程质量评定

1. 水轮发电机组安装工程质量等级评定条件

（1）所安装的机组成套设备应是合格产品，且出厂检验、试验记录齐全。

（2）施工单位已通过ISO 9000质量标准认证，或成立了完善的质量保证体系。

（3）施工图纸、技术文件及各项施工措施、施工记录齐全。

（4）隐蔽工程在工程隐蔽前已检查或检验合格，并记录齐全。

2. 水轮发电机组安装单元工程质量评定程序和标准

（1）水轮发电机组安装单元工程质量评定的条件：

1）单元工程所有施工项目已经完成，施工现场具备验收的条件。

2）单元工程所有施工项目的有关质量缺陷已处理完毕或有监理单位批准的处理意见。

（2）水轮发电机组安装单元工程质量评定的程序：

1）施工单位对已经完成的单元工程安装质量进行自检。

2）施工单位自检合格后，应向监理单位申请复核。

3）监理单位收到申请后，应在8h内进行复核，并核定单元工程质量等级。

4）重要隐蔽工程和关键部位单元工程安装质量的验收评定应由建设单位（或委托监理单位）主持，应由建设、设计、监理、施工等单位的代表组成联合小组，共同验收评定。

（3）水轮发电机组安装单元工程质量评定等级标准：

单元工程质量评定为合格、优良两级，其标准具体如下：

1）合格标准：①主要检查项目全部达到合格等级指标；②一般检查项目的实测点有90%及以上达到合格等级指标，其余项目与合格等级指标虽有微小超标，但不影响使用。

2）优良标准：①主要检查项目全部达到优良等级指标；②一般检查项目中有60%以上达到优良等级标准，其余项目也达到合格等级指标。

3. 水轮发电机组安装扩大单元工程质量等级评定标准

扩大单元工程质量评定为合格、优良两级，具体如下：

（1）合格标准：扩大单元工程中的各单元工程全部达到合格等级。

（2）优良标准。①扩大单元工程中的主要单元工程全部达到优良等级。②所有单元工程中有60%及以上达到优良等级，其余项目也达到合格等级。

4. 水轮发电机组安装分部工程质量评定标准

分部工程质量评定为合格、优良两级，具体如下：

（1）合格标准：分部工程中各单元工程全部达到合格等级。

（2）优良标准：①分部工程中主要单元工程全部达到优良等级；②所有单元工程中有60%及以上达到优良等级，其余项目也达到合格等级。

第二节 水轮发电机组安装工程项目划分

一、 机电设备安装工程项目划分

1. 单位工程的划分

单位工程指具有独立施工条件或的独立作用的一种建筑物或建筑物中的一部分。通常一个水电站的机电设备安装工程共同划分为一个单位工程，并且，水轮发电机组安装工程作为水电水利基本建设工程中的一个主要单位工程。

2. 分部工程的划分

分部工程指能独立发挥作用的安装工程。分部工程由若干个分项工程组成。分部工程所评定的质量等级是竣工验收、鉴定工程质量的依据。通常，一个水电站的每台水轮发电机组安装工程作为一个主要分部工程。根据设备复杂程度及专业性质，可将分部工程划分为若干单元工程或扩大单元工程（分项工程）。

3. 单元工程的划分

（1）单元工程。单元工程指组成分部工程的、由几个工种施工完成的最小综合体。对于结构复杂的大型设备安装工程，在单元工程与分部工程之间可增加一级扩大单元工程（或分项工程）。单元工程（含扩大单元工程）分为主要单元工程和一般单元工程两类。其中，主要单元工程（带▲）系指结构复杂、技术要求较高、对分部工程整体质量影响较大的单元工程，一般单元工程系指除主要单元工程以外的其他单元工程。机电设备安装，一般以每台（套）设备或某一主要部件安装为一个单元工程。

（2）扩大单元（分项）工程。指能综合发挥一种功能的安装工程。扩大单元（分项）工程由若干单元工程组成。根据设备的复杂程度及专业性质，可将分部工程划分为若干个分项工程（或扩大单元工程），分项工程（或扩大单元工程）按设备的功能和专业性质划分为若干个单元工程。

二、 发电机组安装扩大单元 （分项） 工程的划分

每台水轮发电机组安装工程作为一个主要分部工程，由立式反击式水轮机安装、冲击式水轮机安装、调速器及油压装置安装、立式水轮发电机安装、卧式水轮发电机安装、主阀及附属设备安装、机组管路安装、机组启动试运行等8个扩大单元（分项）工程组成。各项扩大单元工程又由主要部件安装或试验项目等多个单元工程组成。其分项工程（扩大单元工程）如下：

1. 立式反击式水轮机安装工程

以每台水轮机安装为一个扩大单元（分项）工程，以每项主要部件安装为一个单元工程。分别检查、评定各主要部件安装的质量等级，并据此评定每台水轮机的安装质量等级。立式水轮机安装包括：转轮室、基础环、座环、蜗壳、机坑里衬、接力器基础，转轮组装、焊接、热处理及加工、导水机构、转动部件、接力器、水导轴承及主轴密封，以及附件安装。

2. 冲击式水轮机安装工程

冲击式水轮机包含立式或卧式冲击式水轮机。以每台水轮机安装为一个扩大单元

（分项）工程，以每项主要部件安装为一个单元工程。分别检查、评定各主要部件安装的质量等级，并据此评定每台水轮机的安装质量等级。冲击式水轮机安装包括：机壳安装、引水管及分流管安装、喷嘴及接力器安装、转轮安装、控制机构安装及调整。

3. 调速器及油压装置安装工程

以每台机组的调速系统为一个扩大单元（分项）工程，以主要部件的安装及调试划分为一个单元工程。分别检查、评定各主要部件安装的质量等级。调速系统的整体安装质量需待机组试运行调试后确定。调整器有电气液压调速器、数字式电液调速器、微机调速器及其油压装置安装。调速器及油压装置安装包括：油压装置安装、调速器安装及调试、调速系统整体调试及模拟试验。

4. 立式水轮发电机安装工程

以每台立式水轮发电机安装为一个扩大单元（分项）工程，以每项主要部件或主要试验项目为一个单元工程。分别检查、评定各主要部件安装或主要试验项目的质量等级，并据此评定每台水轮发电机的安装质量等级。立式水轮发电机安装包括：上、下机架组装及安装、分瓣定子装配、现场叠片定子装配、定子线圈安装及试验、转子装配、制动器安装、空气冷却器安装、推力轴承与导轴承安装、发电机总体安装、机组轴线检查、励磁系统安装调试。

5. 卧式水轮发电机安装工程

以每台卧式水轮发电机安装为一个扩大单元（分项）工程。以每项主要部件安装或主要试验项目为一个单元工程。分别检查、评定各主要部件安装或主要试验项目的质量等级，并据此评定每台水轮发电机的安装质量等级。卧式水轮发电机安装包括：分瓣定子装配、现场叠片定子装配、定子绕组安装及试验、转子装配、推力轴承与导轴承安装、发电机总体安装、机组轴线检查。

6. 主阀及附属设备安装工程

以每台机组的主阀、伸缩节、附件及操作机构和主阀的油压装置安装四个单元工程组成一个扩大单元（分项）工程。分别检查、评定各主要部件安装的质量等级。主阀及附属设备安装包括：蝶阀安装、球阀安装、圆筒阀安装、伸缩节安装、附件及操作机构安装、油压装置安装。

7. 机组管路安装工程

机组内部管路以油、水、气等工作系统为一个单元工程，以一台机组的各系统管路组成一个扩大单元（分项）工程。每个单元工程分别按管件制作、管道安装、管道焊接及和管道系统试验等分别检查、评定各单元工程安装质量等级。机组管路安装包括：机组油系统管路安装、机组水系统管路安装、机组气系统管路安装。

8. 机组启动试运行

（1）对于水轮发电机组，以每台机组启动试运行为一个扩大单元（分项）工程，并划分为机组充水试验、机组空载试验、机组并列及负荷试验（含72h连续试运行）三个单元工程。

（2）可逆式抽水蓄能机组，以每台机组启动试运行为一个扩大单元（分项）工程，并划分为机组流道充水试验、水轮机工况空载试验、水轮机工况负荷试验、水泵工况试验与试运行试验四项单元工程。

三、 水轮机及水轮发电机组安装单元工程划分方法

1. 立式反击式水轮机安装单元工程

（1）尾水管里衬安装单元工程。每台水轮机的尾水管里衬安装宜划分为一个单元工程。尾水管里衬安装验收评定应在混凝土土浇筑之前进行，按设计要求做好加固工作。应提供安装前的设备检验记录，机坑清扫测量记录，安装质量项目（主控项目和一般项目）的检验记录以及焊缝质量检查记录等，并由相关责任人签认。

（2）转轮室、基础环、座环安装单元工程。每台水轮机的转轮室、基础环、座环安装宜划分为一个单元工程。转轮室、基础环、座环安装验收评定应在混凝土浇筑之前进行，按设计要求做好加固工作。应提供的资料包括清扫与检验记录、机坑测量记录、焊缝质量检验记录、安装调整实测记录等资料。

（3）蜗壳安装单元工程。每台水轮机的蜗壳安装宜划分为一个单元工程。蜗壳安装验收评定应在混凝土浇筑之前进行，按设计要求做好加固工作；应提供清扫、拼装和挂接记录、安装调试记录、焊缝质量检验记录及水压试验报告等资料。

（4）机坑里衬及接力器基础安装单元工程。每台水轮机的机坑里衬及接力器基础安装宜划分为一个单元工程。机坑里衬及接力器基础安装验收评定应在混凝土浇筑之前进行，按设计要求做好加固工作；应提供拼装记录，重要焊缝检查记录，安装调整检测记录等资料。

（5）转轮装配单元工程。每台水轮机的转轮装配宜安装划分为一个单元工程。单元工程安装验收时应提供转轮现场组焊工艺要求、焊缝质量检验记录、各组合面检查记录、静平衡记录、转桨式转轮静平衡及漏油量检验记录、转轮圆度检验记录等资料，均应有负责人签认。

（6）导水机构安装单元工程。每台水轮机的导水机构安装宜划分为一个单元工程。单元工程安装验收时应提供各部件的圆度、水平度和间隙的安装测量记录等，并由责任人签认。

（7）接力器安装单元工程。每台水轮机的接力器安装宜划分为一个单元工程。单元工程验收时应提供有责任人有签字的全部安装检测记录。

（8）转动部件安装单元工程。每台水轮机的转动部件安装宜划分为一个单元工程。在单元验收时应提供各项目调整检测记录，包括各部分间隙、摆度、水平度等记录表格，并由责任人签认。

（9）水导轴承及主轴密封安装单元工程。每台水轮机的水导轴承及主轴密封安装宜划分为一个单元工程。本单元验收时应提供该部件安装调整检测的原始记录，并由责任人签认。

（10）附件安装单元工程。每台水轮机的附件安装宜划分为一个单元工程。本单元验收时应提供相关附件安装调整和试验的原始记录，并由责任人签认。

2. 贯流式水轮机安装单元工程

（1）尾水管安装单元工程。每台水轮机的尾水管安装宜划分为一个单元工程。尾水管安装验收评定时应提供安装前的设备检查记录、机坑清扫测量记录、安装调试的检测

记录及焊缝质量检验记录等，并由相关责任人签认。

（2）管形座安装单元工程。每台水轮机的管形座安装宜划分为一个单元工程。管形座安装验收评定时应提供的资料有：清扫检验记录，安装前机坑测量记录，焊缝质量检验记录，安装调试实测记录等，并由相关责任人签认。

（3）导水机构安装单元工程。每台贯流式水轮机的导水机构安装宜划分为一个单元工程。单元安装验收时提供各部件圆度、水平和间隙的安装测量记录，并由责任人签认。

（4）轴承安装单元工程。每台水轮机的轴承安装宜划分为一个单元工程。本单元验收时应提供该各部件调整检测的原始记录，并由责任人签认。

（5）转动部件安装单元工程。每台水轮机的转动部件安装宜划分为一个单元工程。在单元安装验收时应提供各项目调整检测记录，包括各部件间隙、摆度、水平度等记录表格，并由责任人签认。

3. 冲击式水轮机安装单元工程

（1）引水管路安装单元工程。每台水轮机的引水管路安装宜划分为一个单元工程。引水管路安装验收评定时应提供的资料有：清扫检验记录表，焊缝质量检验记录，安装、调整实测记录，并由责任人签认。

（2）机壳安装单元工程。每台水轮机的机壳安装宜分为一个单元工程。机壳安装验收评定时应提供的资料有：清扫检验记录表、焊缝质量检验记录、安装调整实测记录，并由责任人签认。

（3）喷嘴与接力器安装单元工程。每台水轮机的喷嘴与接力器安装宜划分为一个单元工程。喷嘴与接力器安装验收评定时应提供的资料有：清扫检验记录表，安装、调整实测记录，并由责任人签认。

（4）转动部件安装。每台水轮机的转动部件安装宜划分为一个单元工程。在单元工程验收时应提供各项调整检测记录，包括各部分间隙、摆度、垂直度的记录表格等，并由责任人签认。

（5）控制机构安装。每台水轮机的控制机构安装宜划分为一个单元工程。单元安装验收评定时应提供的资料有：清扫检验记录表，安装、调试实测记录，并由责任人签认。

4. 调速器及油压装置安装单元工程

（1）油压装置安装单元工程。油压装置安装宜划分为一个单元工程。单元工程安装验收时应提供的资料有清扫检查记录及安装、调整等实测记录，并由责任人签认。

（2）调速器（机械柜和电气柜）安装单元工程。调速器（机械柜和电气柜）的安装宜划分为一个单元工程。单元工程安装质量验收评定时应提供的资料有：清扫检查记录，元部件的清洗、组装、调整及实测记录，并由责任人签认。

（3）调速系统静态调整试验单元工程。调速系统静态调整试验宜划分为一个单元工程。单元工程安装验收评定时应提供的资料为设备全面检查调试记录，并由责任人签认。

5. 立式水轮发电机安装单元工程

（1）发电机上、下机架安装单元工程。发电机上、下机架安装宜划分为一个单元工程。上、下机架安装验收评定时应提供的资料有：清扫检验记录表，焊缝质量检验记录，安装、调整、测试记录等，并由责任人签认。

（2）定子安装单元工程。每台发电机的定子安装宜划分为一个单元工程。定子安装验收评定时应提供的资料有：清扫检验记录表，焊缝质量检验记录，安装、调整、测试记录等，并由责任人签认。

（3）转子安装单元工程。每台发电机的转子安装宜划分为一个单元工程。转子安装验收评定时应提供的资料有：清扫检验记录表，焊缝质量检验记录，安装、调整、测试记录等，并由责任人签认。

（4）制动器械安装单元工程。每台发电机的制动器安装宜划分为一个单元工程。在单元工程验收评定时应提供清扫检查记录、安装检验记录和调整试验记录。

（5）推力轴承和导轴承安装单元工程。每台发电机的推力轴承和导轴承安装宜划分为一个单元工程。对油槽、冷却器、推力轴承的高压油顶起系统的主要部件，在安装前应按设计要求进行渗漏、耐压和动作试验检查，并作出记录。在进行单元工程安装质量验收评定时应提供各项安装检验记录和试验记录。

（6）机组轴线调整。每台发电机组的轴线调整宜划分为一个单元工程。进行单元工程安装验收评定时应提供调整检查记录。

6. 卧式水轮发电机安装

（1）定子和转子安装单元工程。每台卧式发电机的定子和转子安装宜划分为一个单元工程。定子和转子安装质量验收评定时应提供的资料有：清扫检验记录表，安装、调整、测试记录，并由相关责任人签认。

（2）轴承安装单元工程。每台卧式发电机的轴承安装宜划分为一个单元工程。对油槽、冷却器、高压油顶起系统的主要部件，在安装前应按设计要求进行渗漏、耐压和动作试验检查，并作出记录。单元工程验收评定时应出具各项调整、安装、测试记录等。

7. 灯泡式水轮发电机安装单元工程

（1）主要部件安装单元工程。灯泡式发电机的主要部件安装宜划分为一个单元工程。发电机主要部件安装质量验收评定时应提供的资料有：清扫检验记录，焊缝质量检验记录，安装、调整、测试记录等，并由责任人签认。

（2）总体安装单元工程。灯泡式发电机的总体安装宜划分为一个单元工程。整体或现场组装的灯泡式水轮发电机，按 GB/T 8564 规定进行电气试验，并符合要求。总体安装验收评定时应提供安装质量项目的安装调整记录和试验记录，并由责任人签认。

8. 静止励磁装置及系统安装单元工程

（1）励磁装置及系统安装单元工程。包括励磁变压器、励磁调节器、功率柜、灭磁开关柜、电制动装置（如果有）以及励磁电缆等，宜划分为一个单元工程。单元工程安装质量评定时应提供各项安装、调整、测试记录等，并由责任人签认。

（2）励磁系统试验。其试验结果应满足 DL/T 489、GB 50150 和 DL/T 583 要求。

9. 主阀及附属设备安装单元工程

（1）蝴蝶阀安装单元工程。每台蝴蝶阀的安装宜划分为一个单元工程。单元工程安装质量评定时应提供蝴蝶阀安装、调整和试验记录等，并由责任人签认。

（2）球阀安装单元工程。每台球阀的安装宜划分为一个单元工程。单元工程安装质量验收评定时应提供球阀安装、调整和试验记录，并由相关责任人签认。

（3）筒形阀安装单元工程。每个筒形阀安装项目宜划分为一个单元工程。筒形阀装于座环与活动导叶之间，正式安装前，筒形阀应参与导水机构的预装，并做好配合标记。单元工程验收评定时应提供各项检查、安装、调整和检验记录等，并由相关责任人签认。

（4）伸缩节安装单元工程。伸缩节的安装宜划分为一个单元工程。单元工程验收评定时，应提供伸缩节安装、调整和检测记录等，并由相关责任人签认。

（5）附件及操作机构安装单元工程。主阀的附件及操作机构的安装宜划分为一个单元工程。附件及操作机构包括与蝴蝶阀、球阀配套的油压装置、旁通阀、空气阀、手动阀、接力器以及筒形阀的接力器同步装置等。单元工程安装质量验收评定时应提供安装、调整和试验记录等，并由责任人签认。

10. 机组管路安装单元工程

机组管路的焊接和安装宜划分为一个单元工程。无压排水、排油管路应按设计要求顺坡敷设。测压管路应尽量减少急弯，不应出现倒坡。单元工程安装质量验收评定时，应提供安装、检验记录和焊缝的检验记录等，并由责任人签认。

四、水轮机发电机安装工程项目划分

分部、扩大单元（分项）工程、单元工程项目划分如表4-1所示。

表4-1　　水轮发电机分部、扩大单元（分项）、单元工程项目划分表

分部工程	扩大单元（分项）工程	单元工程
▲水轮机组安装	▲立式反击式水轮机安装	尾水管里衬安装
		▲转轮室、基础环、座环安装
		▲蜗壳安装
		机坑里衬及接力器基础安装
		▲转轮组焊装配
		▲导水机构安装
		▲转动部件安装
		▲接力器安装调整
		▲水导轴承及主轴密封安装
		附件安装
	▲冲击式水轮机安装	机壳安装
		引水管与分流管安装
		▲喷嘴及接力器安装
		▲转轮安装
		▲控制机构安装及调整
	▲调速器及油压装置安装	油压装置安装
		▲调速器安装及调试
		▲系统整体调试及模拟试验

续表

<table>
<tr><th>分部工程</th><th>扩大单元（分项）工程</th><th>单元工程</th></tr>
<tr><td rowspan="27">▲水轮发电机组安装</td><td rowspan="10">▲立式水轮发电机安装</td><td>上、下机架组装及安装</td></tr>
<tr><td>▲分瓣定子装配</td></tr>
<tr><td>▲现场叠片定子装配</td></tr>
<tr><td>▲定子线圈安装及试验</td></tr>
<tr><td>▲转子装配</td></tr>
<tr><td>制动器安装</td></tr>
<tr><td>空气冷却器安装</td></tr>
<tr><td>▲推力轴承和导轴承安装</td></tr>
<tr><td>▲发电机总装</td></tr>
<tr><td>▲机组轴线检查</td></tr>
<tr><td rowspan="7">▲卧式水轮发电机安装</td><td>分瓣定子装配</td></tr>
<tr><td>现场叠片定子装配</td></tr>
<tr><td>定子线圈安装及试验</td></tr>
<tr><td>▲转子装配</td></tr>
<tr><td>▲推力轴承和导轴承安装</td></tr>
<tr><td>▲发电机总装</td></tr>
<tr><td>▲机组轴线检查</td></tr>
<tr><td rowspan="2">静止励磁装置及系统安装工程</td><td>励磁装置及系统安装</td></tr>
<tr><td>励磁系统试验</td></tr>
<tr><td rowspan="6">▲主阀及附属设备安装</td><td>▲蝶阀安装</td></tr>
<tr><td>▲球阀安装</td></tr>
<tr><td>▲筒形阀安装</td></tr>
<tr><td>▲伸缩节安装</td></tr>
<tr><td>附件及操作机构安装</td></tr>
<tr><td>油压装置安装</td></tr>
<tr><td rowspan="3">机组管路安装</td><td>机组油系统管路安装</td></tr>
<tr><td>机组水系统管路安装</td></tr>
<tr><td>机组气系统管路安装</td></tr>
<tr><td rowspan="4">▲水轮发电机组安装</td><td rowspan="4">▲机组启动试运行</td><td>机组充水试验</td></tr>
<tr><td>▲机组空载试验</td></tr>
<tr><td>▲机组并列及负载下试验</td></tr>
<tr><td>▲可逆式机组水泵工况试验与试运行</td></tr>
</table>

注：表格中单元工程（含扩大单元工程）分为主要单元工程和一般单元工程两类。其中主要单元工程（带▲标记）系指结构复杂、技术要求较高、对分部工程整体质量影响较大的单元工程；一般单元工程系指除主要单元工程以外的其他单元工程。

五、 灯泡贯流式水轮发电机组的安装项目划分

1. 灯泡贯流式水轮发电机组的安装项目划分方法

（1）贯流式水轮发电机组分部工程划分及组成。每台灯泡贯流式水轮发电机组安装工程划分为一个分部工程。灯泡贯流式水轮发电机组安装工程作为水电水利基本建设工程中的一个主要分部工程，由水轮机安装、水轮发电机安装、机组附属设备安装和机组

启动试运行等四个扩大单元（分项）工程组成。

（2）各扩大单元（分项）工程及单元工程划分。灯泡贯流式水轮发电机组安装各扩大单元（分项）工程由主要部件安装或主要试验项目等多个单元工程组成。单元工程分为主要单元工程和一般单元工程两类，其项目划分如下：

1）水轮机安装分项工程及单元工程划分。以每台水轮机安装为一个扩大单元（分项）工程，以每项主要部件安装为一个单元工程。分别检查、评定各主要部件安装的质量评定等级，并据此评定每台水轮机的安装质量等级。水轮机安装部件包括：尾水管里衬安装、管形座及流道盖板安装、导水机构安装、转轮组装、水导轴承安装、转动部件安装、接力器安装。

2）水轮发电机安装分项工程及单元工程划分。以每台水轮机发电机安装为一个扩大单元（分项）工程，以每项主要部件安装或主要试验项目为一个单元工程。分别检查、评定各主要部件或主要试验项目的质量等级，并据此评定每台水轮机发电机的安装质量等级。水轮发电机安装部件包括：定子组装、转子组装、组合轴承装配、制动器安装、灯泡头及冷却锥组装、发电机总体安装、电气部分检查试验。

3）机组附属设备安装分项工程及单元工程划分。以每台灯泡贯流式水轮发电机组附属设备安装为一个扩大单元（分项）工程，由调速系统安装、润滑油系统安装、水气管路安装、通风冷却系统安装等四个单元工程组成。分别检查、评定各单元工程安装的质量等级，并据此评定每台机组附属设备的安装质量等级。各系统的自动化元件在本系统调试前应安装检验合格。机组附属设备安装包括调速系统安装、润滑油系统安装、水气管路安装、通风冷却系统安装。

4）机组启动试运行分项工程及单元工程划分。以每台灯泡贯流式水轮发电机组的启动试运行作为一个扩大单元（分项）工程，并划分为充水试验、空载试运行和并列及负荷试验三个单元工程。并按该三个单元工程进行检查，以评定每台机组启动试运行的质量等级。

2. 灯泡贯流式水轮发电机组安装工程项目划分表

灯泡贯流式水轮发电机组安装分部工程、扩大单元工程、单元工程的划分如表4-2所示。

表4-2　分部工程、扩大单元工程、单元工程单元工程项目划分表

分部工程	扩大单元工程	单元工程
灯泡贯流式水轮发电机组安装	▲水轮机安装	尾水管里衬安装
		▲管形座及流道盖板安装
		▲导水机构安装
		▲转轮组装
		▲水导轴承安装
		▲转动部件安装
		接力器安装
	▲水轮发电机安装	▲定子安装
		▲转子安装

续表

分部工程	扩大单元工程	单元工程
灯泡贯流式水轮发电机组安装	▲水轮发电机安装	▲组合轴承装配
		制动器安装
		灯泡头及冷却锥组装
		▲发电机总体安装
		▲电气部分检查和试验
	机组附属设备安装	▲调速系统安装
		▲润滑油系统安装
		水气管路安装
		通风冷却系统安装
	▲机组启动试运行	充水试验
		▲空载试运行
		▲并列及负荷试验

注： 1. 表格中单元工程（含扩大单元工程）分为主要单元工程和一般单元工程两类。其中主要单元工程（带▲标记）系指结构复杂、技术要求较高、对分部工程整体质量影响较大的单元工程；一般单元工程系指除主要单元工程以外的其他单元工程。

2. 单元工程质量评定，由若干个检查项目作控制单元工程质量标准，这些控制性检查项目以分为主要检查项目和一般检查项目两大类，其中，主要检查项目（带▲记）系指质量要求较高、对单元工程整体质量影响较大的检查项目，一般检查项目系指除主要检查项目以外的其他检查项目。

第三节　水力机械辅助设备安装工程项目划分

一、 水力机械辅助设备及其安装工程

1. 水电站水力机械辅助设备

水电站水力机械辅助设备主要有以下设备：

（1）全厂中、低压缩空气系统设备及管道。

（2）技术供水系统设备及管道。

（3）全厂公用设备供水系统设备及管道。

（4）渗漏及检修排水系统设备及管道。

（5）透平油系统、绝缘油系统设备及管道。

（6）水力监视测量系统设备及管道。

（7）机电设备消防系统设备及管道。

（8）全厂通风系统设备及管道。

2. 水力机械助设备安装工程及释义

水力机械助设备安装工程作为一个独立的分部工程，按设备的功能和专业性质划分为分项工程（或扩大单元工程）和单元工程。

（1）分部工程。指能独立发挥一种作用的安装工程。分部工程由若干个分项（或扩大单元）工程组成。分部工程所评定的质量等级是竣工验收、鉴定工程质量的依据。

（2）扩大单元（或分项）工程。指能综合发挥一种功能的安装工程。分项工程由若

干个单元工程组成。

（3）单元工程。指由若干作业工序完成的工程项目。水力机械助设备安装单元工程的单元工程由若干设备、管道等组成，是构成扩大单元工程的工程质量考核和支付审核的基本工程单位。

二、水力机械辅助设备安装工程质量评定

1. 水力机械辅助设备安装工程质量等级评定的条件

（1）所安装的设备、备品备件、材料等产品合格证、出厂试验资料、安装图纸、产品使用维修说明书齐全，并通过验收。

（2）所用设备器材均符合国家有关保证体系。

（3）施工单位已建立了完善的质量保证体系。

（4）施工用图纸、技术文件及各项施工措施、施工记录齐全。

（5）隐蔽工程在工程隐蔽前已检查或检验合格，并记录齐全。

（6）检测机构应具有相应的资质，用于检测的计量器具，应经国家计量检定单位检定合格，用于检测的计量器具，应经国家计时计量检定单位检定合格，并在有效期内使用。

2. 水力机械辅助设备安装单元工程质量评定等级标准

单元工程质量评定为合格、优良两级，其标准如下：

（1）合格标准：①主要检查项目全部达到合格等级指标；②一般检查项目的实测点有90％及以上达到合格等级指标，其他项目与合格等级指标虽有微小超标，但不影响使用。

（2）优良标准：①主要检查项目全部达到优良等级指标；②一般检查项目中有60％以上达到优良等级标准，其余项目也达到合格等级指标。

3. 水力机械辅助设备安装扩大单元工程质量等级评定

扩大单元工程质量评定为合格、优良两级，其标准如下：

（1）合格标准：扩大单元工程中各单元工程全部达到合格等级。

（2）优良标准：①扩大单元工程中的主要单元工程全部达到优良等级；②所有单元工程中有 60％及以上达到优良等级，其余项目也达到合格等级。

4. 水力机械辅助设备安装分部工程质量评定标准

分部工程质量评定为合格、优良两级，其标准如下：

（1）合格标准：分部工程中各单元工程全部达到合格等级；

（2）优良标准：①分部工程中主要单元工程全部达到优良等级；②所有单元工程60％及以上达到优良等级，其余项目也达到合格等级。

三、水力机械辅助设备安装单元工程项目划分方法

水力机械辅助设备安装单元工程宜按设备的专业性质或系统管路的压力等级和质量考核要求，将水力机械辅助设备系统安装工程划分为若干部分，是施工质量考核的基本单位。具体如下：

1. 空气压缩机与通风机安装单元工程

一台或数台同型号的空气压缩机、通风机安装以及与之配套的电气装置宜划分为一个单元工程。通风机安装包括离心通风机和轴流通风机的安装。同一单元工程的各台空

气压缩机或通风机系统设备、管道安装完毕并经试验合格后进行质量评定。单元工程安装质量验收评定时，应提供空气压缩机与通风机安装、调试、检验、检测记录，以及试运转检验记录。

2. 泵类装置安装单元工程

一台或数台同型号的泵类装置以及与之配套的电气装置宜划分为一个单元工程。泵类装置主要包括离心水泵、水环式真空泵、深井水泵、潜水泵、齿轮油泵、螺杆油泵的安装。在一个单元工程中的各台系统设备及管道安装完毕并经试验后进行质量评定。单元工程安装质量验收评定时，应提供泵装置安装、调试、检验、检测记录，以及试运转检验记录。

3. 阀类安装单元工程

一台或数台减压阀（或阀门）、DN350mm 及以上部阀门，以及与减压阀配套的电气装置安装划分为一个单元工程。在一个单元工程的各台阀类系统设备、管道安装完毕并经试验后进行质量评定。质量评定应在一个单元工程中的系统设备、管道安装完毕并经试验后进行。

4. 滤水器安装单元工程

一台或数台同型号的滤水器，以及与滤水器配套的电气装置安装宜划分为一个单元工程。在一个单元工程的各台滤水器系统设备、管道安装完毕并经试验后进行质量评定。单元工程安装质量验收评定时，应提供滤水器安装、调试、检验、检测记录，以及试运转检验记录。

5. 罐、箱及其他容器安装单元工程

一台或数台同型号罐、箱及其他容器，以及与之配套的电气装置安装宜划分为一个单元工程。在一个单元工程的罐、箱及其他容器配套的系统设备、管道安装完毕并经试验后进行质量评定。罐、箱及其他容器应具有出厂前的渗漏试验以及出厂检测合格证明，否则不允许使用。

6. 水力监测装置与自动化元件装置安装单元工程

每台机组或公用的水力监测设备仪表（装置）、非电量监测装置、自动化元件（装置）安装宜划分为一个单元工程。水力监测装置与自动化元件装置安装工程包括水力监测仪表、非电量监测装置安装及自动化元件（装置）安装。

水力监测装置设备的仪表（装置）及自动化元件，应经计量检测部门检验合格后方可安装。在一个单元工程的水力监测装置与自动化元件及系统设备安装完毕并经试验后进行质量评定。单元工程安装质量验收评定时，应提供水力监测装置与自动化元件装置产品质量检查记录，以及校验、安装、调试、试验、检测记录。

7. 油、水、气系统管道安装单元工程

油、水、气系统按管件制作、管道安装、管道系统试验划分为一个单元工程。单元工程应按管件制作、管道安装、管道系统试验等分别进行检查和评定。包括管件制作、焊接检查、埋设管道安装、明设管道安装，以及油、水、气管道系统压力试验。

8. 水力机械系统管道安装单元工程

同介质的管道宜划分为一个单元工程，若单元工程范围过大，可按同介质管道的工作压力等级划分为若干个单元工程。水力机械系统管道安装包括管道制作及安装。

管道、管件、管道附件及阀门在使用前，应按设计要求核对其规格、材质及技术参数和外观进行检查，要求表面应无裂纹、缩孔、夹渣、黏砂、漏焊、重皮等缺陷，表面应光滑，不应有尖锐划痕，凹陷深度不应超过 1.5mm，凹陷最大尺寸不应大于管子周长的 5%，且不大于 40mm。

四、 水力机械辅助设备分部分项及单元安装工程项目划分表

水力机械辅助设备安装工程，按设备的功能和专业性质或分为若干个扩大单元（分项）工程和单元工程，项目划分如表 4-3 所示。

表 4-3　　水力机械辅助设备工程分部—分项—单元工程项目划分

分部工程	扩大单元（分项）工程	单元工程
水力机械辅助设备安装工程	厂内水系统安装	▲机组技术供水系统设备、管道安装
		厂内排水系统设备、管道安装
		发电设备消防水系统设备、管道安装
	压缩空气系统安装	低压压缩空气系统设备、管道安装
		▲中压压缩空气系统设备、管道安装
	油系统安装	汽轮机油库设备及油系统管道安装
		绝缘油库设备及油系统管道安装
	水力监测系统安装	水力监视测量装置及管道安装

注：1. 符号“▲”标示为主要单元工程、主要扩大单元工程和主要检查（检验）项目。
2. 各单元工程的主要检查项目应逐项检查，一般检查项目应检查施工记录和抽检。

第四节　发电电气设备安装工程项目划分

一、 发电电气设备安装工程项目划分与项目评定

1. 发电电气设备安装工程项目划分

发电电气设备安装作为水电水利基本工程中的主要分部工程，包括电气一次设备安装、电气二次设备安装两个分部工程。各分部工程中的扩大单元（分项）工程由主要部件安装和主要试验项目等多项单元工程组成。

2. 发电电气设备安装工程质量评定条件

（1）产品必须具有有资质单位颁发的生产许可证、出厂检验证书、出厂试验证书、安装图、使用说明书等，不合格产品不予评定安装工程质量等级。

（2）所用设备器材均应符合国家有关技术标准要求。

（3）工程竣工后，交接验收时提供的技术资料应符合规范要求。

（4）质量检查、检验所用的工具、仪表、仪器设备均应符合国家规定的精度标准，且在检验有效期内。

（5）施工单位已建立完善的质量保证体系。

（6）隐蔽工程在工程隐蔽前检查、检验合格，并有验收记录。

3. 发电电气设备安装单元工程质量评定标准

单元工程质量评定分为合格、优良两个等级，其标准如下：

（1）合格标准：①主要检查项目全部达到合格等级指标；②一般检查项目的实测点有90%及以上达到合格等级指标，其余项目与合格等级指标虽有微小超标，但不影响使用性能。

（2）优良标准：①主要检查项目全部达到优良等级指标；②所有检查项目中有60%以上达到优良等级标准，其余项目也达到合格等级指标。

4. 发电电气设备扩大单元工程质量评定标准

扩大单元工程质量评定为合格、优良两级，其标准如下：

（1）合格标准：扩大单元工程中的各单元工程全部达到合格等级。

（2）优良标准：①扩大单元工程中的主要单元工程全部达到优良等级；②所有单元工程中有60%及以上达到优良等级，其余项目也达到合格等级。

5. 发电电气设备分部工程质量评定标准

分部工程质量评定为合格、优良两级，其标准如下：

（1）合格标准：分部工程中的各单元工程全部达到合格等级。

（2）优良标准：①分部工程中的主要单元工程全部达到优良等级；②所有单元工程中有60%及以上达到优良等级，其余项目也达到合格等级。

二、发电电气设备安装单元工程划分

（1）干式电抗器及消弧线圈安装单元工程。以一组电抗器或一台消弧线圈为一个单元工程。干式电抗器及消弧线圈的整体安装质量在电气试验完成后评定。

（2）高压开关柜安装工程。分为固定式和手车式高压开关柜安装。以同一电压等级或安装在同一处的开关柜（或电气分段）为一个单元工程。质量评定在开关柜安装调试完毕后进行。

（3）负荷开关及高压熔断器安装工程。以一组负荷开关及高压熔断器为一个单元工程。质量评定在设备安装试验完成后进行。

（4）隔离开关安装单元工程。以一组隔离开关（发配电隔离开关、换相隔离开关）安装为一个单元工程。质量评定在设备安装试验完成后进行。

（5）静止变频启动装置安装单元工程。以一组静止变频启动装置为一个单元工程。质量评定在设备安装试验完成后进行。静止变频启动装置的自动化元件在调试前应安装检验合格。

（6）真空断路器安装单元工程。以一组真空断路器为一个单元工程。质量评定在设备安装试验完成后进行。真空断路器的自动化元件在调试前应安装检验合格。

（7）SF_6断路器安装单元工程。以一组SF_6断路器为一个单元工程。质量评定在设备安装试验完成后进行。SF_6断路器的自动化元件在调试前应安装检验合格。

（8）硬母线装置安装单元工程。硬母线装置（硬母线、插接母线槽）的制作及安装，以一台机组同一电压等级主回路、分支回路或一个系统母线安装为一个单元工程。质量评定应在全部母线及设备安装完成并经交流耐压试验后进行。

(9) 共箱封闭母线安装单元工程。共箱封闭母线安装以一台机组电压等级主回路、分支回路或一个系统的共箱封闭母线为一个单元工程。质量评定应在共箱封闭母线安装完成，并经交流耐压试验后进行。

(10) 离相封闭母线安装单元工程。以一台机组同一电压等级主回路、分支回路或一个系统离相封闭母线安装为一个单元工程。质量评定应在全部离相封闭母线及设备安装完成，并经交流耐压试验后进行。

(11) 避雷器安装单元工程。对于无间隙金属氧化物避雷器，以一组避雷器（三相）安装为一个单元工程。质量评定应在设备安装及试验完成后进行。

(12) 电压互感器安装单元工程。以一台机组或公用设备同一电压等级的电压互感器安装为一个单元工程。质量评定应在设备安装及试验完成后进行。

(13) 电流互感器安装单元工程。以一台机组或公用设备段的电流互感器安装为一个单元工程。质量评定应在设备安装及试验完成后进行。

(14) 保护网安装单元工程。以同类电气设备的保护网安装为一个单元工程。质量评定应在保护网安装全部结束后进行。

(15) 厂用变压器安装单元工程。对于额定容量为16MVA及以下的油浸式变压器、干式变压器和SF_6变压器安装，三相变压器以一台、单相变压器以一组安装为一个单元工程；发电机励磁变压器、中性点接地变压器和SFC输入输出变压器以一组安装为一个单元工程。变压器的整体安装质量等级评定在工地试验完成后进行。变压器的自动化元件在调试前应安装检验合格。

(16) 低压配电盘柜及低压电器安装单元工程。500V及以下的低压配电盘柜，包括动力配电箱的安装工程，以一个母线段为一个单元工程。质量评定应在配电盘柜全部安装完毕，并对盘柜上电器及其回路检查试验后进行。低压配电盘柜及低压电器的自动化元件在调试前应安装检验合格。

(17) 电缆架安装单元工程。电缆、光缆架或电缆、光缆保护管的加工与安装工程，以同一台机组或一个系统为一个单元工程。质量评定应在电缆、光缆线路安装完成后进行。

(18) 电缆敷设安装单元工程。电缆、光缆敷设与电缆线路防火阻燃安装工程以同一电压等级同一系统总数为一个单元工程。质量评定应在电缆、光缆线路安装及试验完成后进行。

(19) 电缆终端安装单元工程。电缆终端及附件和光缆接续与成端安装工程，以同一电压等级同一系统总数为一个单元工程。质量评定应在电缆线路安装及试验完成后进行。

(20) 接地装置安装单元工程。接地装置安装工程一般以一个电站为一个评定单位，但对有一个以上相对独立的接地网的，可以以一个接地网为一个评定单位。质量评定应在安装及接地电阻测量完成后进行。

(21) 电气照明装置安装单元工程。电气照明装置安装以同一系统为一个单元工程。质量评定应在本系统照明全部安装完毕，照明灯具点亮后进行。

(22) 控制保护装置安装单元工程。控制保护装置（继电保护及自动装置）安装以一台机、一条线路或同一类电气设备为一个单元工程。质量评定应在控制保护装置安装调试结束后进行。

（23）蓄电池安装单元工程。电压为24V及以上，容量为30Ah及以上的固定型铅酸蓄电池、容量为10Ah及以上的镉镍碱性蓄电站安装工程，以一组蓄电池为一个单元工程。质量评定应在蓄电池组安装及充放电结束后进行，蓄电池设备的自动化元件在调试前应安装检验合格。

（24）不间断电源安装工程。以一组不间断电源为一个单元工程。质量评定应在不间断电源安装调试完成后进行。

（25）厂内桥式起重机电气设备安装单元工程。对于电压500V及以下厂内桥式起重机电气设备安装，以一台起重机的电气设备安装为一个单元工程。质量评定应在起重机全部安装完毕并进行动、静负载试运行后进行。起重机的自动化元件在调试前应安装检验合格。

三、 发电电气设备安装工程项目划分

发电电气设备安装分部工程、扩大单元（分项）工程、单元工程项目划分如表4-4所示。

表4-4　　发电电气设备安装分部、扩大单元（分项）、单元工程项目划分表

单位工程	分部工程	扩大单元（分项）工程	单元工程
发电工程	电气一次设备安装	机组发配电设备安装	干式电抗器及消弧线圈安装
			高压开关柜安装
			负荷开关及高压熔断器安装
			隔离开关安装
			▲静止变频启动装置安装
			▲真空断路器安装
			▲SF_6 断路器安装
			硬母线装置安装
			共箱封闭母线安装
			▲离相封闭母线安装
			避雷器安装
			电压互感器安装
			电流互感器安装
			保护网安装
		厂用电设备安装	▲厂用变压器安装
			低压配电盘柜及低压电器安装
		电缆线路安装	电缆架安装
			电缆敷设安装
			▲电缆终端安装
		接地装置安装	接地装置安装
		照明设备安装	照明装置安装
	电气二次设备安装	控制保护装置安装	▲控制保护装置安装
		交、直流设备安装	▲蓄电池安装 不间断电源安装
		厂内桥式起重机电气设备安装	厂内桥式起重机电气设备安装

注： 单元工程分为主要单元工程和一般单元工程两类。其中，主要单元工程（带▲标记）系指结构复杂、技术要求较高、对分部工程整体质量影响较大的部分，一般单元工程系指除主要单元工程以外的其部分。

第五节 升压变电电气设备安装工程项目划分

一、 升压变电电气设备组成及质量评定

1. 升压变电电气设备安装工程组成

升压变电电气设备安装工程作为水电水利基本建设工程中的一项分部工程，由主变压器（电抗器）安装、高压配电装置设备安装、线路电缆安装和母线装置安装等扩大单元（分项）工程组成。各扩大单元由主要部件和主要试验项目等多项单元工程组成。

2. 升压变电电气设备安装工程质量评定的条件

（1）产品必须具有有资质单位颁发的生产许可证、出厂检验证书、出厂试验证书、安装图、使用说明书等，不合格产品不予评定安装工程质量等级。

（2）所用设备器材均应符合国家有关技术标准要求。

（3）工程竣工后，交接验收时提供的技术资料应符合规范要求。

（4）质量检查、检验所用的工具、仪表、仪器设备均应符合国家规定的精度标准，且在检验有效期内。

（5）施工单位已建立完善的质量保证体系。

（6）隐蔽工程在工程隐蔽前检查、检验合格，并有验收记录。

3. 升压变电电气设备安装单元工程质量评定标准

单元工程质量评定分为合格、优良两个等级，其标准如下：

（1）合格标准：①主要检查项目全部达到合格等级指标；②一般检查项目的实测点有90%及以上达到合格等级指标，其余项目与合格等级指标虽有微小超标，但不影响使用性能。

（2）优良标准：①主要检查项目全部达到优良等级指标；②所有检查项目中有60%以上达到优良等级标准，其余项目也达到合格等级指标。

4. 升压变电电气设备扩大单元工程质量评定标准

扩大单元工程质量评定为合格、优良两级，具体如下：

（1）合格标准：扩大单元工程中各单元工程全部达到合格等级。

（2）优良标准：①扩大单元工程中主要单元工程全部达到优良等级；②所有单元工程中有60%及以上达到优良等级，其余项目也达到合格等级。

5. 升压变电电气设备分部工程质量评定标准

分部工程质量评定为合格、优良两级，其标准如下：

（1）合格标准：分部工程中各单元工程全部达到合格等级。

（2）优良标准：①分部工程中主要单元工程全部达到优良等级；②所有单元工程中有60%及以上达到优良等级，其余项目也达到合格等级。

二、 升压变电电气设备安装单元工程划分

1. 主变压器（油浸电抗器）安装单元工程

主变压器安装以一台（或一组三相）变压器（油浸电抗器）为一评定单位，分别检

查、评定各主要部件安装或主要试验项目的质量等级，并据此评定每台（每组三相）变压器（油浸电抗器）的安装质量等级。质量评定应在变压器全部安装调试后进行。变压器（油浸电抗器）的自动化元件在调试前应安装检验合格。

2. 电抗器安装工程

电抗器安装以一台（或一组三相）电抗器为一评定单位，分别检查、评定各主要部件安装或主要试验项目的质量等级，并据此评定每台（或每组三相）电抗器的安装质量等级。质量评定在电抗器全部安装调试后进行，电抗器的自动化元件在调试前应安装检验合格。

3. 六氟化硫（SF_6）断路器安装单元工程

断路器安装以一组 SF_6 断路器安装为一个评定单位，分别检查、评定各主要部件安装或主要试验项目的质量等级，并据此评定 SF_6 断路器的安装质量等级。质量评定在设备安装试验完成后进行，SF_6 断路器的自动化元件在调试前应安装检验合格，SF_6 断路器包括支柱式 SF_6 断路器、罐式 SF_6 断路器。

4. 气体绝缘金属封闭开关设备（GIS）安装单元工程

气体绝缘金属封闭开关设备（GIS）安装以一个间隔为一评定单位，分别检查、评定各主要部件安装或主要试验项目的质量等级，并据此评定组合电器的安装质量等级。质量评定在设备安装及试验完成后进行，GIS 的自动化元件在调试前应安装检验合格。

5. 气体绝缘金属封闭输电线路（GIL）安装单元工程

气体绝缘金属封闭输电线路（GIL）安装以同一电压等级的线路为一评定单位，分别检查、评定各主要部件安装或主要试验项目的质量等级，并据此评定 GIL 的安装质量等级，质量评定在 GIL 安装及试验完成后进行。

6. 隔离开关安装工程

隔离开关安装质量评定，以一组隔离开关为一评定单位，分别检查、评定各主要部件安装或主要试验项目的质量等级，并据此评定隔离开关的安装质量等级，质量评定在设备安装及试验完成后进行。

7. 互感器安装工程

互感器安装质量以一组互感器为一评定单位，分别检查、评定各主要部件安装或主要试验项目的质量等级，并据此评定互感器的安装质量等级，质量评定在设备安装及试验完成后进行。

8. 金属氧化物避雷器安装工程

金属氧化物避雷器安装以一组避雷器为一评定单位，分别检查、评定各主要部件安装或主要试验项目的质量等级，并据此评定避雷器的安装质量等级，质量评定在设备安装及试验完成后进行。

9. 高压开关柜安装工程

高压开关柜安装质量以同一电压等级或安装在同一处的开关柜（或电气分段）为一个单元工程，质量评定在开关柜安装调试完毕后进行。

10. 高压电力电缆线路安装单元工程

高压电力电缆线路安装以一根电缆为一评定单位，分别检查、评定各主要电缆线路安装或主要试验项目的质量等级，并据此评定电缆线路整体的安装质量等级，质量评定在线路安装及试验完成后进行。高压电力电缆线路包括充油电缆线路、挤包绝缘电力电缆线路。

11. 厂区馈电线路架设单元工程

厂区馈电线路架设的质量评定以同一电压等级的线路为一评定单位，分别检查、评定各主要线路架设或主要试验项目的质量等级，并据此评定厂区馈电线路架设整体的安装质量等级，质量评定在线路架设及试验完成后进行。

12. 母线装置安装工程

母线装置制作安装质量评定，以同一电压等级的母线装置为一评定单位，分别检查、评定各主要部件安装或主要试验项目的质量等级，并据此评定母线装置的安装质量等级，质量评定在全部母线及设备安装完成并经交流耐压试验后进行。

三、 升压变电电气设备安装工程项目划分表

升压变电电气设备安装工程分部工程、扩大单元（分项）工程组成。单元工程项目划分如表 4-5 所示。

表 4-5　升压变电电气设备安装分部、扩大单元（分项）、单元工程项目划分表

单位工程	分部工程	扩大单元（分项）工程	单元工程
发电工程	升压变电电气设备安装工程	主变压器（电抗器）安装工程	▲主变压器（油浸式电抗器）安装
			▲电抗器安装
		高压配电装置设备安装工程	▲SF_6 断路器安装
			▲气体绝缘金属封闭开关设备（GIS）
			▲气体绝缘金属封闭输电线路（GIL）
			隔离开关安装
			互感器安装
			金属氧化物避雷器安装
			高压开关柜安装
		线路、电缆安装	▲挤包绝缘电力电缆线路安装
			▲充油电缆线路安装
			厂区馈电线路安装
		母线装置安装	硬母线装置安装
			软母线装置安装

注：1. 单元工程分为主要单元工程和一般单元工程。其中带▲标记为主要单元工程。

2. 单元工程中由若干个检查（检验）项目作为控制单元工程质量的标准。其中，用符号“▲”标示主要检查（检验）项目。主要检查（检验）项目指质量要求较高，影响单元工程整体质量的检查（检验）项目。各单元工程的主要检查项目应逐项检验，一般检查项目可抽检，并检查施工记录。

第五章

水工金属结构制作及安装工程项目划分

第一节　水工金属结构组成及工程质量评定

一、 水工金属结构的组成及其作用

1. 水工金属结构的组成

水工金属结构是水电水利工程的重要组成部分，水工金属结构的制造和安装质量对水电水利工程的整体质量和运行效益起着至关重要的作用。水工金属结构主要由压力钢管、闸门、拦污栅、启闭机、升船机，以及操作闸门、拦污栅的各种附属设备等组成。

2. 压力钢管的作用及其构成和布置

（1）压力钢管的作用。压力钢管是水电站输水建筑物的重要组成部分，它是在承受水库、压力前池或调压室中水压力的条件下，将水引入蜗壳，推动水轮机转动，或者将水引入其他设备以满足供水的要求。

（2）压力钢管的组成。压力钢管一般由进口渐变段、上平管、上弯管、斜管（或竖井钢管）、下弯管、下平管、支管组成。压力钢管的主要构件包括直管、弯管、锥管、渐变管、岔管、伸缩节和钢管上的附件，以及明管上的支座等部件组成。压力钢管的附件主要有支承环、加劲环、止水环、锚筋、进人孔、灌浆孔等。

（3）压力钢管的布置。常见的压力钢管布置形式有明管、地下埋管、回填管、坝后背管、坝后埋管等。压力钢管的布置形式是根据水电站所在地区地形、地质条件和挡水、引水结构形式的不同来确定。

3. 启闭机的作用及其种类和布置

（1）启闭机的作用。启闭机是水电水利工程中实现闸门开启和关闭、拦污栅的起吊与安装等专用的永久机械设备。

（2）启闭机的分类。启闭机分为机械传动和液压传动。机械传动启闭机包括固定卷扬式启闭机、螺杆式启闭机、单向门式和双向门式启闭机、台车式和桥式启闭机；液压传动式启闭机指固定启闭机。

（3）启闭机的布置。主要如下：

1）泄水系统工作闸门的启闭机一般选用固定式启闭机和一门一机布置，但若闸门操作运行方式和启闭时间允许时，也可选用移动式启闭机。

2）多孔泄洪系统的事故闸门和检修闸门的启闭机，一般选用移动式启闭机。

3）施工导流封孔闸门的启闭机，其启闭力应考虑在一定水位下有启门的可能，同时应有准确的指示装置，以显示闸门是否到达底槛。

4）挡潮闸、水闸工作闸门的启闭机，一般采用一门一机以便迅速启闭闸门。

5）电站机组进水口和泵站出口快速闸门的启闭机选型，应根据工程布置、闸门的启闭荷载等进行全面的技术经济比较，选用卷扬式或液压式快速闸门启闭机。

6）当多机组电站进水口设有检修闸门时，一般选用移动式启闭机，并尽量与溢洪、泄水系统检修闸门的启闭机协调共用。

7）启闭机应安装在最高水位以上，防止启闭机被淹，并应便于闸门、门槽及启闭机部件等正常检修。

8）对用以操作泄洪及其他应急闸门的启闭机，必须设置可靠的备用电源。

9）快速闸门启闭机应能在 2min 关闭孔口并应设有减速装置，使闸门接近底槛时的下降速度不大于 5m/min。

4. 闸门的作用及其分类和布置

（1）闸门。闸门是指设置在水工建筑物的过流孔口并可操作移动的挡水结构物，主要有泄洪、发电、灌溉、通航、冲沙等。

（2）闸门的作用。闸门的作用是挡水、控制水流、根据要求局部或全部开启闸门泄放水流、调节上下游水位、放运船只木排、排水排污等。闸门已达到的规模：重大数百吨，单扇闸门挡水面积数百平方米，承受水压力 10 万 kN 以上，因此，对闸门的制造、运输、安装调试提出了更高的要求。

（3）闸门的分类。有以下两种情况：

1）闸门按其工作性质划分，分为工作闸门、事故闸门、检修闸门等。①工作闸门。承担主要工作并能在动水中启闭的闸门；工作闸门中水工建筑物正常运行时所使用的闸门，可以挡水、亦可根据需要在不同的开度下放水。②事故闸门。发生事故时，能在动水中关闭的闸门。当需快速关闭时，也称为快速闸门，这种闸门宜在静水中开启。在该闸门所控制的水道中发生故障或事故时，闸门自动关闭，切断水流，防止事故进一步扩大。③检修闸门。指建筑物或设备检修时用于挡水的闸门，以保证检修工作的顺利进行。这种闸门，宜在静水中启闭。

2）闸门按其结构型式和动作特征划分。①平面闸门；②弧形闸门；③叠梁闸门；④浮箱闸门；⑤转动式闸门；⑥扇形闸门；⑦圆辊闸门；⑧圆筒闸门；⑨人字闸门。

3）按孔口的形式划分。按孔口的形式分为露顶式闸门和潜没式闸门。

4）按制造闸门的材料和方法划分。可分为钢闸门、铸闸门、铸铁闸门、木闸门、混凝土闸门及塑料闸门。

（4）闸门的安装与布置。

1）闸门的安装。包括闸门预埋件安装工程，各种闸门的埋件、门体安装工程。平面闸门包括直升式和升卧式两种。

2）闸门的布置。闸门应布置在水流较平顺的部位，应尽量避免门前横向流和漩涡、门后淹没出流和回流等对闸门运行的不利影响。

5. 拦污栅的作用及其布置

（1）拦污栅的作用。拦污栅是指用于拦阻水中污物进入引水道的栅条结构物。分为移动式拦污栅和固定式拦污栅，其作用如下：

1）移动式拦污栅。设置在栅槽内可以向上提升以便清理污物和维修的拦污栅。

2）固定式拦污栅。固定在进水口前面不能移动的拦污栅。

（2）拦污栅的布置。拦污栅一般设置在水电站、排灌站及供水等建筑物的进水口。在布置拦污栅时，应尽可能地利用水流流向及地形等有利条件，尽量避免污物进入进水口，以减轻对拦污栅的威胁；要求过栅水流平顺，水头损失小，此外还应考虑清污方便、便于安装、检修及更换。

6. 升船机的作用及其分类

（1）升船机的作用。升船机又称“举船机”，是利用机械装置升降船舶以克服船道上集中水位落差的通船建筑物。由承船厢、支承导向结构、驱动装置、事故装置等组成。

（2）升船机的分类。升船机分为垂直升船机、斜面升船机、水坡式升船机。

二、 水工金属结构术语

（1）无损检测及其方式。在不损坏试件的前提下，以物理或化学手段，借助先进的技术和设备器材，对试件的内部及表面的结构、性质、状态进行检查和测试的方法。常用的无损检测方式有超声检测（UT）、射线检测（RT）、液体渗透检测（PT）、磁粉检测（MT）四种。其他无损检测方法有涡流检测（ECT）、声发射检测（AE）、热像/红外（TIR）、超声波衍射时差法（TOFD）等。

（2）超探仪与超声波探伤。超探仪是一种便携式工业无损探伤仪器，它能够快速便捷、无损伤、精确地进行工件内部多种缺陷（裂纹、夹杂、折叠、气孔、砂眼等）的检测、定位、评估和诊断。超声波探伤是利用超声能透入金属材料的深处，并由一截面进入另一截面时，在界面边缘发生反射的特点来检查零件缺陷的一种方法。当超声波束自零件底面由探头通至金属内部，遇到缺陷与零件底面时就分别发生反射波，在荧光屏上形成脉冲波形，来判断缺陷位置和大小。超声波在介质中传播时有多种波型，最常用的为纵波、横波、表面波和板波。

（3）焊缝。在水工金属结构产品中，焊缝按所在部位的荷载性质，受力情况和重要性进行分类，共分为一类焊缝、二类焊缝、三类焊缝。

1）一类焊缝。在动载荷或静载荷下承受拉力，按等强度设计的对接焊缝，组合焊缝或角焊缝；破坏后会危及人身安全或导致产品功能失效造成重大经济损失的焊缝为一类焊缝。

2）二类焊缝。在动载荷或静载荷下承受压力，按等强度设计的对接焊缝、组合焊缝或角焊缝，失效或破坏后可能影响产品局部正常工作的焊缝为二类焊缝。

3）三类焊缝。不属于一类焊缝和二类焊缝的其他焊缝。

（4）埋件。水工金属结构安装、固定或运行所必须的，预先埋设（或半埋设）于混凝土结构中，并与混凝土有固定连接的金属结构件。

（5）主控项目与一般项目。主控项目是指对水工金属结构安全、使用功能及环境保护等有重大影响的检验项目。一般项目是指除主控项目以外的检验项目。

（6）允许偏差。水工金属结构的制造与安装在设计文件和规范规定范围之内的制造与安装的尺寸偏差。

（7）安装记录。水工金属结构安装过程中进行的测量、检验、检测记录的统称。

（8）试运行。水工金属结构交付使用前，按照技术标准或者相关技术文件要求进行的运行试验。

三、水工金属结构设备安装工程质量评定

1. 检验项目质量标准

单元工程安装质量检验项目质量标准分合格、优良两个等级，其标准符合下列规定：

（1）合格标准。主控项目和一般项目如下：

1）主要项目。主要项目（标有“▲”者）必须100%符合合格标准。

2）一般项目。一般项目的检测点应90%及以上符合合格标准，不合格点最大值不应超过其允许偏差值的1.2倍，且不合格点不应集中。

（2）优良标准。在合格的基础上，主控项目和一般项目的所有点应90%及以上符合优良标准。

2. 单元工程安装质量评定标准

单元工程安装质量评定有合格、优良两级，其标准如下：

（1）合格标准。主要项目和一般项目如下：

1）主要项目。主要项目（标有“▲”者）必须100%符合合格标准。

2）一般项目。一般项目的检测点应90%及以上符合合格标准，不合格点最大值不应超过其允许偏差值的1.2倍，且不合格点不应集中。

3）设备的试验和试运行符合标准规定，各项报验资料符合标准的要求。

（2）优良标准。在合格的基础上，安装质量检验项目中优良项目占全部项目70%及以上，且主控项目100%优良。其百分数计算方法如下：优良项目占全部项目百分数=（主要项目优良个数+一般项目优良个数）/（主要项目合格个数+一般项目合格个数）×100%。

3. 单元工程安装质量评定不合格处理

单元工程安装质量验收评定未达到合格标准时，应及时进行处理，处理后应按下列规定进行验收评定：

（1）经全部返工（或更换设备、部件）达到标准要求，重新评定质量等级。

（2）设备、部件返修后，经有资质的检测单位检验，能满足设计要求，其质量等级只能评为合格。

（3）处理后，工程部分质量指标仍未达到设计要求时，经原设计单位复核，认为基本能满足工程使用要求，监理工程师检验认可，建设单位同意验收的，其质量可认定为合格，并按规定进行质量缺陷备案。

4. 单元工程质量评定应具备的资料

单元工程质量评定时应提供的资料有：安装前应具备的技术资料、材质证明、焊接和探伤人员资格评定、焊接工艺试验，安装时采用的工艺措施、量具、仪器以及竣工后交接验收时应提供的资料，并且均应符合规范和设计规定。

5. 分部工程质量评定标准

分部工程质量评定有“合格、优良”两级，其标准如下：

(1) 合格标准。在分部工程中，补评为优良的单元工程不足50%，扫尾工程和试运行工作符合下列要求，该分部工程应评为合格。

1) 压力钢管安装工程的扫尾工作（如支撑割除、管壁凹坑焊补、灌浆孔堵焊等）符合标准要求，水压试验和充工试验无渗水和其他异常现象。

2) 平面闸门在无水压或有水压情况下，在全行程启闭过程中畅通、平稳、无卡阻现象，工作部位在承受设计水头压力时，通过止水橡皮漏水量不超过0.1L/(s·m)。

3) 弧形闸门除应符合上述2) 的要求外，潜孔式弧门在启闭过程中，顶部只允许有少量漏水。

4) 人字闸门除应符合上述2) 的要求外，在全行程启闭过程中，顶、底部区域均无异常响声或跳动。

5) 拦污栅在全行程启闭过程中畅通、平稳，无卡阻现象。

6) 油压启闭机因活塞油封漏油和管路漏油，引起闸门沉降在48h内不大于200m。

(2) 优良标准。在分部工程中，评为优良的单元工程超过50%及其以上，扫尾和试运行工作符合要求，该分部工程应评为优良。

第二节　金属结构制作及安装工程项目划分原则

一、 水工金属结构分部工程划分原则

水工金属结构指构成枢纽工程、引水及河道工程固定资产的全部金属结构及启闭机安装工程。主要包括压力钢管、闸门、拦污栅、启闭机、升船机等制造及安装工程。水工金属结构安装工程的项目划分，要与建筑工程项目划分相对应，在建设项目工程项目划分中，金属结构通常划分为单位工程中的一个主要分部工程。

二、 压力钢管制作及安装单元工程划分原则

水工金属结构安装单元工程按组合功能划分，一般依据设备的复杂程度和专业性质划分，或以一台（套）设备和某一主要部件的制作或安装为个单元工程。

1. 压力钢管制作单元工程项目划分

制作压力钢管的材料必须符合设计要求，其性能应符合现行有关的规范要求，并出具合格证，钢管出厂前应填写出厂检查记录。钢管制造质量等级评定的项目划分如下：

(1) 压力钢管制作单元工程。以一节钢管或一个管段的制作划分为一个单元工程。单元工程量填写本单元钢管质量 t (t)、管径 D (mm)、壁厚 δ (mm)。

(2) 伸缩节制作单元工程。压力钢管伸缩节制作，以一个伸缩节为一个单元工程。单元工程量填写本单元质量 t (t)、壁厚 δ (mm)。

(3) 岔管制作单元工程。压力钢岔管制造以一个岔管为一个单元工程。单元工程量填写质量 t (t)。

2. 压力钢管安装单元工程划分

压力钢管安装由管节安装、焊接与检验、表面防腐蚀等部分组成。压力钢管宜以一个安装单元或一个混凝土浇筑段或一个钢管段的钢管安装为一个单元工程。

（1）压力钢管埋管安装单元工程划分。以一个安装单元或一个混凝土浇筑段的钢管或一个部位钢管段安装划分为一个单元工程。单元工程量填写本单元钢管质量 t（t）、管径 D（mm）、壁厚 δ（mm），或安装长度（加内径、壁厚）。压力钢管安装由管节安装、焊接与检验、表面防腐蚀等部分组成。

（2）压力钢管明管安装单元工程划分。以一个部位钢管安装为一个单元工程。单元工程量填写本单元钢管质量 t（t）、管径 D（mm）、壁厚 δ（mm），或钢管长度（加内径、壁厚）。

压力钢管单元工程安装质量验收评定时，应提供钢管等主要材料合格证，管节主要尺寸复测记录，安装质量检验项目检测记录，重大缺陷处理记录，焊接质量检验记录，表面防腐蚀记录，水压试验及安装图册等。

三、平面闸门安装单元工程划分原则

1. 平面闸门埋件安装单元工程划分

以一扇闸门的埋件安装为一个单元工程，或宜以每一孔（段）门槽的埋件安装划分为一个单元工程。单元工程量填写本单元埋件质量 t（t）。平面闸门埋件单元工程安装质量验收评定时，应提交埋件的安装图样、安装记录、埋件焊接与表面防腐蚀记录，重大缺陷处理记录等资料。平面闸门埋件安装质量评定包括底槛、主轨、侧轨、反轨、止水板、门楣、护角、胸墙和埋件表面防腐蚀等检验项目。

2. 平面闸门门体单元工程划分

宜按以每扇门体的安装划分为一个单元工程。单元工程量填写本单元门体重量。

平面闸门门体安装单元工程质量验收评定时，应提交门体设计与安装图样、安装记录、门体焊接与门体表面防腐蚀记录、闸门试验及试运行记录、重大缺陷处理记录等资料。平面闸门门体安装质量验收评定包括正向支承装置安装、反向支承装置安装、门体焊缝焊接、门体表面防腐蚀、止水橡皮安装、闸门试验和试运行等检验项目。平面闸门门体应做好无水试验、平衡试验和静水试验以及试运行，并做好记录备查。

四、弧形闸门安装单元工程划分原则

1. 弧形闸门埋件单元工程划分

弧形闸门埋件宜以每扇弧形或每孔弧形闸门埋件的安装划分为一个单元工程。单元工程量填写本单元埋件重量。

弧形闸门埋件单元工程安装质量评定时，应提供埋件的安装图样、安装记录、埋件焊接与表面防腐记录、重大缺陷处理记录等资料。弧形闸门埋件质量评定包括底槛、门楣、侧止水板、侧轮导板安装、铰座钢梁安装和表面防腐等检验项目。

2. 弧形闸门门体单元工程

弧形闸门门体单元工程宜以每扇弧形闸门门体的安装划分为一个单元工程。单元工程量填写本单元门体重量。

弧形闸门门体单元工程安装质量验收评定时，应提供闸门的安装图样、安装记录、门体焊接与门体表面防腐记录、闸门试验及试运行记录、重大缺陷记录等资料。弧形闸门门体安装质量评定包括铰座安装、铰轴安装、支臂安装、焊缝焊接、门体表面清除和凹坑焊补、门体表面防腐蚀和止水橡皮安装等检验项目。

五、 人字闸门安装单元工程划分原则

1. 人字闸门埋件单元工程

人字闸门埋件宜以每套或每孔闸门埋件的安装划分为一个单元工程。单元工程量填写本单元埋件重量。

人字闸门埋件单元工程安装质量验收评定时，应提供埋件的安装图样、安装记录、埋件焊接与表面防腐蚀记录、重大缺陷处理记录等资料。人字闸门埋件安装工程质量评定包括顶枢装置安装、枕座安装、底枢装置安装等检验项目。

2. 人字闸门门体工程

人字闸门门体安装宜以每扇（道）闸门门体或每两扇门体的安装划分为一个单元工程。单元工程量填写本单元人字闸门门体重量。

人字闸门门体单元工程安装质量验收评定时，应提供门体的安装图样、安装记录、门体焊接与表面防腐蚀记录、门叶检查调试记录、闸门试运行记录、重大缺陷处理记录等资料。人字闸门门体安装质量评定包括：底、顶枢安装，支、枕垫块安装，焊缝对口错边，焊缝焊接质量，门体表面清除和局部凹坑焊补，门体表面防腐蚀及止水橡皮安装等检验项目。

六、 活动式拦污栅安装单元工程划分原则

宜以每道拦污栅的安装划分为一个单元工程，其中包含拦污栅埋件和栅体的安装。单元工程量填写本单元拦污栅的重量。

活动式拦污栅单元工程安装质量验收评定时，应提供埋件和栅体的安装图样、安装记录、埋件与栅体的表面防腐记录、拦污栅升降试验、试运行记录、重大缺陷处理记录等资料。活动式拦污栅安装质量评定包括埋件、各埋件间距离及栅体安装等检验项目。

七、 启闭机轨道单元工程划分原则

以一台启闭机的轨道安装为一个单元工程，或以连续的、轨距相同的、可供 1 台或多台启闭机运行的两条轨道安装划分为一个单元工程。单元工程量填写本单元轨道型号及长度。

启闭机轨道单元工程安装质量评定时，应提供大车轨道的安装图样、安装记录及轨道安装前的检查记录等资料。大车轨道安装质量评定包括轨道实际中心线对轨道设计中心线位置的偏差等检验项目。

八、 桥式启闭机 （或起重机） 安装单元工程划分原则

桥式启闭机以每一台桥式启闭（起重）机的安装为一个单元工程。单元工程量填写本单元桥机的重量。

桥式启闭机安装工程包括桥架和大车行走机构、小车行走机构、制动器安装、电气设备安装等部分组成。在各部分安装完毕后应进行试运行。桥式启闭机单元工程安装质量验收评定时，应提供桥式启闭机的安装图样、安装记录、试验与试运行记录以及桥式启闭机到货验收资料等。桥架和大车行走机构安装质量评定包括大车跨度的相对差等检验项目；小车行走机构安装质量评定包括小车跨度相对差等检验项目；制动器安装质量评定包括制动轮径向跳动等检验项目；桥式启闭机试运行质量检验包括试运行前检查、试运行、静载试验、动载试验等项目。

九、 门式启闭机安装单元工程划分原则

启闭机安装以每一台门机的安装划分为一个单元工程。单元工程量填写本单元门机

的重量。

门式启闭机安装包括门架和大车行走机构、门腿、小车行走机构、制动器、电气设备等安装。门式启闭机单元工程安装质量验收质量评定时，应提供设备进场检验记录、安装图样、安装记录、重大缺陷处理记录有及试运行记录。门式启闭机出厂前，应进行整体组装和试运行，经检查合格，方可出厂。

十、固定卷扬式启闭机安装单元工程划分原则

固定卷扬式启闭机安装以每一台固定卷扬式启闭机的安装为一个单元工程。单元工程量填写本单元卷扬机的重量或型号。

固定卷扬式启闭机出厂前，应进行整体组装和空载模拟试验，有条件的应作额定载荷试验，经检验合格后，方可出厂。固定卷扬式启闭机安装工程由启闭机位置、制动器安装、电气设备安装等部分组成。固定卷扬式启闭机单元工程安装质量验收评定时，应提供各部分安装图纸、安装记录、试运行记录以及进场检验记录等。固定卷扬式启闭机安装质量评定包括纵、横中心线与起吊中心线之差等检验项目。固定卷扬式启闭机试运行由电气设备试验、无载荷试验、载荷试验三部分组成。

十一、螺杆式启闭机安装单元工程划分原则

螺杆式启闭机安装以每一台启闭机的安装划分为一个单元工程。单元工程量填写本单元启闭机的重量。

螺杆式启闭机出厂前，应进行整体组装和试运行，经检查合格、方可出厂。螺杆式启闭机安装由启闭机安装位置、电气设备安装等组成。螺杆式启闭机单元工程安装质量验收时，应提供产品到货验收记录、现场安装记录等资料。螺杆式启闭机安装质量评定包括：基座纵、横向中心线与闸门吊耳的起吊中心线之差等检验项目。螺杆式启闭机试运行由电气设备测试、无载荷试验、载荷试验等三部分组成。

十二、液压（油压）启闭机单元工程划分原则

液压（油压）启闭机安装宜以每一台液压系统安装划分为一个单元工程。单元工程量填写本单元启闭机的重量或型号。

液压启闭机安装包括机架安装、钢梁与推力支座安装、油桶及贮油箱管道安装等部分，各部分安装完毕后进行试运行。液压式启闭机出厂前应进行整体组装和试验。液压启闭机单元工程安装质量验收评定时，应提供启闭机到货检验记录、安装记录、试运行记录等。液压启闭机单元工程安装质量标准，包括机架横向中心线与实际起吊中心线的距离、机架高程偏差、双吊点液压式启闭机支撑面的高差检验项目。液压启闭机的试运行由试运行前检查、油泵试验、手动操作试验、自动操作试验、闸门沉降试验、双吊点同步试验等检验项目组成。

第三节 金属结构安装工程项目划分方法

一、水工金属结构工程项目划分表

1. 单位工程

系指具有独立的施工条件或独立作用的、由若干个分部工程组成的工程，如泄洪工程。

2. 分部工程

系指在一个构筑物内或在一个建筑物内能组合发挥一种功能的安装工程，如平面闸门及启闭机械安装工程。

3. 单元工程

依据设计结构、施工布置和质量考核要求，将水工金属结构的安装划分为由一个或若干个工种施工完成的最小综合体，是施工质量考核的基本单位。如平面闸门埋件的安装、平面闸门的门体安装等。

二、 水工金属结构工程安装项目划分表

金属结构及启闭机安装分部、单元工程项目划分如表 5-1 所示。

表 5-1　　金属结构及启闭机安装分部、单元工程项目划分

单位工程	分部工程	单元工程
泄洪洞工程	闸门及启闭机械安装	平面闸门埋件安装
		平面闸门门体安装
		弧形闸门埋件安装
		弧形闸门门体安装
		固定卷扬启闭机安装
		螺杆式启闭机安装
		油压启闭机安装
		平面闸门埋件安装
		平面闸门门体安装
		弧形闸门埋件安装
		弧形闸门门体安装
		固定卷扬启闭机安装
		螺杆式启闭机安装
		油压启闭机安装
溢流坝（孔）工程	闸门及启闭机械安装	平面闸门埋件安装
		平面闸门门体安装
		弧形闸门埋件安装
		弧形闸门门体安装
		螺杆式启闭机安装
		固定卷扬启闭机安装
		油压启闭机安装
坝体引水工程	闸门及启闭机械安装 压力钢管安装 拦污栅安装	平面闸门埋件安装
		平面闸门门体安装
		油压启闭机安装
		门式启闭机安装
		拦污栅安装
		一个混凝土浇筑段钢管安装或一个部位钢管安装。例如：下弯管、斜管、下水平管等
引水隧洞工程	闸门及启闭机械安装 压力钢管安装 拦污栅安装	平面闸门埋件安装
		平面闸门门体安装
		油压启闭机安装
		固定卷扬式启闭机安装
		门式启闭机安装
		拦污栅安装
		一个混凝土浇筑段钢管安装或一个部位钢管安装。例如：下弯管、斜管、下水平管等

续表

单位工程	分部工程	单元工程
地面发电厂房工程	闸门及启闭机械安装	平面闸门埋件安装
		平面闸门门体安装
		固定卷扬式启闭机安装
		门式启闭机安装
		桥式启闭机或起重机安装
地下发电厂房工程	闸门及启闭机械安装	平面闸门埋件安装
		平面闸门门体安装
		固定卷扬式启闭机安装
		桥式启闭机或起重机安装
船闸工程	闸门及启闭机械安装	平面闸门埋件安装
		平面闸门门体安装
		弧形闸门埋件安装
		弧形闸门门体安装
		人字闸门埋件安装
		人字闸门门体安装
		固定卷扬式启闭机安装
		油压启闭机安装
		桥式启闭机或起重机安装

三、 金属结构安装工程项目划分实例

以阿海水电站金属结构设备为例，说明压力钢管制作与安装、进水口拦污栅、闸门及启闭机安装分部工程、单元工程的项目划分，其项目划分表如表5-2所示。

表5-2　　金属结构安装分部、分项（扩大）、单元工程划分表

单位工程	合同	分部工程	分项工程	单元工程
大坝工程	标段Ⅰ	1. 引水压力钢管制作	1号引水压力钢管制作	各压力钢管制作以每节划分为一个单元，共54节，共为54个单元
			2号引水压力钢管制作	
			3号引水压力钢管制作	
			4号引水压力钢管制作	
			5号引水压力钢管制作	
		2. 引水压力钢管安装	1号引水压力钢管安装	压力钢管安装以每个浇筑段划分为一个单元，共计浇筑54段，划分为54个单元
			2号引水压力钢管安装	
			3号引水压力钢管安装	
			4号引水压力钢管安装	
			5号引水压力钢管安装	
		3. 右冲压力钢管制作与安装	右冲压力钢管制作	压力钢管 $\delta=18$mm 制作
				压力钢管 $\delta=18$mm 制作
			右冲压力钢管安装	压力钢管 $\delta=18$mm 安装
				压力钢管 $\delta=18$mm 安装

续表

单位工程	合同	分部工程	分项工程	单元工程
大坝工程	标段Ⅱ	4. 拦污栅安装	1 号进水口拦污栅安装	1 号—1 进水口拦污栅安装
				1 号—2 进水口拦污栅安装
				1 号—3 进水口拦污栅安装
				1 号—4 进水口拦污栅安装
				1 号—5 进水口拦污栅安装
			2 号进水口拦污栅安装	2 号—1 进水口拦污栅安装
				2 号—2 进水口拦污栅安装
				2 号—3 进水口拦污栅安装
				2 号—4 进水口拦污栅安装
				2 号—5 进水口拦污栅安装
			3 号进水口拦污栅安装	3 号—1 进水口拦污栅安装
				3 号—2 进水口拦污栅安装
				3 号—3 进水口拦污栅安装
				3 号—4 进水口拦污栅安装
				3 号—5 进水口拦污栅安装
			4 号进水口拦污栅安装	4 号—1 进水口拦污栅安装
				4 号—2 进水口拦污栅安装
				4 号—3 进水口拦污栅安装
				4 号—4 进水口拦污栅安装
				4 号—5 进水口拦污栅安装
			5 号进水口拦污栅安装	5 号—1 进水口拦污栅安装
				5 号—2 进水口拦污栅安装
				5 号—3 进水口拦污栅安装
				5 号—4 进水口拦污栅安装
				5 号—5 进水口拦污栅安装
			进水口检修拦污栅栅叶安装	1 号进水口检修拦污栅栅叶安装
				2 号进水口检修拦污栅栅叶安装
		5. 闸门及启闭机安装	闸门设备安装	1 号溢洪道溢流表孔弧形工作闸门埋件安装
				2 号溢洪道溢流表孔弧形工作闸门埋件安装
				3 号溢洪道溢流表孔弧形工作闸门埋件安装
				4 号溢洪道溢流表孔弧形工作闸门埋件安装
				5 号溢洪道溢流表孔弧形工作闸门埋件安装
				1 号溢洪道溢流表孔弧形工作闸门门体安装
				2 号溢洪道溢流表孔弧形工作闸门门体安装
				3 号溢洪道溢流表孔弧形工作闸门门体安装
				4 号溢洪道溢流表孔弧形工作闸门门体安装
				5 号溢洪道溢流表孔弧形工作闸门门体安装
				1 号溢洪道溢流表孔检修闸门埋件安装
				2 号溢洪道溢流表孔检修闸门埋件安装
				3 号溢洪道溢流表孔检修闸门埋件安装
				4 号溢洪道溢流表孔检修闸门埋件安装
				5 号溢洪道溢流表孔检修闸门埋件体安装
				溢洪道溢流表孔检修闸门门体安装
				左岸泄洪冲沙底孔弧形工作闸门埋件安装
				左岸泄洪冲沙底孔弧形工作闸门门体安装
				左岸泄洪冲沙底孔事故检修闸门埋件安装
				左岸泄洪冲沙底孔事故检修闸门门体安装
				右冲沙底孔检修闸门埋件安装

续表

单位工程	合同	分部工程	分项工程	单元工程
大坝工程	标段Ⅱ	5. 闸门及启闭机安装	闸门设备安装	右冲沙底孔检修闸门门体安装
				右冲沙底孔事故检修闸门埋件安装
				右冲沙底孔事故检修闸门门体安装
				1号进水口检修闸门埋件安装
				2号进水口检修闸门埋件安装
				3号进水口检修闸门埋件安装
				4号进水口检修闸门埋件安装
				5号进水口检修闸门埋件安装
				1号进水口快速事故闸门埋件安装
				2号进水口快速事故闸门埋件安装
				3号进水口快速事故闸门埋件安装
				4号进水口快速事故闸门埋件安装
				5号进水口快速事故闸门埋件安装
				进水口检修闸门门体安装
				1号进水口快速事故闸门门体安装
				2号进水口快速事故闸门门体安装
				3号进水口快速事故闸门门体安装
				4号进水口快速事故闸门门体安装
				5号进水口快速事故闸门门体安装
				1号导流洞封堵闸门门体安装
				2号导流洞封堵出口叠梁门门体安装
				2号导流洞进口封堵闸门门体安装
			启闭机安装	坝顶门机轨道安装
				坝顶门机安装
				左岸泄洪冲沙底孔工作门液压启闭机安装
				右冲沙底孔事故闸门液压启闭机安装
				1号溢洪道溢流表孔工作门液压启闭机安装
				1号进水口快速事故闸门液压启闭机安装
				2号进水口快速事故闸门液压启闭机安装
				3号进水口快速事故闸门液压启闭机安装
				4号进水口快速事故闸门液压启闭机安装
				5号进水口快速事故闸门液压启闭机安装
				1号导流洞封堵门固定卷扬式启闭机安装
				2号导流洞封堵门固定卷扬式启闭机安装
				坝顶单向门机轨道安装
				坝顶单向门机安装
				2号溢洪道溢流表孔工作门液压启闭机安装
				3号溢洪道溢流表孔工作门液压启闭机安装
				4号溢洪道溢流表孔工作门液压启闭机安装
				5号溢洪道溢流表孔工作门液压启闭机安装

输电线路及变电站工程项目划分

第一节　电力工程及输变电工程与质量评定

一、 电力工程及输变电工程

1. 电力工程及输电线路

（1）电力工程及其组成。电力工程是指与电能的生产、输送、分配有关的工程。电力工程包括：发电站（发电工程）、输电线路工程或送电线路工程（输电工程或送电工程），变电站（变电工程）、配电线路工程（配电工程）。

（2）输电线路。即高压输电线路，输电线路作为输电系统一部分的线路，又称电力线路，是用于电力系统两点之间输电的导线，绝缘材料和各种附件组成的设施。输电线路主要包括杆塔、拉线、导线和避雷器、高压绝缘子等。

2. 电力工程各部分的作用

发电站是生产电能，以6kV至10kV电压等级为主送电线路；送电线路是完成电能的输送和分配任务，以110kV以上至500kV高电压等级为主；变电站是改变电压等级，适应输电、配电的需要，包括低电压和高电压等级；配电线路是把电能分配给用户，主要是110kV以下的中低压电压等级。

二、 输电线路工程项目划分与质量评定

1. 输电线路工程项目划分

（1）输电线路工程项目划分层次。输电线路工程项目划分为单位工程、分部工程、分项工程、单元工程四级。

（2）输电线路工程项目划分方法。通常将每两个变电站之间的一条架空输电线路或一个标段的架空电力线路工程划定为一个单位工程。每个单位工程分为若干个分部工程；每个分部工程分为若干个分项工程；每个分项工程又分为若干个单元工程；每个单元工程中规定若干个检查（检验）项目。检查（检验）项目分为关键项目、重要项目、一般项目与外观项目。

2. 工程施工质量评定及术语

（1）工程质量评定等级。是按单元工程、分项工程、分部工程、单位工程进行评定，质量评定均分为优良、合格与不合格三个等级。

（2）工程质量评定术语。

1）关键项目。指影响工程性能、强度、安全性和可靠性且不易修复和处理的项目。

2）重要项目。指一般不影响施工安装和运行安全的项目。

3）一般项目。指不影响施工安装和运行安全的项目。

4）外观项目。指体现工艺水平、环境协调及美观的项目。

3. 工程施工质量评定标准

（1）单元工程质量评定。优良、合格、不合格标准如下：

1）优良级：①关键项目必须全部达到优良级标准；②重要项目、一般项目和外观项目必须全部达到合格级标准；③全部检查项目中有80%及以上达到优良级标准。

2）合格级：①关键项目、重要项目、外观项目检查中达到优良级标准者不及80%，但必须100%达到合格级标准；②一般项目中，如有一项未能达到合格级规定，但不影响使用者，可评为合格级。

3）不合格级：关键项目、重要项目、外观项目检查中有一项或一般检查项目有两项及以上未达到合格级规定者。

（2）分项工程质量评定。优良、合格、不合格标准如下：

1）优良级。该分项工程中单元工程全部达到合格级标准，且检查（检验）项目优良级数达到该分项工程中检查（检验）项目总数的80%及以上者。

2）合格级。该分项工程中单元工程全部达到合格级标准者。

3）不合格级。该分项工程中有一个及以上单元工程未达到合格级标准者。

（3）分部工程质量评定。优良、合格、不合格标准如下：

1）优良级。该分部工程中分项工程全部合格，并有80%及以上分项工程达到优良级，且分部工程中的检查（检验）项目优良级数目达到该分部工程中的检查（检验）项目总数的80%及以上者。

2）合格级。该分部工程中分项工程全部达到合格级标准者。

3）不合格级。分部工程中有一个及以上分项工程未达到合格级标准者。

（4）单位工程质量评定。优良、合格、不合格标准如下：

1）优良级。单位工程中分部工程全部合格，并有80%及以上达到优良级标准，且单位工程中的检查（检验）项目优良级数目达到该单位工程中的检查（检验）项目总数的80%及以上者。

2）合格级。该单位工程中分部工程全部达到合格级标准者。

3）不合格级。单位工程中有一个及以上分部工程未达到合格级标准者。

4. 不合格项目处理及处理合格后的质量评定

（1）凡关键项目、重要项目在竣工验收中发现有不合格工程项目者，一次修复达优良者仍可评为优良级，否则不得评为优良级。

（2）不合格项目，经设计者研究同意且业主认可，经处理后能满足安全要求者仍可评为合格，但该项目不得评为优良级。

（3）凡经有关方面共同鉴定，确定非施工原因造成的质量缺陷，若经修改设计或更换不合格设备、材料后，仍可参加评级。

（4）凡不合格的工程项目在竣工验收前一经发现即自行处理者，仍可参加评定。

5. 优良率与合格率

工程优良率与一次验收合格率为工程质量评定的依据，其计算公式如下：优良率＝达到优良级检查（检验）项目数/全部检查（检验）项目数。一次验收合格率-＝一次验收合格的检查（检验）项目数/全部检查（检验）项目数。

第二节 输电线路工程项目划分

一、 输电线路项目划分表

1. 输电线路工程项目划分

一个架空输电线路工程为一个单位工程，划分为六个分部工程，分别为土石方工程、基础工程、杆塔工程、架线工程、接地工程、线路防护设施与原材料及器材检验等。

2. 输电线路工程项目划分方法

输电线路分部分项工程及单元工程施工质量检验项目如表 6-1 所示。

表 6-1 输电线路工程项目划分表

单位工程	合同	分部工程	分项工程	单元工程施工质量检验项目
输电线路工程	标段 1	1. 土石方工程	1. 路径复测	1. 转角桩度数
				2. 挡距
				3. 被跨越物高程
				4. 塔位高程
				5. 地形凸起点高程
				6. 直线桩偏移
				7. 被跨越物与邻近塔位距离
				8. 地形凸起点、风偏危险点与邻近塔位距离
			2. 现浇铁塔基础分坑	1. 基础坑深
				2. 普通坑中心根开及对角线尺寸
				3. 基础坑底板尺寸
			3. 岩石、掏挖基础分坑	1. 基础坑深
				2. 普通坑中心根开及对角线尺寸
				3. 基础坑底板尺寸
				4. 基础孔径
			4. 风偏及对地开方	1. 施工基面高程
				2. 需要开方平基面的塔位边坡净距
				3. 风偏及对地距
		2. 基础工程	1. 现浇铁塔基础	1. 地脚螺栓、插入角钢及钢筋规格、数量
				2. 水泥、外加剂
				3. 砂、石
				4. 水

续表

单位工程	合同	分部工程	分项工程	单元工程施工质量检验项目
输电线路工程	标段1	2. 基础工程	1. 现浇铁塔基础	5. 混凝土强度
				6. 底板断面尺寸
				7. 基础埋深
				8. 钢筋保护层厚度
				9. 混凝土表面质量
				10. 立柱断面尺寸
				11. 整基基础中心位移
				12. 整基基础扭转
				13. 整基根开及对角线尺寸
				14. 同组地脚螺栓中心对立柱中心偏移
				15. 基础顶面或主角钢操平印记间高差
				16. 回填土
			2. 岩石、掏挖基础	1. 地脚螺栓（锚杆）及钢筋规格、数量
				2. 水泥、外加剂
				3. 砂、石
				4. 水
				5. 土质、岩石性质
				6. 混凝土强度
				7. 下口断面尺寸
				8. 基础埋深
				9. 锚杆埋深
				10. 锚杆孔径
				11. 钢筋保护层厚度
				12. 混凝土表面质量
				13. 立柱断面尺寸
				14. 整基基础中心位移
				15. 整基基础扭转
				16. 基础根开及对角线尺寸
				17. 同组地脚螺栓中心对立柱中心偏移
				18. 基础顶面间高差
				19. 防风化层
			3. 灌注桩基础	1. 地脚螺栓及钢筋规格、数量
				2. 水泥、外加剂
				3. 砂、石
				4. 水
				5. 混凝土强度
				6. 桩体整体性
				7. 桩深
				8. 清孔
				9. 充盈系数
				10. 桩径、桩垂直度

续表

单位工程	合同	分部工程	分项工程	单元工程施工质量检验项目
输电线路工程	标段 1	2. 基础工程	3. 灌注桩基础	11. 连梁（承台）标高
				12. 桩顶清理
				13. 桩身钢筋保护层厚度
				14. 连梁（承台）钢筋保护层高度
				15. 混凝土表面质量
				16. 连梁（承台）断面尺寸
				17. 整基基础中心偏移
				18. 整基基础扭转
				19. 基础根开及对角线尺寸
				20. 同组地脚螺栓中心对立柱中心偏移
				21. 基础顶面间高差
			4. 贯入桩基础	1. 地脚螺栓及钢筋规格、数量
				2. 水泥、外加剂
				3. 砂、石
				4. 水
				5. 预制桩规格/数量
				6. 预制桩质量
				7. 现浇混凝土质量
				8. 混凝土表面质量
				9. 贯入深度
				10. 连梁（承台）标高
				11. 连梁（承台）断面尺寸
				12. 连梁（承台）钢筋保护层高度
				13. 整基基础中心偏移
				14. 整基基础扭转
				15. 基础根开及对角线尺寸
				16. 同组地脚螺栓中心对立柱中心偏移
				17. 基础顶面间高差
	标段 2	3. 杆塔工程	自立式铁塔组立	1. 部件规格、数量
				2. 节点间主材弯曲
				3. 转角、终端塔向受力反向侧倾斜
				4. 直线塔结构倾斜
				5. 螺栓与构件面接触及出扣情况
				6. 螺栓防松
				7. 螺栓防盗
				8. 脚钉
				9. 螺栓紧固
				10. 螺栓穿向
				11. 构件接触面贴合率
				12. 保护帽

续表

单位工程	合同	分部工程	分项工程	单元工程施工质量检验项目
输电线路工程	标段 2	4. 架线工程	1. 导线、避雷器及 OPGW 展放	1. 导线、避雷器及 OPGW 规格
				2. 因施工损伤补修处理
				3. 因施工损伤接续处理
				4. 同一档内接续管与补修管（预绞丝）数量
				5. 各压接管与线夹、间隔棒最小间距
				6. 导线、避雷器及 OPGW 外观质量
			2. 导线、避雷线连接管	1. 压接管规格、型号
				2. 耐张、直线压接管试验强度
				3. 压接后尺寸
				4. 压接管表面质量
				5. 压接后弯曲
			3. 导线、避雷线及 OPGW 紧线	1. 相对排列
				2. 对交叉跨越物及对地距离
				3. 耐张连接金具绝缘子规格、数量
				4. 导线、避雷线及 OPGW 紧线弧垂（紧线当时）
				5. 导线相间、避雷线两线间隔弧垂偏差
				6. 同相子导线间弧垂偏差
				7. 导线、避雷线及 OPGW 弧垂
			4. 导线、避雷线及 OPGW 附件安装	1. 金具及间隔棒规格、数量
				2. 跳线及带电导体对铁塔电气间隙
				3. 跳线联板
				4. 开口销及弹簧销
				5. 绝缘子规格、数量
				6. 跳线制作
				7. 悬垂绝缘子串倾斜
				8. 防震锤及阻尼线安装距离
				9. OPGW 接线盒及引线安装
				10. 铝包带缠绕
				11. 绝缘避雷线放电间隙
				12. 间隔棒安装位置
				13. 屏蔽球、均压环绝缘间隙
				14. 瓷瓶开口销子、螺栓及弹簧销穿入方向
		5. 接地工程	1. 接地装置	1. 接地体规格、数量
				2. 接地体电阻值
				3. 接地体连接
				4. 接地体防腐
				5. 接地体敷设
				6. 接地体埋深及埋设
				7. 回填土
				8. 接地引下线安装

续表

单位工程	合同	分部工程	分项工程	单元工程施工质量检验项目
输电线路工程	标段 2	5. 接地工程	2. 垂直接地装置	1. 接地体规格、数量
				2. 接地体电阻值
				3. 接地体连接
				4. 接地体防腐
				5. 垂直接地体体深度
				6. 垂直接地孔直径
				7. 垂直接地孔布置
				8. 回填土
				9. 接地引下线安装
		6. 线路防护设施	线路防护设施	1. 基础护坡或防洪堤
				2. 跨越高塔航空标志
				3. 拦江线或公路高度限标
				4. 线路防护标志（回路标志、相位标志、警示牌）
				5. 防护桩（墙）
				6. 排水沟、挡土墙

第三节　变电站工程项目划分

一、 变电站工程项目划分原则

1. 单位工程划分原则

变电站单位工程按照独立形成生产（使用）功能的建筑物或构筑物进行划分。通常每个变电站划分为一个单位工程，其中，包含两个子单位工程，即土建工程及电气安装工程。

2. 分部工程划分原则

变电站土建分部工程按建筑物或构筑物的部位划分；电气安装工程一般划分为一个分部工程。

3. 分项工程划分原则

变电站土建分项工程按主要工种划分；电气安装分项工程按用途、种类及设备组别等划分。

二、 变电站土建工程项目划分方法

1. 变电站土建分部工程

变电站土建分部工程划分为六个分部工程，分别为主控制室楼或综合楼、户外构支架分部工程、变电所内区性建筑、消防分部工程、辅助生产建筑分部工程、生活福利建筑分部工程。

2. 变电站土建工程项目划分表

变电站土建工程分部工程—子分部—分项工程项目划分如表 6-2 所示。

表 6-2　　变电站土建工程项目划分

分部工程	子分部工程	分项工程	单元工程
1. 主控制室楼/综合楼	1. 地基和基础工程	1. 土方	土方开挖、土方回填
		2. 地基处理	灰土地基、重锤夯实地基、强夯地基等
		3. 桩基	锚杆静压桩及静力压桩、预应力离心管桩、钢筋混凝土预制桩、混凝土灌注桩等
		4. 混凝土基础	模板、钢筋、混凝土、混凝土结构缝处理
	2. 主体结构	1. 混凝土结构	模板、钢筋、混凝土
		2. 砌体结构	砖砌体、石砌体、填充墙砌体
	3. 建筑装饰装修	1. 地面	整体面层：基层、水泥混凝土面层、水泥砂浆面水磨石面层等
			板块面层：基层、砖面层、大理石、花岗岩、预制板块面层、活动地板面层等
		2. 抹灰	一般抹灰、装饰抹灰
		3. 门窗	木门窗制作与安装、金属门窗安装、塑料门窗安装、特种门安装、门窗玻璃安装
		4. 饰面板（砖）	饰面板安装、饰面砖粘贴
		5. 幕墙	玻璃幕墙、金属幕墙、石材幕墙
		6. 涂饰	水性涂料涂饰、溶剂型涂料涂饰
		7. 细部	门窗套制作与安装、护栏和扶手制作与安装、花饰制作与安装
		8. 吊顶	暗龙骨吊顶、明龙骨吊顶
	4. 建筑屋面	1. 卷材防水层面	保温层、找平层、卷材防水层、编部构造
		2. 涂膜防水层面	保温层、找平层、涂膜防水层、编部构造
		3. 刚性防水层面	细石混凝土防水层、密封材料嵌缝、细部构造
	5. 建筑给排水	1. 室内给水系统	给水管道及配件安装、室内消火栓系统安装、给水设备安装、管道防腐
		2. 室内排水系统	排水管道及配件安装、雨水管道及配件安装
		3. 室内热水供应系统	管道及配件安装、辅助设备安装、防腐、绝热
		4. 卫生器具安装	卫生器具安装、卫生器具给水配件安装、卫生器具排水管道安装
	6. 照明	照明	配电箱安装、电线、电缆导管和线槽敷设、电线、电缆导管和线槽敷设，电缆头制作、导线连接和线路电气试验，普通灯具安装，插座、开关安装，建筑照明通电试运行
	7. 通风	通风	风机安装、系统调试
2. 户外构支架分部工程	1. 地基工程	参照主控楼地基与基础分部	
	2. 构架（可视其规模分成若干子分部）	1. 基础	参照主控楼地基与基础分部
		2. 构架	构架安装
	3. 设备基础及支架	1. 基础	参照主控楼地基与基础分部
		2. 支架吊装	支架吊装
	4. 独立避雷针	1. 基础	参照主控楼地基与基础分部
		2. 避雷针安装	避雷针安装

续表

分部工程	子分部工程	分项工程	单元工程
3. 变电所区内建筑工程	1. 变电所区内道路	1. 路槽开挖	土方开挖
		2. 垫层铺设	土方换填
		3. 面层浇制	混凝土浇筑
	2. 电缆沟		垫层、模板、钢筋、混凝土、沟道砌筑、支架安装、盖板制作及安装
	3. 户外给排水	1. 户外给水管网	给水管道安装、消防水泵结合器及室外消火栓安装、管沟及井室
		2. 户外排水管网	排水管道安装、排水沟与井池（含事故油池、油坑）
	4. 户外照明		配电箱安装、电线、电缆导管和线槽敷设、电线、电缆导管和线槽敷设，电缆头制作、导线连接和线路电气试验，普通灯具安装，建筑照明通电试运行
	5. 围墙及大门		基础
			砌砖
			围墙内外装饰
	6. 挡土墙		土方开挖、垫层、毛石砌筑
4. 消防分部工程	火灾报警及消防联动系统		火灾和可燃气体探测系统、火灾报警控制系统、消防联动系统
5. 辅助生产建筑分部工程			
6. 生活福利建筑分部工程			

三、 变电站电气安装工程项目划分方法

1. 变电站电气安装分部工程划分

变电站电气安装工程划分为八个分部工程，分别为户外配电装置、配电装置及无功补偿系统、主变压器系统、站用电系统、防雷接地系统、电气二次系统、通信系统、调试系统。

2. 变电站电气安装工程项目划分表

变电站电气安装工程分部工程—分项工程—单元工程项目划分如表 6-3 所示。

表 6-3　　变电站电气安装工程项目划分

分部工程	分项工程	单元工程	单元工程划分原则
1. ××kV 户外配电装置	1. 进出线（包括母联、分段、旁路）间隔（每一间隔为一个分项工程）	1. 断路器的安装和调整	每台为一个单元工程
		2. 隔离开关的安装和调整	每组为一个单元工程
		3. 电流互感器的安装	每组为一个单元工程
		4. 电容式电压互感器的安装	每间隔为一个单元工程
		5. 户外避雷器的安装	每间隔为一个单元工程
		6. 阻波器、耦合电容器、结合滤波的安装	每间隔为一个单元工程
		7. 引下线、设备连线的安装	每间隔为一个单元工程

续表

分部工程	分项工程	单元工程	单元工程划分原则
1. ××kV户外配电装置	2. 电压互感器间隔（每一间隔为一个分项工程）	1. 隔离开关的安装和调整	每组为一个单元工程
		2. 电容式电压互感器的安装	每组为一个单元工程
		3. 户外避雷器的安装	每组为一个单元工程
		4. 引下线、设备连线的安装	每间隔为一个单元工程
	3. 母线安装（软母线）为一个分项工程	软母线安装	每间隔为一个单元工程
2. ××kV配电装置和无功补偿系统	1. 进出线（包括母联、分段、旁路）间隔（每一间隔为一个分项工程）	1. 开关柜的安装	每台为一个单元工程
		2. 断路器的安装和调整	每台为一个单元工程
		3. 隔离开关的安装和调整	每组为一个单元工程
		4. 电流互感器的安装	每组为一个单元工程
		5. 电压互感器的安装	每组为一个单元工程
		6. 避雷器的安装	每间隔为一个单元工程
		7. 阻波器、耦合电容器、结合滤波器的安装	每间隔为一个单元工程
		8. 户内封闭式母线的安装	每间隔为一个单元工程
		9. 电力电缆的敷设	每条为一个单元工程
		10. 户外软导线、设备连线的安装	每间隔为一个单元工程
	2. 电压互感器安装（每一间隔为一个分项工程）	1. 隔离开关的安装和调整	每组为一个单元工程
		2. 电压互感器的安装	每组个单元工程
		3. 避雷器的安装及调整	每间隔为一个单元工程
	3. 母线安装（软母线）每段母线各为一个分项工程	矩形母线安装	每段为一个单元工程
	4. 无功补偿装置每组（间隔）为一个分项工程	1. 断路器的安装和调整	每台为一个单元工程
		2. 隔离开关的安装和调整	每组为一个单元工程
		3. 电流互感器的安装	每组为一个单元工程
		4. 电抗器的安装	每组为一个单元工程
		5. 放电线圈	每组为一个单元工程
		6. 电容器安装	每组为一个单元工程
		7. 附属设备（母线、绝缘子、网架等）的安装	每间隔为一个单元工程
3. 主变压器系统	1. 主变压器安装	1. 变压器本体（含轨道）安装	每台为一个单元工程
		2. 器身检查	每台为一个单元工程
		3. 附件安装	每台为一个单元工程
		4. 排氮、干燥、油处理及注油	每台为一个单元工程
		5. 变压器整体检查	每台为一个单元工程
	2. 附属设备安装	1. 隔离开关的安装和调整	每台为一个单元工程
		2. 避雷器安装	每台为一个单元工程
		3. 电流互感器安装	每台为一个单元工程
		4. 引下线、设备连线的安装	每间隔为一个单元工程
		5. 35kV硬母线安装	每一伸缩段为一个单元工程

续表

分部工程	分项工程	单元工程	单元工程划分原则
4. 站用电系统	1. 直流电源系统	1. 蓄电池池组的安装	每组为一个单元工程
		2. 蓄电池的充放电	每组为一个单元工程
		3. 整流（高频）设备安装	每组为一个单元工程
		4. 直流屏（柜）的安装	每套为一个单元工程
	2. 交流电源系统独立	1. 站用变压器（干式）的安装	每台为一个单元工程
		2. 进线及母线断路器的安装和调整	每台为一个单元工程
		3. 馈线断路器的安装和调整	每块屏为一个单元工程
		4. 隔离开关的安装和调整	每块屏为一个单元工程
		5. 电流互感器安装	每块屏为一个单元工程
		6. 电压互感器安装	每组为一个单元工程
		7. 避雷器安装	每组为一个单元工程
		8. 高压电缆的敷设	每条为一个单元工程
		9. 设备连线的安装	每间隔为一个单元工程
		10. 交流配电盘的安装	每台为一个单元工程
		11. 动力箱的安装	每面为一个单元工程
5. 防雷接地系统	1. 独立地网安装	1. 独立避雷针安装	每基为一个单元工程
		2. 避雷针接地网安装	每区为一个单元工程
	2. 户外工作接地网安装	1. 户外接地网安装	每区为一个单元工程
		2. 接地引下线安装	每区为一个单元工程
	3. 户内工作接地网安装	户内接地网安装	每个功能房间为一个单元工程
6. 电气二次系统	1. 控制屏、保护屏和自动装置的安装	控制屏、保护屏和自动装置屏的安装	每块屏为一单元工程
	2. 微机站及监控后台系统安装	微机站级监控后台系统安装	一个单元工程
	3. 微机监测装置的安装	微机监测装置的安装	每块屏为一单元工程
	4. 端子箱安装	端子箱安装	每台为一个单元工程
	5. 电缆敷设	1. 户外电缆沟电缆支架安装	每区为一个单元工程
		2. 户内电缆沟电缆支架安装	每类支架为一个单元工程
		3. 电缆敷设	每区为一个单元工程
		4. 电缆防火阻燃	每区为一个单元工程
7. 通信系统	1. 电源系统的安装	1. 电源屏、蓄电池屏、配电屏安装	每块屏为一个单元工程
		2. 电缆敷设	一个单元工程
	2. 电力线载波系统	1. 载波机安装	每块（台）为一个单元工程
		2. 高频引入架安装	每块屏为一个单元工程
		3. 结合设备安装	每间隔为一个单元工程
		4. 高频电缆敷设	每区为一个单元工程
	3. 站内通信系统	1. 智能调度机、程控交换机、音频配线柜安装	每台（块）为一个单元工程

续表

分部工程	分项工程	单元工程	单元工程划分原则
7. 通信系统	3. 站内通信系统	2. 分线盒、话机出线盒安装	一个单元工程
		3. 通信电缆敷设	一个单元工程
8. 调试系统	1. 电气设备试验	电气设备、绝缘子、电缆、接地网等	每类设备为一个单元工程
	2. 变压器保护调试		每台变压器每类保护装置为一个单元工程
	3. 母线保护调试		每套保护装置为一个单元工程
	4. 线路保护调试		每条线路、每类保护装置为一个单元工程
	5. 公用保护和自动装置调试		每类保护、每类自动装置为一个单元工程
	6. 无功补偿系统调试		每一间隔的保护为一个单元工程
	7. 测量、计量系统调试		每类仪表、元件、屏柜为一个单元工程
	8. 通信系统调试	1. 结合设备试验	每间隔为一个单元工程
		2. 载波系统试验	每间隔为一个单元工程
		3. 站内通信试验	一个单元工程

四、 变电工程项目划分

变电工程指改变电压等级工程，包含输电、配电工程，即低电压、高电压等级。单位工程、合同、分部工程、单元工程项目划分如表 6-4 所示。

表 6-4　　　　变电工程项目划分

单位工程	合同	分部工程	单元工程
1. 主变压（高压电抗）器系统设备安装	标段Ⅰ	1. 主变压（高压电抗）器安装	1. 主变压（高压电抗）器本体安装
			▲2. 主变压（高压电抗）器检查
			3. 主变压（高压电抗）器附件安装
			▲4. 主变压（高压电抗）器注油及密封试验
			▲5. 主变压（高压电抗）器整体检查
		2. 主变压（高压电抗）器系统附属设备安装	1. 中性点隔离开关安装
			2. 中性点电流互感器、避雷器安装
			3. 控制器柜及端子箱检查安装
			4. 软母线安装
2. 主控及直流设备安装		1. 主控室设备安装	1. 控制及保护和自动化屏安装
			2. 直流屏及充电设备安装
			3. 二次回路检查及接线
		2. 蓄电池组安装	1. 蓄电池组安装
			2. 充放电及容量安装

续表

单位工程	合同	分部工程	单元工程
3. 500(200kV)配电装置安装	标段Ⅱ	1. 主母线及旁站母线安装	1. 绝缘子串安装
			2. 软母线安装
			3. 支柱绝缘子安装
			▲4. 管形母线安装
			5. 接地开关安装
		2. 电压互感器及避雷器安装	1. 避雷器安装
			2. 电压互感器安装
			3. 隔离开关及接地开关安装
			4. 支柱绝缘子安装
			5. 引下线及跳线安装
			6. 箱柜安装
		3. 进出线（母联、分级及旁站）间隔安装	1. 隔离开关安装
			▲2. 断路器安装
			3. 电流互感器安装
			4. 避雷器安装
			5. 穿墙套管安装
			6. 支柱绝缘子安装
			7. 引下线及跳线安装
			8. 就地控制设备安装
		4. 铁构架及网门安装	铁构架及网安装
4. 站用配电装置安装		1. 工作变压器安装	1. 变压器本体安装
			▲2. 变压器检查
			3. 变压器附件安装
			▲4. 变压器注油及密封试验
			5. 控制及端子箱安装
			▲6. 变压器整体检查
		2. 备用变压器安装	1. 变压器本体安装
			▲2. 变压器检查
			3. 变压器附件安装
			▲4. 变压器注油及密封试验
			5. 控制及端子箱安装
			▲6. 变压器整体检查
		3. 进线间隔安装	1. 基础型钢安装
			2. 隔离开关安装
			▲3. 断路器安装
			▲4. 断路器检查
			5. 二次回路检查接线
		4. 站用低压配电装置安装	1. 低压盘基础制作
			2. 低压盘安装
			3. 母线安装
			4. 二次回路检查接线

续表

单位工程	合同	分部工程	单元工程
5. 35kV 无功补偿装置安装	标段Ⅲ	1. 电抗器安装	1. 电抗器安装
			2. 引下线安装
		2. 电容器间隔安装	1. 电容器安装
			2. 放电线圈安装
			3. 引下线安装
6. 全站电缆施工		1. 电缆管配制及敷设	电缆管配制及敷设
		2. 电缆管制作安装	1. 电缆架安装
			2. 电缆敷设
		3. 电缆敷设	1. 屋内电缆敷设
			2. 屋外电缆敷设
		4. 电力电缆终端及中间接头制作	1. 电力电缆终端制作者及安装
			2. 电力电缆接头制作者及安装
		5. 控制电缆终端制作及安装	控制电缆终端制作及安装
		6. 35kV 及以上电缆线路施工	▲35kV 及以上电缆线路施工
		7. 电缆防火与阻燃	▲电缆防火与阻燃
7. 全站防雷及接地装置安装		1. 避雷针及引下线安装	▲避雷针及引下线安装
		2. 接地装置安装	▲1. 屋外接地装置安装
			▲2. 屋内接地装置安装
8. 全站电气照明装置安装		屋外开关站照明安装	1. 管路敷设
		屋外道路照明安装	2. 管内配线及接地
			3. 照明配电箱（板）安装
			4. 照明灯具安装
			1. 电缆敷设接线
			2. 照明灯具安装
9. 构支架制作与安装工程		1. 500kV 区及主变压器部分	1. 钢管回构组装
			2. 钢管架构安装
			3. 设备柱安装
			4. 架构梁制作
		2. 220kV 部分	1. 钢管架构组组装
			2. 钢管架构安装
			3. 设备柱安装
			4. 架构梁制作
		3. 35kV 部分	1. 钢管回构组装
			2. 钢管架构安装
			3. 设备柱安装
			4. 架构梁制作
10. 设备带电试运		主变压（高压电抗）器带电试运	▲1. 主变压（高压电抗）器带电试运
		500（200kV）配电装置带电试运	▲2. 500（200kV）配电装置带电试运
		站用设备带电试运	▲3. 站用设备带电试运
		电容器组带电试运	▲4. 电容器组带电试运
		屋外开关站照明回路通电检查	▲5. 屋外开关站照明回路通电检查

注：带“▲”为主要单元工程。

枢纽工程安全监测项目划分

第一节　枢纽工程安全监测及监测内容

一、 枢纽工程安全监测及术语

1. 枢纽工程安全监测及方法

（1）枢纽工程安全监测。水电水利枢纽安全监测是通过仪器观测和巡视检查对水工建筑物，如大坝建筑物所作的测量及观察，其目的是掌握大坝实际性状，为判断大坝安全性评价提供必要的信息。大坝安全监测包括安全监测设计、仪器设备研制和率定安装、数据观测和资料分析评价等，大坝安全监测工程及监测仪器埋设的质量是对大坝性状正常、异常或险情状态的及时准确评价的质量目标。

（2）枢纽工程安全监测方法。安全监测包括巡视检查和用仪器进行监测，仪器监测应和巡视检查相结合。巡视检查分为日常巡视检查、年度巡视检查和特别巡视检查三类。工程施工期、初蓄期和运行期均应进行巡视检查。特殊巡视检查应在坝区遇到大洪水、大暴雨、有感地震、库水位骤变、高水位运行以及其他影响大坝安全运用的特殊情况时进行，必要时应组织专人对可能出现险情的部位进行连续监视。

2. 安全监测术语及定义

（1）施工期及施工安全监测。施工期是指从开始施工到水库首次蓄水为止的时期。施工安全监测指施工期为保证工程的施工安全所开展的监测工作。

（2）重要监测部位（断面）与一般监测部位（断面）。重要监测部位指能反映工程运行安全的控制性监测部位（断面）。一般监测部位（断面）是指除重要监测部位（断面）以外的监测部位（断面）。

（3）缺陷及其分类。缺陷是指项目质量中不符合规定要求的检验项或检验点，按其重要程度可分为严重缺陷和一般缺陷。一般缺陷是对工程质量或使用性能无决定性影响的缺陷，或有严重影响但可补救或修复的缺陷。严重缺陷是指对工程质量或使用性能有决定影响的缺陷。

（4）首次蓄水期。是指从水库首次蓄水到或接近正常蓄水位为止的时期，若首次蓄水后期长期达不到正常蓄水位，则至竣工移交时间为止。

（5）初蓄期及运行期。初蓄期指首次蓄水后的头三年。运行期是指初蓄期后的时期，若水库长期达不到正常蓄水位，则首次蓄水三年后为运行期。

（6）变形与位移。变形是指因荷载作用而引起结构外形或尺寸的改变；结构任一点的变形称为位移。垂直位移是指竖直方向的位移。

（7）滑坡与渗流。滑坡是指土体或岩体顺坡向下移动。渗流是指水通过坝体、坝基或坝肩空隙的流动。

（8）渗漏与扬压力。渗漏是指通过坝体接缝、裂缝和缝隙流出的非期望的水流。扬压力是指作用在坝基面向上的压力。

（9）孔隙压力与应力。孔隙压力是指岩石或混凝土内部孔隙内的水压力。应力是指作用于单位面积的力。

二、水电工程安全监测范围、内容与监测系统项目

1. 水电工程安全监测范围

水电工程安全监测主要包括：挡水工程、泄洪消能工程、引水发电工程、航运过坝工程、导流工程、放空工程、边坡防护工程等。

2. 水电工程安全监测内容

（1）工程变形监测控制网。指为了被监测对象（建筑物或构造物）提供变形量监测所需的监测基准，含平面控制网及精密水准网的土建、设备、建网及校测。

（2）变形观测。对结构或边坡体型荷载作用（加载或卸荷或环境条件改变）而引起的改变进行监测，包括内部及表面变形观测。

（3）应力、应变及温度监测。应力应变监测系指因荷载作用而引起混凝土结构或支护锚杆、锚索等内力改变的监测；温度监测系指对混凝土及岩体温度变化过程和分布的监测。

（4）渗流监测。指对水通过坝体、坝基或坝肩空隙的流动压力及流量监测。包括杨压力、渗透压力、渗流量及水质分析等监测。

（5）环境量监测。指对工程的上下游水位、水温、气温、温度、坝前淤积及冰冻等进行监测。

（6）水力学监测。指对水流的水力学要素（相关量、原因、效应量）的监测。

（7）结构振动监测。指对结构因荷载作用而引起的振动（包括振动频率、能量、动位移等）的监测。

（8）结构强震监测（地震反应监测）。指对震动源传递后引起结构的强震反应监测。

（9）其他专项监测。指根据工程需要，对爆破震动或用物探（声波）技术对地下洞室围岩变形等专项监测。

（10）工程安全监测自动化采集系统。指自动监测采集控制单元设备、中心控制设备及通信网络等。

（11）工程安全监测信息管理系统。指对监测设备进行控制、管理、数据采集、监测资料后处理的系统。

（12）特殊监测。指为配合科研项目（包括结构设计研究、监测系统及设备的开发研究）而进行的监测工作。

(13) 施工期观测、设备维护、资料整理分析。指对枢纽建筑物数据采集、数据效验、设备维护、资料综合整理分析、安全分析评价、巡视检查（含图形记录手段设备）等。

3. 水电工程安全监测系统项目

水电工程安全监测系统项目可分为安全监测建筑工程、安全监测设备及安装工程两部分。分别如下：

(1) 安全监测建筑工程。指完成监测设备埋设、电缆敷设及保护、观测设施修建等必须进行的所有土建工作，内容见表 7-1。

(2) 安全监测设备及安装工程。指结构内部设备及埋入，结构表面及安装，二次仪表及维护和定期检验，自动化系统及安装调试，施工期观测、设备维护、资料整理分析等工作，内容见表 7-2。

表 7-1　　安全监测建筑工程项目内容

一级项目	二级项目	三级项目	单位
1. 工业变形监测控制网	1. 平面控制网	1. 土方开挖	m^3
		2. 石方开挖	m^3
		3. 土方回填	m^3
		4. 石方回填	m^3
		5. 混凝土凿挖	m^3
		6. 混凝土	m^3
		7. 观测墩	个
		8. 观测墩保护房	座
		9. 观测道路	m
		10. 钻孔及灌浆	m
	2. 精密水准网	1. 土方开挖	m^3
		2. 石方开挖	m^3
		3. 土方回填	m^3
		4. 石方回填	m^3
		5. 混凝土凿挖	m^3
		6. 混凝土	m^3
		7. 观测标点	个
		8. 观测道路	m
		9. 钻孔及灌浆	m
2. 变形观测	1. 水平位移监测	1. 土方开挖	m^3
		2. 石方开挖	m^3
		3. 水平位移观测条带开挖	m^3
		4. 土方回填	m^3
		5. 石方回填	m^3
		6. 混凝土凿挖	m^3
		7. 混凝土	m^3
		8. 水平位移观测标墩	个
		9. 位移标墩	个
		10. 引张线系统观测墩	个

续表

一级项目	二级项目	三级项目	单位
2. 变形观测	1. 水平位移监测	11. 激光准直系统观测墩	个
		12. 正倒垂线观测墩	个
		13. 钻孔及回填灌浆	m
		14. 位移计埋设钻孔及灌浆	m
		15. 仪器设备安装回填保护料	m^3
		16. 观测道路	m
	2. 竖直（沉降）位移	1. 土方开挖	m^3
		2. 石方开挖	m^3
		3. 垂直位移观测条带开挖	m^3
		4. 土方回填	m^3
		5. 石方回填	m^3
		6. 混凝土凿挖	m^3
		7. 混凝土	m^3
		8. 观测标点	个
		9. 垂直位移标墩	个
		10. 钻孔及回填灌浆	m
		11. 垂直位移标点	个
		12. 垂线孔钻孔及灌浆	m
		13. 双金属标钻孔及灌浆	m
		14. 观测道路	m
	3. 倾斜位移	1. 测斜孔钻孔及灌浆	m
		2. 静力水准系统观测墩	个
		3. 倾斜仪观测墩	个
	4. 其他变形	1. 收敛标点	个
		2. 收敛标点测架	个
3. 应力、应变及温度监测		1. 压应力计埋设开挖	m^3
		2. 基岩温度计钻孔及灌浆	m
4. 渗流监测		1. 测压管（渗压计）钻孔及灌浆	m
		2. 地下水位观测孔钻孔及灌浆	m
		3. 钻孔孔口保护	个
		4. 量水堰	座
5. 环境量监测		1. 土方开挖	m^3
		2. 石方开挖	m^3
		3. 土方回填	m^3
		4. 石方回填	m^3
		5. 混凝土凿挖	m^3
		6. 混凝土	m^3
		7. 电缆沟	m
		8. 钻孔及灌浆	m
6. 水力学监测		1. 土方开挖	m^3
		2. 石方开挖	m^3

续表

一级项目	二级项目	三级项目	单位
6. 水力学监测		3. 土方回填	m^3
		4. 石方回填	m^3
		5. 混凝土凿挖	m^3
		6. 混凝土	m^3
		7. 电缆沟	m
		8. 钻孔及灌浆	m
7. 结构振动监测		1. 土方开挖	m^3
		2. 石方开挖	m^3
		3. 土方回填	m^3
		4. 石方回填	m^3
		5. 混凝土凿挖	m^3
		6. 混凝土	m^3
		7. 电缆沟	m
		8. 钻孔及灌浆	m
8. 结构强震监测		1. 土方开挖	m^3
		2. 石方开挖	m^3
		3. 土方回填	m^3
		4. 石方回填	m^3
		5. 混凝土凿挖	m^3
		6. 混凝土	m^3
		7. 电缆沟	m
		8. 钻孔及灌浆	m
		9. 观测墩	个
9. 其他专项监测		1. 土方开挖	m^3
		2. 石方开挖	m^3
		3. 土方回填	m^3
		4. 石方回填	m^3
		5. 混凝土凿挖	m^3
		6. 混凝土	m^3
		7. 电缆沟	m
		8. 钻孔及灌浆	m
		9. 观测墩	个
		10. 声波测试孔	m
10. 工程安全监测自动化采集系统			
11. 工程安全监测信息管理系统			
12. 特殊监测		1. 土方开挖	m^3
		2. 石方开挖	m^3
		3. 土方回填	m^3
		4. 石方回填	m^3

续表

一级项目	二级项目	三级项目	单位
12. 特殊监测		5. 混凝土凿挖	m^3
		6. 混凝土	m^3
		7. 电缆沟	m
		8. 钻孔及灌浆	m
		9. 观测墩	个

表 7-2　安全监测设备及安装工程项目内容

一级项目	二级项目	三级项目	单位
1. 工业变形监测控制网	1. 平面控制网	1. 全站仪	套
		2. 经纬仪	套
		3. 温度计	支
		4. 气压计	支
		5. 对中基座	个
	2. 精密水准网	1. 精密水准仪	套
		2. 精密水准尺	套
		3. 水准尺	支
		4. 水准标	支
		5. 钢管标	m
	3. 建网及控制	1. 测角	点
		2. 测边	边
		3. 计算	点
2. 变形观测	1. 水平位移	1. 对中基座	个
		2. 棱镜觇牌	套
		3. GPS	套
		4. 引张线	套（点）
		5. 激光准直	套（点）
		6. 垂线坐标仪	台
		7. 正倒垂浮筒	套
		8. 倒垂锚头	个
		9. 铟钢丝	m
		10. 铜丝水平位移计（内部埋入）	套（点）
	2. 竖直（沉降）位移	1. 水准标	个
		2. 静力水准	条
		3. 水管式沉降仪	套（点）
		4. 激光准直	条
		5. 钢管标	个
		6. 双金属标仪	台
		7. 沉降管	m
		8. 标芯	个
	3. 倾斜位移	1. 静力水准仪系统	条
		2. 活动测斜仪	套

续表

一级项目	二级项目	三级项目	单位
2. 变形观测	3. 倾斜位移	3. 固定测斜仪（倾斜仪）	台
		4. 测斜管	m
	4. 其他变形	1. 位移计	支
		2. 收敛计	台
		3. 岩石变位计	套
		4. 滑动测微计	套
		5. 多点位移计	套
		6. 表面式单向测缝计	套
		7. 表面式双向测缝计	套
		8. 表面式三向测缝计	套
		9. 埋入式双向脱空计	套
		10. 裂缝计	支
		11. 测缝计	支
	5. 其他	1. 读数仪	台
		2. 集线箱	台
		3. 观测电缆	m
3. 应力、应变及温度监测	1. 应力应变	1. 应变计	支
		2. 无应力计	支
		3. 压应力计	支
		4. 钢筋计	支
		5. 钢板计	套
		6. 锚杆应力计	支
		7. 锚索测力计	台
		8. 土压力计	支
	2. 温度	1. 温度计	支
		2. 光纤监控计	台
		3. 光纤	m
	3. 其他	1. 电缆	m
		2. 集线箱	个
		3. 读数仪	台
4. 渗流监测	1. 渗压（水位）	1. 测压管	m
		2. 测压管孔口装置	套
		3. 压力表	个
		4. 渗压计	支
		5. 杨压力计	支
		6. 活动式水位计	套
	2. 渗流量	1. 流量计	套
		2. 堰流计	套
		3. 量水堰堰板	块
		4. 电测水位计	支
		5. 人工水尺	m

续表

一级项目	二级项目	三级项目	单位
4. 渗流监测	3. 水质分析		
	4. 其他	1. 读数仪	台
		2. 集线箱	台
		3. 电缆	m
5. 环境量监测	1. 上、下游水位	水位计	套
	2. 气温	温度计	支
	3. 湿度	湿度计	支
	4. 降雨	雨量计	个
	5. 坝前淤积		
	6. 冰冻	冰压力	套
	7. 风速	风速仪	台
6. 水力学监测		1. 脉动压力传感器	只
		2. 掺气传感器	只
		3. 流速（仪）传感器	只
		4. 水听器	只
		5. 通用底座	个
		6. 水尺	根
		7. 雨量计	个
		8. 风速仪	台
		9. 动态记录仪	套
		10. 水下地形测量	次
		11. 观测电缆	m
		12. 超声波测流装置	套
7. 结构振动监测		1. 加速度计	支
		2. 位移传感器	支
		3. 速度计	支
		4. 动应变计	支
		5. 电缆	m
8. 结构强震监测		1. 强震拾振器	向
		2. 强震记录仪	套
		3. 强震分析系统	套
		4. 电缆	m
9. 其他专项监测	1. 声波监测		
	2. 爆破监测	1. 动应变计	支
		2. 动孔隙水压力计	支
		3. 加速度计	支
		4. 动位移计	支
		5. 测振仪	支
		6. 电缆	m
10. 工程安全监测自动化采集系统	1. 测量单元及网络	1. 测量单元（MCU）	套
		2. 中继器	台

续表

一级项目	二级项目	三级项目	单位
10. 工程安全监测自动化采集系统	1. 测量单元及网络	3. 电缆	m
		4. 光缆	m
		5. 防雷器	台
		6. 配电箱	台
	2. 监控计算机系统	1. 工业计算机	台
		2. 显示器	台
		3. UPS	台
		4. 光盘刻录机	台
		5. 扫描仪	台
		6. 打印机	台
		7. 绘图仪	台
		8. 办公设备	套
		9. 配电箱	台
		10. 维修工具	套
		11. 调试维修用载波电话	部
		12. 调试维修用对讲机	部
11. 工业安全监测信息管理系统		在线监测及离线监测数据分析软件补充（包括图形、报表、远程服务、测值预报、数据管理、文档管理、系统管理等）	
12. 特殊监测			
13. 施工期观测、设备维护、资料整理分析	1. 施工期观测、维护		
	2. 监测资料整理分析		
	3. 枢纽建筑物巡视检查		

三、 枢纽工程安全监测范围及监测项目

1. 大坝安全监测范围

大坝安全监测范围包括坝体、坝基、坝肩，以及对大坝安全有重大影响的近坝区岸坡和其他与大坝安全有直接关系的建筑物和设备。

由于大坝失事的原因是多方面的，其表现形式和可能发生的部位因各坝具体条件而异，因此，在大坝安全监测系统的设计中，应根据坝型、坝体和地质条件等，选定观测项目并布设观测仪器，提出设计说明书的设计图纸。设计中考虑埋设或安装仪器的范围，包括坝体、坝基及有关的各种主要水工建筑物和大坝附近的不稳定岸坡。

2. 大坝观测项目

不同的坝型主要观测的项目不同，分别如下：

（1）土坝、土石混合坝。失事的主要原因常是渗透破坏和坝坡失稳，表现为坝体渗漏、坝基渗漏、塌坑、管涌、流土、滑坡等现象。主要观测项目有垂直和水平位移、裂缝、浸润线、渗流量、土压力、孔隙水压力等，即闸坝变形观测、渗漏观测。

土石坝工程安全监测项目有坝基、坝体填筑层沉降和变形、渗流、压力应力、环境量监测等。如果坝体沉降未完成或未稳定，面板施工后容易产生裂缝，影响大坝的运行

安全。施工时宜在上游坝面、临时度汛选择监测断面，布置位移监测点。

（2）混凝土坝、圬工坝。失事的主要原因是坝体、坝基内部应力和扬压力超出设计限度，表现为出现裂缝、坝体位移量过大和不均匀以及渗水等。故主要观测项目有变形、应力、温度、渗流量、扬压力和伸缩缝等，即水工建筑物裂缝观测、混凝土建筑物温度观测。

（3）泄水建筑物应进行泄流观测和必要的水工建筑物观测，如大坝位于地震多发区和附近有不稳定岸坡时，应进行必要的抗震、滑坡、崩岸等观测，即水工建筑物抗震监测、滑坡崩岸观测。

3. 边坡支护安全监测

边坡支护监测断面选择应考虑边坡的地质条件、支护结构形式、施工安装监测的需要等因素。监测断面的数量和项目选择，应根据工程规模、边坡围岩特性、支护方式等要求确定。根据需要可选择锚杆应力、锚索应力、钢筋应力、土压力、喷层应力等监测项目。采用预应力锚杆（索）支护加固的边坡，宜抽样布置预应力监测设备，监测其受力状态变化。抽样监测数量不少于总根数的5％且不宜少于3根。

4. 围堰工程安全监测

围堰施工安全监测宜根据围堰规模、所处环境地质条件及围堰类型进行变形、渗流、裂缝、上下游水位及流量监测。视工程需要可进行爆破有害效应监测。过水围堰可进行力学等专项监测。围堰表面变形监测主要项目宜包括水平位移、垂直位移。

5. 地下工程安全监测

地下工程施工安全监测主要内容包括围岩稳定监测、爆破效应检测与监测、有害气体监测等。监测断面设置应选择有代表性的地质地段，包括围岩变形显著、偏压、高地应力、地质构造带，局部不稳定楔形体、地下构筑物重要部位以及施工需要对岩体监测的部位等。监测的数量和监测项目，根据围岩特性、工程规模、支护方式，设计要求等确定。

第二节　安全监测仪器及监测工程验收

一、 安全监测仪器种类

安全监测仪器种类众多，主要有电容式、差阻式、振弦式、电位器式、电解质式、伺服加速器式等各类常规仪器。分别用于变形、应力应变、渗流、支护效应及环境量监测。另外还有堆积体全球定位系统（GPS）、大坝强震系统、坝顶GPS、施工期坝体分布式光纤测温系统、激光三维测量系统和横缝动态测量系统，以及各种常规的人工监测设施，如测斜仪、测扭仪、滑动测微计、全站仪、水准仪等。

二、 监测仪器及适用范围

1. 变形监测仪器及适用范围

（1）钻孔多点位移计。主要用于地下工程，用于岩土体内部位移的观测。所观测的是沿着埋设多点位移钻孔的轴向位移。

(2) 地表多点位移计。主要用于边坡工程监测。

(3) 滑动测微计。主要适用于岩土工程。一般用在坝体及坝基观测。

(4) 钻孔三向位移计。用于坝基与坝体的相互作用观测。

(5) 沉降仪。主要用于土石坝观测中。

(6) 收敛计。主要用在地下洞室净空收敛位移观测中。

(7) 应变计。广泛用于岩土体及混凝土结构的应力应变观测。

(8) 测斜仪。钻孔测斜仪是岩土工程监测的主要观测仪器之一，广泛应用在各类工程中。

(9) 倾角计。主要用以观测岩土体和建筑物表面的转动位移。

(10) 挠度计。可安装在任意方向的钻孔里，可以做临时性观测，也可以做永久性观测。

(11) 静力水准。在大坝、高层建筑、矿山和边坡用静力水准观测两点或多点的高程变化，即垂直位移和倾斜。静力水准使用条件简单，可以目视观测，也容易自动观测。

(12) 测缝计。主要用于岩土工程监测。

(13) 剪切位移计。也叫界面变位计，主要用于观测两种材料或结构的沿界面相对移动一项怕剪切位移。

(14) 垂线。具有要求观测仪器应具备的所有性能，即可靠性、灵敏性、简易性，在任何气候条件下都可测。

(15) 大坝测量仪器。用电子测距仪测量的工程，以三边测量代替三角测量，测量误差相对与距离无关，于是在大坝影响范围以外较容易找到稳定的参考点。

2. 应力应变监测仪器及适用范围

(1) 压应力计。压力或压应力计测量装置种类很多，常用的有差动电阻式压应力计和土压力计、钢弦式压力计和液压应力计。根据不同的坝型选择。

(2) 锚杆应力计。使用条件简单，安装方便，敏感性强，效果一般良好。

(3) 锚固荷载测力计。在使用预应力锚杆加固的工程监测中，锚固荷载观测仪器已经是加固系统不可少的组成部分。

3. 渗流渗压监测仪器及其适用范围

渗流渗压监测仪器主要监测扬压力、渗透压力、渗流量及水质。采用相关的监测仪器和配套设备。渗流渗压监测仪器主要有：

(1) 渗压计。常用的渗压计有水力式和电测式。后者又有差动电阻式和钢炫式两种。目前人们更愿意使用电测渗压计，因为它较易安装和使用，而且便于实现遥测。渗压计在岩土工程监测中属不可少的仪器。

(2) 测压计。测压计又称测压管，是一种渗流观测的传统仪器。用于观测地下水位、土坝的浸润线。封闭式测压管也可用来测孔隙水压力和渗透压力。

4．温度观测仪器及其适用范围

温度观测仪器也是岩土工程监测中不可少的仪器。凡是观测与外界温度或自身湿度有关的物理量，均观测温度。许多工程还根据温度观测发现温度直接反应的工程性状。

5．动态观测仪器及其适用范围

岩土工程中的动态观测，主要是观测由于地震和爆破等外界因素引起的岩土体和结构的振动和冲击。通过振动速度、加速度、位移、动应变应力、动土压力、动水压力和动孔隙水压力观测，确定振动波衰减速度，峰值速度和冲击压力。

动态观测的使用的传感器有速度计、加速度计、动水压力计、动土压力计、动孔隙水压力计。岩土工程的动态观测，还包括使用声波速度和地震波速度测试手段测试岩体波速，来确定岩体松动范围和动态力学参数。

三、 安全监测工程组成与类型

1．安全监测工程组成部分

（1）监测工程中，为仪器安装埋设、电缆敷设、巡视观测、仪器设备维护等项目所做的土建工程。

（2）仪器组装率定与安装埋设工程。

（3）电缆敷设工程。

（4）仪器设备及电缆维护工程。

（5）观测与巡视及其有关工程。

（6）资料整理分析、反馈、安全预报及其有关工程。

2．安全监测工程类型

（1）全面的监测、查明潜在不稳定的部位监测、对实际不稳定部位的监测。

（2）地基基础的监测工程、边坡监测工程、地下建筑物监测工程。

（3）大坝及坝基安全监测、边坡工程安全监测、地下工程安全监测、工业与建筑安全监测。

3．远程监测系统组成

远程监测单元（RTU）系统主要由数据采集系统、电源系统、GPRS 无线数据传输系统终端、防雷器件、接线与通信接口、防水工业机箱等组成。

四、 安全监测工程验收

1．安全监测工程分部工程验收

（1）分部工程验收应具备的条件。安全监测分部工程验收条件如下：

1）该分部工程的所有单元工程已经完建，并已通过质量评定。

2）验收资料已经齐备。

（2）分部工程验收的主要工作。

1）检查工程是否达到设计标准。

2）确定重点监测部位（断面）和一般监测部位（断面）。

3）检查工程是否具备运行或进行下一阶段建设的条件。

4）对验收遗留问题提出处理意见。

5）对工程质量作出评价，形成验收鉴定书。

（3）安全监测系统分部工程验收标准。

1）混凝土坝。监测仪器设备总体完好率应达到：混凝土坝可更换和修复的仪器设备和表面设施完好率100%，埋入式不可更换仪器设施完好率85%以上为合格。

2）土石坝。监测仪器设备总体完好率应达到：土石坝可更换和修复的仪器设备和表面设施完好率100%，埋入式不可更换仪器设施完好率80%以上为合格。

（4）监测部位验收标准。

1）重要监测部位（断面）。主控项目的质量经抽样检验应全部合格，无严重缺陷。一般项目的质量抽样检验应无严重缺陷，存在一般缺陷的项目比例小于30%。

2）一般监测部位（断面）。主控项目的质量经抽样检验宜全部合格，无严重缺陷。一般项目的质量抽样检验宜无严重缺陷，存在一般缺陷的项目比例小于30%。

（5）监测资料处理。

1）主控项目的质量经抽样检验合格率的95%以上。

2）一般项目的质量经抽样检验合格率的90%以上。

2. 安全监测系统阶段验收

水库蓄水前，应进行安全监测系统的阶段验收。当工程达到截流、基础处理完毕等关键阶段时，可根据工程的规模及复杂性确定是否应进行验收。

（1）蓄水阶段验收应具备的条件。

1）设计的规范要求完成的监测仪器设备已安装和调试完毕并取得基准值，要求运行正常；个别因特殊原因暂未完成的项目，在蓄水前可完成，并已经落实施工措施。

2）完工的分部工程已通过验收。

3）未完工的分部工程中已完成的单元工程质量已通过质量评定。

4）阶段验收资料已经齐备。

（2）阶段验收组织。阶段验收由项目法人组织，由设计、施工、监理、运行管理、有关上级主管等单位组成。

（3）蓄水阶段验收的主要工作。

1）检查已完建大坝安全监测系统工程的建设情况。

2）检查蓄水期大坝安全监测系统监测方案、措施及监测工作准备落实情况。

3）研究验收中发现的问题，并提出处理要求。

4）对工程质量作出评价，形成阶段验收鉴定书。

（4）蓄水阶段验收合格标准。

1）已通过验收的分项工程运行正常。

2）未验收的分部工程，其主控项目和一般项目的质量经抽样检验全部合格。

3）蓄水期间的监测方案和措施满足安全监测要求。

4）监测资料满足工程蓄水阶段安全鉴定的需要。

3. 安全监测工程竣工验收

（1）竣工验收应具备的条件。

1）大坝安全监测系统建设内容已设计完成。

2）历次验收所发现的问题已基本处理完毕。

3）归档资料符合工程档案资料管理的有关规定。

4）参建各方的工作报告已完成。

（2）验收组织。

安全监测系统工程验收由项目根据有关规定，委托大坝安全技术监督单位，对大坝安全监测系统进行专项竣工验收。大坝安全技术监督单位根据工程规模和特点组织有关专家成立竣工验收委员会。

大坝运行主管单位在接到项目法人"竣工验收申请报告"后，应同有关单位进行协商，拟定验收时间、地点及验收委员会组成单位、成员等有关事宜，批复验收申请报告。

（3）竣工验收的主要工作。

1）审阅参建各方的工作报告。

2）检查工程建设和运行情况。

3）协调处理有关问题。

4）讨论并通过"竣工验收鉴定书"。

第三节　安全监测措施及监测工程项目划分

一、安全监测项目及监测设施

1. 大坝级别与监测项目

大坝级别分为一级、二级、三级、四级，监测项目如表7-3所示。

表7-3　　大坝级别与监测项目

大坝级别	监测项目
一	位移、挠度、倾斜、接缝和裂缝、下游冲淤，坝前淤积，渗漏量、扬压力、绕坝渗流、水质分析，应力、应变，混凝土温度，坝基温度，水位，库水温，气温
二	位移、挠度、接缝和裂缝、下游冲淤，坝前淤积，渗漏量、扬压力、绕坝渗流、混凝土温度，坝基温度，水位，库水温，气温
三	位移，渗漏量、扬压力，水位，气温
四	坝体位移、渗漏量、扬压力，水位，气温

2. 枢纽工程安全监测项目及措施

枢纽工程拦河坝、泄洪消能建筑物、引水发电系统、边坡等部位设计的安全监测设施，其监测项目及监测措施如表7-4所示。

表 7-4　　主要安全监测项目

工程部位	监测项目	监测措施
1. 环境量监测	1. 上、下游水位	水尺和遥测水位计
	2. 库水温度	温度计
	3. 气象数据	自动化简易气象站
2. 挡水建筑物	1. 变形监测	真空激光准直系统、五点式位移计、测缝计、裂缝计
	2. 渗流渗压监测	渗压计、量水堰计
	3. 应力应变及温度	三向、五向应变计组、无应力计、钢筋计、温度计
	4. 地震反应监测	强震仪
3. 泄洪消能建筑物	1. 消力池基础上扬压力	扬压力计
	2. 消力池底板缝隙开合度	测缝计
	3. 底板锚筋应力	锚杆应力计
	4. 水力学监测	水尺、压力传感器、流速仪、水听器、掺气仪
4. 引水发电建筑物	1. 压力钢管应力	钢板应力计
	2. 压力钢管缝隙开合度	测缝计
	3. 压力钢管应力	渗压计
	4. 厂房地下水位及渗压	
	5. 厂房变形	基岩变位计
	6. 交通洞围岩变形	三点式位移计、锚杆应力计
	7. 蜗壳监测	钢筋计、钢板计、测缝计
5. 地下水位监测	1. 变形监测	四点位移计、测斜仪
	2. 应力监测	锚杆应力计、锚索测力计
	3. 地下水位监测	渗压计

二、 安全监测工程划分方法

1. 安全监测工程单元工程划分方法

（1）单位工程。水电水利整个枢纽区的安装监测工程，宜划分为一个独立的单位工程。

（2）分部工程。安全监测分部工程宜按工程结构、或施工部位划分。

（3）单元工程。安全监测单元工程宜按每一支仪器或安装建筑物结构、监测仪器分类划分为一个单元工程。

2. 主要安全监测项目分部分项（单元）工程划分

（1）渗压计安装分部工程：

1）渗压计安装，每支渗压计为一个单元。该单元为重要单元工程。

2）5000m 信号电缆的连接为一个单元。

（2）环境量分部工程：

1）温度计安装为一个单元。

2）上游水位计接入测试为一个单元。

3）坝址雨量计接入调试为一个单元。

（3）自动化观测分部工程：

1）测量控制单元 MCU 安装，每一测量化仪器为一个单元。该单元为重要单元工程。

2）测量控制单元太阳能供电系统安装为一个单元。

3）测量控制单元与监控计算机 GPRS 通信模块安装为为一个单元。

4）监控计算机安装为一个单元。

5）打印机安装为一个单元。

6）大坝监测系统数据采集、资料整编软件为一个单元。

三、 安全监测分部分项工程项目划分方法

1. 混凝土坝安全监测系统分部、分项、单元工程划分

混凝土坝安全监测系统分部—分项—单元工程划分如表 7-5 所示。

表 7-5　　混凝土坝安全监测系统分部—分项—单元工程项目划分

分部工程	分项工程	单元工程
建筑物（部位、区域）	1. 巡视检查	坝体、坝基、坝肩及近坝库岸
	2. 变形	1. 坝体位移
		2. 倾斜
		3. 接缝变形
		4. 裂缝变形
		5. 坝基位移
		6. 近坝岸坡位移
	3. 渗流	1. 渗流量
		2. 扬压力
		3. 渗透压力
		4. 绕坝渗流
	4. 应力、应变及温度	1. 应力
		2. 应变
		3. 混凝土温度
		4. 坝基温度
	5. 环境量	1. 上下游水位
		2. 气温
		3. 降水量
		4. 库水温
	6. 监测自动化系统	
	7. 监测资料整理整编和初步分析	

2. 土石坝安全监测系统分部、分项工程划分

土石坝安全监测系统分部—分项—单元工程划分如表 7-6 所示。

表 7-6　　土石坝安全监测系统分部、分项工程划分

分部工程	分项工程	单元工程
建筑物（部位、区域）	1. 巡视检查	坝体、坝基、坝肩及近坝库岸
	2. 变形	1. 表面变形
		2. 内部变形
		3. 裂缝及接缝
		4. 岸坡位移
		5. 混凝土面板变形
	3. 渗流	1. 渗流量
		2. 坝基渗流压力
		3. 坝体渗流压力
		4. 绕坝渗流
	4. 压力（应力）	1. 孔隙水压力
		2. 土压力（应力）
		3. 接触土压力
		4. 混凝土面板应力
	5. 环境量	1. 上下游水位
		2. 降水量
		3. 气温
		4. 库水温

3. 安全监测工程项目划分实例

以阿海水电站（碾压混凝土坝）安全监测项目单位工程、合同工程、分部工程、单元工程划分例，如表 7-7 所示。

表 7-7　　安全监测单元工程项目划分

单位工程	合同	分部工程	单元工程划分原则
枢纽区安全监测工程	枢纽区安全监测合同Ⅰ	1. 大坝安全监测工程	1. 单支（点、套、组等）每一种监测仪器作为一个单元工程； 2. 每间观测房装修作为一个单元工程； 3. 每条水位线尺作为一个单元工程； 4. 其他
		2. 消力池、左岸泄洪安全监测工程	
		3. 引水系统安全监测工程	
		4. 厂房安全监测工程	
		5. 左岸坝肩边坡及缆机基础安全监测工程	
		6. 右岸坝肩边坡及缆机基础安全监测工程	
		7. 左岸坝前堆积体安全监测工程	
		8. 新源沟料场边坡安全监测工程	
		9. 导流洞安全监测工程	
		10. 枢纽区外部变形监测网工程	
		11. 上游围堰安全监测工程	

第八章

房屋建筑工程项目划分

第一节　房屋建筑工程项目划分与质量验收

一、 房屋建筑工程检验及工程类别

1. 建筑工程术语

（1）房屋建筑工程。指各类房屋建筑及其附属设施和与其配套的线路、管道、设备安装工程及室内外装修工程。其中，房屋建筑指有顶盖、梁柱、墙壁、基础以及能够形成内部空间，满足人们生产、居住、学习、公共活动等需要所形成的工程实体。

（2）检验。对被检验项目的特征、性能进行量测、检查、试验等，并将结果与标准规定的要求进行比较，以确定项目每项性能是否合格的活动。

（3）进场检验。对进入施工现场的建筑材料、构配件、设备及器具等，按相关标准的要求进行检验，并对其质量、规格及型号等是否符合要求做出确认的活动。

（4）见证检验。施工单位在工程监理单位或建设单位的见证下，按照相关规定从施工现场随机抽取试样，送至具备相应资质的检测机构进行检验的活动。

（5）复检。建筑材料、设备等进入施工现场后，在外观质量检查和质量证明文件核查符合要求的基础上，按照有关规定从施工现场抽取试样送至试验室进行检验的活动。

（6）验收。建筑工程质量在施工单位自行检查合格的基础上，由工程质量验收责任方组织，工程建设相关单位参加，对检验批、分项、分部、单位工程及其隐蔽工程的质量进行抽样检验，对技术文件进行审核，并根据设计文件和相关标准以书面形式对工程质量是否达到合格做出的确认。

（7）计数检验与计量检验。计数检验是通过确定抽样样本中不合格的个体数量，对样本总体质量做出判定的检验方法。计量检验是以抽样样本的检测数据计算总体均值、特征值或推定值，并以此判断或评估总体质量的检验方法。

（8）错判概率与漏判概率。错判概率中指合格批被判为不合格的概率，即合格批被拒收的概率，用 α 表示。漏判概率是指不合格批被判为合格批的概率，即不合格批被误收的概率，用 β 表示。

（9）观感质量。通过观察和必要的测试所反映的工程外在质量和功能状态。

（10）返修与返工。返修是指对施工质量不符合标准规定的部位采取的整修等措施。返工是指对施工质量不符合标准规定的部位采取的更换、重新制作、重新施工等措施。

（11）混凝土结构。以混凝土为主制成的结构，包括素混凝土结构、钢筋混凝土结构和预应力混凝土结构，按施工方法可分为现浇混凝土结构和装配式混凝土结构。

（12）现浇混凝土结构与装配式混凝土结构。现浇混凝土结构是在现场原位支模并整体浇筑而成的混凝土结构，简称现浇结构。装配式混凝土结构是由预制式混凝土构件或部件装配、连接而成的混凝土结构，简称装配式结构。

2. 建筑工程类别及释义

（1）单位工程与子单位工程。单位工程是指具备独立施工条件并能形成独立使用功能的建筑物及构筑物；子单位工程是指建筑规模较大的单位工程，可将其能形成独立使用功能的部分为一个子单位工程。

（2）分部工程与子分部工程。指按专业性质、建筑部位等划分的工程。分部工程是单位工程的组成部分。子分部工程是指当分部工程较大或较复杂时，可按材料种类、施工特点、施工程序、专业系统及类别等划分为若干子分部工程。

（3）分项工程。按主要工种、材料、施工工艺、用途、种类及设备组别等进行划分；分项工程可由一个或若干检验批组成。

（4）检验批。按相同的生产条件或按规定的方式汇总起来供抽样检验用的，由一定数量样本组成的检验体。它是由施工过程中条件相同并有一定数量的材料、构配件或安装项目。检验批是工程验收的最小单位，是分项工程乃至整个建筑工程质量验收的基础。

二、建筑工程项目划分层次与质量控制规定

1. 建筑工程质量验收的划分与工程项目划分

（1）建筑工程施工质量验收划分。建筑工程施工质量验收应划分为单位工程、分部工程、分项工程和检验批。

（2）建筑工程项目划分层次。房屋建筑工程项目划分为单位工程（子单位）、分部工程（子分部）、分项工程和检验批，项目划分可根据工程建设规模情况增设子单位、子分部工程等，但按单位工程、分部工程、分项工程和检验批四级进行质量验收评定。

（3）建筑工程项目划分目的。通过项目划分对建筑工程施工质量验收层次进行验收，通过检验批和中间验收层及最终验收单位的确定，实施对工程施工质量的过程控制和终端把关，确保工程施工质量达到建设项目决策阶段所确定的质量目标和水平。

2. 建筑工程施工质量控制规定

（1）建筑工程采用的主要材料、半成品、成品、建筑构配件、器具和设备应进行进场检验。凡涉及安全、节能、环境保护和主要使用功能的重要材料、产品，应按各

专业工程施工规范、验收规范和设计文件等规定进行复验，并应经监理工程师检查认可。

（2）各施工工序应按施工技术标准进行质量控制，每道施工工序完成后，经施工单位自检符合规定后，才能进行下道工序施工。各专业工种之间的相关工序应进行交接检验，并应记录。

（3）对于监理单位提出检查要求的重要工序，应经监理工程师检查认可，才能进行下道工序施工。

（4）抽检规定。当符合下列条件之一时，可按相关专业验收规范的规定适当调整抽样复验、试验数量，调整后的抽样复验、试验方案应由施工单位编制，并报监理单位审核确认。

1）同一项目中由相同施工单位施工的多个单位工程，使用同一生产厂家的同品种、同规格、同批次的材料、构配件、设备；

2）同一施工单位在现场加工的成品、半成品、构配件用于同一项目中的多个单位工程；

3）在同一项目中，针对同一抽样对象已有检验成果可以重复利用。

（5）当专业验收规范对工程中的验收项目未做出相应规定时，应由建设单位组织监理、设计、施工等相关单位制定专项验收要求。涉及安全、节能、环境保护等项目的专项验收要求应由建设单位组织专家论证。

三、 房屋建筑工程施工质量验收要求与程序

1. 房屋建筑工程验收的基本要求

（1）工程质量验收应在施工单位自检合格的基础上进行。

（2）参加工程施工质量验收的各方人员应具备规定的资格。

（3）检验批的质量应按主控项目和一般项目验收。

（4）对涉及结构安全、节能、环境保护和主要使用功能的试块、试件及材料，应在进场时或施工中按规定进行见证检验。

（5）隐蔽工程在隐蔽前应由施工单位通知监理单位进行验收，并应形成验收文件，验收合格后方可继续施工。

（6）对涉及结构安全、节能、环境保护和使用功能的重要分部工程应在验收前按规定进行抽样检验。

（7）工程的观感质量应由验收人员通过现场检查，并共同确认。

2. 建筑工程施工质量验收合格的条件

（1）符合工程勘察、设计文件的规定。

（2）符合标准和相关专业验收规范的规定。

3. 房屋建筑工程质量验收的程序和组织

建筑工程质量验收应随着工程进展按照检验批和分项工程、分部工程（子分部）工程、单位（子单位）工程的顺序进行。

（1）检验批的验收。由专业监理工程师组织施工单位项目专业质量检查员、专业工

长等进行验收。

（2）分项工程的验收程序。由专业监理工程师组织施工单位项目专业技术负责人等进行验收。

（3）分部工程验收程序和组织。应由总监理工程师或建设管理单位项目负责人，组织施工单位项目专业技术负责人和项目技术、质量负责人等进行验收；对于地基与基础、主体结构分部工程的验收，勘察、设计单位项目负责人及施工单位质量部门负责人也应参加。

（4）单位（子）工程验收。验收过程如下：

1）施工单位自检。单位工程（子单位工程）完工后，施工单位应自行组织有关人员进行检查评定，并向建设单位提交工程验收报告。

2）建设单位组织验收。建设单位收到工程验收报告后，应由建设单位项目负责人组织监理、施工、设计、勘察等单位项目负责人进行单位工程验收。

3）单位工程有分包单位施工时，分包工程完工后，分包单位对所承包的工程项目应按标准规定的程序检查评定，验收时，总包单位应派人参加。分包单位应将所分包工程的质量控制资料整理完整后移交给总包单位。

4）工程竣工验收报告的备案。单位工程质量验收合格后，建设单位应在规定时间内将工程竣工验收报告等文件，报建设主管部门备案。

四、 房屋建筑工程施工质量验收标准

1. 检验批质量验收合格标准

（1）主控项目的质量经抽样检验均合格。

（2）一般项目的质量经抽样检验合格。当采用计数抽样时，合格点率应符合有关专业验收规范的规定，且不得存在严重缺陷。对于计数抽样的一般项目，正常检验一次、二次抽样检验合格。

（3）具有完整的施工操作依据、质量验收记录。

2. 分项工程检验合格标准

（1）分项工程中所含检验批的质量均应验收合格。

（2）所含检验批的质量控制验收记录应完整。

3. 分部工程质量评定标准

（1）分部工程所含分项工程的质量均应验收合格。

（2）质量控制资料应完整。

（3）有关安全、节能、环境保护和主要使用功能的抽样检验结果应符合相应规定。

（4）观感质量应符合要求。

4. 单位工程质量评定标准

（1）所含分部工程的质量均应验收合格。

（2）质量控制资料应完整。

（3）所含分部工程中有关安全、节能、环境保护和主要功能的检测资料应完整。

（4）主要作用功能的抽查结果应符合相关专业质量验收规范的规定。

（5）观感质量验收应符合要求。

5. 质量验收不符合要求时的处理

当房屋建筑工程质量不符合要求时，应按下列规定进行处理：

（1）经返工重做或返修的检验批，应重新进行验收。

（2）经有资质的检测机构检测鉴定能够达到设计要求的检验批，应予以验收。

（3）经有资质的检测机构检测鉴定达不到设计要求，但经原设计单位核算认可能够满足结构安全和使用功能的检验批，可予以验收。

（4）经返修或加固处理的分项、分部工程，满足安全及使用功能要求时，可按技术处理方案和协商文件的要求予以验收。

（5）工程质量控制资料应齐全完整，当部分资料缺失时，应委托有资质的检测机构按有关标准进行相应的实体检验或抽样试验。

（6）通过返修或加固处理仍不满足安全或使用要求的分部工程、单位工程，严禁验收。

五、 房屋建筑工程质量验收内容

以混凝土分项工程的砖砌体工程为例对其主控项目进行说明如下：

1. 混凝土分项工程主控项目验收内容

（1）原材料。水泥进场时应对其品种、级别、包装或散装仓号、出厂日期等进行检查，并应对其强度、安定性及其他必要的性能指标进行复验，其质量必须符合现行国家标准。

钢筋混凝土结构、预应力混凝土结构中，严禁使用含氯化物的水泥。注意水泥的检查数量，袋装水泥不超过 200t 为一批，散装水泥不超过 500t 为一批。检验方法：检验产品合格证、出厂检验报告和进场复验报告。

（2）配合比设计。检查配合比设计资料。

（3）混凝土施工。混凝土试件，应在混凝土的浇筑地点随机抽取。

混凝土运输、浇筑及间歇的全部时间应不超过混凝土的初凝时间。不满足时按施工缝的要求进行处理。

2. 砖和砂浆分项工程的主要主控项目

（1）砖和砂浆的强度等级必须符合设计要求。抽检数量：按烧结砖 15 万块、多孔砖 5 万块、灰砂砖及粉煤灰砖 10 万块各为一验收批，抽检数量为 1 组。检验方法：查砖物砂浆试块试验报告。

（2）砌体水平灰缝的砂浆饱满度不得小于 80%。抽检数量：每检验批抽查不应少于 5 处。验收方法：用百格网检查砖底面与砂砖的黏结痕迹面积。每处检测 3 块砖，取平均值。

（3）砖砌体的转角处和交接处应同时砌筑，严禁无可靠措施的内外墙分砌施工。对不能同时砌筑而又必须留置的临时的间断处应砌成斜槎。斜槎水平投影长度不应小于高度的 2/3。抽检数量：每检验批抽 20%接槎，且不应小于 5 处。检验方法：观察检查。

（4）非抗震设防及抗震设防烈度为 6 度、7 度地区的临时间断处，当不能留斜槎时，除转角处外，可留直槎，但直搓必须做成凸槎。留直槎处应加设拉结钢筋，拉结钢筋的数量为每 120mm 墙厚放置 1ϕ6 拉结钢筋（120mm 墙厚放置 2ϕ6 拉结钢筋），间距沿墙高不应超过 500mm；埋入长度从留槎处算起每边均不应小于 500mm，对抗震设防烈度 6 度、7 度的地区，不应小于 1000mm；末端应有 90°弯勾。

（5）砖砌体的位置及垂直度允许偏差应符合相关表格规定。抽检数量：轴线查全部承重墙柱；外墙垂直度全高要查阳角，不应少于 4 处，每层每 20m 查一处；内墙按有代表性的自然间抽 10%，但不应少于 3 间，每间不应少于 2 处。柱不少于 5 根。

第二节　房屋建筑工程项目划分原则

一、 房屋建筑工程项目划分原则

1. 房屋建筑单位工程划分原则

单位工程在施工前，由建设、监理、施工单位商议确定，并据此收集整理施工技术资料和进行验收。

（1）单位工程划分原则。具备独立施工条件，并能形成独立使用功能的建筑物或构筑物为一个单位工程。一般情况下，一栋房屋建筑为一个单位工程。

（2）对于建筑规模较大的单位工程，可将其能形成独立使用功能的部分划分为一个子单位工程。

（3）注意事项。具有独立施工条件和能形成独立使用功能是单位工程的基本要求。在施工前由建设单位、监理单位、施工单位自行商议，并据此收集整理档案，并进行验收。

2. 房屋建筑分部工程划分原则

（1）分部工程划分原则。可按专业性质、工程部位确定。

（2）当分部工程较大或较复杂时，可按材料种类、施工特点、施工程序、专业系统及类别等，将相同部分的工程或能形成独立专业体系的工程划分成若干个子分部工程。

（3）注意事项。在建筑工程的分部工程中，将原建筑电气安装分部工程中的强电和弱电部分独立出来各为一个分部工程，称其为建筑电气分部工程和智能建筑（弱电）分部工程。

（4）分部工程的一般划分及验收规范。具体如下：

1）地基与基础工程。建筑地基基础工程施工质量验收规范。

2）主体结构工程。对应混凝土、砌体、钢结构、木结构等验收规范。

3）装饰装修工程。建筑装饰装修工程质量验收规范。

4）屋面工程。屋面工程质量验收规范。

5）给排水及供暖工程。建筑给排水及采暖工程施工质量验收规范。

6）通风与空调工程。通风与空调工程施工质量验收规范。

7）建筑电气工程。建筑电气工程施工质量验收规范。

8）建筑智能化（弱电）工程。智能建筑工程质量验收规范。

9）建筑节能工程。建筑节能工程施工质量验收规范。建筑节能是新增的分部工程。

10）电梯。电梯安装验收规范。

3. 房屋建筑子分部工程的划分原则

子分部工程可按材料种类、施工特点、施工程序、专业系统及类别等将分部工程划分为如下子分部工程：

（1）按材料种类划分的结构分部工程或子分部工程有：①混凝土结构；②砌体结构；③钢结构；④木结构。

（2）按专业划分的子分部工程，如：装饰装修工程为地面、抹灰（墙面）、门窗、吊顶、幕墙（金属、石材、玻璃）、轻质程序、饰面（板、砖）、涂饰。

（3）按施工程序划分的子分部工程。如：屋面工程为基层、保温、防水、细部等。

（4）一般情况下，子分部工程划分是完全单一因素的情况较少，子分部工程都是材料种类、施工特点、专业系统及类别的混合型，因此，地基基础子分部工程为地基、基础、基坑支护、地下水控制、土方、边坡、地下防水。

4. 房屋建筑分项工程的划分原则

（1）分项工程划分原则。可按主要工种、材料、施工工艺、设备类别等进行划分。混凝土结构工程的子分部工程可划分为模板工程、钢筋工程、混凝土工程、现浇结构、预应力和装配式结构等分项工程。

（2）分项工程可由一个或若干个检验批组成，检验批可根据施工及质量控制和专业验收需要，按楼层、施工段、结构缝进行划分。

5. 房屋建筑工程检验批的划分原则

（1）划分检验批的必要性。检验批是工程质量验收的基本单元；各分项工程可根据与生产和施工方式相一致且便于控制施工质量的原则，按工程量、楼层、施工段、结构缝等进行划分。分项工程划分成检验批进行验收有助于及时发现和纠正施工中出现的质量问题，确保工程质量，也符合施工实际需要。如：钢筋工程，这个分项工程由钢筋加工工程检验批和钢筋安装工程检验批组成。

（2）检验批的划分原则。检验批可根据施工、质量控制和专业验收的需要，按工程量、楼层、施工段、变形缝等进行划分。具体如下：

1）检验批内质量均匀一致，抽样应符合随机性和真实性的原则。

2）贯彻过程控制的原则，按施工次序、便于质量验收和控制关键工序质量需要划分检验批。

（3）检验批的划分方法。具体如下：

1）主体结构分项工程检验批的划分：①多层及高层建筑分项工程，可按楼层及施工段或施工缝（段）划分检验批；②单层建筑工程按变形缝等划分为一个检验批。

2）地基基础的分项工程检验批的划分：①有地下层的基础工程可按照不同地下层划分检验批；②无地下室的分项工程一般划分为一个检验批。

3）屋面分项工程的检验批的划分。可按不同楼层屋面划分为不同的检验批。

4）其他分部工程中分项工程的检验批的划分：①对结构形式比较单一的普通建筑物，一般按照楼层划分检验批；②对于工程量较少的分项工程可统一划分为一个检验批。

5）安装工程检验批的划分。一般按一个设计系统或设备组别划分为一个检验批。

6）室外工程检验批的划分。室外工程一般划分为一个检验批。其中散水、台阶、明沟、阳台等，纳入地面检验批中。

（4）检验批的验收。检验批是工程验收的最小单元，是分项工程乃至整个建筑工程质量验收的基础，检验批是施工过程中条件相同并有一定数量的材料、配件或安装项目，由于其质量基本均匀一致，因此可以作为检验的基础单位，按批组织验收。检验批的检验应检验主控项目和一般项目。

二、工序（控制）检验

对于地基基础中的土方工程、基坑支护工程及混凝土结构中的模板工程，虽不构成建筑工程实体，但是因为这些分项工程是建筑工程中不可缺少的重要环节和必要条件，是对质量过程的控制，其质量不仅关系到建筑工程的质量好坏，同时也与施工安全密切相关，往往需要进行危险性较大专项施工方案论证，因此将其列入施工验收的内容作为过程验收，是工序检验控制。

小于检测批的检验项目，一般由施工单位自行完成。工序经施工单位自检合格后，进行下道工序施工。重要工序应经监理工程师确认，才能进行下道工序施工。施工单位根据质量通病做工序控制。

各施工工序应按施工技术标准进行质量控制，每道施工工序完成后，经施工单位自检符合规定后，才能进行下道工序施工。对于监理单位提出检查要求的重要工序，应经监理工程师检查认可，才能进行下道工序施工。

第三节 房屋建筑工程项目划分方法

一、房屋建筑工程项目划分方法

1. 房屋建筑工程的分部工程、分项工程项目划分

通常以一栋楼房为一个单位工程或子单位工程，房屋建筑工程按主要部位划分分部工程：地基与基础处理、主体结构、建筑装饰装修、建筑屋面、建筑给排水及采暖、建筑电气、智能建筑、通风与空调、电梯等分部工程。建筑工程分部工程、分项工程项目划分如表 8-1 所示。

表 8-1 建筑工程分部（子分部）工程、分项工程划分

<table>
<tr><th>序号</th><th>分部工程</th><th>子分部工程</th><th>分项工程</th></tr>
<tr><td rowspan="8">1</td><td rowspan="8">地基与基础</td><td>地基</td><td>素土、灰土地基、砂和砂石地基，土工合成材料地基，粉煤灰地基，强夯地基，注浆加固地基，预压地基，砂石桩复合地基，高压旋喷注浆地基，水泥土搅拌地基，土和灰土挤密桩复合地基，水泥粉煤灰碎石桩复合地基，夯实水泥土桩地基</td></tr>
<tr><td>基础</td><td>无筋扩展基础，钢筋混凝土扩展基础，筏形与箱形基础，钢结构基础，钢管混凝土结构基础，型钢混凝土结构基础，钢筋混凝土预制桩基础，泥浆护壁成孔灌注桩基础，干作业成孔桩基础，长螺旋钻孔压灌桩基础，沉管灌注桩基础，钢桩基础，锚杆静压桩基础，岩石锚杆基础，沉井与沉箱基础</td></tr>
<tr><td>基坑支护</td><td>灌注桩排桩围护墙，板桩围护墙，咬合桩围护墙，型钢水泥土搅拌墙，土钉墙，地下连续墙，水泥土重力式挡墙，内支撑，锚杆，与主体结构相结合的基坑支护</td></tr>
<tr><td>地下水控制</td><td>降水与排水，回灌</td></tr>
<tr><td>土方</td><td>土方开挖，土方回填，场地平整</td></tr>
<tr><td>边坡</td><td>喷锚支护，挡土墙，边坡开挖</td></tr>
<tr><td>地下防水</td><td>主体结构防水，细部构造防水，特殊施工法结构防水，排水，注浆</td></tr>
<tr style="display:none"></tr>
<tr><td rowspan="7">2</td><td rowspan="7">主体结构</td><td>混凝土结构</td><td>模板，钢筋，混凝土，预应力现浇结构，装配式结构</td></tr>
<tr><td>砌体结构</td><td>砖砌体，混凝土小型空心砌块砌体，石砌体，配筋砌体，填充墙砌体</td></tr>
<tr><td>钢结构</td><td>钢结构焊接，紧固件连接，钢零部件加工，钢构件组装及预拼装，单层钢结构安装，多层及高层钢结构安装，钢管结构安装、预应力钢索和膜结构，压型金属板，防腐涂料涂装，防火涂料涂装</td></tr>
<tr><td>钢管混凝土结构</td><td>构件现场拼装，构件安装，钢管焊接，构件连接，钢管内钢筋骨架，混凝土</td></tr>
<tr><td>型钢混凝土结构</td><td>型钢焊接，紧固件连接，型钢与钢筋连接，型钢构件组装与预拼装，型钢安装，模板，混凝土</td></tr>
<tr><td>铝合金结构</td><td>铝合金焊接，紧固件连接，铝合金零部件加工，铝合金构件组装，铝合金构件预拼装，铝合金框架结构安装，铝合金空间网格结构安装，铝合金面板，铝合金幕墙结构安装，防腐处理</td></tr>
<tr><td>木结构</td><td>方木和原木结构，胶合木结构，轻型木结构，木结构防护</td></tr>
<tr><td rowspan="2">3</td><td rowspan="2">建筑装饰装修</td><td>建筑地面</td><td>基层铺设，整体面层铺设，板块面层铺设，木、竹面层铺设</td></tr>
<tr><td>抹灰</td><td>一般抹灰，保温层薄抹灰，装饰抹灰，清水砌体勾缝</td></tr>
</table>

续表

序号	分部工程	子分部工程	分项工程
3	建筑装饰装修	外墙防水	外墙砂浆防水，涂膜防水，透气膜防水
		门窗	木门窗安装，金属门窗安装，塑料门窗安装，特种门安装，门窗玻璃安装
		吊顶	整体面层吊顶，板块面层吊顶，格栅吊装
		轻质隔墙	板材隔墙，骨架隔墙，活动隔墙，玻璃隔墙
		饰面板	石板安装，陶瓷板安装，木板安装，金属板安装，塑料板安装
		饰面砖	外墙饰面砖粘贴，内墙饰面砖粘贴
		幕墙	玻璃幕墙安装，金属幕墙安装，石材幕墙安装，陶板幕墙安装
		涂饰	水性涂料涂饰，溶剂型涂料涂饰，美术涂饰
		裱糊与软包	裱糊，软包
		细部	橱柜制作与安装，窗帘盒和窗台板制作与安装，门窗套制作与安装，护栏和扶手制作与安装，花饰制作与安装
4	屋面	基层与保护	找坡层和找平层、隔汽层，隔离层，保护层
		保温与隔热	板状材料保温层，纤维材料保温层，喷涂硬泡聚氨酯保温层，现浇泡沫混凝土保温层，种植隔热层，架空隔热层，蓄水隔热层
		防水与密封	卷材防水层，涂膜防水层，复合防水层，接缝密封防水
		瓦面与板面	烧结瓦和混凝土瓦铺装，沥青瓦铺装，金属板铺装，玻璃采光顶铺装
		细部构造	檐口，檐沟和天沟，女儿墙和山墙，水落口，变形缝，伸出屋面管道，屋面出入口，反梁过水孔，设施基座，层脊，屋顶窗
5	建筑给水排水及供暖	室内给水系统	给水管道及配件安装，给水设备安装，室内消火栓系统安装，消防喷淋系统安装，防腐，绝热，管道冲洗、消毒，试验与调试
		室内排水系统	排水管道及配件安装，雨水管道及配件安装，防腐，试验与调试
		室内热水系统	管道及配件安装，辅助设备安装，防腐，绝热，试验与调试
		卫生器具安装	卫生器具安装，卫生器具给水配件安装，卫生器具排水管道安装，试验与调试
		室内供暖系统	管道及配件安装，辅助设备安装，散热器安装，低温热水地板辐射供暖系统安装，电加热供暖系统安装，燃气红外辐射供暖系统安装，热风供暖系统安装，热计量及调控装置安装，试验及调试、防腐，绝热
		室外给水管网	给水管道安装，室外消防栓系统安装，试验与调试
		室外排水管网	排水管道安装，排水管沟与井池，试验与调试
		室外供热管网	管道及配件安装，系统水压试验，土建结构，防腐，绝热，试验与调试

续表

序号	分部工程	子分部工程	分项工程
5	建筑给水排水及供暖	建筑饮用水供应系统	管道及配件安装，水处理设备及控制设施安装，防腐，绝热，试验与调试
		建筑水系统及雨水利用系统	建筑中水系统，雨水利用系统管道及配件安装，水处理设备及控制设施安装，防腐，绝热，试验与调试
		游泳池及公共浴池水系统	管道系统及配件系统安装，水处理设备及控制设施安装，防腐，绝热，试验与调试
		水景喷泉系统	管道系统及配件安装，防腐，绝热，试验与调试
		热源及辅助设备	锅炉安装，辅助设备及管道安装，安全附件安装，换热站安装，防腐，绝热，试验与调试
		监测与控制仪	检测仪器及仪表安装，试验与调试
6	通风与空调	送风系统	风管与配件制作，部件制作，风管系统安装，风机与空气处理设备安装，风管与设备防腐，旋流风口、岗位送风口，织物（布）风管安装，系统调试
		排风系统	风管与配件制作，部件制作，风管系统安装，风机与空气处理设备安装，风管与设备防腐，吸风罩及其他空气处理设备安装，厨房、卫生间排风系统安装，系统调试
		防排烟系统	风管与配件安装，部件制作，风管系统安装，风机与空气处理设备安装，风管与设备防腐，排烟风阀（口）、常闭正压风口、防火风管安装，系统调试
		除尘系统	风管与配件安装，部件制作，风管系统安装，风机与空气处理设备安装，风管与设备防腐，除尘器与排污设备安装，吸尘罩安装，高温风管绝热，系统调试
		舒适性空调系统	风管与配件制作，部件制作，风管系统安装，风机与空气处理设备安装，风管与设备防腐，组合式空调机组安装，消声器、静电除尘器、换热器、紫外线灭菌器等设备安装，风机盘管、变风量与定风量送风装置、射流喷口等末端设备安装，风管与设备绝热，系统调试
		恒温恒湿空调系统	风管与配件制作，部件制作，风管系统安装，风机与空气处理设备安装，风管与设备防腐，组合式空调机组安装，电加热器、加温器等设备安装，精密空调机组安装，风管与设备绝热，系统调试
		净化空调系统	风管与配件制作，部件制作，风管系统安装，风机与空气处理设备安装，风管与设备防腐，净化空调机组安装，消声器、静电除尘器、换热器、紫外线灭菌器等设备安装，中、高效过滤器及风机过滤器单元等末端设备清洗与安装，洁净度测试，风管与设备绝热，系统调试
		地下人防通风系统	风管与配件制作，部件制作，风管系统安装，风机与空气处理设备安装，风管与设备防腐，过滤吸收器、防爆波活门、防爆超压排气活门等专用设备安装，系统调试
		真空吸尘系统	风管与配件制作，部件制作，风管系统安装，风机与空气处理设备安装，风管与设备防腐，管道安装，快速接口安装，风机与滤尘设备安装，系统压力试验及调试

续表

序号	分部工程	子分部工程	分项工程
6	通风与空调	冷凝水系统	管道系统及部件安装，水泵及附属设备安装，管道冲洗，管道、设备防腐，板式热交换器，辐射板及辐射供热、供冷地埋管，热泵机组设备安装，管道、设备绝热，系统压力试验及调试
		空调（冷、热）水系统	管道系统及部件安装，水泵及附属设备安装，管道冲洗，管道、设备防腐，冷却塔与水处理设备安装，防冻伴热设备安装，管道、设备绝热，系统压力试验及调试
		冷却水系统	管道系统及部件安装，水泵及附属设备安装，管道冲洗，管道、设备防腐，系统灌水渗漏及排放试验，管道、设备绝热
		土壤源热泵换热系统	管道系统及部件安装，水泵及附属设备安装，管道冲洗，管道、设备防腐，埋地换热系统及管网安装，管道、设备绝热，系统压力试验及调试
		水源热泵换热系统	管道系统及部件安装，水泵及附属设备安装，管道冲洗，管道、设备防腐，地表水源换热管及管网安装，除垢设备安装，管道、设备绝热，系统压力试验及调试
		蓄能系统	管道系统及部件安装，水泵及附属设备安装，管道冲洗，管道、设备防腐，蓄水罐与蓄冰槽、罐安装，管道、设备绝热，系统压力试验及调试
		压缩式制冷（热）设备系统	制冷机组及附属设备安装，管道、设备防腐，制冷剂管道及部件安装，制冷剂灌注，管道、设备绝热，系统压力试验及调试
		吸收式制冷设备系统	制冷机组及附属设备安装，管道、设备防腐，系统真空试验，溴化锂溶液加灌，蒸汽管道系统安装，燃气或燃油设备安装，管道、设备绝热，试验及调试
		多联机（热泵）空调系统	室外机组安装，室内机组安装，制冷剂管路连接及控制开关安装，风管安装，冷凝水管道安装，制冷剂灌注，系统压力试验及调试
		太阳能供暖空调系统	太阳能集热器安装，其他辅助能源、换热设备安装，蓄能水箱、管道及配件安装，防腐，绝热，低温热水地板辐射采暖系统安装，系统压力试验及调试
		设备自控系统	温度、压力与流量传感器安装，执行机构安装调试，防排烟系统功能测试，自动控制及系统智能控制软件调试
7	建筑电气	室外电气	变压器、箱式变电所安装，成套配电柜、控制柜（屏、台）和动力，照明配电箱（盘）及控制柜安装，梯架、支架、托盘和槽盒安装，导管敷设，电缆敷设，管内穿线和槽盒内敷线，电缆头制作、导线连接和线路绝缘测试，普通灯具安装，专用灯具安装，建筑照明电试运行，接地装置安装
		变配电室	变压器、箱式变电所安装，成套配电柜、控制柜（屏、台）和动力、照明配电箱（盘）安装，母线槽安装、梯架、支架、托盘和槽盒安装，电缆敷设，电缆头制作、导线连接，线路绝缘测试，接地装置安装，接地干线敷设

续表

序号	分部工程	子分部工程	分项工程
7	建筑电气	供电干线	电气设备试验和试运行，母线槽安装、梯架、托盘和槽盒安装，导管敷设，电缆敷设，管内穿线和槽盒内敷线，电缆头制作、导线连接和线路绝缘试验，接地干线敷设
		电气动力	成套配电柜、控制柜（屏、台）和动力配电箱（盘）安装，电动机、电加热器及电动执行机构检查接线，电气设备试验和试运行，梯架、支架、托盘和槽盒安装，导管敷设，电缆敷设，管内穿线和槽盒内敷线，电缆头制作，导线连接，线路绝缘测试
		电气照明	成套配电柜、控制柜（屏、台）和照明配电箱（盘）安装，梯架、支架、托盘和槽盒安装，导管敷设，管内穿线和槽盒内敷线，塑料护套线直敷布线，钢索配线，电缆头制作，导线连接和线路绝缘测试，普通灯具安装，专用灯具安装，开关、插座、风扇安装，建筑照明通用试运行
		备用和不间断电源	成套配电柜、控制柜（屏、台）和动力、照明配电箱（盘）安装，柴油发电机安装，不间断电源装置（UPS）及应急电源装置安装，母线槽安装，导管敷设，电缆敷设，管内穿线和槽盒内敷线，电缆头制作，导线连接和线路绝缘测试，接地装置安装
		防雷及接地	接地装置安装，避雷引下线及接闪器安装，建筑物等电位连接，浪涌保护器安装
8	智能建筑	智能化集成系统	设备安装，软件安装，接口及系统调试，试运行
		信息接入系统	安装场地检查
		用户电话交换系统	线缆敷设，设备安装，软件安装，接口及系统调试、试运行
		信息网络系统	计算机网络设备安装，计算机网络软件安装，网格安全设备安装，网络安全软件安装，系统调试，试运行
		综合布线系统	梯架、托盘、槽盒和导管安装，线缆敷设、机柜、机架、配线架安装，信息插座安装，链路或信息测试，软件安装，系统调试，试运行
		移动通信室内信号覆盖系统	安装场地检查
		卫星通信系统	安装场地检查
		有线电视及卫星电视接收系统	梯架、托盘、槽盒和导管安装，线缆敷设，设备安装，软件安装，系统调试，试运行
		公共广播系统	梯架、托盘、槽盒和导管安装，线缆敷设，设备安装，软件安装，系统调试，试运行
		会议系统	梯架、托盘、槽盒和导管安装，线缆敷设，设备安装，软件安装，系统调试，试运行
		信息导引及发布系统	梯架、托盘、槽盒和导管安装，线缆敷设，显示设备安装，机房设备安装，软件安装，系统调试，试运行
		时钟系统	梯架、托盘、槽盒和导管安装，线缆敷设，设备安装，软件安装，系统调试，试运行

续表

序号	分部工程	子分部工程	分项工程
8	智能建筑	信息化应用系统	梯架、托盘、槽盒和导管安装，线缆敷设，设备安装，软件安装，系统调试，试运行
		建筑设备监控系统	梯架、托盘、槽盒和导管安装，线缆敷设，传感器安装，执行器安装，控制器、箱安装，中央管理工作站和操作分站设备安装，软件安装，系统调试，试运行
		火灾自动报警系统	梯架、托盘、槽盒和导管安装，线缆敷设，探测器类设备安装，控制器类设备安装，其他设备安装，软件安装，系统调试，试运行
		安全技术防范系统	梯架、托盘、槽盒和导管安装，线缆敷设，设备安装，软件安装，系统调试，试运行
		应急响应系统	设备安装，软件安装，系统调试，试运行
		机房	供配电系统，防雷与接地系统，空气调节系统，给水排水系统，综合布线系统，监控与安全防范系统，消防系统，室内装饰装修，电磁屏蔽，系统调试，试运行
		防雷与接地	接地装置，接地线，等电位连接，屏蔽设施，电涌保护器，线缆敷设，系统调试，试运行
9	建筑节能	围护系统节能	墙体节能，幕墙节能，门窗节能，屋面节能，地面节能
		供暖空调设备及管网节能	供暖节能，通风与空调设备节能，空调与供暖系统冷热源节能，空调与供暖系统管网节能
		电气动力节能	配电节能，照明节能
		监控系统节能	监测系统节能，控制系统节能
		可再生能源	地源热泵系统节能，太阳能光热系统节能，太阳能光伏节能
10	电梯	电力驱动的曳引式或强制式电梯	设备进场验收，土建交接检验，驱动主机，导轨，门系统，轿厢，对重，安全部件，悬挂装置，随行电缆，补偿装置，电气装置，整机安装验收
		液压电梯	设备进场验收，土建交接检验，液压系统，导轨，门系统，轿厢，对重，安全部件，悬挂装置，随行电缆，电气装置，整机安装验收
		自动扶梯、自动人行道	设备进场验收、土建交接检验、整机安装验收

2. 室外工程的单位工程、分部工程划分

表 8-2　　室外工程项目划分

单位工程	子单位工程	分部工程
室外设施	道路	路基、基层、面层、广场与停车场、人行道、人行地道、挡土墙、附属构筑物
	边坡	土石方、挡土墙、支护
附属建筑及室外环境	附属建筑	车棚、围墙、大门、挡土墙
	室外环境	建筑小品，亭台，水景，连廊，花坛，场坪绿化，景观桥
室外安装	给水排水	室外给水系统，室外排水系统
	供热	室外供热系统
	供冷	供冷管道安装
	电气	室外供电系统，室外照明系统

二、 房屋建筑工程检验批的划分

1. 房屋建筑工程检验批划分方法

(1) 地基基础工程。

1) 土方开挖、土方回填和换填地基分项工程，一般划分为一个检验批，工程量较大时，应按材料、工艺和施工部位划分，相同材料、工艺和施工部位每 500m² 划分为一个检验批。

2) 降水、排水分项工程，一般划分为一个检验批。

3) 复合地基的分项工程，一般划分为一个检验批。工程量较大时，应按桩的类型、工艺和施工部位划分，相同类型、工艺和施工部位每 200 根桩为一个检验批。

4) 桩基分项工程，一般划分为一个检验批。工程量较大时，应按桩的类型、工艺和施工部位划分，相同类型、工艺和施工部位每 100 根桩为一个检验批。

5) 基坑支护分项工程，根据支护结构类型按照复合地基桩和桩基分项工程划分。

(2) 基础工程。可按不同地下层或变形缝来划分检验批。

(3) 地下防水工程。按不同地下层或变形缝、沉降缝和施工段划分检验批，一个单位工程地下防水工程只有一个检验批。

(4) 砌体工程。按楼层、变形缝、施工段划分检验批，且不超过 250m² 砌体为一个检验批。

(5) 混凝土结构工程。根据工艺相同，便于控制质量的原则按结构类型、构件类型、工作班、楼层、施工段和变形缝来划分检验批。其中钢筋工程（接头）可按国家现行的产品标准和相关规范执行。

(6) 屋面工程。按不同楼层屋面划分不同的检验批，对于同一楼层屋面不得按变形缝和施工段划分检验批。

(7) 建筑地面工程。按楼层、施工段、变形缝来划分检验批，高层建筑标准层可按每三层作为一个检验批。单层面积较大时可按 500m² 为一个检验批。

2. 建筑工程分部分项工程及检验批的划分

建筑工程分部工程—分项工程—检验批划分如表 8-3 所示。

表 8-3　建筑工程分部—分项—检验批项目划分

分部工程	分项工程	检验批划分
地基与基础	挖孔、坑、槽	坑、孔以每个，槽以每轴线段为一检验批
	混凝土灌注桩	以每根为一检验批
	独立柱基	
	筏板、设备	以每座为一检验批
	地梁（含钢筋、模板）	以每轴线段以每轴线段
	混凝土挡土墙、隔墙	
	土方回填	以轴线段或室内、室外、种植土为检验批
主体结构	模板工程	以每层楼为一检验批
	钢筋工程	以每层楼为一检验批
	现浇结构工程	以每层楼为一检验批
	砌体工程	以每层楼为一检验批
	水电安装预门体	以每层楼为一检验批

续表

分部工程	分项工程	检验批划分
装饰工程	外墙基层处理	以每层楼为一检验批
	外墙面砖及涂料	以每层楼为一检验批
	室内天棚基层处理	以每层楼为一检验批
	室内天棚抹灰	以每层楼为一检验批
	室内墙面抹灰	以每层楼为一检验批
	不同界面挂钢丝网	以每层楼为一检验批
	排烟、排气道安装	以每层楼为一检验批
	楼地面基层处理	以每层楼为一检验批
	楼地面细石混凝土面层	以每层楼为一检验批
	楼梯基层处理	以每层楼为一检验批
	楼梯面层	以每层楼为一检验批
	铝合金门窗安装	以每层楼为一检验批
	门窗玻璃安装	以每层楼为一检验批
	栏杆安装	以每层楼为一检验批
	栏杆玻璃安装	以每层楼为一检验批
	公共部位吊顶	以每层楼为一检验批
	公共部位墙、地砖	以每层楼为一检验批
	防火门安装	以每层楼为一检验批
	防盗门安装	以每层楼为一检验批
	公共部位油漆、涂料	以每层楼为一检验批
防水工程	地下防水	以每轴线段为一检验批
	屋面防水	以是否有人使用的不务为一检验批
	厨、厕所防水	以每层楼为一检验批
电气与通风工程	电气线管敷设	以每层楼为一检验批
	桥架、电缆安装	
	电气开关、灯具安装	
	消防报警、指示灯安装	
	车库桥架、电缆安装	以 30m 段为一检验批
	车库灯具安装	以每防火区为一检验批
	车库通风管道安装	以每台风机为一检验批
	车库防火卷帘门安装	以每个防火区隔段为一检验批
给排水工程	室内生活给水管道及配件安装	主管以高、中、低供水区、支管以四层为一检验批
	室内排污管道及配件安装	
	屋面雨水管道及配件安装	
	室内消防给水管道安装	以四层楼为一个检验批
	室内消火栓安装	以 30m 段为一检验批
	室外排污管道安装	
	室外雨水管道安装	
	室外活给水管道安装	
	室外消防泵接口及消防栓安装	以两组为一检验批
	室外井室	以 3 个井为一检验批
	车库管道、配件安装	以 30m 段为一检验批
	车库水泵安装	以高、中低供水区各为一个检验批

续表

分部工程	分项工程	检验批划分
弱电工程	弱电线管敷设	以每个防火分区为一检验批
	弱电终端装置安装	
	车库弱电安装	

3. 黄金坪水电站业主营地（扩建）工程项目划分（见表 8-4）

表 8-4　　黄金坪水电站业主营地（扩建）工程项目划分

工程类别	单位工程	合同名称及编号	子单位工程	分部工程	分项工程	分项工程项目划分	
						项目划分原则	实际划分说明
营地建设工程	业主营地工程	业主营地（扩建）HJP/SG 093-2011	01 监理楼	01 地基与基础	01 土石方	按主要工种、施工材料划分，基础土石方工程为一个分项工程	业主营地监理楼基础土石方工程为一个分项工程，含土石方开挖、回填检验批
					02 模板	按主要工种、施工材料划分，基础模板工程为一个分项工程	业主营地监理楼基础模板工程为一个分项工程，含基础垫层、筏板基础模板安装检验批
					03 钢筋	按主要工种、施工材料划分，基础钢筋工程为一个分项工程	业主营地监理楼基础钢工程为一个分项工程，含钢筋加工、安装、焊接检验批
					04 混凝土	按主要工种、施工材料划分，基础混凝土浇筑为一个分项工程	业主营地监理楼基础混凝土浇筑为一个分项工程，含基础垫层、筏板基础混凝土检验批
					05 填充墙	按主要工种、施工材料划分，基础填充墙为一个分项工程	业主营地监理楼基础填充墙为一个分项工程，含基础填充墙检验批
				02 主体结构	01 模板	按主要工种、施工材料划分，主体结构模板工程为一个分项工程	业主营地监理楼主体模板安装工程为一个分项工程，含1～3层模板安装检验批
					02 钢筋	按主要工种、施工材料划分，主体结构钢筋工程为一个分项工程	业主营地监理楼主体钢筋工程为一个分项工程，含1～3层钢筋加工、安装、焊接检验批
					03 混凝土	按主要工种、施工材料划分，主体结构混凝浇筑为一个分项工程	业主营地监理楼主体混凝浇筑为一个分项工程，含1～3层混凝土浇筑检验批
					04 填充墙	按主要工种、施工材料划分，主体结构填充墙为一个分项工程	业主营地监理楼主体填充墙为一个分项工程，含1～3层填充墙检验批
				03 建筑屋面	01 屋面找坡层、找平层	按主要工种划分，屋面找坡层、找平层为一个分项工程	业主营地监理楼屋面找坡层、找平层为一个分项工程，含找坡层、找平层检验批
					02 卷材防水层	按主要工种，按屋面防水层为一个分项工程	业主营地监理楼屋面防水层为一个分项工程，含卷材防水层检验批
					03 整体面层	按主要工种，按屋面保护层为一个分项工程	业主营地监理楼屋面保护层为一个分项工程，含细石混凝土面层检验批

续表

工程类别	单位工程	合同名称及编号	子单位工程	分部工程	分项工程	分项工程项目划分	
						项目划分原则	实际划分说明
营地建设工程	业主营地工程	业主营地（扩建）HJP/SG 093-2011	01 监理楼	04 建筑装饰装修	01 楼地面	按主要工种、施工材料划分，楼地面工程为一个分项工程	业主营地监理楼楼地面工程为一个分项工程，含1～3层找平层、楼地面防水层、地砖面层检验批
					02 抹灰	按主要工种、施工材料划分，抹灰工程为一个分项工程	业主营地监理楼内外墙抹灰工程为一个分项工程，含1～3层内墙、外墙抹灰检验批
					03 木门制作与安装	按主要工种、施工材料划分，木门制作与安装为一个分项工程	业主营地监理楼门安装为一个分项工程工程，含1～3层木门制作、安装检验批
					04 塑钢窗安装	按主要工种、施工材料划分，塑钢窗安装为一个分项工程	业主营地监理楼塑钢窗安装为一个分项工程，含1～3层塑钢窗安装检验批
					05 门窗玻璃	按主要工种、施工材料划分，门窗玻璃安装为一个分项工程	业主营地监理楼门窗玻璃安装为一个分项工程，含1～3层门窗玻璃安装检验批
					06 涂料	按主要工种、施工材料划分，涂料工程为一个分项工程	业主营地监理楼内外墙涂料工程为一个分项工程，含1～3层内墙、外墙涂料检验批
					07 饰面砖	按主要工种、施工材料划分，饰面砖粘贴为一个分项工程	业主营地监理楼饰面砖粘贴为一个分项工程，含1～3层卫生间墙面砖粘贴检验批
					08 细部	按主要工种、施工材料划分，细部工程安装为一个分项工程	业主营地监理楼细部工程为一个分项工程，含1～3层楼梯扶手制作与安装检验批
				05 建筑电气	01 电气照明	按主要工种、设备类别划分，电气照明安装为一个分项工程	业主营地监理楼电气照明安装为一个分项工程工程，含1～3层线管埋设、穿线、配电箱、开关、插座安装、照明试运行检验批
					02 防雷接地安装	按主要工种、设备类别划分，防雷接地安装为一个分项工程	业主营地监理楼防雷接地安装为一个分项工程，含接地装置、避雷引下线、接闪器安装检验批
				06 建筑给水、排水	01 室内给水系统	按主要工种、设备类别划分，给水系统安装为一个分项工程	业主营地监理楼室内给水系统安装为一个分项工程，含1～3层给水管道、消火栓安装检验批
					02 室内排水系统	按主要工种、设备类别划分，按排水系统安装为一个分项工程	业主营地监理楼室内排水系统为一个分项工程，含1～3层排水、雨水管道安装
				07 建筑给水、排水	卫生器具	按主要工种、设备类别划分，卫生器具安装为一个分项工程	业主营地监理楼室内卫生器具安装为一个分项工程，含1～3层卫生器具安装检验批

续表

工程类别	单位工程	合同名称及编号	子单位工程	分部工程	分项工程	分项工程项目划分	
						项目划分原则	实际划分说明
营地建设工程	业主营地工程	业主营地（扩建）HJP/SG 093-2011	02 活动中心	01 地基与基础	01 土石方	按主要工种、施工材料划分，基础土石方工程为一个分项工程	业主营地活动中心基础土石方工程为一个分项工程，含土石方开挖、回填检验批
					02 模板	按主要工种、施工材料划分，基础模板工程为一个分项工程	业主营地活动中心基础模板工程为一个分项工程，含基础垫层、条形基础模板安装检验批
					03 钢筋	按主要工种、施工材料划分，基础钢筋工程为一个分项工程	业主营地活动中心基础钢工程为一个分项工程，含钢筋加工、安装、焊接检验批
					04 混凝土	按基础混凝土浇筑为一个分项工程	业主营地活动中心基础混凝土浇筑为一个分项工程，含基础垫层、条形基础混凝土检验批
					05 填充墙	按主要工种、施工材料划分，基础填充墙为一个分项工程	业主营地活动中心基础填充墙为一个分项工程，含基础填充墙检验批
				02 主体结构	01 模板	按主要工种、施工材料划分，主体结构模板工程为一个分项工程	业主营地活动中心主体模板安装工程为一个分项工程，含1～2 层模板安装检验批
					02 钢筋	按主要工种、施工材料划分，主体结构钢筋工程为一个分项工程	业主营地活动中心主体钢筋工程为一个分项工程，含 1～2 层钢筋加工、安装、焊接检验批
					03 混凝土	按主要工种、施工材料划分，主体结构混凝浇筑为一个分项工程	业主营地活动中心主体混凝浇筑为一个分项工程，含 1～2 层混凝土浇筑检验批
					04 填充墙	按主要工种、施工材料划分，主体结构填充墙为一个分项工程	业主营地活动中心主体填充墙为一个分项工程，含 1～2 层填充墙检验批
				03 建筑屋面	01 屋面找坡层、找平层	按主要工种划分，屋面找坡层、找平层为一个分项工程	业主营地活动中心屋面找坡层、找平层为一个分项工程，含 1～2 层屋面找坡层、找平层检验批
					02 卷材防水层	按主要工种、施工材料划分，屋面防水层为一个分项工程	业主营地活动中心屋面防水层为一个分项工程，含 1～2 层屋面卷材防水层检验批
					03 整体面层	按主要工种、施工材料划分，按屋面保护层为一个分项工程	业主营地活动中心屋面保护层为一个分项工程，含 1～2 层屋面细石混凝土面层检验批
				04 建筑装饰装修	01 楼地面	按主要工种、施工材料划分，按楼地面工程为一个分项工程	业主营地活动中心楼地面工程为一个分项工程，含 1～2 层找平层、楼地面防水层、地砖面层检验批

续表

工程类别	单位工程	合同名称及编号	子单位工程	分部工程	分项工程	分项工程项目划分	
						项目划分原则	实际划分说明
营地建设工程	业主营地工程	业主营地（扩建）HJP/SG 093-2011	02 活动中心	04 建筑装饰装修	02 抹灰	按主要工种、施工材料划分，抹灰工程为一个分项工程	业主营地活动中心内外墙抹灰工程为一个分项工程，含1～2层内墙、外墙抹灰检验批
					03 木门制作与安装	按主要工种、施工材料划分，木门制作与安装为一个分项工程	业主营地活动中心门安装为一个分项工程工程，含木门制作、安装检验批
					04 塑钢窗安装	按主要工种、施工材料划分，塑钢窗安装为一个分项工程	业主营地活动中心塑钢窗安装为一个分项工程，含1～2层塑钢窗安装检验批
					05 门窗玻璃	按主要工种、施工材料划分，门窗玻璃安装为一个分项工程	业主营地活动中心门窗玻璃安装为一个分项工程，含1～2层门窗玻璃安装检验批
					06 涂料	按主要工种、施工材料划分，涂料工程为一个分项工程	业主营地活动中心内外墙涂料工程为一个分项工程，含1～2层内墙、外墙涂料检验批
					07 饰面砖	按主要工种、施工材料划分，饰面砖粘贴为一个分项工程	业主营地活动中心饰面砖粘贴为一个分项工程，含1层卫生间墙面砖粘贴检验批
					08 细部	按主要工种、施工材料划分，细部工程安装为一个分项工程	业主营地活动中心细部工程为一个分项工程，含1～2层楼梯扶手制作与安装检验批
				05 建筑电气	01 电气照明	按主要工种、设备类别划分，电气照明安装为一个分项工程	业主营地活动中心电气照明安装为一个分项工程工程，含1～2层线管埋设、穿线、配电箱、开关、插座安装、照明试运行检验批
					02 防雷接地安装	按主要工种、设备类别划分，防雷接地安装为一个分项工程	业主营地活动中心防雷接地安装为一个分项工程，含接地装置、避雷引下线、接闪器安装检验批
				06 建筑给水、排水	01 室内给水系统	按主要工种、设备类别划分，给水系统安装为一个分项工程	业主营地活动中心室内给水系统安装为一个分项工程，含1～2层给水管道、消火栓安装检验批
					02 室内排水系统	按主要工种、设备类别划分，排水系统安装为一个分项工程	业主营地活动中心室内排水系统为一个分项工程，含1～2层排水、雨水管道安装
					03 卫生器具	按主要工种、设备类别划分，卫生器具安装为一个分项工程	业主营地活动中心室内卫生器具安装为一个分项工程，含1层卫生器具安装检验批

续表

工程类别	单位工程	合同名称及编号	子单位工程	分部工程	分项工程	分项工程项目划分	
						项目划分原则	实际划分说明
营地建设工程	业主营地工程	业主营地（扩建）HJP/SG 093-2011	03 新增宿舍楼	01 地基与基础	01 土石方	按主要工种、施工材料划分，基础土石方工程为一个分项工程	业主营地新增宿舍楼基础土石方工程为一个分项工程，含土石方开挖、回填检验批
					02 模板	按主要工种、施工材料划分，基础模板工程为一个分项工程	业主营地新增宿舍楼基础模板工程为一个分项工程，含基础垫层、筏板基础模板安装检验批
					03 钢筋	按主要工种、施工材料划分，基础钢筋工程为一个分项工程	业主营地新增宿舍楼基础钢工程为一个分项工程，含钢筋加工、安装、焊接检验批
					04 混凝土	按主要工种、施工材料划分，基础混凝土浇筑为一个分项工程	业主营地新增宿舍楼基础混凝土浇筑为一个分项工程，含基础垫层、筏板基础混凝土检验批
					05 填充墙	按主要工种、施工材料划分，基础填充墙为一个分项工程	业主营地新增宿舍楼基础填充墙为一个分项工程，含基础填充墙检验批
				02 主体结构	01 模板	按主要工种、施工材料划分，主体结构模板工程为一个分项工程	业主营地新增宿舍楼主体模板安装工程为一个分项工程，含 1～5 层模板安装检验批
					02 钢筋	按主要工种、施工材料划分，主体结构钢筋工程为一个分项工程	业主营地新增宿舍楼主体钢筋工程为一个分项工程，含 1～5 层钢筋加工、安装、焊接检验批
					03 混凝土	按主要工种、施工材料划分，主体结构混凝浇筑为一个分项工程	业主营地新增宿舍楼主体混凝浇筑为一个分项工程，含 1～5 层混凝土浇筑检验批
					04 填充墙	按主要工种、施工材料划分，主体结构填充墙为一个分项工程	业主营地新增宿舍楼主体填充墙为一个分项工程，含 1～5 层填充墙检验批
				03 建筑屋面	01 屋面找平层、找平层	按屋面找坡层、找平层为一个分项工程	业主营地新增宿舍楼屋面找坡层、找平层为一个分项工程，含找坡层、找平层检验批
					02 卷材防水层	按主要工种、施工材料划分，屋面防水层为一个分项工程	业主营地新增宿舍楼屋面防水层为一个分项工程，含卷材防水层检验批
					03 整体面层	按主要工种、施工材料划分，屋面保护层为一个分项工程	业主营地新增宿舍楼屋面保护层为一个分项工程，含细石混凝土面层检验批

续表

工程类别	单位工程	合同名称及编号	子单位工程	分部工程	分项工程	分项工程项目划分	
						项目划分原则	实际划分说明
营地建设工程	业主营地工程	业主营地（扩建）HJP/SG 093-2011	03 新增宿舍楼	04 建筑装饰装修	01 楼地面	按主要工种、施工材料划分，楼地面工程为一个分项工程	业主营地新增宿舍楼楼地面工程为一个分项工程，含1～5层找平层、楼地面防水层、地砖面层检验批
					02 抹灰	按主要工种、施工材料划分，抹灰工程为一个分项工程	业主营地新增宿舍楼内外墙抹灰工程为一个分项工程，含1～5层内墙、外墙抹灰检验批
					03 木门制作与安装	按主要工种、施工材料划分，木门制作与安装为一个分项工程	业主营地新增宿舍楼门安装为一个分项工程工程，含1～5层木门制作、安装检验批
					04 塑钢窗安装	按主要工种、施工材料划分，塑钢窗安装为一个分项工程	业主营地新增宿舍楼塑钢窗安装为一个分项工程，含1～5层塑钢窗安装检验批
					05 门窗玻璃	按主要工种、施工材料划分，门窗玻璃安装为一个分项工程	业主营地新增宿舍楼门窗玻璃安装为一个分项工程，含1～5层门窗玻璃安装检验批
					06 涂料	按主要工种、施工材料划分，涂料工程为一个分项工程	业主营地新增宿舍楼内外墙涂料工程为一个分项工程，含1～5层内墙、外墙涂料检验批
					07 饰面砖	按主要工种、施工材料划分，饰面砖粘贴为一个分项工程	业主营地新增宿舍楼饰面砖粘贴为一个分项工程，含1～5层卫生间墙面砖粘贴检验批
					08 细部	按主要工种、施工材料划分，细部工程安装为一个分项工程	业主营地新增宿舍楼细部工程为一个分项工程，含1～5层楼梯扶手制作与安装检验批
				05 建筑电气	01 电气照明	按主要工种、设备类别划分，电气照明安装为一个分项工程	业主营地新增宿舍楼电气照明安装为一个分项工程工程，含1～5层线管埋设、穿线、配电箱、开关、插座安装、照明试运行检验批
					02 防雷接地安装	按主要工种、设备类别划分，防雷接地安装为一个分项工程	业主营地新增宿舍楼防雷接地安装为一个分项工程，含接地装置、避雷引下线、接闪器安装检验批
				06 建筑给水、排水	01 室内给水系统	按主要工种、设备类别划分，给水系统安装为一个分项工程	业主营地新增宿舍楼室内给水系统安装为一个分项工程，含1～5层给水管道、消火栓安装检验批
					02 室内排水系统	按主要工种、设备类别划分，排水系统安装为一个分项工程	业主营地新增宿舍楼室内排水系统为一个分项工程，含1～5层排水、雨水管道安装
					03 卫生器具	按主要工种、设备类别划分，卫生器具安装为一个分项工程	业主营地新增宿舍楼室内卫生器具安装为一个分项工程，含1～5层卫生器具安装检验批

续表

工程类别	单位工程	合同名称及编号	子单位工程	分部工程	分项工程	分项工程项目划分	
						项目划分原则	实际划分说明
营地建设工程	业主营地工程	业主营地（扩建）HJP/SG 093-2011	04 武警消防楼	01 地基与基础	01 土石方	按主要工种、施工材料划分，基础土石方工程为一个分项工程	业主营地武警消防楼基础土石方工程为一个分项工程，含土石方开挖、回填检验批
					02 模板	按主要工种、施工材料划分，基础模板工程为一个分项工程	业主营地武警消防楼基础模板工程为一个分项工程，含基础垫层、筏板基础模板安装检验批
					03 钢筋	按主要工种、施工材料划分，基础钢筋工程为一个分项工程	业主营地武警消防楼基础钢工程为一个分项工程，含钢筋加工、安装、焊接检验批
					04 混凝土	按主要工种、施工材料划分，基础混凝土浇筑为一个分项工程	业主营地武警消防楼基础混凝土浇筑为一个分项工程，含基础垫层、筏板基础混凝土检验批
					05 填充墙	按主要工种、施工材料划分，基础填充墙为一个分项工程	业主营地武警消防楼基础填充墙为一个分项工程，含基础填充墙检验批
				02 主体结构	01 模板	按主要工种、施工材料划分，主体结构模板工程为一个分项工程	业主营地武警消防楼主体模板安装工程为一个分项工程，含 1～3 层模板安装检验批
					02 钢筋	按主要工种、施工材料划分，主体结构钢筋工程为一个分项工程	业主营地武警消防楼主体钢筋工程为一个分项工程，含 1～3 层钢筋加工、安装、焊接检验批
					03 混凝土	按主要工种、施工材料划分，主体结构混凝浇筑为一个分项工程	业主营地武警消防楼主体混凝浇筑为一个分项工程，含 1～3 层混凝土浇筑检验批
					04 填充墙	按主要工种、施工材料划分，主体结构填充墙为一个分项工程	业主营地武警消防楼主体填充墙为一个分项工程，含 1～3 层填充墙检验批
				03 建筑屋面	01 屋面找坡层、找平层	按主要工种、施工材料划分，屋面找坡层、找平层为一个分项工程	业主营地武警消防楼屋面找坡层、找平层为一个分项工程，含找坡层、找平层检验批
					02 卷材防水层	按主要工种、施工材料划分，屋面防水层为一个分项工程	业主营地武警消防楼屋面防水层为一个分项工程，含卷材防水层检验批
					03 整体面层	按主要工种、施工材料划分，屋面保护层为一个分项工程	业主营地武警消防楼屋面保护层为一个分项工程，含细石混凝土面层检验批

续表

工程类别	单位工程	合同名称及编号	子单位工程	分部工程	分项工程	分项工程项目划分	
						项目划分原则	实际划分说明
营地建设工程	业主营地工程	业主营地（扩建）HJP/SG 093-2011	04 武警消防楼	04 建筑装饰装修	01 楼地面	按主要工种、施工材料划分，楼地面工程为一个分项工程	业主营地武警消防楼楼地面工程为一个分项工程，含1～3层找平层、楼地面防水层、地砖面层检验批
					02 抹灰	按主要工种、施工材料划分，抹灰工程为一个分项工程	业主营地武警消防楼内外墙抹灰工程为一个分项工程，含1～3层内墙、外墙抹灰检验批
					03 木门制作与安装	按主要工种、施工材料划分，木门制作与安装为一个分项工程	业主营地武警消防楼门安装为一个分项工程工程，含1～3层木门制作、安装检验批
					04 塑钢窗安装	按主要工种、施工材料划分，塑钢窗安装为一个分项工程	业主营地武警消防楼塑钢窗安装为一个分项工程，含1～3层塑钢窗安装检验批
					05 门窗玻璃	按主要工种、施工材料划分，门窗玻璃安装为一个分项工程	业主营地武警消防楼门窗玻璃安装为一个分项工程，含1～3层门窗玻璃安装检验批
					06 涂料	按主要工种、施工材料划分，涂料工程为一个分项工程	业主营地武警消防楼内外墙涂料工程为一个分项工程，含1～3层内墙、外墙涂料检验批
					07 饰面砖	按主要工种、施工材料划分，饰面砖粘贴为一个分项工程	业主营地武警消防楼饰面砖粘贴为一个分项工程，含1～3层卫生间墙面砖粘贴检验批
					08 细部	按主要工种、施工材料划分，细部工程安装为一个分项工程	业主营地武警消防楼细部工程为一个分项工程，含1～3层楼梯扶手制作与安装检验批
				05 建筑电气	01 电气照明	按主要工种、设备类别划分，电气照明安装为一个分项工程工程	业主营地武警消防楼电气照明安装为一个分项，含1～3层线管埋设、穿线、配电箱、开关、插座安装、照明试运行检验批
					02 防雷接地安装	按主要工种、设备类别划分，防雷接地安装为一个分项工程	业主营地武警消防楼防雷接地安装为一个分项工程，含接地装置、避雷引下线、接闪器安装检验批
				06 建筑给水、排水	01 室内给水系统	按主要工种、设备类别划分，给水系统安装为一个分项工程	业主营地武警消防楼室内给水系统安装为一个分项工程，含1～3层给水管道、消火栓安装检验批
					02 室内排水系统	按主要工种、设备类别划分，排水系统安装为一个分项工程	业主营地武警消防楼室内排水系统为一个分项工程，含1～3层排水、雨水管道安装
					03 卫生器具	按主要工种、设备类别划分，卫生器具安装为一个分项工程	业主营地武警消防楼室内卫生器具安装为一个分项工程，含1～3层卫生器具安装检验批

续表

工程类别	单位工程	合同名称及编号	子单位工程	分部工程	分项工程	分项工程项目划分	
						项目划分原则	实际划分说明
营地建设工程	业主营地工程	业主营地（扩建）HJP/SG 093-2011	05 派出所	01 地基与基础	01 土石方	按主要工种、施工材料划分，基础土石方工程为一个分项工程	业主营地派出所基础土石方工程为一个分项工程，含土石方开挖、回填检验批
					02 模板	按主要工种、施工材料划分，基础模板工程为一个分项工程	业主营地派出所基础模板工程为一个分项工程，含基础垫层、柱下独立基础、基础梁、柱模板安装检验批
					03 钢筋	按主要工种、施工材料划分，基础钢筋工程为一个分项工程	业主营地派出所基础钢工程为一个分项工程，含钢筋加工、安装、焊接检验批
					04 混凝土	按主要工种、施工材料划分，基础混凝土浇筑为一个分项工程	业主营地派出所基础混凝土浇筑为一个分项工程，含基础垫层、柱下独立基础、基础梁、柱混凝土检验批
					05 填充墙	按主要工种、施工材料划分，基础填充墙为一个分项工程	业主营地派出所基础填充墙为一个分项工程，含基础填充墙检验批
				02 主体结构	01 模板	按主要工种、施工材料划分，主体结构模板工程为一个分项工程	业主营地派出所主体模板安装工程为一个分项工程，含1～2层模板安装检验批
					02 钢筋	按主要工种、施工材料划分，主体结构钢筋工程为一个分项工程	业主营地派出所主体钢筋工程为一个分项工程，含1～2层钢筋加工、安装、焊接检验批
					03 混凝土	按主要工种、施工材料划分，主体结构混凝浇筑为一个分项工程	业主营地派出所主体混凝浇筑为一个分项工程，含1～2层混凝土浇筑检验批
					04 填充墙	按主要工种、施工材料划分，主体结构填充墙为一个分项工程	业主营地派出所主体填充墙为一个分项工程，含1～2层填充墙检验批
				03 建筑屋面	01 屋面找坡层、找平层	按主要工种、施工材料划分，屋面找坡层、找平层为一个分项工程	业主营地派出所屋面找坡层、找平层为一个分项工程，含找坡层、找平层检验批
					02 卷材防水层	按主要工种、施工材料划分，屋面防水层为一个分项工程	业主营地派出所屋面防水层为一个分项工程，含卷材防水层检验批
					03 整体面层	按主要工种、施工材料划分，屋面保护层为一个分项工程	业主营地派出所屋面保护层为一个分项工程，含细石混凝土面层检验批
				04 建筑装饰装修	01 楼地面	按主要工种、施工材料划分，楼地面工程为一个分项工程	业主营地派出所楼地面工程为一个分项工程，含1～2层找平层、楼地面防水层、地砖面层检验批

续表

工程类别	单位工程	合同名称及编号	子单位工程	分部工程	分项工程	分项工程项目划分	
						项目划分原则	实际划分说明
营地建设工程	业主营地工程	业主营地（扩建）HJP/SG 093-2011	05 派出所	04 建筑装饰装修	02 抹灰	按主要工种、施工材料划分，抹灰工程为一个分项工程	业主营地派出所内外墙抹灰工程为一个分项工程，含1～2层内墙、外墙抹灰检验批
					03 木门制作与安装	按主要工种、施工材料划分，木门制作与安装为一个分项工程	业主营地派出所门安装为一个分项工程工程，含1～2层木门制作、安装检验批
					04 塑钢窗安装	按主要工种、施工材料划分，塑钢窗安装为一个分项工程	业主营地派出所塑钢窗安装为一个分项工程，含1～2层塑钢窗安装检验批
					05 门窗玻璃	按主要工种、施工材料划分，门窗玻璃安装为一个分项工程	业主营地派出所门窗玻璃安装为一个分项工程，含1～2层门窗玻璃安装检验批
					06 涂料	按主要工种、施工材料划分，涂料工程为一个分项工程	业主营地派出所内外墙涂料工程为一个分项工程，含1～2层内墙、外墙涂料检验批
					07 饰面砖	按主要工种、施工材料划分，饰面砖粘贴为一个分项工程	业主营地派出所饰面砖粘贴为一个分项工程，含1～2层卫生间墙面砖粘贴检验批
					08 细部	按主要工种、施工材料划分，细部工程安装为一个分项工程	业主营地派出所细部工程为一个分项工程，含1～2层楼梯扶手制作与安装检验批
				05 建筑电气	01 电气照明	按主要工种、设备类别划分，电气照明安装为一个分项工程	业主营地派出所电气照明安装为一个分项工程工程，含1～2层线管埋设、穿线、配电箱、开关、插座安装、照明试运行检验批
					02 防雷接地安装	按主要工种、设备类别划分，防雷接地安装为一个分项工程	业主营地派出所防雷接地安装为一个分项工程，含接地装置、避雷引下线、接闪器安装检验批
				06 建筑给水、排水	01 室内给水系统	按主要工种、设备类别划分，给水系统安装为一个分项工程	业主营地派出所室内给水系统安装为一个分项工程，含1～2层给水管道、消火栓安装检验批
					02 室内排水系统	按主要工种、设备类别划分，排水系统安装为一个分项工程	业主营地派出所室内排水系统为一个分项工程，含1～2层排水、雨水管道安装
					03 卫生器具	按主要工种、设备类别划分，卫生器具安装为一个分项工程	业主营地派出所室内卫生器具安装为一个分项工程，含1～2层卫生器具安装检验批

4. 建筑装修工程分部工程、分项工程及检验批项目划分

（1）建筑装修工程分部工程、分项工程及检验批项目划分如表 8-5 所示。

表 8-5　　建筑装修工程分部工程、分项工程及检验批项目划分

序号	子分部工程	分项工程	检验批划分标准	
1	抹灰工程	一般抹灰、装饰抹灰、清水砌体勾缝	相同材料、工艺和施工条件	① 室外抹灰工程每 500～1000m² 应划分为一个检验批，不足 500m² 也应划分为一个检验批
				② 室内抹灰工程每 50 个自然间（大面积房间和走廊按抹灰面积 30m² 为一间）应划分为一个检验批，不足 50 间也应划分为一个检验批
2	门窗工程	木门窗制作与安装、金属门窗安装、塑料门窗安装，特种门安装、门窗玻璃安装	同一品种、类型、规格	① 木门窗、金属门窗、塑料门窗及玻璃门窗每 100 樘应划分为一个检验批，不足 100 樘也应划分为一个检验批
				② 特种门窗每 50 樘应划分为一个检验批
3	吊顶工程	暗龙骨吊顶，明龙骨吊顶	同一品种的吊顶工程每 50 间（大面积房间和走廊按吊顶面积 30m² 为间）应划分为一个检验批，不足 50 间也应划分为一个检验批	
4	轻质隔墙工程	板材隔墙，骨架隔墙，活动隔墙，玻璃隔墙	同一品种的轻质隔墙工程每 50 间（大面积房间和走廊按轻质隔墙的墙面 30m² 为一间）应划分为一个检验批，不足 50 间也应划分为一个检验批	
5	饰面板（砖）工程	饰面板安装，饰面砖粘贴	相同材料、工艺和施工条件	① 室内饰面板（砖）工程每 50 间（大面积房间和走廊按施工面积 30m² 为一间）应划分为一个检验批，不足 50 间也应划分为一个检验批
				② 室外饰面板（砖）工程每 500～1000m² 应划分为一个检验批，不足 500m² 也应划分为一个检验批
6	幕墙工程	玻璃幕墙，金属幕墙，石材幕墙	① 相同设计、材料、工艺和施工条件的幕墙工程每 500～1000m² 应划分为一个检验批，不足 500m² 也应划分为一个检验批	
			② 同一单位工程的不连接的幕墙工程应单独划分检验批	
			③ 对于异型或者有特殊要求的幕墙工程，应根据幕墙的结构、工艺特点及幕墙工程规模，由监理单位（或建设单位）和施工单位协商确定	

续表

序号	子分部工程	分项工程	检验批划分标准
7	涂饰工程	水性涂料涂饰，溶剂型涂饰，美术涂饰	① 室外涂饰工程每一栋楼的同类涂料涂饰的墙面每 500～1000m^2 应划分为一个检验批，不足 500m^2 也应划分为一个检验批
			② 室内涂饰工程同类涂料涂饰每 50 间（大面积房间和走廊按施工面积 30m^2 为一间）应划分为一个检验批，不足 50 间也应划分为一个检验批
8	裱糊与软包工程	裱糊，软包	同一品种的裱糊或软包工程每 50 间（大面积房间和走廊按吊顶面积 30m^2 为间）应划分为一个检验批，不足 50 间也应划分为一个检验批
9	细部工程	橱柜制作与安装，窗帘盒、窗台板和散热器罩制作与安装，门窗套制作与安装，护栏和扶手制作与安装，花饰制作与安装，护栏和扶手制作与安装，花饰制作与安装	① 同类制品每 50 间（处）应划分为一个检验批，不足 50 间（处）也应划分为一个检验批
			② 每部楼梯应划分为一个检验批
10	建筑地面工程	基层，整体面层，板块面层，竹木面层	按楼层、施工段、变形缝来划分检验批

（2）长河坝水电站地下发电厂房装修工程项目划分如表 8-6 所示。

表 8-6 长河坝水电站地下发电厂房装修工程单位—合同—分部—分项—检验批项目划分

工程类别	单位工程	合同名称及编号	分部工程编码、名称、评定		分项工程编码、名称		检验批项目划分	
			编码	名称	编码	名称	项目划分原则	实际划分说明
引水发电建筑物工程	05 地下发电厂工程	09 长河坝水电站装修工程施工 CHB/SG 117-2015	050914	14 地下副厂房装修工程	05091401-0001～0008	01 一般抹灰	相同材料、工艺和施工条件的室内抹灰按楼层 1500m^2 一个检验批，不足 1500m^2 也为一个检验批（室内每 50 房间划分一个检验批，室内 30m^2 算一间）	每层 1 个检验批，步梯间单独 1 个检验批
					05091402-0001～0008	02 无机涂料	同类涂料涂饰按楼层及室内面积 1500m^2 一个检验批，不足 1500m^2 也为一个检验批	每层 1 个检验批，步梯间单独 1 个检验批
					05091403-0001～0008	03 地砖	各类面层的分项工程的施工质量验收应按每一层次或每层施工段划分检验批	每层 1 个检验批，步梯间单独 1 个检验批
					05091404-0001	04 防火门	按区域同一品种、类型和规格特种门每 50 樘一个检验批，不足 50 樘的也为一个检验批	地下副厂房区域防火门 1 个检验批
					05091405-0001	05 不锈钢护栏	同类制品按检查及施工区域每 50 处划分为一个检验批，不足 50 处也应划分为一个检验批	地下副厂房区域 1 个检验批

续表

工程类别	单位工程	合同名称及编号	分部工程编码、名称、评定		分项工程编码、名称		检验批项目划分	
			编码	名称	编码	名称	项目划分原则	实际划分说明
引水发电建筑物工程	05 地下发电厂工程	09 长河坝水电站装修工程施工 CHB/SG 117-2015	050914	14 地下副厂房装修工程	05091406-0001	06 不锈钢门套	同类制品按检查及施工区域每 50 处划分为一个检验批，不足 50 处也应划分为一个检验批	地下副厂房区域 1 个检验批
					05091407-0001	07 木门	按区域同一品种、类型和规格的门每 100 樘一个检验批，不足 100 樘的也为一个检验批	地下副厂房区域 1 个检验批
					05091408-0001～0003	08 防水	防水工程应按结构层、施工段划分检验批	地下副厂房卫生间防水 1 个检验批，卫生间器具安装 1 个检验批；满水通水 1 个检验批
					05091409-0001	09 隔墙	同一品种的隔墙工程按区域每 50 间应划为一个检验批，不足 50 间也为一个检验批	地下副厂房卫生间成品隔断安装 1 个检验批
					05091410-0001～0005	10 吊顶＋暗龙骨	同一品种的吊顶工程按区域每 50 间一个检验批，不足 50 间也应为一个检验批	卫生间扣板吊顶 1 个检验批；高压开关柜、二次盘柜层、三层电缆层走廊扣板和办公层 1 个检验批
					05091411-0001	11 墙砖	相同材料、工艺和施工条件的室内饰面砖每 50 间为一个检验批，不足 50 间也为一个检验批	地下副厂房卫生间墙砖 1 个检验批
			050915	15 主厂房及其他零星项目装修工程	05091501-0001～0006	01 聚脲防水	屋面工程各分项工程宜按屋面面积每 500～1000m^2 划分为一个检验批，不足 500m^2 应按一个检验批	拱顶聚脲根据面积划分为 6 个检验批
					05091502-0001～0006	02 稀土保温砂浆	屋面工程各分项工程宜按屋面面积每 50～1000m^2 划分为一个检验批，不足 500m^2 应按一个检验批	拱顶稀土保温根据面积划分为砂浆 6 个检验批
					05091503-0001	03 砌筑	所用材料类型及同类型材料的强度等级相同且不超过 250m^3 砌体为一个检验批	母线洞一个检验批
					05091504-0001～0026	04 一般抹灰	相同材料、工艺和施工条件的室内抹灰按楼层部位 1500m^2 一个检验批，不足 1500m^2 也为一个检验批	进场交通洞 2 个＋交通洞延长段 2 个＋电气夹层 4 个＋水轮机层 4 个＋蜗壳层 2 个＋步梯 1 个＋母线洞 2 个＋拱顶 5 个检验批

续表

工程类别	单位工程	合同名称及编号	分部工程编码、名称、评定		分项工程编码、名称		检验批项目划分	
			编码	名称	编码	名称	项目划分原则	实际划分说明
引水发电建筑物工程	05 地下发电厂工程	09 长河坝水电站装修工程施工 CHB/SG 117-2015	050915	15 主厂房及其他零星项目装修工程	05091505-0001～0005	05 外墙岩片漆	同类涂料涂饰的室外每栋楼 1000m^2 一个检验批，不足 1000m^2 也为一个检验批	观测房 4 个检验批，洞脸 1 个检验批
					05091506-0001～0021	06 内墙无机涂料	同类涂料涂饰按部位或楼层室内面积每 1500m^2 一个检验批，不足 1500m^2 也为一个检验批	进场交通洞/交通洞延长段/蜗壳层各 2 个批次，电气夹层/水轮机层各 4 个批次，步梯 1 个批次，母线洞 3 个
					05091507-0001～0004	07 渗透结晶水泥基防水	防水工程应按结构层、施工段划分检验批	1～4 号机组墙面 4 个检验批
					05091508-0001～0006	08 水泥自流平	基层和各类面层的分项工程的验收应按每一层次或每层施工段面积 1000m^2 一个检验批，不足 1000m^2 也为一个检验批	进场交通洞 1 个检验批；主厂房 1 层 5 个检验批，主厂房操作廊道 1 个检验批
					05091509-0001～0005	09 PVC 面层	各类面层的分项工程的验收应按每一层次或每层施工段面积 1000m^2 一个检验批，不足 1000m^2 也为一个检验批	主厂房 1 层按面积划分为 5 个检验批
					05091510-0001～0011	10 地砖	各类面层的分项工程的验收应按每一层次或每层施工段面积 1000m^2 一个检验批，不足 1000m^2 也为一个检验批	主厂房电气夹层、水轮机层地砖各 4 个检验批；蜗壳层、步梯地砖各 1 个检验批，母线洞 1 个
					05091511-0001	11 环氧漆	各类面层的分项工程的验收应按每一层次或每层施工段面积 1000m^2 一个检验批，不足 1000m^2 也为一个检验批	进场交通洞环氧地坪 1 个检验批
					05091512-0001～0026	12 饰面板安装	相同材料、工艺和施工条件的室内饰面板工程按楼层部位 1500m^2 一个检验批，不足 1500m^2 也为一个检验批	进场交通洞铝单板、蜂窝铝板 2 个检验批；主厂房 1F 铝单板、蜂窝铝板 11 个检验批；隐蔽 12 个检验批
					05091513-0001	13 防火门	按区域同一品种、类型和规格特种门每 50 樘一个检验批，不足 50 樘的也为一个检验批	主厂房区域防火门 1 个检验批

续表

工程类别	单位工程	合同名称及编号	分部工程编码、名称、评定		分项工程编码、名称		检验批项目划分	
			编码	名称	编码	名称	项目划分原则	实际划分说明
引水发电建筑物工程	05 地下发电厂工程	09 长河坝水电站装修工程施工 CHB/SG 117-2015	050915	15 主厂房及其他零星项目装修工程	05091514-0001	14 不锈钢护栏	同类制品按检查及施工区域每 50 处划分为一个检验批，不足 50 处也应划分为一个检验批	主厂房区域 1 个检验批
					05091515-0001	15 百叶	同类制品按检查及施工区域每 50 处划分为一个检验批，不足 50 处也应划分为一个检验批	主厂房区域 1 个检验批
					05091516-0001	16 伸缩缝盖板	宜按面积每 $1000m^2$ 划分为一个检验批，不足 $1000m^2$ 应按一个检验批	主厂房区域 1 个检验批
					05091517-0001～0003	17 烤漆波音片	相同材料、工艺和施工条件的室内饰面板工程按楼层部位 $1500m^2$ 一个检验批，不足 $1500m^2$ 也为一个检验批	主厂房区域 3 个检验批
					05091518-0002	18 广告牌（LOGO）	同类制品按检查及施工区域每 50 处划分为一个检验批，不足 50 处也应划分为一个检验批	主厂房区域 2 个检验批
					05091519-0001～0002	19 钢梯	按设计或施工检查验收的区、段、分项划分，每一区、段、分项为一个检验	电气夹层钢梯钢构件焊接和防火涂料各 1 个检验批

5. 建筑给排水及采暖工程分部工程、子分部工程、分项工程及检验批项目划分

建筑给排水及采暖工程分部工程、子分部工程、分项工程及检验批项目划分如表 8-7 所示。

表 8-7　给排水及采暖工程分部工程、子分部工程、分项工程及检验批项目划分

分部工程	子分部工程	分项工程	检验批
建筑给水、排水及采暖工程	1. 室内给水系统	给水管道及配件安装、室内消火栓系统安装、给水设备安装、管道防腐、绝热	按设计系统和设备组别划分检验批，也可按区域、施工段或楼层、单元来划分检验批
	2. 室内排水系统	排水管道及配件安装、雨水管道及配件安装	
	3. 室内热水供应系统	管道及配件安装、辅助设备安装、防腐、绝热	
	4. 卫生器具安装	卫生器具安装、卫生器具给水配件安装、卫生器具排水管道安装	
	5. 室内采暖系统	管道及配件安装、辅助设备及散热器安装、金属辐射板安装、低温热水地板辐射采暖系统安装、系统水压试验及调试、防腐、绝热	
	6. 室外给水管网	给水管道安装、消防水泵接合器及室外消火栓安装、管沟及井室	
	7. 室外排水管网	排水管道安装、排水管沟与井地	
	8. 室外供热管网	管道及配件安装、系统水压试验及调试、防腐、绝热	

续表

分部工程	子分部工程	分项工程	检验批
建筑给水、排水及采暖工程	9. 建筑中系统及游泳池系统	建筑中水系统管道及辅助设备安装、游泳池水系统安装	按设计系统和设备组别划分检验批，也可按区域、施工段或楼层、单元来划分检验批
	10. 供热锅炉辅助设备安装	锅炉安装、辅助设备及管道安装、安全附件安装、烘炉、煮炉和试运行、换热站安装、防腐、绝热	

第四节　建筑结构加固工程及给排水构筑物工程项目划分

一、 建筑结构加固工程质量验收

1. 建筑结构加固工程施工质量控制

建筑结构加固工程与新建工程相比增加了清理、修整原结构、构件以及界面处理的工序。施工质量控制方法如下：

（1）施工图的技术交底、施工组织设计及施工技术方案的编制。

（2）涉及安全、卫生、环保的加固材料和产品的进场复验。

（3）对原结构、构件的清理、修整与支护。

（4）控制每道工序的质量。

2. 建筑结构加固工程质量验收

（1）检验批和分项工程验收。检验批和分项工程是工程质量的基础，检验批和分项工程由监理工程师或建设单位项目技术负责人组织验收。验收前，施工单位填好“检验批和分项工程质量验收记录”，此时有关监理记录和结论不填，项目专业质量检验员和项目专业技术负责人分别在检验批和分项工程检验记录中相关栏目签字，然后由监理工程师组织，严格按规定程序进行验收。

（2）子分部工程验收。子分部工程由总监理工程师或建设单位项目负责人组织施工单位的项目负责人和项目技术、质量负责人等进行验收。

（3）分部工程验收。

1）分部工程完成后，施工单位首先应以有关质量标准、设计图纸等为依据，组织力量先进行自检，并对检查结果进行评定。符合要求后向建设单位提交分部工程验收报告，以及完整的质量控制资料。分部工程质量验收应由建设单位负责人或监理单位项目负责人组织，建设单位、设计、施工、监理单位负责人或项目负责人，以及施工单位的技术、质量负责人和监理单位的总监理工程师均应参加验收。

2）子分部工程的验收。在各分项工程验收的基础上进行。子分部工程的各分项工程必须已验收合格，且相应的质量控制资料文件必须完整，这是验收的基本条件。

3）由于各分项工程的性质不尽相同，因此，子分部工程不能依简单的组合予以验收，需要划分为以下两类检查项目分别进行验收：一是涉及安全的检验项目应有见证取样、送样检验或抽样检测的文件汇总；二是观感质量的验收。检查结果应经综合评定后才能给出共同确认的“合格”或“不合格”的结论。

（4）工程存在严重缺陷，经返修或再加固后仍不能满足安全使用要求时，必须严禁验收，以免给加固工程留下安全隐患。

二、建筑结构加固分部工程、子分部工程、分项工程划分

建筑结构加固分部工程、子分部工程、分项工程划分如表 8-8 所示。

表 8-8　　建筑结构加固子分部工程、分项工程划分

分部工程	子分部工程	分项工程
建筑结构加固（上部结构加固）	混凝土构件增大截面工程	原构件修整、界面处理、钢筋加工、焊接、混凝土浇筑、养护
	局部置换构件混凝土工程	局部凿除、界面处理、钢筋修复、混凝土浇筑、养护
	混凝土构件绕丝工程	原构件修整、钢丝及钢构件加工，界面处理、绕丝、焊接、混凝土浇筑、养护
	混凝土构件外加预应力工程	原构件修整、预应力部件加工与安装、预加应力、涂装
	外粘型钢工程	原构件修整、界面处理、钢构件加工与安装、焊接、注胶、涂装
	粘贴纤维复合材工程	原构件修整、界面处理、纤维材料粘贴，防护面层
	外粘钢板工程	原构件修整、界面处理、钢板加工、胶接与锚固、防护面层
	钢丝绳网片外加聚合物砂浆面层工程	原构件修整、界面处理、网片安装与锚固、聚合物砂浆喷抹
	承重构件外加钢筋网—砂浆面层工程	原构件修整、钢筋网加工与焊接、安装与锚固、聚合物砂浆或复合砂浆喷抹
	砌体柱外加预应力撑杆加固	原构件修整、撑杆加工与安装、预加应力、焊接、涂装
	钢构件增大截面工程	原构件修整、界面处理、钢部件加工与安装、焊接或高强度螺栓连接、涂装
	钢构件焊缝连接补强工程	原焊缝处理、焊缝补强、涂装
	钢结构裂纹修复工程	原构件修整、界面处理、钢板加工、焊接、高强度螺栓连接、涂装
	混凝土及砌体裂缝修补工程	原构件修整、界面处理、注胶或注浆、或填充密封、表面封闭、防护面层
	钢筋工程	原构件修整、钢筋加工、钻孔、界面处理、注胶、养护
	锚栓工程	原构件修整、钻孔、界面处理、机械锚栓或定型化学锚栓安装

三、给排水构筑物工程及项目划分

1. 给排水构筑物工程

（1）单体构筑物工程。包括：取水构筑物（取水头部、进水涵渠、进水间、取水泵房等单体构筑物）；排放构筑物（排放口、出水涵渠、出水扑、排放泵房等单体构筑物）；水处理构筑物（泵房、调节配水池、蓄水池、清水池、沉砂池、工艺沉淀池、曝气池、澄清池、滤池、浓缩池、消化池、稳定塘、涵渠等单体构筑物），管渠，调蓄构筑物（增压泵房、提升泵房、调蓄池、水塔、水柜等单体构筑物）。

（2）细部结构。指主体构筑物的走道平台、梯道、设备基础、导流墙（槽）、支架、盖扳等的现浇混凝土或钢结构；对于混凝土结构，与主体结构工程同时连续浇筑施工时，其钢筋、模板、混凝土等分项工程验收，可与主体结构工程合并。

（3）各类工艺辅助构筑物。指各类工艺井、管廊桥架、闸槽、水槽（廊）、堰口、穿孔、孔口、斜板、导流墙（板）等；对于混凝土和砌体结构，与主体结构工程同时连续浇筑、砌筑施工时，其钢筋、模板、混凝土、砌体等分项工程验收，可与主体结构工程合并。

（4）长输管渠分项工程。应按管段长度划分成若干个验收批分项工程，验收批分项工程质量验收记录表格式与《给水排水管道工程施工与验收规范》（GB 50268—2008）的规定相同。

（5）管理用房、配电房、脱水机房、鼓风机房、泵房等的地面建筑工程与《建筑工程施工质量验收统一标准》（GB 50300）的规定相同。

2. 给排水构筑物工程项目划分

单位工程（包含子单位工程）划分，按构筑物工程或按独立合同承建的水处理构筑物、管渠、调蓄构筑物、取水构筑物、排放构筑物进行划分。分部工程、分项工程项目划分如表 8-9 所示。

表 8-9　给排水构筑物分部分项工程项目划分

<table>
<tr><th>分部工程</th><th>子分部工程</th><th>分项工程</th><th>检验批</th></tr>
<tr><td rowspan="2">地基与基础工程</td><td>土石方</td><td>围堰、基坑支护结构（各类围护）、基坑开挖（无支护基坑开挖、有支护基坑开挖）、基坑回填</td><td rowspan="11">1. 按不同单体构筑物分别设置分项工程（不设验收批时）；
2. 单体构筑物分项工程视需要可设检验批；
3. 其他分项工程可按变形缝位置、施工作业面、标高等分为若干个检验批</td></tr>
<tr><td>地基基础</td><td>地基处理、混凝土基础、桩基础</td></tr>
<tr><td rowspan="4">主体结构工程</td><td>现浇混凝土结构</td><td>底板（钢筋、模板、混凝土）、墙体及内部结构（钢筋、模板、混凝土）、顶板（钢筋、模板、混凝土）、预应力混凝土（后张法预应力混凝土）、变形缝、表面层（防腐层、防水层、保温层等基面处理、涂衬）、各类单体构筑物</td></tr>
<tr><td>装配式混凝土结构</td><td>预制构件现场制作（钢筋、模板、混凝土）、预制构件安装、圆形构筑物缠丝张拉预应力混凝土、变形缝、表面层（防腐层、防水层、保温层等的基面处理、涂衬）、各类单体构筑物</td></tr>
<tr><td>砌体结构</td><td>砌体（砖、石、预制砌体）、变形缝、表面层（防腐层、防水层、保温层等的基面处理、涂衬）、护坡与护坦、各类单体构筑物</td></tr>
<tr><td>钢结构</td><td>钢结构现场制作、钢结构预拼装、钢结构安装（焊接、栓接）、防腐层（基面处理、涂衬）、各类单体构筑物</td></tr>
<tr><td rowspan="3">附属构筑物工程</td><td>细部结构</td><td>现浇混凝土结构（钢筋、模板、混凝土）、钢制构件（现场制作、安装、防腐层）、细部结构</td></tr>
<tr><td>工艺辅助构筑物</td><td>混凝土结构（钢筋、模板、混凝土）、砌体结构、钢结构（现场制作、安装、防腐层）、工艺辅助构筑物</td></tr>
<tr><td>管渠</td><td>同主体结构工程的“现浇混凝土结构、装配式混凝土结构、砌体结构”</td></tr>
<tr><td rowspan="2">进、出水管渠</td><td>混凝土结构</td><td>同附属构筑物工程的“管渠”</td></tr>
<tr><td>预制管铺设</td><td>同现行国家标准《给水排水工程施工与验收规范》（GB 50268）</td></tr>
</table>

第五节　建筑给排水管道工程项目划分

一、 建筑给水管道工程术语及项目划分

1. 给水管道工程术语

（1）压力管道与无压管道。压力管道指工作压力大于或等于 0.1MPa 的给排水管道。无压管道指工作压力小于 0.1MPa 的给排水管道。

（2）刚性管道。指主要依靠管体材料强度支撑外力的管道，在外荷载作用下其变形很小，管道的失效是由于管壁强度的控制。本规范指钢筋混凝土、预（自）应力混凝土管道和预应力钢筒混凝土管道。

（3）柔性管道。指在外荷载作用下变形显著的管道，竖向荷载大部分由管道两侧土体所产生的弹性抗力所平衡，管道的失效通常由变形造成而不是管壁的破坏。本规范主要指钢管、化学建材管和柔性接口的球墨铸铁管管道。

（4）刚性接口。指不能承受一定量的轴向线变位和相对角变位的管道接口，如用水泥类材料密封或用法兰连接的管道接口。

（5）柔性接口。指能承受一定量的轴向线变位和相对角变位的管道接口，如用橡胶圈等材料密封连接的管道接口。

（6）化学建材管。指玻璃纤维管或玻璃纤维增强热固性塑料管（简称玻璃钢管）、硬聚氯乙烯管（UPVC）、聚乙烯管（PE）、聚丙烯管（PP）及其钢塑复合管的统称。

（7）管渠。指采用砖、石、混凝土砌块砌筑的，钢筋混凝土现场浇筑的或采用钢筋混凝土预制构件装配的矩形、拱形等异型（非圆形）断面的输水通道

（8）开槽施工与不开槽施工。开槽施工指从地表开挖沟槽，在沟槽内敷设管道（渠）的施工方法。不开槽施工指在管道沿线地面下开挖成形的洞内敷设或浇筑管道（渠）的施工方法，有顶管法、盾构法、浅埋暗挖法、定向钻法、夯管法等。

（9）管道交叉处理。指施工管道与既有管线相交或相距较近时，为保证施工安全和既有管线运行安全所进行的必要的施工处理。

（10）顶管法与盾构法。顶管法指借助于顶推装置，将预制管节顶入土中的地下管道不开槽施工方法。盾构法指采用盾构机在地层中掘进的同时，拼装预制管片或现浇混凝土构筑地下管道的不开槽施工方法。

（11）浅埋暗挖法。利用土层在开挖过程中短时间的自稳能力，采取适当的支护措施，使围岩或土层表面形成密贴型薄壁支护结构的不开槽施工方法。

（12）定向钻法。利用水平钻孔机钻进小口径的导向孔，然后用回扩钻头扩大钻孔，同时将管道拉入孔内的不开槽施工方法。

（13）夯管法与沉管法。夯管法指利用夯管锤（气动夯锤）将管节夯入地层中的地下管道不开槽施工方法。沉管法指将组装成一定长度的管段或钢筋混凝土密封管段沉入水底或水底开挖的沟槽内的水底管道铺设方法，又称沉埋法或预制管段沉埋法。

（14）桥管法。以桥梁形式跨越河道、湖泊、海域、铁路、公路、山谷等天然或人

工障碍专用的管道铺设方法。

（15）工作井。用顶管、盾构、浅埋暗挖等不开槽施工法施工时，从地面竖直开挖至管道底部的辅助通道，也称为工作坑、竖井等。

（16）管道严密性试验。对已敷设好的管道用液体或气体检查管道渗漏情况的试验统称。

（17）压力管道水压试验。以水为介质，对已敷设的压力管道采用满水后加压的方法，来检验在规定的压力值时管道是否发生结构破坏以及是否符合规定的允许渗水量（或允许压力降）标准的试验。

（18）无压管道闭水试验与闭气试验。无压管道闭水试验指以水为介质对已敷设重力流管道（渠）所做的严密性试验。无压管道闭气试验指以气体为介质对已敷设管道所做的严密性试验。

二、 给水管道工程项目划分

1. 给水管道单位工程项目划分

给水管道工程单位工程（子单位工程）主要有：开（挖）槽施工的管道工程、大型顶管工程、盾构管道工程、浅埋暗挖管道工程、大型沉管工程、大型桥管工程。主要如下：

（1）型顶管工程、大型沉管工程、大型桥管工程及质构、浅埋挖管道工，可设独立的单位工程。

（2）大型顶管工程。指管道一次顶进长度大于 300m 的管道工程。

（3）大型沉管工程。指预制钢筋混凝土管沉管工程；对于成品管组对拼装的沉管工程，应为多年平均水位水面宽度不小于 200m，或多年平均水位水面宽度为 100～200m，且相应水深不小于 5m。

（4）大型桥管工程。总跨度不小于 300m 或主跨长度不小于 100m。

（5）土方工程中涉及地基处理、基坑支护等，可按《建筑地基基础工程施工质量验收规范》(GB 50202）等相关规定执行。

（6）桥管的地基与基础、下部结构工程，可按桥梁工程规范的有关规定执行。

（7）工作井的地基与基础、围护结构工程，可按《建筑地基基础工程施工质量验收规范》(GB 50202)、《混凝土结构工程施工质量验收规范》（GB 50204)、《地下防水工程质量验收规范》（GB 50208)、《给水排水构筑物工程施工及验收规范》（GB 50141）等相关规定执行。

2. 给排水管道分部工程、分项工程项目划分

给排水管道分部工程、分项工程、检验批项目划分如表 8-10 所示。

表 8-10　　给排水管道分部分项工程项目划分

分部工程（子分部工程）	分项工程	检验批
土方工程	沟槽土方（沟槽开挖、沟槽支撑、沟槽回填)、基坑土方（基坑开挖、基坑支护、基坑回填)	与下列检验批对应

续表

分部工程（子分部工程）			分项工程	检验批
管道主体工程	预制管开槽施工主体结构	金属类管、混凝土类管、预应力钢筒混凝土管、化学建材管	管道基础、管道接口连接、管道铺设、管道防腐层（管道内防腐层、钢管外防腐层）、钢管阴极保护	可选择下列方式划分： ① 按流水施工长度； ② 排水管道按井段； ③ 给水管道按一定长度连续施工段或自然划分段（路段）； ④ 其他便于过程质量控制方法
	管渠（廊）	现浇钢筋混凝土管渠、装配式混凝土管渠、砌筑管渠	管道基础、现浇钢筋混凝土管渠（钢筋、模板、混凝土、变形缝）、装配式混凝土管渠（预制构件安装、变形缝）、砌筑管渠（砖石砌筑、变形缝）、管道内防腐层、管廊内管道安装	每节管渠（廊）或每个流水施工段管渠（廊）
	不开槽施工主体结构	工作井	工作井围护结构、工作井	每座井
		顶管	管道接口连接、顶管管道（钢筋混凝土管、钢管）、管道防腐层（管道内防腐层、钢管外防腐层）、钢管阴极保护、垂直顶升	顶管顶进：每 100m； 垂直顶升：每个顶升管
		盾构	管片制作、掘进及管片拼装、二次内衬（钢筋、混凝土）、管道防腐层、垂直顶升	盾构掘进：每 100 环； 二次内衬：每施工作业断面； 垂直顶升：每个顶升管
		浅埋暗挖	土层开挖、衬期衬砌、防水层、二次内衬、管道防腐层、垂直顶升	暗挖：每施工作业断面； 垂直顶升：每个顶升管
		定向钻	管道接口连接、定向钻管道、钢管防腐层（内防腐层、外防腐层）、钢管阴极保护	每 100m
		夯管	管道接口连接、夯管管道、钢管防腐层（内防腐层、外防腐层）、钢管阴极保护	每 100m
	沉管	组对拼装沉管	基槽浚挖及管基处理、管道接口连接、管道防腐层、管道沉放、稳管及回填	每 100m（分段拼装按每段，且不大于 100m）
		预制钢筋混凝土沉管	基槽浚挖及管基处理、预制钢筋混凝土管节制作（钢筋、模板、混凝土）、管节接口预制加工、管道沉放、稳管及回填	每节预制钢筋混凝土管
		桥管	管道接口连接、管道防腐层（内防腐层、外防腐层）、桥管管道	每跨或每 100m；每段拦装按每跨或每段，且不大于 100m
附属构筑物工程			井室（现浇混凝土结构、砖砌结构、预制拼装结构）、雨水口及支连管、支墩	同一结构类型的附属构筑物不大于 10 个

第六节 建筑电气工程及无障碍设施工程项目划分

一、 建筑电气工程术语及项目划分

1. 建筑电气工程指为实现一个或几个具体目的，并且特性相配合的，由电气装置、布线系统和用电设备电气部分构成的组合。反映电压等级为 35kV 及以下建筑电气安装

工程。常用术语如下：

（1）布线系统。由一根或几根绝缘导线、电缆或母线及其固定部分、机械保护部分构成的组合。

（2）用电设备与电气设备。用电设备系指用于将电能转换成其他形式能量的电气设备。电气设备系指用于发电、变电、输电、配电或利用电能的设备。

（3）特低电压。系指相间电压或相对地电压不超过交流方均根值50V的电压。

（4）SELV系统、PELV系统、FELV系统。SELV系统指在正常条件下不接地，且电压不超过特低电压的电气系统。PELV系统指在正常条件下接地，且电压不超过特低电压的电气系统。FELV系统指非安全目的而为运行需要的电压不超过特低电压的电气系统。

（5）母线槽。由母线构成并通过型式试验的成套设备，这些母线经绝缘材料支撑或隔开固定走线槽或类似的壳体中。

（6）电缆梯架与电缆托盘。电缆梯架系指带有牢固地固定在纵向主支撑组件上的一系列横向支撑构件的电缆支撑物。电缆托盘系指带有连续底盘和侧边，但没有盖子的电缆支撑物。

（7）槽盒与电缆支架。槽盒指用于围护绝缘导线和电缆，带有底座和可移动盖子的封闭壳体。电缆支架系指用于支持和固定电缆的支撑物，由型钢制作而成，但不包括梯架、托盘或槽盒。

（8）导管与可弯曲金属导管和柔性导管。导管系指布线系统中用于布设绝缘导线、电缆的，横截面通常为圆形的管件。可弯曲金属导管系指徒手施以适当的力即可弯曲的金属导管。柔性导管系指无须用力即可任意弯曲、频繁弯曲的导管。

（9）保护导体与接地导体。保护导体系指由保护联结导体、保护接地导体和接地导体组成，起安全保护作用的导体。接地导体系指在布线系统、电气装置或用电设备的给定点与接地极或接地网之间，提供导电通路或部分导电通路的导体。

（10）总接地端子与接地干线。总接地端子系指电气装置接地配置的一部分，并能用于与多个接地用导体实现电气连接的端子或总母线。又称总接地母线。接地干线系指与总接地母线（端子）、接地极或接地网直接连接的保护导体。

（11）保护接地导体与保护联结导体和中性导体。保护接地导体系指用于保护接地的导体。保护联结导体系指保护等电位联结的导体。中性导体系指与中性点连接并用于配电的导体。

（12）外露可导电部分与外界可导电部分。外露可导电部分系指用电设备上能触及的可导电部分。外界可导电部分系指非电气装置的组成部分，且易于引入电位的可导电部分。

（13）景观照明。除体育场场地、建筑工地和道路照明等功能性照明以外，所有室外公共活动空间或景物的夜间景观的照明。

（14）剩余电流动作保护器与额定剩余动作电流。剩余电流动作保护器系指在正常运行条件下能接通、承载和分断电流，并且当剩余电流达到规定值时能使触头断开的机械开关电器或组合电器。额定剩余动作电流系指剩余电流动作保护器额定的剩余动作电流值。

（15）联锁式铠装。采用金属带按联锁式结构制作的，为电缆线芯提供机械防护的包覆层。

（16）接闪器与导线连接器。接闪器系指由接闪杆、接闪带、接闪线、接闪网及金属屋面、金属构件等组成的，用于拦截雷电闪击的装置。导线连接器系指由一个或多个端子及绝缘体、附件等组成的，能连接两根或多根导线的器件。

2. 建筑电气工程分部工程、子分部工程、分项工程项目划分

建筑电气工程分部、分项工程项目划分如表 8-11 所示。

表 8-11　　建筑电气工程分部、分项工程项目划分

子分部工程 / 分项工程		01	02	03	04	05	06	07
		室外电气安装工程	变配电室安装工程	供电干线安装工程	电气动力安装工程	电气照明安装工程	自备电源安装工程	防雷及接地装置安装工程
序号	名称							
1	变压器、箱式变电所安装	●	●					
2	成套配电柜、控制柜（台、箱）和配电箱（盘）安装	●	●		●	●	●	
3	电动机、电加热器及电动执行机构检查接线				●			
4	柴油发电机组安装						●	
5	UPS 及 EPS 安装						●	
6	电气设备试验和试运行			●	●			
7	母线槽安装		●	●			●	
8	梯架、托盘和槽盒安装	●	●	●	●	●		
9	导管敷设	●		●	●	●	●	
10	电缆敷设	●	●	●	●	●	●	
11	管内穿线和槽盒内敷线	●		●	●	●	●	
12	塑料护套直敷布线					●		
13	钢索配线					●		
14	电缆头制作、导线连接和线路绝缘测试	●	●	●	●	●	●	
15	普通类具安装	●				●		
16	专用灯具安装	●				●		
17	开关、插座、风扇安装				●	●		
18	建筑物照明通电试运行	●				●		
19	接地装置安装	●	●				●	●
20	接地干线敷设		●	●				
21	防雷引下线及接闪器安装							●
22	建筑物等电位联结							●

注：1. 本表中有●符号者为该子分部工程所含的分项工程。
2. 每个分项工程至少含 1 个及以上检验批。

3. 建筑电气工程检验批划分方法

（1）室外电气安装工程依据庭院大小、投运时间先后、功能区块不同划分。

（2）变配电室安装工程，主要配电室和变配电室各为一个检验批。

（3）供电干线安装工程，依据供电区段和电气线缆竖井的编号划分。

（4）电气动力和电气照明安装工程及建筑物等电位联结分项，检验批的划分应按土建施工区段、变形缝、楼层等划分。

（5）备用和不间断电源安装分项工程各划分为一个检验批。

（6）防雷及接地装置安装工程、人工接地装置和利用建筑物基础钢筋的接地体各为一个检验批，大型基础可按区块划分成几个检验批。避雷引下线安装，6 层以下建筑为 1 个检验批；高层建筑依压环设置间隔的层数为一个检验批；接闪器安装同一个屋面为一个检验批。

（7）通风与空调工程，按设计系统和设备组别划分检验批，对于风管配件制作工程可按规格、型号、数量来划分检验批；对设备安装可按设备规格型号、数量来划分检验批，对于管道系统安装工程可按管道的规格、型号、长度来划分检验批。

（8）室外工程统一划分为一个检验批。散水、台阶、明沟等含在地面检验批中。

二、 无障碍设施工程术语及工程项目划分

1. 无障碍设施工程术语

（1）无障碍设施。为残疾人、老年人等社会特殊群体自主、平等、方便地出行和参与社会活动而设置的进出道路、建筑物、交通工具、公共服务机构的设施以及通信服务等设施。

（2）家庭无障碍。为适应残疾人、老年人等社会特殊群体需要，对其住宅设置无障碍设施的活动。

（3）抗滑系数与抗滑摆值。抗滑系数系指物体克服最大静摩擦力，开始产生滑动时的切向力与垂直力的比值。抗滑摆值系指采用摆式摩擦系数测定仪测定的道路表面的抗滑能力的表征值。

（4）盲文标志与盲文铭牌。盲文标志系指采用盲文标识，使视力残疾者通过手的触摸，了解所处位置、指示方向的标志。包括盲文地图、盲文铭牌和盲文站牌。盲文铭牌系指在无障碍设施或附近的固定部位上设置的采用盲文标识告知信息的铭牌。

（5）求助呼叫按钮。设置在无障碍厕所、浴室、客房、公寓和居住建筑内，在紧急情况下用于求助呼叫的装置。

（6）护壁（门）板。墙体和门扇下部，为防止轮椅脚踏碰撞设置的挡板。

（7）观察窗。为方便残疾人、老年人等社会特殊群体通行，在视线障碍处（如不透明门、转弯墙）设置的供观察人员动态的窗口。

（8）无障碍设施施工。为实现无障碍设施的设计要求，有组织地对无障碍设施进行策划、实施、检验、验收和交付的活动。

（9）无障碍设施维护。无障碍设施维护的责任人和承担者，一般指设施的产权所有人或其委托的管理人。为保证无障碍设施在正常条件下正常使用，对无障碍设施进行检

查、维修和日常养护的活动。无障碍设施的维护分为系统性维护、功能性维护和一般性维护。

（10）无障碍设施的系统性维护。系指对新建、改建和扩建造成的无障碍设施出现的系统性缺损所进行维护的活动。

（11）无障碍设施的功能性维护。系指对无障碍设施的局部出现裂缝、变形和破损，松动、脱落和缺失，故障、磨损、褪色和防滑性能下降等功能性缺损所进行维护的活动。

（12）无障碍设施的一般性维护。对无障碍设施被临时占用或被污染等一般性缺损所进行维护的活动。

2. 无障碍设施分部工程、子分部工程、分项工程项目划分

无障碍设施分部工程、子分部工程、分项工程项目划分如表 8-12 所示。

表 8-12　　无障碍设施分部工程、子分部工程、分项工程项目划分

序号	分部工程	子分部	分项工程
1	人行道		缘石坡道
	道路		
2	人行道		盲道
	建筑装饰装修	地面	
	道路		
3	建筑装饰装修	地面、门窗	无障碍出入口
4	面层		轮椅坡道
	建筑装饰装修	地面	
	道路		
5	面层		无障碍通道
	建筑装饰装修	地面	
	道路		
6	面层		楼梯和台阶
	建筑装饰装修	地面	
7	建筑装饰装修	细部	扶手
8	电梯		无障碍电梯与升降平台
9	建筑装饰装修	门窗	门
10	建筑装饰装修	地面	无障碍厕所和无障碍厕位
	建筑电气		
	建筑给水排水及采暖		
	智能建筑		
11	建筑装饰装修	地面	无障碍浴室
	建筑电气		
	建筑给水排水及采暖		
	智能建筑		
12	建筑装饰装修	地面、细部	轮椅席位
13	建筑装饰装修	地面、细部	无障碍停车位
	建筑电气		
	建筑给水排水及采暖		
	智能建筑		

续表

序号	分部工程	子分部	分项工程
14	广场与停车场		无障碍停车位
	建筑装饰装修		
15	建筑装饰装修		低位服务设施
16	建筑装饰装修	细部	无障碍标志

注： 1. 表中人行道、面层和广场与停车场三个分部工程应按《城镇道路工程施工与质量验收规范》（CJJ 1）的有关规定进行验收。

2. 道路、建筑装饰装修、电梯、智能建筑、建筑电气和建筑给水排水及采暖六个分部工程应按《建筑工程施工质量验收统一标准》（GB 50300）的有关规定进行验收。

3. 过街音响信号装置应按《道路交通灯设置与安装规范》（GB 14886）的有关规定进行验收。

第九章

场内施工道路及公路工程项目划分

第一节 场内施工道路等级及项目划分

一、 场内施工道路的设计及等级

1. 场内施工道路术语

（1）场内施工道路。指在水电水利工程施工区域内，根据工程建设需要而设置的临时道路，主要用于主体工程建设期，可分为主要道路和非主要道路。场内施工道路分为临时道路和永久性道路。

（2）主要道路与非主要道路。连接枢纽主要施工场所，在工程施工中承担主要运输任务的临时道路。连接主要施工道路和非主要施工场所，承担非主要运输任务的临时道路。

（3）路基和路堤及路堑。路基是指按照路线位置和一定技术修筑的作为路面基础的构造体；路堤是指高于原地面的填方路基；路堑是指低于原地面的挖方路基。

（4）视距。视距从车道中心线上规定的视线高度，能看到该车道中心线上高为10cm的物体顶点时，沿该车道中心线量得的长度。包括停车、会车、超车视距。

（5）基层。在道路面层上铺筑的结构层，主要承受由面层传递的车辆荷载，并将荷载分布到垫层或路基上。当基层为多层时，最下面的一层称主底基层。

（6）水泥稳定土。按规定的配合比，用水泥作黏结料，加入适当的水拌和，经压实和养护后，能够达到规定抗压强度指标的材料。

2. 场内施工道路设计要求

（1）场内施工道路应根据施工总布置、施工总进度计划，按照经济合理的原则进行规划。场内施工道路的技术指标，应满足场内各种施工车辆、机械及重大件运输，以及年运量、运输强度、主要物流方向、主要运输车型等情况，分路段采用不同的道路等级和路面宽度。场内施工道路可根据场内施工道路技术指标，应满足场内各种施工车辆、机械重大件运输的要求，经过技术经济比较，特殊重大件运输也可采用临时措施。傍山上下层线路应有适当的间距，地形陡峻、开挖工程量大和边坡稳定问题突出时，可采用隧道、桥梁、栈道等方案。

（2）场内施工道路根据功能、承担的任务和使用时间等，划分为主要道路和非主要道路。道路等级的采用，要有一定的灵活性，根据枢纽工程等级、道路性质、使用功能、道路服务年限、年运量、车型、行车密度、地形条件，行车安全、环保要求、经济合理等因素，综合考虑是否适当提高和降低道路等级。根据水电水利工程施工特点，主要从减少工程量、节约投资的角度，允许场内施工道路分路段采用不同的车道数和道路等级。

3. 场内施工道路工程设计内容

（1）设计路线。充分利用已有道路，结合永久道路，根据施工部位、施工阶段进行道路规划，应与对外交通合理衔接。施工道路的布置和等级选用，应根据工程资料、施工组织设计、结合施工总布置确定。

（2）导截流工程施工道路应根据导截流规模、形式确定车道宽度、数量和等级，并结合后续工程合理规划。

（3）土石方开挖工程施工道路应根据工程特点、结合工程进度进行规划。

（4）土石坝上坝道路宜采用坝坡式、岸坡式，混合式等型式，经比较后进行规划，当运输线路跨越趾板、垫层、心墙、斜墙等重要区域时应采取保护措施。

（5）混凝土工程施工道路应满足混凝土运输方式、浇筑强度的要求。

（6）地下工程施工道路应根据地下厂房、地下洞室群的布置位置和施工特点进行规划，保持洞外、外道路畅通和良好通风、排水。

（7）道路规划应满足机电设备、金属结构运输超重和特殊超大件的要求。

4. 场内施工道路等级

主要道路，根据年运量或单向小时行车密度，划分为一级道路、二级道路、三级道路。主要道路等级划分如表 9-1 所示。

表 9-1　　主要道路等级划分

道路等级	一级道路	二级道路	三级道路
年运量 1.0×10^4t	＞1200	250～1200	＜250
行车密度辆/单向小时	＞85	25～85	＜25

5. 施工道路工程分类及要求

施工道路工程主要分为路基工程、路面工程、桥梁及涵洞、隧洞、沿线设施。具体内容如下：

（1）路基工程。主要内容如下：

1）边坡。路堑边坡（包括土质边坡和岩质边坡）、路堤边坡。

2）路基排水应结合路面排水、路基防护及地基处理，采取防、排、疏综合措施。

3）根据地形、地质和使用要求，对路基采用挡墙、护坡、锚固等方式进行加固和防护。

4）特殊情况下的路基，应根据实际情况采取相应的处治措施。特殊条件下的路基一般包括滑坡和崩塌地区的路基、泥石流地区的路基、软土或沼泽地区的路基、多年冻土地区的路基的膨胀土地区的路基等。

（2）路面工程。主要内容如下：

1）场内施工道路常用的路面类型包括水泥混凝土路面、泥结碎石路面、级配碎（砾）石路面、过水路面及其他路面。

2）路面应满足强度、稳定性和使用期限要求，其表面应平整、密度、且粗糙适当。

3）路面可采用直线型路拱。

（3）桥梁及涵洞。要求主要如下：

1）桥涵布置：①桥涵应布置在河道顺畅、水流稳定、地形地质条件较好的河段、避开泥石流区、山沟洪水冲刷区；②桥梁应考虑通航要求，不影响发电，并考虑对河床演变的影响，对受枢纽水工泄水建筑物泄流影响的桥梁，应进行水力学计算；③跨线桥桥下的净空，应符合被跨公路、铁路及其他建筑限界的规定。

2）桥型选择：①桥型选择结构简单、施工速度快，可回收利用的钢桁回组合桥和索桥；②对于洪峰历时短的山区性河流可采用漫水桥；③对钢筋混凝土桥梁，上部结构宜采用梁、板型式，下部结构宜为实体墩式，基础宜采用扩大式基础或桩基，大跨度桥梁上部结构宜采用桁架或拱型结构，墩式宜采用排架结构；④涵洞宜设计为无压力式。

3）桥涵基础：①桥涵地基的容许承载力，可根据地质勘测、试验资料等分析确定，地质构造复杂的桥涵地基的容许承载力，应经现场试验确定；②桥涵墩台基底埋置深度，应综合考虑地基的冻胀、水流的冲刷等情况。

4）荷载标准。桥涵的设计标准，根据水电水利施工和运行特点确定。对于超大、超重件的运输通道，应采用实际轴压为验算荷载。

（4）隧洞。要求主要如下：

1）隧道的位置宜避开不良地段。隧道内外平、纵线形应合理并满足行车安全要求。

2）隧道横断面尺寸应满足施工车辆、机械和超限件运输的要求，还应满足洞内道路设施及附属设施等的要求。对于单车面要双向行驶的隧道，应根据具体情况设置错车道，错车道的间距不宜超过300m。

3）隧道进、出口洞门可采用端墙式、翼墙式、台阶式、柱式、削竹式、喇叭口式等形式，也可用明洞延伸到洞外。

4）对地表水、地下水应妥善处理，使隧洞内外形成一个完整畅通的防排水系统。

5）隧道应按规定设置通风、照明系统，并按交通工程要求设置标志、标线、监控、通信、紧急呼叫、火灾报警、防灾与避难等设施。

（5）沿线设施。要求主要如下：

1）道路应按规定配置标志，视线诱导标及隔离设施；桥梁与高路堤路段应设置路侧护栏（防护墩）；平面交叉应设置预告、指示或警告牌、支线减速让行或停车让行等交通安全设施。

2）连续长陡下坡危及运行安全处应设置避险车道，必要时可在起始端前设置试制车道等交通安全设施。

3）对易发生坠石、滚石的路段，应采取防护措施，设置警示牌。

二、 场内施工公路项目划分

1. 施工道路工程类别及项目划分

（1）单位工程。单位工程的划分按招标标段发挥作用或独立施工条件的建筑物。通常，把枢纽区场内施工道路划分为一个单位工程。场内交通工程由若干个合同组成，即由不同的施工单位施工。

（2）子单位工程。一般以每条公路分别划分为一个子单位工程。根据单位工程所含的施工内容及签订的合同内容，一般宜以完整的一条路划分为一个子单位工程。

（3）分部工程。分部工程是在一个建筑物内能组合发挥一种功能的建筑安装工程。根据各单位工程所含的施工内容，一般宜以完整的一条路划分为一个分部工程。子单位工程中的各条公路的路基工程、路面工程、桥梁及涵洞、隧洞、沿线设施，分别为一个分部工程。

（4）单元（或分项）工程。单元（或分项）工程是在分部工程中，由几个工序（或工种）施工完成的最小综合体。单元（或分项）工程可依据工程结构、施工部署或质量考核要求，按层、块、段进行划分。在工程实施中，可按施工条件和施工方案、地形地质条件及验收范围进行划分。场内施工道路通常在一条完整的施工道路中，宜以 1km 长的路段为一个评定单位（单元或分项工程），采用长流水作业法施工的场内道路，也可以每天完成的路段为一个评定单位（单元或分项工程）。

2. 长河坝水电站左岸场内交通工程项目划分（见表 9-2）

表 9-2　长河坝水电站左岸场内公路单位工程—合同—分部工程—分项工程项目划分

工程类别	单位名称	合同名称及编号	子单位工程	分部名称	分项工程	分项工程划分	
						划分原则	实际划分说明
交通工程	左岸场内交通工程	1. 长河坝水电站场内交通工程【1 号公路Ⅲ标】CHB/SG 005-2005	1. 1 号公路Ⅲ标	▲1. 路基工程	▲1. 土石方路基	一般以 100～300m 划分一个分项	土石方路基 300m 长一个分项
					2. 排水工程	一般以 100～300m 划分一个分项	排水沟约 200m 长一个分项
					3. 涵洞	一般以 100～300m 划分一个分项	一个涵洞为一个分项
					4. 砌筑防护	一般以 100～300m 划分一个分项	约 10m 长一个分项，特殊有 40、60m 等
					5. 路堤挡土墙	按每一仓号为一个分项工程或每一次检查验收部位为一个分项工程	挡土墙约 10m 长一个分项，特殊有 40、50m 等
				▲2. 路面工程	▲路面面层	一般以 100～300m 划分一个分项	路面面层约 200m 长一个分项
				▲3. 隧道工程	1. 隧道总体	一个隧道划分一个分项	1 号公路隧道一个分项
					2. 洞口开挖工程	按设计或施工检查验收的区、段划分，每一区、段为一个分项工程	1 号公路出口开挖工程为一个分项
					3. 洞口边仰坡防护	按一次锚喷支护施工区、段划分，每一区、段为一个分项工程	1 号公路出口防护工程一个分项
					4. 洞门和翼墙混凝土浇筑	按每一仓号为一个分项工程或每一次检查验收部位为一个分项工程	1 号公路出口洞门浇筑 4m 高一个分项
					5. 洞口排水沟	一般以 100～300m 划分一个分项	1 号公路出口排水沟一个分项

续表

工程类别	单位名称	合同名称及编号	子单位工程	分部名称	分项工程	分项工程划分	
						划分原则	实际划分说明
交通工程	左岸场内交通工程	1. 长河坝水电站场内交通工程【1号公路Ⅲ标】CHB/SG 005-2005	1. 1号公路Ⅲ标	▲3. 隧道工程	▲6. 洞身开挖工程	每一个施工检查验收区、段或一个浇筑块为一个分项工程	洞身开挖约150m长一个分项
					7. 喷射混凝土	按一次锚喷支护施工区、段划分，每一区、段为一个分项工程	喷射混凝土约100m长一个分项
					▲8. 锚杆支护	按一次锚喷支护施工区、段划分，每一区、段为一个分项工程	锚杆支护约60m长一个分项
					9. 钢筋网支护	按一次锚喷支护施工区、段划分，每一区、段为一个分项工程	钢筋网支护约60m长一个分项
					10. 仰拱	每一个施工检查验收区、段或一个浇筑块为一个分项工程	仰拱约60m长一个分项，特殊有10、20m等
					▲11. 混凝土衬砌	按每一仓号为一个分项工程或每一次检查验收部位为一个分项工程	混凝土衬砌约10m长一个分项，特殊有40、60m等
					12. 钢支撑	每一个施工检查验收区、段或一个浇筑块为一个分项工程	钢支撑约60m长一个分项，特殊有20、100m等
					13. 衬砌钢筋	按每一仓号为一个分项工程或每一次检查验收部位为一个分项工程	衬砌钢筋约20m长一个分项
					14. 防水层	按施工检查验收的区、段为一个分项工程	防水层约60m长一个分项，特殊有20、100m等
					15. 止水带	按施工检查验收的区、段为一个分项工程	止水带约60m长一个分项，特殊有20、100m等
					16. 洞身排水沟	一般以100～300m划分一个分项	排水沟约200m长一个分项
					▲17. 隧道路面基层	一般以100～300m划分一个分项	路面基层约200m长一个分项
					▲18. 隧道路面面层	一般以100～300m划分一个分项	路面面层约200m长一个分项
					19. 超前锚杆	按一次锚喷支护施工区、段划分，每一区、段为一个分项工程	超前锚杆约60m长一个分项，特殊有20、100m等
					20. 注浆小导管	按一次锚喷支护施工区、段划分，每一区、段为一个分项工程	注浆小导管20、40m长各一个分项
					21. 盲管	按施工检查验收的区、段为一个分项工程	盲管约60m长一个分项，特殊有20m等
					22. 矮边墙	一般以100～300m划分一个分项	矮边墙约200m长一个分项

续表

工程类别	单位名称	合同名称及编号	子单位工程	分部名称	分项工程	分项工程划分	
						划分原则	实际划分说明
交通工程	左岸场内交通工程	1. 长河坝水电站场内交通工程【1号公路Ⅲ标】CHB/SG 005-2005	1. 1号公路Ⅲ标	▲3. 隧道工程	23. 塌方回填	按每一仓号为一个分项工程或每一次检查验收部位为一个分项工程	塌方回填断20、50m长各一个分项
				4. 机电工程	1. 低压配电设施	每处设备划分一个分项	每个设备一个分项
					2. 通风设施	每处设备划分一个分项	每个设备一个分项
		2. 长河坝水电站场内交通工程【19号公路】野坝大桥段施工CHB/SG 021-2006	1. 野坝大桥	▲1. 基础及下部构造	▲1. 桩基	每桥或每墩、台为一个分项	一个桩基为一个分项
					2. 横系梁	每桥或每墩、台为一个分项	一根连系梁为一个分项
					3. 立柱	每桥或每墩、台为一个分项	一根立柱为一个分项
					4. 墩台帽和盖梁	每桥或每墩、台为一个分项	一根台帽为一个分项
					5. 钢筋加工及安装	每桥或每墩、台为一个分项	一个桥台的每个桩基、横系梁、立柱、台帽、盖梁、支座垫石、挡块分别为一个分项
					6. 支座垫石	每桥或每墩、台为一个分项	一个支座为一个分项
					7. 挡块	每桥或每墩、台为一个分项	一个挡块为一个分项
					8. 台背回填	每桥或每墩、台为一个分项	一个桥台为一个分项
				▲2. 上部构造预制和安装	▲1. 钢筋加工及安装	每桥或每墩、台为一个分项	一根梁为一个分项
					▲2. 梁（板）预制	每桥或每墩、台为一个分项	一根梁为一个分项
					3. 预应力筋的加工和张拉	每桥或每墩、台为一个分项	一根梁为一个分项
					▲4. 梁（板）安装	每桥或每墩、台为一个分项	一根梁为一个分项
				▲3. 上部构造现场浇筑	▲1. 钢筋加工及安装	每桥或每墩、台为一个分项	每跨为一个分项
					2. 其他构件浇筑	每桥或每墩、台为一个分项	每跨为一个分项

续表

工程类别	单位名称	合同名称及编号	子单位工程	分部名称	分项工程	分项工程划分	
						划分原则	实际划分说明
交通工程	左岸场内交通工程	2. 长河坝水电站场内交通工程【19号公路】野坝大桥段施工 CHB/SG 021-2006	1. 野坝大桥	4. 桥面系和附属工程	1. 桥梁总体	每桥或每墩、台为一个分项	野坝大桥为一个分项
					▲2. 钢筋加工及安装	每桥或每墩、台为一个分项	一个桥台的每个桥面铺装、路缘石、人道板、路沿石分别为一个分项
					3. 支座安装	每桥或每墩、台为一个分项	一根梁为一个分项
					4. 桥面铺装	每桥或每墩、台为一个分项	金康大桥为一个分项
					5. 混凝土小型构件预制	每桥或每墩、台为一个分项	人道板、路缘石左右侧各为一个单元
					6. 伸缩缝安装	每桥或每墩、台为一个分项	一个桥台为一个分项
					7. 搭板	每桥或每墩、台为一个分项	一个桥台为一个分项
					8. 栏杆安装	每桥或每墩、台为一个分项	左右侧各一个分项
					9. 人行道铺设	每桥或每墩、台为一个分项	左右侧各一个分项
					10. 灯柱安装	每桥或每墩、台为一个分项	左右侧各一个分项
					11. 路沿石现场浇筑	每桥或每墩、台为一个分项	左右侧各一个分项
				5. 防护和引道工程	1. 浆砌石护坡和锥坡填筑	每桥或每墩、台为一个分项	一个桥台为一个分项
					2. 锥坡护脚挡墙	每桥或每墩、台为一个分项	一个桥台为一个分项
					3. 土、石方路基	每桥或每墩、台为一个分项	左右岸各一个分项
					4. 路面	每桥或每墩、台为一个分项	左右侧各一个分项
					5. 护栏	每桥或每墩、台为一个分项	左右侧各两个个分项

续表

工程类别	单位名称	合同名称及编号	子单位工程	分部名称	分项工程	分项工程划分	
						划分原则	实际划分说明
交通工程	左岸场内交通工程	2. 长河坝水电站场内交通工程1号公路延伸段GHB/SG 025-2006	1. 1号公路延伸段	▲1. 隧道工程	1. 洞口边仰坡防护	按一次锚喷支护施工区、段划分，每一区、段为一个分项工程	每6m高划分一个分项
					▲2. 洞身开挖工程	按施工检查验收的区、段或混凝土衬砌的设计分缝确定的块划分，每一个施工检查验收区、段或一个浇筑块为一个分项工程	洞身开挖约150m长一个分项
					3. 喷射混凝土	按一次锚喷支护施工区、段划分，每一区、段为一个分项工程	喷射混凝土约100m长一个分项
					4. 锚杆支护	按一次锚喷支护施工区、段划分，每一区、段为一个分项工程	锚杆支护约60m长一个分项
					5. 仰拱	按施工检查验收的区、段为一个分项工程	仰拱约60m长一个分项，特殊有10、20m等
					▲6. 混凝土衬砌	按每一仓号为一个分项工程或每一次检查验收部位为一个分项工程	混凝土衬砌约10m长一个分项，特殊有20、30m等
					7. 钢支撑	按施工检查验收的区、段为一个分项工程	钢支撑约60m长一个分项，特殊有20、80m等
					8. 钢筋网支护	按一次锚喷支护施工区、段划分，每一区、段为一个分项工程	钢筋网支护约60m一个分项
					▲9. 衬砌钢筋	按每一仓号为一个分项工程或每一次检查验收部位为一个分项工程	衬砌钢筋约20m长一个分项
					10. 防水层	按施工检查验收的区、段为一个分项工程	防水层约60m长一个分项，特殊有20、80m等
					11. 止水带	按施工检查验收的区、段为一个分项工程	止水带约60m长一个分项，特殊有20、80m等
					12. 盲管	按施工检查验收的区、段为一个分项工程	盲管约60m长一个分项，特殊有20、80m等
					13. 洞身排水沟	一般以100～300m划分一个分项	排水沟约200m长一个分项
					▲14. 隧道路面基层	一般以100～300m划分一个分项	路面基层约200m长一个分项
					▲15. 隧道路面面层	一般以100～300m划分一个分项	路面面层约200m长一个分项

续表

工程类别	单位名称	合同名称及编号	子单位工程	分部名称	分项工程	分项工程划分	
						划分原则	实际划分说明
交通工程	左岸场内交通工程	2. 长河坝水电站场内交通工程【19号公路】野坝大桥段施工 CHB/SG 021-2006	1. 1号公路延伸段	▲1. 隧道工程	16. 超前锚杆	按一次锚喷支护施工区、段划分，每一区、段为一个分项工程	超前锚杆约60m长一个分项，特殊有20、100m等
					17. 注浆小导管	按施工检查验收的区、段为一个分项工程	20、40m各一个分项
				2. 机电安全工程	1. 低压配电设施	每处设备划分一个分项	每个设备一个分项
					2. 通风设施	每处设备划分一个分项	每个设备一个分项
		3. 长河坝水电站交通工程3号公路上游段工程施工 CHB/SG 092-2010	1. 3号公路上游段	▲1. 路基工程	▲石方路基	一般以100～300m划分一个分项	石方路基300m长一个分项
				▲2. 路面工程	▲路面面层	一般以100～300m划分一个分项	路面面层约200m长一个分项
				▲3. 隧道工程	1. 隧道总体	一条隧道划分一个分项	3号3隧道一个分项
					2. 洞口开挖工程	按设计或施工检查验收的区、段划分，每一区、段为一个分项工程	3号3隧道洞口开挖一个分项
					3. 洞口边仰坡防护	按一次锚喷支护施工区、段划分，每一区、段为一个分项工程	3号3隧道洞口整体防护为一个分项
					4. 洞门和翼墙混凝土浇筑	按每一仓号为一个分项工程或每一次检查验收部位为一个分项工程	3号3隧道出口洞门浇筑每4m高一个分项
					5. 洞口排水沟	一般以100～300m划分一个分项	3号3隧道洞口排水沟一个分项
					▲6. 洞身开挖工程	每一个施工检查验收区、段或一个浇筑块为一个分项工程	洞身开挖约150m一个分项
					7. 喷射混凝土	按一次锚喷支护施工区、段划分，每一区、段为一个分项工程	喷射混凝土约100m一个分项
					8. 锚杆支护	按一次锚喷支护施工区、段划分，每一区、段为一个分项工程	锚杆支护约60m长一个分项
					9. 钢筋网支护	按一次锚喷支护施工区、段划分，每一区、段为一个分项工程	钢筋网支护约60m长一个分项
					10. 仰拱	按施工检查验收的区、段为一个分项工程	仰拱约60m长一个分项，特殊有10、20m等
					▲11. 混凝土衬砌	按每一仓号为一个分项工程或每一次检查验收部位为一个分项工程	混凝土衬砌约10m长一个分项，特殊有30m等

续表

工程类别	单位名称	合同名称及编号	子单位工程	分部名称	分项工程	分项工程划分	
						划分原则	实际划分说明
交通工程	左岸场内交通工程	3. 长河坝水电站交通工程3号公路上游段工程施工CHB/SG 092-2010	1. 3号公路上游段	▲3. 隧道工程	12. 钢支撑	按施工检查验收的区、段为一个分项工程	钢支撑约60m长一个分项，特殊有20、100m等
					▲13. 衬砌钢筋	按每一仓号为一个分项工程或每一次检查验收部位为一个分项工程	衬砌钢筋约20m长一个分项
					14. 防水层	按施工检查验收的区、段为一个分项工程	防水层约60m长一个分项，特殊有20、100m等
					15. 止水带	按施工检查验收的区、段为一个分项工程	止水带约60m长一个分项，特殊有20、100m等
					16. 洞身排水沟	一般以100～300m划分一个分项	排水沟约200m长一个分项
					▲17. 隧道路面基层	一般以100～300m划分一个分项	路面基层约200m长一个分项
					▲18. 隧道路面面层	一般以100～300m划分一个分项	路面面层约200m长一个分项
					19. 超前锚杆	按一次锚喷支护施工区、段划分，每一区、段为一个分项工程	超前锚杆约60m长一个分项，特殊有20、100m等
					20. 注浆小导管	按施工检查验收的区、段为一个分项工程	注浆小导管20、40m各一个分项
					21. 盲管	按施工检查验收的区、段为一个分项工程	盲管约60m长一个分项，特殊有20、100m等
					22. 矮边墙	一般以100～300m划分一个分项	矮边墙约200m长一个分项
					23. 塌方回填	按每一仓号为一个分项工程或每一次检查验收部位为一个分项工程	塌方回填20、50m长各一个分项
				4. 机电工程	1. 低压配电设施	每处设备划分一个分项	每个设备一个分项
					2. 通风设施	每处设备划分一个分项	每个设备一个分项
		4. 长河坝水电站交通工程3号公路下游标段施工CHB/SG 033-2007	1. 3号公路下游段	▲1. 路基工程	▲1. 石方路基	一般以100～300m划分一个分项	石方路基40、150m长各一个分项
					▲2. 挡土墙	按每一仓号为一个分项工程或每一次检查验收部位为一个分项工程	挡土墙约10m长一个分项，特殊有30、150m等
					3. 喷射混凝土	按一次锚喷支护施工区、段划分，每一区、段为一个分项工程	喷射混凝土约50m长一个分项

续表

工程类别	单位名称	合同名称及编号	子单位工程	分部名称	分项工程	分项工程划分	
						划分原则	实际划分说明
交通工程	左岸场内交通工程	4. 长河坝水电站交通工程3号公路下游标段施工CHB/SG 033-2007	1. 3号公路下游段	▲1. 路基工程	4. 锚杆	按一次锚喷支护施工区、段划分，每一区、段为一个分项工程	锚杆支护约90m长一个分项
					5. 钢筋网	按一次锚喷支护施工区、段划分，每一区、段为一个分项工程	钢筋网约50m长一个分项
					6. 框格梁	按每一仓号为一个分项工程或每一次检查验收部位为一个分项工程	框格梁浇筑65m长一个分项
				▲2. 路面工程	▲路面面层	一般以100～300m划分一个分项	路面面层150、420m长各一个分项
				▲3. 隧道工程	1. 隧道总体	一条隧道划分一个分项	3号1、3号2隧道各一个分项
					2. 洞口开挖工程	按设计或施工检查验收的区、段划分，每一区、段为一个分项工程	3号1、3号2隧道各一个分项
					3. 洞口边仰坡防护	按一次锚喷支护施工区、段划分，每一区、段为一个分项工程	3号1、3号2隧道洞口喷混凝土、锚杆、挂网各一个分项
					4. 洞门和翼墙混凝土浇筑	按每一仓号为一个分项工程或每一次检查验收部位为一个分项工程	洞门每仓浇筑4m高一个分项
					5. 洞口排水沟	一般以100～300m划分一个分项	3号1、3号2隧道洞口各一个分项
					▲6. 洞身开挖工程	按施工检查验收的区、段或混凝土衬砌的设计分缝确定的块划分，每一个施工检查验收区、段或一个浇筑块为一个分项工程	洞身开挖约100m长一个分项，特殊有30、70m等
					7. 喷射混凝土	按一次锚喷支护施工区、段划分，每一区、段为一个分项工程	喷射混凝土约40m长一个分项，特殊有20、70m等
					8. 锚杆支护	按一次锚喷支护施工区、段划分，每一区、段为一个分项工程	锚杆支护约40m长一个分项，特殊有20、70m等
					9. 钢筋网支护	按一次锚喷支护施工区、段划分，每一区、段为一个分项工程	钢筋网支护约40m长一个分项，特殊有20、70m等
					10. 仰拱	按施工检查验收的区、段为一个分项工程	仰拱约30m长一个分项

续表

工程类别	单位名称	合同名称及编号	子单位工程	分部名称	分项工程	分项工程划分	
						划分原则	实际划分说明
交通工程	左岸场内交通工程	4. 长河坝水电站交通工程3号公路下游标段施工CHB/SG 033-2007	1. 3号公路下游段	▲3. 隧道工程	▲11. 混凝土衬砌	按每一仓号为一个分项工程或每一次检查验收部位为一个分项工程	混凝土衬砌约40m长一个分项，特殊有20、70m等
					12. 钢支撑	按施工检查验收的区、段为一个分项工程	钢支撑约40m长一个分项，特殊有20、50m等
					▲13. 衬砌钢筋	按每一仓号为一个分项工程或每一次检查验收部位为一个分项工程	衬砌钢筋约40m长一个分项，特殊有10、70m等
					14. 防水层	按施工检查验收的区、段为一个分项工程	防水层约40m长一个分项，特殊有20、70m等
					15. 止水带	按施工检查验收的区、段为一个分项工程	止水带约40m长一个分项，特殊有20、60m等
					16. 洞身排水沟	一般以100～300m划分一个分项	排水沟约100m长一个分项，特殊有300、600m等
					▲17. 隧道路面基层	一般以100～300m划分一个分项	路面基层约100m长一个分项，特殊有20、200m等
					▲18. 隧道路面面层	一般以100～300m划分一个分项	路面面层约100m长一个分项，特殊有20、200m等
					19. 超前锚杆	按一次锚喷支护施工区、段划分，每一区、段为一个分项工程	超前锚杆约50m长一个分项，特殊有100m等
					20. 注浆小导管	按施工检查验收的区、段为一个分项工程	注浆小导管约30m长一个分项
					21. 盲管	按施工检查验收的区、段为一个分项工程	盲管约50m长一个分项，特殊有20、240m等
					▲22. 矮边墙	一般以100～300m划分一个分项	矮边墙约200m长一个分项，特殊有50m等
					23. 塌方回填	按每一仓号为一个分项工程或每一次检查验收部位为一个分项工程	塌方回填约20m长一个分项，特殊有150m等
				4. 机电工程	1. 低压配电设施	每处设备划分一个分项	每类设备一个分项
					2. 照明设施	每处设备划分一个分项	每类设备一个分项
					3. 通风设施	每处设备划分一个分项	每类设备一个分项

续表

工程类别	单位名称	合同名称及编号	子单位工程	分部名称	分项工程	分项工程划分	
						划分原则	实际划分说明
交通工程	左岸场内交通工程	5. 长河坝水电站土料场公路施工 CHB/SG 047-2007	1. 路基工程	*1. 土石方工程	*土石方路基	每个土石方路基连续段为一个分项	土石方路基以 1km 或 80～300m 为一个分项，共 35 个分项
				2. 排水工程	*1. 浆砌石排水沟	每个浆砌石排水沟连续段为一个分项	浆砌石排水沟以 2～3km 或 100～800m 为一个分项，共 39 个分项
					*2. 急流槽	以每个急流槽连续段为一个分项	以每个急流槽为一个分项，共 3 个分项
				3. 涵洞	*1. 基础及下部构造	每个部位为一个分项	以每个涵洞基础及下部构造为一个分项，共 6 个分项
					*2. 主要构件预制、安装或浇筑	每个部位为一个分项	以构造预制、安装或浇筑为一个分项，共 6 个分项

三、 场内施工道路工程验收

1. 施工道路工程验收要求

（1）验收要求。场内道路的完工验收按单元工程、分部工程、单位工程进行验收，桥涵、隧道及附属设施的验收，参照相关标准。场内施工道路进行完工验收，验收评定分为合格、不合格两类。

（2）验收资料要求。验收资料要求真实、齐全，并在工程完工验收后一个月内，按工程档案规定完成归档。主要提供资料有：合同文件，规划、设计文件，施工质量检测资料，各工序检验和交接资料；单元工程、分部工程、单位工程验收资料。

2. 水电水利工程场内施工道路验收（见表 9-3）

表 9-3　　场内交通道路工程验收标准

项目类别	项目	检测指标	验收质量标准	
			一级场内道路	二、三级场内道路
路堤、路基	填筑材料	颗粒级配	满足级配良好的要求	满足级配良好的要求
	压实质量	压实度	满足设计要求的点≥85% 最低值不低于设计值的 85%	满足设计要求的点≥75% 最低值不低于设计值的 75%
	基础承载	承载力		
	宽度	宽度		
	厚度	厚度		
	横坡度	横坡度		
	纵断高程	纵断高程		
	平整度	平整度		
	稳定土强度	无侧限抗压强度、抗压强度		
	集料强度	集料强度		

续表

项目类别	项目	检测指标	验收质量标准	
			一级场内道路	二、三级场内道路
路面	强度	抗弯强度、抗压强度	满足设计要求的点≥85%； 最低值不低于设计值的85%	满足设计要求的点≥75%； 最低值不低于设计值的75%
	板厚度	厚度		
	平整度	平整度		
	抗滑构造深度	抗滑构造深度		
	相邻板高差	相邻板高差		
	纵、横缝顺直度	纵、横缝顺直度		
	中线平面偏位	中线平面偏位		
	路面宽度	路面宽度		
	纵断高程	纵断高程		
	横坡	横坡		

第二节　公路工程项目划分与质量评定

一、 公路工程项目划分

1. 公路工程项目划分

公路工程项目划分是贯穿公路工程项目建设工程中的一条主线，是统一建设管理、施工管理、计量支付和质量检验评定的依据和基础。分项工程是进行工程质量管理的基本单位。为便于工程质量评定、工程档案资料的收集整理，应科学地进行公路工程项目划分。

2. 公路工程项目划分级别

根据《公路工程质量检验评定标准》（JTGF 80/1—2016)，结合公路工程建设任务、施工管理和质量检验评定的需要，在施工准备阶段，将公路工程级别划分为单位工程、分部工程、分项工程三级。施工单位、工程监理单位和建设单位，按照工程项目划分级别进行工程质量的监控和管理。

3. 公路工程项目划分原则

(1) 单位工程划分原则。在公路建设项目中，根据签订的合同，具有独立施工条件的工程，可单独作为成本计算对象的工程划分为单位工程。

(2) 分部工程划分原则。在单位工程中，按结构部位、路段长度及施工特点或施工任务划分为若干分部工程。

(3) 分项工程划分原则。在分部工程中，按不同的施工方法、材料、工序及路段长度等划分为若干分项工程。

二、 公路工程的质量评定

1. 质量评定术语

(1) 质量检验。对工程检验项目中的性能进行量测、检查、试验等，并将结果与标准规定要求进行比较，以确定每项性能是否合格所进行的活动。

（2）质量评定。是依据工程检验结果对工程质量进行评分并确定其等级的活动。

（3）关键项目与一般项目。关键项目是指分项工程中对安全、卫生、环境保护和公众利益起决定性作用的实测项目。一般项目是分项工程中除关键项目以外的实测项目。

（4）外观质量。通过观察和必要的量测所反映的工程外在质量。

（5）权值。对工程项目或检测指标根据其重要程度所赋予的数值。

2. 公路工程质量等级评定

（1）评定等级。公路工程质量评定等级分为合格与不合格两级。公路工程质量评定按分项、分部、单位工程、合同段和建设项目逐级评定。

（2）评分制评定。工程质量检验评分以分项工程为单元，采用100分制进行。在分项工程评分的基础上，逐级计算各相应分部工程、单位工程、合同段和建设项目评分值。

（3）质量评定职责。施工单位、监理单位、建设单位工程质量评定的职责。参建各方质量评定职责如下：

1）施工单位自评。施工单位应对各分项工程按《公路工程质量检验评定标准》（JTG F80/1～2—2004）所列基本要求、实测项目和外观鉴定进行自检，并对分项工程质量检验评定表及相关施工技术规范提交真实、完整的自检资料，对工程质量进行自我评定。

2）监理单位抽检。工程监理单位应按规定要求对工程质量进行独立抽检，对施工单位检评资料进行签认，对工程质量进行评定。

3）建设单位确认。建设单位根据对工程质量的检查及平时掌握的情况，对工程监理单位所做的工程质量评分及等级进行审定确认。

三、 公路工程质量评分方法

1. 分项工程检验内容、要求与质量评分

（1）分项工程检验内容及要求。

1）分项工程质量检验内容。检验内容包括基本要求、实测项目、外观鉴定和质量保证资料四个部分。只有在使用的原材料、半成品、成品及施工工艺符合基本要求的规定，且无严重外观缺陷和质量保证资料真实并基本齐全时，才能对分项工程质量进行检验评定。

2）关键项目检验要求。涉及结构安全和使用功能的重要实测项目为关键项目（文中以“▲”标识），其合格率不得低于90%（属于工厂加工制造的交通工程安全设施及桥梁金属构件不低于95%，机电工程为100%），且检测值不得超过规定极值，否则必须进行返工处理。

3）实测项目不合格标准。实测项目检测值超过极值为不合格。就是说，实测项目的规定极值是指任一单个检测值都不能突破的极限值，不符合要求时该实测项目为不合格。

（2）分项工程质量评分。分项工程的评分值满分为100分，按实测项目采用加权平均法计算。存在外观缺陷或资料不全时，应予减分。即：分项工程评分值＝分项工程得分－外观缺陷减分－资料不全减分。其中，分项工程评分值＝Σ[检查项目得分×权值]/Σ检查项目权值。具体如下：

1）基本要求检查。分项工程所列基本要求，对施工质量优劣具有关键作用，应按基本要求对工程进行认真检查。经检查不符合基本要求规定时，不得进行工程质量的检验和评定。

2）实测项目计分。对规定检查项目采用现场抽样方法，按照规定频率和下列计分方法对分项工程的施工质量直接进行检测计分。

检查项目除按数理统计方法评定的项目以外，均应按单点（组）测定值是否符合标准要求进行评定，并按合格率计分。检查项目合格率（%）＝检查合格的点（组）数/该检查项目的全部检查点（组）数。

检查项目得分＝检查项目合格率×100。

3）外观缺陷减分。对工程外表状况应逐项进行全面检查，如发现外观缺陷，应进行减分。对于较严重的外观缺陷，施工单位须采取措施进行整修处理。

4）资料不全减分。分项工程的施工资料和图表残缺，缺乏最基本的数据，或有伪造涂改者，不予检验和评定。资料不全者应予减分，减分幅度根据标准各款逐款检查，视资料不全情况，每款减1～3分。

2. 分部工程质量评分

分部工程所属分项工程，区分为一般工程和主要（主体）工程，分别给以1和2的权值。在进行分部工程评分时，采用加权平均值计算法确定相应的评分值。具体为：分部工程评分值＝Σ[分项工程评分值×相应权值]/Σ分项工程权值。

3. 单位工程质量评分

单位工程所属分部工程区分为一般工程和主要（主体）工程，分别给以1和2的权值。在进行单位工程评分时，采用加权平均值计算法确定相应的评分值。具体为：单位工程评分值＝Σ[分部工程评分值×相应权值]/Σ分部工程权值。

4. 合同段工程和建设项目工程质量评分

根据《公路工程竣（交）工验收办法》计算，分别如下：

（1）合同段工程质量得分＝Σ[单位工程评分值×单位工程投资额]/Σ单位工程投资额－内业资料扣分。

公式中有投资额原则使用结算价，当结算价暂时无法确定时，可使用招标合同价。无论采用结算价还是招标合同价，计算时各单位工程或合同段应统一。

（2）建设项目工程质量鉴定得分＝Σ[合同段工程质量鉴定得分×合同段工程投资额]/Σ合同段工程投资额。

5. 质量保证资料

施工单位应具有完整的施工原始记录、试验数据、分项工程自查数据等质量保证资料，并进行整理分析，负责提交齐全、真实和系统的施工资料和图表。工程监理单位负责提交齐全、真实和系统的监理资料。质量保证资料应包括以下六个方面：

（1）所用原材料、半成品和成品质量检验结果。

（2）材料配比、拌和加工控制检验和试验数据。

（3）地基处理、隐蔽工程施工记录和大桥、隧道施工监控资料。

（4）各项质量控制指标的试验记录和质量检验汇总图表。

（5）施工过程中遇到的非正常情况记录及其对工程质量影响分析。

（6）施工过程中如发生质量事故，经处理补救后，达到设计要求的认可证明文件等。

四、 公路工程质量等级评定

1. 分项工程评定标准。分为土建专业和机电专业两大类。标准如下：

（1）土建工程。质量评定为合格、不合格两级。标准如下：

1）合格标准。分项工程评分值不小于75分者为合格。

2）不合格标准。小于75分者为不合格。

（2）机电设备安装工程。

1）合格标准。机电工程、属于工厂加工制造的桥梁金属构件不小于90分者为合格。

2）不合格标准。机电工程、属于工厂加工制造的桥梁金属构件小于90分者为不合格。

（3）分项工程不合格的处理。评定为不合格的分项工程，经加固、补强或返工、调测，满足设计要求后，可以重新评定其质量等级，但计算分部工程评分值时按其复评分值的90%计算。

2. 分部工程质量等级评定

分部工程所属各分项工程全部合格，则该分部工程评为合格；所属任一分项工程不合格，则该分部工程为不合格。

3. 单位工程质量等级评定

单位工程所属各分部工程全部合格，则该单位工程评为合格；所属任一分部工程不合格，则该单位工程为不合格。

4. 合同段和建设项目质量等级评定

合同段和建设项目所含单位工程全部合格，其工程质量等级为合格：所属任一单位工程不合格，则合同段和建设项目为不合格。

五、 公路工程质量鉴定

1. 质量鉴定组织

公路工程质量鉴定由该建设项目的质量监督机构或竣工验收单位指定的质量监督机构负责组织。公路工程质量鉴定工作包括工程实体检测、外观检测和内业资料检查。

2. 公路工程质量鉴定总体要求

路基整体稳定，路面无严重缺陷，桥梁、隧道等构造物结构安全稳定，混凝土强度、桩基检测、预应力构件的张拉应力、桥梁承载力等均符合设计要求；工程质量经施工自检的监理评定均合格，并经项目法人确认。不满足上述要求的工程质量鉴定不予通过。

3. 分部工程质量等级鉴定

（1）质量等级鉴定方法。按抽查项目的合格率加权乘100作为分部工程实测得分；外观检查发现的缺陷，以分部工程实测得分的基础上采用扣分制，扣分累计不得超过15分。分部工程实测得分=（∑[抽查项目合格率×权值]/∑权值）×100%；分部工程得分=分部工程实测得分一外观扣分。

（2）分部工程质量鉴定。分部工程质量评定分为合格、不合格两级。分部工程得分大于或等于75分，该分部工程质量为合格，否则为不合格。

（3）不合格分部工程的处理。不合格分部工程经整修、加固、补强或返工后可重新进行鉴定，直至合格。

4. 单位工程质量等级鉴定

根据分部工程得分采用加权平均值计算单位工程得分，再逐级加权平均值计算合同段工程质量得分。内业资料审查发现的问题，在合同段工程质量得分的基础上采用扣分制，扣分累计不超过5分；合同段工程质量得分减去内业资料扣分为该合同段工程质量鉴定得分。

单位工程质量等级鉴定评定分为优良、合格、不合格三个等级，单位工程所含分部工程均合格，且单位工程得分大于或等于90分，质量等级为优良；所含各分部工程均合格且得分大于或等于75分，小于90分，质量等级为合格，否则为不合格。

5. 合同段和建设项目质量等级鉴定

合同段、建设项目工程质量等级分为优良、合格、不合格三个等级。合同段（建设项目）所含单位工程（合同段）均合格，且工程质量鉴定得分大于或等于90分，工程质量鉴定等级为优良；所含单位工程均合格，且得分大于或等于75分，小于90分，工程质量鉴定等级为合格；否则为不合格。

六、 公路工程的验收

1. 公路工程验收主要工作及依据

公路工程分为交工验收和竣工验收两个阶段，主要工作如下：

（1）交工验收与竣工验收工作。交工验收阶段主要工作是：检查施工合同的执行情况，评价工程质量，对各参建单位工作进行初步评价。竣工验收阶段，其主要工作是：对工程质量、参建单位和建设项目进行综合评价，并对工程建设项目作出整体性综合评价。

（2）公路工程竣工验收及交工验收的依据。主要依据如下：

1）批准的项目建议书、工程可行性研究报告。

2）批准的工程初步设计、施工图设计及设计变更文件。

3）施工许可。

4）招标文件及合同文件。

5）行政主管部门的有关批复、批示文件。

6）公路工程技术标准、规范、规程及国家有关部门的相关规定。

2. 公路工程交工验收

（1）公路工程交工验收的条件。交工验收应具备以下条件：

1）合同约定的各项内容已全部完成。各方就合同变更的内容达成书面一致意见。

2）施工单位按《公路工程质量检验评定标准》及相关规定对工程质量自检合格。

3）监理单位对工程质量评定合格。

4）质量监督机构按“公路工程质量鉴定办法”对工程质量进行检测，并提出检测意见。检测意见中的需整改的问题已处理完毕。

5）竣工文件按档案管理的要求收集齐全、完整，并整理归档。

6）施工单位、监理单位完成本合同段的工作总结报告。

（2）交工验收的程序。交工验收程序如下：

1）施工单位完成合同约定的全部工程内容，且经施工自检和监理检验评定均合格后，提出合同段交工验收申请报监理单位审查。交工验收申请应付自检评定资料的施工总结报告。

2）监理单位根据工程实际情况、抽检资料以及对合同段工程质量评定结果，对施工单位交工验收申请及其所附资料进行审查并签署意见。监理单位同意后，应同时向项目法人提交独立抽检资料、质量评定资料和监理工作报告。

3）项目法人对施工单位的交工验收申请、监理单位的质量评定资料进行核查，必要时可委托有相应资质的检测机构进行重点抽查检测，认为合同段满足交工验收条件时应及时组织交工验收。

4）对若干合同段完工时间相近的，项目法人可合并组织交工验收。对分段通车的项目，项目法人可按合同约定分段组织交工验收。

5）通过交工验收的合同段，项目法人应及时颁发“公路工程交工验收证书”。

6）各合同段全部验收合格后，项目法人应及时完成公路工程交工验收报告。

（3）交工验收的主要工作内容。交工验收主要工作内容如下：

1）检查合同执行情况。

2）检查施工自检报告、施工总结报告及施工资料。

3）检查监理单位独立抽检资料、监理工作报告及质量评定资料。

4）检查工程实体，审查有关资料，包括主要产品的质量抽检报告。

5）核查工程完工数量是否与批准的设计文件相符，是否与工程计量数量一致。

6）对合同是否全面执行、工程质量是否合格做出结论。

7）按合同段分别对设计、监理、施工单位进行初步评价。

（4）交工验收工程质量等级。交工验收质量等级评定为合格和不合格，工程质量评分值大于或等于75分的为合格，小于75分的为不合格。交工验收不合格的工程应返工整改，直至合格。对于交工验收工程，应及时安排养护管理。

3. 公路工程竣工验收

（1）公路工程竣工验收的条件。竣工验收应具备的条件如下：

1）通车试运营2年以上。

2）交工验收提出的工程质量缺陷等遗留问题已全部处理完毕，并经项目法人验收合格。

3）工程决算编制完成，竣工决算已经审计，并经交通运输主管部门或其授权单位认定。

4）竣工文件已经完成全部内容的收集。

5）档案、环保等单项验收合格，土地使用手续已办理。

6）各参建单位完成工作总结报告。

（2）竣工验收准备工作内容。竣工验收准备工作内容如下：

1）交工验收报告。

2）项目执行报告、设计工作报告、施工总结报告和监理工作报告。

3）项目基本建设程序的有关批复文件。

4）档案、环保等单项验收意见。

5）土地使用证或建设用地批复文件。

6）竣工决算的核备意见、审计报告及认定意见。

（3）竣工验收主要工作内容。竣工验收主要工作如下：

1）成立竣工验收委员会。

2）听取公路工程项目执行报告、设计工作报告、施工总结报告、监理工作报告及接管养护单位项目使用情况报告。

3）听取公路工程质量监督报告及工程质量鉴定报告。

4）竣工验收委员会成立专业检查组，检查工程实体质量，审阅有关资料，形成书面检查意见。

5）对项目法人建设管理工作进行综合评价。审定交工验收对设计单位、施工单位、监理单位的初步评价。

6）对工程质量进行评分，确定工程质量等级，并综合评价建设项目。

7）形成并通过公路工程竣工验收鉴定书。

8）负责竣工验收的交通运输主管部门印发公路工程竣工验收鉴定。

9）质量监督机构依据竣工验收结论，对各参建单位签发“公路工程参建单位工作综合评价等级证书”。

（4）竣工验收工程质量等级。采取加权平均法计算，其中交工验收工程质量得分权值0.2，质量监督机构工程质量鉴定得分权值为0.6，竣工验收委员会对工程质量评分权值为0.2。

对于交工验收和竣工验收合并进行的小项目，质量监督机构工程质量鉴定得分权值为0.6，监理单位对工程质量评定得分权值为0.1，竣工验收委员会对工程质量的评分权值为0.3。

工程质量评分大于等于90分为优良，小于90分且大于等于70分为合格，小于70分为不合格。

（5）竣工验收委员会对项目法人及设计、施工、监理单位工作进行综合评价。评定得分大于等于90分且工程质量等级优良的为“好”，小于90分且大于等于75分为“中”，小于75分为“差”。

（6）竣工验收建设项目评分。采取加权平均法计算，其中，竣工验收工程质量得分权值为0.7，参建单位工作评价得分权值为0.3（项目法人占0.15，设计、施工、监理各占0.05。评定得分大于等于90分且工程质量等级优良的为“优良”，小于90分且大于等于75分为“合格”，小于75分为“不合格”。发生过重大及以上生产安全事故的建设项目不得评为优良。

第三节 公路工程及桥涵隧道工程项目划分

一、 公路工程项目划分要求与方法

1. 公路工程项目划分要求

根据建设任务、施工管理和质量检验评定需要，在施工准备阶段将建设项目按照单位工程、分部工程、分项工程逐级划分，并详细地列出所有分项工程的编号、名称或内容、桩号或部位。工程实体与划分的项目对应，单位、分部、分项的数量、位置都一目了然，并与《公路工程技术标准》（JTGB 01—2004）中的检验评定表相一致。

2. 公路工程单位工程划分方法

公路工程单位工程划分依据是合同，具有独立施工条件的工程划分为一个单位工程。具体方法如下：

（1）路基单位工程划分。一般每10km或每个施工标段为一个单位工程。

（2）路面单位工程划分。一般每10km或每个施工标段为一个单位工程。

（3）桥梁单位工程划分。特大桥、大桥、中桥分别以每座桥划分作为一个单位工程；当特大桥、大桥分为多个合同段施工时，以每个合同段作为一个单位工程。桥梁工程按特大桥、大桥、中桥分别作为一个单位工程。小桥工程不超过5座小桥为一个单位工程。包含独立桥梁、互通或分离式立交桥、人行天桥和符合小桥标准的通道。

（4）互通立交单位工程划分。根据工程大小或合同的签订情况，互通立交工程宜单独划分为一个单位工程，当互通立交工程较小时，也可以互通式立体交叉的路基、路面、交通安全设施，按合同段纳入相应单位工程。

（5）隧道单位工程划分。隧道工程分类及划分如下：

1）隧道的分类。公路隧道按其长度分类如表9-4所示。

表9-4　　隧道的分类

隧道分类	特长隧道	长隧道	中隧道	短隧道
隧道长度（m）	$L>3000$	$3000\geqslant L>1000$	$1000\geqslant L>500$	$L\leqslant 500$

2）隧道单位工程划分。根据隧道工程的长短进行单位工程划分，长隧道分别以每个独立的隧道划分为一个单位工程；对于特长隧道、长隧道时，可根据合同签订情况进行划分，当为多个合同段施工时，以每个合同段作为一个单位工程。多个中、短隧道可合并为一个单位工程。

（6）涵洞单位工程划分。根据合同或施工部署划分单位工程，涵洞以不超过10个

涵洞划分为一个单位工程。

(7) 环保单位工程划分。公路工程的环保工程，包括声屏障工程、绿化工程、服务区污水处理设施工程，宜单独划分为一个单位工程。

(8) 交通安全设施单位工程划分。交通安全设施工程宜独立划分为一个单位工程，当公路较长时，一般每 20km 或每个标段为一个单位工程。

(9) 机电单位工程划分。通常将公路的机电工程独立划分为一个单位工程。

(10) 房屋建筑单位工程划分。通常房屋建筑工程独立作为一个单位工程。

3. 公路工程分部工程划分方法

在单位工程中，按结构部位、路段长度及施工特点或施工任务划分为若干个分部工程。通常，分部工程按一个完整的施工部位或主要结构及施工阶段划分。一般以 1～3km 划分为一个分部工程。具体方法如下：

(1) 路基分部工程划分。以每个合同段的路基土方工程、排水工程、每座小桥及天桥、涵洞及通道、砌筑工程等分别划为一个分部工程。当公路较长时，每 1～3km 路基划分为一个分部工程。路基工程将符合小桥标准的通道和人行天桥，共同划分为一个分部工程。路基土方压实度按高速公路、一级公路、二级公路、三四级公路三档设定。

(2) 大型挡土墙、防护及其他砌筑工程分部工程划分。挡土墙的类型有砌体挡土墙，悬壁式和扶壁式挡土墙，锚杆、锚碇板和加筋土挡土墙，桩板式挡土墙等。大型挡土墙以每处分别作为一个分部工程。

大型砌体挡土墙是指平均墙高达到或超过 6m，且墙身面积不小于 $1200m^2$ 的挡土墙。大型砌体挡土墙每处应作为一个分部工程进行评定。当平均墙高小于 6m 或墙身面积小于 $1200m^2$ 时，每处可作为一个分项工程进行评定。钢筋混凝土结构或构件，均应包含钢筋加工及安装分项工程。

(3) 路面分部工程划分。路面工程按每 1～3km 划分为一个分部工程。路面面层、标志、标线、防护栏等分别作为一个分部工程。路面分部工程增加路面和边缘排水系统分项工程。路肩工程可作为路面工程的一个分项工程进行检查评定。

(4) 桥梁分部工程划分。桥梁工程以每座桥划分为基础及下部构造工程（每桥或每桥墩、台）、上部构造预制和安装工程、上部构造现场浇筑、总体及桥面系和附属工程、防护工程、引道工程等分部工程。对于小型桥梁，通常把桥梁上部、下部、桥面系分别划为一个分部工程。

每座大桥、中桥，互通立交中的每座桥梁以及路基工程中的每座小桥（包括符合小桥标准的通道）、人行天桥和渡槽各为一个分部工程。基础及下部构造根据工程特点可以每墩台为一个分部工程，中桥也可以整座桥的下部构造为一个分部工程，以特大桥为主体建设项目的工程划分应考虑工程规模和标段划分。互通立交桥梁工程，如立交中的独立标段包含主线路基路面，则单独作为一个分部工程。分离式立交仍归桥梁工程。

(5) 互通立交分部工程划分。按每座桥划分为桥梁工程、主线路基路面每 1～3km

划分为一个分部工程。

(6) 隧道分部工程划分。隧道通常划分为总体、明洞、洞口、洞身开挖、洞身衬砌、防排水、隧道路面、装饰、辅助施工措施等分部工程。或隧道工程按隧道的洞口开挖、洞门和翼墙的浇筑、洞口边仰坡防护、截水沟、排水沟、隧道路基及路面等工程各划为一个分部工程。对中小型隧道仍可合并部分划为一个分部工程。

(7) 涵洞工程分部工程划分。通常每道涵洞划分为一个分部工程，包含洞身各部分构件、洞口和填土等分项工程。为加强涵洞质量评定，通常将每道涵洞作为一个子分部工程进行评定，评分时，可按 1～3km 组成一个分部工程进行计分。带有急流槽的涵洞，急流槽作为涵洞的一个分项工程，钢筋混凝土涵洞还应包含钢筋加工及安装工程。

(8) 环保分部工程划分。公路行业实施的环保工程主要为声屏障工程、绿化工程、服务区污水处理设施分部工程。以每处的声屏障、绿化工程每处或每 1～3km 划分为一个分部工程。

(9) 交通安全设施分部工程划分。通常按路段划分为标志、标线及突起路标、护栏、轮廓标、防眩设施、隔离栅和防落网等分部工程，当公路较长时，以每 5～10km 划分为一个分部工程。

(10) 机电分部工程划分。机电工程按每条公路施工划分为监控设施、通信设施、收费设施、低压配电设施、照明设施、隧道机电设施等分部工程。

(11) 房屋建筑工程按其专业工程质量检验评定标准评定。

4. 分项工程划分方法

分项工程应按结构的构件和施工阶段划分，或施工方法、工序、材料、施工工艺等划分。根据实际情况，一般以 100～300m 路段划分为一个分项工程。分段长度可结合工程特点和实际情况进行调整，分段长度不足规定值时，不足部分单独作为一个分项工程。具体如下：

(1) 路基工程分项工程划分。路基工程划分为土方路基、石方路基、软土地基处治、土工合成材料处治层分项工程。路基工程将符合小桥标准的通道和人行天桥，按小桥分部工程划分，涵洞不再按类型划分。路肩工程可作为路面工程的一个分项工程，进行检查评定。

(2) 排水工程分项工程划分。排水工程的作用就是将地面水和地下水排出路基以外。排水沟包括边沟、截水沟、排水沟等。排水工程划分为管节预制、管道基础及管节安装、检查（雨水）井砌筑、土沟、将砌排水沟、盲沟、跌水、急流槽、水簸箕、排水泵站等分项工程。路面拦水带纳入路缘石分项工程；钢筋混凝土构件包含钢筋加工及安装分项工程，预应力混凝土构件包含预应力钢筋的加工和张拉分项工程。

(3) 挡土墙、防护及其他砌筑工程分项工程划分。挡土墙、防护及其他砌筑工程通常划分为：挡土墙、墙背填土、抗滑桩、挖方边坡锚喷防护、锥及护坡、砌石工程、导流工程、石笼防护等分项工程。

对于挡土墙平均墙高小于 6m 或墙身面积小于 $1200m^2$ 时，每处可作为一个分项工程进行评定。钢筋混凝土结构或构件，均应包含钢筋加工及安装分项工程。

(4) 路面工程分项工程划分。路面分部工程划分为路面底基层、基层、面层、垫层、联结层、人行道、路肩、路面边缘石铺设边缘排水系统、路肩工程分项工程。

路面工程种类包括：水泥混凝土路面层，沥青混凝土面层和沥青碎（砾）石面层，沥青贯入式面层（或上拌下贯式面层），沥青表面处治面层，水泥土基层和底基层，石灰土基层和底基层，石灰稳定粒料（碎石、砂砾或矿渣等）基层和底基层，石灰、粉煤灰土基层和底基层，石灰、粉煤灰稳定粒料（碎石、砂砾或矿渣等）基层和底基层、级配碎（砾）石基层和底基层，填隙碎石（矿渣）基层和底基层。

（5）桥梁工程分项工程划分。桥梁工程主要划分为桥梁总体，砌体、基础（桩基、承台、桩的制作），沉桩、钢筋加工及安装，桩浇筑、支座垫石，钢筋和预应力钢筋的加工与张拉，墩台、台身和盖梁梁板安装，桥面铺设，伸缩缝安装，栏杆安装，护栏，挡土墙，砌石等分项工程。

钢筋混凝土构件和预应力混凝土构件除包含构件浇筑、构件安装等分项工程外，还包括钢筋加工及安装、预应力筋加工和张拉等分项工程。顶推施工梁、悬臂施工梁和转体施工梁，除对安装工程进行质量评定外，还应对梁段制作进行评定。

（6）隧道工程分项工程划分。隧道工程作为一个分部工程，划分为隧道总体、明洞浇筑、明洞防水层、明洞回填、洞身开挖、（钢纤维）喷射混凝土支护、锚杆支护、仰拱、混凝土衬砌、钢支撑支护、衬砌钢筋、防水层、超前锚杆、超前钢管等分项工程。

一般按围岩类别和衬砌类型，每100m作为一个分项工程；紧急停车带单独作为一个分项工程。混凝土衬砌采用模板台车，宜按台车长度的倍数划分分项工程，按此方法划分分项工程时，分段长度可结合工程特点和实际情况进行调整，分段长度不足规定值时，不足部分单独作为一个分项工程。特长隧道的单位工程、分部工程和分项工程可根据具体情况另行划分。

（7）涵洞工程分项工程划分。每道涵洞为一个分部工程，可划分为涵洞总体、涵台、涵管制作、管座及涵管安装、盖板制作及盖板安装、箱涵浇筑，拱涵浇（砌）筑、倒虹吸竖井、集水井砌筑、洞口（一字墙和八字墙）、锥坡、顶入法施工的桥、涵等分项工程。带有急流槽的涵洞，急流槽作为涵洞的一个分项工程，钢筋混凝土涵洞还应包含钢筋加工及安装工程。

（8）交通安全设施分项工程划分。交通安全设施分部工程划分为标志、路线标线、护栏（波形梁钢护栏、混凝土护栏、缆索护栏）、路标（突起路标、轮廓标）、防眩设施、防离栅和防护网等分项工程。

（9）环保工程分项工程划分。公路行业实施的环保分部工程主要划分为声屏障工程、绿化工程、服务区污水处理设施分项工程。

5. 检验批划分方法

根据施工及质量控制和验收需要，按施工段或部位等划分。一般以每个基坑、每个安装段、每根桩等为一个检验批。

二、 公路工程项目划分方法

（1）公路工程单位工程、分部工程、分项工程项目划分如表9-5所示。

表 9-5　　一般公路工程项目划分

单位工程	分部工程	分项工程
路基工程（每 10km 或每标段）	路基土石方工程 * ①（1～3km 路段）②	土方路基 * 、石方路基 * 、软土地基 * 、土工合成材料处治层 * 等
	排水工程（1～3km 路段）	管节预制，管道基础及管节安装 * ，检查（雨水）井砌筑 * ，土沟，浆砌排水沟 * ，盲沟，跌水，急流槽 * ，水簸箕，排水泵站等
	小桥及符合小桥标准的通道 * ，人行天桥，渡槽（每座）	基础及下部构造 * ，上部构造预制、安装或浇筑 * ，桥面 * ，栏杆，人行道等
	涵洞、通道（1～3km 路段）	基础及下部构造 * ，主要构件预制、安装或浇筑 * ，填土，总体等
	砌筑防护工程（1～3km 路段）	挡土墙 * ，墙背填土，抗滑桩 * ，锚喷防护 * ，锥、护坡，导流工程，石笼防护等
	大型挡土墙 * ，组合式挡土墙 * （每处）	基础 * 、墙身 * 、墙背填土，构件预制 * ，构件安装 * ，筋带，锚杆、栏杆，总体 * 等
路面工程（每 10km 或每标段）	路面工程（1～3km 路段） *	底基层、基层 * 、面层 * 、垫层，连接层，路缘石，人行道，路肩，路面边缘排水系统等
桥梁工程③（特大、大、中桥）	基础及下部件构造 * （每桥或每墩、台 *	扩大基础，桩基 * ，地下连续墙 * ，承台，沉井 * ，桩的制作 * ，钢筋加工及安装，墩台身（砌体）浇筑 * ，墩台身安装，墩台帽 * ，组合桥台，台背填土，支座垫石和挡块等
	上部构造预制和安装 *	主要构件预制 * ，其他构件预制，钢筋加工及安装，预应力筋的加工和张拉 * ，梁板安装，悬臂拼装 * ，顶推施工梁 * ，拱圈节段预制，拱的安装，转体施工拱 * ，劲性骨架拱肋安装 * ，钢管拱肋制作 * ，钢管拱肋安装 * ，吊杆制作和安装 * ，钢梁制作 * ，钢梁安装，钢梁防护 * 等
	上部构造现场浇筑 *	钢筋加工及安装，预应力筋的加工和张拉 * ，主要构件浇筑 * ，其他构件浇筑，悬臂浇筑 * ，劲性骨架混凝土拱 * ，钢管混凝土拱 * 等
	总体、桥面系和附属工程	桥梁总体 * ，桥面防水层施工，桥面铺装 * ，钢桥面铺装 * ，支座安装，搭板，伸缩缝安装，大型伸缝安装 * ，栏杆安装，混凝土护栏，人行道铺设，灯柱安装等
	防护工程	护坡，护岸 * ④，导流工程 * ，石笼防护，砌石工程等
	引道工程	路基 * ，路面 * ，挡土墙 * ，小桥 * ，涵洞 * ，护栏等
互通立交工程	桥梁工程 * （每座）	桥梁总体，基础及下部构造 * ，上部构造预制、安装或浇筑 * ，支座安装，支座垫石，桥面铺装 * ，护栏，人行道等
	主线路基路面工程 * （1～3km 路段）	见路基、路面等分项工程
	匝道工程（每条）	路基 * 、路面 * 、通道 * 、护坡、挡土墙 * 、护栏等

续表

单位工程	分部工程	分项工程
隧道工程	总体	隧道总体 * 等
	明洞	明洞浇筑，明洞防水层，明洞回填 * 等
	洞口工程	洞口开挖，洞口边仰坡防护，洞门和翼墙的浇（砌）筑，截水沟，洞口排水沟等
	洞身开挖	洞身开挖 *（分段）等
	洞身衬砌	（钢纤维）喷射混凝土支护，锚杆支护，钢筋网支护，仰拱，混凝土衬砌 *，钢支撑，衬砌钢筋等
	防排水	防水层、止水带、排水沟等
	隧道路面	基层 *，面层 * 等
	装饰	装饰工程
	辅助施工措施	超前锚杆、超前钢管等
环保工程	声屏障（每处）	声屏障
	绿化工程（1～3km 路段）	中央分隔带绿化，路侧绿化，互通立交经绿化，服务区绿化，取弃土场绿化等
交通安全设施（每20km 或每路段）标段	标志 *（5～10km 路段）	标志 *
	标线、突起路标（5～10km 路段）	标线 *、突起路标等
	护栏 *、轮廓标（5～10km 路段）	波形梁护栏 *，缆索护栏 *，混凝土护栏 *，轮廓标等
	防眩设施（5～10km 路段）	防眩板、网等
	隔离栅、防落网（5～10km 路段）	隔离栅、防落网等
机电工程	监控设施	车辆检测器、气象检测器，闭路电视监视系统，可变标志，光电缆线路，监控（分）中心设备安装及软件调测，大屏幕投影系统，地图板，计算机监控软件与网络等
	通信设施	通信管道与光缆线路，光纤数字传输系统，数字程控交换系统，紧急电话系统，无线移动通信系统，通信电源等
	收费设施	入口车道设备，出口车道设备，收费站设备及软件，收费中心设备及软件，IC 卡及发卡编码系统，闭路电视监视系统，内部有线对讲及紧急报警系统，收费站内光，电缆及塑料管道，收费系统计算机网络等
	低压配电设施	中心（站）内低压配电设备，外场设备电力电缆线路等
	照明设施	照明设施
	隧道机电设施	车辆检测器，气象检测器，闭路电视监视系统，紧急电话系统，环境检测设备，报警与诱导设施，可就标志，通风设施，照明设施，消防设施，本地控制器，隧道监控中心计算机系统，隧道监控中心计算机网络，低压供配电等

续表

<table>
<tr><th>单位工程</th><th>分部工程</th><th>分项工程</th></tr>
<tr><td>房屋建筑工程</td><td colspan="2">按其专业工程质量检验评定标准评定</td></tr>
<tr><td rowspan="4">说明</td><td colspan="2">① 表内标注 * 号者为主要工程，评分时给以 2 的权值；不带 * 号者为一般工程，权值为 1。</td></tr>
<tr><td colspan="2">② 按路段长度划分的分部工程，高速公路、一级公路宜取低值，二级及二级以下公路可取高值。</td></tr>
<tr><td colspan="2">③ 斜拉桥和悬索桥可参照 9-8 进行划分</td></tr>
<tr><td colspan="2">④ 护岸参照挡土墙。</td></tr>
</table>

（2）公路工程项目划分实例。

1）某公路工程总长 30km，桩号为 0＋000～30＋000，其中在 7＋000 处有一座 600m 长的大桥，主桥长 200m，两岸引道各 150m，工程由两个标招标。路基、路面底基层为 80～200mm 级配碎石，基层为 5～40 的级配碎石。其项目划分如表 9-6 所示。

表 9-6　　公路工程项目划分实例

<table>
<tr><th>单位工程</th><th>分部工程</th><th>分项工程</th><th>备注</th></tr>
<tr><td rowspan="14">合同Ⅰ标路面工程</td><td>0＋000～3＋000 路面</td><td rowspan="14">底基层、基层、面层、路缘石、路肩</td><td rowspan="14">以 200m 划分为一个分项或单元工程</td></tr>
<tr><td>3＋000～6＋000 路面</td></tr>
<tr><td>6＋000～7＋000 路面</td></tr>
<tr><td>7＋000～10＋000 路面</td></tr>
<tr><td>10＋000～12＋000 路面</td></tr>
<tr><td>12＋000～14＋000 路面</td></tr>
<tr><td>14＋000～16＋000 路面</td></tr>
<tr><td>16＋000～18＋000 路面</td></tr>
<tr><td>18＋000～20＋000 路面</td></tr>
<tr><td>20＋000～22＋000 路面</td></tr>
<tr><td>22＋000～24＋000 路面</td></tr>
<tr><td>24＋000～26＋000 路面</td></tr>
<tr><td>26＋000～28＋000 路面</td></tr>
<tr><td>28＋000～30＋000 路面</td></tr>
<tr><td rowspan="7">合同Ⅱ标大桥工程</td><td>桩基工程</td><td rowspan="4">以每一轴桥墩为一个分项工程</td><td rowspan="7"></td></tr>
<tr><td>承台系梁工程</td></tr>
<tr><td>墩柱工程</td></tr>
<tr><td>帽梁工程</td></tr>
<tr><td>大梁工程</td><td>每一根大梁为一个分项或单元工程</td></tr>
<tr><td>桥面工程</td><td>桥面、人行道、栏杆以伸缩缝为界划分分项工程</td></tr>
<tr><td>引道工程</td><td>路基、中面、挡土墙、涵洞、护栏、标志</td></tr>
</table>

2）长河坝水电站省道 S211 复建公路Ⅱ标工程项目划分（见表 9-7）。

表 9-7　　移民单位工程—合同—分部工程—单元工程项目划分表

工程类别	单位名称	合同名称及编号	子单位工程	分部名称	分项工程	分项工程划分	
						划分原则	实际划分说明
移民工程	地方实施移民工程	长河坝水电站省道 S211 复建公路Ⅱ标施工（CHB/SG00010-2006）	1. 隧道工程	1. 总体	*隧道总体	整条隧道为一个分项工程	隧道总体以 2053m 隧道长为一个分项，共 1 个分项
				2. 明洞	1. 明洞浇筑	隧道明洞浇筑为一个分项工程	明洞浇筑以 5m 明洞为一个分项，共 1 个分项
					2. 明洞防水层	隧道明洞防水层为一个分项工程	明洞防水层以 5m 明洞为一个分项，共 1 个分项
					*3. 明洞回填	隧道明洞回填为一个分项工程	明洞回填以 5m 明洞为一个分项，共 1 个分项
				3. 洞口工程	1. 洞口开挖	隧道洞口开挖为一个分项工程	洞口开挖以洞口 5m 为一个分项，共 1 个分项
					2. 洞口边仰坡防护	隧道洞口边仰坡防护为一个分项工程	洞口边仰坡防护以洞口 5m 为一个分项，共 1 个分项
					3. 洞门浇筑	隧道洞门浇筑为一个分项工程	洞门浇筑以出洞口一个洞门为一个分项，共 1 个分项
					4. 截水沟	隧道洞口截水沟为一个分项工程	截水沟以出口洞顶一处截水沟为一个分项，共 1 个分项
					5. 洞口排水沟	隧道洞口排水沟为一个分项工程	洞口排水沟以出洞口一处排水沟为一个分项，共 1 个分项
				4. 洞身开挖	*洞身开挖	按围岩类别划分，每 100m 为一个分项工程	洞身开挖以 50～100m，因围岩变化特殊有 5、10、20、30、35m 为一个分项，共 36 个分项
				5. 洞身衬砌	1. 喷射混凝土支护	按围岩类别划分，每 100m 为一个分项工程	洞身喷混凝土以 50～100m，因围岩变化特殊有 5、10、20、30、35m 为一个分项，共 36 个分项
					2. 锚杆支护	按围岩类别划分，每 100m 为一个分项工程	洞身锚杆以 50～100m，因围岩变化特殊有 5、10、20、30、35m 为一个分项，共 36 个分项
					3. 钢筋网	按围岩类别划分，每 100m 为一个分项工程	洞身钢筋网以 50～100m，因围岩变化特殊有 5、10、20、30、35m 为一个分项，共 36 个分项
					4. 钢支撑	按围岩类别划分，每 100m 为一个分项工程	洞身钢支撑以 50～100m，因围岩变化特殊有 20、29、32、46m 为一个分项，共 10 个分项
					5. 仰拱	按围岩类别划分，每 100m 为一个分项工程	洞身仰拱分别按 100、76、50、75、29m 为一个分项，共 5 个分项
					*6. 混凝土衬砌	按围岩类别划分，每 100m 为一个分项工程	洞身混凝土衬砌 50～100m，因围岩变化特殊有 5、10、20、30、35m 为一个分项，共 39 个分项

续表

工程类别	单位名称	合同名称及编号	子单位工程	分部名称	分项工程	分项工程划分	
						划分原则	实际划分说明
移民工程	地方实施移民工程	长河坝水电站省道S211复建公路Ⅱ标施工（CHB/SG00010-2006）	1. 隧道工程	*5. 洞身衬砌	7. 衬砌钢筋	按围岩类别划分，每100m为一个分项工程	衬砌钢筋分别按100、76m为一个分项，共2个分项
				6. 防排水	1. 防水层	按围岩类别划分，每100m为一个分项工程	洞身防排水以50～100m，因围岩变化特殊有5、10、20、30、35m为一个分项，共36个分项
					2. 止水带/条	按围岩类别划分，每100m为一个分项工程	止水带/条以50～100m，因围岩变化特殊有5、10、20、30、35m为一个分项，共72个分项
					3. 排水沟	一条隧道排水沟连续段为一个分项工程	排水沟以隧道长2053m为一个分项，共1个分项
				7. 隧道路面	*1. 基层	按围岩类别划分，每100m为一个分项工程	基层混凝土分左右幅浇筑，50～200m为一个分项，共44个分项
					*2. 面层	按围岩类别划分，每100m为一个分项工程	面层混凝土分左右幅浇筑，50～200m为一个分项，共45个分项
				8. 装修	装修工程	一条隧道装修连续段为一个分项工程	装修工程以隧道长2053m为一个分项，共1个分项
				9. 辅助工程	1. 超前锚杆	按围岩类别划分，每100m为一个分项工程	超前锚杆以50m，特殊有，8、94、12m为一个分项，共8个分项
					2. 超前小导管	按围岩类别划分，每100m为一个分项工程	超前小导管分别按75、76m为一个分项，共2个分项
				10. 释放孔	释放孔	按围岩类别划分，每100m为一个分项工程	释放孔分别按153、59、6、13、33、129、15m为一个分项，共7个分项
				11. 花管灌浆	花管灌浆	每个花管灌浆连续段为一个分项工程	花管灌浆以25m长为一个分项，共4个单元
			2. 交通安全设施	*1. 标志	*1. 标志	每个标志连续段为一个分项工程	标志以1000m为一个分项，共2个分项
					2. 百米桩	每个百米桩连续段为一个分项工程	百米桩以100m为一个分项，共21个分项
					3. 警告标志	每个警告标志为一个分项工程	警告标志出洞口一个，共1个分项
					4. 指路标志	每个指路标志为一个分项工程	指路标志出洞口一个，共1个分项
				2. 标线	*标线	每个标线连续段为一个分项工程	标线以1000m为一个分项，共3个分项
				3. 突起路标	突起路标	每个突起路标连续段为一个分项工程	突起路标以1000m为一个分项，共3个分项

三、特大斜拉桥和悬索桥为主体建设项目的工程划分

（1）特大斜拉桥和悬索桥为主体建设项目的工程单位工程、分部工程项目划分如表 9-8 所示。

表 9-8　　特大斜拉桥和悬索桥为主体建设项目的工程划分

单位工程	分部工程	分项工程
塔及辅助、过渡墩（每座）	塔基础 *	钢筋加工及安装，扩大基础，桩基 *，地下连续墙 *，沉井 * 等
	塔承台 *	钢筋加工及安装，双壁钢围堰 *，封底，承台浇筑 * 等
	索塔 *	索塔 *
	辅助墩	钢筋加工，基础，墩台身浇（砌）筑，墩台身安装，墩台帽，盖梁等
	过渡墩	
锚锭	锚锭基础 *	锚筋加工及安装，扩大基础，桩基 *，地下连续墙 *，沉井 *，大体积混凝土构件 * 等
	锚体 *	锚固体系统制作 *，锚固体系安装 *，锚碇块体，预应力锚索的张拉与压浆 * 等
上部构造制作与防护（钢结构）	斜拉索 *	斜拉索制作与防护 *
	主缆（索股） *	索股和锚头的制作与防护 *
	索鞍 *	主索鞍和散索鞍制作与防护 *
	夹索 *	索夹制作与防护
	吊索 *	吊索和锚头制作与防护 * 等
	加劲梁 *	加劲梁段制作 *，加劲梁防护等 *
上部构造浇筑与安装	悬浇 *	梁段浇筑 *
	安装 *	加劲梁安装 *，索鞍安装 *，主缆架设 *，索夹和吊索安装 * 等
	工地防护 *	工地防护 *
	桥面系及附属工程	桥面防水层的施工，桥面铺装，钢桥面板上防水粘结层的洒布，钢桥面板上沥青混凝土铺装，支座安装 *，抗风支座安装，伸缩缝安装，人行道铺设，栏杆安装，防撞护栏等
	桥梁总体	桥梁总体 *
引桥	参见表 9-5“桥梁工程”	
引道	参见表 9-5“路基工程和路面工程”	
互通立交工程	参见表 9-5“互通立交工程”	
交通安全设施	参见表 9-5“交通安全设施”	

注：表内标注 * 号者为主要工程，评分时给以 2 的权值，不带 * 号者为一般工程，权值为 1。

（2）桥涵的分部工程、分项工程和检验批划分实例。特大桥、大桥、中桥分部、分项和检验批划分及评定表名称如表 9-9 所示。

表 9-9　　　　特大桥、大桥、中桥分部、分项和检验批划分

分部工程		分项工程	检验批	检验批表格名称
类别	名称			
01 地基及基础	01 明挖基础	01 地基处理	每个基坑	参照路基工程执行
		02 基坑及支护	每个基坑	基坑及支护检验批质量验收记录
		03 模板及支架	每个安装段	模板及支架（安装）检验批质量验收记录表（Ⅰ）
				模板及支架（拆模）检验批质量验收记录表（Ⅱ）
		04 钢筋	每个安装段	钢筋（原材料及加工）检验批质量验收表（Ⅰ）
				钢筋（连接及安装）检验批质量验收表（Ⅱ）
		05 混凝土	每个浇筑段	混凝土（原材料）检验批质量验收记录表
				混凝土（配合比设计及施工）检验批质量验收记录表（Ⅱ）
				混凝土（结构外形尺寸原材料）检验批质量验收记录表（Ⅲ）
				混凝土（养护和强度）检验批质量验收记录（Ⅳ）
		06 基坑回坑	每个基坑	混凝土检验批质量验收记录表
	02 沉入桩	沉桩	每个基坑	沉桩检验批质量验收记录表
	03 钻（挖）孔桩	01 钻孔	每根桩	钻孔检验批质量验收记录表
		02 挖孔	每根桩	挖孔检验批质量验收记录表
		03 钢筋	每根桩	钢筋（原材料及加工）检验批质量验收表（Ⅰ）
				钢筋（连接及安装）检验批质量验收表（Ⅱ）
		04 混凝土	每根桩	混凝土（原材料）检验批质量验收记录表（Ⅰ）
				混凝土（配合比设计及施工）检验批质量验收记录表（Ⅱ）
				混凝土（结构外形尺寸原材料）检验批质量验收记录表（Ⅲ）
				混凝土（养护和强度）检验批质量验收记录（Ⅳ）
	04 承台	01 钢围堰	每个承台	钢围堰检验批质量验收记录表
		02 模板及支架	每个承台	模板及支架（安装）检验批质量验收记录表（Ⅰ）
				模板及支架（拆模）检验批质量验收记录表（Ⅱ）
		03 钢筋	每个承台	钢筋（原材料及加工）检验批质量验收表（Ⅰ）
				钢筋（连接及安装）检验批质量验收表（Ⅱ）
		04 混凝土	每个承台	混凝土（原材料）检验批质量验收记录表（Ⅰ）
			每个承台	混凝土（配合比设计及施工）检验批质量验收记录表（Ⅱ）
			每个承台	混凝土（结构外形尺寸原材料）检验批质量验收记录表（Ⅲ）
			每个承台	混凝土（养护和强度）检验批质量验收记录（Ⅳ）
		05 基坑回填	每个承台	基坑回填检验批质量验收记录表

续表

分部工程		分项工程	检验批	检验批表格名称
类别	名称			
01 地基及基础	05 就地制作沉井	01 模板及支架	每节沉井	模板及支架（安装）检验批质量验收记录表（Ⅰ）
				模板及支架（拆模）检验批质量验收记录表（Ⅱ）
		02 钢筋	每节沉井	钢筋（原材料及加工）检验批质量验收表（Ⅰ）
				钢筋（连接及安装）检验批质量验收表（Ⅱ）
		03 混凝土	每节沉井	混凝土（原材料）检验批质量验收记录表（Ⅰ）
				混凝土（配合比设计及施工）检验批质量验收记录表（Ⅱ）
				混凝土（结构外形尺寸原材料）检验批质量验收记录表（Ⅲ）
				混凝土（养护和强度）检验批质量验收记录（Ⅳ）
		04 下沉	每节沉井	下沉检验批质量验收记录表
		05 清基、封底及填充	每节沉井	清基、封底及填充检验批质量验收记录表
02 墩台	06 墩台	01 模板及支架	每个安装段	模板及支架（安装）检验批质量验收记录表（Ⅰ）
				模板及支架（拆模）检验批质量验收记录表（Ⅱ）
		02 钢筋	每个安装段	钢筋（原材料及加工）检验批质量验收表（Ⅰ）
				钢筋（连接及安装）检验批质量验收表（Ⅱ）
		03 混凝土	每个浇筑段	混凝土（原材料）检验批质量验收记录表（Ⅰ）
				混凝土（配合比设计及施工）检验批质量验收记录表（Ⅱ）
				混凝土（结构外形尺寸原材料）检验批质量验收记录表（Ⅲ）
				混凝土（养护和强度）检验批质量验收记录（Ⅳ）
		04 防水层及保护层	每个桥台	防水层检验批质量验收记录（Ⅰ）
				保护层（混凝土原材料）检验批质量验收记录（Ⅱ）
				保护层土（配合比设计及施工）检验批质量验收记录表（Ⅲ）
				保护层土（外观和尺寸偏差）检验批质量验收记录表（Ⅳ）
				保护层（养护和强度）检验批质量验收记录（Ⅴ）
	07 锥体及排水设施	01 锥体填筑	每个桥台	锥体填筑验批质量验收记录表
		02 护坡及基础	每个桥台	护坡及基础（原材料）验批质量验收记录表（Ⅰ）
				护坡及基础（砌筑）验批质量验收记录表（Ⅱ）
				护坡及基础（养护和强度）验批质量验收记录表（Ⅲ）

续表

分部工程		分项工程		检验批	检验批表格名称
类别	名称				
02 墩台	07 锥体及排水设施	排水设施	03 模板及支架	每个桥台	模板及支架检验批质量验收记录表（Ⅱ）
			04 钢筋	每个桥台	钢筋（原材料及加工）检验批质量验收表（Ⅰ）
					钢筋（连接及安装）检验批质量验收表（Ⅱ）
			05 混凝土	每个桥台	混凝土（原材料）检验批质量验收记录表（Ⅰ）
					混凝土（配合比设计及施工）检验批质量验收记录表（Ⅱ）
					混凝土（结构外形尺寸原材料）检验批质量验收记录表（Ⅲ）
					混凝土（养护和强度）检验批质量验收记录（Ⅳ）
			06 砌体	每个桥台	砌体（原材料）检验批质量验收表（Ⅰ）
					砌体（砌筑）检验批质量验收表（Ⅱ）
	08 后张法预应力混凝土简支箱梁预制	01 模板及支架		每孔梁	模板及支架（安装）检验批质量验收记录表（Ⅰ）
					模板及支架（拆模）检验批质量验收记录表（Ⅱ）
		02 钢筋		每孔梁	钢筋（原材料及加工）检验批质量验收表（Ⅰ）
					钢筋（连接及安装）检验批质量验收表（Ⅱ）
03 预应力混凝土简支箱梁		03 混凝土		每孔梁	混凝土（原材料）检验批质量验收记录表（Ⅰ）
					混凝土（配合比设计及施工）检验批质量验收记录表（Ⅱ）
					混凝土（结构外形尺寸原材料）检验批质量验收记录表（Ⅲ）
					混凝土（养护和强度）检验批质量验收记录（Ⅴ）
		04 预应力		每孔梁	预应力（原材料、制作和安装）检验批质量验收记录表（Ⅰ）
					预应力（张拉、放张）检验批质量验收记录表（Ⅱ）
					预应力（压浆和封端）检验批质量验收记录表（Ⅲ）
		05 防水层		每孔梁	防水层（防水层）检验批质量验收记录（Ⅰ）
					防水层（保护层原材料）检验批质量验收记录（Ⅱ）
					防水层土（保护层配合比设计及施工）检验批质量验收记录表（Ⅲ）
					防水层土（保护层外观和尺寸偏差）检验批质量验收记录表（Ⅳ）
					防水层（保护层养护和强度）检验批质量验收记录（Ⅴ）

续表

<table>
<tr><th colspan="2">分部工程</th><th rowspan="2" colspan="2">分项工程</th><th rowspan="2">检验批</th><th rowspan="2">检验批表格名称</th></tr>
<tr><th>类别</th><th>名称</th></tr>
<tr><td rowspan="28">03 预应力混凝土简支箱梁</td><td rowspan="16">09 先张法预应力混凝土简支箱梁预制</td><td colspan="2" rowspan="2">01 模板及支架</td><td rowspan="2">每孔梁</td><td>模板及支架（安装）检验批质量验收记录表（Ⅰ）</td></tr>
<tr><td>模板及支架（拆模）检验批质量验收记录表（Ⅱ）</td></tr>
<tr><td colspan="2" rowspan="2">02 钢筋</td><td rowspan="2">每孔梁</td><td>钢筋（原材料及加工）检验批质量验收表（Ⅰ）</td></tr>
<tr><td>钢筋（连接及安装）检验批质量验收表（Ⅱ）</td></tr>
<tr><td colspan="2" rowspan="4">03 混凝土</td><td rowspan="4">每孔梁</td><td>混凝土（原材料）检验批质量验收记录表（Ⅰ）</td></tr>
<tr><td>混凝土（配合比设计及施工）检验批质量验收记录表（Ⅱ）</td></tr>
<tr><td>混凝土（结构外观和尺寸偏差）检验批质量验收记录表（Ⅲ）</td></tr>
<tr><td>混凝土（养护和强度）检验批质量验收记录（Ⅳ）</td></tr>
<tr><td colspan="2" rowspan="3">04 预应力</td><td rowspan="3">每孔梁</td><td>预应力（原材料、制作和安装）检验批质量验收记录表（Ⅰ）</td></tr>
<tr><td>预应力（张拉、放张）检验批质量验收记录表（Ⅱ）</td></tr>
<tr><td>预应力（压浆和封端）检验批质量验收记录表（Ⅲ）</td></tr>
<tr><td colspan="2" rowspan="5">05 防水层</td><td rowspan="5">每孔梁</td><td>防水层（防水层）检验批质量验收记录（Ⅰ）</td></tr>
<tr><td>防水层（保护层原材料）检验批质量验收记录（Ⅱ）</td></tr>
<tr><td>防水层土（保护层配合比设计及施工）检验批质量验收记录表（Ⅲ）</td></tr>
<tr><td>防水层土（保护层外观和尺寸）检验批质量验收记录表（Ⅳ）</td></tr>
<tr><td>防水层（保护屋养护和强度）检验批质量验收记录（Ⅴ）</td></tr>
<tr><td rowspan="12">10 架桥机架设预应力混凝土简支箱梁</td><td colspan="2">01 架梁</td><td>每孔梁</td><td>架梁检验批质量验收记录表</td></tr>
<tr><td colspan="2" rowspan="2">02 支座</td><td rowspan="2">每孔梁</td><td>支座检验批质量验收记录表（Ⅰ）</td></tr>
<tr><td>支座检验批质量验收记录表（Ⅱ）</td></tr>
<tr><td rowspan="9">组合箱梁横向连接</td><td rowspan="2">03 模板及支架</td><td rowspan="2">每孔梁</td><td>模板及支架（安装）检验批质量验收记录表（Ⅰ）</td></tr>
<tr><td>模板及支架（拆模）检验批质量验收记录表（Ⅱ）</td></tr>
<tr><td rowspan="2">04 钢筋</td><td rowspan="2">每孔梁</td><td>钢筋（原材料及加工）检验批质量验收表（Ⅰ）</td></tr>
<tr><td>钢筋（连接及安装）检验批质量验收表（Ⅱ）</td></tr>
<tr><td rowspan="5">05 混凝土</td><td rowspan="5">每孔梁</td><td>混凝土（原材料）检验批质量验收记录表（Ⅰ）</td></tr>
<tr><td>混凝土（配合比设计及施工）检验批质量验收记录表（Ⅱ）</td></tr>
<tr><td>混凝土（结构外形尺寸原材料）检验批质量验收记录表（Ⅲ）</td></tr>
<tr><td>混凝土（结构外形尺寸原材料）检验批质量验收记录表（Ⅳ）</td></tr>
<tr><td>混凝土（养护和强度）检验批质量验收记录（Ⅴ）</td></tr>
</table>

（3）黄金坪水电站移民安置点对外交通舍联大桥及库区交通道路工程项目划分（见表 9-10）。

表 9-10　移民安置点对外交通舍联大桥及库区交通道路工程—合同—分部—分项工程项目划分

工程类别	单位名称	合同名称及编号	子单位工程	分部名称	分项工程	分项工程划分	
						划分原则	实际划分说明
移民工程	黄金坪水电站移民安置协议	移民安置点对外交通舍联大桥及库区交通道路工程（HJP/SG 034-2013）	01 舍联大桥基础及下部构造	01 0 号桥台基础及下部构造	01 明挖基础	按每一明挖基础划分为一个分项	按照 0 号桥台明挖基础划分为一个分项
					02 台身	按每一台身混凝土划分为一个分项	按照 0 号桥台台身混凝土划分为一个分项
					03 台帽	按每一台帽钢筋加工及安装、台帽混凝土划分为一个分项	按照 0 号桥台台帽钢筋加工及安装、台帽混凝土划分为一个分项
					04 支座垫石	按每一支座垫石钢筋加工及安装、支座垫石混凝土、挡块钢筋加工及安装、挡块混凝土为一个分项	按照 0 号桥台垫石钢筋加工及安装、支座垫石混凝土、挡块钢筋加工及安装、挡块混凝土为一个分项
					05 挡块	按每一挡块钢筋加工及安装、挡块混凝土分为一个分项	按照 0 号桥台挡块钢筋加工及安装、挡块混凝土分为一个分项
					06 台背回填	按每一台背回填划分为一个分项	按照 0 号桥台台背回填划分为一个分项
				02 1 号桥墩基础及下部构造	01 桩基础	按每一每根桩基钢筋加工及安装、桩基础混凝土划分为一个分项	按照 1 号桥墩每根桩基钢筋加工及安装、桩基础混凝土划分为一个分项
					02 承台	按每一承台钢筋加工及安装、承台混凝土划分为一个分项	按照 1 号桥墩承台钢筋加工及安装、混凝土划分为一个分项
					03 墩柱	按每一墩柱钢筋加工及安装、混凝土划分为一个分项	按照 1 号桥墩墩柱钢筋加工及安装、混凝土划分为一个分项
					04 盖梁	按每一盖梁钢筋加工及安装、混凝土划分为一个分项	按照 1 号桥墩盖梁钢筋加工及安装、混凝土划分为一个分项
					05 支座垫石	按每一支座垫石钢筋加工及安装、混凝土划分为一个分项	按照 1 号桥墩支座垫石钢筋加工及安装、混凝土划分为一个分项
					06 挡块	按每一挡块钢筋加工及安装、混凝土划分为一个分项	按照 1 号桥墩挡块钢筋加工及安装、混凝土划分为一个分项
				03 2 号桥墩基础及下部构造	01 桩基础	按每一桩基钢筋加工及安装、桩基础混凝土划分为一个分项	按照 2 号桥墩每根桩基钢筋加工及安装、桩基础混凝土划分为一个分项

续表

工程类别	单位名称	合同名称及编号	子单位工程	分部名称	分项工程	分项工程划分	
						划分原则	实际划分说明
移民工程	黄金坪水电站移民安置协议	移民安置点对外交通舍联大桥及库区交通道路工程(HJP/SG 034-2013)	01 舍联大桥基础及下部构造	03 2号桥墩基础及下部构造	02 承台	按每一承台钢筋加工及安装、混凝土划分为一个分项	按照2号桥墩承台钢筋加工及安装、桩基础混凝土划分为一个分项
					03 墩柱	按每一墩柱钢筋加工及安装、混凝土划分为一个分项	按照2号桥墩墩柱钢筋加工及安装、混凝土划分为一个分项
				04 3号桥墩基础及下部构造	01 桩基础	按每一每根桩基钢筋加工及安装、桩基础混凝土划分为一个分项	按照3号桥墩每根桩基钢筋加工及安装、桩基础混凝土划分为一个分项
					02 承台	按每一承台钢筋加工及安装、混凝土划分为一个分项	按照3号桥墩承台钢筋加工及安装、混凝土划分为一个分项
					03 墩柱	按每一墩柱钢筋加工及安装、混凝土划分为一个分项	按照3号桥墩墩柱钢筋加工及安装、混凝土划分为一个分项
				05 4号桥墩基础及下部构造	01 桩基础	按每一桩基钢筋加工及安装、桩基础混凝土划分为一个分项	按照4号桥墩每根桩基钢筋加工及安装、桩基础混凝土划分为一个分项
					02 承台	按每一承台钢筋加工及安装、混凝土划分为一个分项	按照4号桥墩承台钢筋加工及安装、混凝土划分为一个分项
					03 墩柱	按每一墩柱钢筋加工及安装、混凝土划分为一个分项	按照4号桥墩墩柱钢筋加工及安装、混凝土划分为一个分项
					04 盖梁	按每一盖梁钢筋加工及安装、混凝土划分为一个分项	按照4号桥墩盖梁钢筋加工及安装、混凝土划分为一个分项
					05 支座垫石	按每一支座垫石钢筋加工及安装、混凝土划分为一个分项	按照4号桥墩支座垫石钢筋加工及安装、混凝土划分为一个分项
					06 挡块	按每一挡块钢筋加工及安装、混凝土划分为一个分项	按照4号桥墩挡块钢筋加工及安装、混凝土划分为一个分项
				06 4号桥墩基础及下部构造	01 桩基础	按每一桩基钢筋加工及安装、桩基础混凝土划分为一个分项	按照4号桥墩每根桩基钢筋加工及安装、桩基础混凝土划分为一个分项
					02 承台	按每一承台钢筋加工及安装、混凝土划分为一个分项	按照4号桥墩承台钢筋加工及安装、混凝土划分为一个分项
					03 立柱	按每一立柱划分为一个分项	按照4号桥墩立柱钢筋加工及安装、混凝土划分为一个分项

续表

工程类别	单位名称	合同名称及编号	子单位工程	分部名称	分项工程	分项工程划分	
						划分原则	实际划分说明
移民工程	黄金坪水电站移民安置协议	移民安置点对外交通舍联大桥及库区交通道路工程（HJP/SG 034-2013）	01 舍联大桥基础及下部构造	06 4号桥墩基础及下部构造	04 盖梁	按每一盖梁钢筋加工及安装、混凝土划分为一个分项	按照4号桥墩盖梁钢筋加工及安装、混凝土划分为一个分项
					05 支座垫石	按每一支座垫石钢筋加工及安装、混凝土划分为一个分项	按照4号桥墩支座垫石钢筋加工及安装、混凝土划分为一个分项
					06 挡块	按每一挡块钢筋加工及安装、混凝土划分为一个分项	按照4号桥墩挡块钢筋加工及安装、混凝土划分为一个分项
				07 5号桥台基础及下部构造	01 桩基础	按每一桩基钢筋加工及安装、桩基础混凝土划分为一个分项	按照5号桥台每根桩基钢筋加工及安装、桩基础混凝土划分为一个分项
					02 承台系梁	按每一承台系梁钢筋加工及安装、系梁混凝土划分为一个分项	按照5号桥台承台系梁钢筋加工及安装、混凝土划分为一个分项
					03 肋板	按每一肋板钢筋加工及安装、肋板混凝土划分为一个分项	按照5号桥台肋板钢筋加工及安装、混凝土划分为一个分项
					04 盖梁	按每一盖梁钢筋加工及安装、混凝土划分为一个分项	按照5号桥台盖梁钢筋加工及安装、混凝土划分为一个分项
					05 背墙	按每一背墙钢筋加工及安装、背墙混凝土划分为一个分项	按照5号桥台背墙钢筋加工及安装、混凝土划分为一个分项
					06 耳墙	按每一耳墙钢筋加工及安装、耳墙混凝土划分为一个分项	按照5号桥台耳墙钢筋加工及安装、混凝土划分为一个分项
					07 支座垫石	按每一支座垫石钢筋加工及安装、混凝土划分为一个分项	按照5号桥台支座垫石钢筋加工及安装、混凝土划分为一个分项
					08 挡块	按每一挡块钢筋加工及安装、混凝土划分为一个分项	按照5号桥台挡块钢筋加工及安装、混凝土划分为一个分项
					09 台背回填	按每一台背回填划分为一个分项	按照5号桥台台背回填划分为一个分项
			02 舍联大桥上部构造现场浇筑	01 上部构造预制和安装（第一跨）	01 T梁	按施工部位每一T梁钢筋加工及安装、T梁混凝土、预应力筋的加工和张拉、T梁各为一个分项	按第一跨T梁钢筋加工及安装、T梁混凝土、预应力筋的加工和张拉、T梁各为一个分项
				02 上部构造预制和安装（第二跨、第三跨）	02 空心板梁	按施工部位空心板梁钢筋加工及安装、预应力筋的加工和张拉、空心板梁混凝土每一划分	按第二跨第三跨空心板梁钢筋加工及安装、预应力筋的加工和张拉、空心板梁混凝土各为一个分项

续表

工程类别	单位名称	合同名称及编号	子单位工程	分部名称	分项工程	分项工程划分	
						划分原则	实际划分说明
移民工程	黄金坪水电站移民安置协议	移民安置点对外交通舍联大桥及库区交通道路工程（HJP/SG034-2013）	02 舍联大桥上部构造现场浇筑	03 T 梁（第一跨）	03 T 梁湿接缝	按每一 T 梁湿接缝钢筋加工及安装、湿接缝混凝土划分为一个分项	按照第一跨 T 梁湿接缝钢筋加工及安装、湿接缝混凝土划分为一个分项
				04 空心板梁（第二跨、第三跨）	04 空心板梁湿接缝	按每一空心板梁湿接缝钢筋加工及安装、湿接缝混凝土划分为一个分项	按照第二跨第三跨空心板梁钢筋加工及安装、湿接缝混凝土划分为一个分项
				05 2 号主墩上部构造现场浇筑	05 0 号块	按施工部位 0 号块钢筋加工及安装、0 号块预应力筋加工及张拉、0 号块混凝土划分为一个分项	按 2 号墩 0 号块钢筋加工及安装、0 号块预应力筋加工及张拉、0 号块混凝土划分为一个分项
				06 2 号主墩上部构造现场浇筑	06 号块	按施工部位号块钢筋加工及安装、号块预应力筋加工及张拉、号块混凝土划分为一个子分项	按照号块划分，共 26 个单墩号块，共为 26 一个分项
					07 现浇段	按施工部位现浇段钢筋加工及安装、现浇段预应力筋加工及张拉、现浇段混凝土划分为一个分项	按照 2 号墩现浇段钢筋加工及安装、现浇段预应力筋加工及张拉、现浇段混凝土划分为一个分项划分为一个分项
					08 边跨合拢段	按施工部位边跨合拢段钢筋加工及安装、边跨合拢段预应力筋加工及张拉、边跨合拢段混凝土划分为一个分项	按边跨合拢筋加工及安装、边跨合拢段预应力筋加工及张拉、边跨合拢段混凝土划分为一个分项（含劲性骨架）
				07 3 号主墩上部构造现场浇筑	01 0 号块	按施工部位 0 号块钢筋加工及安装、0 号块预应力筋加工及张拉、0 号块混凝土划分为一个分项	按照 3 号墩 0 号块钢筋加工及安装、0 号块预应力筋加工及张拉、0 号块混凝土划分为一个分项
					02 号块	按施工部位号块钢筋加工及安装、号块预应力筋加工及张拉、号块混凝土划分为一个子分项	按照 3 号墩号块钢筋加工及安装、号块预应力筋加工及张拉、号块混凝土划分为一个分项
					03 现浇段	按施工部位现浇段钢筋加工及安装、现浇段预应力筋加工及张拉、现浇段混凝土划分为一个分项	按照 3 号墩现浇段钢筋加工及安装、现浇段预应力筋加工及张拉、现浇段混凝土划分为一个分项
					04 边跨合拢段	按施工部位边跨合拢段钢筋加工及安装、边跨合拢段预应力筋加工及张拉、边跨合拢段混凝土划分为一个分项	按照 3 号墩边跨合拢段钢筋加工及安装、边跨合拢段预应力筋加工及张拉、边跨合拢段混凝土划分为一个分项

续表

工程类别	单位名称	合同名称及编号	子单位工程	分部名称	分项工程	分项工程划分	
						划分原则	实际划分说明
移民工程	黄金坪水电站移民安置协议	移民安置点对外交通舍联大桥及库区交通道路工程（HJP/SG 034-2013）	02 舍联大桥上部构造现场浇筑	07 3号墩上部构造现场浇筑	05 中跨合拢段	按施工部位中跨合拢段钢筋加工及安装、中跨合拢段预应力筋加工及张拉、中跨合拢段混凝土划分为一个分项	按照3号墩中跨合拢段钢筋加工及安装、中跨合拢段预应力筋加工及张拉、中跨合拢段混凝土划分为一个分项
			03 桥梁总体、桥面系及附属工程	01 总体、桥面及附属	01 桥梁总体	按每一桥梁总体划分为一个分项	按照桥梁总体划分为一个分项
					02 桥面铺装	按桥面防水层、桥面铺装钢筋加工及安装、桥面实装混凝土划分为一个分项	按桥面防水层、桥面铺装钢筋加工及安装、桥面实装混凝土划分为一个分项
					03 支座安装	按支座安装0、1、4、5号支座安装划分为一个分项	按支座安装0、1、4、5号支座安装划分为一个分项
					04 伸缩缝	按伸缩缝0、1、4、5号划分为一个分项、0号台、1号台、4号台、5号台划分为一个分项	按伸缩缝0、1、4、5号划分为一个分项、0号台、1号台、4号台、5号台划分为一个分项
					05 5号台搭板	按每一台搭板钢筋加工及安装、搭板混凝土划分为一个分项	按照5号台搭板板钢筋加工及安装、搭板混凝土划分为一个分项
					06 人行道及栏杆	按人行道及栏杆板钢筋加工及安装、护栏混凝土、栏杆安装划分为一个分项	按桥面人行道及栏杆板钢筋加工及安装、护栏混凝土、栏杆安装划分为一个分项
			04 防护工程	01 防护工程 17-Y-01-05	01 锚杆安装	按锚杆安装划分为一个分项	按照防护工程锚杆安装划分为一个分项
					02 钢筋网支护	按钢筋网支护划分为一个分项	按照防护工程钢筋网支护划分为一个分项
					03 混凝土挡墙	按混凝土挡墙划分为一个分项	按照防护工程混凝土挡墙划分为一个分项
					04 5号台锥坡	按5号台锥坡划分为一个分项	按照防护工程5号台锥坡划分为一个分项
				02 引道工程	01 0号台引道	按照0号台引道划分为一个分项	按照0号台引道划分为一个分项
					02 5号台引道	按照5号台引道划分为一个分项	按照5号台引道划分为一个分项
				03 交通安全设施	01 指路标志	按指路标志整体划分为一个分项	按指路标志整体划分为一个分
					02 桥梁牌	按桥梁牌整体划分为一个分项	按桥梁牌整体划分为一个分
					03 禁令标志	按禁令标志整体划分为一个分项	按禁令标志整体划分为一个分

第四节　公路工程机电设备安装工程项目划分

一、 公路工程及桥涵隧道机电工程

1. 公路机电工程及其检查

（1）公路机电工程的作用。公路机电工程是整个公路工程的一个组成部分，机电工程是用于高速公路新建和改建交通工程的机电项目，其他公路机电工程的项目可参照执行。

（2）机电工程检查。检查要求如下：

1）机电工程分项工程检查频率。施工单位为100%；工程监理单位不低于30%，当项目检测点小于3个时，全部检查。

2）机电工程分项各项实测检查项目的权值均为1。

2. 高速公路机电设施的组成

（1）监控设施。主要组成设施有：车辆检测器，气象检测器，闭路电视监视系统，可变标志，光、电缆线路，监控中心设备安装及系统调测，地图板，大屏幕投影系统，计算机监控系统软件与网络。

（2）通信设施。主要组成设施有：通信管道与光、电缆线路，光纤数字传输系统，程控数字交换系统，紧急电话系统，无线移动通信系统，通信电源。

（3）收费设施。主要组成设施有：入口车道设备，出口车道设备，收费站设备及软件，收费中心设备及软件，IC卡及发卡编码系统，闭路电视监视系统，内部有线对讲及紧急报警系统，收费站内光、电缆线路及塑料管道，收费系统计算机网络。

（4）低压配电设施。主要由中心（站）内低压配电设备、外场设备、电力电缆线路组成。

（5）照明设施。主要由路面照明、建筑（构造物）的景观照明、航空障碍灯、桥墩障碍灯等照明设施组成。

（6）消防设施。主要由火灾探测器、消防控制器、火灾报警器及消火栓、灭火器、加压设施、供水设施及消防专用连接线缆、管道、配（附）件等消防器材组成。

（7）隧道机电设施。主要由车辆检测器、气象检测器、闭路电视监视系统、紧急电话系统、环境检测设备、报警与诱导设施、可变标志、通风设施、照明设施、消防设施、本地控制器、隧道监控中心计算机控制系统、隧道监控中心计算机网络、低压供配电组成。

二、 高速公路机电设备安装工程项目划分

1. 高速公路机电设备安装工程项目划分原则

（1）单位工程的划分原则。高速公路机电工程是整条公路的一个组成部分，但其技术要求、施工工艺、试验评定方法等与公路工程的土建部分完全不同，由于专业的不同，通常将高速公路机电工程作为一个独立的单位工程。

（2）分部工程的划分原则。根据各设备专业的不同，由不同的承包单位组织施工，

以减少交叉、便于质量监控和管理的原则，划分分部工程。若一般公路，也可将机电工程作为公路的一个分部工程。

（3）分项工程的划分原则。以每类设备划分为一个分项工程。

2. 机电设备安装工程项目划分方法及检验单位

（1）高速公路机电设备安装工程项目划分方法及抽样单位如表 9-11 所示。

表 9-11 机电设备安装工程项目划分表

单位工程	分部工程	分项工程	抽样单位
机电工程	1. 监控设施	1. 车辆检测器	1 个控制机箱
		2. 气象检测器	1 个控制机箱
		3. 闭路电视监视系统	外场设备以 1 个摄像机为单位，室内设备以中心（分中心）为单位
		4. 可变标志	1 个外场设备
		5. 光、电缆线路	以条为单位
		6. 监控中心设备安装及软件调测	中心为单位测点
		7. 地图板	以完整块为单位测点
		8. 大屏幕投影系统	1 个完整屏为测点
		9. 计算机监控系统软件与网络	中心为单位测点
	2. 通信设施	1. 通信管道与光、电缆线路	以条为单位
		2. 光纤数字传输系统	站为单位测点
		3. 程控数字交换系统	站为单位测点
		4. 紧急电话系统	分机为单位测点，控制台的检测项目单列
		5. 无线移动通信系统	中心为单位测点
		6. 通信电源	站为单位测点
	3. 收费系统	1. 入口车道设备	车道为单位测点
		2. 出口车道设备	车道为单位测点
		3. 收费站设备及软件	站为单位测点
		4. 收费中心设备及软件	中心为单位测点
		5. IC 卡及发卡编码系统	套为单位测点
		6. 闭路电视监视系统	外场设备以 1 个摄像机为单位，室内设备以站为单位
		7. 内部有线对讲及紧急报警系统	分机、报警器为多测点
		8. 站内光、电缆线路	以条为单位
		9. 收费系统计算机网络	中心为单位测点
	4. 低压配电设施	1. 中心（站）内低压配电设备	站为单位测点
		2. 外场设备电力电缆线路	以条为单位
	5. 照明设施	照明设施	以中心为单位测点
	6. 隧道机电设施	1. 车辆检测器	1 个控制机箱
		2. 气象检测器	1 个控制机箱
		3. 闭路电视监视系统	外场设备以 1 个摄像机为单位，室内设备以中心（分中心）为单位
		4. 紧急电话系统	分机为单位测点

续表

单位工程	分部工程	分项工程	抽样单位
机电工程	6. 隧道机电设施	5. 环境检测设备	控制箱为一个测点，探头分记
		6. 报警与诱导设施	控制箱为一个测点，按钮分记
		7. 可变标志	1 个外场设备
		8. 通风设施	1 个风机为一个测点
		9. 照明设施	控制箱为一个测点，灯具按个分记
		10. 消防设施（包括火灾探测器、火灾报警器及消火栓、消防控制器、灭火器、消防控制器等）	系统为一个测点，设备按点分记
		11. 本地控制器	以台为 1 个单位测点
		12. 隧道监控中心计算机控制系统	系统为一个点，设备按个分记
		13. 隧道监控中心计算机网络	系统为一个点，设备按个分记
		14. 低压供配电	以 1 个配电箱为测点

（2）黄金坪水电站关于省道 S211 复建公路隧道机电附属工程项目划分（见表 9-12）。

表 9-12　　公路隧道机电设备安装工程—合同—分部工程—单元工程项目划分

工程类别	单位名称	合同名称及编号	分部工程	单元工程	单元工程划分	
					划分原则	实际划分说明
移民工程	黄金坪水电站移民安置协议 HJP/YM 043-2014)	黄金坪水电站省道 S211 复建公路隧道机电附属工程施工合同 HJP/SG032-2013	01. 黄金坪隧道机电设施安装	01 低压配电设施	按隧道内设备类别进行划分，配电设施为一个单元工程	整个黄金坪隧道内的低压配电设施为一个单元
				02 通风设施安装	按隧道内设备类别进行划分，通风设施为一个单元工程	整个黄金坪隧道内的通风设施为一个单元
				03 照明设施安装	按隧道内设备类别进行划分，照明灯具设施为一个单元工程	整个黄金坪隧道内的照明灯具设施为一个单元
				04 消防设施安装	按隧道内设备类别进行划分，消防设施为一个单元工程	整个黄金坪隧道内的消防设施为一个单元
				05 可变标志安装	按隧道内设备类别进行划分，可变标志为一个单元工程	整个黄金坪隧道内的可变标志为一个单元
				06 箱式变压器安装	安装隧道内设备类别进行划分，每个箱式变压器为一个单元工程	整个黄金坪隧道内的每个箱式变压器为一个单元
			02. 耙亚隧道机电设施安装	01 低压配电设施	按隧道内设备类别进行划分，配电设施为一个单元工程	整个黄金坪隧道内的低压配电设施为一个单元
				02 通风设施安装	按隧道内设备类别进行划分，通风设施为一个单元工程	整个黄金坪隧道内的通风设施为一个单元
				03 照明设施安装	按隧道内设备类别进行划分，照明灯具设施为一个单元工程	整个黄金坪隧道内的照明灯具设施为一个单元
				04 消防设施安装	按隧道内设备类别进行划分，消防设施为一个单元工程	整个黄金坪隧道内的消防设施为一个单元
				05 可变标志安装	按隧道内设备类别进行划分，可变标志为一个单元工程	整个黄金坪隧道内的可变标志为一个单元

续表

工程类别	单位名称	合同名称及编号	分部工程	单元工程	单元工程划分	
					划分原则	实际划分说明
移民工程	黄金坪水电站移民安置协议HJP/YM 043-2014)	黄金坪水电站省道S211复建公路隧道机电附属工程施工合同HJP/SG032-2013	02. 粑亚隧道机电设施安装	06 箱式变压器安装	按隧道内设备类别进行划分，每个箱式变压器为一个单元工程	整个黄金坪隧道内的每个箱式变压器为一个单元
			03. 牛棚子隧道机电设施安装	01 低压配电设施	按隧道内设备类别进行划分，配电设施为一个单元工程	整个黄金坪隧道内的低压配电设施为一个单元
				02 通风设施安装	按隧道内设备类别进行划分，通风设施为一个单元工程	整个黄金坪隧道内的通风设施为一个单元
				03 照明设施安装	按隧道内设备类别进行划分，照明灯具设施为一个单元工程	整个黄金坪隧道内的照明灯具设施为一个单元
				04 消防设施安装	按隧道内设备类别进行划分，消防设施为一个单元工程	整个黄金坪隧道内的消防设施为一个单元
				05 可变标志安装	按隧道内设备类别进行划分，可变标志为一个单元工程	整个黄金坪隧道内的可变标志为一个单元
				06 箱式变压器安装	按隧道内设备类别进行划分，每个箱式变压器为一个单元工程	整个黄金坪隧道内的每个箱式变压器为一个单元

第十章

水电水利开发环境保护工程项目划分

第一节　流域开发环境保护规划及环境保护工程

一、 水电水利工程环境保护的重要性

1. 环境保护

环境保护系指生态环境保护，主要指生物的多样性、环境污染的危害、环境污染的治理。环境污染主要指大气污染、水污染、固体废物污染、土壤污染、噪声污染。

2. 水电水利开发环境保护的重要性

流域的开发对水生生物产生影响，特别是鱼类的生长与繁殖对水温、流速、水深以及营养物质等的要求。修建大坝将改变水位与水流状态，阻止河流中洄游性鱼类的洄游通道，还将导致一些鱼类不卵场的消失。这些生态条件的改变，将使水生生物资源受到影响。如果是单一的水电水利工程，其影响相对有限，而实施河流梯级开发后，其累积的效应和对生态环境的影响不可低估，将使河中的鱼类难以找到合适的产卵、繁殖的生境。如果河流中有重要保护价值的水生生物时，这一影响更为引起重视。

二、 水电水利工程环境保护规划

1. 水电水利工程环境保护规划

为充分考虑维持生态平衡与环境保护的需要，在流域规划时要考虑以下几个方面的问题：

（1）调查流域内的生态与环境状况，分析存在的主要生态环境问题。

（2）根据实际情况，合理拟定环境保护目标，并提出相应要求。

（3）拟定规划目标时考虑水资源和土地资源的合理开发，保护森林、植被，防止水土流失、防治水害，保护珍稀、濒危动植物，保护文物古迹和风景名胜，改善电站生产及生活环境。

（4）对环境规划方案可能产生的影响进行识别和筛选。规划方案对环境造成较大不利影响时，应研究对策措施，必要时修改规划方案或调整规划环境目标。

2. 水电水利工程环境保护设计

水电水利工程环境保护设计，应在环境影响报告书及其审批意见的基础上进行，符合国家环境保护法律法规及有关规定的要求。环境保护措施设计应与主体工程设计相协

调，水电水利建设项目环境保护工程，其环境保护配套环境设施必须与主体工程同时设计、同时施工、同时投入运行，同时治理和解决与该项目有关的前期工程的污染和环境问题。水电水利工程中的环境保护工程主要包含水环境保护、生产废水、污水处理工程、就地保护、迁地保护工程。具体如下：

（1）水环境保护。根据工程河段水域功能及水质目标要求，对库区、减水河段及坝下河段水质、水温、水文情势等不利影响采取减缓措施。

（2）生活废、污水。施工区生活营地、集中移民安置区、迁建城（集）镇、电站运行期人员生活产生的污水。

（3）就地保护。对有价值的野生生物物种、重要生态系统、特殊自然景观等，在原产地划定范围进行保护。

（4）迁地保护。通过人工方法，将受影响需要重点保护的野生生物物种的部分种群，从原产地迁移到适当的地方进行管理和繁殖，增强种群的繁殖能力。

三、 环境保护工程及其类别

1. 环境保护工程

环境保护工程是指特定为环境保护所做的工程，简称环保工程。环保工程是指由于工业发展导致环境污染，以某种设想目标为依据，采用有关措施和技术手段，通过有组织的活动对环境污染问题处理解决的一些工程，主要包括声屏障工程、绿化工程及服务区污水处理设施工程、鱼类增殖工程等。

2. 环境保护工程类别

按保护措施、监测措施、仪器设备及安装工程，主要有以下几类：

（1）按环境保护措施分类，有以下几类环境保护工程：

1）水质保护。污水处理、水源地生态防护与恢复、地下水工程等。

2）水温恢复。分层取水工程、引水渠工程、增温池工程。

3）土壤环境保护。防渗截渗工程、排水工程、防护林工程。

4）生态保护。陆生植物保护、陆生动物保护、水生生物保护工程等。

5）景观保护及绿化。植树、种草工程等。

6）人群健康保护。疫地控制、防疫及检疫、传染媒介控制工程等。

7）生态需水。放水设施、拦水堰工程等。

8）其他。设施改建、加固，影响补偿，移民安置环境保护工程等。

（2）按环境监测措施分类，有以下几类环保工程：

1）监测。水质监测、大气监测、噪声监测、卫生防疫监测（包含疫情监测、鼠密度、蚊虫监测、人群监测、生态监测）、生态监测（包含植被观测、水生及陆生动物监测）。

2）监测设施。监测站（点）、站房工程等。

（3）按仪器设备及安装工程分类，有以下环境保护工程：

1）环境保护设备。污水处理、噪声防治、粉尘收集及处理、卫生防疫工程等。

2）环境监测仪器设备。水环境监测、大气监测、噪声监测、卫生防疫监测、生态监测工程等。

（4）其他临时措施。废污水处理工程等。

第二节　环境保护工程项目划分

一、 环境保护工程项目划分

环境保护工程单位工程—合同—分部工程—单元工程项目划分如表 10-1 所示。

表 10-1　　环境保护工程项目划分

<table>
<tr><th>单位工程</th><th>合同</th><th>分部工程</th><th>单元工程</th></tr>
<tr><td rowspan="23">环境保护工程</td><td rowspan="12">标段Ⅰ</td><td rowspan="3">1. 水质保护</td><td>1. 污水处理工程</td></tr>
<tr><td>2. 水源地生态防护与恢复工程</td></tr>
<tr><td>3. 地下水工程</td></tr>
<tr><td rowspan="3">2. 水温恢复</td><td>1. 分层取水工程</td></tr>
<tr><td>2. 引水渠工程</td></tr>
<tr><td>3. 增温池工程</td></tr>
<tr><td rowspan="3">3. 土壤环境保护工程</td><td>1. 防渗截渗工程</td></tr>
<tr><td>2. 排水工程</td></tr>
<tr><td>3. 防护林工程</td></tr>
<tr><td rowspan="3">4. 生态保护</td><td>1. 陆生植物保护</td></tr>
<tr><td>2. 陆生动物保护</td></tr>
<tr><td>3. 陆生生物保护</td></tr>
<tr><td rowspan="11">标段Ⅱ</td><td rowspan="2">1. 景观保护及绿化</td><td>1. 植树</td></tr>
<tr><td>2. 种草</td></tr>
<tr><td rowspan="3">2. 人群健康保护</td><td>1. 疫源地控制</td></tr>
<tr><td>2. 防疫、检疫</td></tr>
<tr><td>3. 传染媒介控制</td></tr>
<tr><td rowspan="2">3. 生态需水</td><td>1. 放水设施工程</td></tr>
<tr><td>2. 拦水堰工程</td></tr>
<tr><td rowspan="3">4. 其他</td><td>1. 设施改建、加固工程</td></tr>
<tr><td>2. 影响补偿</td></tr>
<tr><td>3. 移民安装环境保护工程</td></tr>
</table>

二、 环境监测措施工程项目划分

环境监测措施工程单位工程—合同—分部工程—单元工程项目划分如表 10-2 所示。

表 10-2　　环境监测措施工程项目划分

<table>
<tr><th>单位工程</th><th>合同</th><th>分部工程</th><th>单元工程</th></tr>
<tr><td rowspan="4">环境保护工程</td><td rowspan="4">标段Ⅰ</td><td rowspan="4">1. 监测工程</td><td>1. 水质监测</td></tr>
<tr><td>2. 大气监测</td></tr>
<tr><td>3. 器声监测</td></tr>
<tr><td>卫生防疫监测，包含：
1. 疫情监测
2. 鼠密度、蚊虫监测
3. 人群健康监测</td></tr>
</table>

续表

单位工程	合同	分部工程	单元工程
环境保护工程	标段Ⅰ	1. 监测工程	生态监测 1. 植物观测 2. 水生、陆生动物监测
		2. 监测设施	监测站（点）站房

三、 环境仪器设备安装工程

环境仪器设备安装工程单位工程—合同—分部工程—单元工程项目划分如表 10-3 所示。

表 10-3　　环境仪器设备安装工程

单位工程	合同	分部工程	单元工程
环境保护工程	标段Ⅰ（环境保护设备及安装工程）	1. 环境保护设备	1. 污水处理
			2. 噪声防治
			3. 粉尘防治
			4. 垃圾收集、处理
			5. 卫生防疫
		2. 环境监测仪器设备	1. 水环境监测
			2. 大监测
			3. 噪声监测
			4. 卫生防疫监测
			5. 生态监测
		3. 其他	

四、 临时环境措施项目划分

临时环境措施单位工程—合同—分部工程—单元工程项目划分如表 10-4 所示。

表 10-4　　临时环境措施项目划分

单位工程	合同	分部工程	单元工程
废水处理工程	标段Ⅰ	废污水处理	1. 废水处理沉沙池
			2. 污水处理沉沙池

第三节　绿化工程项目划分

一、 园林建设绿化工程类别

园林建设绿化工程划分为四类，具体如下所述。

1. 一类工程

一类绿化工程主要有：单项建筑面积 600m^2 及以上的园林建筑工程；高度 21m 及以上的仿古塔；高度 9m 及以上的牌楼、牌坊；25000m^2 及以上综合性园林建设；缩景模仿工程；堆砌英石山 50t 及以上或景石（黄蜡石、太湖石、花岗石）150t 及以上或塑

9m 高及以上的假石山。单条分车绿化带宽度 5m、道路种植面积 15000m^2 及以上的绿化工程；两条分车绿化带累计宽度 4m、道路种植面积 12000m^2 及以上的绿化工程。三条及以上分车绿化带（含路肩绿化带）累计宽度 20m、道路种植面积 60000m^2 及以上的绿化工程。公园绿化面积 30000m^2 及以上的绿化工程；宾馆、酒店庭园绿化面积 1000m^2 及以上的绿化工程；天台花园绿化面积 500m^2 及以上的绿化工程；其他绿化累计面积 20000m^2 及以上的绿化工程。

2. 二类工程

二类绿化工程主要有：单项建筑面积 300m^2 及以上的园林建筑工程；高度 15m 及以上的仿古塔；高度 9m 以下的重檐牌楼、牌坊；20000m^2 及以上综合性园林建设；景区园桥和园林小品；园林艺术性围墙（带琉璃瓦顶、琉璃花窗或景门窗）；堆砌英石山 20t 及以上或景石（黄蜡石、太湖石、花岗石）80t 及以上或塑 6m 高及以上的假山石；单条分车绿化带宽度 5m、道路种植面积 10000m^2 及以上的绿化工程；两条分车绿化带累计宽度 4m、道路种植面积 8000m^2 及以上的绿化工程；三条及以上分车绿化带（含路肩绿化带）累计宽度 15m、道路种植面积 40000m^2 及以上的绿化工程；公园绿化面积 20000m^2 及以上的绿化工程；宾馆、酒店庭园绿化面积 800m^2 及以上的绿化工程；天台花园绿化面积 300m^2 及以上的绿化工程；其他绿化累计面积 15000m^2 及以上的绿化工程。

3. 三类工程

三类绿化工程主要有：单项建筑面积 300m^2 以下的园林建筑工程；高度 15m 以下的仿古塔；高度 9m 以下的单檐牌楼、牌坊；10000m^2 及以上综合性园林建设；堆砌英石山 20t 以下或景石（黄蜡石、太湖石、花岗石）80t 以下或塑 6m 高以下的假石山；庭院园桥和园林小品；园路工程；单条分车绿化带宽度 5m、道路种植面积 10000m^2 以下的绿化工程；两条分车绿化带累计宽度 4m、道路种植面积 8000m^2 以下的绿化工程；三条及以上分车绿化带（含路肩绿化带）累计宽度 15m、道路种植面积 40000m^2 以下的绿化工程；公园绿化面积 20000m^2 以下的绿化工程；宾馆、酒店庭园绿化面积 800m^2 以下的绿化工程；天台花园绿化面积 300m^2 以下的绿化工程；其他绿化累计面积 10000m^2 及以上的绿化工程。

4. 四类工程

四类绿化工程主要有：10000m^2 以下综合性园林建设；园林一般围墙、围栏；砌筑花槽、花池；仅有路肩绿化的绿化工程；道路断面仅有人行道路树木的绿化工程；其他绿化累计面积 10000m^2 以下的绿化工程。

5. 注意事项

（1）园林建筑工程指亭、廊、舫、榭斋、馆、轩、塔等建筑工程。

（2）园林小品是指门楼、景墙、景壁造假山、树（5m 以下）、竹、凳小型工艺建筑，厅堂、楼、阁、殿。

（3）综合性园林建设是指景观、公园、游乐场、公园式墓园等地域的一切园林建设。它是按园林建设规模划分类别，其建设面积以工程立项批文为准。

（4）缩景模仿工程是指特定的建筑物、景区和石景、自然树、动植物等景观的缩小、模仿、塑造工程。

（5）景区园林小品是指风景、名胜、公园、墓园、宾馆、别墅区等地域的园林小品。

（6）庭院园林小品是指厂矿、机关、学校、住宅小区等地域的园林小品。

（7）绿化工程是指市政绿化种植和迁移树木工程，以及住宅区、工厂、宾馆、酒店、别墅等庭院绿化布置工程。

（8）道路绿化工程是指按定额规定工作内容，包括道路两旁乔灌木、绿化带地被等在内的工程。

（9）庭院绿化工程是指按定额规定的工作内容，包括花坛、草皮、绿篱、乔灌木等在内的工程。

（10）在单位工程中，有几个特征时，凡符合其中一个特征者，即为该类工程。

二、园林绿化工程项目划分方法

1. 园林绿化项目单位工程、分部分项工程项目划分

园林绿化项目单位工程—分部工程—分项工程项目划分如表10-5所示。

表10-5　园林绿化工程项目划分

单项工程	单位工程	分部工程	分项工程（检验批）
园林绿化工程（以一个合同工程为一个单项工程）	1. 土方造型	1. 造地形工程	清除垃圾土、进种植土土方、造地形
		2. 堆山工程	堆山基础、进种植土方、造地形
		3. 挖河工程	河道开挖、河底修整、驳岸、涵管
	2. 绿化工程	1. 植物材料工程	乔木、灌木、过渡假植
		2. 材料运输工程	起挖、运输、过渡假植
		3. 种植工程	大树移植、乔木种植、灌木种植、地被种植、花坛花卉、盆景造型树栽植、水生植物、行道树、运行型草坪、竹类植物
		4. 养护工程	日常养护、特殊养护
	3. 园林建筑及小品工程	1. 地基与基础工程	土方、砂、砂石和三合土地基、地下连续墙、防水混凝土结构、水泥砂浆水层、模板、钢筋、混凝土、砌砖、砌石、钢结构焊接、制作、安装、油漆
		2. 主体工程	模板、钢筋、混凝土、构件安装、砌砖、砌石、钢结构焊接、制作、安装、油漆、竹木结构和园林特有的竹木结构
		3. 地面与楼面工程	基层、整体楼地面、板块（楼）地面、园林路面、室内外木质板楼地面、扶梯栏杆
		4. 门窗工程	木门窗制作、钢门窗、铝合金门窗、塑钢门窗安装
		5. 装饰工程	扶灰、油漆、刷（喷）浆（塑）玻璃、饰面铺贴、罩面板及钢木骨架、细木制品、花饰安装、竹木结构、各种花式隔断、屏风
		6. 屋面工程	屋面找平层、保温（隔热）层、卷材防水、油膏嵌缝涂料屋面、细石混凝土屋面、平瓦屋面、中筒瓦屋面、波瓦屋面、水落管

续表

单项工程	单位工程	分部工程	分项工程（检验批）
园林绿化工程（以一个合同工程为一个单项工程）	4. 假山叠石工程	1. 石假山工程	石假山基础、石假山山体、石假山山洞、石假山山路
		2. 叠石置石工程	叠石置石工程基础、瀑布、溪流、置石、汀步、石驳岸
	5. 水系工程	水系工程	泵房、水泵安装、水管铺设、集水处理、溢水下水、喷泉、涌泉、喷灌、水下照明
	6. 园林给水排水工程	1. 绿地给水	管沟、井室、管道安装、设备安装、喷头安装、回填
		2. 绿地排水	排水盲沟管道、漏水管道、管沟及井室
		3. 卫生器具	卫生器具及配件、卫生器具排水管
	7. 园林古建筑修建工程	1. 地基与基础工程	挖土、填土；三合土地基、夯实地基；石桩、木桩；砖、石加工；砌砖、砌石、台基、驳岸；混凝土；水泥砂浆防水层；模板、钢筋混凝土、构件安装；台基、驳岸局部修缮等分项工程
		2. 古建筑立体工程	大木构架制作、安装；大木构架修缮、牮直、发平、升高；砖石的加工、安装、砌砖、砌石、砌石墙体的修缮；漏窗制作、安装、修缮；模板、钢筋、钢筋混凝土、构件安装、木楼梯制作、安装修缮
		3. 地面与楼面工程	楼面、地面、游廊、庭院、甬路的基层；砖加工、砖墁地；石料加工、石墁地、木楼地面、仿古地面；各种地面的修缮
		4. 木装修工程	古式木门窗隔扇制作与安装；各种木雕件制作与安装；木隔断、天花、卷棚、藻井制作与安装；博古架隔断、美人靠、坐槛、古式栏杆、挂落、地罩及其他木装饰件制作与安装；各种木装修件的修缮
		5. 装饰工程	砖细、砖雕、石作装饰、石雕、仿石、仿砖、人造石、琉璃贴件、拉灰条、彩色扶灰刷浆、裱糊、木漆、彩绘、花饰安装、贴金描金、各种装饰工程修缮
		6. 层面工程	砖料工程、层面基础、小青瓦层面、青筒瓦层面、琉璃瓦层面；各种层脊、戗角及饰件；灰塑、陶塑屋面饰件；各种屋面、屋脊、戗角饰件的修缮
	8. 园林用地工程	1. 线路架设	架空线路和杆上电气设备安装、电缆线路、配管及管内穿线、低压电器安装、电器照明器具及配电箱安装、避雷针及接地装置安装
		2. 景观照明	照明配电箱、电管安装、电缆敷设、灯具安装、接地安装、开关插座、照明通电试用
		3. 其他用电	广播、监控等

2. 园林绿化项目分部工程、分项工程项目划分

园林绿化项目单位工程—分部工程—分项工程项目划分如表 10-6 所示。

表 10-6　园林绿化项目分部工程、分项工程项目划分

单位工程	子单位工程	分部工程	分项工程（检验批）
园林绿化工程	1. 绿化种植	1. 整理绿化用地	客土、整理场地、地形整理、定点放线
		2. 苗木种植	种植穴（槽）、施肥、苗木种植、大树移植、苗木修剪、花卉种植、竹子种植、攀援植物、色带、绿篱、水生植物的种植、苗木养护管理
		3. 屋顶绿化	防水、排号（蓄）水设施、土壤基质喷灌设施、乔木种植、灌木种植、草坪种植、附属设施
		4. 草坪地被种植	草坪播种、草坪栽种（根）、草卷铺设、地被植物种植、草坪地被养护
	2. 园林建筑及附属设施	1. 园路广场	混凝土基层、灰土基层、碎石基层、砂石基层、砖石基层、料石面层、花岗石面卵石面层、木板面层、路缘石
		2. 园林小品	栏杆扶手、景石、花架廊架、亭台水榭、喷泉叠水、桥涵（拱桥、平桥、木桥、其他）、堤、岸、花坛、围牙、园凳、牌示、果皮箱、坐椅、雕塑镌刻
		3. 水系	喷泉
		4. 筑山	土丘、石山、塑山
		5. 理水	河湖、溪流、池塘、涌泉
		6. 建筑装饰	砖砌体、石砌体、抹灰、门窗、饰面砖、涂饰、屋面、匾额、框
		7. 建筑结构	地基、模板、钢筋、混凝土、钢结构、木结构、砌体结构
	3. 园林给排水	1. 绿地给水	管沟、井室、管道安装、设备安装、喷头安装、回填
		2. 绿地排水	排水盲沟管道、雨水口、回填、漏水管道、管沟及井室
		3. 卫生器械具	卫生器具及配件、卫生器具排水管
	4. 园林用电	1. 景观照明	照明配电箱、电管安装、电缆敷设、灯具安装、接地安装、开关插座、照明通电试用
		2. 其他用电	广播、监控等

3. 一般绿化工程单位工程、分部工程、分项工程项目划分

一般绿化工程单位工程、分部工程、分项工程项目划分如表 10-7 所示。

表 10-7　　一般绿化工程单位工程、分部工程、分项工程项目划分

单位工程	分部工程	分项工程
1. 绿化工程	1. 地面绿化	1. 栽植基础。包括一般绿地基层处理，地下设施覆盖土绿化基层处理、种植土、地形整理
		2. 植物材料。包括乔木、棕榈类植物、灌木、藤本、竹类，草坪、草花、地被
		3. 植物种植。包括乔灌木种植、一般草坪种植、运行型草坪种植，草花、地被种植，行道树种植，大树移植
		4. 修剪养护
	2. 屋顶绿化	1. 栽植基础，包括基层处理、种植土、地形整理
		2. 植物材料，包括乔木、棕榈类植物，灌木、藤本、竹类，草坪、草花、地被
		3. 植物种植，包括乔灌木种植，一般草坪种植，运行型草坪种植，草花、地被种植
		4. 修剪养护
	3. 水体绿化	1. 栽植基础，包括种植泥、水位水质
		2. 植物材料，包括沿生类水生植物、挺水类水生植物、浮水类水生植物、漂浮类水生植物
		3. 植物种植，包括埋种、植物栽植
	4. 垂直绿化	1. 栽植基础，包括基层处理，种植土
		2. 植物材料
		3. 植物种植
		4. 修剪养护
	5. 边坡绿化	1. 栽植基础，包括基层处理、坡面排水、种植土，防护网安装，挂笼砖
		2. 植物材料，包括草坪、地被，植生基质
		3. 植物种植，包括草坪、地被种植业，植谱分析喷播
		4. 养护
2. 绿化附属工程	1. 园林建筑物、构筑物工程	参照《建筑工程施工质量验收统一标准》GB 50300 及《古建筑修建工程施工质量与质量验收规范》JG 159
	2. 园林与广场工程	1. 基层
		2. 面层，包括碎拼花岗岩、卵石、嵌草、混凝土板块、侧石、冰梅、花街铺地、大方砖、压模、透水砖、小青砖、自然块石、水洗石、透水混凝土、透水沥青混凝土、木竹面层
	3. 园林筑山	1. 地基基础
		2. 主体，包括假山、叠石、塑石
		3. 水电安装
	4. 园林小品	1. 栏杆扶手、2. 水景、3. 景石、4. 园凳、5. 标识牌、6. 果皮箱、7. 坐椅、8. 雕塑镌刻
	5. 园林给排水	参照《建筑给水排水及采暖工程施工质量验收规范》(GB 20242)
	6. 园林电气照明	参照《电气工程施工质量验收规范》(GB 50303)

第四节　水电水利工程环境保护验收

一、 竣工环境保护验收阶段

1. 水电水利建设项目竣工环境保护技术工作

根据《建设项目竣工环境保护验收技术规范水利水电》（HJ 464—2009），水电水利建设项目竣工环境保护技术工作分为三个阶段，即准备、验收调查、现场验收。

（1）准备阶段。

1）收集分析工程的基础信息和资料，了解建设项目环境影响评价文件、初步设计环保篇章、环境影响评价技术评估报告和环境影响评价审批文件等。

2）初步调查建设项目工程概况和配套环保设施运行情况、设计变更情况、环境敏感目标以及主要环境问题等。

3）确定调查执行标准、调查时段、调查范围、调查内容和重点、采用的技术手段和方法，调查工作进度安排，编制验收调查实施方案。

（2）验收调查阶段。

1）根据验收调查实施方案，主要调查工程施工期和运行期的实际环境影响，环境影响评价文件、环境影响评价审批文件和初步设计文件提出的环保措施落实情况，环保设施运行情况及治理效果，环境监测，公众意见调查等。

2）针对调查中发现的问题，提出整改和补救措施，明确验收调查结论，编制验收调查报告。

（3）现场验收阶段。为建设项目竣工环境保护验收现场检查提供技术支持，包括汇报验收调查等。

二、 环境保护竣工验收工况要求与验收调查

1. 环境保护竣工验收工况要求

（1）建设项目运行生产能力达到其设计生产能力的75%以上并稳定运行，相应环保设施已投入运行。如果短期内生产能力无法达到设计能力的75%，验收调查应在主体工程稳定运行、环境保护设施正常运行的条件下进行，注明实际调查工况。

（2）对于没有工况负荷的建设项目，如堤防、河道整治工程、河流景观建设工程等，以工程完工运行且相应环保设施及措施完成并投入运行后进行。

（3）对于灌溉工程项目，以构筑物完建，灌溉引水量达到设计规模的75%以上。

（4）对于分期建设、分期运行的项目，按照工程实施阶段，可分为蓄水前阶段和发电运行阶段进行验收调查。蓄水前阶段验收调查是施工调查。

（5）对于项目筹建期编制的水通、电通、路通和场地平整“三通一平”工程环境影响报告书的项目，工程运行满足验收工况后，一并进行竣工环境保护验收。

2. 验收调查时段和范围

（1）根据水电水利建设项目特点，验收调查应包括工程前期、施工期、运行期三个

时段。

（2）验收调查范围原则上与环境影响评价文件的评价范围一致；当工程实际建设内容发生变更或环境影响评价文件未能全面反映出项目建设的实际生态影响或其他环境影响时，应根据工程实际变更和实际环境影响情况，结合现场踏勘对调查范围进行适当调整。

3. 验收调查原则和方法

（1）验收调查应以批准的环境影响评价文件、审批文件和工程技术文件为基本要求，对建设项目的环境保护设施和措施进行核查。验收调查应坚持客观、公正、系统全面、重点突出的原则。

（2）验收调查应采用充分利用已有资料、工程建设过程回顾、现场调查、环境监测、公众意见调查相结合的方法，并充分利用先进的技术手段和方法。

三、 环境保护竣工验收重点与准备工作

1. 环境保护竣工验收重点

（1）工程设计及环境保护影响评价文件中提出的造成环境影响的主要工程内容。

（2）重要生态保护区和环境敏感目标。

（3）环境保护设计文件、环境影响评价文件及环境影响评价审批文件中提出的环境保护措施落实情况及其效果等。主要有：调水工程和水电站下游减水、脱水段生态影响及下泄生态流量的保障措施；水温分层型水库的下泄低温水的减缓措施；大、中型水库的初期蓄水对下游影响的减缓措施；节水灌溉的灌区建设工程节水措施；河道整治工程淤泥的处置措施等。

（4）配套环境保护设施的运行情况及治理效果。

（5）实际突出或严重的环境影响，工程施工和运行以来发生的环境风险事故以及应急措施，公众强烈反应的环境问题。

（6）工程环境保护投资落实情况。

2. 环境保护竣工验收准备工作

环境保护竣工验收，应做好以下几方面准备工作：

（1）根据工程和环境特点，收集有关的流域综合规划和专项规划，区域或流域的环境功能划分文件，相关技术规范等。

（2）环境影响评价文件，应包括项目环境影响报告书（表）及有关环境监测评价资料。

（3）环境影响评价审批文件，应包括行业主管部门对建设项目环境影响评价文件的预审意见，各级环境保护行政主管部门对建设项目环境影响评价文件的审批意见。

（4）工程档案备查资料。主要包括以下几个方面：

1）建设项目可行性研究报告、设计报告、环境保护设计资料及其审批文件，项目实施过程中的设计变更资料和变更审批文件。

2）施工环境保护总结报告、环境监测报告、环境监理报告、建设单位环境管理报告和施工期临时环境保护设施运行资料。

3）建设项目工程验收及有关验收资料，即水库清库验收、水土保持专项验收、环

境保护设施专项验收和移民安置专项验收等。

4）工程运行资料，环境保护设施的规模、工艺过程及运行资料等。

5）环境保护专项工程和生态补偿的合同、协议文件和投资落实资料。

（5）工程涉及水体的水功能区划、纳污能力和排污总量控制的资料。

（6）其他基础资料。项目评价区域的自然保护区、风景名胜区、文物古迹等环境敏感目标的规划资料，包括保护内容、保护级别（国家级、省级、市级、县级）及相应管理部门管理文件；区域或流域的自然环境概况和社会环境概况。

四、环境保护竣工验收现场初步调查与验收检查

1. 现场初步调查

（1）调查目的。根据建设项目工程进度及完成情况、环境保护措施及配套设施运行情况实施初步调查结果，确认运行工况符合环境保护验收的要求，结合初步调查结果制定验收调查方案，并编制项目竣工环境保护验收调查实施方案。

（2）调查内容：

1）核查工程验收工况，核实工程技术文件、资料、初步调查项目实施过程，主体工程、附属工程及配套环境保护设施的完成情况及变更情况。

2）逐一核实环境影响评价文件及环境影响评价审批文件要求的环境保护设施和措施的落实情况。

3）调查工程影响区域环境敏感目标情况，包括环境敏感目标的性质、规模、环境特征与工程的位置关系、受影响情况等。

4）核查工程实际环境影响及减缓措施的效果，业主单位环境保护管理机构、制度和管理情概况。

2. 竣工环境保护验收检查

（1）环境保护设施检查：

1）检查生态保护设施建设和运行情况，包括过鱼设施和增殖放流设施、下泄生态流量通道、水土保持设施等。

2）检查水环境保护设施建设和运行情况，包括工程废区、污水收集处理设施、移民安置区污水处理设施等。

3）检查其他环保设施运行情况，包括烟气除尘设施、降噪设施、垃圾收集处理及环境风险应急设施等。

（2）环境保护措施检查：

1）检查生态保护措施落实情况，包括迹地恢复和占地复耕措施、绿化措施、生态敏感目标保护措施、基本农田保护措施、水库生态调度措施、水生生物保护措施、生态补偿措施等。

2）检查水环境保护措施落实情况，包括污染源治理措施、水环境敏感目标保护措施、排泥场防渗处理措施、水泥染突发事故应急措施等。

3）检查其他环境保护措施落实情况。

第十一章

水土保持工程项目划分

第一节 水土保持工程及工程类别

一、 水土保持工程

1. 水土保持工程及其类别

（1）水土保持。水土保持指防治水土流失的一项措施，防治山区、丘陵区、风沙区水土流失，保护、改良与合理利用水土资源，并充分发挥水土资源的经济效益和社会效益，建立良好生态的一项措施。

（2）水土保持工程。水土保持工程指小流域综合治理工程，虽有其特殊性，但归根结底仍是水利工程。水土保持工程指沟壑、区片或班号治理，成片水平梯田、小型蓄排水工程、成片水保林、成片人工种草、封禁治理、水源及节水灌溉工程等。水土保持工程包括工程措施、植物措施、设备及安装工程、环境保护临时设施，主要包括永久工程占地区、施工营地区、弃渣场区、土石料场区、施工公路区、库岸影响区等水土流失防治区内的水土保持工程措施、植物措施、水土保持监测工程及其他。防护和拦蓄是水土保持工程的两大主要作用。

（3）水土保持工程的类别。水土保持工程主要分为以下四种类型：

1）山坡防护工程，包括梯田、水平沟、水平阶、鱼鳞坑等。

2）山沟治理工程，包括沟头防护工程、谷坊、拦沙坝、淤地坝等。

3）山洪排导工程，包括排导沟等。

4）小型蓄水用工程，包括小型水库、引洪漫地等。

2. 术语

（1）水土保持工程质量。指国家行业的有关法律、法规、技术标准、设计文件和合同中，对水土保持工程的安全、适用、经济、美观等特性的综合要求。

（2）水土保持单位工程。指可独立发挥作用，具有相应规模的单项治理，如基本农田、植物措施等，较大的单项工程，如大型淤地坝、骨干坝等。

（3）水土保持重要单位工程。对周边可能产生水土流失重大影响或投资较大的单位工程，包括征占地不小于 5hm^2（万平方米）或土石方量不小于 $5\times10^4m^3$ 的大中型弃土（渣）场或取土的防护设施；工程投资不小于 1 万元的穿（跨）越工程及临河建筑物，周边有居民点或学校且征地不小于 1hm^2 或不小于 $5\times10^4m^3$ 的小型弃渣场的防护设施，占地 1hm^2 及以上的园林绿化工程等。

(4) 水土保持分部工程。分部工程是单位工程的组成部分，指可单独或组合发挥一种水土保持功能的工程。

(5) 水土保持单元工程。单元工程是分部工程的组成部分，是由几个工序、工种完成的最小综合体，是日常质量考核的基本单位。对分部工程安全、功能、效益起控制作用的单元工程称为主要单元工程。

(6) 水土保持重要隐蔽工程。大型水土保持工程中对工程建设和安全运行有较大影响的基础开挖、地下涵管、隧洞、坝基防渗、加固处理和地下排水工程等。

(7) 外观质量得分率。单位工程外观质量实际得分占应得分数的百分率。

(8) 水土保持生态建设工程。以流域或区域为单元实施的水土流失综合治理工程。

(9) 开发建设项目水土保持工程。公路、铁路、水利、电力、矿山、管线等开发建设项目防治水土流失的工程。

第二节 水土保持工程项目划分

一、 水土保持工程项目划分级别

1. 水土保持工程项目划分级别

水土保持生态工程归根结底仍是水利工程，其质量评定项目划分应结合其自身特点遵循水电水利工程项目划分的原则进行。借鉴水电水利工程项目质量控制，水土保持工程应按单位工程、分部工程、单元工程三级划分，并按三级进行工程质量评定。

2. 单独核准的水土保持生态建设工程

按建设程序单独批准立项的水土保持生态建设工程，可将一条小流域或若干条小流域的综合治理工程视为一个工程项目，在单元工程、分部工程、单位工程质量评定的基础上，对于只有一条流域的工程项目应直接进行项目质量评定；对于包括若干条小流域的工程项目，应在各条小流域质量评定的基础上，进行项目的质量评定。开发建设项目水土保持工程应纳入主体工程，单独进行质量评定，作为水土保持设施竣工验收的重要依据。

3. 水土保持工程项目划分责任

水土保持工程项目划分、工程关键部位、重要隐蔽工程的确定，应由建设单位或委托监理单位组织设计、施工单位于开工前共同研究确定，并将划分结果送质量监督机构备案（针对水利工程）。

二、 水土保持工程项目划分原则及方法

1. 水土保持单位工程划分原则及方法

(1) 水土保持单位工程划分原则。单位工程应按照工程类型和便于质量管理的原则进行划分。水土保持工程一般以一个独立的小流域或较大的独立建筑物（大型谷坊坝）划分，水土保持生态建设工程可划分为以下单位工程：

1) 大型淤地坝或骨干坝，以每座工程作为一个单位工程。

2) 基本农田、农业耕地与技术措施、造林、种草、封禁治理、生态修复、道路、

坡面水系、泥石流防护等分别作为一个单位工程。

3）小型水利水土保持工程，如谷坊、拦沙坝等，统一划为一个单位工程。

（2）水土保持单位工程划分方法。开发建设项目水土保持工程划分为拦渣、斜坡防护、土地整地、防洪排导、降水蓄渗、临时防护、植被建设、防风固沙等八类单位工程。

2. 水土保持分部工程划分原则与方法

（1）水土保持分部工程划分原则。分部工程可按照功能相对独立、工程类型相同的原则划分。水土保持生态工程的各项单位工程可划分为以下分部工程：

1）大型淤地坝或骨干坝划分为地基开挖与处理、坝体填筑、排水及反滤体、溢洪道砌筑、放水工程等分部工程。

2）基本农业划分为水平梯（条）田、水浇地水田、引洪漫地等分部工程。

3）农业耕地与技术措施以措施类型划分分部工程。

4）造林划分为乔木林、灌木林、经济林、果园、苗圃等分部工程。

5）种草主要为人工草地分部工程。

6）封禁治理主要为封育林草分部工程。

7）生态修复按照小流域或行政区域划分分部工程。

8）作业道路（含施工便道）划分为路面、路基边坡排水等分部工程。

9）小型水土保持工程划分为沟头防护、小型淤地坝、谷坊、水窖、渠系工程、塘堰、沟道整治等分部工程。

10）南方坡面水系工程或分为截（排）水、蓄水、沉沙、引水与灌水等分部工程。

11）泥石流防治工程划分为泥石流形成区、流通区、堆积区防治等分部工程。

（2）水土保持分部工程划分方法。开发建设项目水土保持工程可划分为以下分部工程：

1）拦渣工程划分为基础开挖与处理、拦渣坝（墙、堤）体、防洪排水等分部工程。

2）斜坡防护工程划分为工程护坡、植物护坡、截（排）水等分部工程。

3）土地整治工程划分为场地整治、防排水、土地恢复等分部工程。

4）防洪排导工程划分为基础开挖与处理、坝（墙、堤）体、排洪导流等分部工程。

5）降水蓄渗工程划分为降水蓄渗、径流拦蓄等分部工程。

6）临时防护工程划分为拦挡、沉沙、排水、覆盖等分部工程。

7）植被建设工程划分为点连植被、线网植被等分部工程。

8）防风固沙工程划分为植被固沙、工程固沙等分部工程。

3. 水土保持单元工程划分原则与方法

（1）水土保持单元工程划分原则。单元工程按照施工方法相同、工程量相近、便于进行质量控制和考核的原则划分。具体原则如下：

1）土石方开挖工程按段、块划分。

2）土方填筑按层、段划分。

3）砌筑、浇筑、安装工程按施工段或方量划分。

4）植被措施按图斑划分。

5）小型工程按单个建筑物划分。

（2）水土保持单元工程划分方法。借鉴水电水利工程，水土保持单元工程按工序或工程措施或结构组成划分，划分方法如下：

1）水平梯田：田硬、田面、田坎等单元工程。

2）造林：水平沟整地、鱼鳞坑整地、苗木栽植、穴播等单元工程。

3）种草：整地、播种、管护等单元工程。

4）蓄水池、旱水窖：集流场、基坑开挖、沉砂地、窖体及井盖等单元工程。

5）水源及节水灌溉工程：须按水源工程、输水工程、调压井、喷灌、滴灌、管灌、防渗渠等工程的结构组成再进一步细划。

6）护地坝及谷坊坝：基础、坝体、坝体表防护溢流口及消能工。

7）封育治理：抚育、补植、围栏、标志牌等单元工程。

8）沟头防护护埂：土埂体、截水沟、土埂植物措施防护等单元工程。

（3）水土保持单元工程项目划分注意事项。为防止项目划分的随意性，同一类型的单元工程量不宜相差太大，不同类型和的各个分部工程的投资不宜相差太大，且单元工程之间最大不超过 1.5 倍。同一分部工程的单元数量不宜少于 3 个。

三、 水土保持工程项目划分表

1. 水土保持生态建设工程项目划分表

水土保持生态建设工程单位工程—分部工程—单元工程项目划分如表 11-1 所示。

表 11-1　　水土保持生态建设工程质量评定项目划分表

单位工程	分部工程	单元工程
大型淤地坝和骨干地坝	▲1. 地基开挖与处理	1. 土质坝基及岸坡清理：将坝左、右岸坡及坝基作为一个基本单元工程，每个单元工程长度为 50～100m，不足 50m 的可单独作为一个单元工程；大于 100m 的可划分为两个以上单元工程
		2. 石质坝基及岸坡清理：同土质坝基及岸坡清理
		3. 土沟槽开挖及基础处理：按开挖长度每 50～100m 划分为一个单元工程，不足 50m 的可单独作为一个单元工程
		4. 石质沟槽开挖及基础处理：同土沟槽开挖及基础处理
		5. 石质平洞开挖：按开挖长度每 30～50m 划分为一个单元工程，不足 30m 的可单独作为一个单元工程
	▲2. 坝体填筑	1. 土坝机械碾压：按每一碾压层和作业面积划分为一个单元工程，每一单元工程面积不超过 $2000m^2$
		2. 水坠法填土：同土坝机械碾压
	3. 坝体与坝坡排水防护	1. 反滤体铺设：按铺设长度每 30～50m 划分为一个单元工程，不足 30m 的可单独作为一个单元工程
		2. 干砌石：按施工部位划分单元工程，每个单元工程量为 30～50m，不足 30m 的可单独作为一个单元工程
		3. 坝坡修整与排水：将上、下游坝坡作为基本单元工程，每个单元工程长 30～50m，不足 30m 的可单独作为一个单元工程

续表

单位工程	分部工程	单元工程
大型淤地坝和骨干地坝	4. 溢洪道砌护	将砌石防护，划分方法同上（干砌石）
	▲5. 放水工程	1. 将砌混凝土预制件：按施工面长度划分单元工程，每30～50m划分为一个单元工程，不足30m的可单独作为一个单元工程
		2. 预制管安装：按施工面的长度划分单元工程，每50～100m划分为一个单元工程，不足50m的可单独作为一个单元工程
		3. 现浇混凝土：按施工部位划分单元工程，每个单元工程量为10～20m^3，不足10m^3的可单独作为一个单元工程
基本农田	▲1. 水平梯（条）田	以设计的每一图斑作为一个单元工程，每个单元工程面积5～10hm^2，不足5hm^2的可单独作为一个单元工程，大于10hm^2的可划分为两个以上单元工程
	2. 水浇地水田	同水平梯（条）田
	3. 引洪漫地	以一个完整引洪区作为一个单元工程，面积大于40hm^2的可划分为两个以上单元工程
农业耕地与技术措施	以措施类型划分分部工程	以设计的每一图斑作为一个单元工程，每个单元工程面积30～50hm^2，不足30hm^2可单独作分为一个单元工程；大于50hm^2可划分为两个以上单元工程
造林	▲1. 乔木林	以设计的每一图斑作为一个单元工程，每个单元工程面积10～30hm^2，不足10hm^2的可单独作为一个单元工程，大于30hm^2的可划分为两个以上单元工程
	▲2. 灌木林	同乔木林
	3. 经济木	同乔木林
	▲4. 果园	以每个果园作为一个单元工程，每个单元工程面积1～10hm^2，不足1hm^2的可单独作为一个单元工程，大于10hm^2的可划分为两个以上单元工程
	5. 苗圃	同果园
种草	▲人工草地	同乔木林
封禁治理	以区域或片划分	同生态修复工程，按面积划分单元工程
生态修复工程	分流域或行政区的生态修复工程	1. 按面积实施的工程：以设计的每一图斑作为一个单元工程，每个单元工程面积50～100hm^2，不足50hm^2的可单独作为一个单元工程，大于100hm^2的可划分为两个以上单元工程
		2. 不按面积实施的工程：按项目类型划分单元工程，其数量标准可根据工程量大小适当确定
道路工程	▲1. 路面工程	按长度划分单元工程，每100～200m划分为一个单元工程，不足100m的可单独作为一个单元工程，大于200m的可划分为两个以上单元工程
	2. 排水工程	同路面工程
小型水保工程	1. 沟头防护	以每条侵蚀沟作为一个单元工程
	▲2. 小型淤地坝	将每座淤地坝的地基开挖与处理、坝体填筑、排水与放水工程分别作为一个单元工程

续表

单位工程	分部工程	单元工程
小型水保工程	▲3. 拦沙坝	以每座拦沙坝工程作为一个单元工程
	▲4. 谷坊	以每座谷坊工程作为一个单元工程
	5. 水窖	以每座水窖工程作为一个单元工程
	▲6. 渠系工程	按长度划分单元工程，每30～50m划分为一个单元工程，不足30m的可单独作为一个单元工程
	7. 塘堰	以每个塘堰作为一个单元工程
	8. 河道整治	按长度划分单元工程，每30～50m划分为一个单元工程，不足30m的可单独作为一个单元工程
南方坡面水系工程	1. 截（排）水沟	按长度划分单元工程，每50～100m划分为一个单元工程，不足50m的可单独作为一个单元工程，大于100m的可划分为两个以上单元工程
	2. 蓄水池	以每个蓄水池作为一个单元工程
	3. 沉沙池	以每个沉沙池作为一个单元工程
	4. 引水及灌水渠	按长度划分单元工程，每50～100m划分为一个单元工程，不足50m的可单独作为一个单元工程，大于100m的可划分为两个以上单元工程
泥石流防治工程	▲1. 泥石流形成区防治工程	1. 以设计的每一图斑作为一个单元工程，每个单元工程面积1～10hm²，大于10hm²的可划分为两个以上单元工程
		2. 小型蓄排工程每200m作为一个单元工程，水窖、沉沙池或涝池，每个工程作为一个单元工程
		3. 护坡工程参照开发建设项目护坡工程划分单元工程
	2. 泥石流流通区防治工程	1. 格栅坝每个作为一个单元工程
		2. 拦沙坝每个作为一个单元工程
		3. 桩林每排作为一个单元工程
	3. 泥石流堆积区防治工程	1. 停淤堤每200m作为一个单元工程
		2. 导流坝每个作为一个单元工程
		3. 排导槽、渡槽分别作为一个单元工程

注：1. 表中带▲者为主要分部工程。
2. 当林草混交时，可按单元工程划分标准，进行综合单元划分。

2. 开发建设项目水土保持工程项目划分表

开发建设项目水土保持工程单位工程—分部工程—单元工程项目划分如表11-2所示。

表11-2　开发建设项目水土保持工程项目划分表

单位工程	分部工程	单元工程
拦渣工程	▲1. 基础开挖与处理	每个单元工程长50～100m，不足50m的可单独作为一个单元工程，大于100m的可划分为两个以上单元工程
	▲2. 坝（墙、堤）体	每个单元长30～50m，不足30m的可单独作为一个单元工程，大于50m的可划分为两个以上单元工程
	3. 防洪排水	按施工面长度划分单元工程，每30～50m划分为一个单元工程，不足30m的可单独作为一个单元工程，大于50m的可划分为两个以上单元工程

续表

单位工程	分部工程	单元工程
斜坡防护工程	▲1. 工程护坡	1. 按基础面清理及削坡升级，坡面高度在12m以上的，施工面每50m作为一个单元工程，坡面高度在12以下的，每100m的划分为两个以上单元工程
		2. 浆砌石、干砌石或喷涂水泥砂浆，相应坡面护砌高度，按施工面长度每50m或100m作为一个单元工程
		3. 坡面有涌水现象时，设置反滤体，相应坡面护砌高度、以每50m或100m为一个单元工程
		4. 坡脚护砌或排水渠，相应坡面护砌高度，每50m或100m为一个单元工程
	2. 植物护坡	高度在12m以上的坡面，按护坡长度每50m作为一个单元工程，高度在12m以下的坡面，每100m作为一个单元工程
	▲3. 截（排）水	按施工面长度划分单元工程，每30～50m划分为一个单元工程，不足30m的可单独作为一个单元工程
土地整治工程	▲1. 场地整治	每0.1～1hm² 为一个单元工程，不足0.1hm² 为一个单元工程，大于1hm² 的可划分为两个以上单元工程
	2. 防排水	按施工面长度划分单元工程，每30～50m划分为一个单元工程，不足30m的可单独作为一个单元工程
	3. 土地恢复	大于100m² 作分为一个单元工程
排洪排导工程	▲1. 基础开挖与处理	每个单元工程长50～100m，不足50m的可单独作为一个单元工程
	▲2. 坝（墙、堤）体	每个单元工程长30～50m，不足30m的可单独作为一个单元工程，大于50m的可划分为两个以上单元工程
	3. 排洪导流设施	按段划分，每50～100m作为一个单元工程
降水蓄渗工程	1. 降水蓄渗	每个单元工程30～50m³，不足30m³ 的可单独作为一个单元工程，大于50m³ 的可划分为两个以上单元工程
	▲2. 径流拦蓄	同降水蓄渗工程
临时防护工程	▲1. 拦挡	按每个单元工程量为50～100m，不足50m的可单独作为一个单元工程，大于100m的可划分为两个以上单元工程
	2. 沉沙	按容积分，每10～30m³ 为一个单元工程，不足10m³ 的可单独作为一个单元工程，大于30m³ 的可划分为两个以上单元工程
	▲3. 排水	按长度划分，每50～100m作为一个单元工程
	4. 覆盖	按面积划分，每100～1000hm² 为一个单元工程，不足100hm² 的可单独作为一个单元工程，大于1000hm² 的可划分为两个以上单元工程
植被建设工程	▲1. 占片状植被	以设计图斑作为一个单元工程，每个单元工程面积1～10hm²，大于10hm² 的可划分为两个以上单元工程
	2. 线网状植被	按长度划分，每100m作为一个单元工程
防风固沙工程	▲1. 植物固沙	以设计图斑作为一个单元工程，每个单元工程面积1～10hm²，大于10hm² 的图斑可划分为两个以上单元工程
	2. 工程固沙	每个单元工程面积0.1～1hm²，大于1hm² 的可划分为两个以上单元工程

注：表中带▲者为主要分部工程。

第三节　水土保持设施验收

一、 水土保持设施验收

1. 验收依据

根据《中华人民共和国水土保持法》（2010 年 12 月 25 日）第二十七条：依法应当编制水土保持方案的生产建设项目中水土保持设施，应当与主体工程同时设计、同时施工、同时投产使用；生产建设项目的竣工验收，应当先进行水土保持设施验收；水土保持设施未经验收或者验收不合格的生产建设项目不得投产使用。根据《中华人民共和国水土保持法》第五十四条：违反本法规定，水土保持设施未经验收或者验收不合格将生产建设投产使用的，由县级以上人民政府水行政主管部门责令停止生产或者使用，直至验收合格，并处五万元以上十万以下的罚款。

2. 验收术语

（1）自查初验。建设单位或其委托监理单位在水土保持设施建设过程中组织开展的水土保持设施验收，主要包括分部工程的自查初验收和单位工程的自查初验，是行政验收的基础。

（2）行政验收。由水土保持方案审批部门在水土保持设施建成后主持开展的水土保持设施验收，是主体工程验收（含阶段验收）前的专项验收。

（3）技术评估。建设单位委托的水土保持设施验收技术评估机构对建设项目中的水土保持设施的数量、质量、进度及水土保持效果等进行的全面评估。

3. 水土保持验收的基本要求

（1）建设项目水土保持设施的验收包括自查初验和行政验收两个方面。

（2）建设项目土建工程完工后，主体工程竣工验收前，建设单位应向行政验收主持单位申请水土保持设施行政验收。分期建设、分期投入生产或者使用的建设项目，其相应的水土保持设施应分期验收。行政验收前，应先通过水土保持设施技术评估。

（3）水土保持设施验收相关资料的准备由建设单位负责。

二、 水土保持设施验收应提供的档案

1. 水土保持设施验收资料

水土保持设施验收应提供的档案资料主要有：

（1）工程建设大事记。

（2）水土保持设施建设大事记。

（3）已验收及已完工的工程清单、未完工程清单，未完工程建设安排及完成工期，存在问题及解决建议。

（4）分部工程验收签证或单位工程验收鉴定书（或自查初验报告）。

（5）水土保持方案及有关批文。

（6）水土保持工程设计和设计工作报告。

（7）各级水行政主管部门历次监督、检查及整改等书面意见。

(8) 水土保持工程施工总结报告。

(9) 水土保持设施工程施工工程质量评定报告。

(10) 水土保持监理总结报告。

(11) 水土保持监测总结报告。

(12) 水土保持方案实施工作总结报告。

(13) 水土保持设施验收技术报告。

(14) 水土保持设施验收技术评估报告。

2. 水保设施验收的备查资料

(1) 土壤、地质、水文、气象等设计基础资料。

(2) 水土保持招标文件。

(3) 工程承包合同及协议书(包括设计、施工、监理、监测等)。

(4) 分部工程质量评定资料。

(5) 单位工程质量评定资料。

(6) 自查初验资料。

(7) 阶段验收资料。

(8) 项目水保工作管理制度、有关文件、会议记录及水土保持重大事件资料及文字说明。

(9) 工程运用和度汛方案以及建设过程水土流失危害和防治记录。

(10) 水土保持专项设计、相关主体设计资料。

(11) 施工图纸、设计变更、施工说明等资料。

(12) 水土保持监理资料。

(13) 水土保持监测资料。

(14) 专项验收相关资料。

(15) 竣工图纸、竣工结算及有关资料。

(16) 电子文件资料。

三、 水土保持工程自验

1. 分部工程自查初验

(1) 分部工程的所有单元工程被监理单位确认为完建且质量合格或有关质量缺陷已处理完结,方可进行分部工程自查初验。

(2) 分部工程的自查初验应由建设单位或其委托监理单位主持,设计、施工、监理、监测和质量监督等单位参加,并应根据建设项目及其水土保持设施运行管理的实际情况决定运行管理单位是否参加。

(3) 分部工程自查初验内容:

1) 鉴定水土保持设施是否达到国家强制性标准以及合同约定的标准。

2) 评定分部工程的质量等级。

3) 检查水土保持设施是否具备运行或进行下一阶段建设的条件。

4) 确认水土保持设施的工程量及投资。

5）对遗留问题提出意见。

（4）分部工程自查初验资料及验收结论：

1）工程竣工图、过程资料，以及验收成果。

2）根据自查初验结果，形成分部工程验收签证。

2. 单位工程自查初验

（1）单位工程自查初验应具备的条件：

1）按批准的设计文件的内容基本建成。

2）分部工程已经完工并自查初验合格。

3）运行管理条件已初具备，并经过一段时间的试运行。

4）少量尾工已妥善安排。水土保持设施投入使用后，不影响其他工程正常施工，且其他工程施工不影响该单位工程安全运行。

（2）单位工程自查初验内容：

1）对照批准的水土保持方案及其设计文件，检查水土保持设施是否完成。

2）鉴定水土保持设施的质量并评定等级，对工程缺陷提出处理要求。

3）检查水土保持效果及管护责任落实情况，确认是否具备安全运行条件。

4）确认水土保持工程量和投资。

5）对遗留问题提出处理要求。

（3）单位工程验收鉴定书。单位工程验收合格后形成“验收鉴定书”，作为技术评估和行政验收的依据。

四、水土保持工程行政验收

1. 行政验收的条件

（1）通过技术评估。

（2）主要遗留问题和质量缺陷已经处理完毕，尾工基本完成，技术评估提出的行政验收前解决的主要问题已经处理完毕。

（3）临时征地、占地已经整治完毕并符合归还当地的条件。

（4）水土保持设施的管理、维护措施落实。

（5）历次验收或检查督查中发现的问题已基本处理完毕。

（6）国家规定的其他条件。

2. 行政验收工作的内容

（1）检查水土保持设施是否符合批复的水土保持方案及其设计文件的要求。

（2）检查水土保持设施施工质量和管理维护责任落实情况。

（3）检查水土保持投资完成情况。

（4）评价水土流失防治效果。

（5）对存在的问题提出处理意见。

3. 行政验收评价标准

同时满足以下四项标准，评定为通过水土保持的行政验收：

（1）建设项目水土保持方案审批手续完备，水土保持工程管理、设计、施工、监理、监测、专项财务等建档资料齐全。

（2）水土保持设施按批准的水土保持方案及其设计文件的要求建成，符合水土保持的要求。

（3）扰动土地整治率、水土流失总治理度、土壤流失控制比、拦渣率、林草植被恢复率、林草覆盖率等指标达到了批准的水土保持方案的要求及国家和地方的有关技术标准。

（4）水土保持设计具备正常运行条件，且能持续、安全、有效运转，符合交付使用要求，且水土保持设施的管理、维护措施已经得到落实。

第十二章

水电站消防工程项目划分

第一节　水电站消防系统设计及消防监控系统

一、 水电站消防设计要求与消防监控系统

1. 消防工作与消防设计要求

（1）消防方针与水电站消防工作。我国的消防方针为预防为主、防消结合。水电站消防工作包括五个方面，分别是消防设计、消防施工、消防检测、消防审核、消防验收。

（2）水电站消防系统功能要求。水电站消防系统功能要求从防火、监测、报警、控制、灭火、排烟、救生等七个方面作出完善的设计，力争做到防患于未“燃”。一旦发生火灾，确保能在短时间内予以扑灭，使火灾损失减少到最低程度。

（3）水电站消防设计原则。水电站工程的防火设计，遵循“预防为主，防消结合”的方针，确保重点、兼顾一般、便于管理、经济实用的原则。电站厂区建筑物及厂房布置设计，要严格按照国家颁布的规程，结合厂房布置合理划分防火分区，设置防火墙，采用“一防、二断、三灭、四排”的综合消防技术措施，尽量减少着火根源、避免火灾发生，当发生火灾时能迅速扑灭，使火灾损失降至最低限度，同时布置合理的消防通道，使其路径短捷畅通。

（4）国家消防技术标准规范。

1）《中华人民共和国消防法》（1998 年 9 月 1 日颁布）。

2）《水利水电工程设计防火规范》（SDJ 278—1990）。

3）《建筑设计防火规范》（GB 50016—2014）。

4）《消防给水及消火栓系统技术规范》（GB 50974—2014）。

5）《自动喷水灭火系统设计规范》（GB 50084—2017）。

6）《火灾自动报警系统设计规范》（GB 50116—2013）。

7）《石油化工企业设计防水规范》（GB 50160—2008）。

8）《汽车库、修车库、停车库设计防水规范》（GB 50067—2014）。

9）《建筑灭火器配置设计规范》（GB 50140—2005）。

10）《人民防空工程设计防火规范》（GB 50098—2009）。

11）《建筑内部装修设计防火规范》（GB 50222）。

12）《建筑工程消防设施施工及验收规范》。

13）其他工程建设设计标准等。

2. 水电站消防监控系统

为了适应电网的发展和满足现代化管理要求，实现电厂“无人值班、少人值守”的运行管理方式，有效地防范火灾事故的发生，保障电厂的安全运行和人员设备的安全，根据“预防为主、防消结合”的消防工作方针，按照中华人民共和国国家标准《火灾自动报警设计规范》（GB 50116—2013），以及中华人民共和国电力行业相关规范的要求，设置电站消防监控系统。

（1）消防控制中心。电站的消防监控系统一般设计为控制中心报警系统。在电站中控室设置一套报警控制系统，即中央控制部分，负责接收电站各种探测器的报警信号，以及防火排烟设备、灭火设备的状态信号，并对整个电站的防火排烟设备以及灭火设备实行集中控制。在现场各防火分区，设置可扩充的模块收藏箱，通过系统总线将系统终端设备，包括探测器、声光报警器、水喷雾灭火装置、气体灭火装置、通风及防排烟设备等接入系统，进行监测和相应的控制。

（2）火灾报警系统。火灾报警系统采用点式和缆式两种探测报警方式，报警器置于中央控制室。点式探测报警采用智能两总线编码设备。

在水电站副厂房机旁室、高压开关柜室、中控室、继电保护室、空压机室、水泵房、油库等各个设备间都安装感温、感烟探测器，当探测器测到火警信号后，将信号送到控制器，经过控制器判断确定为火灾后，即发出声、光报警信号后，并显示着火位置，经延时后自动启动消防水泵，关闭风机防火阀，并自动灭火。在主要通道、走廊、均设置了手动报警按钮，当运行人员发现火灾后，可就近击破手动报警控钮箱罩进行报警。在电缆室、电缆道的电缆桥架上敷设缆式探测器。缆式探测报警，采用热敏电缆作为探测器。电缆的任一部位在初燃阶段产生的热量，可将缆式探测器（即热敏电缆）两极间绝缘熔化，使之短路。因短路而使与之连接的控制器接收到信号，然后发出声光报警信号，短路点距离控制中心的缆式探测器的敷设长度不同，因而阻抗不同，以此来区别电缆火灾发生的具体区段。

二、 消防设施术语及灭火器的选择

1. 消防设施术语

（1）灭火器配置场所。存在可燃的气体、液体、固体等物质，需要配置灭火器的场所。

（2）计算单元与保护距离。计算单元指灭火器配置的计算区域。保护距离指灭火器配置场所内，灭火器设置点到最不利点的直线距离。

（3）灭火级别。表示灭火器能够扑灭不同火灾的效能。由表示灭火效能的数字和灭火种类的字母组成。

（4）火灾的种类。火灾共分为五类，分别是：

1）A类火灾。指固体物质火灾。这种物质往往具有有机物性质，一般在燃烧时能产生灼热的余烬。如木材、棉、毛、麻、纸张火灾等。

2）B类火灾。指液体火灾或可熔化固体物质火灾。如汽油、煤油、原油、甲醇、乙醇、沥青、石蜡火灾等。

3）C类火灾。指气体火灾。如煤气、天然气、甲烷、乙烷、丙烷、氢气火灾等。

4）D类火灾。指金属火灾。如钾、钠、镁、钛、锆、锂、铝镁合金火灾等。

5）E类火灾（带电火灾）。指物体带电燃烧的火灾。

（5）工业建筑场的火灾危险等级。根据其生产、使用、储存物品的火灾危险性，可燃物数量，火灾蔓延速度，扑救难易程度等因素，划分为以下三级：

1）严重危险级。火灾危险性大，可燃物多，起火后蔓延迅速，扑救困难，容易造成重大财产损失的场所。

2）中危险级。火灾危险性较大，可燃物较多，起火后蔓延较迅速，扑救较难的场所。

3）轻危险级。火灾危险性较小，可燃物少，起火后蔓延较缓慢，扑救较易的场所。

2. 灭火器及其类型的选择

（1）常见灭火器。目前常见的灭火器材有五种：1211灭火器、二氧化碳灭火器、泡沫灭火器、酸碱灭火器、干粉灭火器；灭火时应站在火源的上风，以避免火势过大，火焰对人造成伤害。

（2）灭火器的选择。根据不同的火灾类型，选择不同的灭火器：

1）A类火灾场所。应选择水型灭火器、磷酸铵盐干粉灭火器、泡沫灭火器或卤代烷灭火器。

2）B类火灾场所。所应选择泡沫灭火器、碳酸氢钠干粉灭火器、磷酸铵盐干粉灭火器、二氧化碳灭火器、灭B类火灾的水型灭火器或卤代烷灭火器。

3）C类火灾场所。应选择磷酸铵盐干粉灭火器、碳酸氢钠干粉灭火器、二氧化碳灭火器或卤代烷灭火器。

4）D类火灾场所。应选择扑灭金属火灾的专用灭火器。

5）E类火灾场所。应选择磷酸铵盐干粉灭火器、碳酸氢钠干粉灭火器、卤代烷灭火器或二氧化碳灭火器，但不得选用装有金属喇叭喷筒的二氧化碳灭火器。

3. 灭火器最大保护距离

（1）设置在A类火灾场所灭火器最大保护距离（见表12-1）。

表 12-1　A类火灾场所的灭火器最大保护距离　m

危险等级＼灭火器形式	手提式灭火器	推车式灭火器
严重危险级	15	30
中危险级	20	40
轻危险级	25	50

（2）设置在B、C类火灾场所的灭火器最大保护距离（见表12-2）。

表 12-2　B、C类火灾场所的灭火器最大保护距离　m

危险等级＼灭火器形式	手提式灭火器	推车式灭火器
严重危险级	9	18
中危险级	12	24
轻危险级	15	30

（3）D类火灾场所的灭火器最大保护距离应根据具体情况研究确定。

（4）E类火灾场所的灭火器最大保护距离不低于该场所内A类或B类火灾的规定。

三、 水电站消防方式及消防设施

1. 水电站厂区消防方式

水电站厂区内消防采用水灭火、干粉灭火器两种方式，以水灭火为主。水灭火采用设置消火栓和固定式水喷雾灭火装置。干粉灭火器采用磷酸氨盐干粉灭火器（MF型）。

2. 水电站厂区消防设施布置

根据《水利水电工程设计防火规范》（SDJ 278—1990）规定，厂区地面建筑物和屋外电气设备周围、主副厂房内均设置消火栓，具体如下：

（1）室外沿主厂房周围的消火栓布置，间距不大于50m。

（2）主厂房消火栓及灭火器的布置。根据SDJ 278—1990要求，主厂房主机层消火栓的间距不宜大于30m，并保证该层各部位均有两支水枪的充实水柱同时到达。根据灭火危险性类别、建筑面积和消火栓的布置情况，主机层另配备干粉灭火器，分布在各机组段和安装场上下游侧。主厂房的桥式起重机上配置干粉灭火器。主厂房吊顶采用防火材料。在主机层排水泵房另设干粉灭火器。

（3）副厂房消防栓和灭火器布置。副厂房机械运行间、空压机室各配置干粉灭火器；各楼台梯间设置消火栓；各层走廊内每间隔不大于30m设置干粉灭火器，作为一般性房间及公共场所的消防设施。

3. 消防供水

消防水源取自另一水库，通过两条管路取水经加压泵送至消防水池，从水池接至消防供水环管，以保证一定的消防水压。一般设置两台消防加压泵，互为备用，安装在副厂房，可满足厂内最大灭火用水量部位（一般主变压器灭火用水量36.5m^3），灭火时间不低于20min的要求。

4. 消防排水

（1）主厂房的消防排水。主厂房每个机组主机层上、下游侧地面各设有1个地漏，地漏排水管分别接至上、下游侧总排水管，汇集至渗漏排水廊道后流入厂内渗漏集水井。

（2）副厂房的消防排水。副厂房的消防排水均排至排水沟后引导至厂房永久排水沟排至下游或厂区集水井及厂内渗漏排水廊道。

5. 通风排烟系统

（1）主厂房排烟。主厂房排烟系统与正常排风系统共用几台屋顶风机。

（2）副厂房排烟。副厂房排烟与正常排风系统共用几台风机，风机布置在副厂房某高程处。失火时，由报警系统通知风机停转，灭火后再启动风机排烟。

（3）透平油库排烟。透平油库选用几台风机，排烟与正常通风共用。风机布置在副厂房某高程处。油库风口均采用防火阀，一旦火灾发生，报警系统启动后，通过联锁装置，控制风口关闭及排风机停运。灭火后再打开风口及启动排风机排风。

（4）绝缘油库排烟。绝缘油库选择用几台风机，风机安装在油库墙上，排烟与正常排风共用，风口设置及运行方式与透平油库相同。

6. 重要机电设备间消防设施

机电设备除尽量采用难燃绝缘和封闭的产品，防止和减少火灾的发生和扩展外，对火灾危险性较大，重要性较高的设备，需配置专门的消防设施。水电站消防设备设计主要包含水轮发电机、变压器、GIS 开关站、透平油库及油处理室的消防。具体如下：

（1）水轮发电机消防设施。水轮发电机采用固定式喷雾灭火装置，喷头分布在靠定子线圈上、下端部的机组消防供水环管上。在灯泡内设置感温、感烟、感光红外线火灾报警探测器，当其中任何一种探测器动作时，即自动向消防控制中心报警，三种探测器同时动作时，自动（或手动）启动灭火装置。灭火装置及火灾探测器均由发电机制造厂随机供货。

（2）主变压器消防设施。采用固定式水喷雾灭火装置，每台变压器周围布置 10 个喷头，其水雾能将变压器全部覆盖。消防水源进水管操作阀设置电动和手动两种，电动操作阀及其操作按钮，以及手动操作阀均布置在靠近主变压器的高程内，装在带链锤的嵌墙式柜内，需要操作时，可用链锤打碎玻璃，再操作按钮或手动阀门。每台变压器间旁边设有报警按钮，当火灾发生时，按动报警按钮，在中控室的火灾自动化控制屏发出火灾报警讯号，由值班人员在现场手动操作灭火。

（3）GIS 室消防设施。220kV 或 500kV 室内的 GIS 属非燃烧设备，对消防无特殊要求，在 GIS 室内设置 6 支手提式磷酸铵盐干粉灭火器，每支灭火级别 5A，考虑到经开断以后的 SF_6 开关气体具有毒性，一旦泄漏对人体造成中毒事故，故室内至少配备两副防毒面具，并加强通风换气。

（4）油库及油处理室消防设施。绝缘油库和透平油库，油库内消防采用固定式水喷雾灭火装置，消防水手动操作阀布置在油库门外，每个油罐周围设置喷头，为了防止火灾漫延，要求油库的每个防火门顶均设有喷头。油库采用机械送、排风系统，风管穿越墙壁和楼板处用防火材料封堵，进风口采用防水阀，透平油库选用离心风机，绝缘油库安装防爆轴流风机，正常排风与事故排烟共用。油库内装有感温、感烟探测器，一旦火灾发生，自动向消防控制中心报警，防火阀自动关闭，风机立即停止排风，开启消防操作阀喷水雾灭火，火灭后风机再启动排烟。电缆采用阻燃型，敷于电缆桥架上。在电缆室出口及电缆层内适当位置电缆竖井两端设防火隔断，电缆孔洞用防火材料封墙，电缆灭火采用灭火器和沙箱消防设施。

四、 水电站建筑物消防设施配置

水电站建筑物、构筑物、机电设备火灾危险性类别、耐火等级及消防措施见表 12-3。

表 12-3　　水电站建筑物消防设施配置

序号	建筑物、构筑物、机电设备名称	火灾危险性类别	耐火等级	消防措施
1	大坝工程			
1.1	泄洪闸、冲沙闸启动机		三	灭火器
1.2	取水口、拦污栅启闭机		三	灭火器

续表

序号	建筑物、构筑物、机电设备名称	火灾危险性类别	耐火等级	消防措施
1.3	大坝集中控制室	丙	二	灭火器
2	引水系统			
2.1	沉砂池及调节池进口启闭机		三	灭火器
2.2	沉砂池及调节池出口启闭机		三	灭火器
3	厂区建筑物			
3.1	主厂房及安装间			
3.1.1	发电机层及安装间	丁	二	消火栓、灭火器
3.1.2	水轮发电机			自动报警、自动水喷雾
3.1.3	桥式起重机			灭火器
3.1.4	水轮机层	丁	二	灭火器
3.1.5	透平油库及油处理室（安装间下层）	丙	二	防火墙、事故油池、砂箱、灭火器等
3.1.6	空压机室	丁	二	灭火器
3.1.7	球阀室	丁	二	灭火器
3.1.8	机组检修排水泵		三	灭火器
3.1.9	厂房渗漏排水泵		三	灭火器
3.2	副厂房			
3.2.1	厂用变压器室	丙	一	灭火器
3.2.2	电缆室等	丙	二	灭火器
3.2.3	配电盘室	丁	二	灭火器
3.2.4	中控室、计算机室、通信室等	丙	二	灭火器
3.2.5	蓄电池室	丙	二	灭火器
3.3	主变压器及主变压器场	丙	二	灭火器、事故油池、消防车通道
3.4	GIS 室	丁	二	沙箱、灭火器、消防车通道
3.5	厂区辅助生产及办公、生产区			室内外消火栓
3.6	尾水闸门启闭机		三	灭火器

第二节　水电站消防工程及项目划分

一、 水电站消防工程

消防工程施工范围主要包括：火灾自动报警系统、自动灭火系统、消火栓系统、通风与空调系统（防烟排烟系统）以及应急广播和应急照明、安全疏散设施等。主要如下：

（1）火灾自动报警系统。火灾自动报警系统主要设备有火灾报警控制器、前端探测元件；全系统所有线管的预留预埋、电线、控制电缆与设备，到所有各控制设备的连接；火警、联动、消防广播背景音乐、报警电话、漏电火灾报警各系统。

（2）自动喷淋系统。全系统所有管道与设备。

（3）消火栓系统。全系统所有管道设备及消防箱、灭火器等。

（4）防火门系统。所有钢（木）质防火门。

（5）应急照明系统。各应急照明配电箱及配电箱出线的所有线路与设备的调试与安装，水电施工单位将电源线路接至应急照明配电箱总开关上端头并保证电源电压，应急照明三级配电箱由消防施工单位提供。

（6）防排烟系统。全系统所有风管与风机、风阀的调试与安装。水电施工单位将电源线路接至风机控制箱总开关上端头并保证电源电压，与风机配套的控制箱由消防施工提供。

（7）气体灭火系统。全系统所有设备的安装，气体灭火系统需要220V电源，消防施工单位就近电源箱引入。

（8）消防水池。消防水池进水及液位控制。

二、消防工程项目划分

1．消防系统工程单位工程划分

消防系统工程可为机电设备安装工程中的分部工程，也可独立划分为一个单位工程。当单独划分一个单位工程时，消防系统工程由五个分部工程组成，分别为火灾自动报警系统、自动喷淋灭火系统、消防给水及消防栓系统、气体灭火系统、通风与空调工程。

2．消防系统工程分部分项工程项目划分

（1）火灾自动报警系统分部分项工程项目划分（见表12-4）。

表12-4　火灾自动报警系统分部分项工程项目划分

<table>
<tr><th>分部工程</th><th>子分部工程</th><th colspan="2">分项工程</th></tr>
<tr><td rowspan="10">火灾自动报警系统</td><td rowspan="4">1．设备、材料进场检验</td><td>1．材料类</td><td>电缆电线、管材</td></tr>
<tr><td>2．探测器类设备</td><td>点型火灾探测器、线型感温火灾探测器、红外光束感烟火灾探测器、空气采样式火灾探测器、点型火焰探测器、图像型火灾探测器、可燃气体探测器等</td></tr>
<tr><td>3．控制器设备类</td><td>火灾报警控制器、消防联动控制器、区域显示器、气体灭火控制器、可燃气体报警控制器</td></tr>
<tr><td>4．其他设备</td><td>手动报警按钮、消防电话、消防应急广播、消防设备应急电源、系统备用电源、消防控制中心图形显示装置等</td></tr>
<tr><td rowspan="4">2．设备安装与施工</td><td>1．材料类</td><td>电缆电线、管材</td></tr>
<tr><td>2．探测器类设备</td><td>点型火灾探测器、线型感温火灾探测器、红外光束感烟火灾探测器、空气采样式火灾探测器、点型火焰探测器、图像型火灾探测器、可燃气体探测器等</td></tr>
<tr><td>3．控制器设备类</td><td>火灾报警控制器、消防联动控制器、区域显示器、气体灭火控制器、可燃气体报警控制器</td></tr>
<tr><td>4．其他设备</td><td>手动报警按钮、消防电气控制装置、火灾应急广播扬声器和火灾警报装置、模块、消防专用电话、消防设备应急电源、系统接地等</td></tr>
<tr><td rowspan="2">3．系统调试</td><td>1．探测器类设备</td><td>点型火灾探测器、线型感温火灾探测器、红外光束感烟火灾探测器、空气采样式火灾探测器、点型火焰探测器、图像型火灾探测器、可燃气体探测器等</td></tr>
<tr><td>2．控制器设备类</td><td>火灾报警控制器、消防联动控制器、区域显示器、气体灭火控制器、可燃气体报警控制器等</td></tr>
</table>

续表

分部工程	子分部工程	分项工程	
火灾自动报警系统	3. 系统调试	3. 其他设备	手动报警按钮、消防电话、消防应急广播、消防设备应急电源、消防控制中心图形显示装置等
		4. 整体系统	系统性能
	4. 系统验收	1. 探测器类设备	点型火灾探测器、线型感温火灾探测器、红外光束感烟火灾探测器、空气采样式火灾探测器、点型火焰探测器、图像型火灾探测器、可燃气体探测器等
		2. 控制器设备类	火灾报警控制器、消防联动控制器、区域显示器、气体灭火控制器、可燃气体报警控制器等
		3. 其他设备	手动报警按钮、消防电话、消防应急广播、消防设备应急电源、系统备用电源、消防控制中心图形显示装置等
		4. 整体系统	系统性能

（2）自动喷水灭火系统分部分项工程项目划分。

自动喷水灭火系统是有效的自救灭火设施，在无人操作的条件下自动启动喷水灭火，扑救初期火灾的功效优于消火栓系统。自动喷水灭火系统分部分项工程项目划分见表12-5。

表12-5　　自动喷水灭火系统分部分项工程项目划分

分部工程	子分部工程	分项工程
自动喷水灭火系统	1. 供水设施安装与施工	消防水泵和稳压泵安装、消防水箱安装和消防水池施工、消防气压给水设备安装、消防水泵接合器安装
	2. 管网及系统组件安装	管网安装、喷头安装、报警阀组安装、其他组件安装
	3. 系统试压和冲洗	水压试验、气压试验、冲洗
	4. 系统调试	水压测试、消防水泵调试、稳压泵调试、报警阀组调试、排水装置调试、联动试验

（3）消防给水系统和消火栓系统分部分项工程项目划分（见表12-6）。

表12-6　　消防给水系统和消火栓系统分部分项工程项目划分

分部工程	子分部工程	分项工程
消防给水系统和消火栓系统	1. 供水设施安装与施工	消防水泵和稳压泵安装、消防水箱安装和消防水池施工、消防气压给水设备安装、消防水泵接合器安装
	2. 管网	管网安装
	3. 灭火试压和冲洗	消火栓、喷头安装、报警阀组安装、其他组件安装
	4. 系统试压和冲洗	水压试验、气压试验、冲洗
	5. 系统调试	水源测试、消防水泵调试、稳压泵调试、报警阀组调试、排水装置调试、联运试验

（4）气体灭火系统分部分项工程项目划分。

气体灭火系统工程分部分项工程项目划分见表12-7。

表 12-7　　　　　　　　　气体灭火系统分部分项工程项目划分

分部工程	子分部工程	分项工程
气体灭火系统工程	1. 进行检验	材料进场检验
		系统组件进场检验
	2. 系统安装	灭火剂储存装置的安装
		选择阀及信号反馈装置的安装
		阀驱动装置的安装
		灭火剂输送管道的安装
		喷嘴的安装
		预制灭火系统的安装
		控制组件的安装
	3. 系统调试	模拟启动试验
		模拟喷气试验
		模拟切换操作试验
	4. 系统验收	防护区或保护对象与储存装置间验收
		设备和灭火剂输送管道验收
		系统功能验收

(5) 通风与空调工程分部分项工程项目划分。

通风与空调工程作为消防系统的分部工程时，包括子分部工程：送、排风系统，防、排烟系统，空调系统，净化空气系统，制冷设备系统，空调水系统等工程。通风与空调工程分部分项工程项目划分见表 12-8。

表 12-8　　　　　　　　通风与空调工程分部分项工程项目划分

<table>
<tr><th>子分部工程</th><th colspan="2">分项工程</th></tr>
<tr><td>1. 送、排风系统</td><td rowspan="5">1. 风管与配件部件制作
2. 部件制作
3. 风管系统安装
4. 风管与设备防腐
5. 风机安装
6. 系统调试</td><td>1. 通风设备安装、消声设备制作与安装</td></tr>
<tr><td>2. 防、排烟系统</td><td>2. 排烟风口、常闭正压风口与设备安装</td></tr>
<tr><td>3. 除尘系统</td><td>3. 除尘器与排污设备安装</td></tr>
<tr><td>4. 空调系统</td><td rowspan="2">4. 空调设备安装，消声设备制作与安装，风管与设备绝热</td></tr>
<tr><td>5. 净化空调系统</td></tr>
<tr><td rowspan="2">6. 制冷系统</td><td colspan="2">1. 制冷机组安装，制冷剂管道及配件安装，制冷附属设备安装，管道及设备的防腐绝热</td></tr>
<tr><td colspan="2">2. 系统调试</td></tr>
<tr><td rowspan="2">7. 空调水系统</td><td colspan="2">1. 冷热水管道系统安装，冷却水管道系统安装，冷凝水管道系统安装，阀门及部件安装，冷却塔安装，水泵及附属设备安装，管道与设备的防腐与绝热</td></tr>
<tr><td colspan="2">2. 系统调试</td></tr>
</table>

第三节　水电站消防工程验收

一、 水电站消防系统验收

1. 建设工程消防验收及其依据

（1）建设工程消防验收。指公安机关消防机构依据消防法律法规和国家工程建设消防技术标准，对纳入消防行政许可范围的建设工程，在建设单位组织竣工验收合格的基础上，通过组织抽查、评定，建设、设计、施工、工程监理、建筑消防设施技术检测等单位予以配合，作出行政许可决定。这是法律赋予公安机关消防机构的一项行政许可职责，是防止形成先天性火灾隐患，确保建设工程消防安全的重要措施。

（2）建设工程消防验收依据。《中华人民共和国消防法》、国家消防技术规范、《建设工程消防监督管理规定》（公安部 106 号令）、《建设工程消防验收评定规则》（GA 836—2016）等。

2. 消防验收术语

（1）建设工程竣工验收消防备案检查。公安机关消防机构依据消防法律法规和国家工程建设消防技术标准，对消防行政许可范围以外并经备案被确定为检查对象的建设工程，在建设单位组织竣工验收合格的基础上，通过抽查、评定，作出是否合格的检查意见。

（2）子项。组成防火设施、灭火系统或作用性能、功能单一的涉及消防安全的项目。如火灾探测器、安全出口、防火门等。

（3）单项。由若干使用性质或功能相近的子项组成的涉及消防安全的项目。包括建筑类别、总平面体布局和平面布置；建筑内部装修防火；防火防烟分隔、防爆；安全疏散与消防电梯；消防水源、消防电源，水灭火系统，火灾自动报警系统，防烟排烟系统，建筑灭火器，其他灭火设施。

二、 建设工程消防验收程序及验收工作

1. 建设工程消防验收程序

建设工程消防验收程序分为以下几个阶段进行：

（1）受理阶段。

（2）交办阶段。

（3）资料审查阶段。

（4）现场抽样检查及功能测试阶段。

（5）验收评定。

（6）综合评定阶段。

（7）技术复核阶段。

（8）行政审批阶段。

（9）制作验收意见书并送达阶段。

（10）建档阶段。

2. 建设工程消防验收内容

建设工程消防验收内容主要如下：

（1）受理阶段。受理前形式审查：项目法人向当地行政部门提交申请，各级公安机关消防机构受理窗口应对申请人提交的建筑工程消防验收材料进行形式审查，并作出是否同意受理的决定。建设单位申请消防验收应当提供的材料如下：

1）建设工程消防验收申请表。

2）工程竣工验收报告和有关消防设施的工程竣工图纸以及相关隐蔽工程施工和验收资料。

3）消防产品质量合格证明文件和市场准入文件。

4）具有消防性能要求的建筑构件、建筑材料、室内装修装饰材料符合国家标准或行业标准的证明文件、出厂合格证。

5）消防设施、电气防火技术检测合格证明文件。

6）建设单位的工商营业执照等合法身份证明文件。

7）施工、工程监理、消防技术服务机构的合法身份证明和资质等级证明文件。

8）建设工程消防设计审核合格文件，特殊消防设计文件专家评审意见，消防设计技术审查意见和消防设计变更情况。

（2）交办阶段。当地行政部门受理后进行现场验收前实质审查，验收人员在组织现场检查测试前，首先查阅建设工程消防设计审核档案资料，然后对建设工程验收申报资料进行审查，并填写消防验收资料审查记录。主要内容如下：

1）审查申请人申报的竣工图纸是否与建设工程消防设计图纸相符，是否符合国家技术规范要求和相应的归档标准。

2）审查申请人提供的施工、工程监理、检测单位的身份证明和资质等级证明文件是否符合相关的法律规定。

3）审查申请人提供的消防设计变更情况、消防设计专家论证会纪要及其他需要提供的资料与建设工程设计审核档案、消防设计审核案件修改移交记录表和设计图纸是否相符。

4）审查建筑消防设施技术测试报告，核实消防设施是否按设计文件施工、功能与联动控制测试项目是否完整、测试结论是否合理。

5）审查消防产品供货证明、消防产品质量合格证明文件是否与验收个案选装消防设施相符，是否符合国家产品市场准入制度。

6）审查建筑内部装修材料见证取样、抽样检验报告及其他燃烧性能证明资料，阻燃制品的燃烧性能证明材料，核实内部装修材料、阻燃制品的选用、燃烧性能是否符合市场准入、消防技术标准和消防设计文件要求。

7）审查其他需要提供的材料是否符合消防技术标准要求，包括建设工程消防设计审核意见书、竣工图纸、建设单位的合法证明文件、隐蔽工程监理记录资料、钢结构防火涂料施工记录、系统调试开通报告等。

（3）资料审查阶段。主要包括以下内容：

1）受理前消防资料形式审查。

2）消防验收资料审查（现场验收前实质审查）。

3）建档前消防资料保存。

（4）现场抽样检查及功能测试阶段。消防验收的资料审查合格后，方可进行现场检查及功能测试。现场抽样检查及功能测试内容，包括如下几方面：

1）对建筑防（灭）火设施等外观质量进行现场抽样查看。

2）通过专业仪器设备对涉及距离、宽度、长度、面积、厚度等可测量的指标进行现场抽样测量。

3）对消防设施的功能进行现场测试。

4）对消防产品进行现场抽样判定。

5）对其他涉及消防安全的项目进行抽查、测试。

（5）验收评定。

1）一般原则。现场抽样检查功能应按照先子项评定、后单项评定的程序进行。

2）子项按其影响消防安全的重要程度分为：关键项目（A）、主要项目（B）、一般项目（C）三类。分类标准如下：

a）A类是指国家工程建设消防技术标准强制性条文规定的内容；

b）B类是指国家工程建设消防技术标准中带有“严禁”“必须”“应”“不应”“不得”要求的非强制性条文规定的内容；

c）C类是指国家工程建设消防技术标准中的其他非强制性条文规定的内容。

3）单项验收检查内容包括以下几方面：

a）建筑类别与耐火等级、总平面布局和平面布置；

b）建筑保温及外墙装饰防火；

c）建筑内部装修防火；

d）防火分隔、防烟分隔、防爆；

e）安全疏散、消防电梯；

f）消火栓系统、自动喷水灭火系统；

g）火灾自动报警系统；

h）防烟排烟系统及通风、空调系统防火；

i）消防电气；

j）建筑灭火器；

k）其他灭火设施。

（6）综合评定阶段。建设工程消防验收的综合评定结论分为合格和不合格。建设工程符合下列条件的，应综合评定为消防验收合格；不符合其中任意一项的，综合评定为消防验收不合格。

1）建设工程消防验收的资料审查为合格。

2）建设工程的所有单项均评定为合格。

（7）技术复核阶段。

(8) 行政审批阶段。

(9) 制作验收意见书并送达阶段。通过消防验收后，制作《建设工程消防验收意见书》。

(10) 建档阶段。建设工程消防验收所有资料，应在审批完毕后30日内立卷建档，主要如下：

1) 建立消防档案目录。

2)《建设工程消防验收意见书》及其审批材料。

3) 建设工程消防验收申报表。

4) 工程竣工验收报告。

5) 消防产品质量合格证明文件。

6) 有防水性能要求的建筑构件、建筑材料、室内装修装饰材料符合国家标准或者行业标准的证明文件、出厂合格证。

7) 消防设施、电气防火技术检测合格证明文件。

8) 施工、工程监理、检测单位的合法身份证明和资质登记证明文件。

9) 其他依法需要提供的材料，主要包括：建筑工程设计文件及变更证明文件、消防产品供货证明、建设单位的合法身份证明文件、工程验收照片、消防验收资料审查记录表、消防设计审核案件修改移交记录表等。

10) 建设工程消防验收记录、消防产品监督检查记录。

3. 消防的局部验收及其条件

(1) 对于大型建设工程需要局部投入使用的部分，根据建设单位的申请，可实施建设工程局部消防验收。

(2) 申请局部消防验收的建设工程，应符合下列条件：

1) 与非使用区域有完整的符合消防技术标准要求的防火、防烟分隔。

2) 局部投入使用部分的安全出口、疏散楼台梯符合消防技术标准要求。

3) 消防水源、消防电源均满足消防设施技术检测合格报告，并保证其独立运行。

4) 消防安全布局合理，消防车通道能够正常作用。

(3) 局部验收的程序、方法及评定要求按照标准规定执行。

4. 消防验收档案管理

(1) 建设工程消防验收的档案应包括资料审查、现场抽样检查及功能测试、综合评定等所有资料。

(2) 建设工程消防验收档案内容较多时可立分册并集中存放，其中图纸可用电子档案的形式保存。

(3) 建设工程消防验收的原始技术资料应长期保存。

三、 水电站消防系统验收规定及方法

1. 水电站消防系统竣工验收规定

水电站消防系统竣工验收，按照国家标准《火灾自动报警系统施工及验收规范》(GB 50166—2007) 的有关规定严格执行。消防用电设备电源的自动切换装置，应进行

3 次切换试验，每次试验均应正常则为合格。当检验中有不合格者时，应限期修复或更换，并进行复验。复验不合格时，对有抽验比例要求的，应进行加倍试验。复验不合格者，不能通过验收。

2. 火灾报警控制器验收方法

火灾报警控制器按下列要求进行功能抽检：

（1）火灾报警自检功能。

（2）消音复位功能。

（3）故障报警功能。

（4）火灾优先功能。

（5）报警记忆功能。

（6）电源自动转换和备用电源的自动充电功能。

（7）备用电源的欠压和过压报警功能。

3. 火灾探测器验收方法

火灾探测器（包括手动报警按钮），应按下列要求进行模拟火灾响应试验和故障报警抽验：按实际安装数量的 5%～10%抽验。被抽验探测器的试验均应正常。

4. 烟雾探测控制器验收方法

抽取实际安装数量 5%～10%比例的空气采样烟雾探测控制器，每台分别同时作如下的功能试验：

（1）模拟早期和第二期的报警功能，每只至少 3 次，并记录报警阀值。

（2）用程序检测继电器的输出功能。

（3）读取并记录各管的实际气流值。

（4）自动记录功能，包括：时间、位置、事件（火警、故障、隔离及断电）的检测。

（5）TCP/IP、BACNET 等通信协议。

（6）用消防电源的主、备电源试验设备的稳定性。以上试验应满足产品说明书所规定的数值或功能。

5. 消火栓验收方法

消火栓功能验收应在出水压力符合现行国家有关建筑设计防火规范的条件下进行，并应符合下列要求：

（1）工作泵与备用泵转换运行 1～3 次。

（2）消防控制室内操作启、停泵 1～3 次。

（3）消火栓处操作启泵按钮按 5%～10%的比例抽验。以上控制功能应正常，信号应正确。

6. 自动喷水灭火系统验收方法

自动喷水灭火系统的抽验，应在符合现行国家标准《自动喷水灭火系统设计规范》（GB 50084—2017）的条件下，抽验下列控制功能：

（1）工作泵与备用泵转换运行 1～3 次。

（2）消防控制室内操作启、停泵 1～3 次。

（3）水流指示器、闸阀关闭器及电动阀等按实际安装数量的10％～30％的比例进行末端放水试验。上述控制功能、信号均应正常。

7. 防火门验收方法

电动防火门、防火卷帘的抽验：应按实际安装数量的10％～20％抽验联动控制功能，其控制功能、信号均正常。

8. 通风系统验收方法

通风、防排烟设备（包括风机和阀门）的抽验：应按实际安装数量的10％～20％抽验联动控制功能，其控制功能、信号均应正常。

9. 消防电梯验收方法

消防电梯的检验应进行1～2次人工控制和自动控制功能检验，其控制功能、信号均应正常。

10. 火灾应急广播设备验收方法

火灾应急广播设备的检验：应按实际数量的10％～20％进行下列功能检验：

（1）在消防控制室选层广播。

（2）共用的扬声器强行切换试验。

11. 消防通信设备验收方法

消防通信设备的检验，应符合下列要求：

（1）消防控制室与设备间所设的专用电话，应进行1～3次通话试验。

（2）电话插孔按实际安装数量的5％～10％进行通话试验。

（3）消防控制室的外线电话与“119”台进行1～3次通话试验。上述控制功能、语音应正常。

12. 事故照明系统验收方法

事故照明系统联动功能的检验：当切断正常照明电源后，消防电源自动投入，保证事故照明继续有电，以便疏散。

第十三章 移民工程项目划分和移民安置验收

第一节 工程移民安置与建设征地

一、工程移民与移民安置合同

1. 工程移民与移民安置目标

（1）工程移民。工程移民是指由工程建设所引起的非自愿人口的迁移及其社会经济系统恢复重建的活动。一般指修建水利、电力、铁路、公路、机场、城建、工业、环保等工程的移民活动。

水电水利工程移民是指在水电水利工程建设中，由于工程建设被征用了施工场地、因水库蓄水被水淹没土地、房屋、生产资源的当地居民，将由项目法人出资补偿，迁移到适合生存的其他地方。

（2）移民安置的目标与实行的方针。

1）移民安置的目标。根据《大中型水利水电工程建设征地补偿和移民安置条例》（国务院令第471号）的规定，正确处理国家、地方、集体、个人之间的关系，妥善安置移民的生产、生活，使移民生活达到或者超过原有水平，并为其搬迁后的移民创造条件。

2）水电水利工程建设移民实行的方针。国家对水电水利工程建设移民实行开发性移民的方针，采取前期补偿、补助和后期扶持结合的办法，使移民生活达到或者超过原有水平。

2. 移民工程的特性与移民合同

（1）移民工程与一般工程的区别。移民工程与一般工程有相同之处，也有不同之处。移民工程质量除了要求工程建设质量符合要求以外，还要考虑移民工作质量、移民迁建工作质量、移民资金使用、移民征地工作，以及移民档案工作质量。

（2）工程移民合同签订涉及的层次。水电水利工程移民的实施有各方面的合同，主要有发包人与承包人之间的合同、发包人与监理人之间的合同、发包人与设计人之间的合同；尤其是发包人为了达到移民迁安的目的，与地方实施机构和地方政府之间所签订的合同，这方面的合同数量多，而且比较广泛、层次较多，这与工程移民本身的复杂性有关，主要有发包人与地方实施机构之间的合同及其与下级实施机构之间的合同、发包人与地方政府之间的合同、地方政府上级与下级之间的合同、下级政府与移民集体之间的合同、移民集体与移民个人之间的合同等。

二、移民工作特征与标准

1. 水电水利工程移民特征

水电水利工程移民具有以下基本特征：一是被动性，移民范围决定于工程建设需要，不以移民本身的意志为转移；二是具有很强的时限性；三是大部分移民适合于就近安置，具有区域性；四是应获得适当补偿。为了做好移民安置工作，需要正确处理好以下几个方面的关系：移民补偿与移民就业保障的关系、移民安置与生态环境保护的关系、移民迁建与经济社会发展的关系、移民搬迁与教育发展的关系、移民与推进城镇化的关系等。

2. 生产安置标准

安置标准是指农村移民至规划水平年要达到的目标。根据《大中型水利水电工程建设征地补偿和移民安置条例》（国务院令第 471 号）的规定，明确了移民安置的目标为“逐步使移民生活达到或者超过原有水平”。农村移民安置标准主要包括生产安置和搬迁安置两方面的标准。具体如下：

（1）生产安置标准。生产安置标准一般以人均占有基本生产资料和人均纯收入来表示。以人均占有耕（园）地标准为例，标准过高将导致移民大量外迁，移民安置范围分散，后期难以扶持；标准过低则可能加剧人与土地资源的矛盾，使生态环境恶化，产生大量遗留问题。因此，人均耕（园）地标准要根据当地资源及社会经济条件合理确定人均纯收入标准，以不低于不建水库时同期发展水平来确定。

（2）人均耕（园）地标准。适合以耕地为约束条件的移民安置，其标准的高低还应按移民安置的相对地理位置加以调整。

在本村组安置的移民，安置标准应不高于原有水平；在城（集）镇附近安置的移民，可适当降低标准；迁出本村组安置的移民，且安置区土地充裕者，可适当提高标准。

由于人均耕（园）地未考虑各地类的生产力差异，在一起水库的农村移民安置规划中采用了“标准耕地”的方法来确定种植业安置标准，可以有效地处理耕地数量与耕地质量之间的关系。

（3）搬迁安置标准。农村移民搬迁安置标准包括移民居民点迁建用地、供水、用电等人均占有指标及其他基础设施的配置。具体如下：

1）居民点的用地规模。应根据原有用地面积、参照国家和省自治区、直辖市的有关规定合理确定。

2）供水标准。指移民人均生活用水量，在确定供水量时应考虑企业用水和老居民用水。

3）用电负荷。包括移民人均生活用电负荷和农用电负荷。

4）对移民居民点交通、文化、教育、卫生、商业等设施，原则上按原有的水平兼顾了展要求，经济合理地配置。

3. 农村移民生产安置措施

农村移民生产安置措施布局，应结合安置区域内的土地利用、经济发展规划，农村移民安置去向、安置模式、新址位置及基础设施建设统筹规划，合理布局。

制约农村移民生产安置措施布局的主要因素有以下三个方面：一是自然地理条件；二是农村移民的合理耕作半径；三是社会服务体系和基础设施建设。

（1）种植业安置规划。种植业安置是农村移民的主要安置方式，比较适合库区农村移民的生产习惯、技术水平、文化素质，以及国家财力有限的状况，能有效地避免市场经济条件下的二、三产业的不稳定性带来的风险，是较稳妥的安置方式。

1）种植业安置的几种途径。开发宜农山、荒坡，建设高标准耕（园）地；改造低产田，提高单位面积的土地生产力；有偿调整耕（园）地；调整种植业结构，增加技术和资金投入，发展高效农业和生态农业。

2）种植业安置人数的拟订。种植业安置人数＝用于移民安置的标准耕地总量/耕（园）地安置标准（标准耕地）。

（2）二、三产业安置规划。

1）二、三产业项目的选择。二、三产业项目的选择，宜根据安置区二、三产业现状、开发潜力和条件、农村移民劳动力素质及二、三产业可用资金等因素，筛选一批具有资源优势、建设周期短、投资省、效益好的二、三产业项目。初步设计阶段应进行项目的可行性研究。二、三产业项目的实施，应按有关基本建设的程序办理。

2）二、三产业安置人数。一般按每安排一个移民劳动力计算 0.7～0.9 个抚养人数，编制实施计划中需明确具体安置对象。

（3）兼业安置规划。兼业安置的移民在拥有一份耕（园）地的同时，利用农闲时进行二、三产业生产增加收入。这部分移民绝大多数安置在城（集）镇周围，安置的人数应根据耕（园）地数量和二、三产业项目及分布的地理位置来分析确定，其安置标准一般可采用人均纯收入水平指标进行替代。

（4）其他方式安置规划。其他方式安置主要包括养殖业、自谋职业、投亲靠友、养老保险等形式，通过这些途径也可以妥善安置小部分移民。除养殖业外，在可行性研究和初步设计阶段一般把其他方式安置容量作为移民安置的备用容量，编制实施计划时，需根据当地实际情况，确定移民生产安置人数并明确具体对象。

（5）生产安置人口平衡。随着人口的迁移和安置，原有人口分布状况被改变，应进行村组、乡（镇）、县（区）或整个安置区域安置人口的汇总平衡。

三、 国家土地分类与国家所有土地

1. 国家土地分类

根据《中华人民共和国土地管理法》的规定，国家实行土地用途管理制度，将土地分为农用地、建设用地和未利用地三类。其中，农用地是直接用于农业生产的土地，包括耕地、林地、草地、农田水利用地、养殖水面等；建设用地是指建造建筑物、构筑物用地，包括城乡住宅和公用设施用地、工矿企业、交通水利设施用地、游泳用地、军用设施用地等；未利用地是指农业地和建设用地以外的土地，如荒草地、盐碱地、沼泽地、沙地、裸体土地等。

2. 国家所有土地

国家所有土地包括：城市市区土地；农村和城市郊区中已经依法没收征收、征购的国有土地；国家依法征用的土地、依法不属于集体所有的林地、草地、荒地、滩涂及其他土地；农村的集体经济组织全体成员转为城镇居民的，原属于其成员集体所有的土地；因国家组织移民、自然灾害等原因，农民成建制地集体迁移后不再使用的原属于迁移农民集体所有的土地。

四、 建设用地的取得与土地复垦

1. 建设用地的取得

建设单位使用国有土地，应当以出让等有偿使用方式取得。以下建设用地，经县级以下人民政府依法批准可以以划拨方式方法取得：①国家机关用地和军事用地；②城市基础设施用地和公益设施用地；③国家重点扶持的能源、交通、水利等基础设施用地；④法律、行政法规规定的其他用地。因此，房地产开发用地常以出让等有偿的使用方式取得，水电水利工程建设用地则是以划拨方式取得。

2. 非农业建设用地占用与土地复垦

（1）土地复垦。根据《土地复垦规定》，土地复垦是指对在生产建设过程中，因挖损、塌陷、压占等造成破坏的土地，采取整治措施，使其恢复到可供利用状态的活动。

（2）非农业建设用地占用应遵循的原则。非农业建设经批准占用耕地的，按照“占多少、垦多少”的原则，由占用耕地的单位负责开垦与所占用耕地的数量和质量相当的耕地；没有条件开垦或者开垦的耕地不符合要求的，应当按省、自治区、直辖市的规定缴纳地开垦费，专款用于开垦新的耕地。

五、 水电水利工程征地范围的确定

1. 工程征地范围

工程建设征地处理范围包括水库淹没影响区和枢纽工程建设区两大类。其中，水库淹没影响区包括水库淹没区、水库影响区；枢纽工程建设区包括永久占地区和临时用地区。

水库淹没影响范围包括正常蓄水位以下的经常淹没区和正常蓄水位以上受水库洪水回水和风浪、船行波、冰塞壅水等淹没的临时淹没区及因水库蓄水引起的浸没、坍岸、滑坡等影响范围。

2. 枢纽工程建设征地范围

枢纽工程建设区范围包括枢纽工程建筑物及工程运行管理区、料场、渣场、施工企业、场内施工道路、工程建设管理区等区域。工程建设管理区主要为施工人员生活设施，包括工程施工需要的封闭管理区。

枢纽工程建设区应在综合考虑地质、施工、水工和移民安置等因素的基础上，合理确定施工总布置方案，编制用地规划，确定枢纽工程建设征地范围。在编制用地规划时，树立节约用地观念，尽量不占或少占耕地。

3. 水库淹没回水末端位置的分析确定

（1）水库淹没回水末端的设计终点位置，在库尾回水曲线不高于同频率天然洪水面线 0.3m 的范围内，一般可采用水平延伸至与天然水面线相交。

（2）为避免在水库末端产生地面高程高的被划入淹没处理范围，而地面高程低的却在淹没处理范围之外的矛盾，建议采用水平延伸至多年平均流量相应的天然水面相交处。设计时应结合工程特点，在不产生矛盾的原则下，综合分析确定。

六、淹没影响与移民迁安工作

1. 移民迁安工作与任务

（1）移民迁安工作。水库移民淹没影响涉及人口、土地及其附着物，淹没影响范围由水库库区的大小所决定，大到省、市，小至自然村、村委会，由水库淹没影响的对象，决定了移民迁安工程的内容。

（2）移民迁安的任务。根据合同要求，按照安置规划，建设生产安置区和生活安置区，将库区淹没影响的移民迁出，淹没影响的地上附着物按合同要求拆除，清理，确保不影响主体工程的建设及进度。

2. 淹没影响与移民迁安任务

（1）淹没影响。水库库区淹没影响涉及人口、土地及其附着物，淹没影响范围由水库库区的大小所决定，小至自然村、村委会（管理区），大至市、省。由水库淹没影响的对象，决定了移民迁安工作的内容。

（2）移民迁安的任务。根据合同文件要求，按照安置规划，建设生产安置区和生活安置区，将库区淹没影响的移民迁出，将淹没影响的地上附着物按合同要求拆除、清理，确保不影响主体。

七、移民后期扶持

根据《大中型水库移民后期扶持政策》，为妥善解决水电水利工程的水库移民生产、生活困难，促进库区和移民安置区经济社会可持续发展，维护农村社会稳定，经国务院批准，自2006年7月1日起，对全国大中型水库农村移民实行统一的后期扶持政策，即不分水电水利工程移民、新老水库移民、中央水库和地方水库移民，均按照每人每年600元的标准，连续扶持20年。所需资金由中央财政通过电力加价统一筹集，分省安排使用。

第二节 移民监理制度的建立与职责

一、工程建设监理与移民监理制度的建立

1. 工程建设监理制度的建立

长期以来，我国一直是由建设单位自筹自管工程指挥部的工程建设管理模式，经过了近40年的工程实践，特别是我国进入改革开放的新时期以后，这种传统的工程建设管理模式的各种弊端越来越明显地暴露出来。工程建设管理体制改革必须适应逐步建立的社会主义市场经济体制。在这种背景下，建设监理制度应运而生。1988年7月建设部颁发了“关于开展建设监理工作的通知”。它标志着我国工程建设领域的改革进入一个新的阶段，即参照国际惯例，结合中国国情，建立具有中国特色的建设监理制度。目前，建设监理已经全面推开，越来越规范化。

2. 移民监理的建立

在工程建设监理蓬勃开展的背景下，作为工程一部分的工程移民项目，也在探讨如何将监理制度引入移民安置。1994年，水利部在调整小浪底移民管理体系时，得出了移民监理的思路，决定由黄委会移民局承担小浪底移民安置的移民监理工作。1995年

开始筹备，1996 年小浪底移民监理单位正式进场开展专门的移民项目监理。这是国内较早开展移民监理的项目之一。

1997 年初，黄河万家寨工程移民监理进场。1998 年三峡工程移民监理、福建棉花滩工程移民监理也逐步进场开展工作。广东飞来峡、湖南江垭等工程也都对移民监理进行了尝试。

随着建设项目工程移民监理的开展，关于移民监理的理论研究工作也逐步开展。关于移民监理的规定规范也逐步拟订，国家能源部于 2014 年印发了水利标准《水电工程建设征地移民安置综合监理规范》（NB/T 35038—2014）等。

3. 开展移民监理的意义与方式

（1）开展移民监理的意义。随着社会经济建设的迅速，水电水利工程建设得以快速发展，水电水利工程建设引起的移民数量是巨大的，移民工作事关重大，上至地区经济发展和社会稳定，下至移民个人搬迁安置拆迁补偿的权利和利益，这关系到水电水利工程移民项目实施的成败。

水库移民是工程建设的重要组成部分，关系到工程规模合理选定，关系到移民的生产、生活和有关国民经济的恢复与发展；水库移民是一项政策性强、涉及面广、情况复杂、影响复杂、影响深远的工作。必须实事求是，深入调查研究，精心规划设计，严格遵守基本建设程度，实施移民监理。

（2）移民监理的方式。工程移民监理是在参照工程建设监理的理论和方法的基础上，结合移民安置的特点，对移民工作管理方法体系的创新。它是指针对移民工作的各个阶段，社会化、专业化的移民监理单位接受业主或有关单位的委托和授权，根据国家批准的移民工作的文件、法律法规和各项合同、协议、责任书等所进行的、旨在实现移民工作目的的监督管理活动。它对各类移民工作质量、进度、投资等方面，通过目标规划、动态控制、组织协调、信息管理、合同管理等办法进行监督检查、监测评估、计量确认、沟通协调，提出咨询建议。

根据委托单位的要求，监理的工作范围和内容可以有大有小，既可以是全方位、全过程监理，也可以是某个阶段，如移民搬迁阶段或后期扶持阶段的监理，也可以是某一类移民工作的监理，如农村移民安置的跟踪监理。

4. 移民监理发展的必然

（1）水库移民投资占水电水利工程投资的比例在逐步提高，一般在 30%左右，少者几亿，多者几十亿及至几百亿，如此大的投资，不能没有监理。

（2）我国现有的水库移民达 1600 万以上，其中有 600 万未解决温饱，约占中国贫困人口 5800 万的 10%，在建工程水库移民安置的好坏，直接影响着移民的生产生活和移民安置区的长治久安。监理是保证移民规划方案实施和资金不被挪、占、借的有效措施。

（3）建设监理已经在《中华人民共和国建筑法》中明确规定下来，移民作为水电水利工程建设的重要组成部分执行监理制度是必然结果。

（4）建设监理制度在国外已经实行了上百年，实践证明它是保证工程进度、质量和投资的最好管理方式。

(5) 在市场经济中的建设项目实践证明，采用业主、执行机构（对移民而言）和监理工程师的三位一体对建设项目进行约束、激励和管理是一种好制度。

(6) 近几年我国在建的部分水电水利工程实行了移民监理制度，取得了成功的经验，从实施的结果看效果显著。

二、 工程建设监理与移民监理的区别

1. 工程项目与移民项目

工程项目通常是具体的建筑物，如大坝、高楼等实体的建设；移民项目是人群的搬迁，并且原居住地的人通常要拆散安置，牵涉面宽泛，项目构成复杂、地区广泛，不但有众多规模不一、跨专业部门、分散的单项具体的工程建设，更重要的还有安置区的社会经济系统的重建、社会结构调整和移民社会网络恢复和重构等社会性工作，移民项目的实施系统复杂。移民项目这种兼跨工程建设和社会工作的特殊性决定了移民监理的特殊性。

2. 工程建设与移民工作实施单位的特点

(1) 工程建设项目实施单位与工程监理。工程建设项目的实施单位是施工单位即承包商，它的选择是通过招投标来确定，而且承包商是以盈利为目的，它的行为准则是按照市场规律办事。工程监理的对象是承包商进行的工程建设活动。

(2) 移民工作与移民监理。移民工作由于其项目的复杂性，牵涉到地区稳定和经济发展，目前必须由地方政府负责，无法选择，因此移民项目实施单位具体唯一性或者说独占性、垄断性。作为实施机构的政府，与企业相比有着截然不同的特点，政府是国家的行政机构，移民安置主要是行政行为，是国家管理社会事务的活动，具有非营利性。移民监理的对象是实施移民活动的地方政府和相关部门。

3. 移民监理与工程监理的区别

移民监理是以水库淹没处理项目为对象，按照移民工程进度与枢纽工程进度相衔接的要求，着重于安置移民的综合进度和质量，涉及淹没区社会总体功能的恢复和补偿投资的使用和投资效益，对移民安置和安置后的移民生产、生活水平进行全过程的监测活动，移民监理与工程监理的区别，从监理的范围、对象、机制、方式、内容进行对比分析。具体区别如下：

(1) 监理范围不同。从范围上讲存在着工程本身的建设与政策法规、工程技术、社会经济的区别。工程监理是工程本身建设的监督过程，执行和落实工程技术规范。移民监理是落实政策法规、社会经济。

(2) 监理对象不同。从对象上讲存在施工企业的项目建设全过程与移民安置项目与实施机构的活动行为的区别。

(3) 监理机制的不同。从机制上存在着业主负责制与政府负责制的区别。工程监理是业主负责制，移民监理是政府负责制。

(4) 监理方法的不同。从方法上讲一个是旁站监理、监理签单，另一个是宏观控制、抽样检查、情况上报。

(5) 管理的内容的不同。从内容上讲，工程监理的职责是三控制、一管理、一协

调；移民监理的职责是除了三控制、一管理、一协调外，还有政策、标准、规划设计预审、计划咨询、对移民安置和社区功能恢复情况进行综合评价和监测等。

（6）移民监理与政府监督的区别。移民监理又与政府监督不同，政府监督是指国家水电水利管理部门和省级人民政府对移民安置的落实进行监督、协调、管理。而移民监理是综合监理，是指监理单位按照合同或协议要求对移民安置的进度、质量、投资进行监控，协助地方政府协调移民安置过程中出现的矛盾，并定期向国家水库移民监理主管部门、省级人民政府部门、项目建设管理主有关单位报告水库移民安置实施情况。

三、 移民监理的主要任务与依据

1. 移民监理的主要任务

（1）移民安置的质量控制。依据国家批准的移民安置规划，结合主体工程的蓄水计划，有步骤地实施移民安置规划，实事求是、科学监理。

（2）移民工程项目质量控制。按设计要求和各单项工程的相关规范，加强施工质量的监督、检查和抽查。

（3）移民资金流向控制。移民资金进行专款专用，必须按移民的搬迁计划和建设项目审批计划拨款。

2. 移民监理的依据

（1）国家批准的移民安置规划方案。

（2）移民工程项目设计文件、图纸和相关资料。

（3）上级移民主管部门下达的年度移民计划。

（4）招投标文件及经济合同。

（5）有关的政策、法规、技术规范。

四、 水库移民监理与移民工程监理的职责

1. 水库移民监理的职责

（1）执行移民安置规划，以规划为依据，协助落实移民安置流向。

（2）对选择的安置区进行调查、分析、评价，及时反馈信息。

（3）跟踪抽样调查、分析、评价，及时掌握搬迁移民的状况，主要是生产、生活，以及社区公共服务设施。

（4）反馈信息，适时解决发展中的问题，巩固、提高移民成果。

2. 移民工程项目质量监理的职责

（1）严格按照施工图施工，没有施工图设计的项目不得开工。

（2）审查、检查设计单位和承包商的资质，凡资质达不到规范要求的，取消资格。

（3）执行经济合同，杜绝层层转包。

（4）检查移民项目的资金，按审定概算到位，严禁层层挪用、借用、克扣移民资金，保证施工正常进行。

（5）做好项目质量阶段检查和验收。

（6）地质等原因需要修改设计，必须经设计单位同意，下达设计修改通知书。

（7）建立质量备忘录制度。

五、 年度移民计划监理与移民资金、 造价、 财务综合监理的职责

1. 年度移民计划监理的职责

年度移民计划监理，保证执行国家移民计划的严肃性，具体如下：

（1）检查年度移民建设项目的执行情况，项目建设必须符合基本建设程度，实行招标制度，项目资金落实到位。

（2）项目调整要按规定程序报批，未经批准不准备随意调整计划，乱上项目。

（3）严格禁止乱上计划外项目。

（4）控制投资概算，完成多少工程给多少钱，严防三超，确保分块包干的实施和实现预定目标。

（5）掌握工程建设进度，确保年度移民计划各项指标、任务的完成。

2. 移民资金、造价、财务综合监理的职责

移民资金、造价、财务综合监理，其职责主要如下：

（1）严格执行已出台的各项移民资金管理办法。

（2）监督日资金动态、掌握资金环境，由开户银行提供日资金报单。

（3）指导、检查移民建设项目审价，规范造价管理。

（4）检查财务决算，核实建设成本。

（5）发生、发现计划外挪用移民建设资金，要提出警告和监督，确保资金安全。

（6）监督合同管理，建立规范化的合同管理体制。

六、 移民后期评价的作用与内容

1. 移民后期评价的作用

移民后期评价是综合监理工作的一项新内容。移民搬迁完成并验收后，在一定的历史阶段，必须进行后期评价工作。目的是对“采取前期补偿、补助与后期生产扶持的办法，妥善安置移民的生产、生活地，逐步使移民的生活达到或超过原水平”的移民政策的执行情况，只有后期评价，才能实事求是地巩固国家验收成果，及时解决验收后出现的新问题，并有利于社会的安定与发展。

2. 移民后期评价工作的主要内容

（1）分块包干、概算、实际完成的资产情况。

（2）规划项目完成及运行效益。

（3）移民迁建前后经济效益比较。

（4）迁建后社区公共事业状况。

（5）移民户搬迁前后经济收益比较。

（6）发展中存在的问题。

第三节 水电水利移民工程项目划分

一、 移民工程项目划分作用

水电水利工程移民工程项目划分是工程移民项目验收的需要，对工程移民的质量控制和工程移民验收，起到重要重用。结合大型水电水利工程移民监理工作实际，应对移

民工程进行项目划分。

为做好移民工程验收工作，必须做好移民工程项目划分，移民工程项目划分是移民监理进行工程质量控制的一项重要工作。移民工程的质量监督参照建设工程监理的理论和方法，结合工程移民的特点进行，移民工程项目划分参照水电水利工程项目划分的规范进行。在大型水利枢纽工程的移民监理和工程监理工作中，通过对移民工程进行项目划分，是加强移民工程质量管理和质量评定的控制的重要措施。

二、 移民工程类别及项目划分

1. 移民工程类别

移民工程主要由为移民安置建设的公路、供水、供电、通信、房建工程，根据移民工程项目结构、以及合同的签订进行项目划分，项目划分方法参照水利水电工程项目划分的规范进行。移民工程建设质量考核办法参照水利水电工程质量评定办法进行。

2. 移民工程项目划分

移民工程的划分，可根据移民工作和移民工程进行项目划分，水电水利工程移民项目可划分为单位工程、分部工程、单元工程三级，进行三级质量考核。

三、 移民安置工作划分

大、中型水利水电工程移民项目可按水库淹没影响范围及其各级层次进行划分，因此，将移民安置工作按地域划分为：移民安置单位工程工作、移民安置分部工程工作、移民安置分项工程工作和移民安置单元工程工作。具体如下：

（1）移民安置单位工程工作。移民工作跨越省份的，以省级层次划定为移民安置单位工程工作。

（2）移民安置分部工程工作。以市级层次划定为移民安置分部工程工作。

（3）移民安置分项工程工作。以县级层次划定移民安置分项工程工作。

（4）移民安置单元工程工作。以乡镇为考核的基本单位，并划定移民安置单元工程工作。

第四节 水电水利工程移民安置验收

一、 移民安置验收的意义、 内容、 规定及验收组织

1. 移民安置验收的意义

水电水利工程移民安置是工程建设的重要组成部分，移民安置验收是一项涉及政治、经济、社会、人口、资源、环境、工程技术等多个领域的系统工程。根据《大中型水利水电工程建设征地和移民安置条例》（国务院令 471 号）的规定，移民安置达到阶段性目标和移民安置工作完毕后应当组织验收，未经验收或者验收不合格的，不得对大中型水电水利工程按期完成阶段性验收和竣工验收。

2. 移民安置验收内容

（1）农村移民安置。

（2）城（集）镇迁建。

（3）工矿企业迁建或处理。

（4）专项设施迁（复）建。

（5）防护工程建设。

（6）水库库底清理。

（7）移民资金使用管理。

（8）移民档案管理。

（9）后扶政策落实情况。

（10）用地手续办理情况。

3. 移民安置验收规定

（1）移民安置验收分为自检、初检和终检，其组织或主持单位，均应组织成立相应的验收委员会，负责移民安置验收工作。验收委员会设立主任委员 1 名，副主任委员及委员会若干名，验收委员会主任应由验收组织或者主持单位的代表担任。

（2）验收委员会根据需要可设立农村移民安置、城（集）镇迁建、工矿企业迁建或者处理、专项设施迁建或者复建、防护工程建设、水库库底清理、移民资金使用管理、移民档案管理、水库移民后期扶持政策落实情况、建设用地手续办理等验收工作组，具体负责相关类别的验收工作。

4. 移民安置验收组织

（1）自验组织。

1）移民安置自验应由移民区和移民安置区县级人民政府组织进行。

2）移民安置自验委员会主任委员应由县级人民政府或其授权部门的代表担任。自验委员会成员应包括县级人民政府及其移民管理机构和相关部门、地市级移民管理机构、有关乡（镇）人民政府、项目法人、移民安置规划设计单位、移民安置监督评估单位的代表、有关专家和移民代表。

（2）初验组织。

1）移民安置初验应由与项目法人签订移民安置协议的地方人民政府会同项目法人组织进行。对县级人民政府与项目法人签订移民安置协议的工程，移民安置初验应由地市级人民政府会同项目法人组织进行。移民安置工作仅涉及一个县级行政区域的，移民安置初验可与自验合并进行。

2）移民安置初验委员会主任委员应由移民安置初验组织单位的代表担任。初验委员会成员应包括移民安置初验组织单位、省级移民管理机构、有关县级以上地方人民政府及其相关部门、重大专项主管部门、项目法人、移民安置规划设计单位、移民安置监督评估单位的代表和有关专家。

（3）终验组织。

1）国务院水行政主管部门主持验收的大中型水利水电工程，移民安置终验应由国务院水行政主管部门会同有关省级人民政府主持。其余大中型水利水电工程的移民安置终验应由省级人民政府或者其指定的移民管理机构主持。

2）移民安置终验委员会主任委员应由移民安置验收主持单位的代表担任。验收委员会成员应包括项目主管部门、有关县级以上地方人民政府及其移民管理机构和相关部门、重大专项主管部门、项目法人、移民安置规划设计单位、移民安置监督评估单位，以及其他相关单位的代表和有关专家。

二、移民安置验收要求、程序及依据

1. 移民安置验收要求

水利水电工程阶段性验收和竣工验收前，应组织工程阶段性移民安置验收和工程竣工移民安置验收。工程阶段性移民安置验收是指枢纽工程导（截）流、水库下闸蓄水（含分期蓄水）等阶段的移民安置验收。

2. 移民安置验收程序

移民安置验收应按自验、初验、终验顺序，自下而上组织进行。枢纽工程以外的堤防、河道等水利水电工程移民安置验收，可根据实际情况适当简化验收程序和内容。

3. 移民安置验收依据

（1）国家颁布的有关法律、法规、规章、政策和标准。

（2）经批准的移民安置规划大纲、工程初步设计报告中的移民安置规划、移民安置实施设计文件、设计变更和概算调整等批准文件、移民安置年度计划。

（3）水电水利工程建设项目法人与地方人民政府或其规定的移民管理机构签订的移民安置协议。

（4）其他移民安置相关文件。

三、移民安置验收资料

有关地方人民政府及其移民管理机构和相关部门、项目法人、移民安置规划设计单位、移民安置监督评估单位、移民安置项目建设单位等应为移民安置验收提交真实、完整的移民安置资料，并对提交的资料负责。移民安置验收应提供的资料主要如下：

1. 移民验收应提供的资料

（1）项目法人提供移民安置管理工作报告。

（2）与项目法人签订移民安置协议的地方人民政府或移民管理机构，提供移民安置实施工作报告。

（3）县级人民政府或其移民管理机构，提供县级移民安置实施工作报告。

（4）移民安置规划设计单位，提供移民安置规划设计工作报告。

（5）移民安置监督评估单位，提供移民安置监督评估报告。

（6）与项目法人签订移民安置协议的地方人民政府或移民管理机构，提供移民资金财务决算报告。

（7）政府审计机关，提供移民资金使用管理情况审计报告。

（8）自验组织单位，提供移民安置自检报告。

（9）初验组织单位，提供移民安置初验报告。

（10）项目法人、与项目法人签订移民安置协议地方人民政府，提供移民安置实施情况声像资料。

2. 移民安置验收备查资料

（1）建设征地实物调查资料。

（2）移民安置规划大纲及其审批文件。

(3) 可行性研究阶段、初步设计阶段、技施设计阶段的移民安置规划报告及其审核、审批文件。

(4) 移民安置规划设计变更报告及其审批文件。

(5) 农村移民安置资料。主要包括:

1) 移民安置分户档案资料。

2) 移民集中安置点规划及实施档案资料。

3) 移民生产用地调整资料。

4) 移民生产开发有关资料。

(6) 城(集)镇迁建资料。

1) 城(集)镇移民、单位和新址占地人口安置档案。

2) 主要市政工程规划设计及实施管理文件资料。

3) 主要市政工程及房屋验收文件资料。

(7) 工矿企业迁建或者处理资料:

1) 工矿企业迁建或者处理规划及实施资料。

2) 工矿企业迁建或者处理补偿销号资料。

3) 企业职工安置资料等。

(8) 专业设施迁建或者复建资料。工程项目规划及实施档案资料,包括规划设计、投资计划、建设管理、竣工验收、竣工决算等文件。

(9) 防护工程资料。防护工程规划及实施档案资料,包括规划设计、投资计划、建设管理、竣工验收、竣工决算等文件资料。

(10) 水库库底清理资料。

1) 水库库底清理实施方案和总结材料。

2) 项目实施过程影像、图片、文字等资料。

(11) 移民资金使用管理资料:

1) 移民资金使用计划文件资料。

2) 移民资金财务会计资料。

3) 移民资金管理文件资料。

(12) 后期扶持政策落实情况资料:

1) 后期扶持人口核定、登记资料。

2) 后期扶持资金兑付和项目实施管理资料。

(13) 历次稽查、审计、验收报告。

(14) 移民安置工作大事记。

四、 移民安置验收条件

1. 枢纽工程导(截)流阶段移民安置验收条件

移民安置验收在导(截)流后壅高水位淹没影响范围内应满足下列条件:

(1) 移民住房已落实,安置地生活条件基本具备,移民已完成搬迁,安置地的供水、供电、交通等基础设施基本满足移民生活需要。

（2）对城（集）镇的影响已得到妥善处理。

（3）工矿企业搬迁或者处理工作已完成。

（4）对专项设施的影响已得到妥善处理。

（5）已发现的地质灾害隐患得到妥善处理。

（6）水库库底清理工作已完成。

（7）应归档的文件材料已完成阶段性收集、整理。

2. 水库工程下闸蓄水（含分期蓄水）阶段移民安置验收条件

移民安置验收在相应的蓄水位淹没影响范围内应满足下列条件：

（1）移民住房已落成，安置地生活条件已具备，移民已完成搬迁，安置地的供水、供电、交通等基础设施和公共服务设施基本满足移民生活需要。

（2）农村移民生产安置措施基本落实。

（3）城（集）镇迁建工作基本完成。

（4）工矿企业搬迁或者处理工作已完成。

（5）专项设施迁建或者复建工作基本完成。

（6）已发现的地质灾害隐患得到妥善处理。

（7）水库库底清理工作已完成。

（8）应归档的文件材料已完成阶段性收集、整理。

3. 工程竣工移民安置验收条件

（1）移民已完成搬迁安置、移民安置区基础设施和公共服务设施建设已完成，农村移民生产安置措施已落实。

（2）城（集）镇迁建、工矿企业迁建或者处理、专项设施迁建或者复建已完成并通过主管部门验收。

（3）征地工作已完成。

（4）已发现的地质灾害隐患得到妥善处理。

（5）水库库底清理工作已完成。

（6）征地补偿和移民安置资金已按规定兑付完毕。

（7）移民资金财务决算编制已完成，资金使用管理情况已通过政府审计。

（8）移民资金审计、稽查和工程阶段性移民安置验收提出的主要问题已基本解决。

（9）移民档案的收集、整理和归档工作已完成，并满足完整、准确和系统性的要求。

五、 移民安置验收标准

1. 移民安置验收规定

（1）移民安置验收规定。工程阶段性移民安置验收和工程竣工移民安置验收根据需要，可按农村安置、城（集）镇迁建、工矿企业迁建或处理、专项设施迁建或者复建、防护工程建设、水库库底清理、移民资金使用管理、移民档案管理、水库移民后期扶持政策落实情况，建设用地手续移民手续办理等类别，进行分类验收。

（2）工程阶段性移民验收，枢纽工程以外的堤防、河道等水电水利工程移民安置验收可根据实际情况适当简化验收内容。

2. 枢纽工程导（截）流阶段移民安置验收标准

（1）农村移民安置验收合格应达到下列标准：

1）移民宅基地已全部分配到户。

2）移民已完成搬迁。

3）住房建设已基本完成。

4）安置点水、电、路等基础设施基本满足移民日常生活需要。

5）移民个人补偿费已按进度兑付。

6）土地补偿补助费和集体财产补偿费已按进度兑付。

7）移民安置点已通过地质灾害危险性评估。

（2）城（集）镇迁建验收合格应达到下列标准：

1）移民住房建设基本完成。

2）移民已完成搬迁。

3）行政及企事业单位已完成搬迁。

4）行政及企事业单位房屋建设和市政设施按计划建设。

5）移民个人财产补偿费已按进度兑付。

6）行政及企事业单位财产补偿费已按进度兑付。

7）新址已通过地质灾害危险性评估。

（3）工矿企业迁建或者处理验收合格应达到下列标准：

1）工矿企业已完成搬迁。

2）工矿企业补偿资金已按进度兑付。

（4）专业设施迁建或者复建验收合格应达到下列标准：

1）对专项设施的影响已得到妥善处理。

2）专项设施迁建或者复建已按计划建设。

3）专项设施迁建或者复建资金已按进度兑付。

（5）水库库底清理验收合格应达到下列标准：

1）水库库底清理已按批准的移民安置规划和相关技术要求完成。

2）卫生清理、有毒有害固体废弃物等清理已通过相关部门验收。

3）水库库底清理资金已按规定兑付给有关单位和个人。

（6）移民资金使用管理验收合格应达到下列标准：

1）移民资金已按进度拨付到位。

2）批准的补偿标准和投资概算得到严格执行。

3）移民资金管理制度健全，并得到认真执行。

（7）移民档案验收合格应达到下列标准：

1）移民档案管理制度已建立，并得到认真执行。

2）应归档的文件材料已完成阶段性收集、整理工作。

3. 水库工程下闸蓄水（含分期蓄水）阶段移民安置验收标准

（1）农村移民安置验收合格应达到下列标准：

1）移民已完成搬迁。

2）住房建设已基本完成。

3）安置点水、电、路等基础设施和学校等公共服务设施建设已按批准的移民安置规划建设完成。

4）生产用地已按批准的移民安置规划确定的标准拨付到村组。

5）生产开发措施正在有序落实。

6）移民个人补偿费已全部兑付到户。

7）土地补偿补助费和集体财产补偿费已按时兑付村组。

8）移民安置点已通过地质灾害危险性评估。

（2）城（集）镇迁建验收合格应达到下列标准：

1）移民已完成搬迁。

2）行政及企事业单位已完成搬迁。

3）移民住房建设已完成，行政及企事业单位房屋按计划建设。

4）水、电、路等市政设施和学校、医院等等公共服务设施建设已按批准的移民安置规划完成。

5）移民个人财产补偿费已全部兑付到户。

6）行政及企事业单位财产补偿费已按进度兑付。

7）新址已通过地质灾危险性评估。

8）新址占地搬迁人口补偿安置基本落实。

（3）工矿企业迁建或者处理验收合格应达到下列标准：

1）工矿企业已完成搬迁。

2）工矿企业补偿资金已按进度兑付。

3）职工安置措施已按规定落实。

（4）专业设施迁建或者复建验收合格应达到下列标准：

1）专项设施迁建或者复建已按批准的移民安置规划完成。

2）专项设施功能已恢复。

3）对库周专项设施的影响已得到妥善处理。

4）专项设施迁建或者复建资金已按拨付到位。

（5）防护工程验收合格应达到下列标准：

1）防护工程已按计划建设。

2）防护工程建设资金按进度拨付到位。

（6）水库库底清理验收合格应达到下列标准：

1）水库库底清理已按批准的移民安置规划和相关技术要求完成。

2）卫生清理、有毒有害固体废弃物等清理已通过相关部门验收。

3）经批准缓期拆除的桥梁等设施，安全措施已落实。

4）水库库底清理资金已到位，并按规定兑付给有关单位和个人。

（7）移民资金使用管理验收合格应达到下列标准：

1）移民资金已按进度拨付到位。

2）批准的补偿标准和投资概算得到严格执行。

3）移民资金管理制度健全，并得到认真执行。

（8）移民档案验收合格应达到下列标准：

1）移民档案管理制度已建立健全，并得到认真执行。

2）应归档的文件材料已完成阶段性收集、整理工作。

4．工程竣工移民安置验收标准

（1）农村移民安置验收合格应达到下列标准：

1）移民全部完成搬迁。

2）住房建设已基本完成。

3）安置点基础设施和公共服务设施建设已按批准的移民安置规划建设完成。

4）移民生产安置措施已落实，生产用地已按批准的移民安置规划确定的标准分配到户，生产开发措施正在有序落实。

5）移民个人补偿费已全部兑付到户。

6）土地补偿补助费和村集体财产补偿费已全部兑付村组。

7）移民安置点已通过地质灾害危险性评估。

（2）城（集）镇迁建验收合格应达到下列标准：

1）移民全部完成搬迁。

2）行政及企事业单位全部完成搬迁。

3）移民及单位房屋建设已完成，并按规定通过验收。

4）移民门面房已得到妥善处理。

5）基础设施和公共服务设施建设已按批准的移民安置规划完成，并按规定通过验收。

6）移民个人财产补偿费已全部兑现到户。

7）行政及企事业单位财产补偿费已全部兑付。

8）新址已通过地质灾危险性评估。

9）新址占地搬迁人口补偿安置基本落实。

（3）工矿企业迁建或者处理验收合格应达到下列标准：

1）工矿企业全部完成迁建或者处理。

2）工矿企业补偿资金已全部兑付到位。

3）职工安置措施已按规定落实。

（4）专业设施迁建或者复建验收合格应达到下列标准：

1）专项设施迁建或者复建已按批准的移民安置规划完成，并通过行业主管部门验收。

2）专项设施功能已恢复。

3）专项设施迁建或者复建资金已全部到位。

4）专项设施迁建或者复建工程已按规定完成移交。

（5）防护工程验收合格应达到下列标准：

1）防护工程建设已按设计完成。

2）防护工程建设资金已全部拨付到位。

3）防护工程已按规定通过验收。

4）防护工程运行管理责任主体和运行管理费已落实。

（6）水库库底清理验收合格应达到下列标准：

1）水库库底清理已按批准的移民安置规划完成。

2）卫生清理、有毒有害固体废弃物等清理已通过相关部门验收。

3）水库库底清理资金已全部到位，并按规定支付给有关单位和个人。

（7）移民资金使用管理验收合格应达到下列标准：

1）移民资金已按拨付到位。

2）批准的补偿标准和投资概算得到严格执行。

3）移民资金管理制度健全，并得到较好执行。

4）移民资金财务决算已编制完成，资金使用管理情况已通过政府审计。

5）移民资金审计、稽查和阶段性验收提出的问题已整改。

（8）移民档案验收合格应达到下列标准：

1）移民档案管理制度已建立健全，并得到认真执行。

2）移民档案资料已按有关规定收集、整理、归档。

3）移民档案资料真实、完整、准确、系统。

（9）水库移民后期扶持政策落实情况验收合格应达到下列标准：

1）水库移民后期扶持人口已按规定完成核定登记工作。

2）水库移民后期扶持资金已开始兑现。

（10）建设用地手续办理验收合格应达到下列标准：

1）工程建设区和水库淹没区的建设用地手续已按规定办理。

2）移民安置区建设用地手续已按规定办理。

六、 移民安置验收方法与评定

1. 移民安置验收方法

（1）移民安置自验。在单项工程竣工验收和移民安置工作全面自查的基础上，对各项验收内容：农村移民安置、城（集）镇迁建、工矿企业迁建或处理、专项设施迁建或复建、防护工程建设、水库库底清理、移民资金使用管理、移民档案管理、水库移民后期扶持政策落实情况、建设用地手续办理等，逐户、逐项全面检查验收。

（2）移民安置初验。对自验成果进行抽样检查，抽样可采取随机抽样和偏好抽样，并应符合下列规定：

1）农村移民安置，移民乡（镇）抽查比例不应低于80%，集中安置点抽查比例不应低于40%，移民户抽查比例不应低于10%。

2）城（集）镇迁建，涉及城（集）镇全部检查；城（集）镇基础设施和公共服务设施项目抽查比例不应低于20%；居民户抽查比例不应低于10%，企事业单位抽查比例不应低于20%。

3）工矿企业迁建或者处理，迁建工矿企业抽查比例、破产关闭工矿企业抽查比例均不应低于 50%。

4）专项设施迁建或者复建，各类别专业设施抽查比例不应低于 50%。

5）防护工程项目全部检查。

6）水库库底清理，库底清理项目数量抽查比例不应低于 30%，特殊清理项目全部检查，对重点卫生清理项目必要时进行现场检测。

7）移民资金使用管理，涉及县全部检查，乡镇抽查比例不应低于 30%；各类别移民项目抽查比例不应低于 5%，进行账账核对和账实核对。

8）移民档案管理，各类别档案卷数抽查比例不应低于 5%。

（3）移民安置终验应对初验成果进行抽样检查，抽样可采取随机抽样和偏好抽样。终验抽查的移民户（项目）与初验抽查的移民户（项目）重叠率不应超过 70%，并应符合下列规定：

1）农村移民安置，移民乡镇抽查比例不应低于 40%，集中安置点抽查比例不应低于 20%，移民户抽查比例不应低于 5%。

2）城（集）镇迁建，涉及城（集）镇全部检查；城（集）镇基础设施和公共服务设施项目抽查比例不应低于 10%，居民户抽查比例不应低于 5%，企事业单位抽查比例不应低于 10%。

3）工矿企业迁建或者处理，迁建工矿企业抽查比例不应低于 30%，破产关闭工矿企业抽查比例不应低于 30%。

4）专项设施迁建或者复建，各类别专业设施抽查比例不应低于 20%。

5）防护工程项目全部检查。

6）水库库底清理，库底清理项目数量抽查比例不应低于 20%，特殊清理项目全部检查，对重点卫生清理项目必要时进行现场检测。

7）移民资金使用管理，涉及县全部检查，乡镇抽查比例不应低于 20%；各类别移民项目抽查比例不应低于 5%、进行账账核对和账实核对。

8）移民档案管理，各类档案卷数抽查比例不应低于 5%。

2. 移民安置验收评定

（1）移民安置自验、初验和终验均按合格、不合格两个等级评定。

（2）工程阶段性移民安置验收时，农村移民安置、城（集）镇迁建、工矿企业迁建、专项设施迁建或者复建、防护工程建设、库底清理、移民资金使用管理、移民档案管理等八类别验收均达到合格标准，验收评定为合格，否则，验收评定为不合格。

（3）工程竣工移民安置验收时，农村移民安置、城（集）镇迁建、工矿企业迁建、专项设施迁建或者复建、防护工程建设、库底清理、移民资金使用管理、移民档案管理和移民后期扶持政策落实情况等九类别验收均达到合格标准，验收评定为合格，否则，验收评定为不合格。

七、移民安置验收报告出具、监督管理部门及监督内容

1. 移民安置验收报告的出具

移民安置验收报告由省、州（市）移民管理机构印发出具。

2. 移民安置验收监督管理部门

移民安置验收监督管理部门有：国务院水行政主管部门；省级政府或其移民管理机构。

3. 水电水利工程移民安置验收监督内容

（1）验收工作是否及时。

（2）验收条件是否具备。

（3）验收人员组成是否合理。

（4）验收程序是否合规。

（5）验收资料是否齐全。

（6）验收结论是否准确。

（7）提出的问题是否及时整改。

第十四章

黄金坪水电站建设工程项目划分实例

第一节 黄金坪水电站单位工程—合同项目划分

一、 黄金坪水电站工程简介

1. 工程概况

黄金坪水电站位于大渡河上游河段，是大渡河水电基地干流水电规划“三库 22 级”的第 11 级电站，上接长河坝水电站，下游为泸定水电站。坝址控制流域面积 56942km^2，占全流域面积的 73.58%，多年平均流量 847m^3/s。水库正常蓄水位为 1476.00m，相应正常蓄水位库容为 1.28m^3，校核洪水位为 1478.93m，相应水库总库容为 1.4 亿 m^3，死水位 1472.00m，汛期运行水位 1472.00m，坝壅水高 73m、最大坝高 95.5m，水库具有日调节能力。

枢纽建筑物主要由沥青混凝土心墙堆石坝、1 条岸边溢洪道、1 条泄洪（放空）洞、主体引水发电建筑物和坝后小厂房等组成，黄金坪电站最大坝高 82.5m。黄金坪水电站是以发电为主的大（Ⅱ）型工程，无航运、漂木、防洪、灌溉等综合利用要求。工程动态总投资 1004044 万元，静态总投资 847010 万元。电站总装机容量 850 MW（大 800MW、小 50MW），多年平均年发电量 38.61 亿 kWh。

2. 主要参建单位

（1）设计单位。中国电建集团成都勘测设计研究院有限公司。

（2）项目法人单位。四川大唐国际甘孜水电开发有限公司。

（3）监理单位。

1）四川二滩国际工程咨询有限责任公司（简称二滩国际）；

2）浙江华东工程咨询有限公司（简称华咨监理）；

3）中国电建集团成都勘测设计研究院有限公司环保水保综合监理部。

（4）主要施工单位。

1）江南水利水电工程公司（简称江南公司）；

2）中国水利水电第十四工程局有限公司（简称水电十四局）；

3）中国水利水电第七工程局有限公司（简称水电七局）；

4）中国水利水电第九工程局有限公司（简称水电九局）；

5）中铁十九集团第一工程有限公司（简称中铁十九局）；

6）中铁八局集团有限公司（简称中铁八局）。

7）中国水利水电第五工程局有限公司（简称水电五局）。

（5）安全监测单位。长江勘测规划设计研究有限责任公司（简称长江勘测）。

二、黄金坪水电站单位工程—合同项目划分（见表 14-1）

表 14-1　　黄金坪水电站单位工程—合同工程项目划分

工程类别	单位工程	合同		参建单位	监理单位
		编号	名称		
一、拦河坝工程	▲01 沥青心墙堆石坝	HJP/SG013-2010	01 黄金坪水电站左岸坝肩开挖工程	江南公司	二滩国际
		HJP/SG026-2011	02 黄金坪水电站大坝围堰工程		
		HJP/SG028-2011	03 黄金坪水电站大坝及溢洪道工程		
		HJP/SG040-2015	04 黄金坪水电站坝基廊道加固处理工程	水电五局	
		HJP/SG059-2016	05 黄金坪水电站坝顶结构工程施工	河南基安	
	▲02 溢洪道工程	HJP/SG028-2011	03 黄金坪水电站大坝及溢洪道工程	江南公司	
二、泄洪工程	▲03 导流兼泄洪洞工程	HJP/SG011-2009	06 黄金坪水电站导流兼泄洪洞工程	水电九局	
三、引水工程	▲04 左岸引水系统	HJP/SG023-2011	07 黄金坪水电站引水发电系统工程（Ⅰ标）	江南公司	
		HJP/SG024-2011	08 黄金坪水电站引水发电系统工程（Ⅱ标）	水电七局	
	▲05 右岸引水发电系统	HJP/SG037-2014	09 黄金坪水电站厂房内部及室外厂区装饰装修工程		
四、发电工程	▲06 左岸地下发电厂房	HJP/SG015-2010	10 黄金坪水电站左岸厂房附属洞室工程		
		HJP/SG025-2011	11 黄金坪水电站引水发电系统工程（Ⅲ标）	水电十四局	
		HJP/SG037-2014	09 黄金坪水电站厂房内部及室外厂区装饰装修工程	水电七局	
五、升压变电工程	▲07 左岸升压变电工程	HJP/SG037-2014	09 黄金坪水电站厂房内部及室外厂区装饰装修工程		
		HJP/SG025-2011	11 黄金坪水电站引水发电系统工程（Ⅲ标）	水电十四局	
六、安全监测工程	▲08 安全监测工程	HJP/SG020-2010	12 黄金坪水电站安全监测工程	长江勘测	

续表

工程类别	单位工程	合同		参建单位	监理单位
		编号	名称		
七、砂石系统	09 砂石加工系统	HJP/SG019-2010	13 黄金坪水电站人工骨料加工系统工程	水电九局	二滩国际
八、机电安装工程	▲10 机电安装工程	HJP/SG030-2012	14 黄金坪水电站机电安装工程	水电十四局	
九、消防工程	▲11 消防工程	HJP/SG030-2012	14 黄金坪水电站机电安装工程		
		HJP/SB082-2014	15 消防系统设备、消防监控系统及其附属设备采购及安装	四川赛科消防	
十、临建工程	12 临时工程（导流工程）	HJP/SG009-2007	16 黄金坪水电站临时工程	中铁十九局	
	13 围堰工程	HJP/SG026-2011	02 黄金坪水电站大坝围堰工程	江南公司	
	14 施工辅助建筑工程	HJP/SG008-2007	17 黄金坪水电站 110kV 变电站工程	水电五局	
十一、交通工程	15 交通工程	HJP/SG012-2009	18 黄金坪水电站场内交通 6 号公路工程	水电十四局	
		HJP/SG016-2010	19 黄金坪水电站场内交通 23 号、25 号公路工程	水电七局	
		HJP/SG017-2010	20 黄金坪水电站场内交通 4 号、8 号公路工程	水电九局	
		HJP/SG011-2009	06 黄金坪水电站导流兼泄洪洞工程		
		HJP/SG040-2015	04 黄金坪水电站坝基廊道加固处理工程	水电五局	
	16 省道 S211 复建公路工程	HJP/SG001-2007	21 黄金坪水电站省道 S211 复建公路Ⅰ标	水电九局	
		HJP/SG002-2007	22 黄金坪水电站省道 S211 复建公路Ⅱ标	中交四局	
		HJP/SG014-2010	23 黄金坪水电站省道 S211 复建公路Ⅲ标	中铁十九局	
十二、移民工程	17 地方实施移民工程（黄金坪水电站移民安置协议 HJP/YM 043-2014）	HJP/SG034-2013	24 移民安置点对外交通舍联大桥	中交四局	
		HJP/SG029-2011	25 黄金坪水电站长坝移民安置点【垫高防护及对外交通桥】工程施工	中铁十九局	
十三、环境保护工程	18 环境保护工程	CHB/SG112-2013	26 黄金坪水电站工程鱼类增殖放流站工程	中铁八局	环水保监理
十四、水土保持工程	19 水土保持工程	HJP/SG060-2016	27 黄金坪水电站坝肩及营地绿化修复工程	四川态森源	

注：单位工程名称前加“▲”为主要单位工程。

第二节　黄金坪水电站单位—合同—分部工程项目划分

一、单位工程—合同—分部工程项目划分编码说明

1. 项目划分编码说明

（1）单位工程编码。单位工程编码采用两位表示，分别为00～99。一个单位工程可由一个合同完成，也可由两个及以上合同共同完成；也可能两个以上的单位工程由一个合同完成。

（2）合同工程编码。合同工程编码采用两位表示合同顺序号，分别为00～99。合同顺序号是以合同排列先后顺序依次排列进入项目划分表中，当一个单位工程、或一个分部工程由两个或三个合同完成时，可将合同拆开，但合同顺序编码是同一个。

（3）分部工程编码。分部工程编码采用两位表示，分别为00～99。编码010101，表示第一个单位工程、第一个合同、第一个分部工程。一个分部工程可能是一个合同完成，也可能是两个合同共同完成。

2. 项目划分编码的作用

（1）单位工程编码的作用。单位工程编码填入单位工程验收鉴定书，作为文件编号。

（2）分部工程编码的作用。将分部工程编码填入分部工程验收鉴定书封面，作为该文件的文件编号。

二、黄金坪水电站单位工程—合同—分部工程项目划分表（见表14-2）

表14-2　　黄金坪水电站分部工程项目划分

工程类别	单位工程	合同名称及编号	分部工程		施工单位	监理单位
			编码	名称		
一、拦河坝工程	▲01 沥青心墙堆石坝	01 黄金坪水电站左岸坝肩开挖工程 HJP/SG013-2010	010101	▲01 左岸环境边坡处理	江南公司	二滩国际
		02 黄金坪水电站大坝围堰工程 HJP/SG026-2011	010202	02 右岸环境边坡处理		
		01 黄金坪水电站左岸坝肩开挖工程 HJP/SG013-2010	010103	▲03 左坝肩开挖及支护		
		02 黄金坪水电站大坝围堰工程 HJP/SG026-2011	010204	04 右坝肩开挖及支护		
		03 黄金坪水电站大坝及溢洪道工程 HJP/SG028-2011	010305	05 坝基开挖与处理		
			010306	▲06 坝基及坝肩防渗		
			010307	▲07 沥青混凝土心墙		
			010308	▲08 上游坝体填筑		
			010309	▲09 下游坝体填筑		
			010310	10 混凝土工程		
		04 黄金坪水电站坝基廊道加固处理工程 HJP/SG040-2015	010410		水电五局	

续表

工程类别	单位工程	合同名称及编号	分部工程		施工单位	监理单位
			编码	名称		
一、拦河坝工程	▲01 沥青心墙堆石坝	01 黄金坪水电站左岸坝肩开挖工程 HJP/SG013-2010	010111	11 坝体排水	河南基安	二滩国际
		02 黄金坪水电站大坝围堰工程 HJP/SG026-2011	010211			
		03 黄金坪水电站大坝及溢洪道工程 HJP/SG028-2011	010311			
			010312	12 上游坝面护坡		
			010313	13 下游坝面护坡		
		05 黄金坪水电站坝顶结构工程施工 HJP/SG059-2016	010514	14 坝顶及附属设施		
		01 黄金坪水电站左岸坝肩开挖工程 HJP/SG013-2010	010115	15 灌浆平洞及交通洞工程	江南公司	
		02 黄金坪水电站大坝围堰工程 HJP/SG026-2011	010215			
		03 黄金坪水电站大坝及溢洪道工程 HJP/SG028-2011	010315			
		01 黄金坪水电站左岸坝肩开挖工程 HJP/SG013-2010	010116	16 上坝交通洞		
		02 黄金坪水电站大坝围堰工程 HJP/SG026-2011	010217	17 下游河道防护工程及其他		
		03 黄金坪水电站大坝及溢洪道工程 HJP/SG028-2011	010317			
二、泄洪工程	▲02 溢洪道工程	03 黄金坪水电站大坝及溢洪道工程 HJP/SG028-2011	020301	▲01 地基处理及排水	江南公司	
			020302	02 进水渠段		
			020303	▲03 控制段		
			020304	04 泄槽段		
			020305	05 消能防冲段		
			020306	06 尾水段		
			020307	07 金属结构及启闭机安装		
			020308	08 建筑及装修工程		
	▲03 导流兼泄洪洞工程	06 黄金坪水电站导流兼泄洪洞工程 HJP/SG011-2010	030601	▲01 进口边坡开挖及支护	水电九局	
			030602	▲02 出口边坡开挖及支护		
			030603	03 进口段工程		
			030604	04 有压洞身段		
			030605	05 无压洞身段		
			030606	▲06 工作闸室段（土建）		
			030607	▲07 出口段工程		
		07 黄金坪水电站机电安装工程 HJP/SG030-2012	030708	▲08 金属结构及启闭机安装	十四局机电	
		06 黄金坪水电站导流兼泄洪洞工程 HJP/SG011-2010	030609	▲09 灌浆工程	水电九局	
			030610	10 施工支洞及封堵体		
			030611	11 下游河道防护工程		

续表

工程类别	单位工程	合同名称及编号	分部工程		施工单位	监理单位
			编码	名称		
三、引水工程	▲04 左岸引水系统	08 黄金坪水电站引水发电系统工程（Ⅰ标）HJP/SG 023-2011	040801	▲01 进水口土建	江南公司	二滩国际
			040802	02 2 号引水隧洞洞身段（Ⅰ标）		
			040803	03 1 号引水隧洞洞身段（Ⅰ标）		
			040804	04 2 号洞灌浆工程（Ⅰ标）		
			040805	05 1 号洞灌浆工程（Ⅰ标）		
			040806	06 地勘平洞		
		03 黄金坪水电站大坝及溢洪道工程 HJP/SG028-2011	040306	06 地勘平洞		
		08 黄金坪水电站引水发电系统工程（Ⅰ标）HJP/SG 023-2011	040807	07 封堵工程（Ⅰ标）		
			040808	08 金属结构及启闭机安装		
		09 黄金坪水电站引水发电系统工程（Ⅱ标）HJP/SG 024-2011	040909	09 2 号引水隧洞洞身段（Ⅱ标）	水电七局	
			040910	10 1 号引水隧洞洞身段（Ⅱ标）		
			040911	11 调压室及交通洞工程		
			040912	▲12 4 号压力管道土建		
			040913	▲13 3 号压力管道土建		
			040914	▲14 2 号压力管道土建		
			040915	▲15 1 号压力管道土建		
			040916	16 2 号洞灌浆工程（Ⅱ标）		
			040917	17 1 号洞灌浆工程（Ⅱ标）		
			040918	18 封堵工程（Ⅱ标）		
			040919	▲19 压力钢管制作与安装		
			040920	20 闸门及启闭机安装		
	▲05 右岸引水发电系统		050901	01 进水口		
			050902	▲02 引水隧洞及压力管道		
			050903	03 进厂交通洞		
			050904	04 排风兼出线洞		
			050905	05 厂房土建		
			050906	06 尾调室（含尾水连接洞 尾水洞）		
			050907	07 防渗及排水廊道系统		
			050908	08 母线洞		
			050909	09 主变室		
			050910	10 开关站		
			050911	▲11 压力钢管制作与安装		
			050912	12 闸门及启闭（起重）设备安装		
			050913	13 封堵工程		
			050914	14 右岸出线场		
		10 黄金坪水电站厂房内部及室外厂区装饰装修工程 HJP/SG037-2014	051015	15 砌体及建筑装修工程		

续表

工程类别	单位工程	合同名称及编号	分部工程		施工单位	监理单位
			编码	名称		
四、发电工程	▲06 左岸地下发电厂房	11 黄金坪水电站左岸厂房附属洞室工程 HJP/SG015-2010	061101	01 进厂交通洞	水电七局	二滩国际
			061102	02 厂房排风洞		
			061103	03 进风洞及空调机室		
			061104	04 厂区环境边坡治理		
		12 黄金坪水电站引水发电系统工程（Ⅲ标）HJP/SG 025-2011	061205	▲05 厂房开挖与支护	水电十四局	
			061206	06 岩锚梁和吊顶牛腿		
			061207	07 安装间土建		
			061208	08 4 号机组土建		
			061209	09 3 号机组土建		
			061210	10 2 号机组土建		
			061211	11 1 号机组土建		
			061212	12 副厂房土建		
			061213	▲13 尾水连接洞		
			061214	▲14 尾闸室		
			061215	15 2 号尾水洞		
			061216	16 1 号尾水洞		
			061217	▲17 尾水洞出口工程		
			061218	18 防渗及排水廊道系统		
			061219	19 金属结构及启闭（起重）设备安装		
			061221	21 封堵工程		
			061222	▲22 尾水隧洞出口围堰		
		10 黄金坪水电站厂房内部及室外厂区装饰装修工程 HJP/SG037-2014	061020	20 砌体及建筑装修工程	水电七局	
		12 黄金坪水电站引水发电系统工程（Ⅲ标）HJP/SG025-2011			水电十四局	
五、升压变电工程	▲07 左岸升压变电工程	11 黄金坪水电站左岸厂房附属洞室工程 HJP/SG015-2010	071101	01 出线兼排风洞	水电七局	
		12 黄金坪水电站引水发电系统工程（Ⅲ标）HJP/SG 025-2011	071202	02 母线洞	水电十四局	
			071203	03 主变室		
			071204	04 出线场		
			071205	05 GIS 室		
六、安全监测工程	▲08 安全监测工程	13 黄金坪水电站安全监测工程施工 HJP/SG020-2010	081301	01 沥青混凝土心墙堆石坝安全监测工程	长江勘测	
			081302	02 泄洪系统监测工程		
			081303	03 左岸引水系统监测工程		
			081304	04 左岸发电厂房监测工程		
			081305	05 右岸引水发电系统监测工程		
			081306	06 导流系统监测工程		
			081307	07 观测房		
			081308	08 其他		

续表

工程类别	单位工程	合同名称及编号	分部工程		施工单位	监理单位
			编码	名称		
七、砂石系统	09砂石加工系统	14黄金坪水电站人工骨料加工系统工程 HJP/SG019-2010	091401	01场地平整	水电九局砂石	二滩国际
			091402	02粗碎车间		
			091403	03半成品料仓及一筛车间		
			091404	04中细碎及二筛车间		
			091405	05超细碎 三筛车间		
			091406	06成品及装车料仓		
			091407	07胶带机运输系统		
			091408	08电气控制系统		
			091409	09供水及水处理系统		
八、机电安装工程	▲10机电安装工程	07黄金坪水电站机电安装工程 HJP/SG030-2012	100701	01左岸4号水轮发电机组安装	十四局机电	
			100702	02左岸3号水轮发电机组安装		
			100703	03左岸2号水轮发电机组安装		
			100704	04左岸1号水轮发电机组安装		
			100705	05左岸辅助设备安装		
			100706	06左岸电气一次设备安装		
			100707	07左岸电气二次设备安装		
			100708	08左岸通风空调设备		
			100709	09左岸金属结构及启闭（起重）设备安装		
			100710	10左岸供水工程		
			100711	11左岸通信系统		
			100712	12右岸2号水轮发电机组安装		
			100713	13右岸1号水轮发电机组安装		
			100714	14右岸辅助设备安装		
			100715	15右岸电气一次设备安装		
			100716	16右岸电气二次设备安装		
			100717	17右岸通风空调设备		
			100718	18右岸金属结构及启闭（起重）设备安装		
			100719	19右岸供水工程		
			100720	20右岸通信工程		
九、消防工程	▲11消防工程		110701	01左岸消防工程		
			110702	02右岸消防工程		
		15消防系统设备、消防监控系统及其附属设备采购及安装 HJP/SB082-2014	111501	01左岸消防工程	赛科消防	
			111502	02右岸消防工程		

续表

工程类别	单位工程	合同名称及编号	分部工程		施工单位	监理单位
			编码	名称		
十、临建工程	12 临时工程（导流工程）	16 黄金坪水电站临时工程 HJP/SG009-2007	121601	01 进口段工程	中铁十九局	二滩国际
			121602	02 洞身段工程		
			121603	03 出口段工程		
			121604	04 灌浆及基础处理（回填与固结灌浆）		
			121605	05 金属结构安装		
	13 围堰工程	02 黄金坪水电站大坝围堰工程 HJP/SG026-2011	130201	01 堰肩开挖及支护	江南公司	
			130202	02 防渗墙工程		
			130203	03 上游堰体填筑		
			130204	04 下游堰体填筑		
			130205	05 复合土工膜心墙		
			130206	06 混凝土心墙		
			130207	07 下游围堰护坡		
			130208	08 灌浆工程		
	14 施工辅助建筑工程	17 黄金坪水电站 110kV 变电站工程 HJP/SG008-2007	141701	01 110kVA 变电站	水电五局	
			141702	02 附属设施		
十一、交通工程	15 交通工程	18 黄金坪水电站场内交通 6 号公路工程 HJP/SG012-2009	151801	01 明线路面工程	水电十四局	
			151802	02 明洞		
			151803	03 洞口工程		
			151804	04 装饰		
			151805	05 洞身开挖		
			151806	06 洞身衬砌		
			151807	07 防排水		
			151808	08 隧洞路面		
			151809	09 辅助施工措施		
			151810	10 标志 *		
			151811	11 标线		
			151812	12 护栏 *		
			151813	13 渣场防护		
			151814	14 路基土石方工程 *		
		19 黄金坪水电站场内交通 23 号、25 号公路工程 HJP/SG016-2010	151901	01 23 号公路路基工程	水电七局	
			151902	02 23 号公路路面工程		
			151903	03 23 号公路交通安全设施		
			151904	04 25 号公路路基工程		
			151905	05 25 号公路路面工程		
			151906	06 25 号公路交通安全设施		
			151907	07 出线场开挖工程		
			151908	08 出线场锚喷支护		
			151909	09 出线场混凝土		
			151910	10 出线场排水		
		20 黄金坪水电站场内交通 4、8 号公路工程 HJP/SG017-2010	152001	01 4 号公路路基工程	水电九局	
			152002	02 8 号公路路基工程		
			152003	03 8 号公路路面工程		
			152004	04 8 号公路桥梁工程		

续表

工程类别	单位工程	合同名称及编号	分部工程		施工单位	监理单位
			编码	名称		
十一、交通工程	15 交通工程	04 黄金坪水电站坝基廊道加固处理工程 HJP/SG040-2015	150401	01 8号公路挡土墙背填筑工程	水电五局	二滩国际
			150402	02 8号公路管道基础及管节安装		
			150403	03 8号公路开挖基坑工程		
			150404	04 8号公路石方路基回填工程		
			150405	05 8号公路混凝土管节预制工程		
			150406	06 8号公路水泥稳定层或底基层工程		
			150407	07 8号公路水泥混凝土面层工程		
			150408	08 8号公路混凝土防撞护栏工程		
			150409	09 8号公路路肩工程		
			150410	10 8号公路钢筋加工及安装工程		
			150411	11 8号公路浆砌排水沟工程质		
			150412	12 8号公路路堑墙混凝土		
		06 黄金坪水电站导流兼泄洪洞工程 HJP/SG011-2010	150601	01 1号公路路基工程	水电九局	
			150602	02 1号公路路面工程		
			150603	03 1号公路桥梁工程		
			150604	04 5号公路路基工程		
			150605	05 5号公路路面工程		
			150606	06 13号公路路基工程		
			150607	07 13号公路路面工程		
			150608	08 21号公路路基工程		
			150609	09 21号公路路面工程		
十二、环境保护及水土保持工程	16 环境保护及水土保持工程	21 长河坝和黄金坪水电站工程鱼类增殖放流站工程 CHB/SG112-2013	162101	01 场地平整及场内道路工程	中铁八局	环保水保监理
			162102	02 构筑物工程		
			162103	03 井式泵站工程		
			162104	04 房建工程		
			162105	05 场地围护及给排水工程		
			162106	06 绿化工程		
			162107	07 室外及构筑物给排水工程		
			162108	08 养殖系统给排水工程		
			162109	09 生产系统设备安装工程		
			162110	10 供配电设备安装工程		
		22 黄金坪水电站坝肩及营地绿化修复工程 HJP/SG060-2016	162201	01 左岸 1481.5m 坝肩马道绿化工程	四川态森源	
			162202	02 右岸 1481.5m 坝肩马道绿化工程		

续表

工程类别	单位工程	合同名称及编号	分部工程		施工单位	监理单位
			编码	名称		
十二、环境保护及水土保持工程	16 环境保护及水土保持工程	23 黄金坪水电站场内公路绿化及灌溉给水安装工程 HJP/SG050-2015	162301	01 场内公路绿化及灌溉给水安装工程	四川金熠	
		03 黄金坪水电站大坝及溢洪道工程 HJP/SG028-2011	160301	01 1号渣场	江南公司	
		06 黄金坪水电站导流兼泄洪洞工程 HJP/SG011-2010	160601	01 2、5、6号渣场	水电九局	
		24 黄金坪水电站耕植土转运工程 HJP/SG021-2010	162401	01 耕植土转运	核工业	
		25 黄金坪水电站耕植土转运合同 HJP/SG046-2015	162501		水电七局	
十三、移民工程	17 地方实施移民工程（黄金坪水电站移民安置协议 HJP/YM 043-2014）	26 黄金坪水电站省道 S211 复建公路Ⅰ标 HJP/SG001-2007	172601	01 路基土、石方工程（1～3km 路段）	水电九局	二滩国际
			172602	02 路面工程（1～3km 路段）		
			172603	03 排水工程（1～3km 路段）		
			172604	04 涵洞、通道（1～3km 路段）		
			172605	05 砌筑防护工程（1～3km 路段）		
			172606	06 大型挡土墙*，组合式挡土墙*（每处）		
			172607	07 桥梁工程		
			172608	08 隧道工程		
			172609	09 环保工程		
			172610	10 机电工程		
			172611	11 交通安全设施（标志、标线、护栏）		
		27 黄金坪水电站省道 S211 复建公路Ⅱ标 HJP/SG002-2007	172701	01 路基土、石方工程（1～3km 路段）	中交四局	
			172702	02 路面工程（1～3km 路段）		
			172703	03 排水工程（1～3km 路段）		
			172704	04 隧道工程		
			172705	05 机电工程		
		28 黄金坪水电站省道 S211 复建公路Ⅲ标 HJP/SG014-2010	172801	01 路基土、石方工程（1～3km 路段）	中铁十九局	
			172802	02 路面工程（1～3km 路段）		
			172803	03 排水工程（1～3km 路段）		
			172804	04 涵洞、通道（1～3km 路段）		

续表

工程类别	单位工程	合同名称及编号	分部工程		施工单位	监理单位
			编码	名称		
十三、移民工程	17 地方实施移民工程（黄金坪水电站移民安置协议 HJP/YM 043-2014）	28 黄金坪水电站省道 S211 复建公路Ⅲ标 HJP/SG014-2010	172805	05 砌筑防护工程（1～3km 路段）	中铁十九局	二滩国际
			172806	06 大型挡土墙＊，组合式挡土墙＊（每处）		
			172807	07 桥梁工程		
			172808	08 隧道工程		
			172809	09 环保工程		
			172810	10 机电工程		
			172811	11 交通安全设施（标志、标线、护栏）		
		29 移民安置点对外交通舍联大桥及库区交通道路工程（HJP/SG034-2013）	172901	01 基础及下部构造	中铁八局	
			172902	02 上部构造预制和安装		
			172903	03 上部构造现场浇筑		
			172904	04 总体、桥面系及附属工程		
			172905	05 防护工程		
			172906	06 引道工程		
			172907	07 交通安全设施		
		30 黄金坪水电站长坝移民安置点【垫高防护及对外交通桥】工程施工（HJP/SG 029-2011）	173001	01 基础及下部构造	中铁十九局	
			173002	02 上部构造预制和安装		
			173003	13 上部构造现场浇筑		
			173004	04 总体、桥面系及附属工程		
			173005	05 防护工程		
			173006	06 垫高工程		
			173007	07 砌护工程		
			173008	08 附属工程		
			173009	09 临时工程		
		31 姑咱黑日移民安置点房屋建筑安装及总平市政工程（HJP/SG036-2013）	173101	01 基础		长委监理
			173102	02 主体		
			173103	03 屋面		
			173104	04 节能		
			173105	05 装饰装修		
			173106	06 电气		
			173107	07 给排水		
			173108	08 室外总平		
		32 黄金坪水电站章古河坝移民安置点房屋建筑安装及总平市政工程（HJP/SG035-2013）	173201	01 地基与基础工程	中铁八局	
			173202	02 主体结构工程		
			173203	03 建筑装饰装修工程		
			173204	04 建筑屋面		
			173205	05 建筑给排水		

续表

工程类别	单位工程	合同名称及编号	分部工程		施工单位	监理单位
			编码	名称		
十三、移民工程	17 地方实施移民工程（黄金坪水电站移民安置协议 HJP/YM 043-2014）	32 黄金坪水电站章古河坝移民安置点房屋建筑安装及总平市政工程（HJP/SG035-2013）	173206	06 建筑电气	中铁八局	长委监理
			173207	07 室外环境（场坪绿化、室外环境、给排水及采暖、电气系统）		
			173208	08 姑咱安置地外部饮水工程		
		33 黄金坪水电站省道 S211 复建公路隧道机电附属工程施工合同 HJP/SG032-2013	173201	01、黄金坪隧道机电设施安装	水电五局	
			173202	02、耙亚隧道机电设施安装		
			173203	03、牛棚子隧道机电设施安装		
		章古山土地开发整理工程		章姑山、章古河坝土地开发	地方政府实施工程	
				章姑山外部饮水工程		
				章姑山特色农业工程		
		章古河坝安置点外部饮水工程				
		姑咱移民小学				
		电力复建工程				
		电信复建工程		反滤料场地影响线路		
				S211 复建公路施工影响线路		
		章古河坝外部饮水工程				
		章古山对外道路				
		时济村对外连接路				
		姑咱地震台				
		库底清理				
		章古山土地开发整理工程		章姑山、章古河坝土地开发		
		章姑山外部饮水工程		章姑山外部饮水工程		
		章姑山特色农业工程		章姑山特色农业工程		
		章古河坝安置点外部饮水工程				
		姑咱移民小学				
		电力复建工程				
		电信复建工程		反滤料场地影响线路		
		S211 复建公路施工影响线路		S211 复建公路施工影响线路		
		章古河坝外部饮水工程				
		章古山对外道路				
		时济村对外连接路				
		姑咱地震台				
		库底清理				

注：1. 单位工程名称前加“▲”为主要单位工程；
2. 分部工程名称前加“▲”为主要分部工程。

第三节　黄金坪水电站单位—合同—分部—单元工程项目划分

一、黄金坪水电站单位—合同—分部—单元工程项目划分编码

1. 项目划分编码说明

（1）编码规则。项目划分表中编码规则分别如下：

1）单位工程编码。单位工程编码采用两位表示，依次从01～99。

2）合同工程编码。合同工程编码采用两位表示，依次从01～99。

合同的签订是比较灵活的，根据实际情况会出现各种情况，如：一个合同可能包含两个单位工程，也有一个合同包含两个或三个分部工程，也有两个或三个合同共同完成的一个分部工程，均在项目划分表中体现。

3）分部工程编码。分部工程编码采用两位表示，依次从01～99。

4）分项工程编码。分项工程编码采用两位表示，依次从01～99。

5）单元工程编码。单元工程编码采用四位表示。依次从0001～9999。

6）编码说明。如某单元工程项目划分编码为：01010101-0001～0030，表示第一个单位工程、第一个合同、第一个分部工程、第一个分项工程中含有第一至第三十个单元工程，共计30个单元工程。

（2）项目划分符号说明。项目划分表中，▲、* 的使用说明如下：

1）单位工程编码中带“▲”者为主要单位工程；

2）分部工程编码中带“▲”者为主要分部单位工程；

3）单元工程编码中带“▲”者为关键单元工程，带“*”者为主要单元工程。

2. 项目划分编码的作用

（1）单位工程编码的作用。单位工程编码填入单位工程验收鉴定书的首页，并作为该文件的文件编号。

（2）合同编码。按合同先后顺序依次排列，当一个合同涉及两个以下不同部位时，将合同分别拆开放入表内。

（3）分部工程编码的作用。分部工程编码填入分部工程验收鉴定书的首页，并作为该文件的文件编号。

（4）分项工程编码的作用。分项工程编码是用于区别在分部工程中排列为第几个分项工程，分项工程不作质量评定。

（5）单元工程编码的作用。单元工程编码填入各单元工程质量评定及各工序验收资料内，作为文件编号。

二、黄金坪水电站大坝单位工程—合同—分部工程—单元工程项目划分

（1）大坝（沥青混凝土心墙堆石坝）单位工程—合同—分部工程—单元工程项目划分（见表14-3）。

表 14-3

大坝单位工程—合同—分部工程—单元工程项目划分表

工程类别	单位工程	合同名称及编号	分部工程编码、名称、评定				单元工程编码、名称、评定				单元工程项目划分		施工单位	监理单位
			编码	名称	合格	优良	编码	名称	合格	优良	划分原则	实际划分说明		
一、拦河坝工程	▲01 沥青心墙堆石坝	01 黄金坪水电站左岸坝肩开挖工程 HJP/SG013-2010	010101	▲01 左岸环境边坡处理	1	1	01010101-0001～0010	▲01 喷锚支护	10	9	按设计或施工检查验收的区段划分，每一区、段为一个单元	约 20×30m（长×高）为一个单元，特殊有 90×25、15×70m 等	江南公司	二滩国际
							01010102-0001～0014	*02 防护网	14	14	按设计或施工检查验收的区段划分，每一区、段为一个单元	约 20×30m（长×高）为一个单元，特殊有 90×25、15×70m 等		
							01010103-0001～0150	▲03 预应力锚索工程	150	147	坝肩边坡安装部位每一根锚索为一个单元，边坡锚索共 150 根	按每一根锚索为一个单元		
							01010104-0001～0210	04 联系梁	210	189	按设计或施工检查验收的区段划分，每一区、段为一个单元	两束锚索之间的混凝土联系梁为一个单元（长 5m，外伸段长 1.5m）		
							01010105-0001～0006	*05 排水工程	6	6	按设计或施工检查验收的区段划分，每一区、段为一个单元	约 20×30m（长×高）为一个单元，特殊有 90×25、15×70m 等		
		02 黄金坪水电站大坝围堰工程 HJP/SG026-2011	010202	02 右岸环境边坡处理	1	1	01020201-0001～0004	▲01 喷锚支护	4	4	按设计或施工检查验收的区段划分，每一区、段为一个单元	约 20×30m（长×高）为一个单元，特殊有 90×25、15×70m 等		
							01020202-0001～9999	*02 防护网	8	8	按设计或施工检查验收的区段划分，每一区、段为一个单元	约 20×30m（长×高）为一个单元，特殊有 90×25、15×70m 等		
							01020203-0001～0036	▲03 预应力锚索工程	36	36	每根为一单元工程	大坝右岸 WY3 环境边坡、自然边坡、开口线以外边坡的每一根锚索为一单元工程		

续表

工程类别	单位工程	合同名称及编号	分部工程编码、名称、评定				单元工程编码、名称、评定				单元工程项目划分		施工单位	监理单位
			编码	名称	合格	优良	编码	名称	合格	优良	划分原则	实际划分说明		
一、拦河坝工程	▲01 沥青心墙堆石坝	02 黄金坪水电站大坝围堰工程 HJP/SG026-2011	010202	02 右岸环境边坡处理	1	1	01020204-0001～0003	04 排水工程	3	3	按设计或施工检查验收的区段划分，每一区、段为一个单元	约 20×30m（长×高）为一个单元，特殊有 90×25、15×70m 等	江南公司	二滩国际
		01 黄金坪水电站左岸坝肩开挖工程 HJP/SG013-2010	010103	▲03 左坝肩开挖及支护	1	1	01010301-0001～0106	▲01 左坝肩开挖	106	101	按施工检查验收的区段划分，每一区、段为一个单元	约 20×30m（长×宽）为一个单元，特殊有 15×50、10×60m 等		
							01010302-0001～0111	▲02 左坝肩支护	111	104	按施工检查验收的区段划分，每一区、段为一个单元	约 20×30m（长×宽）为一个单元，特殊有 10×30、15×30m 等		
							01010303-0001～0111	*03 左坝肩排水孔	111	102	按施工检查验收的区段划分，每一区、段为一个单元	约 20×30m（长×高）为一个单元		
							01010307-0001～0063	04 左坝肩马道封闭及排水沟混凝土浇筑	57	53	按施工检查验收的区段划分，每一区、段为一个单元	马道封闭及排水沟混凝土浇筑按 50～100m 为一个单元		
							01010305-0001～0003	05 截水沟	3	3	按施工检查验收的区段划分，每一区、段为一个单元	截水沟按 50～100m 为一个单元		
							01010306-0001～0346	*06 框格混凝土	346	319	按施工检查验收的区段划分，每一区、段为一个单元	两束锚索之间的一段框格混凝土为一个单元（长为 5m）		
							01010308-0001～0105	▲07 锚杆支护	88	88	按施工检查验收的区段划分，每一区、段为一个单元	锚杆束支护按约 20×30m（长×高）为一个单元		

续表

工程类别	单位工程	合同名称及编号	分部工程编码、名称、评定				单元工程编码、名称、评定				单元工程项目划分		施工单位	监理单位
			编码	名称	合格	优良	编码	名称	合格	优良	划分原则	实际划分说明		
一、拦河坝工程	▲01 沥青心墙堆石坝	01 黄金坪水电站左岸坝肩开挖工程 HJP/SG013-2010	010103	▲03 左坝肩开挖及支护	1	1	01010309-0001～2874	▲08 预应力锚索	2874	2710	一根锚索为一个单元	预应力锚索按一根锚索为一个单元	江南公司	二滩国际
		02 黄金坪水电站大坝围堰工程 HJP/SG026-2011	010204	04 右坝肩开挖及支护	1	1	01020401-0001～0017	▲01 开挖工程	17	17	按设计或施工检查验收的区段划分，每一区、段为一个单元	右坝肩开挖按约 20×30m（长×高）为一个单元		
							01020402-0001～0014	▲02 浅层支护工程	14	14	按设计或施工检查验收的区段划分，每一区、段为一个单元	右坝肩开挖按约 20×30m（长×高）为一个单元		
							01020403-0001～0101	▲03 预应力锚索工程	101	92	每根为一单元工程	大坝右岸坝肩 EL1421m 以上边坡的每一根锚索为一单元工程		
							01020404-0001～0010	04 排水工程	10	10	按设计或施工检查验收的区段划分，每一区、段为一个单元	约 20×30m（长×高）为一个单元，特殊有 90×25、15×70m 等		
							01020405-0001～0012	05 右岸进水口 1481.5m 高程平台公路混凝土	12	12	按浇筑仓划分，每一仓为一个单元	按浇筑仓划分，每一仓为一个单元		
							01020406-0001	06 右岸进水口 1481.5m 高程平台公路锚杆支护	1	1	按工程部位划分	平台公路工程整体锚杆支护为一个单元		

续表

工程类别	单位工程	合同名称及编号	分部工程编码、名称、评定				单元工程编码、名称、评定				单元工程项目划分		施工单位	监理单位
			编码	名称	合格	优良	编码	名称	合格	优良	划分原则	实际划分说明		
一、拦河坝工程	▲01 沥青心墙堆石坝	02 黄金坪水电站大坝围堰工程 HJP/SG026-2011	010204	04 右坝肩开挖及支护	1	1	01020407-0001	07 右岸进水口1481.5m高程平台公路护栏和扶手制作与安装	1	1	按工程部位划分	平台公路工程护栏和扶手整体为一个单元	江南公司	二滩国际
		03 黄金坪水电站大坝及溢洪道工程 HJP/SG028-2011	010305	05 坝基开挖与处理	1	1	01030501-0001～0019	＊01 坝基开挖	19	18	按每次施工区域、段划分，每一区、段位一个单元工程	坝基开挖按高程0.5～1m，长宽20～100m划分为一个单元		
							01030502-0001～0005	＊02 廊道开挖	5	5	按每次施工区域、段划分，每一区、段位一个单元工程	廊道开挖按高程2m，长宽50～100m划分为一个单元		
							01030503-0001～0033	▲03 岸坡开挖	33	31	按每次施工区域、段划分，每一区、段为一个单元工程	岸坡开挖按高程10～30m，长宽50～120m划分为一个单元		
							01030504-0001～0002	04 心墙基座锚杆	2	2	按每次施工区域、段划分，每一区、段为一个单元工程	心墙基座锚杆按高程5～10m，长宽20～100m划分为一个单元		
							01030505-0001～0016	05 振冲碎石桩	16	15	每一独立建筑物地基或不同要求区的振冲工程为一个单元工程	平均50×55m（长×宽）为一个单元，按不同加固要求和加固形式的区域划分		
							01030506-0001～0014	＊06 覆盖层固结灌浆	14	14	一般以一个验收区域、浇筑块、段内的若干个灌浆孔为一个单元工程	覆盖层固结灌浆按20×5m（长×宽）一个单元		
			010306	▲06 坝基及坝肩防渗	1	1	01030601-0001～0082	▲01 大坝基础基岩防渗帷幕灌浆	82	75	以一个坝段或隧洞内1～2个衬砌段的灌浆帷幕为一个单元工程	基础基岩防渗帷幕灌浆按平均20m为一个单元		

续表

工程类别	单位工程	合同名称及编号	分部工程编码、名称、评定				单元工程编码、名称、评定				单元工程项目划分		施工单位	监理单位
			编码	名称	合格	优良	编码	名称	合格	优良	划分原则	实际划分说明		
一、拦河坝工程	▲01 沥青心墙堆石坝	03 黄金坪水电站大坝及溢洪道工程 HJP/SG028-2011	010306	▲06 坝基及坝肩防渗	1	1	01030602-0001～0049	*02 大坝基础混凝土防渗墙	49	46	每一个槽孔（墙段）为一个单元工程	基础混凝土防渗墙按一个槽段为一个单元	江南公司	二滩国际
			010307	▲07 沥青混凝土心墙	1	1	01030701-0001～0305	▲01 沥青混凝土心墙	305	285	按设计或施工确定的填筑区、段划分，每一区、段的每一填筑层为一个单元工程	沥青混凝土心墙按每层为一个单元，理论松铺25cm，碾压后23cm		
			010308	▲08 上游坝体填筑	1	1	01030801-0001～0006	01 上游先期填筑砂砾石料	6	6	按设计或施工确定的填筑区、段划分，每一区、段的每一填筑层为一个单元工程	桩号按实际施工范围划分，高程按每层约1m为一个单元，特殊有0.95～1.05m等		
							01030802-0001～0008	02 上游先期填筑次堆石料	8	8	按设计或施工确定的填筑区、段划分，每一区、段的每一填筑层为一个单元工程	桩号按实际施工范围划分，高程按每层约1m为一个单元，特殊有0.95～1.05m等		
							01030803-0001～0008	03 上游先期填筑区弃渣压重料	8	8	按设计或施工确定的填筑区、段划分，每一区、段的每一填筑层为一个单元工程	桩号按实际施工范围划分，高程按每层约1.0m为一个单元，特殊有0.95～1.05m等		
							01030804-0001～0002	04 上游先期填筑区电气接地	2	2	按施工检查验收范围及层厚作为一个单元	高程约10m一层及验收铺设范围作为一个单元		
							01030805-0001～0007	05 上游先期填筑土工布	7	7	按施工检查验收范围及层厚作为一个单元	高程约2～3m一层及验收铺设范围作为一个单元		
							01030806-0001～0305	*06 上游过渡料1	305	283	施工确定的填筑区、段划分，每一区、段的每一填筑层为一个单元工程	上游过渡料填筑按每层一单元，理论松铺27cm，碾压后23cm		

续表

工程类别	单位工程	合同名称及编号	分部工程编码、名称、评定				单元工程编码、名称、评定				单元工程项目划分		施工单位	监理单位
			编码	名称	合格	优良	编码	名称	合格	优良	划分原则	实际划分说明		
一、拦河坝工程	▲01 沥青心墙堆石坝	03 黄金坪水电站大坝及溢洪道工程 HJP/SG028-2011	010308	▲08 上游坝体填筑	1	1	01030807-0001～0331	*07 上游过渡料2	331	305	按设计或施工确定的填筑区、段划分，每一区、段的每一填筑层为一个单元工程	桩号按实际施工范围划分，高程按每层约 0.3m 为一个单元，特殊有 0.25～0.32m 等	江南公司	二滩国际
							01030808-0001～0005	08 上游次堆石料3	5	5	按设计或施工确定的填筑区、段划分，每一区、段的每一填筑层为一个单元工程	桩号按实际施工范围划分，高程按每层约 1m 为一个单元，特殊有 0.95～1.05m 等		
							01030809-0001～0076	09 上游次堆石料3	76	70	按设计或施工确定的填筑区、段划分，每一区、段的每一填筑层为一个单元工程	桩号按实际施工范围划分，高程按每层约 1m 为一个单元，特殊有 0.95～1.05m 等		
							01030810-0001～0081	10 上游细堆石料	81	75	按设计或施工确定的填筑区、段划分，每一区、段的每一填筑层为一个单元工程	桩号按实际施工范围划分，高程按每层约 1m 为一个单元，特殊有 0.95～1.05m 等		
							01030811-0001～0029	11 上游压重料	29	27	按设计或施工确定的填筑区、段划分，每一区、段的每一填筑层为一个单元工程	桩号按实际施工范围划分，高程按每层约 1.2m 为一个单元，特殊有 0.98～1.25 等		
							01030812-0001～0011	12 上游土工格栅铺设	11	10	按施工检查验收范围及层厚作为一个单元	高程 2m 一层及验收铺设范围作为一个单元		
							01030813-0001～0008	13 上游电气接地	8	8	按施工检查验收范围及层厚作为一个单元	高程约 10m 一层及验收铺设范围作为一个单元		
			010309	▲09 下游坝体填筑	1	1	01030901-0001	01 下游先期填筑电气接地	1	1	按施工检查验收范围及层厚作为一个单元	高程约 10m 一层及验收铺设范围作为一个单元		

续表

工程类别	单位工程	合同名称及编号	分部工程编码、名称、评定				单元工程编码、名称、评定				单元工程项目划分		施工单位	监理单位
			编码	名称	合格	优良	编码	名称	合格	优良	划分原则	实际划分说明		
一、拦河坝工程	▲01 沥青心墙堆石坝	03 黄金坪水电站大坝及溢洪道工程 HJP/SG028-2011	010309	▲09 下游坝体填筑	1	1	01030902-0001～0004	02 下游先期填筑土工布	4	4	按施工检查验收范围及层厚作为一个单元	高程约 2～3m 一层及验收铺设范围作为一个单元	江南公司	二滩国际
							01030903-0001	03 下游先期填筑砂砾石置换	1	1	按设计或施工确定的填筑区、段划分，每一区、段的每一填筑层为一个单元工程	桩号按实际施工范围划分，高程按每层约 1m 为一个单元，特殊有 0.95～1.05m 等		
							01030904-0001～0003	04 下游先期填筑水平反滤料	3	3	按设计或施工确定的填筑区、段划分，每一区、段的每一填筑层为一个单元工程	桩号按实际施工范围划分，高程按每层约 0.3m 为一个单元，特殊有 0.25～0.32m 等		
							01030905-0001～0010	05 下游先期填筑次堆石料	10	10	按设计或施工确定的填筑区、段划分，每一区、段的每一填筑层为一个单元工程	桩号按实际施工范围划分，高程按每层约 1m 为一个单元，特殊有 0.95～1.05m 等		
							01030906-0001～0305	*06 下游过渡料 1	305	283	施工确定的填筑区、段划分，每一区、段的每一填筑层为一个单元工程	每层一单元，理论松铺 27cm，碾压后 23cm		
							01030907-0001～0319	*07 下游过渡料 2	319	292	按设计或施工确定的填筑区、段划分，每一区、段的每一填筑层为一个单元工程	桩号按实际施工范围划分，高程按每层约 0.3m 为一个单元，特殊有 0.25～0.32m 等		
							01030908-0001～0076	08 下游主堆石料	76	71	按设计或施工确定的填筑区、段划分，每一区、段的每一填筑层为一个单元工程	桩号按实际施工范围划分，高程按每层约 1m 为一个单元，特殊有 0.95～1.05m 等		

续表

工程类别	单位工程	合同名称及编号	分部工程编码、名称、评定				单元工程编码、名称、评定				单元工程项目划分		施工单位	监理单位
			编码	名称	合格	优良	编码	名称	合格	优良	划分原则	实际划分说明		
一、拦河坝工程	▲01 沥青心墙堆石坝	03 黄金坪水电站大坝及溢洪道工程 HJP/SG028-2011	010309	▲09 下游坝体填筑	1	1	01030909-0001～0080	09 下游细堆石料	80	74	按设计或施工确定的填筑区、段划分，每一区、段的每一填筑层为一个单元工程	桩号按实际施工范围划分，高程按每层约 1m 为一个单元，特殊有 0.95～1.05m 等	江南公司	二滩国际
							01030910-0001～0080	10 下游次堆石料Ⅱ	80	74	按设计或施工确定的填筑区、段划分，每一区、段的每一填筑层为一个单元工程	桩号按实际施工范围划分，高程按每层约 1m 为一个单元，特殊有 0.95～1.05m 等		
							01030911-0001～0012	11 下游水平反滤料	12	11	按设计或施工确定的填筑区、段划分，每一区、段的每一填筑层为一个单元工程	桩号按实际施工范围划分，高程按每层约 0.3m 为一个单元，特殊有 0.26～0.32m 等		
							01030912-0001～0010	12 下游压重料	10	9	按设计或施工确定的填筑区、段划分，每一区、段的每一填筑层为一个单元工程	桩号按实际施工范围划分，高程按每层约 1m 为一个单元，特殊有 0.95～1.05m 等		
							01030913-0001～0011	13 下游土工格栅铺设	11	10	按施工检查验收范围及层厚作为一个单元	高程 2m 一层及验收铺设范围作为一个单元		
							01030914-0001～0008	14 下游电气接地	8	8	按施工检查验收范围及层厚作为一个单元	高程约 10m 一层及验收铺设范围作为一个单元		
			010310	10 混凝土工程	1	1	01031001-0001～0093	▲01 廊道混凝土	93	73	按浇筑仓号划分，每一仓为一个单元	廊道混凝土按长 18m、1.5～2.5m 垂直高程一个单元		
							01031002-0001～0032	02 基座混凝土	32	32	按浇筑仓号划分，每一仓为一个单元	基座混凝土按 1.5～2.5m 垂直高程一单元		

续表

工程类别	单位工程	合同名称及编号	分部工程编码、名称、评定				单元工程编码、名称、评定				单元工程项目划分		施工单位	监理单位
			编码	名称	合格	优良	编码	名称	合格	优良	划分原则	实际划分说明		
一、拦河坝工程	▲01 沥青心墙堆石坝	03 黄金坪水电站大坝及溢洪道工程 HjP/SG028-2011	010310	10 混凝土工程	1	1	01031003-0001～0002	03 基座锚杆支护	2	2	按浇筑部位划分，左、右基座各为一个单元	基座锚杆支护按浇筑部位划分，左、右基座各为一个单元	江南公司	二滩国际
		01 左岸坝肩开挖工程合同	010111	11 坝体排水（注：该分部工程由三个合同完成）	1	1	01011101-0001～0004	01 排水孔工程	4	4	按一个坝段内的（或相邻的 20 个）排水孔为一个单元工程	排水孔工程按 6～60m 为一个单元		
		02 大坝围堰工程合同	010211				01021101-0005～0008		4	4	按一个坝段内的（或相邻的 20 个）排水孔为一个单元工程	排水孔工程按 7～220m 为一个单元		
		03 黄金坪水电站大坝及溢洪道工程 HJP/SG028-2011	010311				01031101-0009～0013		5	5	按一个坝段内的（或相邻的 20 个）排水孔为一个单元工程	排水孔工程按 50～88m 为一个单元		
			010312	12 上游坝面护坡	1	1	01031201-0001～0016	01 上游干码石	16	13	按施工检查验收的区、段划分，每一区、段为一个单元	上游干码石按每段高程按 5～12m，桩号每 50m 为一个单元		
							01031202-0001～0008	02 上游干砌石	8	8	按施工检查验收的区、段划分，每一区、段为一个单元	上游干砌石按每段高程按 8m，桩号每 50m 为一个单元		
			010313	13 下游坝面护坡	1	1	01031301-0001～0032	01 下游干砌石	32	29	按施工检查验收的区、段划分，每一区、段为一个单元	每段高程按 14～15m，桩号每 50m 为一个单元		
							01031302-0001～0002	02 下游浆砌石	2	2	按施工检查验收的区、段划分，每一区、段为一个单元	下游人行通道 M10 浆砌石为一个单元		

续表

工程类别	单位工程	合同名称及编号	分部工程编码、名称、评定				单元工程编码、名称、评定				单元工程项目划分		施工单位	监理单位
			编码	名称	合格	优良	编码	名称	合格	优良	划分原则	实际划分说明		
一、拦河坝工程	▲01 沥青心墙堆石坝	05 黄金坪水电站顶结构工程施工合同（HJP/SG059-2016）	010514	14 坝顶及附属设施	1	1	01051401-0001～0044	01 坝顶结构工程	44	31	混凝土浇筑仓号，按每一仓号分为一个单元工程；对排架、梁、板、柱等构件按一检查验收范围为一个单元	电缆沟、防浪墙混凝土浇筑都划分成 44 仓，每一仓为一个单元	河南基安	二滩国际
							01051402-0001～0080	02 坝后公路工程	80	65	按每一区段路面工程底基层、基层、面层、垫层、路缘石、路肩、路面工序划分	按每一区段路面工程的基层、面层、路肩的每一工序划分为一个单元工程		
							01051403-0001～0014	03 溢洪道钢楼梯	14	12	按照每部楼梯划分为一个单元	楼梯为 14 部（其中“之”字型楼梯 6 部，带笼爬梯 8 部），每部楼梯划分为 1 个单元		
							01051404-0001～0002	04 坝顶集水井工程	2	2	按实际验收段划分为一个单元	集水井钢盖板划分为一个单元，抽排水管路为一个单元		
							01051405-0001～0002	05 干砌石	2	2	宜以施工检查验收的区、段划分，每一区、段为一个单元工程	防浪墙上游为 1 个单元，电缆沟下游为 1 个单元，共划分为 2 个单元		
							01051406-0001～0002	06 坝顶装饰工程	2	1	按实际验收段划分为一个单元	人行道划分为一个单元、栏杆划而分为一个单元		
		01 黄金坪水电站左岸坝肩开挖工程 HJP/SG013-2010	010115	15 灌浆平洞、交通洞及灌浆工程（含排水洞、集水井）	1	1	01011501-0001～0004	▲01 隧洞开挖	4	4	每一个施工检查验收区、段或一个浇筑块为一个单元工程	隧洞开挖按约 30m 为一个单元	江南公司	

续表

工程类别	单位工程	合同名称及编号	分部工程编码、名称、评定				单元工程编码、名称、评定				单元工程项目划分		施工单位	监理单位
			编码	名称	合格	优良	编码	名称	合格	优良	划分原则	实际划分说明		
一、拦河坝工程	▲01 沥青心墙堆石坝	01 黄金坪水电站左岸坝肩开挖工程 HJP/SG013-2010	010115	15 灌浆平洞、交通洞及灌浆工程（含排水洞、集水井）	1	1	01011502-0001～0005	▲02 喷锚支护	5	5	按一次锚喷支护施工区、段划分，每一区、段为一个单元工程	喷锚支护按约 30m 为一个单元	江南公司	二滩国际
							01011503-0001～0026	＊03 混凝土	26	23	按每一仓号为一个单元工程或每一次检查验收部位为一个单元工程	混凝土按每一仓为一个单元		
							01011504-0001～0002	04 洞室顶拱回填灌浆	2	2	一般以一个衬砌段或相邻的若干个灌浆孔为一个单元	洞室顶拱回填灌浆按 30m 洞段为一个单元		
							01011505-0001	05 洞室顶拱固结灌浆	1	0	一般以一个衬砌段或相邻的若干个灌浆孔为一个单元	洞室顶拱固结灌浆按 30m 洞段为一个单元		
		02 黄金坪水电站大坝围堰工程 HJP/SG026-2011	010215				01021501-0001～0018	▲01 隧洞开挖	18	16	每一个施工检查验收区、段或一个浇筑块为一个单元工程	隧洞开挖按约 30m 为一个单元		
							01021502-0001～0010	▲02 喷锚支护	10	9	按一次锚喷支护施工区、段划分，每一区、段为一个单元工程	喷锚支护按约 30m 为一个单元		
							01021503-0001～0013	＊03 混凝土	13	12	按每一仓号为一个单元工程或每一次检查验收部位为一个单元工程	混凝土浇筑按每一仓为一个单元		
							01021504-0001	04 洞室顶拱回填灌浆	1	1	一般以一个衬砌段或相邻的若干个灌浆孔为一个单元	洞室顶拱回填灌浆按 20m 洞段为一个单元		

续表

工程类别	单位工程	合同名称及编号	分部工程编码、名称、评定				单元工程编码、名称、评定				单元工程项目划分		施工单位	监理单位
			编码	名称	合格	优良	编码	名称	合格	优良	划分原则	实际划分说明		
一、拦河坝工程	▲01 沥青心墙堆石坝	03 黄金坪水电站大坝及溢洪道工程 HJP/SG028-2011	010315	15 灌浆平洞、交通洞及灌浆工程（含排水洞、集水井）	1	1	01031501-0001～0018	▲01 隧洞开挖	18	17	每一个施工检查验收区、段为一个浇筑块为一个单元工程	隧洞开挖按约 30m 为一个单元	江南公司	二滩国际
							01031502-0001～0024	▲02 喷锚支护	24	24	按一次锚喷支护施工区、段划分，每一区、段为一个单元工程	喷锚支护按约 30m 为一个单元		
							01031503-0001～0081	＊03 混凝土	81	74	按每一仓号为一个单元工程或每一次检查验收部位为一个单元工程	混凝土按每一仓为一个单元		
							01031504-0001～0008	04 洞室顶拱回填灌浆	8	6	一般以一个衬砌段或相邻的若干个灌浆孔为一个单元	洞室顶拱回填灌浆按 50m 洞段为一个单元		
							01031505-0001～0006	05 洞室顶拱固结灌浆	6	2	一般以一个衬砌段或相邻的若干个灌浆孔为一个单元	洞室顶拱固结灌浆按 50m 洞段为一个单元		
							01031506-0001～0011	06 基础岩体固结灌浆	11	4	一般以一个衬砌段或相邻的若干个灌浆孔为一个单元	基础岩体固结灌浆按 15×4m（长×宽）为一个单元		
		01 黄金坪水电站左岸坝肩开挖工程 HJP/SG013-2010	010116	16 上坝交通洞	1	1	01011601-0001～0013	▲01 隧洞开挖	13	12	按设计或施工检查验收的区段划分，每一区、段为一个单元	隧洞开挖按约 30m 为一个单元		
							01011602-0001～0013	▲02 喷锚支护	13	13	按设计或施工检查验收的区段划分，每一区、段为一个单元	喷锚支护按约 30m 喷锚支护为一个单元		
							01011603-0001～0011	＊03 排水孔	11	11	按每一区域排水区划分为一个单元工程	排水孔按约 30m 排水孔为一个单元		

续表

工程类别	单位工程	合同名称及编号	分部工程编码、名称、评定				单元工程编码、名称、评定				单元工程项目划分		施工单位	监理单位
			编码	名称	合格	优良	编码	名称	合格	优良	划分原则	实际划分说明		
一、拦河坝工程	▲01 沥青心墙堆石坝	01 黄金坪水电站左岸坝肩开挖工程 HJP/SG013-2010	010116	16 上坝交通洞	1	1	01011604-0001～0036	＊04 混凝土	36	33	按设计或施工检查验收的区段划分，每一区、段为一个单元	混凝土按每一仓为一个单元	江南公司	二滩国际
							01011605-0001	05 洞室顶拱回填灌浆	1	1	一般以一个衬砌段或相邻的若干个灌浆孔为一个单元	洞室顶拱回填灌浆按96m为一个单元		
		02 黄金坪水电站围堰工程 SG026-2011	010217	17 下游河道防护及其他	1	1	01021701-0001～0016	＊01 导流洞出口右岸连排桩	16	15	防护：按不大于50m为一个单元	导流洞出口右岸连排桩按约15m为一个单元		
							01021702-0001～0003	02 导流洞出口桥台抢险加固连排桩	3	3	防护：按不大于50m为一个单元	导流洞出口桥台抢险加固连排桩按约30m为一个单元		
							01021703-0001	03 导流洞出口桥台抢险加固帷幕灌浆	1	1	一般以一个衬砌段或相邻区域的若干个灌浆孔为一个单元	导流洞出口桥台抢险加固帷幕灌浆按约30m为一个单元		
							01021704-0001～0012	04 导流洞出口防淘墙	12	12	每个槽孔（墙段）为一个单元	一个槽段为一个单元		
		03 黄金坪水电站大坝及溢洪道工程 HJP/SG028-2011	010317	17 下游河道防护及其他	1	1	01031701-0001～0196	▲01 下游河道防护工程混凝土	196	188	按浇筑仓划分，每一仓为一个单元	按照从下往上浇筑顺序，每一层厚度1～3m划分为一个单元		
							01031702-0001～0184	▲02 导流洞出口防护工程混凝土	184	168	按浇筑仓划分，每一仓为一个单元	按照从下往上浇筑顺序，每一层厚度1～3m划分为一个单元		
							01031703-0001～0013	03 导流洞出口防护钢管桩	13	12	防护：按不大于50m为一个单元	导流洞出口防护钢管桩按约10m为一个单元		
							01031704-0001～0050	04 下游河道防护钢管桩	50	46	防护：按不大于50m为一个单元	下游河道防护钢管桩按约10m为一个单元		

（2）黄金坪水电站溢洪道单位工程—合同—分部工程—单元工程项目划分（见表 14-4）。

表 14-4　溢洪道单位工程一合同一分部工程一单元工程项目划分

工程类别	单位工程	合同名称及编号	分部工程编码、名称、评定				单元工程编码、名称、评定				单元工程项目划分		施工单位	监理单位
			编码	名称	合格	优良	编码	名称	合格	优良	划分原则	实际划分说明		
二、泄洪工程	▲02 溢洪道工程	03 黄金坪水电站大坝及溢洪道工程 HJP/SG028-2011	020301	01 ▲地基处理及排水	1	1	02030101-0001～0012	▲01 闸室段底板固结灌浆	12	12	一般以一个衬砌段或相邻的若干个灌浆孔为一个单元	闸室段底板固结灌浆按 20×15m（长×宽）为一个单元	江南公司	二滩国际
							02030102-0001～0003	▲02 闸室段外侧边坡固结灌浆	3	3	一般以一个衬砌段或相邻的若干个灌浆孔为一个单元	闸室段外侧边坡固结灌浆按 20×10m（长×宽）为一个单元		
							02030103-0001～0030	▲03 泄槽段底板固结灌浆	30	27	一般以一个衬砌段或相邻的若干个灌浆孔为一个单元	泄槽段底板固结灌浆按 20×20m（长×宽）为一个单元		
							02030104-0001～0020	▲04 消力池底板固结灌浆	20	18	一般以一个衬砌段或相邻的若干个灌浆孔为一个单元	消力池底板固结灌浆按 20×15m（长×宽）为一个单元		
							02030105-0001～0032	*05 消力池防渗墙	32	31	每个槽孔（墙段）为一个单元	消力池防渗墙按一个槽段为一个单元		
							02030106-0001～0035	06 抗浮锚筋	35	32	按设计或施工检查验收的区段划分，每一区、段为一个单元	按现场实际施工区域划分为一个单元		
							02030107-0001～0008	07 溢洪道左侧边坡 EL. 1392～EL. 1421m 锚杆支护	8	8	按施工部位划分	按施工部位区域划分，约每 80m 划分为一个施工区域		
							02030108-0001～0037	*08 C20 补坡混凝土（泄槽段）	37	37	按浇筑仓划分，每一仓为一个单元	按照从下往上浇筑顺序，每一层厚度 1～3m 划分为一个单元		

续表

工程类别	单位工程	合同名称及编号	分部工程编码、名称、评定				单元工程编码、名称、评定				单元工程项目划分		施工单位	监理单位
			编码	名称	合格	优良	编码	名称	合格	优良	划分原则	实际划分说明		
二、泄洪工程	▲02 溢洪道工程	03 黄金坪水电站大坝及溢洪道工程 HJP/SG028-2011	020301	01 地基处理及排水	1	1	02030109-0001～0005	09 C20 补坡混凝土锚杆支护（泄槽段）	5	5	按施工部位划分	按施工部位区域划分，共计 2 个施工区域	江南公司	二滩国际
			020302	02 进水渠段	1	1	02030201-0001～0016	01 进水渠段底板开挖	16	16	每层为一个单元	1452 底板，长宽 10～50m 划分为一个单元		
							02030202-0001～0262	* 02 进水渠段混凝土	262	243	按浇筑仓划分，每一仓为一个单元	按照从下往上浇筑顺序，每一层厚度 1～3m 划分为一个单元		
							02030203-0001	03 进水渠段至泄洪洞进口道路锚杆支护	1	1	按部位划分，整体为一个单元	按部位划分，进水渠段至泄洪洞进口道路锚杆支护整体为一个单元		
							02030204-0001	04 进水渠段护栏和扶手制作与安装	1	1	按工程部位划分	进水渠段护栏和扶手制作与安装整体为一个单元		
							02030205-0001	05 泄洪洞护栏和扶手制作与安装	1	1	按工程部位划分	泄洪洞护栏和扶手制作与安装整体为一个单元		
			020303	03 ▲控制段	1	1	02030301-0001～0015	* 01 右边墩补坡混凝土	15	14	按每一仓号或每一次检查验收部位为一个单元工程	右边墩补坡混凝土按约（0～20）×2m（长×高）为一个单元		
							02030302-0001～0109	▲02 闸室底板及闸墩混凝土	109	99	按每一仓号或每一次检查验收部位为一个单元工程	闸室底板及闸墩混凝土按约（0～40）×1.5m（长×高）为一个单元		
							02030303-0001～0020	* 03 闸室二期混凝土	20	20	验收部位检修门槽底坎	高程 1m 特定部位检修门槽底坎		
							02030304-0001～0036	▲04 预制梁混凝土	36	33	验收部位一根梁作为一个单元	按一根梁作为一个单元		

续表

工程类别	单位工程	合同名称及编号	分部工程编码、名称、评定				单元工程编码、名称、评定				单元工程项目划分		施工单位	监理单位
			编码	名称	合格	优良	编码	名称	合格	优良	划分原则	实际划分说明		
二、泄洪工程	▲02溢洪道工程	03 黄金坪水电站大坝及溢洪道工程 HJP/SG028-2011	020303	03 ▲控制段	1	1	02030305-0001～0011	05 左边墩止水基座混凝土	11	11	按每一仓号或每一次检查验收部位为一个单元工程	左边墩止水基座混凝土按约 1×(1～2)m（长×高）为一个单元	江南公司	二滩国际
							02030306-0001～0011	06 左边墩止水基座锚杆	11	11	按每一仓号或每一次检查验收部位为一个单元工程	左边墩止水基座锚杆按约 1×(1～2)m（长×高）为一个单元		
							02030307-0001～0006	07 预制盖板混凝土	6	6	每一次检查验收部位为一个单元工程	预制盖板混凝土(118×50×9m）为一块，每一次验收位为一个单元工程		
							02030308-0001～0006	▲08 闸室段底板开挖	6	6	按每次施工检查验收的区、段划分，每一区、段为一个单元工程	闸室段底板开挖按约(10～30)×5m（长×高）为一个单元		
							02030309-0001	09 右侧补坡锚杆	1	1	补坡混凝土锚杆	控制段补坡混凝土锚杆为一个单元		
							02030310-0001	10 闸室段右侧补坡混凝土开挖	1	1	补坡混凝土	控制段闸室段右侧补坡混凝土开挖为一个单元		
							02030311-0001	11 闸室段护栏和扶手制作与安装	1	1	按工程部位划分	闸室段护栏和扶手制作与安装整体为一个单元		
			020304	04 泄槽段	1	1	02030401-0001	▲01 泄槽段底板开挖	1	1	基础开挖	泄槽段底板基础开挖为一个单元		
							02030402-0001～0200	▲02 泄槽段混凝土	200	187	按浇筑仓划分，每一仓为一个单元	混凝土按块号从下往上顺序浇筑，每一层厚度1～3m 划分为一个单元		

续表

工程类别	单位工程	合同名称及编号	分部工程编码、名称、评定				单元工程编码、名称、评定				单元工程项目划分		施工单位	监理单位
			编码	名称	合格	优良	编码	名称	合格	优良	划分原则	实际划分说明		
二、泄洪工程	▲02 溢洪道工程	03 黄金坪水电站大坝及溢洪道工程 HJP/SG028-2011	020304	04 泄槽段	1	1	02030403-0001～0045	03 泄槽段锚杆支护	45	45	按施工部位划分	按施工部位区域划分，根据混凝土仓位划分施工区域	江南公司	二滩国际
			020305	05 消能防冲段	1	1	02030501-0001～0178	▲01 消能防冲段混凝土	178	165	按浇筑仓划分，每一仓为一个单元	混凝土按块号从下往上顺序浇筑，每一层厚度1～3m划分为一个单元		
							02030502-0001～0005	02 消能防冲段锚杆支护	5	5	按施工部位划分	按施工部位区域划分，根据混凝土仓位划分施工区域		
			020306	06 尾水段	1	1	02030601-0001～0130	▲01 尾水段混凝土	130	122	按浇筑仓划分，每一仓为一个单元	混凝土按块号从下往上顺序浇筑，每一层厚度1～3m划分为一个单元		
							02030602-0001～0054	*02 尾水段锚杆支护	54	54	按施工部位划分	按施工部位区域划分，根据混凝土仓位划分施工区域		
			020307	07 金属结构及启闭机安装	1	1	02030701-0001～0003	▲01 检修闸门门槽	3	3	以一扇闸门的埋件安装为一个单元工程	溢洪道一套检修闸门门槽为一个单元（共3套）		
							02030702-0001	02 检修闸门门叶	1	1	以一扇门体安装为一个单元工程	溢洪道一扇检修闸门门叶为一个单元（共1扇）		
							02030703-0001	03 储门槽	1	0	以一扇闸门的埋件安装为一个单元工程	溢洪道一套储门槽为一个单元（共1套）		
							02030704-0001～0003	04 工作闸门门槽	3	3	以一扇弧门的埋件安装为一个单元工程	溢洪道一套工作闸门门槽为一个单元（共3套）		
							02030705-0001～0003	05 工作闸门门叶	3	3	以一扇弧门闸门的门体安装为一个单元工程	溢洪道一扇工作闸门门叶为一个单元（共3扇）		

续表

工程类别	单位工程	合同名称及编号	分部工程编码、名称、评定				单元工程编码、名称、评定				单元工程项目划分		施工单位	监理单位
			编码	名称	合格	优良	编码	名称	合格	优良	划分原则	实际划分说明		
二、泄洪工程	▲02 溢洪道工程	03 黄金坪水电站大坝及溢洪道工程 HJP/SG028-2011	020307	07 金属结构及启闭机安装	1	1	02030706-0001	06 2×800/100kN 单向门机	1	1	以一台门机为一个单元工程	溢洪道一台套单向门机为一个单元（共1台套）	江南公司	二滩国际
							02030707-0001～0003	07 2×1600kN 液压启闭机	3	3	以一台油压启闭机安装为一个单元工程	溢洪道一台套液压启闭机为一个单元（共3台套）		
							02030708-0001	08 2×800/100kN 单向门机轨道	1	1	以一台桥机的轨道安装为一个单元工程	溢洪道一套单向门机轨道为一个单元（共1套）		

（3）导流（兼泄洪）洞单位工程—合同—分部工程—单元工程项目划分（见表14-5）。

表 14-5　导流（兼泄洪）洞单位工程—合同—分部工程—单元工程项目划分

工程类别	单位工程	合同名称及编号	分部工程编码、名称、评定				单元工程编码、名称、评定				单元工程项目划分		施工单位	监理单位
			编码	名称	合格	优良	编码	名称	合格	优良	划分原则	实际划分说明		
二、泄洪工程	03 导流兼泄洪洞工程	06 黄金坪水电站导流（兼泄洪）洞工程（合同编号：HJP/SG011-2010）	030601	▲01 进口边坡开挖及支护	1	1	03060101-0001～0006	*01 开挖工程	6	6	按设计或施工检查验收的区段划分，每一区、段为一个单元	按高程划分，一级马道为一个单元	水电九局	二滩国际
							03060102-0001～0035	02 锚喷支护	35	35	按一次喷锚支护施工区段划分，每一区段为一个单元	按一次喷锚支护施工区段划分，每一区段为一个单元		
							03060103-0001～0560	▲03 预应力锚索工程	560	502	按每一根锚索为一个单元	按每一根锚索为一个单元		
							03060104-0001～0005	04 排水工程	5	5	按一级马道为一个单元	按一次排水孔施工区段划分，每一区段为一个单元		
							03060105-0001～0013	05 框格混凝土	13	13	按浇筑仓划分，每一仓为一个单元	按实际浇筑仓划分，每一仓为一个单元		

工程类别	单位工程	合同名称及编号	分部工程编码、名称、评定				单元工程编码、名称、评定				单元工程项目划分		施工单位	监理单位
			编码	名称	合格	优良	编码	名称	合格	优良	划分原则	实际划分说明		
二、泄洪工程	03 导流兼泄洪洞工程	06 黄金坪水电站导流（兼泄洪）洞工程（合同编号：HJP/SG011-2010）	030602	▲02 出口边坡开挖及支护	1	1	03060201-0001～0008	*01 开挖工程	8	7	按设计或施工检查验收的区段划分，每一区、段为一个单元	按高程划分，一级马道为一个单元	水电九局	二滩国际
							03060202-0001～0076	02 锚喷支护	76	76	按一次喷锚支护施工区段划分，每一区段为一个单元	按一次喷锚支护施工区段划分，每一区段为一个单元		
							03060203-0001～0929	▲03 预应力锚索工程	929	848	按每一根锚索为一个单元	预应力锚索工程按每一根锚索为一个单元		
							03060204-0001～0009	04 排水工程	9	9	按一级马道为一个单元	按一次排水孔施工区段划分，每一区段为一个单元		
							03060205-0001～0076	05 框格混凝土	76	76	按浇筑仓划分，每一仓为一个单元	按实际浇筑仓划分，每一仓为一个单元		
			030603	03 进口段工程	1	1	03060301-0001～0162	▲01 混凝土	162	147	按浇筑仓划分，每一仓为一个单元	按实际浇筑仓划分，约22～33m为一个单元		
			030604	04 有压洞身段	1	1	03060401-0001～0030	*01 开挖工程	30	27	按设计或施工检查验收的区段划分，每一区、段为一个单元	分层进行划分，每个单元洞长约7～80m		
							03060402-0001～0009	02 喷锚支护	9	9	按全断面喷锚支护施工区段划分，每一区段为一个单元	按全断面进行划分，每个单元洞长约10～70m		
							03060403-0001～0078	▲03 混凝土	78	69	按浇筑仓划分，每一仓为一个单元	约9m洞长为一个单元		
			030605	05 无压洞身段	1	1	03060501-0001～0046	*01 开挖工程	46	40	按设计或施工检查验收的区段划分，每一区、段为一个单元	分层进行划分，每个单元洞长约10～90m		

续表

工程类别	单位工程	合同名称及编号	分部工程编码、名称、评定				单元工程编码、名称、评定				单元工程项目划分		施工单位	监理单位
			编码	名称	合格	优良	编码	名称	合格	优良	划分原则	实际划分说明		
二、泄洪工程	03 导流兼泄洪洞工程	06 黄金坪水电站导流（兼泄洪）洞工程（合同编号：HJP/SG011-2010	030605	05 无压洞身段	1	1	03060502-0001～0010	02 喷锚支护	10	10	按喷锚支护施工区段划分，每一区段为一个单元	按全断面进行划分，每个单元洞长约 10～80m	水电九局	二滩国际
							03060503-0001～0075	▲03 混凝土	75	66	按浇筑仓划分，每一仓为一个单元	约 12m 洞长为一个单元		
							03060504-0001～0024	04 排水工程	24	22	按设计或施工检查验收的区段划分，每一区、段为一个单元	约 10～15m 洞长为一个单元		
			030606	▲06 工作闸室段（土建）	1	1	03060601-0001～0031	*01 开挖工程	31	25	按设计或施工检查验收的区段划分，每一区、段为一个单元	工作闸室按高程进行划分，约 3～40m 为一个单元；交通洞、补气洞按洞长划分，约 10～60m 为一个单元		
							03060602-0001～0050	02 喷锚支护	50	48	按喷锚支护施工区段划分，每一区段为一个单元	工作闸室按高程进行划分，约 3～20m 为一个单元；交通洞、补气洞按洞长划分，约 10～20m 为一个单元		
							03060603-0001～0156	▲03 混凝土	156	142	按浇筑仓划分，每一仓为一个单元	工作闸室按高程进行划分，约 1～6m 为一个单元；交通洞、补气洞按洞长划分，约 12m 为一个单元		
							03060604-0001～0007	04 排水工程	7	7	按每一排水区为一个单元	按部位及高程划分，按 20～50m 为一个单元		
			030607	▲07 出口段工程			03060701-0001～0026	01 喷锚支护	26	26	按喷锚支护施工区段划分，每一区段为一个单元	喷锚支护按 30～60m 为一个单元		

续表

工程类别	单位工程	合同名称及编号	分部工程编码、名称、评定				单元工程编码、名称、评定				单元工程项目划分		施工单位	监理单位
			编码	名称	合格	优良	编码	名称	合格	优良	划分原则	实际划分说明		
二、泄洪工程	03 导流兼泄洪洞工程	06 黄金坪水电站导流（兼泄洪）洞工程（合同编号：HJP/SG011-2010	030607	▲07 出口段工程	1	1	03060702-0001～0067	▲02 预应力锚索工程	67	63	按每一根锚索为一个单元	按每一根锚索为一个单元	水电九局	二滩国际
					1	1	03060703-0001～0369	▲03 混凝土	369	340	按浇筑仓划分，每一仓为一个单元	按实际浇筑仓划分，约12～15m 为一个单元		
					1	1	03060704-0001～0004	04 锚筋桩	4	4	按设计或施工检查验收的区段划分，每一区、段为一个单元	约 14m 为一个单元		
			030708	▲08 金属结构及启闭机安装	1	1	030708-0001	▲01 事故闸门门槽安装	1	1	以事故闸门安装为一个分项，按事故门闸门门槽安装进行划分为一个单元	泄洪洞事故门闸门门槽安装划分为一个单元	水电十四局	
							030708-0002	▲02 事故闸门安装	1	1	以事故闸门安装为一个分项，按事故闸门安装进行划分为一个单元	泄洪洞事故闸门安装划分为一个单元		
							030708-0003	▲03 固定卷扬机安装	1	1	以固定卷扬机安装为一个分项，按固定卷扬机安装进行划分为一个单元	泄洪洞进口固定卷扬机安装划分为一个单元		
							030708-0004	＊04 卷扬机电气设备安装	1	1	以固定卷扬机安装为一个分项，按卷扬机电气设备安装进行划分为一个单元	泄洪洞进口卷扬机电气设备安装划分为一个单元		
							030708-0005	▲05 闸门门槽安装	1	1	以工作闸门安装为一个分项，按工作闸门门槽安装进行划分为一个单元	泄洪洞工作闸门门槽安装划分为一个单元		
							030708-0006	▲06 闸门安装	1	1	以工作闸门安装为一个分项，按工作闸门安装进行划分为一个单元	泄洪洞工作闸门安装划分为一个单元		

续表

工程类别	单位工程	合同名称及编号	分部工程编码、名称、评定				单元工程编码、名称、评定				单元工程项目划分		施工单位	监理单位
			编码	名称	合格	优良	编码	名称	合格	优良	划分原则	实际划分说明		
二、泄洪工程	03 导流兼泄洪洞工程	06 黄金坪水电站导流（兼泄洪）洞工程（合同编号：HJP/SG011-2010	030708	▲08 金属结构及启闭机安装	1	1	030708-0007	▲07 启闭机安装	1	1	以液压启闭机安装为一个分项，按液压启闭机安装进行划分为一个单元	泄洪洞工作闸室液压启闭机安装划分为一个单元	水电十四局	二滩国际
							030708-0008	*08 启闭机电气设备安装	1	1	以液压启闭机安装为一个分项，按液压启闭机电气设备安装进行划分为一个单元	泄洪洞工作闸室液压启闭机电气设备安装划分为一个单元		
							030708-0009	*09 轨道安装	1	1	以桥机安装为一个分项，按桥机轨道安装进行划分为一个单元	泄洪洞工作闸室桥机轨道安装划分为一个单元		
							030708-0010	▲10 桥机安装	1	1	以桥机安装为一个分项，按桥机安装进行划分为一个单元	泄洪洞工作闸室桥机安装划分为一个单元		
							030708-0011	*11 桥机电气设备安装	1	1	以桥机安装为一个分项，按桥机电气设备安装进行划分为一个单元	泄洪洞工作闸室桥机电气设备安装划分为一个单元		
			030609	▲09 灌浆工程	1	1	03060901-0001～0065	▲01 泄洪洞回填灌浆	65	59	按照一次验收区（段）划分	约 10m 洞长为一个单元	水电九局	
							03060902-0001～0086	▲02 泄洪洞固结灌浆	86	79	按照一次验收区（段）划分	约 10m 洞长为一个单元		
							03060903-0001～0012	*03 帷幕灌浆	12	12	以相邻 10～20 孔为一单元工程	以相邻 20 孔为一单元工程		
							03060904-0001～0010	04 施工支洞固结灌浆	10	10	按照一次验收区（段）划分	固结灌浆按 20～50m 洞长为一个单元		
							03060905-0001～0018	05 施工支洞回填灌浆	18	18	按照一次验收区（段）划分	回填灌浆按 20～50m 洞长为一个单元		

续表

工程类别	单位工程	合同名称及编号	分部工程编码、名称、评定				单元工程编码、名称、评定				单元工程项目划分		施工单位	监理单位
			编码	名称	合格	优良	编码	名称	合格	优良	划分原则	实际划分说明		
二、泄洪工程	03 导流兼泄洪洞工程	06 黄金坪水电站导流（兼泄洪）洞工程（合同编号：HJP/SG011-2010	030610	10 施工支洞及时堵体	1		03061001-0001～0025	01 开挖工程	25	22	按设计或施工检查验收的区段划分，每一区、段为一个单元	约 20～80m 洞长为一个单元	水电九局	二滩国际
							003061002-0001～0026	02 喷锚支护	26	24	按一次喷锚支护施工区段划分，每一区段为一个单元	约 10～80m 洞长为一个单元		
							03061003-0001～0046	＊03 混凝土	46	38	按浇筑仓划分，每一仓为一个单元	按实际浇筑仓划分，每一仓为一个单元		
			030611	11 下游河道防护	1	1	03061101-0001～0020	01 开挖工程	20	18	按设计或施工检查验收的区段划分，每一区、段为一个单元	约 30～80m 为一个单元		
							03061102-0001～0255	＊02 混凝土	255	233	按浇筑仓划分，每一仓为一个单元	按实际浇筑仓划分，约 10～15m 为一个单元		
							03061103-0001～0035	03 钢管桩	35	35	按设计或施工检查验收的区段划分，每一区、段为一个单元	约 10m 为一个单元		

（4）左岸引水发电系统单位工程—合同—分部工程—单元工程项目划分（见表 14-6）。

表 14-6　　左岸引水系统单位工程—合同—分部工程—单元工程项目划分表

工程类别	单位工程	合同名称及编号	分部工程				单元工程				单元工程项目划分		施工单位	监理单位
			编码	名称	合格	优良	编码	名称	合格	优良	划分原则	实际划分说明		
三、引水工程	▲04 左岸引水系统	08 黄金坪水电站引水发电系统工程（Ⅰ标）HJP/SG023-2011	040801	▲01 进水口土建	1	1	04080101-0001～0004	▲01 开挖	4	4	按设计或施工检查验收的区段划分，每一区、段为一个单元	约 30m 为一个单元	江南公司	二滩国际

续表

工程类别	单位工程	合同名称及编号	分部工程				单元工程				单元工程项目划分		施工单位	监理单位
			编码	名称	合格	优良	编码	名称	合格	优良	划分原则	实际划分说明		
三、引水工程	▲04 左岸引水系统	08 黄金坪水电站引水发电系统工程（Ⅰ标）HJP/SG023-2011	040801	▲01 进水口土建	1	1	04080102-0001～0010	▲02 支护	10	10	按设计或施工检查验收的区段划分，每一区、段为一个单元	约 30m 一个单元	江南公司	二滩国际
							04080103-0001～0298	*03 混凝土	298	276	按设计或施工检查验收的区段划分，每一区、段为一个单元	每一仓一个单元		
							04080104-0001	04 塔顶栏杆	1	1	每一个部位为一个单元工程	每一个部位为一个单元工程		
							04080105-0001～0008	04 固结灌浆	8	8	一般以一个衬砌段或相邻的若干个灌浆孔为一个单元	20×12m（长×宽）一个单元		
			040802	02 2 号引水隧洞洞身段（Ⅰ标）	1	1	04080201-0001～0153	▲01 隧洞开挖	153	138	按每一次施工检查验收区、段为一个单元工程	约 30m 长做一次检查验收		
							04080202-0001～0150	▲02 锚喷支护	150	137	按每一次喷锚区、段划分一个单元工程	约 30m 长做一次检查验收		
							04080203-0001～0280	*03 混凝土	280	258	按每一个仓号为一个单元工程	以钢模台车长度 12m 长浇筑一次为一个仓号		
			040803	03 1 号引水隧洞洞身段（Ⅰ标）	1	1	04080301-0001～0154	▲01 隧洞开挖	154	134	按每一次施工检查验收区、段为一个单元工程	每约 30m 长验收一次作为一个单元		
							04080302-0001～0100	▲02 锚喷支护	100	94	按每一次喷锚区、段划分一个单元工程	每约 30m 长验收一次作为一个单元		
							04080303-0001～0250	*03 混凝土	250	228	按每一个仓号为一个单元工程	以钢模台车长度 12m 长浇筑一次为一个仓号		

续表

工程类别	单位工程	合同名称及编号	分部工程				单元工程				单元工程项目划分		施工单位	监理单位
			编码	名称	合格	优良	编码	名称	合格	优良	划分原则	实际划分说明		
三、引水工程	▲04 左岸引水系统	08 黄金坪水电站引水发电系统工程（Ⅰ标）HJP/SG023-2011	040804	04 2号洞灌浆工程（Ⅰ标）	1	0	04080401-0001～0033	▲01 回填灌浆	33	22	按施工确定的灌浆区域或区段（隧洞一般长度为50m左右）划分	48m洞段为一个单元	江南公司	二滩国际
							04080402-0001～0063	▲02 固结灌浆	63	41	一般以一个衬砌段或相邻的若干个灌浆孔为一个单元	24m洞段为一个单元		
			040805	05 1号洞灌浆工程（Ⅰ标）	1	0	04080501-0001～0032	▲01 回填灌浆	32	22	按施工确定的灌浆区域或区段（隧洞一般长度为50m左右）划分	48m洞段为一个单元		
							04080502-0001～0050	▲02 固结灌浆	50	33	一般以一个衬砌段或相邻的若干个灌浆孔为一个单元	24m洞段为一个单元		
			040806	06 地勘平洞	1	1	04080601-0001	01 洞脸边坡喷锚支护	1	1	按每一次喷锚区、段划分一个单元工程	约30m长做一次检查验收		
							04080602-0001	02 洞脸混凝土	1	1	按每一个仓号为一个单元工程	按每一个仓号为一个单元工程		
							04080603-0001	03 洞脸开挖	1	1	按每一次施工检查验收区、段为一个单元工程	约30m长做一次检查验收		
							04080604-0001～0006	▲04 平洞开挖	6	5	按每一次施工检查验收区、段为一个单元工程	约30m长做一次检查验收		
							04080605-0001	05 洞脸排水孔	1	1	按每一次施工检查验收区、段为一个单元工程	约30m长做一次检查验收		
			040807	07 封堵工程	1	1	04080701-0001～0024	▲01 开挖	24	22	按每一次施工检查验收区、段为一个单元工程	约30m长做一次检查验收		

续表

工程类别	单位工程	合同名称及编号	分部工程				单元工程				单元工程项目划分		施工单位	监理单位
			编码	名称	合格	优良	编码	名称	合格	优良	划分原则	实际划分说明		
三、引水工程	▲04 左岸引水系统	08 黄金坪水电站引水发电系统工程（Ⅰ标）HJP/SG023-2011	040807	07 封堵工程	1	1	04080702-0001～0028	▲02 锚喷支护	28	26	按每一次喷锚区、段划分一个单元工程	约 30m 长做一次检查验收	江南公司	二滩国际
							04080703-0001～0010	＊03 混凝土	10	9	按每一个仓号为一个单元工程	按每一个仓号为一个单元工程		
							04080704-0001～0004	04 支洞封堵回填灌浆	4	4	每一个灌浆区域或区段为一个单元工程	约 40m 为一个单元		
							04080705-0001～0002	05 支洞封堵固结灌浆	2	2	一般以一个衬砌段或相邻的若干个灌浆孔为一个单元	约 20m 为一个单元		
							04080706-0001～0002	＊06 地勘探洞封堵回填灌浆	2	2	每一个灌浆区域或区段为一个单元工程	约 48m 为一个单元		
							04080707-0001～0050	▲07 勘探平洞封堵回填混凝土	50	47	按每一仓号为一个单元工程或每一次检查验收部位为一个单元工程	约 15m 为一个单元		
							04080708-0001～0006	08 勘探平洞封堵浆砌石	6	6	按设计或施工检查验收的区段划分，每一区、段为一个单元	约 0.5×2×2m（厚×高×宽）为一个单元		
							04080709-0001～0008	09 勘探平洞封堵回填灌浆	8	8	每一个灌浆区域或区段为一个单元工程	约 48m 为一个单元		
			040808	08 金属结构及启闭机安装	1	1	04080801-0001～0002	01 事故闸门门槽	2	2	以一扇闸门的埋件安装为一个单元工程	进水口一套事故闸门门槽（共 2 套）为一个单元		
							04080802-0001～0002	▲02 事故闸门门叶	2	2	以一扇门体安装为一个单元工程	进水口一扇事故闸门门叶为一个单元（共 2 扇）		

续表

工程类别	单位工程	合同名称及编号	分部工程				单元工程				单元工程项目划分		施工单位	监理单位
			编码	名称	合格	优良	编码	名称	合格	优良	划分原则	实际划分说明		
三、引水工程	▲04 左岸引水系统	08 黄金坪水电站引水发电系统工程（Ⅰ标）HJP/SG023-2011	040808	08 金属结构及启闭机安装	1	1	04080803-0001～0014	＊03 拦污栅栅槽	14	13	以一道拦污栅为一个单元工程	进水口一套拦污栅栅槽为一个单元（共14套）	江南公司	二滩国际
							04080804-0001～0015	04 拦污栅栅叶	15	14	以一道拦污栅为一个单元工程	进水口一扇拦污栅栅叶为一个单元（共15扇）		
							04080805-0001～0003	05 储栅槽	3	3	以一道拦污栅为一个单元工程	进水口一套储栅槽为一个单元（共3套）		
							04080806-0001	06 2×1600/320/320kN 单向门机轨道	1	1	以一台桥机的轨道安装为一个单元工程	进水口一套单向门机轨道为一个单元（共1套）		
							04080807-0001	07 2×1600/320/320kN 单向门机	1	1	以一台门机为一个单元工程	进水口一台套单向门机为一个单元（共1台套）		

（5）黄金坪水电站安全监测单位工程—合同—分部工程—单元工程项目划分（见表14-7）。

表 14-7　安全监测单位工程—合同—分部工程—单元工程项目划分

工程类别	单位工程	合同名称及编号	分部工程				单元工程				单元工程划分		施工单位	监理单位
			编码	名称	合格	优良	编码	名称	合格	优良	划分原则	实际划分说明		
六、安全监测工程	08 安全监测工程	13 黄金坪水电站安全监测工程施工 HJP/SG020-2010	081301	▲01 沥青混凝土心墙堆石坝安全监测工程	1	1	08130101-0001～0032	01 多点位移计安装	32	30	每套仪器划分为一个单元（含钻孔、灌浆）	左坝肩、右坝肩每套多点位移计划分为一个单元（含钻孔、灌浆）	长江勘测规划设计院	二滩国际
							08130102-0001～0022	02 单点式锚杆应力计安装	22	21	每支仪器划分为一个单元（含钻孔、灌浆）	左坝肩、右坝肩每支单点式锚杆应力计划分为一个单元（含钻孔、灌浆）		

续表

工程类别	单位工程	合同名称及编号	分部工程				单元工程				单元工程划分		施工单位	监理单位
			编码	名称	合格	优良	编码	名称	合格	优良	划分原则	实际划分说明		
六、安全监测工程	08 安全监测工程	13 黄金坪水电站安全监测工程施工 HJP/SG020-2010	081301	▲01 沥青混凝土心墙堆石坝安全监测工程	1	1	08130103-0001～0032	03 锚索测力计安装	32	31	每套仪器划分为一个单元	左坝肩、右坝肩每套锚索测力计划分为一个单元	长江勘测规划设计院	二滩国际
							08130104-0001～0063	04 大坝水平位移测点实施	63	60	每个测点划分为一个单元（含观测墩浇筑）	大坝坝顶及上、下游坡面每个水平位移测点划分为一个单元（含观测墩浇筑）		
							08130104-0064～0076	04 左、右岸边坡水平位移测点实施	13	11	每个测点划分为一个单元（含观测墩浇筑）	左坝肩、右坝肩每个水平位移测点划分为一个单元（含观测墩浇筑）		
							08130104-0077～0090	04 溢洪道边坡及闸墩水平位移测点实施	14	12	每个测点划分为一个单元（含观测墩浇筑）	溢洪道边坡及闸墩每个水平位移测点划分为一个单元（含观测墩浇筑）		
							08130105-0001～0008	05 平面监测控制网测点实施	8	4	每个测点划分为一个单元（含观测墩浇筑）	左、右岸山体一个平面监测控制网测点划分为一个单元（含观测墩浇筑）		
							08130106-0001～0010	06 水准监测控制网测点实施	10	6	每个测点划分为一个单元（含标点安装）	左、右岸山体每个水准监测控制网测点划分为一个单元（含标点安装）		
							08130107-0001～0003	07 倒垂实施	3	2	每套装置划分为一个单元（含钻孔）	左、右岸山体每套倒垂装置划分为一个单元（含钻孔）		

续表

工程类别	单位工程	合同名称及编号	分部工程				单元工程				单元工程划分		施工单位	监理单位
			编码	名称	合格	优良	编码	名称	合格	优良	划分原则	实际划分说明		
六、安全监测工程	08 安全监测工程	13 黄金坪水电站安全监测工程施工 HJP/SG020-2010	081301	▲01 沥青混凝土心墙堆石坝安全监测工程	1	1	08130108-0001～0002	08 左岸双金属标实施	2	2	每套装置划分为一个单元（含钻孔）	黄金坪大桥左岸桥头、左岸尾水出口边坡每套双金属标装置划分为一个单元（含钻孔）	长江勘测规划设计院	二滩国际
							08130108-0003	08 右岸双金属标实施	1	0	每套装置划分为一个单元（含钻孔）	右岸小厂房出线场一套双金属标装置划分为一个单元（含钻孔）		
							08130109-0001～0008	09 水准工作基点实施	8	4	每个测点划分为一个单元（含标点安装）	大坝及基础廊道每个水准工作基点划分为一个单元（含标点安装）		
							08130110-0001～0008	10 水平位移工作基点实施	8	6	每个测点划分为一个单元（含观测墩浇筑）	大坝及左、右岸边坡每个水平位移工作基点划分为一个单元（含观测墩浇筑）		
							08130111-0001～0079	11 大坝水准标点实施	79	79	每个标点划分为一个单元（含标点安装）	大坝坝顶及上、下游坡面每个水准标点划分为一个单元（含标点安装）		
							08130111-0080～0087	11 溢洪道水准标点实施	8	8	每个标点划分为一个单元（含标点安装）	溢洪道闸墩每个水准标点划分为一个单元（含标点安装）		
							08130111-0088～0100	11 大坝基础廊道水准标点实施	13	13	每个标点划分为一个单元（含标点安装）	大坝基础廊道每个水准标点划分为一个单元（含标点安装）		

续表

工程类别	单位工程	合同名称及编号	分部工程				单元工程				单元工程划分		施工单位	监理单位
			编码	名称	合格	优良	编码	名称	合格	优良	划分原则	实际划分说明		
六、安全监测工程	08安全监测工程	13 黄金坪水电站安全监测工程施工 HJP/SG020-2010	081301	▲01 沥青混凝土心墙堆石坝安全监测工程	1	1	08130112-0001～0023	12 固定式测斜仪安装	23	23	每支仪器划分为一个单元（含钻孔）	大坝基础每支固定式测斜仪划分为一个单元（含钻孔）	长江勘测规划设计院	二滩国际
							08130113-0001	13 弦式沉降仪安装	1	1	每套仪器划分为一个单元（含钻孔）	大坝基础每套弦式沉降仪划分为一个单元（含钻孔）		
							08130114-0001～0002	14 电位器式位移计安装	2	2	每套仪器划分为一个单元（含钻孔）	大坝基础每套电位器式位移计划分为一个单元（含钻孔）		
							08130115-0001～0003	15 测斜管安装	3	3	每套仪器划分为一个单元（含钻孔）	大坝基础每套测斜管划分为一个单元（含钻孔）		
							08130116-0001～0103	16 渗压计安装	103	100	每支仪器划分为一个单元	大坝基础、填筑体及左右岸山体每支渗压计划分为一个单元		
							08130117-0001～0048	17 土压力计安装	48	44	每支仪器划分为一个单元	大坝基础及填筑体每支土压力计划分为一个单元		
							08130118-0001～0140	18 钢筋计安装	140	129	每支仪器划分为一个单元	大坝基础廊道每支钢筋计划分为一个单元		
							08130119-0001～0008	19 测缝计安装	8	5	每支仪器划分为一个单元	大坝基础廊道每支测缝计划分为一个单元		
							08130120-0001～0020	20 裂缝计安装	20	18	每支仪器划分为一个单元	大坝基础廊道每支裂缝计划分为一个单元		
							08130121-0001～0014	21 倾斜仪基座安装	14	14	每个装置划分为一个单元	大坝基础廊道每个倾斜仪基座装置划分为一个单元		

续表

工程类别	单位工程	合同名称及编号	分部工程				单元工程				单元工程划分		施工单位	监理单位
			编码	名称	合格	优良	编码	名称	合格	优良	划分原则	实际划分说明		
六、安全监测工程	08安全监测工程	13黄金坪水电站安全监测工程施工 HJP/SG020-2010	081301	▲01沥青混凝土心墙堆石坝安全监测工程	1	1	08130122-0001～0002	22活动式测斜仪兼电磁式沉降环安装	2	2	每套划分为一个单元	大坝填筑体每套活动式测斜仪兼电磁式沉降环划分为一个单元	长江勘测规划设计院	二滩国际
							08130123-0001～0045	23水管式沉降仪安装	45	43	每个测点划分为一个单元	大坝填筑体每个水管式沉降仪测点划分为一个单元		
							08130124-0001～0009	24沉降仪测量装置安装	9	9	每套测量装置划分为一个单元	大坝填筑体每套沉降仪测量装置划分为一个单元		
							08130125-0001～0045	25引张线式水平位移计安装	45	44	每个测点划分为一个单元	大坝填筑体每个引张线式水平位移计测点划分为一个单元		
							08130126-0001～0009	26水平位移测量装置安装	9	9	每套测量装置划分为一个单元	大坝填筑体每套水平位移测量装置划分为一个单元		
							08130127-0001～0030	27位错计安装	30	29	每支仪器划分为一个单元	大坝填筑体每支位错计划分为一个单元		
							08130128-0001～0021	28测压管安装	21	21	每孔划分为一个单元（含钻孔）	大坝左、右岸山体及基础廊道每个测压管划分为一个单元（含钻孔）		
							08130129-0001～0022	29绕渗孔实施	22	22	每孔划分为一个单元（含钻孔）	大坝左、右岸山体及基础廊道每个绕渗孔划分为一个单元（含钻孔）		
							08130130-0001～0004	30量水堰实施	4	4	每组仪器划分为一个单元	大坝基础廊道每组量水堰划分为一个单元		

续表

工程类别	单位工程	合同名称及编号	分部工程				单元工程				单元工程划分		施工单位	监理单位
			编码	名称	合格	优良	编码	名称	合格	优良	划分原则	实际划分说明		
六、安全监测工程	08 安全监测工程	13 黄金坪水电站安全监测工程施工 HJP/SG020-2010	081301	▲01 沥青混凝土心墙堆石坝安全监测工程	1	1	08130131-0001～0030	31 温度计安装	30	30	每支仪器划分为一个单元	大坝上游坡面及沥青混凝土心墙每支温度计划分为一个单元	长江勘测规划设计院	二滩国际
							08130132-0001	32 水尺实施	1	1	每付划分为一个单元	大坝上游坡面每付水尺划分为一个单元		
			081302	▲02 泄洪系统监测工程	1	1	08130201-0001～0039	01 泄洪洞两岸边坡多点位移计安装	39	39	每套仪器划分为一个单元（含钻孔、灌浆）	泄洪洞进、出口边坡每套多点位移计划分为一个单元（含钻孔、灌浆）		
							08130201-0040～0055	01 泄洪洞多点位移计安装	16	14	每套仪器划分为一个单元（含钻孔、灌浆）	泄洪洞洞身及工作闸室一套多点位移计划分为一个单元（含钻孔、灌浆）		
							08130202-0001～0024	02 泄洪洞两岸边坡单点式锚杆应力计安装	24	17	每支仪器划分为一个单元（含钻孔、灌浆）	泄洪洞进、出口边坡每支单点式锚杆应力计划分为一个单元（含钻孔、灌浆）		
							08130202-0025～0041	02 泄洪洞单点式锚杆应力计安装	17	17	每支仪器划分为一个单元（含钻孔、灌浆）	泄洪洞洞身及工作闸室每支单点式锚杆应力计划分为一个单元（含钻孔、灌浆）		
							08130203-0001～0042	03 锚索测力计安装	42	35	每套仪器划分为一个单元	泄洪洞进、出口边坡每套锚索测力计划分为一个单元		
							08130204-0001～0047	04 水平位移测点实施	47	46	每个测点划分为一个单元（含观测墩浇筑）	泄洪洞进、出口及叫吉村自然边坡每个水平位移测点划分为一个单元（含观测墩浇筑）		

续表

工程类别	单位工程	合同名称及编号	分部工程				单元工程				单元工程划分		施工单位	监理单位
			编码	名称	合格	优良	编码	名称	合格	优良	划分原则	实际划分说明		
六、安全监测工程	08 安全监测工程	13 黄金坪水电站安全监测工程施工 HJP/SG020-2010	081302	▲02 泄洪系统监测工程	1	1	08130205-0001～0012	05 钢筋计安装	12	11	每支仪器划分为一个单元	泄洪洞洞身每支钢筋计划分为一个单元	长江勘测规划设计院	二滩国际
							08130206-0001～0002	06 测缝计安装	2	2	每支仪器划分为一个单元	泄洪洞进口边坡每支测缝计划分为一个单元		
							08130207-0001～0012	07 测斜管安装	12	10	每套仪器划分为一个单元（含钻孔、灌浆）	泄洪洞进口及叫吉村自然边坡每套测斜管划分为一个单元（含钻孔、灌浆）		
							08130208-0001～0010	08 渗压计安装	10	10	每支仪器划分为一个单元（含钻孔）	泄洪洞进口边坡及泄洪洞洞身每支渗压计划分为一个单元（含钻孔）		
							08130209-0001～0011	09 脉动压力仪底座安装	11	8	每个底座安装划分为一个单元	溢洪道每个脉动压力仪底座安装划分为一个单元		
							08130210-0001～0012	10 流速仪底座安装	12	12	每个底座安装划分为一个单元	溢洪道每个流速仪底座安装划分为一个单元		
							08130211-0001～0003	11 掺气仪底座安装	3	3	每个底座安装划分为一个单元	溢洪道每个掺气仪底座安装划分为一个单元		
							08130212-0001	12 自计水位计安装	1	1	每支仪器划分为一个单元	溢洪道每支自计水位计划分为一个单元		
							08130213-0001～0016	13 水尺实施	16	16	每付水尺实施划分为一个单元	泄洪洞进、出口及溢洪道每付水尺实施划分为一个单元		
			081303	▲03 左岸引水系统监测工程	1	1	08130301-0001～0018	01 多点位移计安装	18	18	每套仪器划分为一个单元（含钻孔、灌浆）	引水洞每套多点位移计划分为一个单元（含钻孔、灌浆）		

续表

工程类别	单位工程	合同名称及编号	分部工程				单元工程				单元工程划分		施工单位	监理单位
			编码	名称	合格	优良	编码	名称	合格	优良	划分原则	实际划分说明		
六、安全监测工程	08 安全监测工程	13 黄金坪水电站安全监测工程施工 HJP/SG020-2010	081303	▲03 左岸引水系统监测工程	1	1	08130302-0001～0018	02 单点式锚杆应力计安装	18	14	每支仪器划分为一个单元（含钻孔、灌浆）	引水洞每支单点式锚杆应力计划分为一个单元（含钻孔、灌浆）	长江勘测规划设计院	二滩国际
							08130303-0001～0006	03 测缝计安装	6	6	每支仪器划分为一个单元（含钻孔）	引水洞每支测缝计划分为一个单元（含钻孔）		
							08130304-0001	04 水尺实施	1	1	每付水尺划分为一个单元	1 号进水塔塔身每付水尺划分为一个单元		
			081304	▲04 左岸发电厂房监测工程	1	1	08130401-0001～0032	01 左岸调压室多点位移计安装	32	32	每套仪器划分为一个单元（含钻孔、灌浆）	左岸调压室每套多点位移计划分为一个单元（含钻孔、灌浆）		
							08130401-0033～0041	01 左岸压力管道多点位移计安装	9	9	每套仪器划分为一个单元（含钻孔、灌浆）	左岸压力管道每套多点位移计划分为一个单元（含钻孔、灌浆）		
							08130401-0042～0066	01 左岸主厂房多点位移计安装	25	25	每套仪器划分为一个单元（含钻孔、灌浆）	左岸主厂房每套多点位移计划分为一个单元（含钻孔、灌浆）		
							08130401-0067～0081	01 左岸主变室多点位移计安装	15	13	每套仪器划分为一个单元（含钻孔、灌浆）	左岸主变室每套多点位移计划分为一个单元（含钻孔、灌浆）		
							08130401-0082～0096	01 左岸尾闸室多点位移计安装	15	14	每套仪器划分为一个单元（含钻孔、灌浆）	左岸尾闸室一套多点位移计划分为一个单元（含钻孔、灌浆）		
							08130401-0097～0117	01 左岸尾水洞多点位移计安装	21	19	每套仪器划分为一个单元（含钻孔、灌浆）	左岸尾水洞一套多点位移计划分为一个单元（含钻孔、灌浆）		

续表

工程类别	单位工程	合同名称及编号	分部工程				单元工程				单元工程划分		施工单位	监理单位
			编码	名称	合格	优良	编码	名称	合格	优良	划分原则	实际划分说明		
六、安全监测工程	08 安全监测工程	13 黄金坪水电站安全监测工程施工 HJP/SG020-2010	081304	▲04 左岸发电厂房监测工程	1	1	08130401-0118～0121	01 左岸尾水出口边坡多点位移计安装	4	4	每套仪器划分为一个单元（含钻孔、灌浆）	左岸尾水出口边坡每套多点位移计划分为一个单元（含钻孔、灌浆）	长江勘测规划设计院	二滩国际
							08130402-0001～0032	02 左岸调压室单点式锚杆应力计安装	32	31	每支仪器划分为一个单元（含钻孔、灌浆）	左岸调压室每支单点式锚杆应力计划分为一个单元（含钻孔、灌浆）		
							08130402-0033～0040	02 单点式锚杆应力计安装	8	8	每支仪器划分为一个单元（含钻孔、灌浆）	左岸压力管道每支单点式锚杆应力计划分为一个单元（钻孔、灌浆）		
							08130402-0041～0070	02 左岸主厂房单点式锚杆应力计安装	30	25	每支仪器划分为一个单元（含土建）	左岸主厂房每支单点式锚杆应力计划分为一个单元（含土建）		
							08130402-0071～0076	02 左岸主厂房三点式锚杆应力计安装	6	4	每套仪器划分为一个单元（含土建）	左岸主厂房岩锚梁每套三点式锚杆应力计划分为一个单元（含土建）		
							08130402-0077～0091	02 左岸主变室单点式锚杆应力计安装	15	14	每支仪器划分为一个单元（含土建）	左岸主变室每支单点式锚杆应力计划分为一个单元（含土建）		
							08130402-0092～0112	02 左岸尾闸室单点式锚杆应力计安装	21	19	每支仪器划分为一个单元（含土建）	左岸尾闸室每支单点式锚杆应力计划分为一个单元（含土建）		
							08130402-0113～0130	02 左岸尾水洞单点式锚杆应力计安装	18	16	每支仪器划分为一个单元（含土建）	左岸尾水洞每支单点式锚杆应力计划分为一个单元（含土建）		
							08130403-0001～0043	03 左岸调压室锚索测力计安装	43	42	每套仪器划分为一个单元	左岸调压室每套锚索测力计划分为一个单元		

续表

工程类别	单位工程	合同名称及编号	分部工程				单元工程				单元工程划分		施工单位	监理单位
			编码	名称	合格	优良	编码	名称	合格	优良	划分原则	实际划分说明		
六、安全监测工程	08 安全监测工程	13 黄金坪水电站安全监测工程施工 HJP/SG020-2010	081304	▲04 左岸发电厂房监测工程	1	1	08130403-0044～0068	03 左岸主厂房锚索测力计安装	25	21	每套仪器划分为一个单元	左岸主厂房每套锚索测力计划分为一个单元	长江勘测规划设计院	二滩国际
							08130403-0069～0084	03 左岸主变室锚索测力计安装	16	16	每套仪器划分为一个单元	左岸主变室每套锚索测力计划分为一个单元		
							08130403-0085～0087	03 左岸尾水洞锚索测力计安装	3	3	每套仪器划分为一个单元	左岸尾水洞每套锚索测力计划分为一个单元		
							08130403-0088～0093	03 左岸尾水出口边坡锚索测力计安装	6	5	每套仪器划分为一个单元	左岸尾水出口边坡每套锚索测力计划分为一个单元		
							08130404-0001～0006	04 水平位移测点实施	6	6	每个测点划分为一个单元（含观测墩浇筑）	左岸尾水出口边坡每个水平位移测点划分为一个单元（含观测墩浇筑）		
							08130405-0001～0004	05 水平位移工作基点	4	4	每个测点划分为一个单元（含观测墩浇筑）	姑咱镇后山每个水平位移工作基点划分为一个单元（含观测墩浇筑）		
							08130406-0001～0012	06 左岸调压室测缝计安装	12	10	每支仪器划分为一个单元（含钻孔）	左岸调压室每支测缝计划分为一个单元（含钻孔）		
							08130406-0013～0020	06 左岸压力管道测缝计安装	8	7	每支仪器划分为一个单元（含钻孔）	左岸压力管道每支测缝计划分为一个单元（含钻孔）		
							08130406-0021～0032	06 左岸主厂房测缝计安装	12	8	每支仪器划分为一个单元（含钻孔）	左岸主厂房每支测缝计划分为一个单元（含钻孔）		

续表

工程类别	单位工程	合同名称及编号	分部工程				单元工程				单元工程划分		施工单位	监理单位
			编码	名称	合格	优良	编码	名称	合格	优良	划分原则	实际划分说明		
六、安全监测工程	08 安全监测工程	13 黄金坪水电站安全监测工程施工 HJP/SG020-2010	081304	▲04 左岸发电厂房监测工程	1	1	08130406-0033～0038	06 左岸尾水洞测缝计安装	6	5	每支仪器划分为一个单元（含钻孔）	左岸尾水洞每支测缝计划分为一个单元（含钻孔）	长江勘测规划设计院	二滩国际
							08130407-0001～0008	07 左岸调压室渗压计安装	8	8	每支仪器划分为一个单元（含钻孔）	左岸调压室每支渗压计划分为一个单元（含钻孔）		
							08130407-0009～0016	07 左岸压力管道渗压计安装	8	7	每支仪器划分为一个单元（含钻孔）	左岸压力管道每支渗压计划分为一个单元（含钻孔）		
							08130407-0017～0020	07 左岸主厂房渗压计安装	4	3	每支仪器划分为一个单元（含钻孔）	左岸主厂房每支渗压计划分为一个单元（含钻孔）		
							08130408-0001～0012	08 温度计安装	12	12	每支仪器划分为一个单元	左岸主厂房每支温度计划分为一个单元		
							08130409-0001～0002	09 水尺实施	2	2	每付水尺划分为一个单元	左岸尾水洞出口闸墩每付水尺划分为一个单元		
			081305	▲05 右岸引水发电系统监测工程	1	1	08130501-0001～0004	01 右岸小厂房进口边坡多点位移计安装	4	4	每套仪器划分为一个单元（含钻孔、灌浆）	右岸小厂房进口边坡每套多点位移计划分为一个单元（含钻孔、灌浆）		
							08130501-0005～0012	01 右岸压力管道多点位移计安装	8	6	每套仪器划分为一个单元（含钻孔、灌浆）	右岸压力管道每套多点位移计划分为一个单元（含钻孔、灌浆）		
							08130501-0013～0021	01 右岸主厂房多点位移计安装	9	8	每套仪器划分为一个单元（含钻孔、灌浆）	右岸主厂房每套多点位移计划分为一个单元（含钻孔、灌浆）		

续表

工程类别	单位工程	合同名称及编号	分部工程				单元工程				单元工程划分		施工单位	监理单位
			编码	名称	合格	优良	编码	名称	合格	优良	划分原则	实际划分说明		
六、安全监测工程	08 安全监测工程	13 黄金坪水电站安全监测工程施工 HJP/SG020-2010	081305	▲05 右岸引水发电系统监测工程	1	1	08130501-0022～0027	01 右岸主变室多点位移计安装	6	5	每套仪器划分为一个单元（含钻孔、灌浆）	右岸主变室每套多点位移计划分为一个单元（含钻孔、灌浆）	长江勘测规划设计院	二滩国际
							08130501-0028～0034	01 右岸尾调室多点位移计安装	7	7	每套仪器划分为一个单元（含钻孔、灌浆）	右岸尾调室每套多点位移计划分为一个单元（含钻孔、灌浆）		
							08130502-0001～0004	02 右岸小厂房进口边坡单点式锚杆应力计安装	4	4	每支仪器划分为一个单元（含钻孔、灌浆）	右岸小厂房进口边坡每支单点式锚杆应力计划分为一个单元（含钻孔、灌浆）		
							08130502-0005～0012	02 右岸压力管道单点式锚杆应力计安装	8	6	每支仪器划分为一个单元（含钻孔、灌浆建）	右岸压力管道每支单点式锚杆划分为一个单元（含钻孔、灌浆）		
							08130502-0013～0024	02 右岸主厂房单点式锚杆应力计安装	12	12	每支仪器划分为一个单元（含钻孔、灌浆）	右岸主厂房每支单点式锚杆划分为一个单元（含钻孔、灌浆建）		
							08130502-0025～0026	02 二点式锚杆应力计安装	2	1	每套仪器划分为一个单元（含钻孔、灌浆）	右岸主厂房每套二点式锚杆应力计划分为一个单元（含钻孔、灌浆）		
							08130502-0027～0030	02 三点式锚杆应力计安装	4	4	每套仪器划分为一个单元（含钻孔、灌浆）	右岸主厂房岩锚梁每套三点式锚杆应力计划分为一个单元（含钻孔、灌浆）		
							08130502-0031～0036	02 右岸主变室单点式锚杆应力计安装	6	5	每支仪器划分为一个单元（含钻孔、灌浆）	右岸主变室每支单点式锚杆划分为一个单元（含钻孔、灌浆）		

续表

工程类别	单位工程	合同名称及编号	分部工程				单元工程				单元工程划分		施工单位	监理单位
			编码	名称	合格	优良	编码	名称	合格	优良	划分原则	实际划分说明		
六、安全监测工程	08 安全监测工程	13 黄金坪水电站安全监测工程施工 HJP/SG020-2010	081305	▲05 右岸引水发电系统监测工程	1	1	08130502-0037～0043	02 右岸尾调室单点式锚杆应力计安装	7	5	每支仪器划分为一个单元（含钻孔、灌浆）	右岸尾调室每支单点式锚杆划分为一个单元（含钻孔、灌浆）	长江勘测规划设计院	二滩国际
							08130503-0001～0002	03 锚索测力计安装	2	2	每套仪器划分为一个单元	右岸主厂房每套锚索测力计划分为一个单元		
							08130504-0001～0006	04 右岸压力管道测缝计安装	6	6	每支仪器划分为一个单元（含钻孔）	右岸压力管道每支测缝计划分为一个单元（含钻孔）		
							08130504-0007～0014	04 右岸主厂房测缝计安装	8	8	每支仪器划分为一个单元（含钻孔）	右岸主厂房每支测缝计划分为一个单元（含钻孔）		
							08130504-0015～0018	04 右岸 6 号公路堵头测缝计安装	4	4	每支仪器划分为一个单元（含钻孔）	右岸 6 号公路堵头每支测缝计划分为一个单元（含钻孔）		
							08130505-0001～0011	05 渗压计安装	11	11	每支仪器划分为一个单元（含钻孔）	右岸压力管道及 6 号公路堵头每支渗压计划分为一个单元（含钻孔）		
							08130506-0001～0006	06 水平位移测点实施	6	6	每个测点划分为一个单元（含观测墩浇筑）	右岸小厂房进口边坡每个水平位移测点划分为一个单元（含观测墩浇筑）		
			081306	06 导流系统监测工程	1	1	08130601-0001～0024	01 多点位移计安装	24	23	每套仪器划分为一个单元（含钻孔、灌浆）	导流洞进、出口边坡及洞身每套多点位移计划分为一个单元（含钻孔、灌浆）		

续表

工程类别	单位工程	合同名称及编号	分部工程				单元工程				单元工程划分		施工单位	监理单位
			编码	名称	合格	优良	编码	名称	合格	优良	划分原则	实际划分说明		
六、安全监测工程	08 安全监测工程	13 黄金坪水电站安全监测工程施工 HJP/SG020-2010	081306	06 导流系统监测工程	1	1	08130602-0001～0018	02 单点式锚杆应力计安装	18	15	每支仪器划分为一个单元（含钻孔、灌浆）	导流洞进、出口边坡及洞身每支单点式锚杆应力计划分为一个单元（含钻孔、灌浆）	长江勘测规划设计院	二滩国际
							08130603-0001～0009	03 锚索测力计安装	9	7	每套仪器划分为一个单元	导流洞进、出口边坡每套锚索测力计划分为一个单元		
							08130604-0001～0017	04 水平位移测点实施	17	17	每个测点划分为一个单元（含观测墩浇筑）	上、下游围堰每个水平位移测点划分为一个单元（含观测墩浇筑）		
							08130605-0001～0017	05 水准标点实施	17	17	每个测点划分为一个单元（含标点安装）	上、下游围堰每个水准标点划分为一个单元（含标点安装）		
							08130606-0001～0004	06 水准基点实施	4	4	每个测点划分为一个单元（含标点安装）	上、下游围堰每个水准基点划分为一个单元（含标点安装）		
							08130607-0001～0006	07 位错计安装	6	6	每支仪器划分为一个单元	导流洞堵头每支位错计划分为一个单元		
							08130608-0001～0012	08 渗压计安装	12	10	每支仪器划分为一个单元（含钻孔）	上、下游围堰及导流洞堵头每支渗压计划分为一个单元（含钻孔）		
							08130609-0001～0016	09 温度计安装	16	15	每支仪器划分为一个单元	导流洞堵头每支温度计划分为一个单元		
							08130610-0001～0004	10 水尺实施	4	4	每付水尺划分为一个单元	上、下游围堰及导流洞进、出口闸墩每付水尺划分为一个单元		

续表

工程类别	单位工程	合同名称及编号	分部工程				单元工程				单元工程划分		施工单位	监理单位
			编码	名称	合格	优良	编码	名称	合格	优良	划分原则	实际划分说明		
六、安全监测工程	08 安全监测工程	13 黄金坪水电站安全监测工程施工 HJP/SG020-2010	081307	07 观测房	1	1	08130701-0001～0003	01 倒垂观测房实施	3	3	每间观测房划分为一个单元	倒垂观测房每间房划分为一个单元	长江勘测规划设计院	二滩国际
							08130701-0004～0006	01 双金属标观测房实施	3	2	每间观测房划分为一个单元	双金属标观测房每间房划分为一个单元		
							08130701-0007～0008	01 坝顶观测房实施	2	2	每间观测房划分为一个单元	左、右岸坝顶观测房每间房划分为一个单元		
							08130701-0009～0017	01 坝后观测房实施	9	9	每间观测房划分为一个单元	坝后观测房每间房划分为一个单元		
			081308	08 其他	1	1	08130801-0001	01 泄洪洞进口边坡钢结构巡视检查通道实施	1	1	每条巡视检查通道划分为一个单元	泄洪洞进口边坡每条钢结构巡视检查通道划分为一个单元		
							08130801-0002	01 左坝肩钢结构巡视检查通道实施	1	1	每条巡视检查通道划分为一个单元	左岸坝肩边坡一条钢结构巡视检查通道划分为一个单元		
							08130801-0003	01 右岸坝肩及小厂房进口边坡钢结构巡视检查通道实施	1	1	每条巡视检查通道划分为一个单元	右岸坝肩及小厂房进口边坡一条钢结构巡视检查通道划分为一个单元		
							08130801-0004	01 泄洪洞出口边坡钢结构巡视检查通道实施	1	1	每条巡视检查通道划分为一个单元	泄洪洞出口边坡一条钢结构巡视检查通道划分为一个单元		
							08130801-0005	01 左岸尾水出口边坡钢结构巡视检查通道实施	1	1	每条巡视检查通道划分为一个单元	左岸尾水出口边坡一条钢结构巡视检查通道划分为一个单元		

续表

工程类别	单位工程	合同名称及编号	分部工程				单元工程				单元工程划分		施工单位	监理单位
			编码	名称	合格	优良	编码	名称	合格	优良	划分原则	实际划分说明		
六、安全监测工程	08 安全监测工程	13 黄金坪水电站安全监测工程施工 HJP/SG020-2010	081308	08 其他	1	1	08130802-0001	02 泄洪、引水洞进口边坡混凝土观测便道实施	1	1	每条观测便道划分为一个单元	泄洪、引水洞进口边坡一条混凝土观测便道划分为一个单元	长江勘测规划设计院	二滩国际
							08130802-0002	02 左岸坝肩边坡混凝土观测便道实施	1	1	每条观测便道划分为一个单元	左岸坝肩边坡一条混凝土观测便道划分为一个单元		
							08130802-0003	02 右岸坝肩及小厂房进口边坡混凝土观测便道实施	1	1	每条观测便道划分为一个单元	右岸坝肩及小厂房进口边坡一条混凝土观测便道划分为一个单元		
							08130802-0004	02 泄洪洞出口边坡混凝土观测便道实施	1	0	每条观测便道划分为一个单元	泄洪洞出口边坡一条混凝土观测便道划分为一个单元		
							08130802-0005	02 左岸尾水出口边坡混凝土观测便道实施	1	1	每条观测便道划分为一个单元	左岸尾水出口边坡一条混凝土观测便道划分为一个单元		

（6）黄金坪水电站人工骨料加工系统单位工程—合同—分部工程—单元工程项目划分（见表 14-8）。

表 14-8　　人工骨料加工系统单位工程—合同—分部工程—单元工程项目划分表

工程类别	单位工程	合同名称及编号	分部工程名称、编码、质量评定				单元工程编码、名称、评定				单元工程划分		施工单位	监理单位
			编码	名称	合格	优良	编码	名称	合格	优良	项目划分原则	实际划分说明		
七、砂石系统	09 砂石加工系统	13 黄金坪水电站人工骨料加工系统工程 HJP/SG019-2010	091301	01 场地平整	1	1	09130101-0001～0015	01 混凝土浇筑	15	15	依据仓面设计及浇筑区域划分	每一浇筑仓为一个单元	水电九局	二滩国际
			091302	02 粗碎车间	1	1	09130201-0001	01 基础开挖	1	0	依据验收地基承载力检测桩号划分	每一实际检测部位（包含该部位所有检测点）为一个单元		

续表

工程类别	单位工程	合同名称及编号	分部工程名称、编码、质量评定				单元工程编码、名称、评定				单元工程划分		施工单位	监理单位
			编码	名称	合格	优良	编码	名称	合格	优良	项目划分原则	实际划分说明		
七、砂石系统	09 砂石加工系统	13 黄金坪水电站人工骨料加工系统工程 HJP/SG019-2010	091302	02 粗碎车间	1	1	09130202-0001～0010	02 浆砌石砌筑	10	9	依据砌筑里程桩号划分	挡墙约 8～21m 为一个单元，其他根据砌筑实际部位划分一个单元	水电九局	二滩国际
							09130203-0001～0015	▲03 混凝土浇筑	15	15	依据仓面设计及浇筑里程、工程部位划分	挡墙约 9m 为一个单，其他混凝土浇筑依据浇筑仓位划分一个单元		
							09130204-0001～0002	▲04 机械设备安装	2	2	依据设备型号、安装位置划分	C125 颚式破碎机（共 2 台）为一个单元；VF561-2v 棒条给料机（共 2 台）为一个单元		
			091303	03 半成品料仓及一筛车间	1	1	09130301-0001～0005	01 基础开挖	5	3	依据验收地基承载力检测桩号划分	每一实际检测部位（包含该部位所有检测点）为一个单元		
							09130302-0001～0005	02 浆砌石砌筑	5	4	依据砌筑里程桩号划分	半成品料仓挡墙每一实际验收部位为一个单元，一筛调节料仓挡墙约 9～27m 为一个单元		
							09130303-0001～0020	▲03 混凝土浇筑	20	17	依据仓面设计及浇筑里程、工程部位划分	地弄底板及边墙顶板约 9m 一个单元，其他按照实际工程验收部位为一个单元		
							09130304-0001～0003	▲04 机械设备安装	3	3	依据设备型号、安装位置划分	半成品料仓地弄 GZG 125—175 振动给料机共 7 台为一个单元；一筛车间 2YKR2460 振动筛共 2 台为一个单元；一筛调节料仓地弄 GZG 125—175 振动给料机共 4 台为一个单元		

续表

工程类别	单位工程	合同名称及编号	分部工程名称、编码、质量评定				单元工程编码、名称、评定				单元工程划分		施工单位	监理单位
			编码	名称	合格	优良	编码	名称	合格	优良	项目划分原则	实际划分说明		
七、砂石系统	09 砂石加工系统	13 黄金坪水电站人工骨料加工系统工程 HJP/SG019-2010	091303	03 半成品料仓及一筛车间	1	1	09130305-0001	05 钢结构制作	1	1	依据制作型号及验收数量划分	一筛车间筛分楼（共 2 座）为一个单元	水电九局	二滩国际
			091304	04 中细碎及二筛车间	1	1	09130401-0001～0004	01 基础开挖	4	2	依据验收地基承载力检测桩号划分	每一实际检测部位（包含该部位所有检测点）为一个单元		
							09130402-0001～0018	▲02 混凝土浇筑	18	14	依据仓面设计及浇筑里程、工程部位划分	从下到上依据工程浇筑部位 0.2～4.3m 为一个单元		
							09130403-0001～0007	▲03 机械设备安装	7	7	依据设备型号、安装位置划分	HP400 圆锥破碎机共 2 台为一个单元；HP300 圆锥破碎机共 2 台为一个单元；2YKR2060 圆振动筛共 2 台为一个单元；3YKR2460 圆振动筛共 2 台为一个单元 ZKR1445 直线振动筛共 2 台为一个单元；GZG 125—175 振动给料机共 2 台为一个单元；GZG 100—150 振动给料机共 2 台为一个单元		
							09130404-0001～0002	04 钢结构制作	2	2	依据制作型号及验收数量划分	二筛车间筛分楼（共 4 座）为一个单元；大（中）石冲洗筛（共 2 座）为一个单元		

续表

工程类别	单位工程	合同名称及编号	分部工程名称、编码、质量评定				单元工程编码、名称、评定				单元工程划分		施工单位	监理单位
			编码	名称	合格	优良	编码	名称	合格	优良	项目划分原则	实际划分说明		
七、砂石系统	09 砂石加工系统	13 黄金坪水电站人工骨料加工系统工程 HJP/SG019-2010	091305	05 超细碎、三筛车间	1	0	09130501-0001～0006	01 基础开挖	6	5	依据验收地基承载力检测桩号划分	每一实际检测部位（包含该部位所有检测点）为一个单元	水电九局	二滩国际
							09130502-0001～0003	02 浆砌石砌筑	3	1	浆依据砌筑里程桩号划分	浆砌石挡墙 20m 或 30m 为一个单元		
							09130503-0001～0016	▲03 混凝土浇筑	16	8	依据仓面设计及浇筑里程、工程部位划分	超细碎调节料仓底板及边墙顶板约 23m 为一个单元，其他混凝土浇筑依据浇筑仓位划分一个单元		
							09130504-0001～0006	▲04 机械设备安装	6	6	依据设备型号、安装位置划分	B9100SE 立轴冲击式破碎机（共 3 台）为一个单元；2618VM 高频振动筛（共 3 台）为一个单元；2YKR1845 圆振动筛（共 1 台）为一个单元 GZG 80—120 振动给料机（共 16 台）为一个单元，2WCD762 双螺旋洗石机（共 1 台）为一个单元；FC-15 螺旋分级机（共 1 台）为一个单元		
							09130505-0001～0002	05 钢结构制作	2	2	依据制作型号及验收数量划分	三筛筛分楼（共 3 座）为一个单元，豆石筛筛分楼（共 1 座）为一个单元		
			091306	06 成品及装车料仓	1	1	09130601-0001～0010	01 基础开挖	10	10	依据验收地基承载力检测桩号划分	每一实际检测部位（包含该部位所有检测点）为一个单元		

续表

工程类别	单位工程	合同名称及编号	分部工程名称、编码、质量评定				单元工程编码、名称、评定				单元工程划分		施工单位	监理单位
			编码	名称	合格	优良	编码	名称	合格	优良	项目划分原则	实际划分说明		
七、砂石系统	09 砂石加工系统	13 黄金坪水电站人工骨料加工系统工程 HJP/SG019-2010	091306	06 成品及装车料仓	1	1	09130602-0001～0002	02 浆砌石砌筑	2	2	依据砌筑里程桩号划分	浆砌石砌筑按实际验收部位划分为一个单元	水电九局	二滩国际
							09130603-0001～0034	▲03 混凝土浇筑	34	28	依据仓面设计及浇筑里程、工程部位划分	成品料仓地弄垫层为一个单元，底板 17.5～34.5m 为一个单元，边墙及顶板 17.5～34.5m 为一个单元		
												装车料仓从下到上依据浇筑仓位 0.2～5.5m 为一个单元；砂仓雨棚立柱基础实际验收部位为一个单元		
							09130604-0001～0003	▲04 机械设备安装	3	3	依据设备型号、安装位置划分	成品料仓 GZG 100—150 振动给料机共 18 台为一个单元；成品料仓 800×800 气动弧门共 18 台为一个单元；装车料仓 800×800 气动弧门共 5 台为一个单元		
			091307	07 胶带机运输系统	1	1	09130701-0001～0005	01 基础开挖	5	3	依据验收地基承载力检测桩号划分	每一胶带机编号为一个单元		
							09130702-0001～0015	▲02 混凝土浇筑	15	11	依据仓面设计及浇筑里程、工程部位划分	实际验收位置为一个单元		
							09130703-0001～0059	▲03 钢结构制作	59	55	依据制作型号及验收数量划分	胶带机桁架 5～15 榀为一个单元；布料胶带机桁架每一型号为一个单元；立柱排架每一型号为一个单元；柱帽梁 10～19 榀为一个单元		

续表

工程类别	单位工程	合同名称及编号	分部工程名称、编码、质量评定 编码	名称	合格	优良	单元工程编码、名称、评定 编码	名称	合格	优良	单元工程划分 项目划分原则	实际划分说明	施工单位	监理单位
七、砂石系统	09 砂石加工系统	13 黄金坪水电站人工骨料加工系统工程 HJP/SG019-2010	091307	07 胶带机运输系统	1	1	09130704-0001～0051	▲04 钢结构安装	51	46	依据胶带机编号及安装部位划分	每一胶带机编号或实际安装位置为一个单元	水电九局	二滩国际
			091308	08 电气控制系统	1	1	09130801-0001～0096	01 电气设备安装	96	96	依据验收部位划分	电气设备安装按每一台电气设备验收为一个单元		
			091309	09 供水及水处理系统	1	0	09130901-0001～0027	01 混凝土浇筑	27	14	依据仓面设计及浇筑里程、工程部位划分	每一浇筑仓为一个验收单元		
							09130902-0001～0002	02 钢结构制作、安装	2	1	依据制作型号及安装部位划分	爬梯、栏杆制作安装为一个单元；人行走道制作安装为一个单元		

（7）黄金坪水电站机电设备安装单位工程—合同—分部工程—单元工程项目划分（见表 14-9）。

表 14-9　机电设备安装单位工程—合同—分部工程—单元工程项目划分

工程类别	单位工程	合同名称及编号	分部工程编码、名称、评定 编码	名称	合格	优良	分项工程 名称	单元工程编码、名称、评定 编码	名称	合格	优良	单元工程项目划分 划分原则	实际划分说明	施工单位	监理单位
八、机电安装工程	10 机电安装工程	07 黄金坪水电站机电安装工程 HJP/SG030-2012	100701	▲01 左岸 4 号水轮发电机组安装	1	1	▲01 左岸 4 号水轮机安装	10070101-0001	▲01 尾水管安装	1	1	每台机尾水管安装划分为一个单元	4 号机尾水管安装划分为一个单元	水电十四局机电	二滩国际
								10070101-0002	▲02 座环安装	1	1	每台机座环安装划分为一个单元	4 号机座环安装划分为一个单元		
								10070101-0003	▲03 蜗壳安装	1	1	每台机蜗壳安装划分为一个单元	4 号机蜗壳安装划分为一个单元		
								10070101-0004	▲04 锥管安装	1	1	每台机锥管安装划分为一个单元	4 号机锥管安装划分为一个单元		

续表

工程类别	单位工程	合同名称及编号	分部工程编码、名称、评定				分项工程	单元工程编码、名称、评定				单元工程项目划分		施工单位	监理单位
			编码	名称	合格	优良	名称	编码	名称	合格	优良	划分原则	实际划分说明		
八、机电安装工程	10 机电安装工程	07 黄金坪水电站机电安装工程 HJP/SG030-2012	100701	▲01 左岸4号水轮发电机组安装	1	1	▲01 左岸4号水轮机安装	10070101-0005	▲05 机坑里衬及接力器基础安装	1	1	每台机机坑里衬及接力器基础划分为一个单元	4号机机坑里衬及接力器基础划分为一个单元	水电十四局机电	二滩国际
								10070101-0006	*06 附件安装	1	1	每台机划分为一个单元	4号机附件安装划分为一个单元		
								10070101-0007	▲07 导水机构安装	1	1	每台机导水机构安装划分为一个单元	4号机导水机构安装划分为一个单元		
								10070101-0008	▲08 接力器安装	1	1	每台机接力器安装划分为一个单元	4号机接力器安装划分为一个单元		
								10070101-0009	▲09 转动部件安装	1	1	每台机转动部件安装划分为一个单元	4号机转动部件安装划分为一个单元		
								10070101-0010	▲10 水导轴承及主轴密封安装	1	1	每台机水导轴承及主轴密封安装划分为一个单元	4号机水导轴承及主轴密封安装划分为一个单元		
								10070101-0011	*11 管路安装	1	1	每台机机组管路安装划分为一个单元	4号机机组管路安装划分为一个单元		
								10070101-0012	▲12 调速器油压装置安装	1	1	每台机调速器安装为一个单元	4号机调速器安装为一个单元		
								10070101-0013	*13 调速系统管路安装	1	1	每台机调速器管路安装为一个单元	4号机调速器管路安装为一个单元		
								10070101-0014	▲14 调速器安装及调试	1	1	每台机调速器安装及调试为一个单元	4号机调速器安装及调试为一个单元		
								10070101-0015	▲15 调速系统整体调试及模拟试验	1	1	每台机调速系统整体调试及模拟试验为一个单元	4号机调速系统整体调试及模拟试验为一个单元		

续表

工程类别	单位工程	合同名称及编号	分部工程编码、名称、评定				分项工程	单元工程编码、名称、评定				单元工程项目划分		施工单位	监理单位
			编码	名称	合格	优良	名称	编码	名称	合格	优良	划分原则	实际划分说明		
八、机电安装工程	10 机电安装工程	07 黄金坪水电站机电安装工程 HJP/SG030-2012	100701	▲01 左岸 4 号水轮发电机组安装	1	1	▲01 左岸 4 号水轮机安装	10070101-0016	▲16 机组充水试验	1	1	每台机组充水试验机为一个单元	4 号机机组充水试验为一个单元	水电十四局机电	二滩国际
							▲02 左岸 4 号发电机安装	10070102-0001	▲01 上、下机架组装及安装	1	1	每台机上、下机架安装为一个单元	4 号机上、下机架安装为一个单元		
								10070102-0002	▲02 定子组装及安装	1	1	每台机定子组装为一个单元	4 号机定子组装为一个单元		
								10070102-0003	▲03 转子组装	1	1	每台机转子组装为一个单元	4 号机转子组装为一个单元		
								10070102-0004	▲ 04 转子安装	1	1	每台机转子安装为一个单元	4 号机转子安装为一个单元		
								10070102-0005	▲ 推力轴承及导轴承安装	1	1	每台机推力轴承及导轴承安装为一个单元	4 号机推力轴承及导轴承安装为一个单元		
								10070102-0006	▲06 冷却系统安装	1	1	每台机冷却系统安装为一个单元	4 号机冷却系统安装为一个单元		
								10070102-0007	▲07 制动系统安装	1	1	每台机制动系统安装为一个单元	4 号机制动系统安装为一个单元		
								10070102-0008	▲08 机组轴线调整	1	1	每台机轴线调整为一个单元	4 号机轴线调整为一个单元		
								10070102-0009	* 09 电气部分检查和试验	1	1	每台机电气部分检查和试验为一个单元	4 号机电气部分检查和试验为一个单元		
								10070102-0010	* 10 管路安装	1	1	每台机发电机管路安装为一个单元	4 号机发电机管路安装为一个单元		

续表

工程类别	单位工程	合同名称及编号	分部工程编码、名称、评定				分项工程	单元工程编码、名称、评定				单元工程项目划分		施工单位	监理单位
			编码	名称	合格	优良	名称	编码	名称	合格	优良	划分原则	实际划分说明		
八、机电安装工程	10 机电安装工程	07 黄金坪水电站机电安装工程 HJP/SG030-2012	100701	▲01 左岸4号水轮发电机组安装	1	1	▲02 左岸4号发电机安装	10070102-0011	＊11 消防灭火装置	1	1	每台机消防灭火装置为一个单元	4 号机消防灭火装置为一个单元	水电十四局机电	二滩国际
								10070102-0012	▲12 励磁盘柜安装	1	1	每台机励磁盘柜安装为一个单元	4 号机励磁盘柜安装为一个单元		
								10070102-0013	＊13 励磁系统连接电缆安装	1	1	每台机励磁系统连接电缆安装为一个单元	4 号机励磁系统连接电缆安装为一个单元		
								10070102-0014	＊14 附件安装	1	0	每台机附件安装为一个单元	4 号机附件安装为一个单元		
								10070102-0015	▲15 机组空载试验	1	1	每台机机组空载试验为一个单元	4 号机机组空载试验为一个单元		
								10070102-0016	▲16 机组并列及负荷试验	1	1	每台机机组并列及负荷试验为一个单元	4 号机机组并列及负荷试验为一个单元		
			100702	▲02 左岸3号水轮发电机组安装	1	1	▲01 左岸3号水轮机安装	10070201-0001	▲01 尾水管安装	1	1	每台机尾水管安装划分为一个单元	3 号机尾水管安装划分为一个单元		
								10070201-0002	▲02 座环安装	1	1	每台机座环安装划分为一个单元	3 号机座环安装划分为一个单元		
								10070201-0003	▲03 蜗壳安装	1	1	每台机蜗壳安装划分为一个单元	3 号机蜗壳安装划分为一个单元		
								10070201-0004	▲04 锥管安装	1	1	每台机锥管安装划分为一个单元	3 号机锥管安装划分为一个单元		
								10070201-0005	▲05 机坑里衬及接力器基础安装	1	1	每台机机坑里衬及接力器基础划分为一个单元	3 号机机坑里衬及接力器基础划分为一个单元		

续表

工程类别	单位工程	合同名称及编号	分部工程编码、名称、评定				分项工程	单元工程编码、名称、评定				单元工程项目划分		施工单位	监理单位
			编码	名称	合格	优良	名称	编码	名称	合格	优良	划分原则	实际划分说明		
八、机电安装工程	10 机电安装工程	07 黄金坪水电站机电安装工程 HJP/SG030-2012	100702	▲02 左岸 3 号水轮发电机组安装	1	1	▲01 左岸 3 号水轮机安装	10070201-0006	＊06 附件安装	1	1	每台机划分为一个单元为	3 号机附件安装划分为一个单元	水电十四局机电	二滩国际
								10070201-0007	▲07 导水机构安装	1	1	每台机导水机构安装划分为一个单元	3 号机导水机构安装划分为一个单元		
								10070201-0008	▲08 接力器安装	1	1	每台机接力器安装划分为一个单元	3 号机接力器安装划分为一个单元		
								10070201-0009	▲09 转动部件安装	1	1	每台机转动部件安装划分为一个单元	3 号机转动部件安装划分为一个单元		
								10070201-0010	▲10 水导轴承及主轴密封安装	1	1	每台机水导轴承及主轴密封安装划分为一个单元	3 号机水导轴承及主轴密封安装划分为一个单元		
								10070201-0011	＊11 管路安装	1	1	每台机机组管路安装划分为一个单元	3 号机机组管路安装划分为一个单元		
								10070201-0012	▲12 调速器油压装置安装	1	1	每台机调速器安装为一个单元	3 号机调速器安装为一个单元		
								10070201-0013	＊13 调速系统管路安装	1	1	每台机调速器管路安装为一个单元	3 号机调速器管路安装为一个单元		
								10070201-0014	▲14 调速器安装及调试	1	1	每台机调速器安装及调试为一个单元	3 号机调速器安装及调试为一个单元		
								10070201-0015	▲15 调速系统整体调试及模拟试验	1	1	每台机调速系统整体调试及模拟试验为一个单元	3 号机调速系统整体调试及模拟试验为一个单元		
								10070201-0016	▲16 机组充水试验	1	1	每台机机组充水试验为一个单元	3 号机机组充水试验为一个单元		

续表

工程类别	单位工程	合同名称及编号	分部工程编码、名称、评定				分项工程	单元工程编码、名称、评定				单元工程项目划分		施工单位	监理单位
			编码	名称	合格	优良	名称	编码	名称	合格	优良	划分原则	实际划分说明		
八、机电安装工程	10 机电安装工程	07 黄金坪水电站机电安装工程 HJP/SG030-2012	100702	▲02 左岸 3 号水轮发电机组安装	1	1	▲02 左岸 3 号发电机安装	10070202-0001	▲01 上、下机架组装及安装	1	1	每台机上、下机架安装为一个单元	3 号机上、下机架安装为一个单元	水电十四局机电	二滩国际
								10070202-0002	▲02 定子组装及安装	1	1	每台机定子组装为一个单元	3 号机定子组装为一个单元		
								10070202-0003	▲03 转子组装	1	1	每台机转子组装为一个单元	3 号机转子组装为一个单元		
								10070202-0004	▲04 转子安装	1	1	每台机转子安装为一个单元	3 号机转子安装为一个单元		
								10070202-0005	▲05 推力轴承及导轴承安装	1	1	每台机推力轴承及导轴承安装为一个单元	3 号机推力轴承及导轴承安装为一个单元		
								10070202-0006	▲06 冷却系统安装	1	1	每台机冷却系统安装为一个单元	3 号机冷却系统安装为一个单元		
								10070202-0007	▲07 制动系统安装	1	1	每台机制动系统安装为一个单元	3 号机制动系统安装为一个单元		
								10070202-0008	▲08 机组轴线调整	1	1	每台机轴线调整为一个单元	3 号机轴线调整为一个单元		
								10070202-0009	＊09 电气部分检查和试验	1	1	每台机电气部分检查和试验为一个单元	3 号机电气部分检查和试验为一个单元		
								10070202-0010	＊10 管路安装	1	1	每台机发电机管路安装为一个单元	3 号机发电机管路安装为一个单元		
								10070202-0011	＊11 消防灭火装置	1	1	每台机消防灭火装置为一个单元	3 号机消防灭火装置为一个单元		

续表

工程类别	单位工程	合同名称及编号	分部工程编码、名称、评定				分项工程	单元工程编码、名称、评定				单元工程项目划分		施工单位	监理单位
			编码	名称	合格	优良	名称	编码	名称	合格	优良	划分原则	实际划分说明		
八、机电安装工程	10 机电安装工程	07 黄金坪水电站机电安装工程 HJP/SG030-2012	100702	▲02 左岸 3 号水轮发电机组安装	1	1	▲02 左岸 3 号发电机安装	10070202-0012	▲12 励磁盘柜安装	1	1	每台机励磁盘柜安装为一个单元	3 号机励磁盘柜安装为一个单元	水电十四局机电	二滩国际
								10070202-0013	*13 励磁系统连接电缆安装	1	1	每台机励磁系统连接电缆安装为一个单元	3 号机励磁系统连接电缆安装为一个单元		
								10070202-0014	*14 附件安装	1	0	每台机附件安装为一个单元	3 号机附件安装为一个单元		
								10070202-0015	▲15 机组空载试验	1	1	每台机机组空载试验为一个单元	3 号机机组空载试验为一个单元		
								10070202-0016	▲16 机组并列及负荷试验	1	1	每台机机组并列及负荷试验为一个单元	3 号机机组并列及负荷试验为一个单元		
			100703	▲03 左岸 2 号水轮发电机组安装	1	1	▲01 左岸 2 号水轮机安装	10070301-0001	▲01 尾水管安装	1	1	每台机尾水管安装划分为一个单元	2 号机尾水管安装划分为一个单元		
								10070301-0002	▲02 座环安装	1	1	每台机座环安装划分为一个单元	2 号机座环安装划分为一个单元		
								10070301-0003	▲03 蜗壳安装	1	1	每台机蜗壳安装划分为一个单元	2 号机蜗壳安装划分为一个单元		
								10070301-0004	▲04 锥管安装	1	1	每台机锥管安装划分为一个单元	2 号机锥管安装划分为一个单元		
								10070301-0005	▲05 机坑里衬及接力器基础安装	1	1	每台机机坑里衬及接力器基础划分为一个单元	2 号机机坑里衬及接力器基础划分为一个单元		
								10070301-0006	*06 附件安装	1	1	每台机划分为一个单元	2 号机附件安装划分为一个单元		

续表

工程类别	单位工程	合同名称及编号	分部工程编码、名称、评定				分项工程	单元工程编码、名称、评定				单元工程项目划分		施工单位	监理单位
			编码	名称	合格	优良	名称	编码	名称	合格	优良	划分原则	实际划分说明		
八、机电安装工程	10 机电安装工程	07 黄金坪水电站机电安装工程 HJP/SG030-2012	100703	▲03 左岸2号水轮发电机组安装	1	1	▲01 左岸2号水轮机安装	10070301-0007	▲07 导水机构安装	1	1	每台机导水机构安装划分为一个单元	2 号机导水机构安装划分为一个单元	水电十四局机电	二滩国际
								10070301-0008	▲08 接力器安装	1	1	每台机接力器安装划分为一个单元	2 号机接力器安装划分为一个单元		
								10070301-0009	▲09 转动部件安装	1	1	每台机转动部件安装划分为一个单元	2 号机转动部件安装划分为一个单元		
								10070301-0010	▲10 水导轴承及主轴密封安装	1	1	每台机水导轴承及主轴密封安装划分为一个单元	2 号机水导轴承及主轴密封安装划分为一个单元		
								10070301-0011	＊11 管路安装	1	1	每台机机组管路安装划分为一个单元	2 号机机组管路安装划分为一个单元		
								10070301-0012	▲12 调速器油压装置安装	1	1	每台机调速器安装为一个单元	2 号机调速器安装为一个单元		
								10070301-0013	＊13 调速系统管路安装	1	1	每台机调速器管路安装为一个单元	2 号机调速器管路安装为一个单元		
								10070301-0014	▲14 调速器安装及调试	1	1	每台机调速器安装及调试为一个单元	2 号机调速器安装及调试为一个单元		
								10070301-0015	▲15 调速系统整体调试及模拟试验	1	1	每台机调速系统整体调试及模拟试验为一个单元	2 号机调速系统整体调试及模拟试验为一个单元		
								10070301-0016	▲16 机组充水试验	1	1	每台机机组充水试验为一个单元	2 号机机组充水试验为一个单元		

续表

工程类别	单位工程	合同名称及编号	分部工程编码、名称、评定				分项工程	单元工程编码、名称、评定				单元工程项目划分		施工单位	监理单位
			编码	名称	合格	优良	名称	编码	名称	合格	优良	划分原则	实际划分说明		
八、机电安装工程	10 机电安装工程	07 黄金坪水电站机电安装工程 HJP/SG030-2012	100703	▲03 左岸 2 号水轮发电机组安装	1	1	▲02 左岸 2 号发电机安装	10070302-0001	▲01 上、下机架组装及安装	1	1	每台机上、下机架安装为一个单元	2 号机上、下机架安装为一个单元	水电十四局机电	二滩国际
								10070302-0002	▲02 定子组装及安装	1	1	每台机定子组装为一个单元	2 号机定子组装为一个单元		
								10070302-0003	▲03 转子组装	1	1	每台机转子组装为一个单元	2 号机转子组装为一个单元		
								10070302-0004	▲04 转子安装	1	1	每台机转子安装为一个单元	2 号机转子安装为一个单元		
								10070302-0005	▲05 推力轴承及导轴承安装	1	1	每台机推力轴承及导轴承安装为一个单元	2 号机推力轴承及导轴承安装为一个单元		
								10070302-0006	▲06 冷却系统安装	1	1	每台机冷却系统安装为一个单元	2 号机冷却系统安装为一个单元		
								10070302-0007	▲07 制动系统安装	1	1	每台机制动系统安装为一个单元	2 号机制动系统安装为一个单元		
								10070302-0008	▲08 机组轴线调整	1	1	每台机轴线调整为一个单元	2 号机轴线调整为一个单元		
								10070302-0009	＊09 电气部分检查和试验	1	1	每台机电气部分检查和试验为一个单元	2 号机电气部分检查和试验为一个单元		
								10070302-0010	＊10 管路安装	1	1	每台机发电机管路安装为一个单元	2 号机发电机管路安装为一个单元		
								10070302-0011	＊11 消防灭火装置	1	1	每台机消防灭火装置为一个单元	2 号机消防灭火装置为一个单元		

续表

工程类别	单位工程	合同名称及编号	分部工程编码、名称、评定				分项工程	单元工程编码、名称、评定				单元工程项目划分		施工单位	监理单位
			编码	名称	合格	优良	名称	编码	名称	合格	优良	划分原则	实际划分说明		
八、机电安装工程	10 机电安装工程	07 黄金坪水电站机电安装工程 HJP/SG030-2012	100703	▲03 左岸 2 号水轮发电机组安装	1	1	▲02 左岸 2 号发电机安装	10070302-0012	▲12 励磁盘柜安装	1	1	每台机励磁盘柜安装为一个单元	2 号机励磁盘柜安装为一个单元	水电十四局机电	二滩国际
								10070302-0013	＊13 励磁系统连接电缆安装	1	1	每台机励磁系统连接电缆安装为一个单元	2 号机励磁系统连接电缆安装为一个单元		
								10070302-0014	＊14 附件安装	1	0	每台机附件安装为一个单元	2 号机附件安装为一个单元		
								10070302-0015	▲15 机组空载试验	1	1	每台机机组空载试验为一个单元	2 号机机组空载试验为一个单元		
								10070302-0016	▲16 机组并列及负荷试验	1	1	每台机机组并列及负荷试验为一个单元	2 号机机组并列及负荷试验为一个单元		
			100704	▲04 左岸 1 号水轮发电机组安装	1	1	▲01 左岸 1 号水轮机安装	10070401-0001	▲01 尾水管安装	1	1	每台机尾水管安装划分为一个单元	1 号机尾水管安装划分为一个单元		
								10070401-0002	▲02 座环安装	1	1	每台机座环安装划分为一个单元	1 号机座环安装划分为一个单元		
								10070401-0003	▲03 蜗壳安装	1	1	每台机蜗壳安装划分为一个单元	1 号机蜗壳安装划分为一个单元		
								10070401-0004	▲04 锥管安装	1	1	每台机锥管安装划分为一个单元	1 号机锥管安装划分为一个单元		
								10070401-0005	▲05 机坑里衬及接力器基础安装	1	1	每台机机坑里衬及接力器基础划分为一个单元	1 号机机坑里衬及接力器基础划分为一个单元		
								10070401-0006	＊06 附件安装	1	1	每台机划分为一个单元	1 号机附件安装划分为一个单元		

续表

工程类别	单位工程	合同名称及编号	分部工程编码、名称、评定				分项工程	单元工程编码、名称、评定				单元工程项目划分		施工单位	监理单位
			编码	名称	合格	优良	名称	编码	名称	合格	优良	划分原则	实际划分说明		
八、机电安装工程	10 机电安装工程	07 黄金坪水电站机电安装工程 HJP/SG030-2012	100704	▲04 左岸1号水轮发电机组安装	1	1	▲01 左岸1号水轮机安装	10070401-0007	▲07 导水机构安装	1	1	每台机导水机构安装划分为一个单元	1 号机导水机构安装划分为一个单元	水电十四局机电	二滩国际
								10070401-0008	▲08 接力器安装	1	1	每台机接力器安装划分为一个单元	1 号机接力器安装划分为一个单元		
								10070401-0009	▲09 转动部件安装	1	1	每台机转动部件安装划分为一个单元	1 号机转动部件安装划分为一个单元		
								10070401-0010	▲10 水导轴承及主轴密封安装	无该单元	无该单元	每台机水导轴承及主轴密封安装划分为一个单元	1 号机水导轴承及主轴密封安装划分为一个单元		
								10070401-0011	＊11 管路安装	1	1	每台机机组管路安装划分为一个单元	1 号机机组管路安装划分为一个单元		
								10070401-0012	▲12 调速器油压装置安装	1	1	每台机调速器安装为一个单元	1 号机调速器安装为一个单元		
								10070401-0013	＊13 调速系统管路安装	1	1	每台机调速器管路安装为一个单元	1 号机调速器管路安装为一个单元		
								10070401-0014	▲14 调速器安装及调试	1	1	每台机调速器安装及调试为一个单元	1 号机调速器安装及调试为一个单元		
								10070401-0015	▲15 调速系统整体调试及模拟试验	1	1	每台机调速系统整体调试及模拟试验为一个单元	1 号机调速系统整体调试及模拟试验为一个单元		
								10070401-0016	▲16 机组充水试验	1	1	每台机机组充水试验为一个单元	1 号机机组充水试验为一个单元		

续表

工程类别	单位工程	合同名称及编号	分部工程编码、名称、评定				分项工程	单元工程编码、名称、评定				单元工程项目划分		施工单位	监理单位
			编码	名称	合格	优良	名称	编码	名称	合格	优良	划分原则	实际划分说明		
八、机电安装工程	10 机电安装工程	07 黄金坪水电站机电安装工程 HJP/SG030-2012	100704	▲04 左岸1号水轮发电机组安装	1	1	▲02 左岸1号发电机安装	10070402-0001	▲01 上、下机架组装及安装	1	1	每台机上、下机架安装为一个单元	1号机上、下机架安装为一个单元	水电十四局机电	二滩国际
								10070402-0002	▲02 定子组装及安装	1	1	每台机定子组装为一个单元	1号机定子组装为一个单元		
								10070402-0003	▲03 转子组装	1	1	每台机转子组装为一个单元	1号机转子组装为一个单元		
								10070402-0004	▲04 转子安装	1	1	每台机转子安装为一个单元	1号机转子安装为一个单元		
								10070402-0005	▲05 推力轴承及导轴承安装	1	1	每台机推力轴承及导轴承安装为一个单元	1号机推力轴承及导轴承安装为一个单元		
								10070402-0006	▲06 冷却系统安装	1	1	每台机冷却系统安装为一个单元	1号机冷却系统安装为一个单元		
								10070402-0007	▲07 制动系统安装	1	1	每台机制动系统安装为一个单元	1号机制动系统安装为一个单元		
								10070402-0008	▲08 机组轴线调整	1	1	每台机轴线调整为一个单元	1号机轴线调整为一个单元		
								10070402-0009	* 09 电气部分检查和试验	1	1	每台机电气部分检查和试验为一个单元	1号机电气部分检查和试验为一个单元		
								10070402-0010	* 10 管路安装	1	1	每台机发电机管路安装为一个单元	1号机发电机管路安装为一个单元		
								10070402-0011	* 11 消防灭火装置	1	1	每台机消防灭火装置为一个单元	1号机消防灭火装置为一个单元		

续表

工程类别	单位工程	合同名称及编号	分部工程编码、名称、评定				分项工程	单元工程编码、名称、评定				单元工程项目划分		施工单位	监理单位
			编码	名称	合格	优良	名称	编码	名称	合格	优良	划分原则	实际划分说明		
八、机电安装工程	10 机电安装工程	07 黄金坪水电站机电安装工程 HJP/SG030-2012	100704	▲04 左岸1号水轮发电机组安装	1	1	▲02 左岸1号发电机安装	10070402-0012	▲12 励磁盘柜安装	1	1	每台机励磁盘柜安装为一个单元	1 号机励磁盘柜安装为一个单元	水电十四局机电	二滩国际
								10070402-0013	＊13 励磁系统连接电缆安装	1	1	每台机励磁系统连接电缆安装为一个单元	1 号机励磁系统连接电缆安装为一个单元		
								10070402-0014	＊14 附件安装	1	0	每台机附件安装为一个单元	1 号机附件安装为一个单元		
								10070402-0015	▲15 机组空载试验	1	1	每台机机组空载试验为一个单元	1 号机机组空载试验为一个单元		
								10070402-0016	▲16 机组并列及负荷试验	1	1	每台机机组并列及负荷试验为一个单元	1 号机机组并列及负荷试验为一个单元		
			100705	▲05 左岸辅助设备安装	1	1	▲01 机械公用设备安装	10070501-0001	▲01 机组检修排水泵安装	1	1	按检修排水泵系统进行单元划分为一个单元	4 台检修排水泵划分为一个单元		
								10070501-0002	▲02 厂房渗漏排水泵安装	1	1	按厂房渗漏排水泵系统进行划分为一个单元	3 台渗漏排水泵划分为一个单元		
								10070501-0003	▲03 中压空气压缩机安装	1	1	按中压空气压机安装划分为一个单元	3 台中压空气压机安装划分为一个单元		
								10070501-0004	▲04 中压压储气罐安装	1	1	按中压等级划分为一个单元	3 个中压储气罐划分为一个单元		
								10070501-0005	▲05 低压空气压缩机安装	1	1	按低压空压机系统划分为一个单元	3 台低压空压机划分为一个单元		
								10070501-0006	▲06 低压压储气罐安装	1	1	按低压等级划分为一个单元	1 个低压储气罐划分为一个单元		

续表

工程类别	单位工程	合同名称及编号	分部工程编码、名称、评定				分项工程	单元工程编码、名称、评定				单元工程项目划分		施工单位	监理单位
			编码	名称	合格	优良	名称	编码	名称	合格	优良	划分原则	实际划分说明		
八、机电安装工程	10 机电安装工程	07 黄金坪水电站机电安装工程 HJP/SG030-2012	100705	▲05 左岸辅助设备安装	1	1	▲01 机械公用设备安装	10070501-0007	＊07 厂房空调供水系统设备安装	1	1	按空调供水系统设备划分为一个单元	组合空调滤水器划分为一个单元	水电十四局机电	二滩国际
								10070501-0008	＊08 水力测量仪表安装	1	1	按水力仪表安装划分为一个单元	尾闸室、调压室、进水口水力仪表安装划分为一个单元		
								10070501-0009	▲09 厂房内透平油油罐安装	1	1	按透平油罐安装划分为一个单元	1～4 号透平油罐安装划分为一个单元		
								10070501-0010	＊10 厂房内透平油系统其他设备安装	1	1	按透平油系统划分为一个单元	按油处理室设备划分为一个单元		
							＊02 系统管路安装	10070502-0001	＊01 机组检修排水系统管路安装	1	1	按检修排水系统管路安装划分为一个单元	按检修排水管路预埋、安装划分为一个单元		
								10070502-0002	＊02 厂房渗漏排水系统管路安装	1	1	按渗漏排水系统管路安装划分为一个单元	按渗漏排水管路预埋、安装划分为一个单元		
								10070502-0003	＊03 中压气系统管路安装	1	1	按中压气系统管路安装划分为一个单元	按中压气系统管路预埋、安装划分为一个单元		
								10070502-0004	＊04 低压气系统管路安装	1	1	按低压气系统管路安装划分为一个单元	按低压气系统管路预埋、安装划分为一个单元		
								10070502-0005	＊05 水轮机压缩补气系统管路安装	1	0	按压缩补气系统管路安装划分为一个单元	按压缩补气系统管路预埋、安装划分为一个单元		

续表

工程类别	单位工程	合同名称及编号	分部工程编码、名称、评定				分项工程	单元工程编码、名称、评定				单元工程项目划分		施工单位	监理单位
			编码	名称	合格	优良	名称	编码	名称	合格	优良	划分原则	实际划分说明		
八、机电安装工程	10 机电安装工程	07 黄金坪水电站机电安装工程 HJP/SG030-2012	100705	▲05 左岸辅助设备安装	1	1	* 02 系统管路安装	10070502-0006	* 06 厂房空调供水系统管路安装	1	1	按空调供水系统管路安装划分为一个单元	按空调供水系统管路预埋、安装划分为一个单元	水电十四局机电	二滩国际
								10070502-0007	* 07 水力测量管路安装	1	1	按水力测量系统管路安装划分为一个单元	尾闸室、调压室、进水口水力测量管路预埋、安装划分为一个单元		
								10070502-0008	* 08 技术供水系统管路安装	1	0	按技术供水系统管路安装划分为一个单元	按技术供水系统管路预埋、安装划分为一个单元		
								10070502-0009	* 09 透平油系统管路安装	1	1	按透平油系统管路安装质划分为一个单元	按透平油系统管路预埋、安装质划分为一个单元		
								10070502-0010	* 10 主变事故排油管路安装	1	1	按主变事故排油管路安装划分为一个单元	按主变事故排油管路预埋、安装划分为一个单元		
							▲03 4 号机机械辅助设备安装	10070503-0001	▲01 机坑排水泵安装	1	1	按每台机机坑排水泵安装划分为一个单元	4 号机水轮机机坑排水泵安装划分为一个单元		
								10070503-0002	* 02 水力测量仪表安装	1	1	按每台机水力测量仪表安装划分为一个单元	4 号机水力测量仪表安装划分为一个单元		
								10070503-0003	▲03 滤水器安装	1	1	按每台机滤水器安装划分为一个单元	4 号机滤水器安装划分为一个单元		
								10070503-0004	* 04 技术供排水系统管路安装	1	1	按每台机技术供排水系统管路划分为一个单元	4 号机技术供排水系统管路划分为一个单元		

续表

工程类别	单位工程	合同名称及编号	分部工程编码、名称、评定				分项工程	单元工程编码、名称、评定				单元工程项目划分		施工单位	监理单位
			编码	名称	合格	优良	名称	编码	名称	合格	优良	划分原则	实际划分说明		
八、机电安装工程	10 机电安装工程	07 黄金坪水电站机电安装工程 HJP/SG030-2012	100705	▲05 左岸辅助设备安装	1	1	▲03 4号机机械辅助设备安装	10070503-0005	＊05 水力测量管路安装	1	1	按每台机水力测量管路安装划分为一个单元	4号机水力测量管路安装划分为一个单元	水电十四局机电	二滩国际
								10070503-0006	＊06 气系统管路安装	1	1	按每台机气系统管路安装划分为一个单元	4号机气系统管路安装划分为一个单元		
								10070503-0007	＊07 透平油系统管路安装	1	1	按每台机透平油系统管路安装划分为一个单元	4号机透平油系统管路安装划分为一个单元		
								10070503-0008	＊08 主变冷却器供排水管路安装	1	1	按每台机主变冷却器供排水管路安装划分为一个单元	4号机主变冷却器供排水管路安装划分为一个单元		
							▲04 3号机机械辅助设备安装	10070504-0001	▲01 机坑排水泵安装	1	1	按每台机机坑排水泵安装划分为一个单元	3号机机坑排水泵安装划分为一个单元		
								10070504-0002	＊02 水力测量仪表安装	1	1	按每台机水力测量仪表安装划分为一个单元	3号机水力测量仪表安装划分为一个单元		
								10070504-0003	▲03 滤水器安装	1	1	按每台机滤水器安装划分为一个单元	3号机滤水器安装划分为一个单元		
								10070504-0004	＊04 技术供排水系统管路安装	1	1	按每台机技术供排水系统管路划分为一个单元	3号机技术供排水系统管路划分为一个单元		
								10070504-0005	＊05 水力测量管路安装	1	1	按每台机水力测量管路安装划分为一个单元	3号机水力测量管路安装划分为一个单元		
								10070504-0006	＊06 气系统管路安装	1	1	按每台机气系统管路安装划分为一个单元	3号机气系统管路安装划分为一个单元		

续表

工程类别	单位工程	合同名称及编号	分部工程编码、名称、评定				分项工程	单元工程编码、名称、评定				单元工程项目划分		施工单位	监理单位
			编码	名称	合格	优良	名称	编码	名称	合格	优良	划分原则	实际划分说明		
八、机电安装工程	10 机电安装工程	07 黄金坪水电站机电安装工程 HJP/SG030-2012	100705	▲05 左岸辅助设备安装	1	1	▲04 3 号机机械辅助设备安装	10070504-0007	＊07 透平油系统管路安装	1	1	按每台机透平油系统管路安装划分为一个单元	3 号机透平油系统管路安装划分为一个单元	水电十四局机电	二滩国际
								10070504-0008	＊08 主变冷却器供排水管路安装	1	1	按每台机主变冷却器供排水管路安装划分为一个单元	3 号机主变冷却器供排水管路安装划分为一个单元		
							▲05 2 号机机械辅助设备安装	10070505-0001	▲01 机坑排水泵安装	1	1	按每台机机坑排水泵安装划分为一个单元	2 号机机坑排水泵安装划分为一个单元		
								10070505-0002	＊02 水力测量仪表安装	1	1	按每台机水力测量仪表安装划分为一个单元	2 号机水力测量仪表安装划分为一个单元		
								10070505-0003	▲03 滤水器安装	1	1	按每台机滤水器安装划分为一个单元	2 号机滤水器安装划分为一个单元		
								10070505-0004	＊04 技术供排水系统管路安装	1	1	按每台机技术供排水系统管路划分为一个单元	2 号机技术供排水系统管路划分为一个单元		
								10070505-0005	＊05 水力测量管路安装	1	1	按每台机水力测量管路安装划分为一个单元	2 号机水力测量管路安装划分为一个单元		
								10070505-0006	＊06 气系统管路安装	1	1	按每台机气系统管路安装划分为一个单元	2 号机气系统管路安装划分为一个单元		
								10070505-0007	＊07 透平油系统管路安装	1	1	按每台机透平油系统管路安装划分为一个单元	2 号机透平油系统管路安装划分为一个单元		
								10070505-0008	＊08 主变冷却器供排水管路安装	1	1	按每台机主变冷却器供排水管路安装划分为一个单元	2 号机主变冷却器供排水管路安装划分为一个单元		

续表

工程类别	单位工程	合同名称及编号	分部工程编码、名称、评定				分项工程	单元工程编码、名称、评定				单元工程项目划分		施工单位	监理单位
			编码	名称	合格	优良	名称	编码	名称	合格	优良	划分原则	实际划分说明		
八、机电安装工程	10机电安装工程	07黄金坪水电站机电安装工程HJP/SG030-2012	100705	▲05左岸辅助设备安装	1	1	▲05 1号机机械辅助设备安装	10070506-0001	▲01 机坑排水泵安装	1	1	按每台机机坑排水泵安装划分为一个单元	1号机机坑排水泵安装划分为一个单元	水电十四局机电	二滩国际
								10070506-0002	＊02 水力测量仪表安装	1	1	按每台机水力测量仪表安装划分为一个单元	1号机水力测量仪表安装划分为一个单元		
								10070506-0003	▲03 滤水器安装	1	1	按每台机滤水器安装划分为一个单元	1号机滤水器安装划分为一个单元		
								10070506-0004	＊04 技术供排水系统管路安装	1	1	按每台机技术供排水系统管路划分为一个单元	1号机技术供排水系统管路划分为一个单元		
								10070506-0005	＊05 水力测量管路安装	1	1	按每台机水力测量管路安装划分为一个单元	1号机水力测量管路安装划分为一个单元		
								10070506-0006	＊06 气系统管路安装	1	1	按每台机气系统管路安装划分为一个单元	1号机气系统管路安装划分为一个单元		
								10070506-0007	＊07 透平油系统管路安装	1	1	按每台机透平油系统管路安装划分为一个单元	1号机透平油系统管路安装划分为一个单元		
								10070506-0008	＊08 主变冷却器供排水管路安装	1	1	按每台机主变冷却器供排水管路安装划分为一个单元	1号机主变冷却器供排水管路安装划分为一个单元		
			100706	▲06左岸电气一次设备安装	1	1	▲01 GIS设备安装	10070601-0001	▲01 500kV GIS联合单元（包括附属设备）安装	1	1	按500kVGIS联合单元安装划分为一个单元	左岸500kVGIS联合单元安装划分为一个单元		

续表

工程类别	单位工程	合同名称及编号	分部工程编码、名称、评定				分项工程	单元工程编码、名称、评定				单元工程项目划分		施工单位	监理单位
			编码	名称	合格	优良	名称	编码	名称	合格	优良	划分原则	实际划分说明		
八、机电安装工程	10 机电安装工程	07 黄金坪水电站机电安装工程 HJP/SG030-2012	100706	▲06 左岸电气一次设备安装	1	1	▲01 GIS设备安装	10070601-0002	▲02 126kV GIS联合单元（包括附属设备）安装	1	1	按126kVGIS联合单元安装划分为一个单元	左岸126kVGIS联合单元安装划分为一个单元	水电十四局机电	二滩国际
								10070601-0003	▲03 500kV户外电容式电压互感器安装	1	1	按500kV户外电容式电压互感器安装划分为一个单元	左岸出线楼500kV户外电容式电压互感器安装划分为一个单元		
								10070601-0004	▲04 500kV户外避雷器安装	1	1	按500kV户外避雷器安装划分为一个单元	左岸出线楼500kV户外避雷器安装划分为一个单元		
								10070601-0005	▲05 500kV出线配套设备安装	1	1	按500kV出线配套设备安装划分为一个单元	左岸出线楼500kV出线配套设备安装划分为一个单元		
								10070601-0006	▲06 110kV户外电容式电压互感器安装	1	1	按110kV户外电容式电压互感器安装划分为一个单元	左岸出线楼110kV户外电容式电压互感器安装划分为一个单元		
								10070601-0007	▲07 110kV户外避雷器安装	1	1	按110kV户外避雷器安装划分为一个单元	左岸出线楼110kV户外避雷器安装划分为一个单元		
								10070601-0008	▲08 110kV出线配套设备安装	1	1	按110kV出线配套设备安装划分为一个单元	左岸出线楼110kV出线配套设备安装划分为一个单元		
							▲02 主变压器安装	10070602-0001	* 01 主变轨道安装	1	1	按主变轨道安装划分为一个单元	左岸主变运输通道主变轨道安装划分为一个单元		

续表

工程类别	单位工程	合同名称及编号	分部工程编码、名称、评定				分项工程	单元工程编码、名称、评定				单元工程项目划分		施工单位	监理单位
			编码	名称	合格	优良	名称	编码	名称	合格	优良	划分原则	实际划分说明		
八、机电安装工程	10 机电安装工程	07 黄金坪水电站机电安装工程 HJP/SG030-2012	100706	▲06 左岸电气一次设备安装	1	1	▲02 主变压器安装	10070602-0002	▲02 4 号主变压器安装与调试	1	1	按每台主变安装划分为一个单元	4 号主变安装划分为一个单元	水电十四局机电	二滩国际
								10070602-0003	▲03 3 号主变压器安装与调试	1	1	按每台主变安装划分为一个单元	3 号主变安装划分为一个单元		
								10070602-0004	▲04 2 号主变压器安装与调试	1	1	按每台主变安装划分为一个单元	2 号主变安装划分为一个单元		
								10070602-0005	▲05 1 号主变压器安装与调试	1	1	按每台主变安装划分为一个单元	1 号主变安装划分为一个单元		
							▲03 高压电缆敷设安装	10070603-0001	▲01 500kV 高压电缆敷设、安装	1	1	按 500kV 高压电缆敷设、安装划分为一个单元	左岸出线洞 500kV 高压电缆敷设、安装划分为一个单元		
								10070603-0002	▲02 500kV 高压电缆试验	1	1	按 500kV 高压电缆试验项目划分为一个单元	左岸出线洞 500kV 高压电缆试验项目划分为一个单元		
								10070603-0003	▲03 110kV 高压电缆敷设、安装	1	1	按 110kV 高压电缆敷设、安装划分为一个单元	左岸出线洞 110kV 高压电缆敷设、安装划分为一个单元		
								10070603-0004	▲04 110kV 高压电缆试验	1	1	按 110kV 高压电缆试验项目划分为一个单元	左岸出线洞 110kV 高压电缆试验项目划分为一个单元		

续表

工程类别	单位工程	合同名称及编号	分部工程编码、名称、评定				分项工程	单元工程编码、名称、评定				单元工程项目划分		施工单位	监理单位
			编码	名称	合格	优良	名称	编码	名称	合格	优良	划分原则	实际划分说明		
八、机电安装工程	10机电安装工程	07黄金坪水电站机电安装工程HJP/SG030-2012	100706	▲06 左岸电气一次设备安装	1	1	▲04 4号发电电压设备	10070604-0001	▲01 离相封闭母线安装	1	1	按每台机离相封闭母线安装划分为一个单元	左岸4号机离相封闭母线安装划分为一个单元	水电十四局机电	二滩国际
								10070604-0002	▲02 励磁变压器安装	1	1	按每台机励磁变压器安装划分为一个单元	左岸4号机励磁变压器安装划分为一个单元		
								10070604-0003	▲03 电压互感器柜安装	1	1	按每台机电压互感器柜安装划分为一个单元	左岸4号机电压互感器柜安装划分为一个单元		
								10070604-0004	▲04 过电压保护柜安装	1	1	按每台机过电压保护柜安装装划分为一个单元	左岸4号机过电压保护柜安装装划分为一个单元		
								10070604-0005	▲05 发电机出口断路器安装	1	1	按每台机发电机出口断路器安装划分为一个单元	左岸4号机发电机出口断路器安装划分为一个单元		
								10070604-0006	▲06 中性点设备安装	1	1	按每台机中性点设备安装划分为一个单元	左岸4号机中性点设备安装划分为一个单元		
								10070604-0007	▲07 母线电流互感器安装	1	1	按每台机母线电流互感器安装划分为一个单元	左岸4号机母线电流互感器安装划分为一个单元		
								10070604-0008	▲08 励磁分支电流互感器安装	1	1	按每台机励磁分支电流互感器安装划分为一个单元	左岸4号机励磁分支电流互感器安装划分为一个单元		
								10070604-0009	▲09 厂用分支电流互感器安装	1	1	按每台机厂用分支电流互感器安装划分为一个单元	左岸4号机厂用分支电流互感器安装划分为一个单元		

续表

工程类别	单位工程	合同名称及编号	分部工程编码、名称、评定				分项工程	单元工程编码、名称、评定				单元工程项目划分		施工单位	监理单位
			编码	名称	合格	优良	名称	编码	名称	合格	优良	划分原则	实际划分说明		
八、机电安装工程	10 机电安装工程	07 黄金坪水电站机电安装工程 HJP/SG030-2012	100706	▲06 左岸电气一次设备安装	1	1	▲04 4 号发电电压设备	10070604-0010	＊10 其他盘柜与端子箱安装	1	1	按每台机其他盘柜与端子箱安装划分为一个单元	左岸 4 号机其他盘柜与端子箱安装划分为一个单元	水电十四局机电	二滩国际
								10070604-0011	＊11 附件安装	1	1	按每台机附件安装划分为一个单元	左岸 4 号机附件安装划分为一个单元		
							▲05 3 号发电电压设备	10070605-0001	▲01 离相封闭母线安装	1	1	按每台机离相封闭母线安装划分为一个单元	左岸 3 号机离相封闭母线安装划分为一个单元		
								10070605-0002	▲02 励磁变压器安装	1	1	按每台机励磁变压器安装划分为一个单元	左岸 3 号机励磁变压器安装划分为一个单元		
								10070605-0003	▲03 电压互感器柜安装	1	1	按每台机电压互感器柜安装划分为一个单元	左岸 3 号机电压互感器柜安装划分为一个单元		
								10070605-0004	▲04 过电压保护柜安装	1	1	按每台机过电压保护柜安装装划分为一个单元	左岸 3 号机过电压保护柜安装装划分为一个单元		
								10070605-0005	▲05 发电机出口断路器安装	1	1	按每台机发电机出口断路器安装划分为一个单元	左岸 3 号机发电机出口断路器安装划分为一个单元		
								10070605-0006	▲06 中性点设备安装	1	1	按每台机中性点设备安装划分为一个单元	左岸 3 号机中性点设备安装划分为一个单元		
								10070605-0007	▲07 母线电流互感器安装	1	1	按每台机母线电流互感器安装划分为一个单元	左岸 3 号机母线电流互感器安装划分为一个单元		

续表

工程类别	单位工程	合同名称及编号	分部工程编码、名称、评定				分项工程	单元工程编码、名称、评定				单元工程项目划分		施工单位	监理单位
			编码	名称	合格	优良	名称	编码	名称	合格	优良	划分原则	实际划分说明		
八、机电安装工程	10 机电安装工程	07 黄金坪水电站机电安装工程 HJP/SG030-2012	100706	▲06 左岸电气一次设备安装	1	1	▲05 3 号发电电压设备	10070605-0008	▲08 励磁分支电流互感器安装	1	1	按每台机励磁分支电流互感器安装划分为一个单元	左岸 3 号机励磁分支电流互感器安装划分为一个单元	水电十四局机电	二滩国际
								10070605-0009	＊09 其他盘柜与端子箱安装	1	1	按每台机其他盘柜与端子箱安装划分为一个单元	左岸 3 号机其他盘柜与端子箱安装划分为一个单元		
								10070605-0010	＊10 附件安装	1	1	按每台机附件安装划分为一个单元	左岸 3 号机附件安装划分为一个单元		
							▲06 2 号发电电压设备	10070606-0001	▲01 离相封闭母线安装	1	1	按每台机离相封闭母线安装划分为一个单元	左岸 2 号机离相封闭母线安装划分为一个单元		
								10070606-0002	▲02 励磁变压器安装	1	1	按每台机励磁变压器安装划分为一个单元	左岸 2 号机励磁变压器安装划分为一个单元		
								10070606-0003	▲03 电压互感器柜安装	1	1	按每台机电压互感器柜安装划分为一个单元	左岸 2 号机电压互感器柜安装划分为一个单元		
								10070606-0004	▲04 过电压保护柜安装	1	1	按每台机过电压保护柜安装装划分为一个单元	左岸 2 号机过电压保护柜安装装划分为一个单元		
								10070606-0005	▲05 发电机出口断路器安装	1	1	按每台机发电机出口断路器安装划分为一个单元	左岸 2 号机发电机出口断路器安装划分为一个单元		
								10070606-0006	▲06 中性点设备安装	1	1	按每台机中性点设备安装划分为一个单元	左岸 2 号机中性点设备安装划分为一个单元		

续表

工程类别	单位工程	合同名称及编号	分部工程编码、名称、评定				分项工程	单元工程编码、名称、评定				单元工程项目划分		施工单位	监理单位
			编码	名称	合格	优良	名称	编码	名称	合格	优良	划分原则	实际划分说明		
八、机电安装工程	10 机电安装工程	07 黄金坪水电站机电安装工程 HJP/SG030-2012	100706	▲06 左岸电气一次设备安装	1	1	▲06 2 号发电电压设备	10070606-0007	▲07 母线电流互感器安装	1	1	按每台机母线电流互感器安装划分为一个单元	左岸 2 号机母线电流互感器安装划分为一个单元	水电十四局机电	二滩国际
								10070606-0008	▲08 励磁分支电流互感器安装	1	1	按每台机励磁分支电流互感器安装划分为一个单元	左岸 2 号机励磁分支电流互感器安装划分为一个单元		
								10070606-0009	▲09 厂用分支电流互感器安装	1	1	按每台机厂用分支电流互感器安装划分为一个单元	左岸 2 号机厂用分支电流互感器安装划分为一个单元		
								10070606-0010	＊10 其他盘柜与端子箱安装	1	1	按每台机其他盘柜与端子箱安装划分为一个单元	左岸 2 号机其他盘柜与端子箱安装划分为一个单元		
								10070606-0011	＊11 附件安装	1	1	按每台机附件安装划分为一个单元	左岸 2 号机附件安装划分为一个单元		
							▲07 1 号发电电压设备	10070607-0001	▲01 离相封闭母线安装	1	1	按每台机离相封闭母线安装划分为一个单元	左岸 1 号机离相封闭母线安装划分为一个单元		
								10070607-0002	▲02 励磁变压器安装	1	1	按每台机励磁变压器安装划分为一个单元	左岸 1 号机励磁变压器安装划分为一个单元		
								10070607-0003	▲03 电压互感器柜安装	1	1	按每台机电压互感器柜安装划分为一个单元	左岸 1 号机电压互感器柜安装划分为一个单元		
								10070607-0004	▲04 过电压保护柜安装	1	1	按每台机过电压保护柜安装装划分为一个单元	左岸 1 号机过电压保护柜安装装划分为一个单元		

续表

工程类别	单位工程	合同名称及编号	分部工程编码、名称、评定				分项工程	单元工程编码、名称、评定				单元工程项目划分		施工单位	监理单位
			编码	名称	合格	优良	名称	编码	名称	合格	优良	划分原则	实际划分说明		
八、机电安装工程	10 机电安装工程	07 黄金坪水电站机电安装工程 HJP/SG030-2012	100706	▲06 左岸电气一次设备安装	1	1	▲07 1 号发电电压设备	10070607-0005	▲05 发电机出口断路器安装	1	1	按每台机发电机出口断路器安装划分为一个单元	左岸 1 号机发电机出口断路器安装划分为一个单元	水电十四局机电	二滩国际
								10070607-0006	▲06 中性点设备安装	1	1	按每台机中性点设备安装划分为一个单元	左岸 1 号机中性点设备安装划分为一个单元		
								10070607-0007	▲07 母线电流互感器安装	1	1	按每台机母线电流互感器安装划分为一个单元	左岸 1 号机母线电流互感器安装划分为一个单元		
								10070607-0008	▲08 励磁分支电流互感器安装	1	1	按每台机励磁分支电流互感器安装划分为一个单元	左岸 1 号机励磁分支电流互感器安装划分为一个单元		
								10070607-0009	＊09 其他盘柜与端子箱安装	1	1	按每台机其他盘柜与端子箱安装划分为一个单元	左岸 1 号机其他盘柜与端子箱安装划分为一个单元		
								10070607-0010	＊10 附件安装	1	1	按每台机附件安装划分为一个单元	左岸 1 号机附件安装划分为一个单元		
							▲08 公用电气一次设备安装	10070608-0001	▲01 公用供电系统 0.4kV 低压配电盘安装	1	1	按公用供电系统 0.4kV 低压配电盘安装划分为一个单元	左岸公用供电系统 0.4kV 低压配电盘安装划分为一个单元		
								10070608-0002	▲02 照明供电系统 0.4kV 低压配电盘安装	1	1	按照明供电系统 0.4kV 低压配电盘安装划分为一个单元	左岸照明供电系统 0.4kV 低压配电盘安装划分为一个单元		
								10070608-0003	▲03 15.75kV 厂用变压器安装	1	1	按 15.75kV 厂用变压器安装划分为一个单元	左岸 2 台 15.75kV 厂用变压器安装划分为一个单元		

续表

工程类别	单位工程	合同名称及编号	分部工程编码、名称、评定				分项工程	单元工程编码、名称、评定				单元工程项目划分		施工单位	监理单位
			编码	名称	合格	优良	名称	编码	名称	合格	优良	划分原则	实际划分说明		
八、机电安装工程	10 机电安装工程	07 黄金坪水电站机电安装工程 HJP/SG030-2012	100706	▲06 左岸电气一次设备安装	1	1	▲08 公用电气一次设备安装	10070608-0004	▲04 公用变压器安装	1	1	按公用变压器安装划分为一个单元	左岸 2 台检修、2 台公用变压器安装划分为一个单元	水电十四局机电	二滩国际
								10070608-0005	▲05 照明变压器安装	1	1	按照明变压器安装划分为一个单元	左岸 2 台照明变压器安装划分为一个单元		
								10070608-0006	▲06 机组自用变压器安装	1	1	按机组自用变压器安装划分为一个单元	左岸 4 台机组自用变压器安装划分为一个单元		
								10070608-0007	▲07 10kV 高压开关柜安装	1	1	按 10kV 高压开关柜安装划分为一个单元	左岸 10kV 高压开关柜安装划分为一个单元		
								10070608-0008	* 08 10kV 电缆安装	1	1	按 10kV 电缆安装划分为一个单元	左岸 10kV 电缆安装划分为一个单元		
								10070608-0009	* 09 插接式密集型母线及母线槽安装	1	1	按插接式密集型母线及母线槽安装划分为一个单元	左岸插接式密集型母线及母线槽安装划分为一个单元		
								10070608-0010	* 10 0.4kV 低压动力及检修配电柜（箱）安装	1	1	按 0.4kV 低压动力及检修配电柜（箱）安装划分为一个单元	左岸 0.4kV 低压动力及检修配电柜（箱）安装划分为一个单元		
								10070608-0011	* 11 0.4kV 电缆安装	1	1	按 0.4kV 电缆安装划分为一个单元	左岸 0.4kV 电缆安装划分为一个单元		
								10070608-0012	* 12 二次电缆安装	1	1	按二次电缆安装划分为一个单元	左岸二次电缆安装划分为一个单元		
								10070608-0013	* 13 其他附件安装	1	1	按其他附件安装划分为一个单元	左岸电缆桥架安装划分为一个单元		

续表

工程类别	单位工程	合同名称及编号	分部工程编码、名称、评定				分项工程	单元工程编码、名称、评定				单元工程项目划分		施工单位	监理单位
			编码	名称	合格	优良	名称	编码	名称	合格	优良	划分原则	实际划分说明		
八、机电安装工程	10 机电安装工程	07 黄金坪水电站机电安装工程 HJP/SG030-2012	100706	▲06 左岸电气一次设备安装	1	1	▲09 4 号机自用设备安装	10070609-0001	▲01 机组自用 0.4kV 低压配电盘安装	1	1	按每台机机组自用 0.4kV 低压配电盘安装划分为一个单元	3、4 号机机组自用 0.4kV 低压配电盘安装划分为一个单元	水电十四局机电	二滩国际
								10070609-0002	* 02 0.4kV 电缆安装	1	1	按每台机 0.4kV 电缆安装划分为一个单元	4 号机 0.4kV 电缆安装划分为一个单元		
							▲10 3 号机自用设备安装	10070610-0001	▲01 机组自用 0.4kV 低压配电盘安装	1	1	按每台机机组自用 0.4kV 低压配电盘安装划分为一个单元	3、4 号机机组自用 0.4kV 低压配电盘安装划分为一个单元		
								10070610-0002	* 02 0.4kV 电缆安装	1	1	按每台机 0.4kV 电缆安装划分为一个单元	3 号机 0.4kV 电缆安装划分为一个单元		
							▲11 2 号机自用设备安装	10070611-0001	▲01 机组自用 0.4kV 低压配电盘安装	1	1	按每台机机组自用 0.4kV 低压配电盘安装划分为一个单元	1、2 号机机组自用 0.4kV 低压配电盘安装划分为一个单元		
								10070611-0002	* 02 0.4kV 电缆安装	1	1	按每台机 0.4kV 电缆安装划分为一个单元	2 号机 0.4kV 电缆安装划分为一个单元		
							▲12 1 号机自用设备安装	10070612-0001	▲01 机组自用 0.4kV 低压配电盘安装	1	1	按每台机机组自用 0.4kV 低压配电盘安装划分为一个单元	1、2 号机机组自用 0.4kV 低压配电盘安装划分为一个单元		
								10070612-0002	* 02 0.4kV 电缆安装	1	1	按每台机 0.4kV 电缆安装划分为一个单元	1 号机 0.4kV 电缆安装划分为一个单元		
							▲13 地面厂用电电气一次设备安装	10070613-0001	▲01 首部供电系统 0.4kV 低压配电盘安装	1	1	按首部供电系统 0.4kV 低压配电盘安装划分为一个单元	溢洪道供电系统 0.4kV 低压配电盘安装划分为一个单元		

续表

工程类别	单位工程	合同名称及编号	分部工程编码、名称、评定				分项工程	单元工程编码、名称、评定				单元工程项目划分		施工单位	监理单位
			编码	名称	合格	优良	名称	编码	名称	合格	优良	划分原则	实际划分说明		
八、机电安装工程	10机电安装工程	07黄金坪水电站机电安装工程HJP/SG030-2012	100706	▲06左岸电气一次设备安装	1	1	▲13地面厂用电电气一次设备安装	10070613-0002	▲02调压室供电系统0.4kV低压配电盘安装	1	1	按调压室供电系统0.4kV低压配电盘安装划分为一个单元	左岸调压室供电系统0.4kV低压配电盘安装划分为一个单元	水电十四局机电	二滩国际
								10070613-0003	▲03泄洪洞进口及进水口供电系统0.4kV低压配电盘安装	1	1	按泄洪洞进口及进水口供电系统0.4kV低压配电盘安装划分为一个单元	左岸进水口供电系统0.4kV低压配电盘安装划分为一个单元		
								10070613-0004	▲04柴油发电机供电系统0.4kV低压配电盘安装	1	1	按柴油发电机供电系统0.4kV低压配电盘安装划分为一个单元	400、1000kW柴油发电机供电系统0.4kV低压配电盘安装划分为一个单元		
								10070613-0005	▲05首部供电变压器安装	1	1	按首部供电变压器安装划分为一个单元	首部2台供电变压器安装划分为一个单元		
								10070613-0006	▲06调压室供电变压器安装	1	1	按调压室供电变压器安装划分为一个单元	调压室2台供电变压器安装划分为一个单元		
								10070613-0007	▲07泄洪洞进口及进水口供电变压器安装	1	1	按泄洪洞进口及进水口供电变压器安装划分为一个单元	泄洪洞进口及进水口2台供电变压器安装划分为一个单元		
								10070613-0008	▲08出线洞及尾水洞口箱式变压器安装（含0.4kV开关设备）	1	1	按出线洞及尾水洞口箱式变压器安装（含0.4kV开关设备）划分为一个单元	出线场2台变压器安装（含0.4kV开关设备）划分为一个单元		

续表

工程类别	单位工程	合同名称及编号	分部工程编码、名称、评定				分项工程	单元工程编码、名称、评定				单元工程项目划分		施工单位	监理单位
			编码	名称	合格	优良	名称	编码	名称	合格	优良	划分原则	实际划分说明		
八、机电安装工程	10 机电安装工程	07 黄金坪水电站机电安装工程 HJP/SG030-2012	100706	▲06 左岸电气一次设备安装	1	1	▲13 地面厂用电电气一次设备安装	10070613-0009	▲09 柴油发电机升压变压器安装	1	1	按柴油发电机升压变压器安装划分为一个单元	出线场 1000kW 柴油发电机升压变压器安装划分为一个单元	水电十四局机电	二滩国际
								10070613-0010	▲10 柴油发电机组安装	1	1	按柴油发电机组安装划分为一个单元	400、1000kW 柴油发电机组安装划分为一个单元		
								10070613-0011	▲1110kV 高压开关柜安装	1	1	按 10kV 高压开关柜安装划分为一个单元	出线场 10kV 高压开关柜安装划分为一个单元		
								10070613-0012	* 12 10kV 电缆安装	1	1	按 10kV 电缆安装划分为一个单元	左岸 10kV 电缆安装划分为一个单元		
								10070613-0013	* 13 插接式密集型母线及母线槽安装	1	1	按插接式密集型母线及母线槽安装划分为一个单元	左岸出线场插接式密集型母线及母线槽安装划分为一个单元		
								10070613-0014	* 14 0.4kV 低压动力及检修配电柜（箱）安装	1	1	按 0.4kV 低压动力及检修配电柜（箱）安装划分为一个单元	左岸出线场 0.4kV 低压动力及检修配电柜（箱）安装划分为一个单元		
								10070613-0015	* 15 0.4kV 电缆安装	1	1	按 0.4kV 电缆安装划分为一个单元	左岸出线场 0.4kV 电缆安装划分为一个单元		
								10070613-0016	* 16 二次电缆安装	1	1	按二次电缆安装划分为一个单元	左岸出线场二次电缆安装划分为一个单元		
								10070613-0017	* 17 其他附件安装	1	1	按其他附件安装划分为一个单元	左岸出线场其他附件安装划分为一个单元		

续表

工程类别	单位工程	合同名称及编号	分部工程编码、名称、评定				分项工程	单元工程编码、名称、评定				单元工程项目划分		施工单位	监理单位
			编码	名称	合格	优良	名称	编码	名称	合格	优良	划分原则	实际划分说明		
八、机电安装工程	10 机电安装工程	07 黄金坪水电站机电安装工程 HJP/SG030-2012	100706	▲06 左岸电气一次设备安装	1	1	*14 电气照明安装	10070614-0001	*01 主厂房电气照明安装	1	1	按主厂房电气照明安装划分为一个单元	左岸主厂房电气照明安装划分为一个单元	水电十四局机电	二滩国际
								10070614-0002	*02 主变洞电气照明安装	1	1	按主变洞电气照明安装划分为一个单元	左岸主变洞电气照明安装划分为一个单元		
								10070614-0003	*03 副厂房电气照明安装	1	1	按副厂房电气照明安装划分为一个单元	左岸副厂房电气照明安装划分为一个单元		
								10070614-0004	*04 母线洞电气照明安装	1	1	按母线洞电气照明安装划分为一个单元	左岸母线洞电气照明安装划分为一个单元		
								10070614-0005	*05 中控室电气照明安装	1	1	按中控室电气照明安装划分为一个单元	左岸中控室电气照明安装划分为一个单元		
								10070614-0006	*06 尾闸室电气照明安装	1	1	按尾闸室电气照明安装划分为一个单元	左岸尾闸室电气照明安装划分为一个单元		
								10070614-0007	*07 开关站电气照明安装	1	1	按开关站电气照明安装划分为一个单元	左岸开关站电气照明安装划分为一个单元		
								10070614-0008	*08 出线洞电气照明安装	1	1	按出线洞电气照明安装划分为一个单元	左岸出线洞电气照明安装划分为一个单元		
								10070614-0009	*09 公路电气照明安装	1	1	按公路电气照明安装划分为一个单元	左岸公路电气照明安装划分为一个单元		
								10070614-0010	*10 其他户外区域电气照明安装	1	1	按其他户外区域电气照明安装划分为一个单元	左岸其他户外区域电气照明安装划分为一个单元		
							▲15 接地装置安装	10070615-0001	▲01 主厂房接地装置安装	1	1	按主厂房接地装置安装划分为一个单元	左岸主厂房接地装置安装划分为一个单元		

续表

工程类别	单位工程	合同名称及编号	分部工程编码、名称、评定				分项工程	单元工程编码、名称、评定				单元工程项目划分		施工单位	监理单位
			编码	名称	合格	优良	名称	编码	名称	合格	优良	划分原则	实际划分说明		
八、机电安装工程	10 机电安装工程	07 黄金坪水电站机电安装工程 HJP/SG030-2012	100706	▲06 左岸电气一次设备安装	1	1	▲15 接地装置安装	10070615-0002	▲02 主变洞接地装置安装	1	1	按主变洞接地装置安装划分为一个单元	左岸主变洞接地装置安装划分为一个单元	水电十四局机电	二滩国际
								10070615-0003	▲03 副厂房接地装置安装	1	1	按副厂房接地装置安装划分为一个单元	左岸副厂房接地装置安装划分为一个单元		
								10070615-0004	▲04 母线洞接地装置安装	1	0	按母线洞接地装置安装划分为一个单元	左岸母线洞接地装置安装划分为一个单元		
								10070615-0005	＊05 尾闸室接地装置安装	1	1	按尾闸室接地装置安装划分为一个单元	左岸尾闸室接地装置安装划分为一个单元		
								10070615-0006	▲06 出线场接地装置安装	1	1	按出线场接地装置安装划分为一个单元	左岸出线场接地装置安装划分为一个单元		
								10070615-0007	▲07 地面 GIS 接地装置安装	1	1	按地面 GIS 接地装置安装划分为一个单元	按地面 GIS 接地装置安装划分为一个单元		
								10070615-0008	＊08 交通洞接地装置安装	1	1	按交通洞接地装置安装划分为一个单元	交通洞接地装置安装划分为一个单元		
								10070615-0009	▲09 电缆出线洞接地装置安装	1	1	按电缆出线洞接地装置安装划分为一个单元	电缆出线洞接地装置安装划分为一个单元		
								10070615-0010	▲10 坝区接地装置安装	1	1	按进水口及大坝接地装置安装划分为一个单元	进水口及大坝接地装置安装划分为一个单元		
								10070615-0011	＊11 泄洪洞接地装置安装	1	1	按泄洪洞接地装置安装划分为一个单元	泄洪洞接地装置安装划分为一个单元		
								10070615-0012	＊12 其他洞室接地装置安装	1	1	按其他洞室接地装置安装划分为一个单元	其他洞室接地装置安装划分为一个单元		

续表

工程类别	单位工程	合同名称及编号	分部工程编码、名称、评定				分项工程	单元工程编码、名称、评定				单元工程项目划分		施工单位	监理单位
			编码	名称	合格	优良	名称	编码	名称	合格	优良	划分原则	实际划分说明		
八、机电安装工程	10 机电安装工程	07 黄金坪水电站机电安装工程 HJP/SG030-2012	100707	▲07 左岸电气二次设备安装	1	1	▲01 公共部分电气二次设备安装	10070701-0001	＊01 预埋管路安装	1	0	按预埋管路安装划分为一个单元	左岸预埋管路安装划分为一个单元（照明、工业电视、消防）	水电十四局机电	二滩国际
								10070701-0002	▲02 电站设备继电保护系统安装	1	1	按电站设备继电保护系统安装划分为一个单元	左岸电站设备继电保护系统安装划分为一个单元		
								10070701-0003	▲03 电站公用计算机监控系统安装	1	1	按电站公用计算机监控系统安装划分为一个单元	左岸电站公用计算机监控系统安装划分为一个单元		
								10070701-0004	▲04 系统继电保护及安全自动装置、系统调度自动化设备安装	1	1	按系统继电保护及安全自动装置、系统调度自动化设备安装划分为一个单元	左岸系统继电保护及安全自动装置、系统调度自动化设备安装划分为一个单元		
								10070701-0005	＊05 500kV 系统设备控制系统安装	1	1	按 500kV 系统设备控制系统安装划分为一个单元	左岸 500kV 系统设备控制系统安装划分为一个单元		
								10070701-0006	＊06 全厂风机系统控制设备安装	1	1	按全厂风机系统控制设备安装划分为一个单元	左岸全厂风机系统控制设备安装划分为一个单元		
								10070701-0007	▲07 坝区控制设备安装	1	1	按坝区控制设备安装划分为一个单元	左岸坝区控制设备安装划分为一个单元		
								10070701-0008	▲08 调压室控制设备安装	1	1	按调压室控制设备安装划分为一个单元	左岸调压室控制设备安装划分为一个单元		

续表

工程类别	单位工程	合同名称及编号	分部工程编码、名称、评定				分项工程	单元工程编码、名称、评定				单元工程项目划分		施工单位	监理单位
			编码	名称	合格	优良	名称	编码	名称	合格	优良	划分原则	实际划分说明		
八、机电安装工程	10 机电安装工程	07 黄金坪水电站机电安装工程 HJP/SG030-2012	100707	▲07 左岸电气二次设备安装	1	1	▲01 公共部分电气二次设备安装	10070701-0009	▲09 全厂UPS系统设备安装	1	1	按全厂UPS系统设备安装划分为一个单元	左岸全厂UPS系统设备安装划分为一个单元	水电十四局机电	二滩国际
								10070701-0010	*10 中、低压气系统控制设备安装	1	1	按中、低压气系统控制设备安装划分为一个单元	左岸中、低压气系统控制设备安装划分为一个单元		
								10070701-0011	▲11 检修、渗漏排水系统控制设备安装	1	1	按检修、渗漏排水系统控制设备安装划分为一个单元	左岸检修、渗漏排水系统控制设备安装划分为一个单元		
							▲02 直流系统	10070702-0001	▲01 主厂房220V直流系统盘柜安装	1	1	按主厂房220V直流系统盘柜安装划分为一个单元	左岸主厂房220V直流系统盘柜安装划分为一个单元		
								10070702-0002	▲02 主厂房220V直流系统蓄电池组安装	1	1	按主厂房220V直流系统蓄电池组安装划分为一个单元	左岸主厂房220V直流系统蓄电池组安装划分为一个单元		
								10070702-0003	*03 主厂房直流系统电缆安装	1	1	按主厂房直流系统电缆安装划分为一个单元	左岸主厂房直流系统电缆安装划分为一个单元		
								10070702-0004	▲04 开关站220V直流系统盘柜安装	1	1	按开关站220V直流系统盘柜安装划分为一个单元	左岸开关站220V直流系统盘柜安装划分为一个单元		
								10070702-0005	▲05 开关站220V直流系统蓄电池组安装	1	1	按开关站220V直流系统蓄电池组安装划分为一个单元	左岸开关站220V直流系统蓄电池组安装划分为一个单元		
								10070702-0006	*06 开关站直流系统电缆安装	1	1	按开关站直流系统电缆安装划分为一个单元	左岸开关站直流系统电缆安装划分为一个单元		

续表

工程类别	单位工程	合同名称及编号	分部工程编码、名称、评定				分项工程	单元工程编码、名称、评定				单元工程项目划分		施工单位	监理单位
			编码	名称	合格	优良	名称	编码	名称	合格	优良	划分原则	实际划分说明		
八、机电安装工程	10 机电安装工程	07 黄金坪水电站机电安装工程 HJP/SG030-2012	100707	▲07 左岸电气二次设备安装	1	1	▲03 4号机监测控制系统	10070703-0001	＊01 控制电缆安装	1	1	按每台机控制电缆安装划分为一个单元	4号控制电缆安装划分为一个单元	水电十四局机电	二滩国际
								10070703-0002	▲02 计算机控制装置安装	1	1	按每台机计算机控制装置安装划分为一个单元	4号计算机控制装置安装划分为一个单元		
								10070703-0003	▲03 发变组保护屏安装	1	1	按每台机发变组保护屏安装划分为一个单元	4号发变组保护屏安装划分为一个单元		
								10070703-0004	▲04 技术供水系统控制设备安装	1	1	按每台机技术供水系统控制设备安装划分为一个单元	4号技术供水系统控制设备安装划分为一个单元		
								10070703-0005	▲05 调速器系统控制设备安装	1	1	按每台机调速器系统控制设备安装划分为一个单元	4号调速器系统控制设备安装划分为一个单元		
								10070703-0006	＊06 其他控制设备安装	1	1	按每台机其他控制设备安装划分为一个单元	4号其他控制设备安装划分为一个单元		
							▲04 3号机监测控制系统	10070704-0001	＊01 控制电缆安装	1	1	按每台机控制电缆安装划分为一个单元	3号控制电缆安装划分为一个单元		
								10070704-0002	▲02 计算机控制装置安装	1	1	按每台机计算机控制装置安装划分为一个单元	3号计算机控制装置安装划分为一个单元		
								10070704-0003	▲03 发变组保护屏安装	1	1	按每台机发变组保护屏安装划分为一个单元	3号发变组保护屏安装划分为一个单元		
								10070704-0004	▲04 技术供水系统控制设备安装	1	1	按每台机技术供水系统控制设备安装划分为一个单元	3号技术供水系统控制设备安装划分为一个单元		

续表

工程类别	单位工程	合同名称及编号	分部工程编码、名称、评定				分项工程	单元工程编码、名称、评定				单元工程项目划分		施工单位	监理单位
			编码	名称	合格	优良	名称	编码	名称	合格	优良	划分原则	实际划分说明		
八、机电安装工程	10 机电安装工程	07 黄金坪水电站机电安装工程 HJP/SG030-2012	100707	▲07 左岸电气二次设备安装	1	1	▲04 3号机监测控制系统	10070704-0005	▲05 调速器系统控制设备安装	1	1	按每台机调速器系统控制设备安装划分为一个单元	3号调速器系统控制设备安装划分为一个单元	水电十四局机电	二滩国际
								10070704-0006	＊06 其他控制设备安装	1	1	按每台机其他控制设备安装划分为一个单元	3号其他控制设备安装划分为一个单元		
							▲05 2号机监测控制系统	10070705-0001	＊01 控制电缆安装	1	1	按每台机控制电缆安装划分为一个单元	2号控制电缆安装划分为一个单元		
								10070705-0002	▲02 计算机控制装置安装	1	1	按每台机计算机控制装置安装划分为一个单元	2号计算机控制装置安装划分为一个单元		
								10070705-0003	▲03 发变组保护屏安装	1	1	按每台机发变组保护屏安装划分为一个单元	2号发变组保护屏安装划分为一个单元		
								10070705-0004	▲04 技术供水系统控制设备安装	1	1	按每台机技术供水系统控制设备安装划分为一个单元	2号技术供水系统控制设备安装划分为一个单元		
								10070705-0005	▲05 调速器系统控制设备安装	1	1	按每台机调速器系统控制设备安装划分为一个单元	2号调速器系统控制设备安装划分为一个单元		
								10070705-0006	＊06 其他控制设备安装	1	1	按每台机其他控制设备安装划分为一个单元	2号其他控制设备安装划分为一个单元		
							▲06 1号机监测控制系统	10070706-0001	＊01 控制电缆安装	1	1	按每台机控制电缆安装划分为一个单元	1号控制电缆安装划分为一个单元		
								10070706-0002	▲02 计算机控制装置安装	1	1	按每台机计算机控制装置安装划分为一个单元	1号计算机控制装置安装划分为一个单元		

续表

工程类别	单位工程	合同名称及编号	分部工程编码、名称、评定				分项工程	单元工程编码、名称、评定				单元工程项目划分		施工单位	监理单位
			编码	名称	合格	优良	名称	编码	名称	合格	优良	划分原则	实际划分说明		
八、机电安装工程	10 机电安装工程	07 黄金坪水电站机电安装工程 HJP/SG030-2012	100707	▲07 左岸电气二次设备安装	1	1	▲06 1号机监测控制系统	10070706-0003	▲03 发变组保护屏安装	1	1	按每台机发变组保护屏安装划分为一个单元	1号发变组保护屏安装划分为一个单元	水电十四局机电	二滩国际
								10070706-0004	▲04 技术供水系统控制设备安装	1	1	按每台机技术供水系统控制设备安装划分为一个单元	1号技术供水系统控制设备安装划分为一个单元		
								10070706-0005	▲05 调速器系统控制设备安装	1	1	按每台机调速器系统控制设备安装划分为一个单元	1号调速器系统控制设备安装划分为一个单元		
								10070706-0006	＊06 其他控制设备安装	1	1	按每台机其他控制设备安装划分为一个单元	1号其他控制设备安装划分为一个单元		
							▲07 工业电视及门禁系统	10070707-0001	▲01 工业电视及门禁系统设备安装	1	1	按工业电视及门禁系统设备安装划分为一个单元	左岸工业电视及门禁系统设备安装划分为一个单元		
								10070707-0002	▲02 工业电视及门禁系统电缆安装	1	1	按工业电视及门禁系统电缆安装划分为一个单元	左岸工业电视及门禁系统电缆安装划分为一个单元		
			100708	▲08 左岸通风空调设备	1	1	▲01 通风、空调系统安装	10070801-0001	＊01 厂内通风空调除湿设备、管路及附件安装	1	1	按厂内通风空调除湿设备、管路及附件安装划分为一个单元	左岸厂内通风空调除湿设备、管路及附件安装划分为一个单元		
								10070801-0002	▲02 厂外通风空调除湿设备、管路及附件安装	1	1	按厂外通风空调除湿设备、管路及附件安装划分为一个单元	左岸厂外通风空调除湿设备、管路及附件安装划分为一个单元		
							▲02 通风、空调监控系统	10070802-0001	▲通风空调监控系统安装	1	1	按通风空调监控系统安装划分为一个单元	左岸通风空调监控系统安装划分为一个单元		

续表

工程类别	单位工程	合同名称及编号	分部工程编码、名称、评定				分项工程	单元工程编码、名称、评定				单元工程项目划分		施工单位	监理单位
			编码	名称	合格	优良	名称	编码	名称	合格	优良	划分原则	实际划分说明		
八、机电安装工程	10 机电安装工程	07 黄金坪水电站机电安装工程 HJP/SG030-2012	100709	▲09 左岸金属结构及启闭（起重）设备安装	1	1	▲01 主厂房桥机安装	10070901-0001	▲01 主厂房350t 桥机安装	1	1	按主厂房 350t 桥机安装划分为一个单元	左岸主厂房 350t 桥机安装划分为一个单元	水电十四局机电	二滩国际
								10070901-0002	▲02 主厂房50t 桥机安装	1	1	按主厂房 50t 桥机安装划分为一个单元	左岸主厂房 50t 桥机安装划分为一个单元		
								10070901-0003	*03 主厂房350t 桥机电气设备安装	1	1	按主厂房 350t 桥机电气设备安装划分为一个单元	左岸主厂房 350t 桥机电气设备安装划分为一个单元		
								10070901-0004	*04 主厂房50t 桥机电气设备安装	1	1	按主厂房 50t 桥机电气设备安装划分为一个单元	左岸主厂房 50t 桥机电气设备安装划分为一个单元		
					1	1	▲02 GIS 桥机安装	10070902-0001	*01 GIS 10t 桥机轨道安装	1	1	按 GIS 10t 桥机轨道安装划分为一个单元	左岸 GIS 10t 桥机轨道安装划分为一个单元		
								10070902-0002	▲02 GIS 10t 桥机安装	1	1	按 GIS 10t 桥机安装划分为一个单元	左岸 GIS 10t 桥机安装划分为一个单元		
								10070902-0003	*03 GIS 10t 桥机电气设备安装	1	1	按 GIS 10t 桥机电气设备安装划分为一个单元	左岸 GIS 10t 桥机电气设备安装划分为一个单元		
							*03 电动葫芦安装	10070903-0001	*01 技术供水房 2t 电动葫芦安装	1	1	按技术供水房 2t 电动葫芦安装划分为一个单元	左岸 4 台技术供水房 2t 电动葫芦安装划分为一个单元		
					1	1	▲04 事故门安装	10070904-0001	▲01 事故门闸门门槽安装	1	1	按事故门闸门门槽安装进行划分为一个单元	泄洪洞事故门闸门门槽安装划分为一个单元		
								10070904-0002	▲02 事故闸门安装	1	1	按事故闸门安装进行划分为一个单元	泄洪洞事故闸门安装划分为一个单元		

续表

工程类别	单位工程	合同名称及编号	分部工程编码、名称、评定				分项工程	单元工程编码、名称、评定				单元工程项目划分		施工单位	监理单位
			编码	名称	合格	优良	名称	编码	名称	合格	优良	划分原则	实际划分说明		
八、机电安装工程	10 机电安装工程	07 黄金坪水电站机电安装工程 HJP/SG030-2012	100709	▲09 左岸金属结构及启闭（起重）设备安装	1	1	▲05 固定卷扬机安装	10070905-0001	▲01 固定卷扬机安装	1	1	按固定卷扬机安装进行划分为一个单元	泄洪洞进口固定卷扬机安装划分为一个单元	水电十四局机电	二滩国际
								10070905-0002	＊02 卷扬机电气设备安装	1	1	按卷扬机电气设备安装进行划分为一个单元	泄洪洞进口卷扬机电气设备安装划分为一个单元		
							▲06 工作门安装	10070906-0001	▲01 工作闸门门槽安装	1	1	按工作闸门门槽安装进行划分为一个单元	泄洪洞工作闸门门槽安装划分为一个单元		
								10070906-0002	▲02 工作闸门安装	1	1	按工作闸门安装进行划分为一个单元	泄洪洞工作闸门安装划分为一个单元		
							▲07 液压启闭机安装	10070907-0001	▲01 液压启闭机安装	1	1	按液压启闭机安装进行划分为一个单元	泄洪洞工作闸室液压启闭机安装划分为一个单元		
								10070907-0002	＊02 液压启闭机电气设备安装	1	1	按液压启闭机电气设备安装进行划分为一个单元	泄洪洞工作闸室液压启闭机电气设备安装划分为一个单元		
							▲08 桥机安装	10070908-0001	＊01 桥机轨道安装	1	1	按桥机轨道安装进行划分为一个单元	泄洪洞工作闸室桥机轨道安装划分为一个单元		
								10070908-0002	▲02 桥机安装	1	1	按桥机安装进行划分为一个单元	泄洪洞工作闸室桥机安装划分为一个单元		
								10070908-0003	＊03 桥机电气设备安装	1	1	按桥机电气设备安装进行划分为一个单元	泄洪洞工作闸室桥机电气设备安装划分为一个单元		
			100710	▲10 左岸供水工程	1	1	＊01 副厂房	10071001-0001	▲01 潜污泵安装	1	1	按潜污泵安装划分为一个单元	左岸副厂房潜污泵安装划分为一个单元		

续表

工程类别	单位工程	合同名称及编号	分部工程编码、名称、评定				分项工程	单元工程编码、名称、评定				单元工程项目划分		施工单位	监理单位
			编码	名称	合格	优良	名称	编码	名称	合格	优良	划分原则	实际划分说明		
八、机电安装工程	10 机电安装工程	07 黄金坪水电站机电安装工程 HJP/SG030-2012	100710	▲10 左岸供水工程	1	1	＊01 副厂房	10071001-0002	＊02 给水管路安装	1	1	按给水管路安装划分为一个单元	左岸副厂房给水管路安装划分为一个单元	水电十四局机电	二滩国际
								10071001-0003	＊03 排水管路安装	1	1	按排水管路安装划分为一个单元	左岸副厂房排水管路安装划分为一个单元		
							＊02 出线场	10071002-0001	＊01 给水管路安装	1	1	按给水管路安装划分为一个单元	左岸出线场给水管路安装划分为一个单元		
								10071002-0002	＊02 排水管路安装	1	1	按排水管路安装划分为一个单元	左岸出线场排水管路安装划分为一个单元		
			100711	▲11 左岸通信系统	1	1	▲01 通信设备安装	10071101-0001	▲01 通信系统设备安装	1	1	按通信系统设备安装划分为一个单元	左岸通信系统设备安装划分为一个单元		
								10071101-0002	＊02 通信系统电缆安装	1	1	按通信系统电缆安装划分为一个单元	左岸通信系统电缆安装划分为一个单元		
								10071101-0003	▲03 通信系统光缆安装	1	1	按通信系统光缆安装划分为一个单元	左岸通信系统光缆安装划分为一个单元		
							▲02 通信电源安装	10071102-0001	▲01 通信蓄电池安装	1	1	按通信蓄电池安装划分为一个单元	左岸通信蓄电池安装划分为一个单元		
								10071102-0002	▲02 通信电源盘柜安装	1	1	按通信电源盘柜安装划分为一个单元	左岸通信电源盘柜安装划分为一个单元		
								10071102-0003	＊03 通信电源电缆安装	1	1	按通信电源电缆安装划分为一个单元	左岸通信电源电缆安装划分为一个单元		
			100712	▲12 右岸2号水轮发电机组安装	1	1	▲01 右岸2号水轮机安装	10071201-0001	▲01 尾水管安装	1	1	按每台机尾水管安装划分为一个单元	右岸2号每台机尾水管安装划分为一个单元		

续表

工程类别	单位工程	合同名称及编号	分部工程编码、名称、评定				分项工程	单元工程编码、名称、评定				单元工程项目划分		施工单位	监理单位
			编码	名称	合格	优良	名称	编码	名称	合格	优良	划分原则	实际划分说明		
八、机电安装工程	10 机电安装工程	07 黄金坪水电站机电安装工程 HJP/SG030-2012	100712	▲12 右岸2号水轮发电机组安装	1	1	▲01 右岸2号水轮机安装	10071201-0002	▲02 座环安装	1	1	按每台机座环安装划分为一个单元	右岸2号每台机座环安装划分为一个单元	水电十四局机电	二滩国际
								10071201-0003	▲03 蜗壳安装	1	1	按每台机蜗壳安装划分为一个单元	右岸2号每台机蜗壳安装划分为一个单元		
								10071201-0004	▲04 锥管安装	1	1	按每台机锥管安装划分为一个单元	右岸2号每台机锥管安装划分为一个单元		
								10071201-0005	▲05 机坑里衬及接力器基础安装	1	1	按每台机机坑里衬及接力器基础安装划分为一个单元	右岸2号每台机机坑里衬及接力器基础安装划分为一个单元		
								10071201-0006	* 06 附件安装	1	1	按每台机附件安装划分为一个单元	右岸2号每台机附件安装划分为一个单元		
								10071201-0007	▲07 导水机构安装	1	1	按每台机导水机构安装划分为一个单元	右岸2号每台机导水机构安装划分为一个单元		
								10071201-0008	▲08 接力器安装	1	1	按每台机接力器安装划分为一个单元	右岸2号每台机接力器安装划分为一个单元		
								10071201-0009	▲09 转动部件安装	1	1	按每台机转动部件安装划分为一个单元	右岸2号每台机转动部件安装划分为一个单元		
								10071201-0010	▲10 水导轴承及主轴密封安装	1	1	按每台机水导轴承及主轴密封安装划分为一个单元	右岸2号每台机水导轴承及主轴密封安装划分为一个单元		
								10071201-0011	* 11 管路安装	1	1	按每台机管路安装划分为一个单元	右岸2号每台机管路安装划分为一个单元		

续表

工程类别	单位工程	合同名称及编号	分部工程编码、名称、评定				分项工程	单元工程编码、名称、评定				单元工程项目划分		施工单位	监理单位
			编码	名称	合格	优良	名称	编码	名称	合格	优良	划分原则	实际划分说明		
八、机电安装工程	10 机电安装工程	07 黄金坪水电站机电安装工程 HJP/SG030-2012	100712	▲12 右岸 2 号水轮发电机组安装	1	1	▲01 右岸 2 号水轮机安装	10071201-0012	▲12 调速器油压装置安装	1	1	按每台机调速器油压装置安装划分为一个单元	右岸 2 号每台机调速器油压装置安装划分为一个单元	水电十四局机电	二滩国际
								10071201-0013	＊13 调速系统管路安装	1	1	按每台机调速系统管路安装划分为一个单元	右岸 2 号每台机调速系统管路安装划分为一个单元		
								10071201-0014	▲14 调速器安装及调试	1	1	按每台机调速器安装及调试划分为一个单元	右岸 2 号每台机调速器安装及调试划分为一个单元		
								10071201-0015	▲15 调速系统整体调试及模拟试验	1	1	按每台机调速系统整体调试及模拟试验划分为一个单元	右岸 2 号每台机调速系统整体调试及模拟试验划分为一个单元		
								10071201-0016	▲16 蝶阀安装	1	1	按每台机蝶阀安装划分为一个单元	右岸 2 号每台机蝶阀安装划分为一个单元		
								10071201-0017	＊17 附件及操作机构安装	1	1	按每台机附件及操作机构安装划分为一个单元	右岸 2 号每台机附件及操作机构安装划分为一个单元		
								10071201-0018	＊18 延伸管安装	1	1	按每台机延伸管安装划分为一个单元	右岸 2 号每台机延伸管安装划分为一个单元		
								10071201-0019	▲19 液压装置安装	1	1	按每台机液压装置安装划分为一个单元	右岸 2 号每台机液压装置安装划分为一个单元		
								10071201-0020	＊20 液压系统管路安装	1	1	按每台机液压系统管路安装划分为一个单元	右岸 2 号每台机液压系统管路安装划分为一个单元		

续表

工程类别	单位工程	合同名称及编号	分部工程编码、名称、评定				分项工程	单元工程编码、名称、评定				单元工程项目划分		施工单位	监理单位
			编码	名称	合格	优良	名称	编码	名称	合格	优良	划分原则	实际划分说明		
八、机电安装工程	10 机电安装工程	07 黄金坪水电站机电安装工程 HJP/SG030-2012	100712	▲12 右岸2号水轮发电机组安装	1	1	▲01 右岸2号水轮机安装	10071201-0021	▲21 机组充水试验	1	1	按每台机机组充水试验划分为一个单元	右岸2号每台机机组充水试验划分为一个单元	水电十四局机电	二滩国际
							▲02 右岸2号发电机安装	10071202-0001	▲01 上、下机架组装及安装	1	1	按每台机上、下机架组装及安装划分为一个单元	右岸2号每台机上、下机架组装及安装划分为一个单元		
								10071202-0002	▲02 定子组装及安装	1	1	按每台机定子组装及安装划分为一个单元	右岸2号每台机定子组装及安装划分为一个单元		
								10071202-0003	▲03 转子组装	1	1	按每台机转子组装划分为一个单元	右岸2号每台机转子组装划分为一个单元		
								10071202-0004	▲04 转子安装	1	1	按每台机转子安装划分为一个单元	右岸2号每台机转子安装划分为一个单元		
								10071202-0005	▲05 推力轴承及导轴承安装	1	1	按每台机推力轴承及导轴承安装划分为一个单元	右岸2号每台机推力轴承及导轴承安装划分为一个单元		
								10071202-0006	▲06 冷却系统安装	1	1	按每台机冷却系统安装划分为一个单元	右岸2号每台机冷却系统安装划分为一个单元		
								10071202-0007	▲07 制动系统安装	1	1	按每台机制动系统安装划分为一个单元	右岸2号每台机制动系统安装划分为一个单元		
								10071202-0008	▲08 机组轴线调整	1	1	按每台机机组轴线调整划分为一个单元	右岸2号每台机机组轴线调整划分为一个单元		

续表

工程类别	单位工程	合同名称及编号	分部工程编码、名称、评定				分项工程	单元工程编码、名称、评定				单元工程项目划分		施工单位	监理单位
			编码	名称	合格	优良	名称	编码	名称	合格	优良	划分原则	实际划分说明		
八、机电安装工程	10机电安装工程	07黄金坪水电站机电安装工程HJP/SG030-2012	100712	▲12 右岸2号水轮发电机组安装	1	1	▲02 右岸2号发电机安装	10071202-0009	＊09 电气部分检查和试验	1	1	按每台机电气部分检查和试验划分为一个单元	右岸2号每台机电气部分检查和试验划分为一个单元	水电十四局机电	二滩国际
								10071202-0010	＊10 管路安装	1	1	按每台机管路安装划分为一个单元	右岸2号每台机管路安装划分为一个单元		
								10071202-0011	＊11 消防灭火装置	1	1	按每台机消防灭火装置划分为一个单元	右岸2号每台机消防灭火装置划分为一个单元		
								10071202-0012	▲12 励磁盘柜安装	1	1	按每台机励磁盘柜安装划分为一个单元	右岸2号每台机励磁盘柜安装划分为一个单元		
								10071202-0013	＊13 励磁系统连接电缆安装	1	1	按每台机励磁系统连接电缆安装划分为一个单元	右岸2号每台机励磁系统连接电缆安装划分为一个单元		
								10071202-0014	＊14 附件安装	1	0	按每台机附件安装划分为一个单元	右岸2号每台机附件安装划分为一个单元		
								10071202-0015	▲15 机组空载试验	1	1	按每台机机组空载试验划分为一个单元	右岸2号每台机机组空载试验划分为一个单元		
								10071202-0016	▲16 机组并列及负荷试验	1	1	按每台机机组并列及负荷试验划分为一个单元	右岸2号每台机机组并列及负荷试验划分为一个单元		
			100713	▲13 右岸1号水轮发电机组安装	1	1	▲01 右岸1号水轮机安装	10071301-0001	▲01 尾水管安装	1	1	按每台机尾水管安装划分为一个单元	右岸1号每台机尾水管安装划分为一个单元		
								10071301-0002	▲02 座环安装	1	1	按每台机座环安装划分为一个单元	右岸1号每台机座环安装划分为一个单元		

续表

工程类别	单位工程	合同名称及编号	分部工程编码、名称、评定				分项工程	单元工程编码、名称、评定				单元工程项目划分		施工单位	监理单位
			编码	名称	合格	优良	名称	编码	名称	合格	优良	划分原则	实际划分说明		
八、机电安装工程	10 机电安装工程	07 黄金坪水电站机电安装工程 HJP/SG030-2012	100713	▲13 右岸1号水轮发电机组安装	1	1	▲01 右岸1号水轮机安装	10071301-0003	▲03 蜗壳安装	1	1	按每台机蜗壳安装划分为一个单元	右岸1号每台机蜗壳安装划分为一个单元	水电十四局机电	二滩国际
								10071301-0004	▲04 锥管安装	1	1	按每台机锥管安装划分为一个单元	右岸1号每台机锥管安装划分为一个单元		
								10071301-0005	▲05 机坑里衬及接力器基础安装	1	1	按每台机机坑里衬及接力器基础安装划分为一个单元	右岸1号每台机机坑里衬及接力器基础安装划分为一个单元		
								10071301-0006	*06 附件安装	1	1	按每台机附件安装划分为一个单元	右岸1号每台机附件安装划分为一个单元		
								10071301-0007	▲07 导水机构安装	1	1	按每台机导水机构安装划分为一个单元	右岸1号每台机导水机构安装划分为一个单元		
								10071301-0008	▲08 接力器安装	1	1	按每台机接力器安装划分为一个单元	右岸1号每台机接力器安装划分为一个单元		
								10071301-0009	▲09 转动部件安装	1	1	按每台机转动部件安装划分为一个单元	右岸1号每台机转动部件安装划分为一个单元		
								10071301-0010	▲10 水导轴承及主轴密封安装	1	1	按每台机水导轴承及主轴密封安装划分为一个单元	右岸1号每台机水导轴承及主轴密封安装划分为一个单元		
								10071301-0011	▲11 管路安装	1	1	按每台机管路安装划分为一个单元	右岸1号每台机管路安装划分为一个单元		
								10071301-0012	▲12 调速器油压装置安装	1	1	按每台机调速器油压装置安装划分为一个单元	右岸1号每台机调速器油压装置安装划分为一个单元		

续表

工程类别	单位工程	合同名称及编号	分部工程编码、名称、评定				分项工程	单元工程编码、名称、评定				单元工程项目划分		施工单位	监理单位
			编码	名称	合格	优良	名称	编码	名称	合格	优良	划分原则	实际划分说明		
八、机电安装工程	10 机电安装工程	07 黄金坪水电站机电安装工程 HJP/SG030-2012	100713	▲13 右岸 1 号水轮发电机组安装	1	1	▲01 右岸 1 号水轮机安装	10071301-0013	＊13 调速系统管路安装	1	1	按每台机调速系统管路安装划分为一个单元	右岸 1 号每台机调速系统管路安装划分为一个单元	水电十四局机电	二滩国际
								10071301-0014	▲14 调速器安装及调试	1	1	按每台机调速器安装及调试划分为一个单元	右岸 1 号每台机调速器安装及调试划分为一个单元		
								10071301-0015	▲15 调速系统整体调试及模拟试验	1	1	按每台机调速系统整体调试及模拟试验划分为一个单元	右岸 1 号每台机调速系统整体调试及模拟试验划分为一个单元		
								10071301-0016	▲16 蝶阀安装	1	1	按每台机蝶阀安装划分为一个单元	右岸 1 号每台机蝶阀安装划分为一个单元		
								10071301-0017	＊17 附件及操作机构安装	1	1	按每台机附件及操作机构安装划分为一个单元	右岸 1 号每台机附件及操作机构安装划分为一个单元		
								10071301-0018	＊18 延伸管安装	1	1	按每台机延伸管安装划分为一个单元	右岸 1 号每台机延伸管安装划分为一个单元		
								10071301-0019	▲19 液压装置安装	1	1	按每台机液压装置安装划分为一个单元	右岸 1 号每台机液压装置安装划分为一个单元		
								10071301-0020	＊20 液压系统管路安装	1	1	按每台机液压系统管路安装划分为一个单元	右岸 1 号每台机液压系统管路安装划分为一个单元		
								10071301-0021	▲21 机组充水试验	1	1	按每台机机组充水试验划分为一个单元	右岸 1 号每台机机组充水试验划分为一个单元		

续表

工程类别	单位工程	合同名称及编号	分部工程编码、名称、评定				分项工程	单元工程编码、名称、评定				单元工程项目划分		施工单位	监理单位
			编码	名称	合格	优良	名称	编码	名称	合格	优良	划分原则	实际划分说明		
八、机电安装工程	10 机电安装工程	07 黄金坪水电站机电安装工程 HJP/SG030-2012	100713	▲13 右岸1号水轮发电机组安装	1	1	▲02 右岸1号发电机安装	10071302-0001	▲01 上、下机架组装及安装	1	1	按每台机上、下机架组装及安装划分为一个单元	右岸1号每台机上、下机架组装及安装划分为一个单元	水电十四局机电	二滩国际
								10071302-0002	▲02 定子组装及安装	1	1	按每台机定子组装及安装划分为一个单元	右岸1号每台机定子组装及安装划分为一个单元		
								10071302-0003	▲03 转子组装	1	1	按每台机转子组装划分为一个单元	右岸1号每台机转子组装划分为一个单元		
								10071302-0004	▲04 转子安装	1	1	按每台机转子安装划分为一个单元	右岸1号每台机转子安装划分为一个单元		
								10071302-0005	▲05 推力轴承及导轴承安装	1	1	按每台机推力轴承及导轴承安装划分为一个单元	右岸1号每台机推力轴承及导轴承安装划分为一个单元		
								10071302-0006	▲06 冷却系统安装	1	1	按每台机冷却系统安装划分为一个单元	右岸1号每台机冷却系统安装划分为一个单元		
								10071302-0007	▲07 制动系统安装	1	1	按每台机制动系统安装划分为一个单元	右岸1号每台机制动系统安装划分为一个单元		
								10071302-0008	▲08 机组轴线调整	1	1	按每台机机组轴线调整划分为一个单元	右岸1号每台机机组轴线调整划分为一个单元		
								10071302-0009	* 09 电气部分检查和试验	1	1	按每台机电气部分检查和试验划分为一个单元	右岸1号每台机电气部分检查和试验划分为一个单元		

续表

工程类别	单位工程	合同名称及编号	分部工程编码、名称、评定				分项工程	单元工程编码、名称、评定				单元工程项目划分		施工单位	监理单位
			编码	名称	合格	优良	名称	编码	名称	合格	优良	划分原则	实际划分说明		
八、机电安装工程	10 机电安装工程	07 黄金坪水电站机电安装工程 HJP/SG030-2012	100713	▲13 右岸 1 号水轮发电机组安装	1	1	▲02 右岸 1 号发电机安装	10071302-0010	＊10 管路安装	1	1	按每台机管路安装划分为一个单元	右岸 1 号每台机管路安装划分为一个单元	水电十四局机电	二滩国际
								10071302-0011	＊11 消防灭火装置	1	1	按每台机消防灭火装置划分为一个单元	右岸 1 号每台机消防灭火装置划分为一个单元		
								10071302-0012	▲12 励磁盘柜安装	1	1	按每台机励磁盘柜安装划分为一个单元	右岸 1 号每台机励磁盘柜安装划分为一个单元		
								10071302-0013	＊13 励磁系统连接电缆安装	1	1	按每台机励磁系统连接电缆安装划分为一个单元	右岸 1 号每台机励磁系统连接电缆安装划分为一个单元		
								10071302-0014	＊14 附件安装	1	0	按每台机附件安装划分为一个单元	右岸 1 号每台机附件安装划分为一个单元		
								10071302-0015	▲15 机组空载试验	1	1	按每台机机组空载试验划分为一个单元	右岸 1 号每台机机组空载试验划分为一个单元		
								10071302-0016	▲16 机组并列及负荷试验	1	1	按每台机机组并列及负荷试验划分为一个单元	右岸 1 号每台机机组并列及负荷试验划分为一个单元		
			100714	▲14 右岸辅助设备安装	1	1	▲01 机械公用设备安装	10071401-0001	▲01 机组检修排水泵安装	1	1	按机组检修排水泵安装划分为一个单元	右岸机组检修排水泵安装划分为一个单元		
								10071401-0002	▲02 厂房渗漏排水泵安装	1	1	按厂房渗漏排水泵安装划分为一个单元	右岸厂房渗漏排水泵安装划分为一个单元		
								10071401-0003	▲03 低压空气压缩机安装	1	1	按低压空气压缩机安装划分为一个单元	右岸低压空气压缩机安装划分为一个单元		

续表

工程类别	单位工程	合同名称及编号	分部工程编码、名称、评定				分项工程	单元工程编码、名称、评定				单元工程项目划分		施工单位	监理单位
			编码	名称	合格	优良	名称	编码	名称	合格	优良	划分原则	实际划分说明		
八、机电安装工程	10机电安装工程	07黄金坪水电站机电安装工程HJP/SG030-2012	100714	▲14右岸辅助设备安装	1	1	▲01机械公用设备安装	10071401-0004	▲04低压压储气罐安装	1	1	按低压压储气罐安装划分为一个单元	右岸低压压储气罐安装划分为一个单元	水电十四局机电	二滩国际
								10071401-0005	*05水力测量仪表安装	1	1	按水力测量仪表安装划分为一个单元	右岸进水口、尾调室水力测量仪表安装划分为一个单元		
								10071401-0006	▲06厂房内透平油油罐安装	1	1	按厂房内透平油油罐安装划分为一个单元	右岸厂房内透平油油罐安装划分为一个单元		
								10071401-0007	*07厂房内透平油系统其他设备安装	1	1	按厂房内透平油系统其他设备安装划分为一个单元	右岸厂房内透平油系统其他设备安装划分为一个单元		
								10071401-0008	▲08滤水器安装	1	1	按滤水器安装划分为一个单元	右岸滤水器安装划分为一个单元		
							*02系统管路安装	10071402-0001	*01机组检修排水系统管路安装	1	1	按机组检修排水系统管路安装划分为一个单元	右岸机组检修排水系统管路安装划分为一个单元		
								10071402-0002	*02厂房渗漏排水系统管路安装	1	1	按厂房渗漏排水系统管路安装划分为一个单元	右岸厂房渗漏排水系统管路安装划分为一个单元		
								10071402-0003	*03低压气系统管路安装	1	1	按低压气系统管路安装划分为一个单元	右岸低压气系统管路安装划分为一个单元		
								10071402-0004	*04水力测量管路安装	1	1	按水力测量管路安装划分为一个单元	右岸进水口、尾调室水力测量管路安装划分为一个单元		
								10071402-0005	*05技术供水系统管路安装	1	1	按技术供水系统管路安装划分为一个单元	右岸技术供水系统管路安装划分为一个单元		

续表

工程类别	单位工程	合同名称及编号	分部工程编码、名称、评定				分项工程	单元工程编码、名称、评定				单元工程项目划分		施工单位	监理单位
			编码	名称	合格	优良	名称	编码	名称	合格	优良	划分原则	实际划分说明		
八、机电安装工程	10机电安装工程	07黄金坪水电站机电安装工程HJP/SG030-2012	100714	▲14右岸辅助设备安装	1	1	*02系统管路安装	10071402-0006	*06透平油系统管路安装	1	1	按透平油系统管路安装划分为一个单元	右岸透平油系统管路安装划分为一个单元	水电十四局机电	二滩国际
								10071402-0007	*07主变事故排油管路安装	1	0	按主变事故排油管路安装划分为一个单元	右岸主变事故排油管路安装划分为一个单元		
							*03右岸2号机组系统管路安装	10071403-0001	*01水力测量仪表安装	1	1	按每台机水力测量仪表安装划分为一个单元	右岸2号机水力测量仪表安装划分为一个单元		
								10071403-0002	▲02滤水器安装	1	1	按滤水器安装划分为一个单元	右岸2号机滤水器安装划分为一个单元		
								10071403-0003	*03技术供排水系统管路安装	1	1	按每台机技术供排水系统管路安装划分为一个单元	右岸2号机技术供排水系统管路安装划分为一个单元		
								10071403-0004	*04水力测量管路安装	1	1	按每台机水力测量管路安装划分为一个单元	右岸2号机水力测量管路安装划分为一个单元		
								10071403-0005	*05气系统管路安装	1	1	按每台机气系统管路安装划分为一个单元	右岸2号机气系统管路安装划分为一个单元		
								10071403-0006	*06透平油系统管路安装	1	1	按每台机透平油系统管路安装划分为一个单元	右岸2号机透平油系统管路安装划分为一个单元		
							*03右岸1号机组系统管路安装	10071404-0001	*01水力测量仪表安装	1	1	按每台机水力测量仪表安装划分为一个单元	右岸1号机水力测量仪表安装划分为一个单元		
								10071404-0002	▲02滤水器安装	1	1	按滤水器安装划分为一个单元	右岸1号滤水器安装划分为一个单元		

续表

工程类别	单位工程	合同名称及编号	分部工程编码、名称、评定				分项工程	单元工程编码、名称、评定				单元工程项目划分		施工单位	监理单位
			编码	名称	合格	优良	名称	编码	名称	合格	优良	划分原则	实际划分说明		
八、机电安装工程	10机电安装工程	07黄金坪水电站机电安装工程HJP/SG030-2012	100714	▲14右岸辅助设备安装	1	1	＊03右岸1号机组系统管路安装	10071404-0003	＊03技术供排水系统管路安装	1	1	按每台机技术供排水系统管路安装划分为一个单元	右岸1号机技术供排水系统管路安装划分为一个单元	水电十四局机电	二滩国际
								10071404-0004	＊04水力测量管路安装	1	1	按每台机水力测量管路安装划分为一个单元	右岸1号机水力测量管路安装划分为一个单元		
								10071404-0005	＊05气系统管路安装	1	1	按每台机气系统管路安装划分为一个单元	右岸1号机气系统管路安装划分为一个单元		
								10071404-0006	＊06透平油系统管路安装	1	1	按每台机透平油系统管路安装划分为一个单元	右岸1号机透平油系统管路安装划分为一个单元		
			100715	▲15右岸电气一次设备安装	1	1	▲01 GIS设备安装	10071501-0001	▲01 126kV GIS联合单元（包括附属设备）安装	1	1	按126kVGIS联合单元（包括附属设备）安装划分为一个单元	右岸126kVGIS联合单元（包括附属设备）安装划分为一个单元		
								10071501-0002	▲02 110kV户外电容式电压互感器安装	1	1	按110kV户外电容式电压互感器安装划分为一个单元	右岸出线场110kV户外电容式电压互感器安装划分为一个单元		
								10071501-0003	▲03 110kV户外避雷器安装	1	1	按110kV户外避雷器安装划分为一个单元	右岸出线场110kV户外避雷器安装划分为一个单元		
								10071501-0004	▲04110kV出线配套设备安装	1	1	按110kV出线配套设备安装划分为一个单元	右岸出线场110kV出线配套设备安装划分为一个单元		
							▲02主变压器安装	10071502-0001	＊01主变轨道安装	1	1	按主变轨道安装划分为一个单元	右岸主变轨道安装划分为一个单元		

续表

工程类别	单位工程	合同名称及编号	分部工程编码、名称、评定				分项工程	单元工程编码、名称、评定				单元工程项目划分		施工单位	监理单位
			编码	名称	合格	优良	名称	编码	名称	合格	优良	划分原则	实际划分说明		
八、机电安装工程	10 机电安装工程	07 黄金坪水电站机电安装工程 HJP/SG030-2012	100715	▲15 右岸电气一次设备安装	1	1	▲02 主变压器安装	10071502-0002	▲02 2号主变压器安装与调试	1	1	按每台主变安装划分为一个单元	右岸2号主变安装划分为一个单元	水电十四局机电	二滩国际
								10071502-0003	▲03 1号主变压器安装与调试	1	1	按每台主变安装划分为一个单元	右岸1号主变安装划分为一个单元		
							▲03 高压电缆敷设安装	10071503-0001	▲01 110kV 高压电缆敷设、安装	1	1	按 110kV 高压电缆敷设、安装划分为一个单元	右岸 110kV 高压电缆敷设、安装划分为一个单元		
								10071503-0002	▲02 110kV 高压电缆试验	1	1	按 110kV 高压电缆试验划分为一个单元	右岸 110kV 高压电缆试验划分为一个单元		
							▲04 2号发电电压设备	10071504-0001	▲01 共箱母线安装	1	1	按每台机共箱母线安装划分为一个单元	右岸2号机共箱母线安装划分为一个单元		
								10071504-0002	▲02 励磁变压器安装	1	1	按每台机励磁变压器安装划分为一个单元	右岸2号机励磁变压器安装划分为一个单元		
								10071504-0003	▲03 发电机电压装置柜	1	1	按每台机发电机电压装置柜划分为一个单元	右岸2号机发电机电压装置柜划分为一个单元		
								10071504-0004	▲04 中性点设备安装	1	1	按每台机中性点设备安装划分为一个单元	右岸2号机中性点设备安装划分为一个单元		
								10071504-0005	▲05 母线电流互感器安装	1	1	按每台机母线电流互感器安装划分为一个单元	右岸2号机母线电流互感器安装划分为一个单元		
								10071504-0006	▲06 励磁分支电流互感器安装	1	1	按每台机励磁分支电流互感器安装划分为一个单元	右岸2号机励磁分支电流互感器安装划分为一个单元		

续表

工程类别	单位工程	合同名称及编号	分部工程编码、名称、评定				分项工程	单元工程编码、名称、评定				单元工程项目划分		施工单位	监理单位
			编码	名称	合格	优良	名称	编码	名称	合格	优良	划分原则	实际划分说明		
八、机电安装工程	10机电安装工程	07黄金坪水电站机电安装工程HJP/SG030-2012	100715	▲15 右岸电气一次设备安装	1	1	▲04 2号发电电压设备	10071504-0007	＊07 其他盘柜与端子箱安装	1	1	按每台机其他盘柜与端子箱安装划分为一个单元	右岸2号机其他盘柜与端子箱安装划分为一个单元	水电十四局机电	二滩国际
								10071504-0008	＊08 附件安装	1	1	按每台机附件安装划分为一个单元	右岸2号机附件安装划分为一个单元		
							▲05 1号发电电压设备	10071505-0001	▲01 共箱母线安装	1	1	按每台机共箱母线安装划分为一个单元	右岸1号机共箱母线安装划分为一个单元		
								10071505-0002	▲02 励磁变压器安装	1	1	按每台机励磁变压器安装划分为一个单元	右岸1号机励磁变压器安装划分为一个单元		
								10071505-0003	▲03 发电机电压装置柜	1	1	按每台机发电机电压装置柜划分为一个单元	右岸1号机发电机电压装置柜划分为一个单元		
								10071505-0004	▲04 中性点设备安装	1	1	按每台机中性点设备安装划分为一个单元	右岸1号机中性点设备安装划分为一个单元		
								10071505-0005	▲05 母线电流互感器安装	1	1	按每台机母线电流互感器安装划分为一个单元	右岸1号机母线电流互感器安装划分为一个单元		
								10071505-0006	▲06 励磁分支电流互感器安装	1	1	按每台机励磁分支电流互感器安装划分为一个单元	右岸1号机励磁分支电流互感器安装划分为一个单元		
								10071505-0007	＊07 其他盘柜与端子箱安装	1	1	按每台机其他盘柜与端子箱安装划分为一个单元	右岸1号机其他盘柜与端子箱安装划分为一个单元		
								10071505-0008	＊08 附件安装	1	1	按每台机附件安装划分为一个单元	右岸1号机附件安装划分为一个单元		

续表

工程类别	单位工程	合同名称及编号	分部工程编码、名称、评定				分项工程	单元工程编码、名称、评定				单元工程项目划分		施工单位	监理单位
			编码	名称	合格	优良	名称	编码	名称	合格	优良	划分原则	实际划分说明		
八、机电安装工程	10机电安装工程	07黄金坪水电站机电安装工程HJP/SG030-2012	100715	▲15右岸电气一次设备安装	1	1	▲06公用电气一次设备安装	10071506-0001	▲01公用供电系统0.4kV低压配电盘安装	1	1	按公用供电系统0.4kV低压配电盘安装划分为一个单元	右岸公用供电系统0.4kV低压配电盘安装划分为一个单元	水电十四局机电	二滩国际
								10071506-0002	▲02 10kV厂用变压器安装	1	1	按10kV厂用变压器安装划分为一个单元	右岸10kV厂用变压器安装划分为一个单元		
								10071506-0003	▲03尾调室0.4kV低压配电盘安装	1	1	按尾调室0.4kV低压配电盘安装划分为一个单元	右岸尾调室0.4kV低压配电盘安装划分为一个单元		
								10071506-0004	▲04空压机室0.4kV低压配电盘安装	1	1	按空压机室0.4kV低压配电盘安装划分为一个单元	右岸空压机室0.4kV低压配电盘安装划分为一个单元		
								10071506-0005	▲05中控室0.4kV低压配电盘安装	1	1	按中控室0.4kV低压配电盘安装划分为一个单元	右岸中控室0.4kV低压配电盘安装划分为一个单元		
								10071506-0006	*06 10kV电缆安装	1	1	按10kV电缆安装划分为一个单元	右岸10kV电缆安装划分为一个单元		
								10071506-0007	*07插接式密集型母线及母线槽安装	1	1	按插接式密集型母线及母线槽安装划分为一个单元	右岸插接式密集型母线及母线槽安装划分为一个单元		
								10071506-0008	*08 0.4kV低压动力及检修配电柜（箱）安装	1	1	按0.4kV低压动力及检修配电柜（箱）安装划分为一个单元	右岸0.4kV低压动力及检修配电柜（箱）安装划分为一个单元		
								10071506-0009	*09 0.4kV电缆安装	1	1	按0.4kV电缆安装划分为一个单元	右岸0.4kV电缆安装划分为一个单元		

续表

工程类别	单位工程	合同名称及编号	分部工程编码、名称、评定				分项工程	单元工程编码、名称、评定				单元工程项目划分		施工单位	监理单位
			编码	名称	合格	优良	名称	编码	名称	合格	优良	划分原则	实际划分说明		
八、机电安装工程	10 机电安装工程	07 黄金坪水电站机电安装工程 HJP/SG030-2012	100715	▲15 右岸电气一次设备安装	1	1	▲06 公用电气一次设备安装	10071506-0010	＊10 二次电缆安装	1	1	按二次电缆安装划分为一个单元	右岸二次电缆安装划分为一个单元	水电十四局机电	二滩国际
								10071506-0011	＊11 其他附件安装	1	1	按其他附件安装划分为一个单元	右岸电缆桥架安装划分为一个单元		
							▲07 2 号机自用设备安装	10071507-0001	▲01 机组自用 0.4kV 低压配电盘安装	1	1	按每台机机组自用 0.4kV 低压配电盘安装划分为一个单元	右岸 2 号机机组自用 0.4kV 低压配电盘安装划分为一个单元		
								10071507-0002	＊02 0.4kV 电缆安装	1	1	按每台机 0.4kV 电缆安装划分为一个单元	右岸 2 号机 0.4kV 电缆安装划分为一个单元		
							▲08 1 号机自用设备安装	10071508-0001	▲01 机组自用 0.4kV 低压配电盘安装	1	1	按每台机机组自用 0.4kV 低压配电盘安装划分为一个单元	右岸 1 号机机组自用 0.4kV 低压配电盘安装划分为一个单元		
								10071508-0002	＊02 0.4kV 电缆安装	1	1	按每台机 0.4kV 电缆安装划分为一个单元	右岸 1 号机 0.4kV 电缆安装划分为一个单元		
							▲09 地面厂用电电气一次设备安装	10071509-0001	▲01 110kV 出线场及进水口箱式变压器安装	1	1	按 110kV 出线场及进水口箱式变压器安装划分为一个单元	右岸 110kV 出线场及进水口箱式变压器安装划分为一个单元		
								10071509-0002	▲02 110kV 出线场及进水口 0.4kV 低压配电盘安装	1	1	按 110kV 出线场及进水口 0.4kV 低压配电盘安装划分为一个单元	右岸 110kV 出线场及进水口 0.4kV 低压配电盘安装划分为一个单元		
								10071509-0003	＊03 10kV 电缆安装	1	1	按 10kV 电缆安装划分为一个单元	右岸 10kV 电缆安装划分为一个单元		

续表

工程类别	单位工程	合同名称及编号	分部工程编码、名称、评定				分项工程	单元工程编码、名称、评定				单元工程项目划分		施工单位	监理单位
			编码	名称	合格	优良	名称	编码	名称	合格	优良	划分原则	实际划分说明		
八、机电安装工程	10 机电安装工程	07 黄金坪水电站机电安装工程 HJP/SG030-2012	100715	▲15 右岸电气一次设备安装	1	1	▲09 地面厂用电电气一次设备安装	10071509-0004	＊04 插接式密集型母线及母线槽安装	1	1	按插接式密集型母线及母线槽安装划分为一个单元	右岸插接式密集型母线及母线槽安装划分为一个单元	水电十四局机电	二滩国际
								10071509-0005	＊05 0.4kV 低压动力及检修配电柜（箱）安装	1	1	按 0.4kV 低压动力及检修配电柜（箱）安装划分为一个单元	右岸 0.4kV 低压动力及检修配电柜（箱）安装划分为一个单元		
								10071509-0006	＊06 0.4kV 电缆安装	1	1	按 0.4kV 电缆安装划分为一个单元	右岸 0.4kV 电缆安装划分为一个单元		
								10071509-0007	＊07 二次电缆安装	1	1	按二次电缆安装划分为一个单元	右岸二次电缆安装划分为一个单元		
								10071509-0008	＊08 其他附件安装	1	1	按其他附件安装划分为一个单元	右岸其他附件安装划分为一个单元		
							＊10 电气照明安装	10071510-0001	＊01 主厂房电气照明安装	1	1	按主厂房电气照明安装划分为一个单元	右岸主厂房电气照明安装划分为一个单元		
								10071510-0002	＊02 主变洞电气照明安装	1	1	按主变洞电气照明安装划分为一个单元	右岸主变洞电气照明安装划分为一个单元		
								10071510-0003	＊03 副厂房电气照明安装	1	1	按副厂房电气照明安装划分为一个单元	右岸副厂房电气照明安装划分为一个单元		
								10071510-0004	＊04 母线洞电气照明安装	1	1	按母线洞电气照明安装划分为一个单元	右岸母线洞电气照明安装划分为一个单元		
								10071510-0005	＊05 中控室电气照明安装	1	1	按中控室电气照明安装划分为一个单元	右岸中控室电气照明安装划分为一个单元		
								10071510-0006	＊06 尾调室电气照明安装	1	1	按尾调室电气照明安装划分为一个单元	右岸尾调室电气照明安装划分为一个单元		

续表

工程类别	单位工程	合同名称及编号	分部工程编码、名称、评定				分项工程	单元工程编码、名称、评定				单元工程项目划分		施工单位	监理单位
			编码	名称	合格	优良	名称	编码	名称	合格	优良	划分原则	实际划分说明		
八、机电安装工程	10 机电安装工程	07 黄金坪水电站机电安装工程 HJP/SG030-2012	100715	▲15 右岸电气一次设备安装	1	1	*10 电气照明安装	10071510-0007	*07 电缆出线洞电气照明安装	1	0	按电缆出线洞电气照明安装划分为一个单元	右岸电缆出线洞电气照明安装划分为一个单元	水电十四局机电	二滩国际
								10071510-0008	*08 公路电气照明安装	1	1	按公路电气照明安装划分为一个单元	右岸公路电气照明安装划分为一个单元		
								10071510-0009	*09 其他户外区域电气照明安装	1	1	按其他户外区域电气照明安装划分为一个单元	右岸其他户外区域电气照明安装划分为一个单元		
							▲11 接地装置安装	10071511-0001	▲01 主厂房接地装置安装	1	1	按主厂房接地装置安装划分为一个单元	右岸主厂房接地装置安装划分为一个单元		
								10071511-0002	▲02 主变洞接地装置安装	1	1	按主变洞接地装置安装划分为一个单元	右岸主变洞接地装置安装划分为一个单元		
								10071511-0003	▲03 副厂房接地装置安装	1	1	按副厂房接地装置安装划分为一个单元	右岸副厂房接地装置安装划分为一个单元		
								10071511-0004	▲04 母线洞接地装置安装	1	1	按母线洞接地装置安装划分为一个单元	右岸母线洞接地装置安装划分为一个单元		
								10071511-0005	*05 尾调室接地装置安装	1	1	按尾调室接地装置安装划分为一个单元	右岸尾调室接地装置安装划分为一个单元		
								10071511-0006	▲06 出线场接地装置安装	1	1	按主要部件安装及部位划分为一个单元	右岸主要部件安装及部位划分为一个单元		
								10071511-0007	*07 交通洞接地装置安装	1	1	按交通洞接地装置安装划分为一个单元	右岸交通洞接地装置安装划分为一个单元		
								10071511-0008	▲08 电缆出线洞接地装置安装	1	1	按电缆出线洞接地装置安装划分为一个单元	右岸电缆出线洞接地装置安装划分为一个单元		

续表

工程类别	单位工程	合同名称及编号	分部工程编码、名称、评定				分项工程	单元工程编码、名称、评定				单元工程项目划分		施工单位	监理单位
			编码	名称	合格	优良	名称	编码	名称	合格	优良	划分原则	实际划分说明		
八、机电安装工程	10 机电安装工程	07 黄金坪水电站机电安装工程 HJP/SG030-2012	100715	▲15 右岸电气一次设备安装	1	1	▲11 接地装置安装	10071511-0009	＊09 其他洞室接地装置安装	1	1	按其他洞室接地装置安装划分为一个单元	右岸其他洞室接地装置安装划分为一个单元	水电十四局机电	二滩国际
			100716	▲16 右岸电气二次设备安装	1	1	▲01 电气二次公共部分	10071601-0001	＊01 预埋管路安装	1	1	按预埋管路安装划分为一个单元	右岸预埋管路安装划分为一个单元		
								10071601-0002	▲02 电站设备继电保护系统安装	1	1	按电站设备继电保护系统安装划分为一个单元	右岸电站设备继电保护系统安装划分为一个单元		
								10071601-0003	▲03 电站公用计算机监控系统安装	1	1	按电站公用计算机监控系统安装划分为一个单元	右岸电站公用计算机监控系统安装划分为一个单元		
								10071601-0004	▲04 统继电保护及安全自动装置、系统调度自动化设备安装	1	1	按系统继电保护及安全自动装置、系统调度自动化设备安装划分为一个单元	右岸系统继电保护及安全自动装置、系统调度自动化设备安装划分为一个单元		
								10071601-0005	＊05 110kV 系统设备控制系统安装	1	1	按 110kV 系统设备控制系统安装划分为一个单元	右岸 110kV 系统设备控制系统安装划分为一个单元		
								10071601-0006	＊06 全厂风机系统控制设备安装	1	1	按全厂风机系统控制设备安装划分为一个单元	右岸全厂风机系统控制设备安装划分为一个单元		
								10071601-0007	▲07 坝区控制设备安装	1	1	按坝区控制设备安装划分为一个单元	右岸坝区控制设备安装划分为一个单元		

续表

工程类别	单位工程	合同名称及编号	分部工程编码、名称、评定				分项工程	单元工程编码、名称、评定				单元工程项目划分		施工单位	监理单位
			编码	名称	合格	优良	名称	编码	名称	合格	优良	划分原则	实际划分说明		
八、机电安装工程	10机电安装工程	07黄金坪水电站机电安装工程HJP/SG030-2012	100716	▲16右岸电气二次设备安装	1	1	▲01电气二次公共部分	10071601-0008	▲08 全厂UPS系统设备安装	1	1	按全厂UPS系统设备安装划分为一个单元	右岸全厂UPS系统设备安装划分为一个单元	水电十四局机电	二滩国际
								10071601-0009	*09 低压气系统控制设备安装	1	1	按低压气系统控制设备安装划分为一个单元	右岸低压气系统控制设备安装划分为一个单元		
								10071601-0010	▲10 检修、渗漏排水系统控制设备安装	1	1	按检修、渗漏排水系统控制设备安装划分为一个单元	右岸检修、渗漏排水系统控制设备安装划分为一个单元		
							▲02直流系统	10071602-0001	▲01 220V直流系统盘柜安装	1	1	按220V直流系统盘柜安装划分为一个单元	右岸220V直流系统盘柜安装划分为一个单元		
								10071602-0002	▲02 220V直流系统蓄电池组安装	1	1	按220V直流系统蓄电池组安装划分为一个单元	右岸220V直流系统蓄电池组安装划分为一个单元		
								10071602-0003	*03 流系统电缆安装	1	1	按直流系统电缆安装划分为一个单元	右岸直流系统电缆安装划分为一个单元		
							▲03 2号机监测控制系统	10071603-0001	*01 控制电缆安装	1	1	按主要部件安装划分	右岸2号机控制电缆安装划分为一个单元		
								10071603-0002	▲02 计算机控制装置安装	1	1	按每台机计算机控制装置安装划分为一个单元	右岸2号机计算机控制装置安装划分为一个单元		
								10071603-0003	▲03 发变组保护屏安装	1	1	按每台机发变组保护屏安装划分为一个单元	右岸2号机发变组保护屏安装划分为一个单元		

续表

工程类别	单位工程	合同名称及编号	分部工程编码、名称、评定				分项工程	单元工程编码、名称、评定				单元工程项目划分		施工单位	监理单位
			编码	名称	合格	优良	名称	编码	名称	合格	优良	划分原则	实际划分说明		
八、机电安装工程	10 机电安装工程	07 黄金坪水电站机电安装工程 HJP/SG030-2012	100716	▲16 右岸电气二次设备安装	1	1	▲03 2 号机监测控制系统	10071603-0004	＊04 技术供水系统控制设备安装	1	1	按每台机技术供水系统控制设备安装划分为一个单元	右岸 2 号机技术供水系统控制设备安装划分为一个单元	水电十四局机电	二滩国际
								10071603-0005	▲05 调速器系统控制设备安装	1	1	按每台机调速器系统控制设备安装划分为一个单元	右岸 2 号机调速器系统控制设备安装划分为一个单元		
								10071603-0006	＊06 其他控制设备安装	1	1	按每台机其他控制设备安装划分为一个单元	右岸 2 号机其他控制设备安装划分为一个单元		
							▲04 1 号机监测控制系统	10071604-0001	＊01 控制电缆安装	1	1	按每台机控制电缆安装划分为一个单元	右岸 1 号机控制电缆安装划分为一个单元		
								10071604-0002	▲02 计算机控制装置安装	1	1	按每台机计算机控制装置安装划分为一个单元	右岸 1 号机计算机控制装置安装划分为一个单元		
								10071604-0003	▲03 发变组保护屏安装	1	1	按每台机发变组保护屏安装划分为一个单元	右岸 1 号机发变组保护屏安装划分为一个单元		
								10071604-0004	＊04 技术供水系统控制设备安装	1	1	按每台机技术供水系统控制设备安装划分为一个单元	右岸 1 号机技术供水系统控制设备安装划分为一个单元		
								10071604-0005	▲05 调速器系统控制设备安装	1	1	按每台机调速器系统控制设备安装划分为一个单元	右岸 1 号机调速器系统控制设备安装划分为一个单元		
								10071604-0006	＊06 其他控制设备安装	1	1	按每台机其它控制设备安装划分为一个单元	右岸 1 号机其它控制设备安装划分为一个单元		

续表

工程类别	单位工程	合同名称及编号	分部工程编码、名称、评定				分项工程	单元工程编码、名称、评定				单元工程项目划分		施工单位	监理单位
			编码	名称	合格	优良	名称	编码	名称	合格	优良	划分原则	实际划分说明		
八、机电安装工程	10 机电安装工程	07 黄金坪水电站机电安装工程 HJP/SG030-2012	100716	▲16 右岸电气二次设备安装	1	1	＊05 工业电视系统	10071605-0001	＊01 工业电视系统设备安装	1	1	按工业电视及门禁系统设备安装划分为一个单元	右岸工业电视及门禁系统设备安装划分为一个单元	水电十四局机电	二滩国际
								10071605-0002	＊02 工业电视系统电缆安装	1	1	按工业电视及门禁系统电缆安装划分为一个单元	右岸工业电视及门禁系统电缆安装划分为一个单元		
			100717	＊17 右岸通风空调设备	1	1	▲01 通风、空调系统安装	10071701-0001	▲01 厂内通风空调除湿设备、管路及附件安装	1	1	按厂内通风空调除湿设备、管路及附件安装划分为一个单元	右岸厂内通风空调除湿设备、管路及附件安装划分为一个单元		
								10071701-0002	＊02 厂外通风空调除湿设备、管路及附件安装	1	1	按厂外通风空调除湿设备、管路及附件安装划分为一个单元	右岸厂外通风空调除湿设备、管路及附件安装划分为一个单元		
							＊02 通风、空调监控系统	10071702-0001	＊01 通风空调监控系统安装	1	1	按通风空调监控系统安装划分为一个单元	右岸通风空调监控系统安装划分为一个单元		
			100718	▲18 右岸金属结构及启闭（起重）设备安装	1	1	▲01 主厂房桥机安装	10071801-0001	＊01 主厂房桥机轨道安装	1	1	按主厂房桥机轨道安装划分为一个单元	右岸主厂房桥机轨道安装划分为一个单元		
								10071801-0002	▲02 主厂房桥机安装	1	1	按主厂房桥机安装划分为一个单元	右岸主厂房桥机安装划分为一个单元		
								10071801-0003	＊03 主厂房桥机电气设备安装	1	1	按主厂房桥机电气设备安装划分为一个单元	右岸主厂房桥机电气设备安装划分为一个单元		

续表

工程类别	单位工程	合同名称及编号	分部工程编码、名称、评定				分项工程	单元工程编码、名称、评定				单元工程项目划分		施工单位	监理单位
			编码	名称	合格	优良	名称	编码	名称	合格	优良	划分原则	实际划分说明		
八、机电安装工程	10 机电安装工程	07 黄金坪水电站机电安装工程 HJP/SG030-2012	100718	▲18 右岸金属结构及启闭（起重）设备安装	1	1	▲02 GIS 桥机安装	10071802-0001	＊01 GIS 桥机轨道安装	1	1	按 GIS 桥机轨道安装划分为一个单元	右岸 GIS 桥机轨道安装划分为一个单元	水电十四局机电	二滩国际
								10071802-0002	▲02 GIS 桥机安装	1	1	按 GIS 桥机安装划分为一个单元	右岸 GIS 桥机安装划分为一个单元		
								10071802-0003	＊03 GIS 桥机电气设备安装	1	1	按 GIS 桥机电气设备安装划分为一个单元	右岸 GIS 桥机电气设备安装划分为一个单元		
			100719	▲19 右岸供水工程	1	1	▲01 副厂房	10071901-0001	▲01 潜污泵安装	1	1	按潜污泵安装划分为一个单元	右岸副厂房潜污泵安装划分为一个单元		
								10071901-0002	＊02 给水管路安装	1	1	按给水管路安装划分为一个单元	右岸给水管路安装划分为一个单元		
								10071901-0003	＊03 排水管路安装	1	1	按排水管路安装划分为一个单元	右岸排水管路安装划分为一个单元		
			100720	▲20 右岸通信工程	1	1	▲01 通信设备安装	10072001-0001	▲01 通信系统设备安装	1	1	按通信系统设备安装划分为一个单元	右岸通信系统设备安装划分为一个单元		
								10072001-0002	＊02 通信系统电缆安装	1	1	按通信系统电缆安装划分为一个单元	右岸通信系统电缆安装划分为一个单元		
								10072001-0003	▲03 通信系统光缆安装	1	1	按通信系统光缆安装划分为一个单元	右岸通信系统光缆安装划分为一个单元		
							▲02 通信电源安装	10072002-0001	▲01 通信蓄电池安装	1	1	按通信蓄电池安装划分为一个单元	右岸通信蓄电池安装划分为一个单元		
								10072002-0002	▲02 通信电源盘柜安装	1	1	按通信电源盘柜安装划分为一个单元	右岸通信电源盘柜安装划分为一个单元		
								10072002-0003	＊03 通信电源电缆安装	1	1	按通信电源电缆安装划分为一个单元	右岸通信电源电缆安装划分为一个单元		

注：▲代表关键工程，＊代表主要工程。

（8）消防工程单位工程—合同—分部工程—单元工程项目划分（见表14-10）。

表14-10　消防单位工程—合同—分部工程—单元工程项目划分

工程类别	单位工程	合同名称及编号	分部工程编码、名称、评定				分项工程	单元工程编码、名称、评定				单元工程项目划分		施工单位	监理单位
			编码	名称	合格	优良	名称	编码	名称	合格	优良	划分原则	实际划分说明		
九、消防工程	11 消防工程	07 黄金坪水电站机电安装工程 HJP/SG030-2012	110701	▲01 左岸消防工程	1	1	▲01 水机专业消防工程	11070101-0001	▲01 水机专业消防管路安装	1	1	按消防管路安装划分为一个单元	左岸水机专业消防管路安装划分为一个单元	水电十四局机电	二滩国际
								11070101-0002	▲02 水机专业消防设备和器材安装	1	1	按消防设备和器材安装划分为一个单元	左岸水机专业消防设备和器材安装划分为一个单元		
							▲02 给排水专业消防工程	11070102-0001	▲01 给排水专业消防管路安装	1	1	按消防管路安装划分为一个单元	左岸给排水消防管路安装划分为一个单元		
								11070102-0002	▲02 给排水专业消防设备和器材安装	1	1	按消防设备和器材安装划分为一个单元	左岸给排水消防设备和器材安装划分为一个单元		
							▲03 消防控制系统安装	11070103-0001	▲01 消防控制设备安装	1	1	按消防控制设备安装划分为一个单元	左岸消防控制设备安装划分为一个单元		
								11070103-0002	▲02 消防控制电缆安装	1	1	按消防控制电缆安装划分为一个单元	左岸消防控制电缆安装划分为一个单元		
							▲04 防火封堵	11070104-0001	▲01 电缆防火封堵工程安装	1	1	按电缆防火封堵工程安装划分为一个单元	左岸电缆防火封堵工程安装划分为一个单元		
十、机电安装工程			110702	▲02 右岸消防工程	1	1	▲01 水机专业消防	11070101-0001	▲01 水机专业消防管路安装	1	1	按消防管路安装划分为一个单元	右岸水机专业消防管路安装划分为一个单元		
								11070201-0002	▲02 水机专业消防设备和器材安装	1	1	按消防设备和器材安装划分为一个单元	右岸水机专业消防设备和器材安装划分为一个单元		

续表

工程类别	单位工程	合同名称及编号	分部工程编码、名称、评定				分项工程	单元工程编码、名称、评定				单元工程项目划分		施工单位	监理单位
			编码	名称	合格	优良	名称	编码	名称	合格	优良	划分原则	实际划分说明		
十、机电安装工程	11 消防工程	07 黄金坪水电站机电安装工程 HJP/SG030-2012	110702	▲02 右岸消防工程	1	1	▲02 给排水专业消防工程	11070202-0001	▲01 给排水专业消防管路安装	1	1	按消防管路安装划分为一个单元	右岸给排水消防管路安装划分为一个单元	水电十四局机电	二滩国际
								11070202-0002	▲02 给排水专业消防设备和器材安装	1	1	按消防设备和器材安装划分为一个单元	右岸给排水消防设备和器材安装划分为一个单元		
							▲03 消防控制系统安装	11070203-0001	▲01 消防控制设备安装	1	1	按消防控制设备安装划分为一个单元	右岸消防控制设备安装划分为一个单元		
								11070203-0002	▲02 消防控制电缆安装	1	1	按消防控制电缆安装划分为一个单元	右岸消防控制电缆安装划分为一个单元		
							▲04 防火封堵	11070204-0001	▲01 电缆防火封堵工程安装	1	1	按电缆防火封堵工程安装划分为一个单元	右岸电缆防火封堵工程安装划分为一个单元		

注：▲代表关键工程，* 代表主要工程。

（9）黄金坪水电站围堰单位工程—合同—分部工程—单元工程项目划分（见表 14-11）。

表 14-11　黄金坪水电站围堰单位工程—合同—分部工程—单元工程项目划分

工程类别	单位工程	合同名称及编号	分部工程编码、名称、评定				单元工程编码、名称、评定				单元工程项目划分		施工单位	监理单位
			编码	名称	合格	优良	编码	名称	合格	优良	划分原则	实际划分说明		
十、临建工程	13 围堰工程	02 黄金坪水电站大坝围堰工程 HJP/SG026-2011	130201	01 堰肩开挖及支护	1	1	13020101-0001～0002	01 上游围堰左、右岸堰肩开挖验收	2	2	按施工检查验收特殊位置划分	上游围堰左、右岸堰肩开挖划分为二个单元验收	江南公司	二滩国际
							13020102-0001	02 上游围堰左岸堰肩浅层支护	1	1	按施工检查验收特殊位置划分	上游围堰左堰肩支护划分为一个单元验收		

续表

工程类别	单位工程	合同名称及编号	分部工程编码、名称、评定				单元工程编码、名称、评定				单元工程项目划分		施工单位	监理单位
			编码	名称	合格	优良	编码	名称	合格	优良	划分原则	实际划分说明		
十、临建工程	13 围堰工程	02 黄金坪水电站大坝围堰工程 HJP/SG026-2011	130201	01 堰肩开挖及支护	1	1	13020103-0001	03 上游围堰左岸堰肩排水孔	1	0	按施工检查验收的区、段划分，为一个单元	上游围堰左堰肩排水孔划分为一个单元验收	江南公司	二滩国际
							13020104-0001	04 上游围堰右岸堰肩浅层支护	1	1	按施工检查验收的区、段划分，为一个单元	上游围堰右堰肩支护划分为一个单元验收		
							13020105-0001	05 下游围堰右岸堰肩开挖验收	1	1	按施工检查验收的区、段划分，为一个单元	下游围堰右岸堰肩开挖划分为一个单元验收		
							13020106-0001	06 下游围堰右岸堰肩浅层支护	1	1	按施工检查验收的区、段划分，为一个单元	下游围堰右堰肩支护划分为一个单元验收		
			130202	02 防渗墙工程	1	1	13020201-0001～0061	*01 上游围堰防渗墙	61	59	每个槽孔（墙段）为一个单元	一个槽段为一个单元		
							13020202-0001～0110	*02 下游围堰防渗墙	110	106	每个槽孔（墙段）为一个单元	一个槽段为一个单元		
			130203	03 上游堰体填筑	1	1	13020301-0001～0062	01 堆石料	62	59	按碾压试验确定的填筑层厚度作为一个单元	每层约 1m 为一个单元，特殊有 0.98～1.05m 等		
							13020302-0001～0114	02 垫层料	114	110	按碾压试验确定的填筑层厚度作为一个单元	每层约 1m 为一个单元，特殊有 0.98～1.05m 等		
							13020303-0001～0114	03 过渡料	114	109	按碾压试验确定的填筑层厚度作为一个单元	每层约 0.5m 为一个单元，特殊有 0.46～0.55m 等		
							13020304-0001～0002	04 上游干砌石护坡	2	2	按护坡工程的施工检查验收的区、段划分，每一区、段为一个单元工程	每层按桩号 20～300m、高程 11m，划分为一个单元		

续表

工程类别	单位工程	合同名称及编号	分部工程编码、名称、评定				单元工程编码、名称、评定				单元工程项目划分		施工单位	监理单位
			编码	名称	合格	优良	编码	名称	合格	优良	划分原则	实际划分说明		
十、临建工程	13 围堰工程	02 黄金坪水电站大坝围堰工程 HJP/SG026-2011	130204	04 下游堰体填筑	1	1	13020401-0001～0011	01 堆石料	11	10	按设计或施工确定的填筑区、段划分，每一区、段的每一填筑层为一个单元工程	桩号按实际施工范围划分，高程按每层约 1m 为一个单元，特殊有 0.97～1.05m 等	江南公司	二滩国际
							13020402-0001～0020	02 过渡料	20	18	按设计或施工确定的填筑区、段划分，每一区、段的每一填筑层为一个单元工程	桩号按实际施工范围划分，高程按每层约 0.5m 为一个单元，特殊有 0.46～0.55m 等		
			130205	05 复合土工膜心墙	1	1	13020501-0001～0006	01 上游围堰盖板混凝土	6	3	按每次施工区域、段划分，每一区、段位一个单元工程	每层按桩号 7～10m、高程 8～10m，划分为一个单元		
							13020502-0001～0014	02 上游盖帽混凝土	14	14	按每次施工区域、段划分，每一区、段位一个单元工程	每层按桩号 30m、高程 7m，划分为一个单元		
							13020503-0001	03 下游围堰盖板混凝土	1	1	按每次施工区域、段划分，每一区、段位一个单元工程	每层按桩号 7～10m、高程 8～10m，划分为一个单元		
							13020504-0001～0007	04 复合土工膜心墙	7	7	按每次施工区域、段划分，每一区、段位一个单元工程	每层按桩号 0～400m、高程 4m，划分为一个单元		
			130206	06 混凝土心墙	1	1	13020601-0001～0127	▲01 混凝土心墙	127	124	按每次施工区域、段划分，每一区、段位一个单元工程	每层按桩号 15m、高程 1～1.5m，划分为一个单元		
			130207	07 下游围堰护坡	1	1	13020701-0001～0268	▲01 下游围堰护坡混凝土	268	233	按浇筑仓划分，每一仓为一个单元	按照浇筑从下往上浇筑顺序浇筑，每一层厚度 1～3m 划分为一个单位		

续表

工程类别	单位工程	合同名称及编号	分部工程编码、名称、评定				单元工程编码、名称、评定				单元工程项目划分		施工单位	监理单位
			编码	名称	合格	优良	编码	名称	合格	优良	划分原则	实际划分说明		
十、临建工程	13 围堰工程	02 黄金坪水电站大坝围堰工程 HJP/SG026-2011	130208	08 灌浆工程	1	1	13020801-0001～0005	01 灌浆平洞	5	5	按每次施工检查验收的区、段划分，每一区、段为一个单元工程	约 10～15m 一个单元	江南公司	二滩国际
							13020802-0001～0004	＊02 上游围堰固结灌浆	4	4	一般以一个衬砌段或相邻的若干个灌浆孔为一个单元	约 20m 一个单元		
							13020803-0001～0013	▲03 上游围堰帷幕灌浆	13	12	一般以一个衬砌段或相邻的若干个灌浆孔为一个单元	约 15m 一个单元		
							13020804-0001～0009	＊04 下游围堰帷幕灌浆	9	8	一般以一个衬砌段或相邻的若干个灌浆孔为一个单元	约 10m 一个单元		

第十五章

长河坝水电站建设工程项目划分实例

第一节 长河坝水电站单位工程—合同工程项目划分

一、 长河坝水电站简介

1. 长河坝水电站工程概况

长河坝水电站位于四川省甘孜藏族自治州康定县境内，为大渡河干流水电梯级开发的第10级电站，上接猴子岩水电站，下接黄金坪水电站。工程区地处大渡河上游金汤河口以下约4～7km河段上，坝址上距丹巴县城82km，下距泸定县城49km。大渡河为不通航河流。

长河坝水电站是大渡河梯级开发的骨干电站，由大唐国际发电股份有限公司投资开发的一等大（1）型水电工程，长河坝水电站枢纽建筑物主要由砾石土心墙坝、泄洪系统、引水发电系统组成。大坝采用砾石土心墙堆石坝，坝高240m，河床覆盖层深约80m。电站水库总库容10.75亿m^3，调节库容4.15亿m^3，具有不完全年调节能力。电站水库正常蓄水位1690m，正常蓄水位的库容为10.4亿m^3，其中死库容为6.2亿m^3，水库为季调节水库。

电站安装4台65万kW混流式水轮发电机组，总装机容量260万kW，年均发电量111亿kWh。长河坝大坝集超高心墙堆石坝、河床深厚覆盖层、高地震烈度、狭窄河谷四大难度于一体，目前世界上尚无已建成同等规模的工程。

2. 主要参建单位

（1）设计单位。中国电建集团成都勘测设计研究院有限公司（简称成勘院）。

（2）项目法人单位。四川大唐国际甘孜水电开发有限公司。

（3）监理单位。主要监理如下：

1）四川二滩国际工程咨询有限责任公司（简称二滩国际）；

2）浙江华东工程咨询有限公司（简称华咨监理）；

3）中国电建集团成都勘测设计研究院有限公司环保水保综合监理部（简称环保水保监理）。

（4）施工单位。

1）中国水利水电第五工程局有限公司（简称水电五局）；

2）中国水利水电第十四工程局有限公司（简称水电十四局）；

3）中国水利水电第七工程局有限公司（简称水电七局）；

4）中铁十九集团第一工程有限公司（简称中铁十九局）；

5）中铁八局集团有限公司（简称中铁八局）。

6）中建七局建筑装饰工程集团有限公司（简称中建七局）。

（5）安全监测单位。中国电建集团成都勘测设计研究院有限公司勘测分公司工程科学测试研究院长河坝监测项目部（简称成勘院）。

二、长河坝水电站单位工程—合同工程项目划分（见表 15-1）

表 15-1　单位工程—合同工程项目划分

工程类别	单位名称	合同		施工单位	监理单位
		编号	名称		
一、挡水坝工程	▲01 砾石土心墙挡水坝工程	CHB-SG037-2007	01 左岸高边坡开挖及支护工程	水电五局	二滩国际
		CHB-SG036-2007	02 右岸高边坡开挖及支护工程		
		CHB-SG111-2013	03 右岸坝前卸荷拉裂体处理工程		
		CHB-SG074-2010	04 大坝工程		
		CHB/SG119-2015	05 汤坝土料场新增边坡支护工程施工		
二、泄洪、放空建筑物工程	▲02 泄洪洞工程	CHB/SG077-2010	06 泄洪放空系统及中期导流洞工程	水电七局	
		CHB/SG133-2016	07 泄洪放空系统施工缝、结构缝处理工程	瑞派尔（宜昌）	
	▲03 放空洞工程	CHB/SG077-2010	06 泄洪放空系统及中期导流洞工程	水电七局	
三、引水发电建筑物工程	▲04 发电引水工程	CHB/SG037-2007	01 左岸高边坡开挖及支护工程	水电五局	
		CHB/SG075-2010	08 引水发电系统建筑工程	水电十四局	
		CHB/SG117-2015 补 01	09 长河坝水电站装修工程施工	中建七局	
	▲05 地下发电厂房工程	CHB/SG075-2010	08 引水发电系统建筑工程	水电十四局	
		CHB/SG031-2007	10 进风洞工程	水电五局	
		CHB/SG117-2015	09 长河坝水电站装修工程施工	中建七局	
	▲06 发电尾水工程	CHB/SG075-2010	08 引水发电系统建筑工程	水电十四局	华咨监理
	▲07 升压变电工程	CHB/SG037-2007	01 左岸高边坡开挖及支护工程	水电五局	
		CHB/SG075-2010	08 引水发电系统建筑工程	水电十四局	
		CHB/SG117-2015	09 长河坝水电站装修工程施工	中建七局	
	08 厂房附属洞室工程	CHB/SG100-2012（Ⅰ标）	11 机电设备安装工程	水电七局	
		CHB/SG046-2007	12 厂房附属洞室工程	水电十四局	浙江华东咨询有限公司
		CHB/SG075-2010	08 引水发电系统建筑工程		
四、引水发电机电设备安装工程	▲09 机电设备安装工程	CHB/SG100-2012（Ⅰ标）	11 机电设备安装工程	水电七局	
		CHB/SG100-2012（Ⅱ标）	13 机电设备安装工程	水电五局	
		CHB/SB102-2014	14 长河坝、黄金坪水电站及成都集控中心工业电视、门禁系统设备采购及安装	浙江大华	
五、安全监测工程	10 安全监测工程	CHB/SG042-2007	15 长河坝水电站安全监测工程施工	成勘院	二滩监理
六、安全设施工程	▲11 消防系统工程	CHB/SG100-2012（Ⅰ标）	11 机电设备安装工程	水电七局	华咨监理
		CHB/SB113-2015	16 长河坝水电站消防系统设备、消防监控系统及其附属设备采购	四川赛科消防	

续表

工程类别	单位名称	合同		施工单位	监理单位
		编号	名称		
七、导流洞建筑工程	12 初期导流隧洞工程	CHB-SG001-2004	17 长河坝水电站临时工程Ⅰ标	水电七局	二滩监理
		CHB-SG002-2004	18 长河坝水电站临时工程Ⅱ标	中铁十九局	
	13 中期导流洞工程	CHB/SG077-2010	06 泄洪放空系统及中期导流洞工程	水电七局	华咨监理
	14 围堰工程	CHB-SG043-2007	19 长河坝水电站大坝围堰工程施工	水电五局	二滩国际
八、交通工程	15 桥梁工程	CHB-SG006-2006	20 长河坝水电站场内交通【金康大桥】工程施工		
		CHB-SG039-2007	21 长河坝水电站【金汤河临时吊桥】工程施工	邯郸光太	
		CHB-SG070-2009	22 长河坝水电站省道 S211 改建公路施工便道响水沟桥工程施工	江苏贝雷钢桥	
		CHB/SG085-2010	23 长河坝水电站省道 S211 复建公路【响水沟大桥】、【特大桥】及场内交通工程【枫林沟大桥】工程施工	中铁八局	
	16 左岸场内公路工程	CHB-SG095-2011	24 牛棚子大桥	中铁十九局	
		CHB-SG038-2007	25 长河坝水电站导流洞出口桥工程		
		CHB-SG044-2007	26 长河坝水电站导流洞出口钢便桥设计施工	浙江兴土桥梁	
		CHB-SG051-2008	27 长河坝水电站枫林沟桥施工	浙江兴土桥梁公司	
		CHB-SG005-2005	29 长河坝水站场内交通工程 1 号公路Ⅲ标施工	水电五局	
		CHB-SG021-2006	30 长河坝水电站场内交通【19 号路】野坝大桥段工程施工		
		CHB-SG024-2006	31 长河坝水电站 1 号公路Ⅰ标延伸段工程施工	水电十四局	
		CHB-SG025-2006	32 长河坝水电站场内交通 1 号公路延伸段工程施工	水电五局	
		CHB-SG033-2007	33 长河坝水电站交通工程【3 号公路】施工	水电十四局	
		CHB-SG035-2007	34 长河坝水电站交通工程【3 号公路】施工	水电五局	
		CHB-SG047-2007	35 长河坝水电站土料场公路施工	水电七局	
		CHB-SG055-2008	36 长河坝水电站交通工程 11 号公路施工	水电十四局	
		CHB-SG057-2008	37 长河坝水电站场内交通工程【15 号公路】施工	邯郸光太	
		CHB-SG065-2009	38 长河坝水电站场内交通工程【9 号公路】施工	水电五局	
		CHB-SG092-2010	39 长河坝水电站交通工程【3 号公路】施工		
		CHB-SG094-2011	40 长河坝水电站交通工程【3 号连接线公路】工程施工	水电十四局	

续表

工程类别	单位名称	合同		施工单位	监理单位
		编号	名称		
八、交通工程	17 右岸场内公路工程	CHB-SG034-2007	41 长河坝水电站交通工程 12 号公路施工	水电七局	二滩国际
		CHB-SG048-2007	42 长河坝水电站交通工程 4 号公路施工	水电十四局	
		CHB-SG052-2008	43 长河坝水电站交通工程【2 号公路】施工		
		CHB-SG066-2009	44 长河坝水电站交通工程 14 号公路施工	水电七局	华咨监理
		CHB/SG058-2008	45 16 号路及导流洞闸室交通洞工程		
		CHB/SG071-2009	46 场内交通 8 号路工程	水电十四局	二滩国际
九、营地建设工程	18 业主营地工程	CHB/SG041-2007	47 业主营地建设工程	四川三和恒生	华咨监理
		CHB/QT245-2008 补	48 弱电系统工程	成都奥威	
		CHB/QT281-2009	49 物业楼三层安装装饰工程施工	彭州自力装饰	
		CHB/SG049-2008	50 装修工程	四川三和恒生	
		CHB/SG049-2008 补 01	51 外墙面涂料及办公楼大门台阶改造工程		
		CHB/SG056-2008 补 01	52 业主营地扩建工程场地回填及江咀左岸耕植土转运施工	核工业西南建设	
		CHB/SG093-2011 补 01	53 业主营地扩建工程	中铁十九局	
		CHB/SG104-2013	54 业主营地绿化工程	四川易园园林	
		CHB/SG101-2012	55 业主河堤防护工程（景观大道）	中铁十九局	
	19 施工营地工程	CHB/SG053（Ⅰ）-2010	56 施工营地Ⅰ标	四川三和恒生	
		CHB/SG053（Ⅱ）-2010	57 施工营地Ⅱ标		
十、施工辅助建筑物工程	20 江咀砂石加工系统工程	CHB-SG073-2010	58 磨子沟人工骨料加工系统	水电五局砂石	
	21 供水工程	CHB/SG040-2008	59 营地供水工程	水电五局实业	
		CHB/QT203-2012	60 营地供水管道水表安装		
		CHB/SG126-2015	61 营地供水工程（2016 年 1 月以后运行管理）	葛洲坝集团	
	22 供电系统工程	CHB/SG135-2016	62 长河坝水电站升压站、泄洪洞 10kV/400V 线路架设及外引电源	河南华伟电力	
		CHB/SG143-2017	63 长河坝水电站下闸蓄水库区施工用电线路清理及改迁工程	河南华伟电力	
	23 沟水处理工程	CHB-SG032-2007	64 磨子沟沟水处理工程、磨子沟沟水处理调整段施工合同补充协议	中铁十九局	
		CHB/SG020-2006	65 响水沟沟水处理	水电十四局	环保水保监理
十一、环境保护工程	24 环境保护及水土保持工程	CHB/QT630-2015 补 01	66 施工营地污水处理系统改造及运行维护（鱼类增殖站抽水船、支臂拆除）	大唐川检	
		CHB/SG087-2010	67 承包商营地污水处理系统工程	江苏一环	
		CHB/SG112-2013	68 长河坝和黄金坪水电站工程鱼类增殖放流站工程	中铁八局	
		CHB/QT569-2014	69 鱼类增殖站组合式给水处理设备采购及安装	江苏一环	

续表

工程类别	单位名称	合同		施工单位	监理单位
		编号	名称		
十一、环境保护工程	24 环境保护及水土保持工程	CHB/QT625-2015	70 鱼类增殖站给水站设备采购	成都锦润达	环保水保监理
		CHB/QT627-2015	71 鱼类增殖站取水泵站设备采购	武汉长江科创	
		CHB/QT628-2015	72 鱼类增殖站催产孵化车间设备采购	金贝尔（福建）	
		CHB/QT570-2014	73 长河坝和黄金坪水电站鱼类增殖放流站运行管理	四川律贝	
		CHB/QT787-2016	74 长河坝水电站岷江柏移栽工程	金川继江苗木	
十二、移民工程	25 移民工程	CHB/SG056-2008	75 野坝移民垫高防护工程	核工业西南建设	二滩国际
		CHB/SG076-2010	76 耕植土转运工程		
		CHB/SG056-2008 补 01)	77 业主营地扩建工程场地回填及江咀左岸耕植土转运施工		
		CHB/SG099-2012 及补 01	78 牛棚子、江咀右岸垫高防护工程及补充合同	中铁十九局	
		CHB/SG128-2015	79 移民安置野坝垫高防护黏土堆存区剩余工程施工	四川泸县加明	
		CHB/SG045-2010	80 长河坝水电站江咀左岸垫高防护工程	水电五局	
		CHB/SG115-2014	81 移民安置江咀左岸垫高防护护坡工程		
		CHB/SG009-2006	82. 长河坝水电站省道 S211 复建公路 I 标施工		
		CHB/SG081-2010	83. 长河坝水电站长河坝隧道施工合同补充协议（K15＋480～K15＋880 段）		
		CHB/SG010-2006	84. 长河坝水电站省道 S211 复建公路Ⅱ标施工	水电七局	
		CHB/SG015-2006	85. 长河坝水电站省道 S211 复建公路Ⅲ标施工	水电十四局	
		CHB/SG011-2006	86. 长河坝水电站省道 S211 复建公路Ⅳ标施工		
		CHB/SG012-2006	87. 长河坝水电站省道 S211 线复建公路Ⅴ标施工	邯郸光太	
		CHB/SG089-2010	88. 长河坝水电站省道 S211 线复建公路Ⅵ标施工		
		CHB/SG016-2006	89. 长河坝水电站省道 S211 线复建公路Ⅶ标施工		
		CHB/SG068-2009	90. 长河坝水电站省道 S211 线复建公路Ⅷ标施工		
		CHB/SG069-2009	91. 长河坝水电站省道 S211 线复建公路Ⅸ标施工		
		CHB/SG106-2013	92. 省道 211 瓦斯沟至姑咱段公路改建工程		
		CHB/SG144-2017	93. 长河坝水电站省道 211 中牛场改线公路抢险工程	水电十四局	

续表

工程类别	单位名称	合同		施工单位	监理单位
		编号	名称		
十三、其他	26 泥石流防护工程	CHB/SG088-2010	94 野坝沟泥石流防护工程	水电七局	华咨监理
		CHB/QT084-2010	95 梆梆沟泥石流防治及开关站制浆站上部冲沟被动防护工程	布鲁克	
		CHB/QT454-2012	96 梆梆沟泥石流防治二期（柔性防护）		
		CHB/SG098-2012	97 磨子沟泥石流整治工程	中铁十九局	二滩国际
		CHB/SG090-2010	98 响水沟泥石流防护工程	水电十四局	
	27 临时工程	CHB/QT503-2013	99 长河坝水电站临时炸药库施工协议（临时老炸药库施工）	水电五局	
		CHB/WT(SG)001-2015	100 关于开展长河坝水电站炸药库施工工作的委托（临时新炸药库施工）		

第二节　长河坝水电站单位—合同—分部工程项目划分

一、 单位工程—合同—分部工程项目划分编码

1. 项目划分编码说明

（1）单位工程编码。单位工程编码采用两位表示，分别为00～99。

一个单位工程可由一个合同完成，也可由两个及以上合同共同完成；也可能两个以上的单位工程由一个合同完成，或两个单位工程中各有一个分部工程签订为一个合同。

（2）合同工程编码。合同工程编码采用两位表示合同顺序号，分别为00～99。合同顺序号是以合同排列先后顺序依次排列进入项目划分表中，当一个单位工程、或一个分部工程由两个或三个合同完成时，可将合同拆开，但合同顺序编码是同一个。

（3）分部工程编码。分部工程编码采用两位表示，分别为00～99。编码010101，表示第一个单位工程、第一个合同、第一个分部工程。一个分部工程可能是一个合同完成，也可能是两个合同共同完成。

2. 项目划分编码的作用

（1）单位工程编码的作用。单位工程编码填入单位工程验收鉴定书，作为文件编号。

（2）分部工程编码的作用。将分部工程编码填入分部工程验收鉴定书封面，作为该文件的文件编号。

二、 长河坝水电站单位工程—合同—分部工程项目划分（见表15-2）

表15-2　　长河坝水电站单位工程—合同—分部工程项目划分表

工程类别	单位名称	合同名称及编号	分部工程		施工单位	监理单位
			编码	名称		
一、挡水坝工程	▲01 砾石土心墙坝工程	01 左岸高边坡开挖及支护工程 CHB/SG037-2007	010101	▲01 左坝肩 EL.1485.0 以上边坡开挖及支护	水电五局	二滩国际
			010102	02 左岸排水通风洞		
			010103	▲03 左岸 EL1697.0 灌浆平洞		

续表

工程类别	单位名称	合同名称及编号	分部工程 编码	分部工程 名称	施工单位	监理单位
一、挡水坝工程	▲01 砾石土心墙坝工程	01 左岸高边坡开挖及支护工程 CHB/SG037-2007	010104	▲04 左岸 EL1640.0 灌浆平洞	水电五局	二滩国际
			010105	▲05 左岸 EL1580.0 灌浆平洞		
			010106	▲06 左岸 EL1520.0 灌浆平洞		
		02 右岸高边坡开挖及支护工程 CHB/SG036-2007	010207	▲07 右岸坝肩边坡开挖及支护（前半部分）		
			010208	08 右岸排水通风洞		
			010209	▲09 右岸 EL1697.0 灌浆平洞		
			010210	▲10 右岸 EL1640.0 灌浆平洞		
			010211	▲11 右岸 EL1580.0 灌浆平洞		
			010212	▲12 右岸 EL1520.0 灌浆平洞		
		03 右岸坝前卸荷拉裂体处理工程 CHB/SG111-2013	010307	▲07 右岸坝肩边坡开挖及支护（后半部分）		
		04 大坝工程 CHB/SG074-2010	010413	▲13 坝肩开挖及支护		
			010414	▲14 大坝基础开挖及处理		
			010415	▲15 主防渗墙工程		
			010416	▲16 副防渗墙工程		
			010417	▲17 混凝土工程		
			010418	▲18 上游坝体填筑		
			010419	▲19 下游坝体填筑		
			010420	▲20 坝体心墙填筑		
			010421	▲21 上游坝面护坡		
			010422	▲22 下游坝面护坡		
			010423	23 江咀石料场开采与支护		
			010424	24 响水沟石料场开采与支护		
			010425	25 坝顶及附属设施		
			010426	▲26 封堵工程		
			010427	▲27 左岸 EL1460.0m 灌浆平洞		
			010428	▲28 右岸 EL1460.0m 灌浆平洞		
			010429	29 坝体排水		
		05 汤坝土料场新增边坡支护工程 CHB/SG119-2015	010530	▲30 汤坝土料场开采与支护		
二、泄洪、放空建筑物工程	▲02 泄洪洞工程	06 泄洪放空系统及中期导流洞工程 CHB/SG077-2010	020601	▲01 泄洪洞进口	水电七局	华咨监理
			020602	▲02 1 号泄洪洞出口		
			020603	▲03 2 号和 3 号泄洪洞出口		
			020604	▲04 1 号泄洪洞洞身段		
			020605	▲05 2 号泄洪洞洞身段		
			020606	▲06 3 号泄洪洞洞身段		
			020607	▲07 泄洪洞金属结构启闭机安装		
			020608	08 1 号泄洪洞补气竖井		

续表

工程类别	单位名称	合同名称及编号	分部工程		施工单位	监理单位
			编码	名称		
二、泄洪、放空建筑物工程	▲02 泄洪洞工程	06 泄洪放空系统及中期导流洞工程 CHB/SG077-2010	020609	09 2 号泄洪洞补气竖井	水电七局	华咨监理
			020610	10 3 号泄洪洞补气竖井		
			020611	11 1 号补气平洞		
			020612	12 2 号补气平洞		
			020613	13 3 号补气平洞		
			020614	14 1 号连接平洞		
			020615	15 2 号连接平洞		
			020616	16 启闭机房、油泵房、配电房		
			020617	▲17 封堵工程		
			020618	18 右岸下游河道及河岸雾化边坡防护		
			020619	19 左岸消能防冲及雾化区边坡处理		
		07 泄洪放空系统施工缝、结构缝处理工程 CHB/SG133-2016	020720	20 1 号泄洪洞施工缝、结构缝处理工程	瑞派尔	
			020721	21 2 号泄洪洞施工缝、结构缝处理工程		
			020722	22 3 号泄洪洞施工缝、结构缝处理工程		
	▲03 放空洞工程	06 泄洪放空系统及中期导流洞工程 CHB/SG077-2010	030601	▲01 放空洞进口	水电七局	
			030602	▲02 放空洞出口		
			030603	▲03 放空洞洞身段		
			030604	▲04 放空洞金属结构及启闭机安装		
			030605	05 启闭机房及油泵房		
			030606	06 放空洞补气竖井		
			030607	▲07 封堵工程		
			030608	08 12 号路外侧弃渣防护工程		
三、引水发电建筑物工程	▲04 发电引水工程	01 左岸高边坡开挖及支护工程 CHB/SG037-2007	040101	▲01 进水口边坡开挖及支护	水电五局	
		08 引水发电系统建筑工程 CHB/SG075-2010	040802	▲02 进水口	水电十四局	
			040803	▲03 1 号压力管道		
			040804	▲04 2 号压力管道		
			040805	▲05 3 号压力管道		
			040806	▲06 4 号压力管道		
			040807	07 压力钢管制作安装		
			040808	08 进水口闸门及双向门机		
			040809	09 消防给排水工程		
			040810	10 电站进水口拦漂		
		09 长河坝水电站装修工程施工 CHB/SG117-2015 补 01	040911	11 进水口塔顶建筑物装修工程	中建七局	
	05 地下发电厂房工程	08 引水发电系统建筑工程 CHB/SG075-2010	050801	▲01 厂房开挖与支护	水电十四局	
			050802	▲02 岩壁吊车梁		
			050803	03 1 号机组土建		

续表

工程类别	单位名称	合同名称及编号	分部工程		施工单位	监理单位
			编码	名称		
三、引水发电建筑物工程	▲05 地下发电厂房工程	08 引水发电系统建筑工程 CHB/SG075-2010	050804	04 2 号机组土建	水电十四局	华咨监理
			050805	05 3 号机组土建		
			050806	06 4 号机组土建		
			050807	07 安装间土建		
			050808	08 副厂房土建	水电五局	
			050809	09 砌体及装修工程		
			050810	10 防渗及排水廊道系统		
		12 厂房附属洞室工程 CHB/SG046-2007	051210			
		08 引水发电系统建筑工程 CHB/SG075-2010	050811	11 进厂交通洞		
		12 厂房附属洞室工程 CHB/SG046-2007	051211			
		08 引水发电系统建筑工程 CHB/SG075-2010	050812	▲12 金康隧道封堵		
		10 进风洞工程 CHB/SG031-2007	051013	13 进风洞		
		09 长河坝水电站装修工程施工 CHB/SG117-2015	050914	14 地下副厂房装修工程	中建七局	
			050915	15 主厂房及零星项目装修工程		
	▲06 发电尾水工程	08 引水发电系统建筑工程 CHB/SG075-2010	060801	1 尾水隧洞出口	水电十四局	
			060802	2 1 号尾水隧洞		
			060803	3 2 号尾水隧洞		
			060804	4 尾水连接洞		
			060805	5 1 号尾水调压井		
			060806	6 2 号尾水调压井		
			060807	7 尾水闸门室交通洞		
			060808	▲8 尾水闸门室		
			060809	9 尾调室闸门及启闭机		
			060810	10 尾闸室闸门及启闭机		
	▲07 升压变电工程	01 左岸高边坡开挖及支护工程 CHB/SG037-2007	070101	▲01 开关站边坡开挖及支护	水电五局	
		08 引水发电系统建筑工程 CHB/SG075-2010	070802	02 母线洞	水电十四局	
			070803	03 主变室		

续表

工程类别	单位名称	合同名称及编号	分部工程		施工单位	监理单位
			编码	名称		
三、引水发电建筑物工程	▲07 升压变电工程	08 引水发电系统建筑工程 CHB/SG075-2010	070804	04 1号出线平洞及竖井	水电十四局	华咨监理
		12 厂房附属洞室工程 CHB/SG046-2007	071204			
		08 引水发电系统建筑工程 CHB/SG075-2010	070805	05 2号出线平洞及竖井		
		12 厂房附属洞室工程 CHB/SG046-2007	071205			
		08 引水发电系统建筑工程 CHB/SG075-2010	070806	06 开关站		
		09 长河坝水电站装修工程施工 CHB/SG117-2015	070907	07 开关站建筑装修	中建七局	
			070908	08 主变室装修		
			070909	09 出线平洞及竖井装修		
		11 机电设备安装工程 CHB/SG100-2012（I标）	071110	10 500kV 升压变电系统安装	七局机电	
			071111	11 500kV GIS 电气设备安装		
			071112	12 500kV 出现场设备安装		
	08 厂房附属洞室工程	12 厂房附属洞室工程 CHB/SG046-2007	081201	01 厂房通风洞及空调机室	水电十四局	
			081202	02 厂房排风洞及排风机室		
			081203	03 排风平洞及竖井		
			081204	04 尾水调压室交通洞		
			081205	05 厂区排水洞		
四、引水发电机电设备安装工程	▲09 机电设备安装工程	11 机电设备安装工程 CHB/SG100-2012（Ⅰ标）	091101	01 4号水轮发电机组及其辅助设备安装及调试	七局机电	华咨监理
			091102	02 3号水轮发电机组及其辅助设备安装及调试		
		13 机电设备安装工程 CHB/SG100-2012（Ⅱ标）	091303	03 2号水轮发电机组及其辅助设备安装及调试	五局机电	
			091304	04 1号水轮发电机组及其辅助设备安装及调试		
		11 机电设备安装工程 CHB/SG100-2012（Ⅰ标）	091105	05 厂房桥机安装	七局机电	
			091106	06 水力机械辅助公用设备安装		
			091107	07 厂用电系统设备安装		
			091108	08 接地系统安装		
			091109	09 全厂照明系统安装		
			091110	10 220V 直流电源系统安装调试		
			091111	11 电缆安装		
			091112	12 通风空调系统安装		
			091113	13 工业电视系统设备安装		
			091114	14 计算机监控系统安装		
			091115	15 通信及有线广播系统安装		

续表

工程类别	单位名称	合同名称及编号	分部工程		施工单位	监理单位
			编码	名称		
五、安全监测工程	▲10 安全监测工程	14 长河坝水电站安全监测工程施工 CHB/SG042-2007	101401	01 引水发电系统	成勘院	华咨监理
			101402	02 泄洪、放空系统及堵头		
			101403	03 中期导流洞系统（临时工程）		
			101404	04 首部枢纽系统		二滩国际
			101405	05 围堰工程		
			101406	06 监测控制网		
			101407	07 响水沟料场边坡等		
			101408	08 大坝坝顶外部观测及大坝料源汤坝料场		
六、安全设施工程	▲11 消防系统工程	11 机电设备安装工程 CHB/SG100-2012（Ⅰ标）	111101	01 水消防系统设备安装	七局机电	华东咨询
			111102	02 防火封堵安装		
			111103	03 气体灭火系统设备安装		
		15 长河坝水电站消防系统设备采购 CHB/SB113-2015	111504	04 消防监控系统设备安装	四川赛科	
七、导流洞建筑工程	12 初期导流隧洞工程	16 长河坝水电站临时工程Ⅰ标 CHB/SG001-2004	121601	▲01 1 号导流洞进口段工程	水电七局	二滩国际
			121602	▲02 1 号导流洞洞室工程		
			121603	▲03 1 号导流洞金结安装		
			121604	04 1 号导流洞安全监测工程		
			121605	▲05 2 号导流洞进口段工程		
			121606	▲06 2 号导流洞洞室工程		
			121607	▲07 2 号导流洞金属结构安装		
			121608	08 2 号导流洞安全监测工程		
		17 长河坝水电站临时工程Ⅱ标 CHB/SG002-2004	121709	09 1 号导流洞洞室工程	中铁十九局	
			121710	10 1 号导流洞出口段工程		
			121711	11 1 号导流洞安全监测		
			121712	12 2 号导流洞洞室工程		
			121713	13 2 号导流洞出口段工程		
			121714	14 2 号导流洞安全监测		
	13 中期导流洞工程	06 泄洪放空系统及中期导流洞工程 CHB/SG077-2010	130601	▲01 中期导流洞进口	水电七局	华东咨询
			130602	▲02 中期导流洞出口		
			130603	▲03 中期导流洞洞身段		
			130604	▲04 金属结构及启闭机安装		
			130605	05 弧形门闸室交通洞		
			130606	▲06 封堵工程		
	14 围堰工程	18 长河坝水电站大坝围堰工程施工 CHB/SG043-2007	141801	▲01 堰肩开挖与支护	水电五局	二滩国际
			141802	▲02 防渗墙工程		
			141803	▲03 堰体填筑		
			141804	04 护坡		
			141805	05 复合土工膜心墙		
			141806	▲06 灌浆工程		

续表

工程类别	单位名称	合同名称及编号	分部工程		施工单位	监理单位
			编码	名称		
八、交通工程	15 桥梁工程	19 长河坝水电站场内交通【金康大桥】工程施工 CHB/SG006-2006	151901	▲01 基础及下部构造	水电五局	二滩国际
			151902	▲02 上部构造预制和安装		
			151903	▲03 上部构造现场浇筑		
			151904	04 桥面系和附属工程		
			151905	05 防护工程		
			151906	06 引道工程		
		20 长河坝水电站【金汤河临时吊桥】工程施工 CHB/SG039-2007	152001	01 基础及下部构造	邯郸光太	
			152002	02 上部构造预制和安装		
			152003	03 上部构造现场浇筑		
			152004	04 桥面系和附属工程		
			152005	05 防护工程		
			152006	06 引道工程		
		21 长河坝水电站省道 S211 改建公路施工便道响水沟桥工程施工 CHB/SG070-2009	152101	01 基础及下部构造	江苏贝雷钢桥	
			152102	02 上部构造预制和安装		
			152103	03 上部构造现场浇筑		
			152104	04 桥面系和附属工程		
			152105	05 防护工程		
			152106	06 引道工程		
		22 长河坝水电站省道 S211 复建公路【响水沟大桥】、【大渡河特大桥】及场内交通工程【枫林沟大桥】工程施工 CHB/SG085-2010	152201	01 基础及下部构造	中铁八局	
			152202	02 上部构造预制和安装		
			152203	03 上部构造现场浇筑		
			152204	04 桥面系和附属工程		
			152205	05 防护工程		
			152206	06 引道工程		
		23 牛棚子大桥 CHB/SG095-2011	152301	01 基础及下部构造	中铁十九局	
			152302	02 上部构造预制和安装		
			152303	03 上部构造现场浇筑		
			152304	04 总体、桥面系和附属工程		
			152305	05 防护工程		
		24 长河坝水电站导流洞出口桥工程 CHB/SG038-2007	152401	01 基础及下部构造		
			152402	02 上部构造安装		
			152403	03 桥面系和附属工程		
			152404	04 防护工程		
			152405	05 引道工程		
		25 长河坝水电站导流洞出口钢便桥设计施工 CHB/SG044-2007	152501	01 导流洞出口钢便桥	浙江兴土	
		26 长河坝水电站枫林沟桥施工 CHB/SG051-2008	152601	01 枫林沟桥		

续表

工程类别	单位名称	合同名称及编号	分部工程		施工单位	监理单位
			编码	名称		
八、交通工程	16 左岸场内交通工程	27 长河坝水电站场内交通工 1 号公路Ⅰ标施工 CHB/SG004-2005	162701	01 路基工程	水电七局	二滩国际
			162702	02 路面工程		
			162703	03 隧道工程		
			162704	04 交通安全设施		
			162705	05 环保工程		
		28 长河坝水电站场内交通工程 1 号公路Ⅲ标施工 CHB/SG005-2005	162801	▲01 路基工程	水电五局	
			162802	▲02 路面工程		
			162803	▲03 隧道工程		
			162804	04 机电工程		
		29 长河坝水电站场内交通【19 号路】野坝大桥段工程施工 CHB/SG021-2006	162901	▲01 基础及下部构造		
			162902	▲02 上部构造预制和安装		
			162903	▲03 上部构造现场浇筑		
			162904	04 桥面系和附属工程		
			162905	05 防护和引道工程		
		30 长河坝水电站 1 号公路Ⅰ标延伸段工程施工 CHB/SG024-2006	163001	01 路基工程	水电十四局	
			163002	02 路面工程		
			163003	03 隧道工程		
			163004	04 交通安全设施		
			163005	05 环保工程		
		31 长河坝水电站场内交通 1 号公路延伸段工程施工 CHB/SG025-2006	163101	▲01 隧道工程	水电五局	
			163102	02 机电安全工程		
		32 长河坝水电站交通工程 3 号公路上游标段施工 CHB/SG033-2007	163201	01 路基工程	水电十四局	
			163202	02 路面工程		
			163203	03 隧道工程		
			163204	04 交通安全设施		
			163205	05 环保工程		
		33 长河坝水电站交通工程 3 号公路下游标段施工 CHB/SG035-2007	163301	▲01 路基工程	水电五局	
			163302	▲02 路面工程		
			163303	▲03 隧道工程		
			163304	04 机电安全工程		
		34 长河坝水电站土料场公路施工 CHB/SG047-2007	163401	01 路基工程	水电七局	
			163402	02 路面工程		
			163403	03 桥梁工程		
			163404	04 交通安全设施		
			163405	05 环保工程		
		35 长河坝水电站交通工程 11 号公路施工 CHB/SG055-2008	163501	01 路基工程	水电十四局	
			163502	02 路面工程		
			163503	03 桥梁工程（倒石沟桥）		
			163504	04 隧道工程（A、B 隧道）		

续表

工程类别	单位名称	合同名称及编号	分部工程 编码	分部工程 名称	施工单位	监理单位
八、交通工程	16 左岸场内交通工程	35 长河坝水电站交通工程 11 号公路施工 CHB/SG055-2008	163505	05 交通安全设施	水电十四局	二滩国际
			163506	06 环保工程		
			163507	07 机电工程		
		36 长河坝水电站场内交通工程【15 号公路】施工 CHB/SG057-2008	163601	01 路基工程	邯郸光太	
			163602	02 路面工程		
			163603	03 隧道工程（15-1、15-2 隧道）		
			163604	04 交通安全设施		
			163605	05 环保工程		
			163606	06 机电工程		
		37 长河坝水电站场内交通工程【9 号公路】施工 CHB/SG065-2009	163701	01 隧道工程	水电五局	
			163702	02 辅助施工措施工程		
		38 长河坝水电站交通工程【3 号公路】施工 CHB/SG092-2010	163801	▲01 路基工程	水电五局	
			163802	▲02 路面工程		
			163803	▲03 隧道工程		
			163804	04 机电安全设施		
		39 长河坝水电站交通工程【3 号连接线公路】及【左岸上坝公路】施工 CHB/SG094-2011	163901	01 总体	水电十四局	
			163902	02 洞身开挖		
			163903	03 洞身衬砌		
			163904	04 防排水		
			163905	05 隧道路面		
			163906	06 辅助施工措施		
			163907	07 标线、突起路标		
			163908	08 隧道机电设施		
	17 右岸场内交通工程	40 大长河坝水电站交通工程 12 号公路施工 CHB/SG034-2007	174001	01 路基工程	水电七局	
			174002	02 路面工程		
			174003	03 隧道工程		
			174004	04 交通安全设施		
			174005	05 环保工程		
			174006	06 机电工程		
		41 长河坝水电站交通工程 4 号公路施工 CHB/SG048-2007	174101	01 路基工程	水电十四局	
			174102	02 路面工程		
			174103	03 隧道工程		
			174104	04 交通安全设施		
			174105	05 环保工程		
			174106	06 机电工程		
		42 长河坝水电站交通工程【2 号公路】施工 CHB/SG052-2008	174201	01 路基工程		
			174202	02 路面工程		
			174203	03 隧道工程		
			174204	04 交通安全设施		

续表

工程类别	单位名称	合同名称及编号	分部工程		施工单位	监理单位
			编码	名称		
八、交通工程	17 右岸场内交通工程	42 长河坝水电站交通工程【2 号公路】施工 CHB/SG052-2008	174205	05 环保工程	水电七局	二滩国际
			174206	06 机电工程		
		43 长河坝水电站交通工程 14 号公路施工 CHB/SG066-2009	174301	01 路基工程		
			174302	02 路面工程		
			174303	03 隧道工程		
			174304	04 交通安全设施		
			174305	05 环保工程		
			174306	06 机电工程		
		44 16 号路及导流洞闸室交通洞工程 CHB/SG058-2008	174401	01 隧道工程	水电七局	华咨监理
			174402	02 交通安全设施		
			174403	03 机电工程		
		45 场内交通 8 号路工程 CHB/SG071-2009	174501	01 8 号隧道总体	水电十四局	
			174502	02 8 号隧道洞身开挖		
			174503	03 8 号隧道洞身衬砌		
			174504	04 8 号隧道路面		
			174505	05 8 号隧道辅助施工		
			174506	06 801 号隧道总体		
			174507	07 801 号隧道洞身开挖		
			174508	08 801 号隧道洞身衬砌		
			174509	09 801 号隧道路面		
			174510	10 801 号隧道辅助施工		
			174511	11 801 号通风洞总体		
			174512	12 801 号通风洞洞身开挖		
			174513	13 801 号通风洞洞身衬砌		
			174514	14 801 号通风洞辅助施工		
			174515	15 通风洞总体		
			174516	16 通风洞洞身开挖		
			174517	17 通风洞洞身衬砌		
			174518	18 通风洞辅助施工		
九、营地建设工程	18 业主营地工程	46 业主营地建设工程 CHB/SG041-2007	184601	01 地基与基础工程	四川三和恒生	二滩国际
			184602	02 主体结构工程		
			184603	03 建筑装饰装修工程		
			184604	04 建筑屋面		
			184605	05 建筑给水、排水及采暖		
			184606	06 建筑电气		
			184607	07 智能建筑		
			184608	08 室外环境		
		47 弱电系统工程 CHB/QT245-2008	184709	01 弱电系统工程	成都奥威	

续表

工程类别	单位名称	合同名称及编号	分部工程		施工单位	监理单位
			编码	名称		
九、营地建设工程	18 业主营地工程	48 物业楼三层安装装饰工程 CHB/QT281-2009	184810	01 物业楼三层安装装饰工程	彭州自力	华咨监理
		49 装修工程 CHB/SG049-2008	184911	01 装修工程	四川三和恒生	
		50 外墙面涂料及办公楼大门台阶改造工程 CHB/SG049-2008 补 01	185012	01 外墙面涂料及办公楼大门台阶改造工程		
		51 业主营地扩建场地回填及江咀左岸耕植土转运 CHB/SG056-2008 补 01	185113	01 业主营地扩建工程场地回填	西南建设	
		52 业主营地扩建工程 CHB/SG093-2011 补 01	185214	01 地基与基础	中铁十九局	
			185215	02 主体结构		
			185216	03 建筑屋面		
			185217	04 装饰装修		
			185218	05 建筑电气		
			185219	06 建筑给水、排水		
		53 业主营地绿化工程 CHB/SG104-2013	185320	01 业主营地绿化工程	四川易园	
		54 业主河堤防护工程（景观大道）CHB/SG101-2012	185421	02 业主河堤防护工程（景观大道）	中铁十九局	
	19 施工营地工程	55 施工营地Ⅰ标 CHB/SG053-2010（Ⅰ）	195501	01 地基与基础		
			195502	02 主体结构		
			195503	03 建筑屋面		
			195504	04 装饰装修		
			195505	05 建筑电气		
			195506	06 建筑给水、排水		
		56 施工营地Ⅱ标 CHB/SG053-2010（Ⅱ）	195601	01 地基与基础	四川三和恒生	
			195602	02 主体结构		
			195603	03 建筑屋面		
			195604	04 装饰装修		
			195605	05 建筑电气		
			195606	06 建筑给水、排水		
十、施工辅助建筑物工程	20 江咀砂石加工系统工程	57 磨子沟人工骨料加工系统 CHB/SG073-2010	205701	01 系统场平及排水工程	五局砂石	二滩国际
			205702	02 粗碎车间工程		
			205703	03 半成品料堆工程		
			205704	04 第一筛分工程		
			205705	05 中细碎车间工程		
			205706	06 第二筛分车间工程		
			205707	07 超细碎车间工程		
			205708	08 第三筛分车间工程		

续表

<table>
<tr><th rowspan="2">工程类别</th><th rowspan="2">单位名称</th><th rowspan="2">合同名称及编号</th><th colspan="2">分部工程</th><th rowspan="2">施工单位</th><th rowspan="2">监理单位</th></tr>
<tr><th>编码</th><th>名称</th></tr>
<tr><td rowspan="34">十、施工辅助建筑物工程</td><td rowspan="16">20 江咀砂石加工系统工程</td><td rowspan="16">57 磨子沟人工骨料加工系统 CHB/SG073-2010</td><td>205709</td><td>09 棒磨机车间工程</td><td rowspan="16">五局砂石</td><td rowspan="16">二滩国际</td></tr>
<tr><td>205710</td><td>10 石粉回收车间工程</td></tr>
<tr><td>205711</td><td>11 成品料堆工程</td></tr>
<tr><td>205712</td><td>12 成品装车仓及称量工程</td></tr>
<tr><td>205713</td><td>13 供水车间工程（含水池）</td></tr>
<tr><td>205714</td><td>14 废水处理车间工程</td></tr>
<tr><td>205715</td><td>15 胶带机排架基础工程</td></tr>
<tr><td>205716</td><td>16 胶带机运输工程</td></tr>
<tr><td>205717</td><td>17 设备安装系统</td></tr>
<tr><td>205718</td><td>18 电气自动划控制系统</td></tr>
<tr><td>205719</td><td>19 新增粗碎车间工程</td></tr>
<tr><td>205720</td><td>20 新增中细碎车间工程</td></tr>
<tr><td>205721</td><td>21 新增超细碎车间工程</td></tr>
<tr><td>205722</td><td>22 第四筛分车间工程</td></tr>
<tr><td>205723</td><td>23 新增暂存料堆工程</td></tr>
<tr><td>205724</td><td>24 新增成品砂料堆工程</td></tr>
<tr><td rowspan="3">21 供水工程</td><td>58 营地供水工程 CHB/SG040-2008</td><td>215801</td><td>01 营地供水工程</td><td rowspan="2">五局实业</td><td rowspan="5">华东咨询</td></tr>
<tr><td>59 营地供水管道水表安装 CHB/QT203-2012</td><td>215902</td><td>01 营地供水管道水表安装工程</td></tr>
<tr><td>60 营地供水工程（运行管理）CHB/SG126-2015</td><td>216003</td><td>01 营地供水工程（运行管理）</td><td>葛洲坝</td></tr>
<tr><td rowspan="2">22 供电系统工程</td><td>61 长河坝水电站升压站、泄洪洞10kV/400V 线路架设及外引电源安装 CHB/SG135-2016</td><td>226101</td><td>01 长河坝水电站升压站、泄洪洞 10kV/400V 线路架设及外引电源</td><td rowspan="2">河南华伟</td></tr>
<tr><td>62 长河坝水电站下闸蓄水库区施工用电线路清理及改迁 CHB/SG143-2017</td><td>226202</td><td>01 长河坝水电站下闸蓄水库区施工用电线路清理及改迁工程</td></tr>
<tr><td rowspan="9">23 沟水处理工程</td><td rowspan="3">63 磨子沟沟水处理工程、调整段工程 CHB/SG032-2007 及补 1</td><td>236301</td><td>01 排水洞工程</td><td rowspan="3">中铁十九局</td><td rowspan="9">二滩国际</td></tr>
<tr><td>236302</td><td>02 出口涵台</td></tr>
<tr><td>236303</td><td>03 排水洞调整段工程</td></tr>
<tr><td rowspan="6">64 响水沟沟水处理 CHB/SG020-2006</td><td>236404</td><td>01 挡水坝开挖</td><td rowspan="6">水电十四局</td></tr>
<tr><td>236405</td><td>02 挡水坝填筑</td></tr>
<tr><td>236406</td><td>03 排水洞工程</td></tr>
<tr><td>236407</td><td>04 消能阶梯与泄水陡槽</td></tr>
<tr><td>236408</td><td>05 明渠</td></tr>
<tr><td>236409</td><td>06 涵洞工程</td></tr>
</table>

续表

<table>
<tr><th rowspan="2">工程类别</th><th rowspan="2">单位名称</th><th rowspan="2">合同名称及编号</th><th colspan="2">分部工程</th><th rowspan="2">施工单位</th><th rowspan="2">监理单位</th></tr>
<tr><th>编码</th><th>名称</th></tr>
<tr><td rowspan="21">十一、环境保护及水土保持工程</td><td rowspan="21">24 环境保护及水土保持工程</td><td rowspan="2">65 承包商营地污水处理系统工程 CHB/SG087-2010</td><td>246501</td><td>01 土建工程</td><td rowspan="2">江苏一环</td><td rowspan="21">环保水保监理</td></tr>
<tr><td>246502</td><td>02 设备采购及安装</td></tr>
<tr><td rowspan="10">66 长河坝和黄金坪水电站工程鱼类增殖放流站工程 CHB/SG112-2013</td><td>246601</td><td>01 场地平整及场内道路工程</td><td rowspan="10">中铁八局</td></tr>
<tr><td>246602</td><td>02 构筑物工程</td></tr>
<tr><td>246603</td><td>03 井式泵站工程</td></tr>
<tr><td>246604</td><td>04 房建工程</td></tr>
<tr><td>246605</td><td>05 场地围护及给排水工程</td></tr>
<tr><td>246606</td><td>06 绿化工程</td></tr>
<tr><td>246607</td><td>07 室外及构筑物给排水工程</td></tr>
<tr><td>246608</td><td>08 养殖系统给排水工程</td></tr>
<tr><td>246609</td><td>09 生产系统设备安装工程</td></tr>
<tr><td>246610</td><td>10 供配电设备安装工程</td></tr>
<tr><td>67 鱼类增殖站给水处理设备采购安装 CHB/QT569-2014</td><td>246713</td><td>01 鱼类增殖站给水处理设备采购安装</td><td>江苏一环</td></tr>
<tr><td>68 鱼类增殖站给水站设备采购及安装工程 CHB/QT625-2015</td><td>246814</td><td>01 鱼类增殖站给水站设备采购安装</td><td>锦润达</td></tr>
<tr><td>69 鱼类增殖站取水泵站设备采购及安装 CHB/QT627-2015</td><td>246901</td><td>01 鱼类增殖站取水泵站设备采购安装</td><td>长江科创</td></tr>
<tr><td>70 鱼类增殖站催产孵化车间设备采购安装及安装 CHB/QT628-2015</td><td>247001</td><td>01 鱼类增殖站催产孵化车间设备采购安装</td><td>金贝尔</td></tr>
<tr><td>71 长河坝和黄金坪水电站鱼类增殖放流站运行管理 CHB/QT570-2014</td><td>247102</td><td>01 鱼类增殖放流站运行管理</td><td>四川律贝</td></tr>
<tr><td rowspan="3">72 长河坝水电站岷江柏移栽工程 CHB/QT787-2016</td><td>247201</td><td>01 基面处理</td><td rowspan="3">继江苗木</td></tr>
<tr><td>247202</td><td>02 树苗采购与栽种</td></tr>
<tr><td>247203</td><td>03 树苗养护</td></tr>
<tr><td rowspan="9">十二、移民工程</td><td rowspan="9">25 地方实施移民工程（长河坝水电站移民安置协议 CHB/YM155-2014）</td><td rowspan="9">73 长河坝水电站省道 S211 复建公路Ⅰ标施工 CHB/SG009-2006</td><td>257301</td><td>01 路基土、石方工程（1～3km 路段）</td><td rowspan="9">水电十四局</td><td rowspan="9">二滩国际</td></tr>
<tr><td>257302</td><td>02 路面工程（1～3km 路段）</td></tr>
<tr><td>257303</td><td>03 排水工程（1～3km 路段）</td></tr>
<tr><td>257304</td><td>04 涵洞、通道（1～3km 路段）</td></tr>
<tr><td>257305</td><td>05 砌筑防护工程（1～3km 路段）</td></tr>
<tr><td>257306</td><td>06 大型挡土墙*，组合式挡土墙*（每处）</td></tr>
<tr><td>257307</td><td>07 桥梁工程</td></tr>
<tr><td>257308</td><td>08 隧道工程</td></tr>
<tr><td>257309</td><td>09 环保工程</td></tr>
</table>

续表

工程类别	单位名称	合同名称及编号	分部工程		施工单位	监理单位
			编码	名称		
十二、移民工程	25 地方实施移民工程（长河坝水电站移民安置协议 CHB/YM155-2014）	73 长河坝水电站省道 S211 复建公路Ⅰ标施工 CHB/SG009-2006	257310	10 机电工程	水电十四局	二滩国际
			257311	11 交通安全设施（标志、标线、护栏）		
		74 长河坝水电站长河坝隧道施工合同补充协议（K15＋480～K15＋880 段）CHB/SG081-2010	257401	01 路基土、石方工程（1～3km 路段）		
			257402	02 路面工程（1～3km 路段）		
			257403	03 排水工程（1～3km 路段）		
			257404	04 隧道工程		
			257405	05 机电工程		
		75 长河坝水电站省道 S211 复建公路Ⅱ标施工 CHB/SG010-2006	257501	01 路基土、石方工程（1～3km 路段）	水电七局	
			257502	02 路面工程（1～3km 路段）		
			257503	03 排水工程（1～3km 路段）		
			257504	04 隧道工程		
			257505	05 机电工程		
			257506	06 交通安全设施（标志、标线、护栏）		
		76 长河坝水电站省道 S211 复建公路Ⅲ标施工 CHB/SG015-2006	257601	01 路基土、石方工程（1～3km 路段）	水电十四局	
			257602	02 路面工程（1～3km 路段）	邯郸光太	
			257603	03 排水工程（1～3km 路段）		
			257604	04 涵洞、通道（1～3km 路段）		
			257605	05 砌筑防护工程（1～3km 路段）		
			257606	06 大型挡土墙＊，组合式挡土墙＊（每处）		
			257607	07 桥梁工程		
			257608	08 隧道工程		
			257609	09 环保工程		
			257610	10 机电工程		
			257611	11 交通安全设施（标志、标线、护栏）		
		77 长河坝水电站省道 S211 复建公路Ⅳ标施工 CHB/SG011-2006	257701	01 路基土、石方工程（1～3km 路段）		
			257702	02 路面工程（1～3km 路段）		
			257703	03 排水工程（1～3km 路段）		
			257704	04 涵洞、通道（1～3km 路段）		
			257705	05 砌筑防护工程（1～3km 路段）		
			257706	06 大型挡土墙＊，组合式挡土墙＊（每处）		
			257707	07 桥梁工程		
			257708	08 隧道工程		
			257709	09 环保工程		
			257710	10 机电工程		
			257711	11 交通安全设施（标志、标线、护栏）		
		78 长河坝水电站省道 S211 线复建公路Ⅴ标施工 CHB/SG012-2006	257801	01 路基土、石方工程（1～3km 路段）		
			257802	02 路面工程（1～3km 路段）		

续表

工程类别	单位名称	合同名称及编号	分部工程		施工单位	监理单位
			编码	名称		
十二、移民工程	25 地方实施移民工程（长河坝水电站移民安置协议 CHB/YM155-2014）	78 长河坝水电站省道 S211 线复建公路Ⅴ标施工 CHB/SG012-2006	257803	03 排水工程（1～3km 路段）	邯郸光太	二滩国际
			257804	04 涵洞、通道（1～3km 路段）		
			257805	05 砌筑防护工程（1～3km 路段）		
			257806	06 大型挡土墙*，组合式挡土墙*（每处）		
			257807	07 桥梁工程		
			257808	08 隧道工程		
			257809	09 环保工程		
			257810	10 机电工程		
			257811	11 交通安全设施（标志、标线、护栏）		
		79 长河坝水电站省道 S211 线复建公路Ⅵ标施工 CHB/SG089-2010	257901	01 路基工程		
			257902	02 路面工程		
			257903	03 桥梁工程		
			257904	04 涵洞工程		
			257905	05 交通安全设施（标志、标线、护栏、公路碑）		
		80 长河坝水电站省道 S211 线复建公路Ⅶ标施工 CHB/SG016-2006	258001	01 路基土、石方工程（1～3km 路段）		
			258002	02 路面工程（1～3km 路段）		
			258003	03 排水工程（1～3km 路段）		
			258004	04 涵洞、通道（1～3km 路段）		
			258005	05 砌筑防护工程（1～3km 路段）		
			258006	06 大型挡土墙*，组合式挡土墙*（每处）		
			258007	07 桥梁工程		
			258008	08 隧道工程		
			258009	09 环保工程		
			258010	10 机电工程		
			258011	11 交通安全设施（标志、标线、护栏）		
		81 长河坝水电站省道 S211 线复建公路Ⅷ标施工 CHB/SG068-2009	258101	01 路基土、石方工程（1～3km 路段）		
			258102	02 路面工程（1～3km 路段）		
			258103	03 排水工程（1～3km 路段）		
			258104	04 涵洞、通道（1～3km 路段）		
			258105	05 砌筑防护工程（1～3km 路段）		
			258106	06 大型挡土墙*，组合式挡土墙*（每处）		
			258107	07 桥梁工程		
			258108	08 隧道工程		
			258109	09 环保工程		
			258110	10 机电工程		
			258111	11 交通安全设施（标志、标线、护栏）		
		82 长河坝水电站省道 S211 线复建公路Ⅸ标施工 CHB/SG069-2009	258201	01 路基土、石方工程（1～3km 路段）		
			258202	02 路面工程（1～3km 路段）		
			258203	03 排水工程（1～3km 路段）		
			258204	04 涵洞、通道（1～3km 路段）		

续表

工程类别	单位名称	合同名称及编号	分部工程 编码	分部工程 名称	施工单位	监理单位
十二、移民工程	25 地方实施移民工程（长河坝水电站移民安置协议 CHB/YM155-2014）	82 长河坝水电站省道 S211 线复建公路Ⅸ标施工 CHB/SG069-2009	258205	05 砌筑防护工程（1～3km 路段）	邯郸光太	二滩国际
			258206	06 大型挡土墙＊，组合式挡土墙＊（每处）		
			258207	07 桥梁工程		
			258208	08 隧道工程		
			258209	09 环保工程		
			258210	10 机电工程		
			258211	11 交通安全设施（标志、标线、护栏）		
		83 省道 211 瓦斯沟至姑咱段公路改建工程 CHB/SG106-2013	258301	01 路基工程		
			258302	02 路面工程		
			258303	03 桥梁工程（上部构造预制和安装、上部构造现场浇筑、总体、桥面系和附属工程）		
			258304	04 交通安全设施（标志、标线）		
		84 长河坝水电站省道 211 中牛场改线公路抢险工程 CHB/SG144-2017	258401	01 路基土石方（每 10km 或每标段）	水电十四局	
			258402	02 排水工程（1～3km 路段）		
			258403	03 大型挡墙		
			258404	04 路面工程		
			258405	05 总体		
			258406	06 洞口		
			258407	07 洞身开挖		
			258408	08 洞身衬砌		
			258409	09 防排水		
			258410	10 隧道路面		
			258411	11 辅助施工措施		
			258412	12 标线、突起路标（5～10km 路段）		
			258413	13 柔性防护网		
			258414	14 隧道机电设施		
		85 野坝移民垫高防护工程 CHB/SG056-2008	258501	01 野坝移民垫高防护工程	核工业西南建设	华咨监理
		86 耕植土转运工程 CHB/SG076-2010	258601	01 耕植土转运工程		
		87 业主营地扩建工程场地回填及江咀左岸耕植土转运施工 CHB/SG056-2008	258701	01 江咀左岸耕植土转运施工		
		88 牛棚子、江咀右岸垫高防护工程及补充合同 CHB/SG099-2012	258801	01 牛棚子垫高防护工程	中铁十九局	
			258802	02 江咀右岸垫高防护工程		

续表

工程类别	单位名称	合同名称及编号	分部工程 编码	分部工程 名称	施工单位	监理单位
十二、移民工程	25 地方实施移民工程（长河坝水电站移民安置协议 CHB/YM155-2014）	89 移民安置野坝垫高防护黏土堆存区剩余工程施工 CHB/SG128-2015	258901	01 移民安置野坝垫高防护黏土堆存区剩余工程施工	泸县加明	华咨监理
		90 长河坝水电站江咀左岸垫高防护工程 CHB/SG045-2010	259007	01 下游边坡浆砌石	水电五局	二滩国际
		91 移民安置江咀左岸垫高防护护坡工程 CHB/SG115-2014	259107			
		92 长河坝水电站移民安置区对外交通公路（章谷河坝大桥）施工 CHB/SG064-2009	259208	01 章谷河坝大桥	水电九局	
		93 长河坝水电站响水沟块石料场 35kV 电力线路迁改工程 CHB/YM100-2011			巴郎河水电公司	
		巴郎至孔玉集镇 10kV 线路（康定电力公司）			地方政府实施工程	地方行政
		汤坝、新联料场影响线路补偿				
		江咀料场影响 35kV 线路补偿（金康公司）				
		江咀料场影响通信线路				
		鸳鸯坝至金汤 110kV 线路复建				
		汤坝蠕滑治理影响 220kV 线路（甘孜电力公司）				
		规划库区线路迁改				
		电力线路规划临时迁改				
		新联料场公路拓宽影响线路复建				
		章古河坝垫高防护工程				
		菩提河坝大桥				

续表

工程类别	单位名称	合同名称及编号	分部工程		施工单位	监理单位
			编码	名称		
十二、移民工程	25 地方实施移民工程（长河坝水电站移民安置协议 CHB/YM155-2014）	三座索桥一次性补偿			地方政府实施工程	地方行政
		工矿企业				
		三家小水电				
		水准测量标志				
		通信迁改工程（移动、联通、电信）				
十三、其他工程	26 泥石流防护工程	94 野坝沟泥石流防护工程 CHB/SG088-2010	269401	01 野坝沟泥石流防护工程	水电七局	华东咨询
		95 梆梆沟泥石流防治及开关站制浆站上部冲沟被动防护工程 CHB/QT084-2010	269501	01 梆梆沟泥石流防治及开关站制浆站上部冲沟被动防护工程	布鲁克	
		96 梆梆沟泥石流防治二期（柔性防护）CHB/QT454-2012	269601	01 梆梆沟泥石流防治二期（柔性防护）		
		97 磨子沟泥石流整治工程 CHB/SG098-2012	269701	01 1 号拦挡坝工程	中铁十九局	二滩国际
			269702	02 挡水坝工程		
		98 响水沟泥石流防护工程 CHB/SG090-2010	269801	01 1 号拦挡坝	水电十四局	
			269802	02 2 号拦挡坝		
			269803	03 3 号拦挡坝		
			269804	04 排导隧洞工程		
	27 临时工程	99 长河坝水电站临时炸药库施工协议 CHB/QT503-2013	279901	01 临时老炸药库施工	水电五局	
		100 关于开展长河坝水电站炸药库施工工作的委托 CHB/WT(SG) 001-2015	2710001	01 临时新炸药库施工		

附录1　建设工程消防验收评定规则

1. 范围

本标准规定了建设工程消防验收的内容、程序和技术要求，并提供了评定方法。

本标准适用于公安机关消防机构依法对新建、改建（含室内装修、用途变更）、扩建等建设工程竣工后实施的消防验收和竣工验收消防备案检查。

2. 规范性引用文件

下列文件中的条款通过本标准的引用而成为本标准的条款。凡是注日期的引用文件，其随后所有的修改单（不包括勘误的内容）或修订版均不适用于本标准，然而，鼓励根据本标准达成协议的各方研究是否可使用这些文件的最新版本。凡是不注日期的引用文件，其最新版本适用于本标准。

GB/T 14107 消防基本术语第二部分

3. 术语和定义

GB/T 14107 确立的以及下列术语和定义适用于本标准。

3.1　建设工程消防验收

公安机关消防机构依据消防法律法规和国家工程建设消防技术标准，对纳入消防行政许可范围的建设工程在建设单位组织竣工验收合格的基础上，通过抽查、评定，作出行政许可决定。

3.2　子项

组成防火设施、灭火系统或使用性能、功能单一的涉及消防安全的项目。如火灾探测器、安全出口、防火门等。

3.3　单项

由若干使用性质或功能相近的子项组成的涉及消防安全的项目。如建筑内部装修防火；防火防烟分隔、防爆；火灾自动报警系统；防排烟系统等。

3.4　综合评定

依据资料审查和各单项检查结果做出的消防验收结论。

4. 总则

4.1　建设工程消防验收（以下简称消防验收）由公安机关消防机构组织实施，建设、设计、施工、工程监理、建筑消防设施技术检测等单位予以配合。

4.2　消防验收应按照资料审查、现场抽样检查及功能测试、综合评定的程序进行。

4.3　消防验收的资料审查合格后，方可进行现场抽样检查及功能测试。现场抽样检查及功能测试应按照《建设工程消防验收记录表》的内容逐项进行，并如实记录结果。表中未涵盖的其他灭火设施，可依据此表格式自行续表。

4.4　建设工程竣工验收消防备案检查除材料审查、局部验收外，其他同本标准规定的消防验收要求。

4.5　公安机关消防机构对于消防验收不合格需要申请复验的建设工程，应查阅有关整改资料及证明　文件，并对不合格项目全部进行检查及功能测试，如实记录结果，填写《建设工程消防验收复验记录表》。

5. 消防验收的内容

5.1　消防验收的内容包括资料审查、现场抽样检查及功能测试。

5.2　应审查的资料包括：

a）建设工程消防验收申报表；

b）工程竣工验收报告；

c）消防产品质量合格证明文件；

d）有防火性能要求的建筑构件、建筑材料、室内装修装饰材料符合国家标准或行业标准的证明文件、出厂合格证；

e）消防设施、电气防火技术检测合格证明文件；

f）施工、工程监理、检测单位的合法身份证明和资质等级证明文件；

g）消防设计变更情况、消防设计专家论证会纪要及其他需要提供的材料。

5.3　现场抽样检查及功能测试内容包括：

a）对建筑防（灭）火设施等外观质量进行现场抽样查看；

b）通过专业仪器设备对涉及距离、宽度、长度、面积、厚度等可测量的指标进行现场抽样测量；

c）对消防设施的功能进行现场测试；

d）对消防产品进行现场抽样判定；

e）对其他涉及消防安全的项目进行抽查、测试。

6. 消防验收的评定

6.1　一般原则

现场抽样检查及功能测试应按照先子项评定、后单项评定的程序进行。

6.2　子项的验收检查评定

6.2.1　子项应按其在消防安全中的重要程度分为A（关键项目）、B（主要项目）、C（一般项目）　三类。子项的名称、类别见附录A。

6.2.2　子项的现场抽样检查及功能测试，应符合以下要求：

a）子项的抽样数量不少于2处，当总数不大于2处时，全部检查；防火间距、消防车道的设置及安全出口、疏散楼梯的形式和数量应全部检查；

b）子项抽查中若有1处B类不合格项，则对该子项再抽查4处，不足4处的全部抽查。

6.2.3　子项的评定应符合以下要求：

a）子项内容符合消防技术标准和消防设计文件要求的，评定为合格；

b）有距离、宽度、长度、面积、厚度等要求的内容，其误差不超过5%，且不影响正常使用功能的，评定为合格；

c）子项抽查中，出现A类不合格项的，评定为不合格；有1处B类不合格项，再抽查的4处均合格的，评定为合格，否则为不合格；有4处以上C类不合格项的，判定为不合格；

d）子项名称为系统功能的，系统主要功能满足设计文件要求并能正常实现的，评定为合格；

e）消防产品经现场判定不合格的，该子项评定为不合格；

f）未按照消防设计文件施工建设，造成子项内容缺少或与设计文件严重不符的，评定为不合格。

6.3 单项的验收检查评定

6.3.1 单项验收检查内容包括：

a）建筑类别、总平面布局和平面布置；

b）建筑内部装修防火；

c）防火防烟分隔、防爆；

d）安全疏散与消防电梯；

e）消防水源、消防电源；

f）水灭火系统；

g）火灾自动报警系统；

h）防烟排烟系统；

i）建筑灭火器；

j）其他灭火设施。

6.3.2 所有子项评定合格，且满足下列条件的，单项评定为合格，否则为不合格：

a）B类不合格项不大于4处；

b）C类不合格项不大于8处。

6.4 综合评定

消防验收的综合评定结论分为合格和不合格。建设工程符合下列条件的，应综合评定为消防验收合格；不符合其中任意一项的，综合评定为消防验收不合格：

a）建设工程消防验收的资料审查为合格；

b）建设工程的所有单项均评定为合格。

7. 局部验收

7.1 对于大型建设工程需要局部投入使用的部分，根据建设单位的申请，可实施局部消防验收。

7.2 申请局部消防验收的建设工程，应符合下列条件：

a）与非使用区域有完整的符合消防技术标准要求的防火、防烟分隔；

b）局部投入使用部分的安全出口、疏散楼梯符合消防技术标准要求；

c）消防水源、消防电源均满足消防技术标准和消防设计文件要求；

d）取得局部投入使用部分的各项消防设施技术检测合格报告，并保证其独立运行；

e）消防安全布局合理，消防车通道能够正常使用。

7.3　局部验收的程序、方法及评定要求按照本标准的规定执行。

8. 档案

8.1　建设工程消防验收的档案应包含资料审查、现场抽样检查及功能测试、综合评定等所有资料。

经复验合格的建设工程验收档案应将不合格项目的整改证明资料和《建设工程消防验收复验记录表》等材料与原验收材料一并建档保存。

8.2　建设工程消防验收档案内容较多时可立分册并集中存放，其中图纸可用电子档案的形式保存。

8.3　建筑内部装修工程验收原始技术资料保存期限为五年，其他建设工程消防验收的原始技术资料应长期保存。

附录 2　开发建设项目水土保持设施验收管理办法

（中华人民共和国水利部令　第 16 号）

第一条　为加强开发建设项目水土保持设施的验收工作，根据《中华人民共和国水土保持法》及其实施条例，制定本办法。

第二条　本办法适用于编制水土保持方案报告书的开发建设项目水土保持设施的验收。

编制水土保持方案报告表的开发建设项目水土保持设施的验收，可以参照本办法执行。

第三条　开发建设项目所在地的县级以上地方人民政府水行政主管部门，应当定期对水土保持方案实施情况和水土保持设施运行情况进行监督检查。

第四条　开发建设项目水土保持设施经验收合格后，该项目方可正式投入生产或者使用。

第五条　县级以上人民政府水行政主管部门负责开发建设项目水土保持设施验收工作的组织实施和监督管理。

县级以上人民政府水行政主管部门按照开发建设项目水土保持方案的审批权限，负责项目的水土保持设施的验收工作。

县级以上地方人民政府水行政主管部门组织完成的水土保持设施验收材料，应当报上一级人民政府水行政主管部门备案。

第六条　水土保持设施验收的范围应当与批准的水土保持方案及批复文件一致。

水土保持设施验收工作的主要内容为：检查水土保持设施是否符合设计要求，施工质量，投资使用和管理维护责任落实情况，评价防治水土流失效果，对存在问题提出处理意见等。

第七条　水土保持设施符合下列条件的，方可确定为验收合格：

（一）开发建设项目水土保持方案审批手续完备，水土保持工程设计、施工、监理、财务支出、水土流失监测报告等资料齐全；

（二）水土保持设施按批准的水土保持方案报告书和设计文件的要求建成，符合主体工程和水土保持的要求；

（三）治理程度、拦渣率、植被恢复率、水土流失控制量等指标达到了批准的水土保持方案和批复文件的要求及国家和地方的有关技术标准；

（四）水土保持设施具备正常运行条件，且能持续、安全、有效运转，符合交付使用要求。水土保持设施的管理、维护措施落实。

第八条 在开发建设项目竣工验收阶段，建设单位应当会同水土保持方案编制单位，依据批复的水土保持方案报告书、设计文件的内容和工程量，对水土保持设施完成情况进行检查，编制水土保持方案实施工作总结报告和水土保持设施竣工验收技术报告（编制提纲见附件〔略〕）。对于符合本办法第七条所列验收合格条件的，方可向审批该水土保持方案的机关提出水土保持设施验收申请。

第九条 县级以上人民政府水行政主管部门应当自收到验收申请之日起 3 个月内组织完成验收工作。

第十条 国务院水行政主管部门负责验收的开发建设项目，应当先进行技术评估。

省级水行政主管部门负责验收的开发建设项目，可以根据具体情况参照前款规定执行。

地、县级水行政主管部门负责验收的开发建设项目，可以直接进行竣工验收。

第十一条 技术评估，由具有水土保持生态建设咨询评估资质的机构承担。

承担技术评估的机构，应当组织水土保持、水工、植物、财务经济等方面的专家，依据批准的水土保持方案、批复文件和水土保持验收规程规范对水土保持设施进行评估，并提交评估报告。

第十二条 县级以上人民政府水行政主管部门在收到验收申请后，应当组织有关单位的代表和专家成立验收组，依据验收申请、有关成果和资料，检查建设现场，提出验收意见。其中，对依照本办法第十条规定，需要先进行技术评估的开发建设项目，建设单位在提交验收申请时，应当同时附上技术评估报告。

建设单位、水土保持方案编制单位、设计单位、施工单位、监理单位、监测报告编制单位应当参加现场验收。

第十三条 验收合格意见必须经三分之二以上验收组成员同意，由验收组成员及被验收单位的代表在验收成果文件上签字。

第十四条 对验收合格的项目，水行政主管部门应当及时办理验收合格手续，出具水土保持设施验收合格证书，作为开发建设项目竣工验收的重要依据之一。

对验收不合格的项目，负责验收的水行政主管部门应当责令建设单位限期整改，直至验收合格。

第十五条 分期建设、分期投入生产或者使用的开发建设项目，其相应的水土保持设施应当按照本办法进行分期验收。

第十六条 水土保持设施验收合格并交付使用后，建设单位或经营管理单位应当加强对水土保持设施的管理和维护，确保水土保持设施安全、有效运行。

第十七条 违反本办法，水土保持设施未建成、未经验收或者验收不合格，主体工程已投入运行的，由审批该建设项目水土保持方案的水行政主管部门责令限期完建有关工程并办理验收手续，逾期未办理的，可以处以 1 万元以下的罚款。

第十八条 开发建设项目水土保持设施验收的有关费用，由项目建设单位承担。

第十九条 本办法由水利部负责解释。

第二十条 本办法自 2002 年 12 月 1 日起施行。

附录 3　建设项目环境保护管理条例

（1998 年 11 月 29 日中华人民共和国国务院令第 253 号发布，根据 2017 年 7 月 16 日《国务院关于修改〈建设项目环境保护管理条例〉的决定》修订）

第一章　总则

第一条　为了防止建设项目产生新的污染、破坏生态环境，制定本条例。

第二条　在中华人民共和国领域和中华人民共和国管辖的其他海域内建设对环境有影响的建设项目，适用本条例。

第三条　建设产生污染的建设项目，必须遵守污染物排放的国家标准和地方标准；在实施重点污染物排放总量控制的区域内，还必须符合重点污染物排放总量控制的要求。

第四条　工业建设项目应当采用能耗物耗小、污染物产生量少的清洁生产工艺，合理利用自然资源，防止环境污染和生态破坏。

第五条　改建、扩建项目和技术改造项目必须采取措施，治理与该项目有关的原有环境污染和生态破坏。

第二章　环境影响评价

第六条　国家实行建设项目环境影响评价制度。

第七条　国家根据建设项目对环境的影响程度，按照下列规定对建设项目的环境保护实行分类管理：

（一）建设项目对环境可能造成重大影响的，应当编制环境影响报告书，对建设项目产生的污染和对环境的影响进行全面、详细的评价；

（二）建设项目对环境可能造成轻度影响的，应当编制环境影响报告表，对建设项目产生的污染和对环境的影响进行分析或者专项评价；

（三）建设项目对环境影响很小，不需要进行环境影响评价的，应当填报环境影响登记表。

建设项目环境影响评价分类管理名录，由国务院环境保护行政主管部门在组织专家进行论证和征求有关部门、行业协会、企事业单位、公众等意见的基础上制定并公布。

第八条　建设项目环境影响报告书，应当包括下列内容：

（一）建设项目概况；

（二）建设项目周围环境现状；

（三）建设项目对环境可能造成影响的分析和预测；

（四）环境保护措施及其经济、技术论证；

（五）环境影响经济损益分析；

（六）对建设项目实施环境监测的建议；

（七）环境影响评价结论。

建设项目环境影响报告表、环境影响登记表的内容和格式，由国务院环境保护行政主管部门规定。

第九条 依法应当编制环境影响报告书、环境影响报告表的建设项目，建设单位应当在开工建设前将环境影响报告书、环境影响报告表报有审批权的环境保护行政主管部门审批；建设项目的环境影响评价文件未依法经审批部门审查或者审查后未予批准的，建设单位不得开工建设。

环境保护行政主管部门审批环境影响报告书、环境影响报告表，应当重点审查建设项目的环境可行性、环境影响分析预测评估的可靠性、环境保护措施的有效性、环境影响评价结论的科学性等，并分别自收到环境影响报告书之日起60日内、收到环境影响报告表之日起30日内，作出审批决定并书面通知建设单位。

环境保护行政主管部门可以组织技术机构对建设项目环境影响报告书、环境影响报告表进行技术评估，并承担相应费用；技术机构应当对其提出的技术评估意见负责，不得向建设单位、从事环境影响评价工作的单位收取任何费用。

依法应当填报环境影响登记表的建设项目，建设单位应当按照国务院环境保护行政主管部门的规定将环境影响登记表报建设项目所在地县级环境保护行政主管部门备案。

环境保护行政主管部门应当开展环境影响评价文件网上审批、备案和信息公开。

第十条 国务院环境保护行政主管部门负责审批下列建设项目环境影响报告书、环境影响报告表：

（一）核设施、绝密工程等特殊性质的建设项目；

（二）跨省、自治区、直辖市行政区域的建设项目；

（三）国务院审批的或者国务院授权有关部门审批的建设项目。

前款规定以外的建设项目环境影响报告书、环境影响报告表的审批权限，由省、自治区、直辖市人民政府规定。

建设项目造成跨行政区域环境影响，有关环境保护行政主管部门对环境影响评价结论有争议的，其环境影响报告书或者环境影响报告表由共同上一级环境保护行政主管部门审批。

第十一条 建设项目有下列情形之一的，环境保护行政主管部门应当对环境影响报告书、环境影响报告表作出不予批准的决定：

（一）建设项目类型及其选址、布局、规模等不符合环境保护法律法规和相关法定规划；

（二）所在区域环境质量未达到国家或者地方环境质量标准，且建设项目拟采取的措施不能满足区域环境质量改善目标管理要求；

（三）建设项目采取的污染防治措施无法确保污染物排放达到国家和地方排放标准，或者未采取必要措施预防和控制生态破坏；

（四）改建、扩建和技术改造项目，未针对项目原有环境污染和生态破坏提出有效防治措施；

（五）建设项目的环境影响报告书、环境影响报告表的基础资料数据明显不实，内容存在重大缺陷、遗漏，或者环境影响评价结论不明确、不合理。

第十二条　建设项目环境影响报告书、环境影响报告表经批准后，建设项目的性质、规模、地点、采用的生产工艺或者防治污染、防止生态破坏的措施发生重大变动的，建设单位应当重新报批建设项目环境影响报告书、环境影响报告表。

建设项目环境影响报告书、环境影响报告表自批准之日起满 5 年，建设项目方开工建设的，其环境影响报告书、环境影响报告表应当报原审批部门重新审核。原审批部门应当自收到建设项目环境影响报告书、环境影响报告表之日起 10 日内，将审核意见书面通知建设单位；逾期未通知的，视为审核同意。

审核、审批建设项目环境影响报告书、环境影响报告表及备案环境影响登记表，不得收取任何费用。

第十三条　建设单位可以采取公开招标的方式，选择从事环境影响评价工作的单位，对建设项目进行环境影响评价。

任何行政机关不得为建设单位指定从事环境影响评价工作的单位，进行环境影响评价。

第十四条　建设单位编制环境影响报告书，应当依照有关法律规定，征求建设项目所在地有关单位和居民的意见。

第三章　环境保护设施建设

第十五条　建设项目需要配套建设的环境保护设施，必须与主体工程同时设计、同时施工、同时投产使用。

第十六条　建设项目的初步设计，应当按照环境保护设计规范的要求，编制环境保护篇章，落实防治环境污染和生态破坏的措施以及环境保护设施投资概算。

建设单位应当将环境保护设施建设纳入施工合同，保证环境保护设施建设进度和资金，并在项目建设过程中同时组织实施环境影响报告书、环境影响报告表及其审批部门审批决定中提出的环境保护对策措施。

第十七条　编制环境影响报告书、环境影响报告表的建设项目竣工后，建设单位应当按照国务院环境保护行政主管部门规定的标准和程序，对配套建设的环境保护设施进行验收，编制验收报告。

建设单位在环境保护设施验收过程中，应当如实查验、监测、记载建设项目环境保护设施的建设和调试情况，不得弄虚作假。

除按照国家规定需要保密的情形外，建设单位应当依法向社会公开验收报告。

第十八条　分期建设、分期投入生产或者使用的建设项目，其相应的环境保护设施应当分期验收。

第十九条　编制环境影响报告书、环境影响报告表的建设项目，其配套建设的环境保护设施经验收合格，方可投入生产或者使用；未经验收或者验收不合格的，不得投入生产或者使用。

前款规定的建设项目投入生产或者使用后，应当按照国务院环境保护行政主管部门的规定开展环境影响后评价。

第二十条 环境保护行政主管部门应当对建设项目环境保护设施设计、施工、验收、投入生产或者使用情况，以及有关环境影响评价文件确定的其他环境保护措施的落实情况，进行监督检查。

环境保护行政主管部门应当将建设项目有关环境违法信息记入社会诚信档案，及时向社会公开违法者名单。

第四章 法律责任

第二十一条 建设单位有下列行为之一的，依照《中华人民共和国环境影响评价法》的规定处罚：

（一）建设项目环境影响报告书、环境影响报告表未依法报批或者报请重新审核，擅自开工建设；

（二）建设项目环境影响报告书、环境影响报告表未经批准或者重新审核同意，擅自开工建设；

（三）建设项目环境影响登记表未依法备案。

第二十二条 违反本条例规定，建设单位编制建设项目初步设计未落实防治环境污染和生态破坏的措施以及环境保护设施投资概算，未将环境保护设施建设纳入施工合同，或者未依法开展环境影响后评价的，由建设项目所在地县级以上环境保护行政主管部门责令限期改正，处5万元以上20万元以下的罚款；逾期不改正的，处20万元以上100万元以下的罚款。

违反本条例规定，建设单位在项目建设过程中未同时组织实施环境影响报告书、环境影响报告表及其审批部门审批决定中提出的环境保护对策措施的，由建设项目所在地县级以上环境保护行政主管部门责令限期改正，处20万元以上100万元以下的罚款；逾期不改正的，责令停止建设。

第二十三条 违反本条例规定，需要配套建设的环境保护设施未建成、未经验收或者验收不合格，建设项目即投入生产或者使用，或者在环境保护设施验收中弄虚作假的，由县级以上环境保护行政主管部门责令限期改正，处20万元以上100万元以下的罚款；逾期不改正的，处100万元以上200万元以下的罚款；对直接负责的主管人员和其他责任人员，处5万元以上20万元以下的罚款；造成重大环境污染或者生态破坏的，责令停止生产或者使用，或者报经有批准权的人民政府批准，责令关闭。

违反本条例规定，建设单位未依法向社会公开环境保护设施验收报告的，由县级以上环境保护行政主管部门责令公开，处5万元以上20万元以下的罚款，并予以公告。

第二十四条 违反本条例规定，技术机构向建设单位、从事环境影响评价工作的单位收取费用的，由县级以上环境保护行政主管部门责令退还所收费用，处所收费用1倍以上 3 倍以下的罚款。

第二十五条　从事建设项目环境影响评价工作的单位，在环境影响评价工作中弄虚作假的，由县级以上环境保护行政主管部门处所收费用 1 倍以上 3 倍以下的罚款。

第二十六条　环境保护行政主管部门的工作人员徇私舞弊、滥用职权、玩忽职守，构成犯罪的，依法追究刑事责任；尚不构成犯罪的，依法给予行政处分。

第五章　附则

第二十七条　流域开发、开发区建设、城市新区建设和旧区改建等区域性开发，编制建设规划时，应当进行环境影响评价。具体办法由国务院环境保护行政主管部门会同国务院有关部门另行规定。

第二十八条　海洋工程建设项目的环境保护管理，按照国务院关于海洋工程环境保护管理的规定执行。

第二十九条　军事设施建设项目的环境保护管理，按照中央军事委员会的有关规定执行。

第三十条　本条例自发布之日起施行。

附录 4　建设项目竣工环境保护验收暂行办法

第一章　总则

第一条　为规范建设项目环境保护设施竣工验收的程序和标准，强化建设单位环境保护主体责任，根据《建设项目环境保护管理条例》，制定本办法。

第二条　本办法适用于编制环境影响报告书（表）并根据环保法律法规的规定由建设单位实施环境保护设施竣工验收的建设项目以及相关监督管理。

第三条　建设项目竣工环境保护验收的主要依据包括：

（一）建设项目环境保护相关法律、法规、规章、标准和规范性文件；

（二）建设项目竣工环境保护验收技术规范；

（三）建设项目环境影响报告书（表）及审批部门审批决定。

第四条　建设单位是建设项目竣工环境保护验收的责任主体，应当按照本办法规定的程序和标准，组织对配套建设的环境保护设施进行验收，编制验收报告，公开相关信息，接受社会监督，确保建设项目需要配套建设的环境保护设施与主体工程同时投产或者使用，并对验收内容、结论和所公开信息的真实性、准确性和完整性负责，不得在验收过程中弄虚作假。

环境保护设施是指防治环境污染和生态破坏以及开展环境监测所需的装置、设备和工程设施等。

验收报告分为验收监测（调查）报告、验收意见和其他需要说明的事项等三项内容。

第二章　验收的程序和内容

第五条　建设项目竣工后，建设单位应当如实查验、监测、记载建设项目环境保护设施的建设和调试情况，编制验收监测（调查）报告。

以排放污染物为主的建设项目，参照《建设项目竣工环境保护验收技术指南污染影响类》编制验收监测报告；主要对生态造成影响的建设项目，按照《建设项目竣工环境保护验收技术规范生态影响类》编制验收调查报告；火力发电、石油炼制、水利水电、核与辐射等已发布行业验收技术规范的建设项目，按照该行业验收技术规范编制验收监测报告或者验收调查报告。

建设单位不具备编制验收监测（调查）报告能力的，可以委托有能力的技术机构编制。建设单位对受委托的技术机构编制的验收监测（调查）报告结论负责。建设单位与受委托的技术机构之间的权利义务关系，以及受委托的技术机构应当承担的责任，可以通过合同形式约定。

第六条　需要对建设项目配套建设的环境保护设施进行调试的，建设单位应当确保调试期间污染物排放符合国家和地方有关污染物排放标准和排污许可等相关管理规定。

环境保护设施未与主体工程同时建成的，或者应当取得排污许可证但未取得的，建设单位不得对该建设项目环境保护设施进行调试。

调试期间，建设单位应当对环境保护设施运行情况和建设项目对环境的影响进行监测。验收监测应当在确保主体工程调试工况稳定、环境保护设施运行正常的情况下进行，并如实记录监测时的实际工况。国家和地方有关污染物排放标准或者行业验收技术规范对工况和生产负荷另有规定的，按其规定执行。建设单位开展验收监测活动，可根据自身条件和能力，利用自有人员、场所和设备自行监测；也可以委托其他有能力的监测机构开展监测。

第七条　验收监测（调查）报告编制完成后，建设单位应当根据验收监测（调查）报告结论，逐一检查是否存在本办法第八条所列验收不合格的情形，提出验收意见。存在问题的，建设单位应当进行整改，整改完成后方可提出验收意见。

验收意见包括工程建设基本情况、工程变动情况、环境保护设施落实情况、环境保护设施调试效果、工程建设对环境的影响、验收结论和后续要求等内容，验收结论应当明确该建设项目环境保护设施是否验收合格。

建设项目配套建设的环境保护设施经验收合格后，其主体工程方可投入生产或者使用；未经验收或者验收不合格的，不得投入生产或者使用。

第八条　建设项目环境保护设施存在下列情形之一的，建设单位不得提出验收合格的意见：

（一）未按环境影响报告书（表）及其审批部门审批决定要求建成环境保护设施，或者环境保护设施不能与主体工程同时投产或者使用的；

（二）污染物排放不符合国家和地方相关标准、环境影响报告书（表）及其审批部门审批决定或者重点污染物排放总量控制指标要求的；

（三）环境影响报告书（表）经批准后，该建设项目的性质、规模、地点、采用的生产工艺或者防治污染、防止生态破坏的措施发生重大变动，建设单位未重新报批环境影响报告书（表）或者环境影响报告书（表）未经批准的；

（四）建设过程中造成重大环境污染未治理完成，或者造成重大生态破坏未恢复的；

（五）纳入排污许可管理的建设项目，无证排污或者不按证排污的；

（六）分期建设、分期投入生产或者使用依法应当分期验收的建设项目，其分期建设、分期投入生产或者使用的环境保护设施防治环境污染和生态破坏的能力不能满足其相应主体工程需要的；

（七）建设单位因该建设项目违反国家和地方环境保护法律法规受到处罚，被责令改正，尚未改正完成的；

（八）验收报告的基础资料数据明显不实，内容存在重大缺项、遗漏，或者验收结论不明确、不合理的；

（九）其他环境保护法律法规规章等规定不得通过环境保护验收的。

第九条 为提高验收的有效性，在提出验收意见的过程中，建设单位可以组织成立验收工作组，采取现场检查、资料查阅、召开验收会议等方式，协助开展验收工作。验收工作组可以由设计单位、施工单位、环境影响报告书（表）编制机构、验收监测（调查）报告编制机构等单位代表以及专业技术专家等组成，代表范围和人数自定。

第十条 建设单位在“其他需要说明的事项”中应当如实记载环境保护设施设计、施工和验收过程简况、环境影响报告书（表）及其审批部门审批决定中提出的除环境保护设施外的其他环境保护对策措施的实施情况，以及整改工作情况等。

相关地方政府或者政府部门承诺负责实施与项目建设配套的防护距离内居民搬迁、功能置换、栖息地保护等环境保护对策措施的，建设单位应当积极配合地方政府或部门在所承诺的时限内完成，并在“其他需要说明的事项”中如实记载前述环境保护对策措施的实施情况。

第十一条 除按照国家需要保密的情形外，建设单位应当通过其网站或其他便于公众知晓的方式，向社会公开下列信息：

（一）建设项目配套建设的环境保护设施竣工后，公开竣工日期；

（二）对建设项目配套建设的环境保护设施进行调试前，公开调试的起止日期；

（三）验收报告编制完成后5个工作日内，公开验收报告，公示的期限不得少于20个工作日。

建设单位公开上述信息的同时，应当向所在地县级以上环境保护主管部门报送相关信息，并接受监督检查。

第十二条 除需要取得排污许可证的水和大气污染防治设施外，其他环境保护设施的验收期限一般不超过3个月；需要对该类环境保护设施进行调试或者整改的，验收期限可以适当延期，但最长不超过12个月。

验收期限是指自建设项目环境保护设施竣工之日起至建设单位向社会公开验收报告之日止的时间。

第十三条 验收报告公示期满后5个工作日内，建设单位应当登录全国建设项目竣工环境保护验收信息平台，填报建设项目基本信息、环境保护设施验收情况等相关信息，环境保护主管部门对上述信息予以公开。

建设单位应当将验收报告以及其他档案资料存档备查。

第十四条 纳入排污许可管理的建设项目，排污单位应当在项目产生实际污染物排放之前，按照国家排污许可有关管理规定要求，申请排污许可证，不得无证排污或不按证排污。建设项目验收报告中与污染物排放相关的主要内容应当纳入该项目验收完成当年排污许可证执行年报。

第三章 监督检查

第十五条 各级环境保护主管部门应当按照《建设项目环境保护事中事后监督管理办法（试行）》等规定，通过“双随机一公开”抽查制度，强化建设项目环境保护事中事后监督管理。要充分依托建设项目竣工环境保护验收信息平台，采取随机抽取检查对象和随机选派执法检查人员的方式，同时结合重点建设项目定点检查，对建设项目环境保护设施“三同时”落实情况、竣工验收等情况进行监督性检查，监督结果向社会公开。

第十六条　需要配套建设的环境保护设施未建成、未经验收或者经验收不合格，建设项目已投入生产或者使用的，或者在验收中弄虚作假的，或者建设单位未依法向社会公开验收报告的，县级以上环境保护主管部门应当依照《建设项目环境保护管理条例》的规定予以处罚，并将建设项目有关环境违法信息及时记入诚信档案，及时向社会公开违法者名单。

第十七条　相关地方政府或者政府部门承诺负责实施的环境保护对策措施未按时完成的，环境保护主管部门可以依照法律法规和有关规定采取约谈、综合督查等方式督促相关政府或者政府部门抓紧实施。

第四章　附则

第十八条　本办法自发布之日起施行。

第十九条　本办法由环境保护部负责解释。

附：验收现行有效的法律关于竣工环保验收的具体规定：

（一）《水污染防治法》（2008 年版）第十七条“水污染防治设施应当经过环境保护主管部门验收，验收不合格的，该建设项目不得投入生产或者使用”。2018 年 1 月 1 日起实施《水污染防治法》（2017 修订版），其中已取消涉及验收的相关条文。

（二）《环境噪声污染防治法》（1997 年版）第十四条“建设项目在投入生产或者使用之前，其环境噪声污染防治设施必须经原审批环境影响报告书的环境保护行政主管部门验收”。

（三）《固体废物污染环境防治法》（2004 修订版）第十四条“固体废物污染环境防治设施必须经原审批环境影响评价文件的环境保护行政主管部门验收合格后，该建设项目方可投入生产或者使用”。

附录 5　大中型水利水电工程建设征地补偿和移民安置条例

（2006 年 7 月 7 日中华人民共和国国务院令　第 471 号公布）

根据 2013 年 7 月 18 日《国务院关于废止和修改部分行政法规的决定》第一次修订、根据 2013 年 12 月 7 日《国务院关于修改部分行政法规的决定》第二次修订、根据 2017 年 4 月 14 日《国务院关于修改〈大中型水利水电工程建设征地补偿和移民安置条例〉的决定》第三次修订

第一章　总则

第一条　为了做好大中型水利水电工程建设征地补偿和移民安置工作，维护移民合法权益，保障工程建设的顺利进行，根据《中华人民共和国土地管理法》和《中华人民共和国水法》，制定本条例。

第二条　大中型水利水电工程的征地补偿和移民安置，适用本条例。

第三条　国家实行开发性移民方针，采取前期补偿、补助与后期扶持相结合的办法，使移民生活达到或者超过原有水平。

第四条　大中型水利水电工程建设征地补偿和移民安置应当遵循下列原则：

（一）以人为本，保障移民的合法权益，满足移民生存与发展的需求；

（二）顾全大局，服从国家整体安排，兼顾国家、集体、个人利益；

（三）节约利用土地，合理规划工程占地，控制移民规模；

（四）可持续发展，与资源综合开发利用、生态环境保护相协调；

（五）因地制宜，统筹规划。

第五条　移民安置工作实行政府领导、分级负责、县为基础、项目法人参与的管理体制。

国务院水利水电工程移民行政管理机构（以下简称国务院移民管理机构）负责全国大中型水利水电工程移民安置工作的管理和监督。

县级以上地方人民政府负责本行政区域内大中型水利水电工程移民安置工作的组织和领导；省、自治区、直辖市人民政府规定的移民管理机构，负责本行政区域内大中型水利水电工程移民安置工作的管理和监督。

第二章　移民安置规划

第六条　已经成立项目法人的大中型水利水电工程，由项目法人编制移民安置规划大纲，按照审批权限报省、自治区、直辖市人民政府或者国务院移民管理机构审批；

省、自治区、直辖市人民政府或者国务院移民管理机构在审批前应当征求移民区和移民安置区县级以上地方人民政府的意见。

没有成立项目法人的大中型水利水电工程，项目主管部门应当会同移民区和移民安置区县级以上地方人民政府编制移民安置规划大纲，按照审批权限报省、自治区、直辖市人民政府或者国务院移民管理机构审批。

第七条　移民安置规划大纲应当根据工程占地和淹没区实物调查结果以及移民区、移民安置区经济社会情况和资源环境承载能力编制。

工程占地和淹没区实物调查，由项目主管部门或者项目法人会同工程占地和淹没区所在地的地方人民政府实施；实物调查应当全面准确，调查结果经调查者和被调查者签字认可并公示后，由有关地方人民政府签署意见。实物调查工作开始前，工程占地和淹没区所在地的省级人民政府应当发布通告，禁止在工程占地和淹没区新增建设项目和迁入人口，并对实物调查工作作出安排。

第八条　移民安置规划大纲应当主要包括移民安置的任务、去向、标准和农村移民生产安置方式以及移民生活水平评价和搬迁后生活水平预测、水库移民后期扶持政策、淹没线以上受影响范围的划定原则、移民安置规划编制原则等内容。

第九条　编制移民安置规划大纲应当广泛听取移民和移民安置区居民的意见；必要时，应当采取听证的方式。

经批准的移民安置规划大纲是编制移民安置规划的基本依据，应当严格执行，不得随意调整或者修改；确需调整或者修改的，应当报原批准机关批准。

第十条　已经成立项目法人的，由项目法人根据经批准的移民安置规划大纲编制移民安置规划；没有成立项目法人的，项目主管部门应当会同移民区和移民安置区县级以上地方人民政府，根据经批准的移民安置规划大纲编制移民安置规划。

大中型水利水电工程的移民安置规划，按照审批权限经省、自治区、直辖市人民政府移民管理机构或者国务院移民管理机构审核后，由项目法人或者项目主管部门报项目审批或者核准部门，与可行性研究报告或者项目申请报告一并审批或者核准。

省、自治区、直辖市人民政府移民管理机构或者国务院移民管理机构审核移民安置规划，应当征求本级人民政府有关部门以及移民区和移民安置区县级以上地方人民政府的意见。

第十一条　编制移民安置规划应当以资源环境承载能力为基础，遵循本地安置与异地安置、集中安置与分散安置、政府安置与移民自找门路安置相结合的原则。

编制移民安置规划应当尊重少数民族的生产、生活方式和风俗习惯。

移民安置规划应当与国民经济和社会发展规划以及土地利用总体规划、城市总体规划、村庄和集镇规划相衔接。

第十二条　移民安置规划应当对农村移民安置、城（集）镇迁建、工矿企业迁建、专项设施迁建或者复建、防护工程建设、水库水域开发利用、水库移民后期扶持措施、征地补偿和移民安置资金概（估）算等作出安排。

对淹没线以上受影响范围内因水库蓄水造成的居民生产、生活困难问题，应当纳入移民安置规划，按照经济合理的原则，妥善处理。

第十三条 对农村移民安置进行规划，应当坚持以农业生产安置为主，遵循因地制宜、有利生产、方便生活、保护生态的原则，合理规划农村移民安置点；有条件的地方，可以结合小城镇建设进行。

农村移民安置后，应当使移民拥有与移民安置区居民基本相当的土地等农业生产资料。

第十四条 对城（集）镇移民安置进行规划，应当以城（集）镇现状为基础，节约用地，合理布局。

工矿企业的迁建，应当符合国家的产业政策，结合技术改造和结构调整进行；对技术落后、浪费资源、产品质量低劣、污染严重、不具备安全生产条件的企业，应当依法关闭。

第十五条 编制移民安置规划应当广泛听取移民和移民安置区居民的意见；必要时，应当采取听证的方式。

经批准的移民安置规划是组织实施移民安置工作的基本依据，应当严格执行，不得随意调整或者修改；确需调整或者修改的，应当依照本条例第十条的规定重新报批。

未编制移民安置规划或者移民安置规划未经审核的大中型水利水电工程建设项目，有关部门不得批准或者核准其建设，不得为其办理用地等有关手续。

第十六条 征地补偿和移民安置资金、依法应当缴纳的耕地占用税和耕地开垦费以及依照国务院有关规定缴纳的森林植被恢复费等应当列入大中型水利水电工程概算。

征地补偿和移民安置资金包括土地补偿费、安置补助费，农村居民点迁建、城（集）镇迁建、工矿企业迁建以及专项设施迁建或者复建补偿费（含有关地上附着物补偿费），移民个人财产补偿费（含地上附着物和青苗补偿费）和搬迁费，库底清理费，淹没区文物保护费和国家规定的其他费用。

第十七条 农村移民集中安置的农村居民点、城（集）镇、工矿企业以及专项设施等基础设施的迁建或者复建选址，应当依法做好环境影响评价、水文地质与工程地质勘察、地质灾害防治和地质灾害危险性评估。

第十八条 对淹没区内的居民点、耕地等，具备防护条件的，应当在经济合理的前提下，采取修建防护工程等防护措施，减少淹没损失。

防护工程的建设费用由项目法人承担，运行管理费用由大中型水利水电工程管理单位负责。

第十九条 对工程占地和淹没区内的文物，应当查清分布，确认保护价值，坚持保护为主、抢救第一的方针，实行重点保护、重点发掘。

第三章　征地补偿

第二十条 依法批准的流域规划中确定的大中型水利水电工程建设项目的用地，应当纳入项目所在地的土地利用总体规划。

大中型水利水电工程建设项目核准或者可行性研究报告批准后，项目用地应当列入土地利用年度计划。

属于国家重点扶持的水利、能源基础设施的大中型水利水电工程建设项目，其用地可以以划拨方式取得。

第二十一条　大中型水利水电工程建设项目用地，应当依法申请并办理审批手续，实行一次报批、分期征收，按期支付征地补偿费。

对于应急的防洪、治涝等工程，经有批准权的人民政府决定，可以先行使用土地，事后补办用地手续。

第二十二条　大中型水利水电工程建设征收土地的土地补偿费和安置补助费，实行与铁路等基础设施项目用地同等补偿标准，按照被征收土地所在省、自治区、直辖市规定的标准执行。

被征收土地上的零星树木、青苗等补偿标准，按照被征收土地所在省、自治区、直辖市规定的标准执行。

被征收土地上的附着建筑物按照其原规模、原标准或者恢复原功能的原则补偿；对补偿费用不足以修建基本用房的贫困移民，应当给予适当补助。

使用其他单位或者个人依法使用的国有耕地，参照征收耕地的补偿标准给予补偿；使用未确定给单位或者个人使用的国有未利用地，不予补偿。

移民远迁后，在水库周边淹没线以上属于移民个人所有的零星树木、房屋等应当分别依照本条第二款、第三款规定的标准给予补偿。

第二十三条　大中型水利水电工程建设临时用地，由县级以上人民政府土地主管部门批准。

第二十四条　工矿企业和交通、电力、电信、广播电视等专项设施以及中小学的迁建或者复建，应当按照其原规模、原标准或者恢复原功能的原则补偿。

第二十五条　大中型水利水电工程建设占用耕地的，应当执行占补平衡的规定。为安置移民开垦的耕地、因大中型水利水电工程建设而进行土地整理新增的耕地、工程施工新造的耕地可以抵扣或者折抵建设占用耕地的数量。

大中型水利水电工程建设占用25度以上坡耕地的，不计入需要补充耕地的范围。

第四章　移民安置

第二十六条　移民区和移民安置区县级以上地方人民政府负责移民安置规划的组织实施。

第二十七条　大中型水利水电工程开工前，项目法人应当根据经批准的移民安置规划，与移民区和移民安置区所在的省、自治区、直辖市人民政府或者市、县人民政府签订移民安置协议；签订协议的省、自治区、直辖市人民政府或者市人民政府，可以与下一级有移民或者移民安置任务的人民政府签订移民安置协议。

第二十八条　项目法人应当根据大中型水利水电工程建设的要求和移民安置规划，在每年汛期结束后60日内，向与其签订移民安置协议的地方人民政府提出下年度移民安置计划建议；签订移民安置协议的地方人民政府，应当根据移民安置规划和项目法人的年度移民安置计划建议，在与项目法人充分协商的基础上，组织编制并下达本行政区域的下年度移民安置年度计划。

第二十九条 项目法人应当根据移民安置年度计划，按照移民安置实施进度将征地补偿和移民安置资金支付给与其签订移民安置协议的地方人民政府。

第三十条 农村移民在本县通过新开发土地或者调剂土地集中安置的，县级人民政府应当将土地补偿费、安置补助费和集体财产补偿费直接全额兑付给该村集体经济组织或者村民委员会。

农村移民分散安置到本县内其他村集体经济组织或者村民委员会的，应当由移民安置村集体经济组织或者村民委员会与县级人民政府签订协议，按照协议安排移民的生产和生活。

第三十一条 农村移民在本省行政区域内其他县安置的，与项目法人签订移民安置协议的地方人民政府，应当及时将相应的征地补偿和移民安置资金交给移民安置区县级人民政府，用于安排移民的生产和生活。

农村移民跨省安置的，项目法人应当及时将相应的征地补偿和移民安置资金交给移民安置区省、自治区、直辖市人民政府，用于安排移民的生产和生活。

第三十二条 搬迁费以及移民个人房屋和附属建筑物、个人所有的零星树木、青苗、农副业设施等个人财产补偿费，由移民区县级人民政府直接全额兑付给移民。

第三十三条 移民自愿投亲靠友的，应当由本人向移民区县级人民政府提出申请，并提交接收地县级人民政府出具的接收证明；移民区县级人民政府确认其具有土地等农业生产资料后，应当与接收地县级人民政府和移民共同签订协议，将土地补偿费、安置补助费交给接收地县级人民政府，统筹安排移民的生产和生活，将个人财产补偿费和搬迁费发给移民个人。

第三十四条 城（集）镇迁建、工矿企业迁建、专项设施迁建或者复建补偿费，由移民区县级以上地方人民政府交给当地人民政府或者有关单位。因扩大规模、提高标准增加的费用，由有关地方人民政府或者有关单位自行解决。

第三十五条 农村移民集中安置的农村居民点应当按照经批准的移民安置规划确定的规模和标准迁建。

农村移民集中安置的农村居民点的道路、供水、供电等基础设施，由乡（镇）、村统一组织建设。

农村移民住房，应当由移民自主建造。有关地方人民政府或者村民委员会应当统一规划宅基地，但不得强行规定建房标准。

第三十六条 农村移民安置用地应当依照《中华人民共和国土地管理法》和《中华人民共和国农村土地承包法》办理有关手续。

第三十七条 移民安置达到阶段性目标和移民安置工作完毕后，省、自治区、直辖市人民政府或者国务院移民管理机构应当组织有关单位进行验收；移民安置未经验收或者验收不合格的，不得对大中型水利水电工程进行阶段性验收和竣工验收。

第五章 后期扶持

第三十八条 移民安置区县级以上地方人民政府应当编制水库移民后期扶持规划，

报上一级人民政府或者其移民管理机构批准后实施。

编制水库移民后期扶持规划应当广泛听取移民的意见；必要时，应当采取听证的方式。

经批准的水库移民后期扶持规划是水库移民后期扶持工作的基本依据，应当严格执行，不得随意调整或者修改；确需调整或者修改的，应当报原批准机关批准。

未编制水库移民后期扶持规划或者水库移民后期扶持规划未经批准，有关单位不得拨付水库移民后期扶持资金。

第三十九条　水库移民后期扶持规划应当包括后期扶持的范围、期限、具体措施和预期达到的目标等内容。水库移民安置区县级以上地方人民政府应当采取建立责任制等有效措施，做好后期扶持规划的落实工作。

第四十条　水库移民后期扶持资金应当按照水库移民后期扶持规划，主要作为生产生活补助发放给移民个人；必要时可以实行项目扶持，用于解决移民村生产生活中存在的突出问题，或者采取生产生活补助和项目扶持相结合的方式。具体扶持标准、期限和资金的筹集、使用管理依照国务院有关规定执行。

省、自治区、直辖市人民政府根据国家规定的原则，结合本行政区域实际情况，制定水库移民后期扶持具体实施办法，报国务院批准后执行。

第四十一条　各级人民政府应当加强移民安置区的交通、能源、水利、环保、通信、文化、教育、卫生、广播电视等基础设施建设，扶持移民安置区发展。

移民安置区地方人民政府应当将水库移民后期扶持纳入本级人民政府国民经济和社会发展规划。

第四十二条　国家在移民安置区和大中型水利水电工程受益地区兴办的生产建设项目，应当优先吸收符合条件的移民就业。

第四十三条　大中型水利水电工程建成后形成的水面和水库消落区土地属于国家所有，由该工程管理单位负责管理，并可以在服从水库统一调度和保证工程安全、符合水土保持和水质保护要求的前提下，通过当地县级人民政府优先安排给当地农村移民使用。

第四十四条　国家在安排基本农田和水利建设资金时，应当对移民安置区所在县优先予以扶持。

第四十五条　各级人民政府及其有关部门应当加强对移民的科学文化知识和实用技术的培训，加强法制宣传教育，提高移民素质，增强移民就业能力。

第四十六条　大中型水利水电工程受益地区的各级地方人民政府及其有关部门应当按照优势互补、互惠互利、长期合作、共同发展的原则，采取多种形式对移民安置区给予支持。

第六章　监督管理

第四十七条　国家对移民安置和水库移民后期扶持实行全过程监督。省、自治区、直辖市人民政府和国务院移民管理机构应当加强对移民安置和水库移民后期扶持的监督，发现问题应当及时采取措施。

第四十八条 国家对征地补偿和移民安置资金、水库移民后期扶持资金的拨付、使用和管理实行稽察制度，对拨付、使用和管理征地补偿和移民安置资金、水库移民后期扶持资金的有关地方人民政府及其有关部门的负责人依法实行任期经济责任审计。

第四十九条 县级以上人民政府应当加强对下级人民政府及其财政、发展改革、移民等有关部门或者机构拨付、使用和管理征地补偿和移民安置资金、水库移民后期扶持资金的监督。

县级以上地方人民政府或者其移民管理机构应当加强对征地补偿和移民安置资金、水库移民后期扶持资金的管理，定期向上一级人民政府或者其移民管理机构报告并向项目法人通报有关资金拨付、使用和管理情况。

第五十条 各级审计、监察机关应当依法加强对征地补偿和移民安置资金、水库移民后期扶持资金拨付、使用和管理情况的审计和监察。

县级以上人民政府财政部门应当加强对征地补偿和移民安置资金、水库移民后期扶持资金拨付、使用和管理情况的监督。

审计、监察机关和财政部门进行审计、监察和监督时，有关单位和个人应当予以配合，及时提供有关资料。

第五十一条 国家对移民安置实行全过程监督评估。签订移民安置协议的地方人民政府和项目法人应当采取招标的方式，共同委托移民安置监督评估单位对移民搬迁进度、移民安置质量、移民资金的拨付和使用情况以及移民生活水平的恢复情况进行监督评估；被委托方应当将监督评估的情况及时向委托方报告。

第五十二条 征地补偿和移民安置资金应当专户存储、专账核算，存储期间的孳息，应当纳入征地补偿和移民安置资金，不得挪作他用。

第五十三条 移民区和移民安置区县级人民政府，应当以村为单位将大中型水利水电工程征收的土地数量、土地种类和实物调查结果、补偿范围、补偿标准和金额以及安置方案等向群众公布。群众提出异议的，县级人民政府应当及时核查，并对统计调查结果不准确的事项进行改正；经核查无误的，应当及时向群众解释。

有移民安置任务的乡（镇）、村应当建立健全征地补偿和移民安置资金的财务管理制度，并将征地补偿和移民安置资金收支情况张榜公布，接受群众监督；土地补偿费和集体财产补偿费的使用方案应当经村民会议或者村民代表会议讨论通过。

移民安置区乡（镇）人民政府、村（居）民委员会应当采取有效措施帮助移民适应当地的生产、生活，及时调处矛盾纠纷。

第五十四条 县级以上地方人民政府或者其移民管理机构以及项目法人应当建立移民工作档案，并按照国家有关规定进行管理。

第五十五条 国家切实维护移民的合法权益。

在征地补偿和移民安置过程中，移民认为其合法权益受到侵害的，可以依法向县级以上人民政府或者其移民管理机构反映，县级以上人民政府或者其移民管理机构应当对移民反映的问题进行核实并妥善解决。移民也可以依法向人民法院提起诉讼。

移民安置后，移民与移民安置区当地居民享有同等的权利，承担同等的义务。

第五十六条　按照移民安置规划必须搬迁的移民，无正当理由不得拖延搬迁或者拒迁。已经安置的移民不得返迁。

第七章　法律责任

第五十七条　违反本条例规定，有关地方人民政府、移民管理机构、项目审批部门及其他有关部门有下列行为之一的，对直接负责的主管人员和其他直接责任人员依法给予行政处分；造成严重后果，有关责任人员构成犯罪的，依法追究刑事责任：

（一）违反规定批准移民安置规划大纲、移民安置规划或者水库移民后期扶持规划的；

（二）违反规定批准或者核准未编制移民安置规划或者移民安置规划未经审核的大中型水利水电工程建设项目的；

（三）移民安置未经验收或者验收不合格而对大中型水利水电工程进行阶段性验收或者竣工验收的；

（四）未编制水库移民后期扶持规划，有关单位拨付水库移民后期扶持资金的；

（五）移民安置管理、监督和组织实施过程中发现违法行为不予查处的；

（六）在移民安置过程中发现问题不及时处理，造成严重后果以及有其他滥用职权、玩忽职守等违法行为的。

第五十八条　违反本条例规定，项目主管部门或者有关地方人民政府及其有关部门调整或者修改移民安置规划大纲、移民安置规划或者水库移民后期扶持规划的，由批准该规划大纲、规划的有关人民政府或者其有关部门、机构责令改正，对直接负责的主管人员和其他直接责任人员依法给予行政处分；造成重大损失，有关责任人员构成犯罪的，依法追究刑事责任。

违反本条例规定，项目法人调整或者修改移民安置规划大纲、移民安置规划的，由批准该规划大纲、规划的有关人民政府或者其有关部门、机构责令改正，处 10 万元以上 50 万元以下的罚款；对直接负责的主管人员和其他直接责任人员处 1 万元以上 5 万元以下的罚款；造成重大损失，有关责任人员构成犯罪的，依法追究刑事责任。

第五十九条　违反本条例规定，在编制移民安置规划大纲、移民安置规划、水库移民后期扶持规划，或者进行实物调查、移民安置监督评估中弄虚作假的，由批准该规划大纲、规划的有关人民政府或者其有关部门、机构责令改正，对有关单位处 10 万元以上 50 万元以下的罚款；对直接负责的主管人员和其他直接责任人员处 1 万元以上 5 万元以下的罚款；给他人造成损失的，依法承担赔偿责任。

第六十条　违反本条例规定，侵占、截留、挪用征地补偿和移民安置资金、水库移民后期扶持资金的，责令退赔，并处侵占、截留、挪用资金额 3 倍以下的罚款，对直接负责的主管人员和其他责任人员依法给予行政处分；构成犯罪的，依法追究有关责任人员的刑事责任。

第六十一条　违反本条例规定，拖延搬迁或者拒迁的，当地人民政府或者其移民管理机构可以申请人民法院强制执行；违反治安管理法律、法规的，依法给予治安管理处罚；构成犯罪的，依法追究有关责任人员的刑事责任。

第八章　附　则

第六十二条　长江三峡工程的移民工作，依照《长江三峡工程建设移民条例》执行。

南水北调工程的征地补偿和移民安置工作，依照本条例执行。但是，南水北调工程中线、东线一期工程的移民安置规划的编制审批，依照国务院的规定执行。

第六十三条　本条例自2006年9月1日起施行。1991年2月15日国务院发布的《大中型水利水电工程建设征地补偿和移民安置条例》同时废止。

附录6　水利水电工程移民档案管理办法

（档发〔2012〕4号）

本办法于2012年4月23日，由国家档案局、水利部、国家能源局以档发〔2012〕4号印发。自发布之日起施行。

第一章　总则

第一条　为加强水利水电工程移民档案工作，规范移民档案管理，充分发挥移民档案的作用，根据《中华人民共和国档案法》《大中型水利水电工程建设征地补偿和移民安置条例》等有关法律、行政法规和规章，结合水利水电工程移民工作实际，制定本办法。

第二条　本办法适用于大中型水利水电工程移民档案（以下简称“移民档案”）管理，其他水利水电工程可参照执行。

第三条　本办法所称的移民档案是指在水利水电工程移民工作中形成的具有保存价值的文字、图表、声像等不同形式和载体的历史记录，是反映移民工作过程的重要凭证。

第四条　移民档案工作是水利水电工程移民工作的重要组成部分，是留史存证、规范管理、支撑监管、维护各方合法权益、保障移民工作顺利进行和社会长治久安的一项基础性工作。

第五条　各级档案行政管理部门、项目主管部门、水利水电工程移民行政管理机构（以下简称移民管理机构）、水利水电工程项目法人（以下简称项目法人）以及参与移民工作的有关单位应加强对移民档案工作的领导，采取有效措施确保移民档案的完整、准确、系统、安全和有效利用。

第六条　各级移民管理机构、项目法人及相关单位要建立健全移民档案工作，明确负责移民档案工作的部门和从事移民档案管理的人员，保障移民档案工作所需经费、库房及其他设施、设备等条件。

第二章　管理与职责

第七条　移民档案工作实行“统一领导、分级管理、县为基础、项目法人参与”的管理体制。

第八条　各级档案行政管理部门负责对本行政区域内移民档案工作的统筹协调和监督指导。项目主管部门应加强对移民档案工作的监管。

各级移民管理机构负责本行政区域内移民档案工作的组织实施和监管，并做好本级移民档案工作。

项目法人参与本项目移民档案工作的监管，并负责做好本单位移民档案工作。

涉及移民工作的单位负责其承担任务形成的移民档案收集、整理、归档或移交工作。

第九条 各级移民管理机构、项目法人和相关单位，应将移民档案工作纳入移民工作计划和移民工作程序，纳入相关部门及其人员的工作职责并进行考核。

第十条 移民档案工作应与移民工作实行同步管理，做到同部署、同实施、同检查、同验收。

第十一条 签订移民工作任务合同、协议时，应设立专门章节或条款，明确移民档案的收集范围、整理标准、载体规格、版本套数、移交时限。

第十二条 移民档案形成单位（部门）应建立健全移民档案工作制度与业务规范，采取有效措施及时做好移民档案的归档工作，确保移民档案的完整、准确、系统、规范与安全。

第十三条 在移民工作过程中，应做好反映移民工作重要阶段或成果的照片、录音、录像等声像材料的收集、整理和归档工作。在实物指标调查、原址原貌、搬迁安置、库底清理、补偿领款等重要活动或节点，应有相应的声像材料归档。

第十四条 各级档案行政管理部门和移民管理机构应组织开展移民档案人员的业务培训，并适时组织移民档案工作交流。

第十五条 各级移民管理机构应采用现代信息技术，加强对移民档案信息管理，使移民档案管理与本单位信息化建设同步发展，确保移民档案的有效利用。

第十六条 有关单位应加强移民档案的保管，采取有效措施做好防火、防盗、防水、防尘、防有害生物、温湿度控制等保管、保护工作，确保档案实体与信息安全。

第三章　归档与移交

第十七条 移民档案形成单位（部门）是归档工作的直接责任人，应具体负责将各类应归档文件材料进行全面收集、系统整理，并按规定向移民管理机构档案部门和项目法人档案部门归档或移交。

任何部门、单位和个人均不得以任何借口将应归档文件材料据为己有或拒绝按时归档、移交。

第十八条 移民档案主要包括移民安置前期工作、移民安置实施工作、水库移民后期扶持工作、移民工作管理监督、移民资金财务管理等方面的文件材料。具体参照《水利水电工程移民档案归档范围与保管期限表》（见附件）。

第十九条 移民档案的保管期限依据保存价值分为永久、30 年、10 年。

第二十条 移民档案整理应遵循维护档案材料原貌，保持文件材料之间的有机联系和成套性特点，便于保管和方便利用的原则。归档文件材料应以项目为单位进行整理，不同项目的文件材料应分类标识、分别组卷。

（一）移民安置前期工作、移民工作管理监督文件材料应按《机关档案工作业务建设规范》（国档〔1987〕27 号）或《科学技术档案案卷构成的一般要求》（GB/T 11822—2008）的规定整理。

（二）移民安置实施工作、水库移民后期扶持工作文件材料应按《国家重大建设项目文件材料归档要求与档案整理规范》（DA/T 28—2002）或《科学技术档案案卷构成的一般要求》（GB/T 11822—2008）或相关行业的有关规定整理。

外迁移民迁出前有关档案材料由迁出地移民管理机构收集，按户整理、归档，并将复制件交迁入地移民管理机构保管。迁出后形成的有关档案资料由迁入地移民管理机构收集，按户整理、归档，并将复制件交迁出地移民管理机构保管。

（三）移民资金财务管理文件材料应按《机关档案工作业务建设规范》（国档〔1987〕27 号）或《科学技术档案案卷构成的一般要求》（GB/T 11822—2008）的规定整理，其中的会计档案按财政部、国家档案局颁布的《会计档案管理办法》（财会字〔1998〕32 号）收集、整理、归档、管理。

第二十一条　归档的纸质文件材料应为原件，且字迹工整、印制清晰、签章完备、日期等标识完整，制成、装订等材料符合耐久性要求。无法获取原件用复制件归档的，应标明原件所在位置。

第二十二条　声像和实物档案归档时应按规定标注相关信息，编制相应目录并单独保管。

照片按《照片档案管理规范》（GB/T 11821—2002）整理，重要的数码照片应留存相应的纸质照片。

电子文件整理应符合《电子文件归档与管理规范》（GB/T 18894—2002）要求。

第二十三条　县级以下移民工作单位形成和接收的档案，应在移民工作任务完成后三个月内向县级移民管理机构移交；县级及县级以上移民管理机构形成和接收的档案，应按国家规定定期向同级国家综合档案馆移交。

第二十四条　移民安置实施过程中，各项工作或单位工程结束或验收后，各责任主体单位应将相关的移民档案移交县级以上移民管理机构。在移民安置验收后，省级移民管理机构应将反映移民安置工作实施主要过程和结果及资金管理等方面的档案复制件或扫描的电子文件（具体内容可通过合同、协议约定），提交给项目法人备查。

第二十五条　项目法人在移民工作过程中形成的相关文件材料，应纳入有关职能部门的归档范围，进行收集、整理和归档，并同接收的移民档案，统一纳入建设项目档案范畴进行管理。

第二十六条　移民档案移交时，交接双方应办理交接手续，明确档案数量（附文件或案卷目录清册）、交接日期，由经办人、负责人签字，并加盖单位公章。

第四章　移民档案验收

第二十七条　移民档案验收是移民安置验收的重要组成部分。工程阶段性移民安置验收时，应同步检查移民档案的收集、整理情况，移民档案检查不合格的，要及时整改。工程竣工移民安置验收时，应同步验收移民档案，凡移民档案验收不合格的，不得通过移民安置验收。

第二十八条 工程竣工移民安置验收时，验收委员会应组成移民档案验收组。移民档案验收组应由档案行政管理部门、验收组织单位、项目法人及有关单位的档案人员和相关专家组成。其组长应为移民安置验收委员会成员。移民档案验收的主要意见和结论应写入移民安置验收报告。

第五章 奖励与处罚

第二十九条 对移民档案工作中做出突出成绩的单位、部门或人员，县级以上档案行政管理部门、移民管理机构、有关单位应给予表彰和奖励。

第三十条 有下列行为之一的，由县级以上档案行政管理部门或移民管理机构，按照国家有关规定，对直接责任者和有关人员给予行政处罚或行政处分；构成犯罪的，应移交司法机关依法追究其刑事责任：

（一）将移民工作中形成的应归档的文件材料据为己有，不按规定进行归档的；

（二）不按规定向综合档案馆、有关单位移交档案的；

（三）损毁、丢失或擅自销毁、处置移民档案的；

（四）涂改、伪造移民档案的；

（五）违反规定擅自提供、抄录或公布移民档案的；

（六）玩忽职守，造成移民档案损失的。

第六章 附则

第三十一条 各相关单位可根据本办法制定实施办法。

第三十二条 本办法由国家档案局负责解释。

第三十三条 本办法自发布之日起施行。

附件：水利水电工程移民档案归档范围与保管期限表

水利水电工程移民档案归档范围与保管期限表

序号	归档文件	保管期限	备注
1	移民安置前期工作文件材料		
1.1	正常蓄水位选择报告及审查意见	永久	
1.2	施工总布置规划报告及审查意见	永久	
1.3	建设征地范围地质勘测报告及审查意见	永久	
1.4	建设征地处理范围分析材料	永久	
1.5	关于禁止在工程占地和淹没区新增建设项目和迁入人口的通告（封库令、停建令）	永久	
1.6	实物调查工作大纲、细则	永久	
1.7	实物调查表、统计表、汇总表	永久	
1.8	实物调查成果材料	永久	
1.9	移民安置规划大纲及其审批文件材料	永久	

续表

<table>
<tr><th>序号</th><th>归档文件</th><th colspan="2">保管期限</th><th>备注</th></tr>
<tr><td>1.10</td><td>移民安置规划及其审核、审批文件材料</td><td colspan="2">永久</td><td></td></tr>
<tr><td>1.11</td><td>移民安置规划变更及其审批文件材料</td><td colspan="2">永久</td><td></td></tr>
<tr><td>1.12</td><td>移民安置方案及其审批文件材料</td><td colspan="2">永久</td><td></td></tr>
<tr><td>1.13</td><td>移民安置选址、勘测、设计、论证、评估文件材料</td><td colspan="2">永久</td><td></td></tr>
<tr><td>1.14</td><td>征地补偿和移民安置投资概（估）算及其审批文件材料</td><td colspan="2">永久</td><td></td></tr>
<tr><td>1.15</td><td>初步设计阶段移民安置规划及其审批文件材料</td><td colspan="2">永久</td><td></td></tr>
<tr><td rowspan="2">1.16</td><td rowspan="2">其他有关移民安置前期工作的文件材料</td><td>重要的</td><td>永久</td><td rowspan="2"></td></tr>
<tr><td>一般的</td><td>30年</td></tr>
<tr><td>2</td><td>移民安置实施工作文件材料</td><td colspan="2"></td><td></td></tr>
<tr><td>2.1</td><td>综合文件材料</td><td colspan="2"></td><td></td></tr>
<tr><td>2.1.1</td><td>移民安置实施规划、技施阶段移民安置规划或施工图设计阶段移民安置规划及其审批文件材料</td><td colspan="2">永久</td><td></td></tr>
<tr><td>2.1.2</td><td>移民安置实施规划、技施阶段移民安置规划或施工图设计阶段移民安置规划调整、设计变更及其审批文件材料</td><td colspan="2">永久</td><td></td></tr>
<tr><td>2.1.3</td><td>移民安置协议及相关会议纪要和文件材料</td><td colspan="2">永久</td><td></td></tr>
<tr><td>2.1.4</td><td>移民安置试点方案及其实施情况文件材料</td><td colspan="2">永久</td><td></td></tr>
<tr><td>2.1.5</td><td>移民安置年度计划及其批复文件材料</td><td colspan="2">永久</td><td></td></tr>
<tr><td>2.1.6</td><td>移民安置年度投资计划及其审批文件材料</td><td colspan="2">永久</td><td></td></tr>
<tr><td>2.1.7</td><td>按规定确认的设代函、综合设计联系单、综合设计变更通知、度汛设计文件、专题设计文件以及工程截流、蓄水移民安置规划设计等综合设计文件材料</td><td colspan="2">永久</td><td></td></tr>
<tr><td>2.1.8</td><td>建设征地界桩布置设计文件，界桩分布图等文件材料</td><td colspan="2">永久</td><td></td></tr>
<tr><td rowspan="2">2.1.9</td><td rowspan="2">其他有关移民安置实施工作的文件材料</td><td>重要的</td><td>永久</td><td rowspan="2"></td></tr>
<tr><td>一般的</td><td>30年</td></tr>
<tr><td>2.2</td><td>农村移民安置文件材料</td><td colspan="2"></td><td></td></tr>
<tr><td>2.2.1</td><td>农村移民安置规划文件材料</td><td colspan="2">永久</td><td></td></tr>
<tr><td>2.2.2</td><td>农村移民人口情况表及人口变化情况表</td><td colspan="2">永久</td><td></td></tr>
<tr><td>2.2.3</td><td>农村移民安置意愿征求意见文件材料</td><td colspan="2">永久</td><td></td></tr>
<tr><td>2.2.4</td><td>农村移民安置区规划图、土地利用现状图、地形图</td><td colspan="2">永久</td><td></td></tr>
<tr><td>2.2.5</td><td>农村移民安置点规划及基础设施设计资料，移民安置点基础设施、公共设施和居民房屋建设的招投标、合同和竣工验收等文件材料</td><td colspan="2">永久</td><td></td></tr>
<tr><td>2.2.6</td><td>移民生产安置用地调整、开垦、整治、改造、验收、移交和分配情况及确权文件材料</td><td colspan="2">永久</td><td></td></tr>
<tr><td>2.2.7</td><td>农村移民实物登记卡、补偿资金卡及补偿补助资金兑付相关手续和证明文件材料</td><td colspan="2">永久</td><td rowspan="3">以户为单位建档</td></tr>
<tr><td>2.2.8</td><td>农村移民安置审批及资格审查文件材料；自谋出路安置申请书、符合条件证明及审批文件材料；自愿投亲靠友安置申请书、安置地接收证明及审批文件材料；“农转非”安置申请书及审批文件材料，搬迁安置协议文件材料</td><td colspan="2">永久</td></tr>
<tr><td>2.2.9</td><td>农村居民的建设用地及其确权材料，农村移民搬迁前后的土地承包证、宅基地证、建房许可证、房产证或购房协议、户籍材料等</td><td colspan="2">永久</td></tr>
</table>

续表

序号	归档文件	保管期限	备注
2.2.10	移民村（组）集体财产调查核查表、补偿补助情况表，集体财产分割协议书和补偿资金卡，以及补偿补助资金兑付相关手续和证明文件材料	永久	以村镇或组为单位建档
2.2.11	安置前后移民村（组）土地情况及分户承包经营情况文件材料	永久	
2.2.12	移民村（组）生产安置费使用管理情况，主要包括村民代表会议记录、申请报告及批复文件、建设项目文件材料等	永久	
2.3	城（集）镇迁建文件材料		
2.3.1	城集镇迁建规划及基础设施设计文件材料	永久	
2.3.2	新址占地情况及规划图、地形图	永久	
2.3.3	新址建设用地及其确权文件材料，场地平整、基础（市政）设施、公共设施的招投标、合同及竣工验收等文件材料	永久	
2.3.4	城集镇移民人口情况表及人口变化情况表	永久	
2.3.5	城集镇移民和单位实物登记卡、补偿资金卡，以及补偿补助资金兑付相关手续和证明文件材料，搬迁安置协议文件材料	永久	移民以户为单位建档
2.3.6	城集镇移民和单位搬迁前后房产证或购房协议	永久	移民以户为单位建档
2.3.7	城集镇移民和单位新址房屋建设情况文件材料	永久	
2.3.8	新址占地搬迁人口情况表及搬迁安置情况文件材料	永久	
2.4	工矿企业迁建（处理）文件材料		
2.4.1	工矿企业实物指标调查核查文件材料	永久	
2.4.2	工矿企业迁建或处理规划情况文件材料	永久	
2.4.3	工矿企业土地使用证、营业执照、采矿许可证、税务登记证、资产负债表、债权债务协议、企业权属证明、企业实景照片等文件材料	永久	
2.4.4	工矿企业迁建或处理实施情况及职工安置情况文件材料	永久	
2.4.5	工矿企业迁建或处理补偿补助资金兑付相关手续和证明文件材料	永久	
2.4.6	工矿企业补偿评估文件材料		
2.4.7	工矿企业迁建（处理）验收文件材料		
2.5	专项设施迁（复）建文件材料		
2.5.1	专业设施实物指标调查核查文件材料	永久	
2.5.2	专业设施迁（复）建规划文件材料	永久	
2.5.3	专业设施项目立项、勘察、设计、招投标、施工、监理、验收、交付使用等情况的材料及有关审批文件	永久	
2.5.4	专业设施项目用地审批文件	永久	
2.5.5	专业设施项目补偿补助资金兑付相关手续和证明文件材料	永久	
2.6	库底清理文件材料		
2.6.1	库底清理实物调查核查文件材料	永久	
2.6.2	库底清理规划、设计、计划及实施方案	永久	
2.6.3	库底卫生清理、固体废物清理、建（构）筑物清理、林木清理的实施情况、工作报告和验收意见等文件材料	30年	

续表

序号	归档文件	保管期限		备注
2.6.4	库底清理资金拨付使用相关手续和证明文件材料	永久		
2.7	文物保护文件材料			
2.7.1	地下文物和地面文物调查核查表及原始记录文件材料	永久		
2.7.2	文物保护规划、计划、协议及实施方案	永久		
2.7.3	文物保护的实施情况、工作报告和验收意见等文件材料	永久		
2.7.4	文物保护资金拨付使用相关手续和证明文件材料	永久		
2.8	环境保护和水土保持文件材料			
2.8.1	环境保护和水土保持规划、计划、协议及实施方案、验收意见等文件材料	永久		
2.8.2	环境保护和水土保持项目的实施情况、工作报告和验收意见等文件材料	永久		
2.8.3	环境保护和水土保持资金拨付使用相关手续和证明文件材料	永久		
2.9	地质灾害防治文件材料			
2.9.1	地质灾害隐患调查核查文件材料	永久		
2.9.2	地质灾害防治规划、计划、协议及实施方案	永久		
2.9.3	地质灾害防治的实施情况、工作报告和验收意见等文件材料	永久		
2.9.4	地质灾害防治资金拨付使用相关手续和证明文件材料	永久		
2.10	移民安置验收文件材料			
2.10.1	移民安置验收工作计划及工作大纲	永久		
2.10.2	工程阶段性和竣工移民安置验收（包括自验、初验和终验）的申请材料、验收会议文件材料、验收意见、验收报告和验收专家组、委员会签字表	永久		
2.10.3	有关单项移民工程验收意见及相关文件材料	永久		
2.10.4	有关移民安置验收的重要声像材料	永久		
3	水库移民后期扶持文件材料			
3.1	后期扶持人口核定登记有关文件材料	永久		
3.2	后期扶持人口变化情况文件材料	永久		
3.3	后期扶持方式确定有关文件材料	永久		
3.4	大中型水库移民后期扶持规划及其审批文件	永久		
3.5	大中型水库库区和移民安置区基础设施建设和经济发展规划及其审批文件	永久		
3.6	水库移民遗留问题处理专项规划及其审批文件	永久		
3.7	解决小型水库移民生产生活困难问题规划或方案及其审批文件	永久		
3.8	后期扶持年度计划（预算）及其批复文件	永久		
3.9	后期扶持项目立项、勘察、设计、招投标、施工、监理、验收、交付使用等情况的材料及有关审批文件	永久		
3.10	后期扶持资金收支情况文件材料	永久		
3.11	后期扶持直补到人资金兑付情况文件材料	永久		
3.12	后期扶持项目资金拨付使用情况文件材料	永久		
3.13	其他有关水库移民后期扶持的文件材料	重要的	永久	
		一般的	30年	

续表

<table>
<tr><th>序号</th><th>归档文件</th><th colspan="2">保管期限</th><th>备注</th></tr>
<tr><td>4</td><td>移民工作管理监督文件材料</td><td colspan="2"></td><td></td></tr>
<tr><td>4.1</td><td>移民工作规章制度、政策规定、管理办法</td><td colspan="2">永久</td><td></td></tr>
<tr><td rowspan="2">4.2</td><td rowspan="2">移民工作计划、总结、通知、汇报、奖惩等文件材料</td><td>重要的</td><td>永久</td><td rowspan="2"></td></tr>
<tr><td>一般的</td><td>30年</td></tr>
<tr><td rowspan="2">4.3</td><td rowspan="2">移民工作会议文件材料及移民工作大事记</td><td>重要的</td><td>永久</td><td rowspan="2"></td></tr>
<tr><td>一般的</td><td>30年</td></tr>
<tr><td rowspan="2">4.4</td><td rowspan="2">移民工作宣传报道、经验交流、调查研究、教育培训、统计报表等文件材料</td><td>重要的</td><td>永久</td><td rowspan="2"></td></tr>
<tr><td>一般的</td><td>30年</td></tr>
<tr><td rowspan="2">4.5</td><td rowspan="2">移民来信来访及接待处理情况、群体性事件及其处置情况文件材料</td><td>重要的</td><td>永久</td><td rowspan="2"></td></tr>
<tr><td>一般的</td><td>30年</td></tr>
<tr><td>4.6</td><td>移民工作行政监察、财务检查、资金审计和监督检查工作文件材料</td><td colspan="2">永久</td><td></td></tr>
<tr><td>4.7</td><td>移民稽察和内部审计工作文件材料</td><td colspan="2">永久</td><td></td></tr>
<tr><td>4.8</td><td>移民安置监督评估工作文件材料</td><td colspan="2">永久</td><td></td></tr>
<tr><td>4.9</td><td>水库移民后期扶持监测评估工作文件材料</td><td colspan="2">永久</td><td></td></tr>
<tr><td rowspan="2">4.10</td><td rowspan="2">其他有关移民工作管理监督的文件材料</td><td>重要的</td><td>永久</td><td rowspan="2"></td></tr>
<tr><td>一般的</td><td>30年</td></tr>
<tr><td>5</td><td>移民资金财务管理文件材料</td><td colspan="2"></td><td></td></tr>
<tr><td>5.1</td><td>移民资金管理工作的有关政策法规、规章制度和管理办法</td><td colspan="2">30年</td><td></td></tr>
<tr><td>5.2</td><td>移民会计工作的有关规定、办法、细则</td><td colspan="2">30年</td><td></td></tr>
<tr><td>5.3</td><td>征地补偿和移民安置资金以及农村移民安置、城集镇迁建、工矿企业迁建（处理）、专业项目建设投资的概（估）算、预（决）算和资金拨付等文件材料</td><td colspan="2">永久</td><td></td></tr>
<tr><td>5.4</td><td>水库移民后期扶持资金预（决）算和资金拨付等文件材料</td><td colspan="2">永久</td><td></td></tr>
<tr><td>5.5</td><td>移民资金年度预算和移民工作专项经费的申请、批复和资金拨付等文件材料</td><td colspan="2">永久</td><td></td></tr>
<tr><td>5.6</td><td>移民资金收支情况的会计凭证、账簿</td><td colspan="2">永久</td><td></td></tr>
<tr><td rowspan="3">5.7</td><td rowspan="3">移民资金收支情况的会计报表</td><td>重要的</td><td>永久</td><td rowspan="3"></td></tr>
<tr><td>年报</td><td>30年</td></tr>
<tr><td>季、月报</td><td>10年</td></tr>
<tr><td>5.8</td><td>财务会计移交或销毁清册</td><td colspan="2">永久</td><td></td></tr>
<tr><td rowspan="2">5.9</td><td rowspan="2">其他有关移民资金财务管理的文件材料</td><td>重要的</td><td>永久</td><td rowspan="2"></td></tr>
<tr><td>一般的</td><td>30年</td></tr>
</table>

参 考 文 献

［1］ SL 176—2007 水利水电工程施工质量检验与评定规程［S］. 北京：中国水利水电出版社，2007.

［2］ SL 631～SL637 水利水电工程单元工程施工质量验收评定标准［S］. 北京：中国水利水电出版社.

［3］ DL/T 5113 水电水利基本建设工程单元工程质量等级评定标准［S］. 北京：中国电力出版社.

［4］ SL 223—2008 水利水电建设工程验收规程［S］. 北京：中国水利水电出版社，2008.

［5］ 水电水利规划设计总院　可再生能源定额站颁布. 水电工程设计概算编制规定［M］. 北京：中国电力出版社，2014.

［6］ SL 252—2017 水利工程工程等级及洪水标准［S］. 北京：中国水利水电出版社，2017.

［7］ DB21/T 2481—2015 水利工程单元工程施工质量检验与评定标准——农村水利工程.

［8］ SL 260—2014 堤防工程施工规范［S］. 北京：中国水利水电出版社，2014.

［9］ DL/T 5148—2012 水工建筑物水泥灌浆施工技术规范［S］. 北京：中国电力出版社，2012.

［10］ DL/T 5406—2010 水工建筑物化学灌浆施工规范［S］. 北京：中国电力出版社，2010.

［11］ GB 51033—2014 水利泵站施工及验收规范［S］. 北京：中国计划出版社，2014.

［12］ GB/T 50485—2009 微灌工程技术规范［S］. 北京：中国计划出版社，2009.

［13］ SL 703—2015 灌溉与排水工程施工质量评定规程［S］. 北京：中国水利水电出版社，2015.

［14］ GB 50300—2013 建筑工程施工质量验收统一标准［S］. 北京：中国计划出版社，2013.

［15］ GB 50550—2010 建筑结构加固工程施工质量验收规范［S］. 北京：中国计划出版社，2010.

［16］ GB 50141—2008 给水排水构筑物工程施工及验收规范［S］. 北京：中国计划出版社，2008.

［17］ GB 50303—2015 建筑电气工程施工质量验收规范［S］. 北京：中国计划出版社，2008.

［18］ GB 50462—2011 无障碍设施施工验收维护规范［S］. 北京：中国计划出版社，2011.

［19］ GB 50268—2008 给水排水管道工程施工及验收规范［S］. 北京：中国建筑工业出版社，2008.

［20］ DL/T 5243—2010 水利工程场内施工道路技术规范［S］. 北京：中国电力出版社，2010.

［21］ JTG F80/1—2004 公路工程质量检验评定标准 第一册 土建工程.

［22］ 关于印发公路工程竣交工验收办法实施细则的通知. 交通运输部文件（交公路发〔2010〕65 号）.

［23］ 国家电力监管委员会大坝安全监察中心. 岩土工程安全监测手册（第三版）［M］. 北京：中国水利水电出版社，2013.

［24］ GB/T 22385—2008 大坝安全监测系统验收规范［S］. 北京：中国计划出版社，2008.

［25］ DL/T 5178—2003 混凝土坝安全监测技术规范［S］. 北京：中国电力出版社，2003.

［26］ SL 551—2012 土石坝安全监测技术规范［S］. 北京：中国水利水电出版社，2012.

［27］ DL 5180—2003 水电枢纽工程等级划分及设计安全标准［S］. 北京：中国电力出版社，2003.

［28］ DL/T 5168—2016 110kV～500kV 架空电力线路工程施工质量检验及评定规程［S］. 北京：中国电力出版社，2016.

［29］ HJ 464—2009 水利水电建设项目竣工环境保护验收技术规范 水利水电［S］. 北京：中国环境科学出版社，2009.

［30］ SL 682—2014 水利水电工程移民安置验收规程［S］. 北京：中国水利水电出版社，2014.

［31］ GB/T 22490—2008 开发建设项目水土保持设施验收技术规程［S］. 北京：中国计划出版社，2008.

[32] SL 336—2006 水土保持工程质量评定规程［S］. 北京：中国水利水电出版社，2006.
[33] GB 50261—2005 喷水灭火系统施工及验收规范［S］. 北京：中国计划出版社，2005.
[34] GB 50166—2007 自动报警系统施工及验收规范［S］. 北京：中国计划出版社，2007.
[35] GB 50263—2007 气体灭火系统施工及验收规范［S］. 北京：中国计划出版社，2007.
[36] GB 50243—2016 通风与空调工程施工质量验收规范［S］. 北京：中国计划出版社，2016.
[37] GB 50974—2014 消防给水及消火栓系统技术规范［S］. 北京：中国计划出版社，2014.
[38] GB 50140—2005 建筑灭火器配置设计规范［S］. 北京：中国计划出版社，2005.
[39] GA 836—2016 建设工程消防验收评定规则［S］. 北京：中国质检出版社，2005.

编　后　语

工程项目划分是工程质量评定、合同管理、工程造价结算和工程决算、工程档案归档的依据和纽带，而工程结算、决算以及工程档案的归档与合同存在紧密的联系，因此，对建设项目进行科学合理的项目划分，起着重要的作用。

本书的出版得到大唐集团、大唐国际、四川甘孜公司领导的重视和支持，同时得到长河坝水电站、黄金坪水电站监理单位、施工单位的支持和帮助，在此表示衷心的感谢！